HISTOIRE

DE

LA PEINTURE SUR VERRE

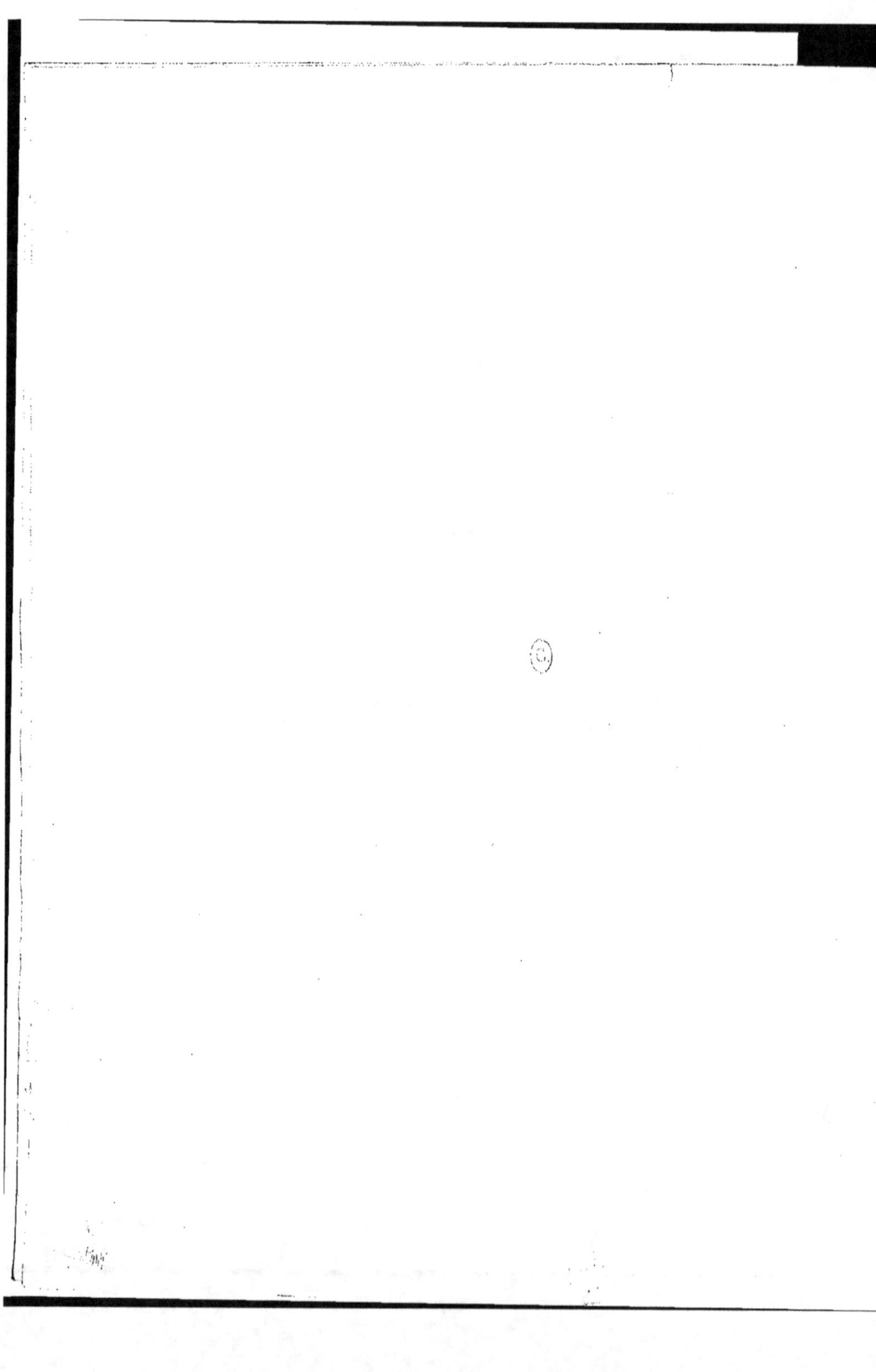

HISTOIRE

DE LA

PEINTURE SUR VERRE

PAR

Édmond **LÉVY**, DE ROUEN

ARCHITECTE, LAURÉAT DE L'ACADÉMIE ROYALE DE BELGIQUE ET MEMBRE DE PLUSIEURS SOCIÉTÉS SAVANTES

AVEC PLANCHES PAR J.-B. CAPRONNIER

PEINTRE VERRIER DE BRUXELLES

PUBLIÉE SOUS LE PATRONAGE DE S. M. LE ROI DES BELGES

QUI A DAIGNÉ EN ACCEPTER LA DÉDICACE

ET AVEC L'APPROBATION DE L'AUTORITÉ SUPÉRIEURE ECCLÉSIASTIQUE

BRUXELLES

TIRCHER, IMPRIMEUR-LIBRAIRE, RUE DE L'ÉTUVE, 20

1860

A

SA MAJESTÉ LÉOPOLD Ier, ROI DES BELGES

———

Sire,

Les puissants encouragements que Votre Majesté et les Princes de la Maison Royale de Belgique donnaient déjà depuis longtemps à la Peinture sur Verre, en ornant de nombreuses et magnifiques verrières les principales basiliques du pays, avaient victorieusement combattu l'erreur si profondément enracinée, que les secrets de la Peinture sur Verre étaient perdus.

Porté par mes études vers cette branche si longtemps oubliée des Beaux-Arts, et fortement secondé par **MM. Capronnier** et **Tircher**, j'ai tracé ces pages pour que les peintres modernes trouvent d'utiles enseignements dans la connaissance du passé et surtout de ces œuvres admirables semées à profusion sur le sol de la Belgique.

Votre Majesté a daigné encourager mes efforts en m'accordant l'insigne honneur de Sa haute protection.

Puisse cet ouvrage concourir au développement de la Peinture sur Verre et se montrer ainsi digne du haut patronage de Votre Majesté.

J'ai l'honneur d'être avec la plus profonde reconnaissance,

Sire,

de Votre Majesté,

le plus respectueux et le plus dévoué de ses serviteurs.

EDMOND LÉVY.

ENGELBERT STERCKX

Par la miséricorde de Dieu, Cardinal-Prêtre de la Sainte-Eglise Romaine, du Titre de St-Barthélémi
en l'Ile, Archevêque de Malines, Primat de la Belgique, Grand-Cordon de l'Ordre de Léopold.

———

Nous avons fait examiner l'ouvrage intitulé : *Histoire de la Peinture sur verre,*
par Edmond LÉVY, *architecte, professeur d'archéologie, sous le patronage de Sa Majesté
LÉOPOLD IER, Roi des Belges,* et, sur le rapport qui nous en a été fait, nous
constatons avec bonheur que l'auteur a religieusement rempli ses promesses.
Il disait dans son Introduction, page IV : « Le chrétien plein du zèle de sa reli-
» gion, l'archéologue désireux de connaître la société d'autrefois, et l'artiste qui
» veut savoir comment on s'est trompé et par quelles voies on est parvenu à
» d'heureux résultats, tous trouveront dans cette étude des enseignements et des
» jouissances. Fort de cette conviction, nous avons pensé que nous devions tout
» d'abord faire comprendre à nos lecteurs cette importance de la peinture sur
» verre, au triple point de vue de la Religion, des Arts et de l'Histoire.

» Ce programme » dit le rapport « a été consciencieusement exécuté. Quant à
» la seconde partie : *Analyse descriptive des vitraux de la Belgique,* il serait difficile

» de faire un tableau plus vrai et plus saisissant de la grande et salutaire in-
» fluence que le catholicisme n'a cessé d'exercer sur cette forme de l'art dans
» nos religieuses contrées. »

Après cette approbation si honorable pour l'auteur, nous appelons l'attention des hommes de l'art sur son important ouvrage, et nous permettons volontiers qu'il paraisse avec l'approbation ecclésiastique de l'Archevêché de Malines.

Malines, 17 août 1859.

J.-B. VAN HEMEL, Vic. Gén.

LISTE ALPHABÉTIQUE

DES SOUSCRIPTEURS A L'HISTOIRE DE LA PEINTURE SUR VERRE.

S. M. LE ROI DES BELGES. 5 exemplaires.

S. A. R. Mgr LE DUC DE BRABANT.

S. A. R. Mgr LE COMTE DE FLANDRE.

—

S. E. R. Mgr LE CARD. ENGELBERT STERCKX, archevêque de Malines, Primat de Belg.

S. G. Mgr GASPAR-JOSEPH LABIS, évêque de Tournai.

—

S. M. L'EMPEREUR DES FRANÇAIS (Ministère d'État.) 10 ex.

S. M. LE ROI DE DANEMARK (Bibliothèque de Copenhague.)

S. M. LE ROI DE PRUSSE (Musée royal d'Antiquités, à Berlin.)

S. M. LE ROI DES PAYS-BAS (Bibliothèque royale.)

ACADÉMIE royale des Beaux-Arts d'Anvers.

— — de Bruges.

— — de Bruxelles.

— — de Gand.

— — de Liége.

ADAM, banquier, à Bruxelles.

AVANZO, libraire, à Liége. 5 ex.

BAILLIÈRE, libraire, à Londres. 5 ex.

BAILLY-BAILLIÈRE, libraire, à Madrid. 5 ex.

BALAT, architecte, à Schaerbeek.

BAUD, libraire, à Lyon. 15 ex.

BAUDOIN, directeur de l'Hôpital militaire de Bruxelles.

BEAUFFORT (Comte A.-L.-L. de), à Bruxelles.

BEAUFFORT (Duc de), à Bruxelles.

BERNARD, peintre sur verre, à Rouen.

BETHUNE (Marquis M.-G.-A.-A. de), à Bruxelles.

BIBLIOTHÈQUE de la Chambre des Représent.

— de la ville du Havre.

— de l'Univ. de Gand.

— — de Liége.

— — d'Upsal (Suède).

BIBLIOTHÈQUE du Cercle artistique, à Bruxell.

— publique de la ville d'Anvers.

— — d'Arlon.

— — de Bruges.

— — de Hasselt.

— — de Mons.

— — de Namur.

— royale de Bruxelles.

BLACKWELL, ecclésiastique, à Londres.

BLUFF, libraire, à Bruxelles. 2 ex.

BOENEN, juge d'instruction, à Anvers.

BOISSON, à Saint-Étienne (France).

BONAERT (Baron), à Bruxelles.

BONSTETTEN (Baron de), à Bruxelles.

BORRANI et DROZ, libraires, à Paris. 2 ex.

BOSQUET, rentier, à Bruxelles.

BOSSANGE et fils, libraires, à Paris. 9 ex.

BRAURE (Chanoine), secrétaire de l'évêché, à Arras.

BRISSART-BINET, libraire, à Reims.

BUISSERET (Baron de), à Bruxelles.

BUISSERET DE BLARENGHIEN (Comte de).

BUYS, docteur en médecine, à Bruxelles.
CARELS, libraire, à Amsterdam. 2 ex.
CASTERMAN, libraire, à Tournai.
CASTIAUX, libraire, à Lille.
CELS, architecte, à Bruxelles.
CLUYSENAER, architecte, à Bruxelles.
CLUZEL, à Saint-Pétersbourg.
COCHARD, libraire, au Havre. 2 ex.
COMBARD, peintre sur verre, à Pontivy (France.)
COMMISSION royale des monuments, à Brux.
COPONAT, à Lyon.
COSTA (Marquis de), à Chambéry.
COUVREUR, peintre sur verre, à Amiens.
CULOT, architecte, à Bruxelles.
DAMINET (Baron E.), bourgmestre d'Enghien.
DEBORDES, frères, peintres sur verre, à Lyon.
DECQ, libraire, à Bruxelles. 2 ex.
DE DECKER, chanoine du chapitre de l'église de
    Saint-Bavon, à Gand.
DEKEYSER, peintre d'histoire, à Anvers.
DE LAGAYE, à Montpellier.
DE LACOSTE, membre de la Chambre des Re-
    présentants, à Bruxelles.
DELPORTE, notaire, à Bruxelles.
DEMAN, architecte, à Ixelles.
DEMANET, lieutenant-colonel du génie, à Brux.
DEQUANTER, à Jolimont.
DESOER, libraire, à Liége. 2 ex.
DEVILLERS, adjoint à la Bibliothèque et aux
    Archives de Mons.
DE VROOM (Mme Ve), imprimeur, à Bruxelles.
DE WITTELEER, peintre, à Bruxelles.
DIDRON, libraire, à Paris.
DIERCKX, artiste-peintre, à Anvers.
DOBBELAERE, artiste-peintre, à Bruges.
DOUGLAS HAMILTON (Duchesse), à Bruxelles.
DROUIN, peintre sur verre, à Rouen.
DUFAY-ROBERT, libraire, à Troyes.
DUGNIOLLE (Jules.)
DULAU et Cie, libraires, à Londres. 5 ex.
DUMONT, architecte, à Bruxelles.
DURAND, libraire, à Paris.
DUTERTRE (Mlle), libraire, à Marseille.
EISEN'S, libraire de S. M. le Roi de Prusse, à Col.
EVALDRE, peintre sur verre, à Lille.

FENCHÈRE, à Nimes.
FORTAMPS, Président du Tribunal de com-
    merce, à Bruxelles.
FRITZE, à Stockholm.
FUSSELL, ecclésiastique, à Londres.
GAUSSER, à Troyes.
GESTA, à Toulouse.
GISLER, à Ixelles.
GOMAND, propriétaire, à Ixelles.
GONET, libraire, à Nancy.
GOUSSARD (l'abbé), peintre sur verre, à Con-
    dom (Gers).
GRANDANA, fils, à Gênes.
HEMPTINNES (de), à Bruxelles.
HEUSSNER, libraire, à Bruxelles.
HONER, peintre sur verre, à Nancy.
HOOGEN, à Bruxelles.
HOORICKX, à Bruxelles.
HORNE (Comte de), à Bruxelles.
HOSTE, libraire, à Gand. 2 ex.
HUART, curé-doyen d'Enghien.
HUGEWILS, directeur de l'École de la ville no 6,
    à Bruxelles.
HUYTENS (Chevalier), à St-Josse-ten-Noode.
ISSAKOFF, libraire, à Saint-Pétersbourg. 2 ex.
JANSSENS, architecte, à Bruxelles.
JONET, fabricant, à Couillet.
JOOSSENS, architecte, à Ixelles.
KAECKENBEECK, avocat près la cour d'appel,
    à Bruxelles.
KERKOVE (Vicomte Eug. de), envoyé extraor-
    dinaire et ministre plénipot. de S. M. le Sultan,
    à Madrid.
KROGH, à Moscou.
KULCHEBECKER, peintre sur verre, au Mans.
LAJARD, négociant, à Bordeaux.
LAVERGNE, architecte, à Louvain.
LEBRUMENT, libraire, à Rouen.
LECOCQ, peintre sur verre, à Guingamp.
LEFEBVRE, conseiller à la cour de Cassation.
LEROUX, libraire, à Namur.
LEROY et Cie, libraires, à Paris. 2 ex.
L'ÉVÊQUE, peintre sur verre, à Beauvais.
LIEDEKERKE-BEAUFFORT (Comte A. de),
    membre de la Chambre des Représ., à Bruxelles.

LIEUZÈRE, peintre sur verre, à Bordeaux.

LOOS, bourgmestre d'Anvers, membre de la Ch. des Représentants.

LUESEMANS (DE), bourgmestre de Louvain.

LYSENS, à Anvers.

MAKAIRE et **DETEUIL**, libraires, à Marseille.

MANCEAUX, fils, libraire, à Anvers.

MARETTE, peintre sur verre, à Évreux.

MARGHIERI, libraire, à Naples. 2 ex.

MARTIN, à Avignon.

MATHIEU, ancien représentant, à Bruxelles.

MAUVERNAY, à Saint-Galmier.

MÉLINE, CANS et Cie, libraires, à Brux. 4 ex.

MÉLOT, architecte, à Bruxelles.

MERA, consul de Belgique, à Avignon.

MÉRODE (COMTE FÉLIX DE), à Bruxelles.

MÉRODE-WESTERLOO (COMTE DE), à Brux.

MEYERS, lieutenant-colonel, directeur de la division du génie au département de la guerre.

MINISTÈRE de la Justice.

    — de l'Intérieur. 21 ex.

    — des Travaux publics. (M. Grenon, chef de division).

MOLEMBAIX (BARONNE DE).

MOREAU, propriétaire, à Bruxelles.

MOREL et Cie, libraires, à Paris. 33 ex.

MOREL, peintre-décorateur, à Abbeville.

MOULINS, peintre sur verre, à Dreux.

MOULLOS, peintre sur verre, à Grenoble.

MUQUARDT, libraire, à Bruxelles. 7 ex.

MUSÉE des Arts et de l'Industrie, à Bruxelles.

    — royal d'Antiquités, d'Armures et d'Artillerie, à Bruxelles.

NEGRETE, ministre du Mexique près S. M. le Roi des Belges, à Bruxelles.

NUYTS, à Anvers.

NYHOFF, libraire, à la Haye.

OBERT DE THIEUSIES (VICOMTE), à Bruxelles.

OLIN, négociant, à Bruxelles.

PARLER, à Safard.

PARTOES, architecte, à Bruxelles.

PAVOT, architecte, à Bruxelles.

PEIFFER, libraire, à Nancy.

PEROT, à Bruxelles.

PERRIN, libraire, à Liége. 3 ex.

PEUTHY (BARON DE), à Bruxelles.

PITTEURS (DE) **HIEGAERTS**, à Zepperen.

POWELL, à Londres.

PROMSY, à Bruxelles.

QUARRÉ, libraire, à Lille.

RIBAUCOURT (COMTESSE DE), à Bruxelles.

RICORDI et **JOUHAUD**, à Florence.

RIGAL, peintre sur verre, à Beziers.

RIMWALD, libraire, à Paris.

ROBERTI, artiste-peintre, à Bruxelles.

SAMSON et **WALLIN**, à Stockholm.

SAPIN, général-major.

SCHNÉE, libraire, à Bruxelles. 16 ex.

SCHOUMAEKER, propriétaire, à Bruxelles.

SÉBILLE (DE), à Bruxelles.

SEGHERS, curé de l'église de Bon-Secours.

SEMBACH, à Laeken.

SIMONIS, statuaire, à Koekelberg.

SPINET, libraire, à Enghien.

SPLINGAN, ingénieur des ponts et chaussées, à Laeken.

STOCHOVE, propriétaire, à Bruges.

STOOP, architecte, à Anvers.

SUYS, architecte, à Bruxelles.

THEIS (BARON DE), consul g^{én}. de France à Gênes.

TORFS, curé de la paroisse de Laeken.

TOUSSAINT, avocat, au Havre.

URSEL (DUC D'), à Bruxelles.

VALLARDI, libraire, à Paris.

VALLEZ, directeur du Collége de l'Union, à Ixelles.

VANCAULAERT, libraire, à Bruxelles.

VAN DEN BERGHE, à Bruxelles.

VAN DEN BOGAERDE, propriétaire, à Bruges.

VAN DEN BURCH, ancien officier d'ordonnance de S. M. le Roi des Belges.

VAN DER KOLK, marchand d'estampes, à Bruxelles. 2 ex.

VAN DER STRAETEN, bourgmestre à Ixelles.

VAN DER STRATEN-PONTHOZ (COMTE L.), à Bruxelles.

VANDEWEYER, envoyé extraordinaire et ministre plénipotentiaire de S. M. le Roi des Belges près S. M. la Reine d'Angleterre, à Londres.

VAN MEENEN, ancien président de la Cour de cassation, à Bruxelles.

VAN LERIUS, à Anvers.

VELLEMAN, propriétaire, à Gand.

VAUTIER (J.), vice-président au Tribunal de 1re instance, à Bruxelles.

VENT, pasteur, à Bruxelles.

VERDAGUER, à Barcelone.

VERMEULEN, à Malines.

VILLABOA (M. G. DE), représentant du Gouvernem. d'Espagne au Congrès des Économistes de Bruxelles, à Madrid.

VILLIEZ, peintre sur verre, à Bordeaux.

WAROCQUIÉ, industriel, à Mariemont.

TABLE

DES CHAPITRES CONTENUS DANS LES DEUX PARTIES.

DEUXIÈME PARTIE.

Analyse descriptive des Vitraux de Belgique.

TABLE DES PLANCHES.

AVIS AU RELIEUR.

Quelques erreurs s'étant glissées dans le numérotage des planches, le relieur est instamment prié de suivre exactement l'indication de la table. Les planches peuvent être reliées en atlas ou distribuées dans l'ouvrage et placées aux pages indiquées dans la table.

Nota. Les N^{os} marqués d'une étoile indiquent les pages qui appartiennent à la 2e partie.

XIIe SIÈCLE.

TABLE DES PLANCHES.

XVe SIÈCLE.

XVIe SIÈCLE.

XVIIe SIÈCLE.

XVIIIe SIÈCLE.

XIXe SIÈCLE.

Planches supplémentaires.

N. B. On remarquera que nous nous sommes attaché à donner, pour chaque siècle, des ensembles et des détails, afin d'en
bien faire ressortir la physionomie.

PRÉLIMINAIRES.

§ Ier.

INTRODUCTION.

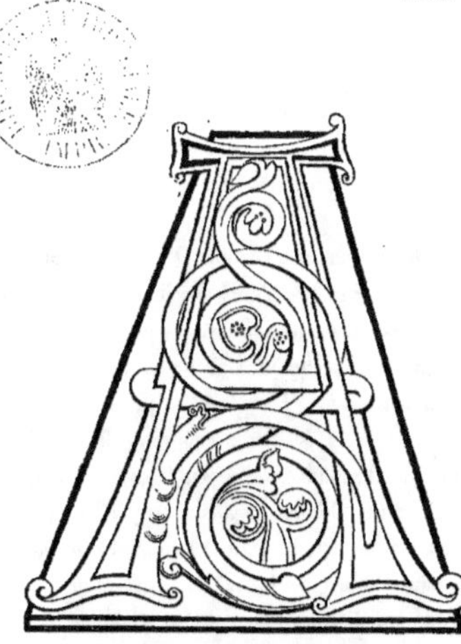

Cette lettre est tirée d'un évangéliaire, manuscrit du XIe siècle,
Bibliot. de Bourg., n° 9222.

Prima capit radios vitreis oculata fenestris,
Artificisque manu clausit in arce diem,
Cursibus auroræ vaga lux laquearia complet,
Atque suis radiis et sine sole micat.
† Fortunatus, episc. pictav.
de Eccles. Paris. lib. 2.

quelque point de vue qu'on étudie la peinture sur verre, partie essentielle et intime de nos basiliques romanes ou gothiques, et l'une des créations les plus remarquables du moyen âge, son histoire présente toujours un grand et puissant intérêt. Le chrétien plein du zèle de sa religion, l'archéologue désireux de connaître la société d'autrefois, et l'artiste, qui veut savoir comment on s'est trompé et par quelles voies on est parvenu à d'heureux résultats, tous trouveront dans cette étude des enseignements et des jouissances.

Forts de cette conviction, nous avons pensé que nous devions, tout d'abord, faire comprendre à nos lecteurs cette importance de la peinture sur verre, au triple point de vue de la religion, des arts et de l'histoire.

Considérée au point de vue religieux, la peinture sur verre s'est développée sous l'influence du christianisme. Elle a reçu pour mission d'exposer et de propager les faits et même les dogmes les plus révérés. Respectée quand l'Église était respectée, elle a ensuite subi les mêmes persécutions, sans compter qu'elle s'est vu dénaturer aux époques où le siècle égaré perdait le sens religieux.

INTRODUCTION.

Lorsque le christianisme sortit glorieux de ses demeures souterraines pour régner définitivement sur le monde, il fallut ériger des églises et les décorer de manière à satisfaire aux besoins nouveaux et à répondre aux idées nouvelles. C'est alors que l'art chrétien, qui déjà s'était formulé dans les catacombes, apparut au grand jour; et dans quelles conditions? Les arts étaient en pleine décadence, il n'y avait plus ni goût, ni talent, ni habileté chez les artistes, il n'y avait plus rien que l'ignorance et la barbarie! Mais le christianisme ne s'arrêta pas à ces éléments de détails qu'il dominait de toute la hauteur de sa doctrine, il ne demanda aux arts qu'une seule chose, c'était de comprendre et de rendre sa pensée, quelque informe que fût le trait.

De tous les arts appelés à décorer les sanctuaires nouveaux, celui du mosaïste s'était le mieux conservé. Mais la mosaïque païenne s'était souillée par la reproduction des scènes scandaleuses du paganisme, et, pour arriver à faire partie de la grande unité chrétienne, elle devait commencer par se purifier et par se transformer. Elle était lourde et opaque, elle devint quelque chose, tout à la fois diaphane, brillant et presque immatériel. Auparavant elle rampait à terre, dès lors elle s'élança aux fenêtres, et, splendide vitrail, illumina la basilique de ses mille reflets.

Les verrières des premières églises n'étaient en effet composées que de lames de différentes couleurs, assemblées de manière à offrir des combinaisons ingénieuses où la croix dominait toujours. Bientôt cette mosaïque se perfectionna, les personnages y apparurent, les sujets les plus édifiants de l'iconographie chrétienne vinrent les orner, et la peinture sur verre commença à se constituer comme art. Dans le principe, elle est timide et ne paraît pas se douter de ce qu'elle peut; mais dès les premiers siècles du moyen âge elle fait un pas décisif en Occident, où elle abandonne peu à peu les types immuables de l'art byzantin pour adopter un genre plus libre, plus varié, plus approprié aux pays divers; puis élargissant sa sphère religieuse, elle ne se contente plus des sujets bibliques, elle fait des excursions dans les légendes, et enfin elle imagine les scènes instructives d'un symbolisme légèrement voilé; il en résulte que, tandis qu'en Orient l'art s'immobilise, en Occident, au contraire, il progresse sous l'influence des différentes époques, dont il reflète puissamment l'esprit et le caractère.

Jusqu'au XIVe siècle, la peinture sur verre suit, sans dévier, la voie qui lui a été tracée dès le berceau. D'abord, fille de l'intelligence et du progrès, elle tend sans cesse à perfectionner ses œuvres, sous le rapport du modelé et des procédés mécaniques; ensuite, compagne inséparable de la religion, elle nous offre les plus belles pages de l'enseignement chrétien. Le XIIIe siècle assiste à son développement le plus complet, le plus rationnel, le plus heureux. Avec quel bonheur on trouve dans toutes les œuvres de cette époque la pensée religieuse, tantôt présentée sans voile, tantôt symboliquement écrite dans ces pages diaphanes, et constituant toujours une prédication puissante qui frappe l'esprit par les yeux! Oui, quand toute cette société, si neuve aux émotions, si disposée à recevoir l'impression religieuse, se trouvait devant ce vitrail où la vivacité des couleurs s'animait des tons d'un soleil étincelant, alors elle croyait assister à l'une de ces visions que les saints recevaient, dans leur solitude ou dans leurs plus grandes infortunes, comme récompense de leur persévérante résignation. L'incorrection du dessin, la gaucherie naïve des personnages, loin de nuire à l'effet, semblaient au contraire ajouter quelque chose de simple et de touchant à la composition religieuse.

Pourquoi la peinture sur verre n'a-t-elle pas toujours suivi cette voie, la seule qui pût la conduire au but sacré de sa création? Dès qu'elle s'écarte de l'esprit de l'Église dans les tendances de ses œuvres, elle est frappée de stérilité. Alors, semblable au peuple israélite qui tombe dans l'avilissement et l'oppression, le jour où il abandonne son Dieu, cet art marche rapidement vers sa chute, et tous les perfectionnements, apportés dans la peinture, ne peuvent l'arrêter dans ses écarts.

Lorsque la foi ardente du XIIIᵉ siècle s'attiédit dans les époques suivantes, la verrière subit aussi sa transformation et devient mondaine; oubliant qu'elle doit enseigner le peuple en lui traduisant sous une forme sensible les dogmes de la religion, elle trahit et abandonne son divin maître pour se faire la vassale complaisante des princes et des grands seigneurs. Ces magnifiques parois transparentes, jadis uniquement consacrées à Dieu, se couvrent d'armoiries et ne forment plus que des tables généalogiques, où les grands personnages du siècle s'étalent avec tant d'ostentation que l'on se demande s'ils n'ont pas cru honorer l'Église en y venant ainsi se faire représenter.

Au XVIᵉ siècle, la peinture sur verre est complétement détournée de son but religieux, le mal s'est accru dans une progression effrayante, il est devenu sans remède, et cependant nous sommes au plus brillant moment de la peinture. Jamais le dessin ne fut plus habile, jamais les couleurs ne furent mieux comprises, ni plus harmonieuses, ni plus éblouissantes. C'est la belle époque de la renaissance, c'est l'époque des Albert Dürer, des Jean Cousin, des Angrand le Prince, des Bernard de Palissy, des Lucas de Leyde, des Van Coxie, des Bernard Van Orley. Mais, hélas! on est forcé de le reconnaître, les verrières dessinées et peintes par ces grands maîtres orneraient mieux les fenêtres d'un palais ou d'un musée que celles d'un temple saint.

Aussi au XVIIᵉ siècle, l'art de la peinture sur verre agonise. Au XVIIIᵉ, il est l'objet du plus complet abandon. A la fin de ce dernier siècle cependant, la voix éloquente d'un illustre écrivain plaida sa cause. Mais cette voix, quelque convaincue, quelque pressante qu'elle fût, resta sans écho. Si Pierre Levieil échoua dans sa tentative de restauration d'un art qu'il cultivait lui-même, c'est qu'il ne saisit pas le caractère essentiellement religieux que devait revêtir la verrière dans l'Église, c'est qu'il ne put, ne le soupçonnant pas lui-même, faire comprendre le rapport intime et indispensable du vitrail à l'église, il ne cherchait à réhabiliter la peinture sur verre que comme art, et l'Académie des inscriptions et belles-lettres lui répondait que les peintres devaient choisir, pour dessiner leurs tableaux, des corps moins fragiles que le verre. Tant il est vrai qu'on ne voyait plus la destination du vitrail peint; on ne remarquait pas que, placé aux fenêtres d'un édifice religieux, il perdait l'inconvénient de sa fragilité pour profiter de l'avantage de son incorruptibilité! Il faut dire aussi que le siècle de Louis XV n'était guère en état d'apprécier la nécessité de restaurer les églises, et surtout les églises gothiques.

C'est au XIXe siècle qu'était réservé l'honneur de restituer à la peinture sur verre ses procédés propres et en même temps son esprit vrai et son caractère réel. La restauration de cet art devait suivre naturellement celle de l'architecture ogivale. On comprit tout ce que les basiliques du moyen âge renfermaient de majestueuse grandeur et de parfaite harmonie avec la foi chrétienne, et on rendit au style gothique la justice qu'il méritait. On ne pouvait dès lors négliger la réhabilitation des vitraux, gracieuse parure des églises ogivales.

Nous verrons, en étudiant les œuvres modernes, que nos peintres verriers d'aujourd'hui se sont placés plus haut qu'à aucune autre époque, autant par le charme et l'esprit religieux de leurs savantes compositions que par les riches et harmonieuses couleurs de leurs vitraux.

Cette histoire sera utile aussi au peintre verrier. Car il ne faut pas croire que la peinture sur verre a toujours été s'améliorant d'après la grande loi de toutes les choses de ce monde; que le travail d'un siècle était toujours dépassé en mérite par celui du siècle suivant; que les procédés ont toujours marché vers la perfection. Ce serait là une grande erreur. Quelquefois des inventions trop préconisées ont fait croire qu'elles permettraient de s'affranchir de telle entrave fort heureuse; et il a fallu longtemps pour qu'on s'aperçût qu'on se fourvoyait, il a fallu qu'on fût arrivé à quelque chose d'outré, de choquant; l'invention des émaux fit penser qu'on allait pouvoir peindre sur une surface diaphane comme sur une toile; qu'il ne serait plus nécessaire d'agencer péniblement des morceaux de verre de couleur différente, qu'on pourrait se dispenser d'employer les plombs, et qu'on ne verrait plus courir dans un vitrail ces lignes noires produisant quelquefois des effets si choquants. Il fallut du temps pour qu'on s'aperçût que les émaux, ôtant au verre sa transparence, rendaient le dessin obscur et confus; il en fallut pour comprendre que les plombs forment souvent des lignes heureuses, utiles dans ces grandes peintures, destinées à être vues de loin, et ayant besoin d'être énergiquement accentuées; qu'il ne s'agit que de savoir mener heureusement ces liens métalliques en les faisant passer là seulement où une ligne forte devient nécessaire. En attendant, l'usage des émaux ne devait avoir lieu que d'une manière très-sobre jusqu'au moment où l'on aurait trouvé le moyen de rendre transparent le verre une fois émaillé; question encore controversée et que nous nous proposons d'examiner dans cet ouvrage.

Pour revenir d'erreurs embrassées avec tant d'enthousiasme, il fallait à l'art une grande force. Il ne l'eut pas. Il s'était perverti dans son esprit; il avait oublié sa mission; et, comme nous l'avons dit précédemment, au lieu de chercher à rappeler les saints personnages dont le nom est une pensée religieuse, dont la vie est une édification, les peintres verriers, désertant Dieu pour le monde et ses pompes, ne s'étaient occupés qu'à représenter les grands du siècle, posés dans tout leur orgueil, avec leur généalogie; l'artiste, au lieu de s'inspirer de la Bible et des pieuses légendes, n'allait plus étudier que des armoiries. Le vitrail, ainsi compris, devint une affaire de mode, et, détourné de son but, il fut abandonné comme un sanctuaire profané, jusqu'à ce que le temps eût permis une nouvelle consécration.

Ainsi, l'histoire des vitraux peints n'est autre chose qu'une suite d'écueils, où l'on est venu tomber successivement : écueils sous le rapport des procédés; écueils sous le rapport de l'esprit plus ou moins religieux qui préside à ces compositions. Il faut donc un enseignement du passé pour éclairer l'avenir, pour empêcher les mêmes fautes, pour faire servir l'expérience des erreurs, et cela d'autant mieux que plus d'un siècle nous sépare des derniers peintres sur verre. Nous assistons à une renaissance, il faut la guider, si l'on ne veut pas qu'elle recommence toutes les bévues des temps précédents.

D'ailleurs, rien ne varie plus que l'emploi des procédés chez les peintres verriers; celui-ci emploie les émaux avec leur défaut, celui-là les exclut, un autre s'en sert avec avantage. Comment reconnaître ce qu'il y a de mieux, si ce n'est par une histoire raisonnée des différents modes ?

Souvenons-nous aussi que longtemps la peinture sur verre a été un art entouré de secrets impénétrables. Chacun avait sa manière propre, son procédé à lui seul connu. C'est justement à ce moment qu'ont été faits les vitraux les plus dignes d'être admirés. Les artistes d'aujourd'hui ont donc besoin d'un ouvrage où sera recueilli tout ce qui a pu être découvert de ces époques mystérieuses.

Tout en descendant dans ces détails, nous aurons de grandes questions à traiter. Ainsi, la peinture sur verre a disparu pendant longtemps; c'est à l'histoire de dire pourquoi cela est arrivé, si c'est parce que la peinture sur verre est blâmable en elle-même, parce qu'elle est inutile, ou bien si c'est parce que, comme nous l'avons déjà fait pressentir, tout en étant une chose excellente, elle a faussé son esprit et s'est écartée de sa route; il s'agit donc de justifier ou de condamner la peinture sur verre; de dire si c'est une raison profonde qui l'a ressuscitée, ou simplement un caprice.

De nos jours, le peintre sur verre ne peut plus, comme autrefois, ignorer l'histoire de son art. Auparavant l'artiste suivait le mode, les procédés, le style de son siècle et n'en suivait jamais d'autre ; avait-il une réparation à exécuter dans une verrière ancienne ? il refaisait, à la manière de son temps, ce qui avait été fait en la manière toute différente d'un temps plus reculé. Aujourd'hui il est appelé à un rôle plus élevé, plus intelligent et plus savant. Il doit savoir restaurer, et cacher parfaitement sa façon moderne pour revêtir celle du maître qu'il retouche ; il faut que dans ce travail il satisfasse le goût des hommes les plus instruits dans les arts anciens ; puis comme l'architecture actuelle admet tous les styles, élève des édifices dans le genre de telle ou telle époque antique, il s'ensuit que le peintre verrier de nos jours doit savoir n'être au besoin qu'un peintre du XVe, ou du XIVe, ou du XIIIe siècle, sans jamais laisser percer le peintre du XIXe siècle. Or une fois que le rôle devient si difficile, où l'étudier si ce n'est dans l'histoire de l'art lui-même ? Entreprendre un tel enseignement n'est certainement pas un léger travail. Nous déclarons que nous l'avons senti. Mais ce qui nous a soutenu dans notre projet, c'est la conception de toute l'utilité qu'il peut avoir.

Notre but est aussi de donner la foi à l'artiste verrier, et de l'empêcher de se livrer au désespoir au milieu d'indifférents qui lui diraient de briser sa palette. Car ne nous faisons pas illusion, on ne croit pas à l'art du peintre verrier ; bien des gens encore ne semblent y voir qu'un métier ; montrons qu'il y a là, réellement, un art ayant ses traditions, ses grands hommes et aussi ses martyrs ; élevons-lui un piédestal, et prouvons que, pour les difficultés comme pour la grandeur des résultats obtenus, il est au moins égal à la peinture sur toile, que de grands peintres ont été de cet avis et qu'après s'être illustrés par la peinture à l'huile, ils ont voulu briller aussi par la peinture soumise aux hasards de la cuisson.

Puissent nos faibles facultés ne pas tromper nos vues et nous permettre d'accomplir notre tâche ! Des fastes vont être ouverts à tous ceux qui auront la louable envie de créer, pour la génération actuelle, de ces admirables pages qui ornent les fenêtres de nos églises.

Nous voulons appeler dans cette carrière de la peinture sur verre les jeunes peintres qui s'écrient que toutes les issues du temple de la gloire sont fermées, qu'il y a trop d'artistes distingués, que les bouches de la renommée, déjà occupées par tant de noms, ne peuvent plus en proclamer d'autres, et qu'il y a plus de bons peintres que de gens riches pour payer leurs travaux. Voici une voie nouvelle qui s'ouvre pour le talent. Grâce aux guerres qui ont affligé l'humanité pendant un quart de siècle, grâce surtout aux actes de vandalisme d'une barbarie impie, le peu de monuments anciens qui ont survécu à toutes ces catastrophes, ont perdu la lumière chatoyante de leurs anciens vitraux ; presque tous réclament la main habile de peintres verriers, non moins que tant d'édifices dus à la piété des temps modernes. Venez donc, vous tous qui vous sentez des inspirations et de hautes aspirations, venez, et l'État, les cités, les églises, les particuliers s'empresseront de payer vos travaux. Nous recueillerons vos noms, et en publiant vos œuvres, nous les ferons passer jusqu'à la postérité.

Pourquoi, jeunes peintres, dédaigneriez-vous la peinture sur verre? Où trouverez-vous des effets plus puissants mis à votre disposition? Laissez vos confrères aspirer à voir une de leurs œuvres recueillie dans un musée. Pour vous, il vous faut un plus beau théâtre, ce sera l'un des plus magnifiques édifices élevés à l'Éternel; là, dans une spacieuse embrasure, vous aurez à interpréter une religion, ancienne et vaste comme l'univers. Choisissez les sujets qui sourient le plus à votre imagination. Voulez-vous les scènes tendres ou les spectacles terribles; aimez-vous les voiles d'une composition mystérieuse ou le simple exposé d'un fait qui parle à l'âme; le christianisme est inépuisable, c'est Dieu dans son immensité. Votre sujet est-il prêt? Voici la vaste toile qui s'offre à votre pinceau, toute cette verrière; voyez à quelle hauteur du sol s'élèvera votre ouvrage; et de là il sera contemplé de tous, du savant et de l'ignorant, du riche et du pauvre; vous deviendrez un peintre véritablement populaire, véritablement connu de tous. Devant les plus belles toiles d'un musée il n'y a que quelques amateurs qui s'arrêtent pour méditer, le reste regarde et passe pour ne plus revenir; mais devant le vitrail peint d'une église, chacun vient se perdre en d'ineffables contemplations, chacun vient y retrouver ou sa consolation, ou sa foi. Votre œuvre, pour plaire, pour frapper, n'aura pas besoin de la savante analyse d'un homme de l'art; votre œuvre s'animera, prendra des aspects de plus en plus brillants, selon que les rayons du jour seront plus lumineux. Voyez, le soleil a jeté ses reflets sur la paroi vitreuse, comme tout s'est transformé; quel éclat, quel feu et quelles formes éblouissantes!

Mais l'histoire de la peinture sur verre n'intéresse pas seulement le chrétien ou l'artiste verrier, elle intéresse encore, au plus haut point, *l'archéologue qui veut connaître les usages et les coutumes des peuples dans les temps du moyen âge et de la renaissance.*

Grâce au ciel, ce n'est pas aujourd'hui qu'il est nécessaire de prouver l'utilité d'une étude aussi complète. Dans tous les pays une foule d'hommes se livrent à de tels travaux. Et, en effet, pourrait-on se contenter des histoires ou des chroniques des temps anciens? Toute histoire, étant avant tout destinée aux contemporains, omet ce qui est connu généralement à cette époque; elle n'éprouve aucun besoin de dire à ceux qui existent alors ce qu'ils font ordinairement, ni comment ils vivent; ils le savent de reste. L'écrivain, en outre, ne peut deviner ce qui se changera, ce qui n'existera pas au bout d'un temps donné. Toutes les histoires sont donc nécessairement incomplètes. Les chroniques le sont plus encore; car, en dépit de ce qu'on a dit de leur naïveté, elles ont un défaut général de sécheresse, le fait y est à peine énoncé et les circonstances sont rarement expliquées. Si le moyen âge fournit, dans ses écrits, si peu de détails sur ce qu'il a été, où trouver sa physionomie et la suite de ses états divers, si ce n'est en recourant aux renseignements qu'on pourra glaner dans les autres champs, dans les anciennes législations, dans les monuments, dans la statuaire, dans la peinture sur bois, sur toile ou sur verre?

La peinture sur verre a sur la statuaire et sur les tableaux des avantages incontestables : ses produits sont plus anciens et ils offrent, au lieu de figures isolées, de véritables ensembles, de grandes et riches compositions.

L'imperfection des peintures sur fond opaque les faisait bientôt rejeter ou remplacer par des ouvrages plus modernes et moins imparfaits; elles étaient, en outre, plus à portée de ceux qui voulaient les détruire, sans compter que les couleurs s'altéraient et que la matière qui les supportait, toile ou bois ou ciment, finissait par tomber en poussière; les vitraux se conservaient mieux parce qu'ils forment une substance incorruptible; plus élevés, ils étaient moins sujets à la destruction; d'une vivacité de couleur admirable, ils ont toujours paru dignes d'être conservés. Aussi avons-nous encore des verrières peintes ordonnées par l'abbé Suger, ministre du roi de France Louis VII, c'est-à-dire remontant au XIIᵉ siècle. Qu'on nous montre de grandes compositions dues au pinceau et produites par cette époque! C'est tout au plus si nous avons quelques figures isolées, presque effacées, à peine visibles, tandis que le vitrail de l'abbé Suger n'a perdu qu'un peu de son éclat. Aucune couleur, aucune partie ne s'est détériorée de manière à n'être pas bien reconnue. La peinture sur verre a donc le mérite de présenter des renseignements précieux par leur antiquité, précieux par leur état de conservation, mais surtout précieux par leurs détails innombrables.

En effet le peintre, dans cette enfance de l'art, avait beau être effrayé de l'espace qu'il devait couvrir de son travail; c'était toute la fenêtre d'un vaste édifice; il ne pouvait réduire cette étendue; il devait la couvrir de personnages, les mettre en action et en rapport.

Et grâce à l'imperfection de l'art au moyen âge, toute cette vaste peinture était la reproduction complète, naïve de la société prise au temps du peintre verrier. On ne s'occupait pas de rechercher si un saint, ayant vécu dans une époque éloignée, devait porter le costume de son temps, on le représentait avec les vêtements, les usages, les procédés d'alors, tels que le peintre les avait sous les yeux. Par suite de ces anachronismes, nous avons des tableaux parfaits, détaillés de chaque siècle; chaque génération aurait été saisie, reproduite par le daguerréotype, qu'elle ne serait pas représentée autrement. C'est ainsi que la cathédrale de Tournai nous offre, dans un fait du XIIᵉ siècle, dans le rétablissement du siége épiscopal, tous les costumes ecclésiastiques, usités à l'époque du roi de France Charles VIII, et de la duchesse Marie de Bourgogne, depuis celui du pape jusqu'à celui du dernier clerc; et dans l'histoire de Sigebert, assassiné par l'ordre de Frédégonde, tous les costumes civils, guerriers, ecclésiastiques de toutes les classes de la société, tels qu'ils existaient à cette même période de Charles VIII et de Marie de Bourgogne.

La Belgique peut être fière des richesses historiques que recèlent ses vitraux peints. Ainsi, à Mons, les verrières de la cathédrale représentent Charles-Quint encore adolescent, avec son père Philippe le Beau et toute sa famille; à Bruxelles, la collégiale de Sainte-Gudule nous montre, d'un côté, Charles-Quint arrivé à l'âge de la maturité et entouré de sa plus grande gloire, et, d'un autre côté, une époque chère à la Belgique reconnaissante, celle d'Albert et Isabelle; enfin, pour ne pas m'arrêter à citer tant d'œuvres admirables, dans les bruyères de la Campine anversoise, la belle église du petit village de Hoogstraeten nous offre la suite des comtes de Hollande, et non-seulement les anciens, mais aussi ceux des maisons de Bourgogne et d'Autriche. Dans les costumes, dans les armoiries, il y a là des représentations fidèles du temps; ces peintures sont en outre de véritables portraits et, sous ce rapport, elles constituent un complément très-intéressant pour l'histoire.

La Belgique ne les dédaigne pas; elle ne reste pas indifférente auprès de ses chefs-d'œuvre des beaux-arts, comme le Copte ou le Kurde au pied des magnifiques restes de ses monuments antiques. Elle honore les arts autant que les lettres, et elle accueille toujours avec faveur les historiens qui analysent et qui expliquent les chefs-d'œuvre du passé.

Il y a une classe d'amateurs studieux des temps anciens qui excite surtout ma sympathie; ce sont ceux qui, épris de tout ce qui est beau, se plaisent, quand ils le trouvent, à l'interroger en tous sens. Ceux-là ne se contentent pas d'admirer un édifice, ils veulent encore en avoir le dernier mot, savoir à quel ordre de constructions il appartient, si ses parties sont homogènes et à quel artiste est due cette création. Ce sont là les touristes qui voyagent avec fruit et qui savent doubler leurs jouissances, parce que les connaissances qu'ils ont acquises leur permettent de se reporter à l'époque de l'ouvrage qu'ils admirent; ils s'en rappellent les événements les plus importants, ils en évoquent les personnages les plus remarquables; or, si l'examen d'un édifice aux poudreuses parois peut exciter en eux de telles sensations, que n'éprouveront-ils devant ces vives couleurs, ces scènes animées et ces grands ensembles que présentent les vitraux peints de nos vieilles basiliques?

Qui donc, à la vue de toutes les richesses et de tous les enseignements contenus dans les verrières, pourrait nier l'importance de l'histoire de la peinture sur verre? et quels regrets ne doit pas nous faire éprouver la perte des vitraux des célèbres abbayes de Lobbes, d'Orval, de Stavelot, de Villers, de Floreffe, d'Afflighem et de ceux de la plupart de nos édifices civils! Tous ces vitraux ont été mutilés et brisés dans les troubles religieux du XVIe siècle, ou bien ils ont disparu, au XVIIIe siècle, sous l'indifférence et sous l'ignorance générale. C'est à peine si nous pouvons en découvrir les traces incomplètes dans quelques ouvrages, tels que ceux de Cousin et de Sanderus, tels encore que les voyages littéraires des deux bénédictins, et les histoires sacrées des différents pays. Il faut fouiller les archives les plus ignorées, compulser les plus vieux chroniqueurs, pour retrouver les sujets oubliés de ces peintures diaphanes.

Or, ce que nous voulons en ce moment, et ce qui est un des buts principaux de ce travail, c'est de sauver de l'oubli les chefs-d'œuvre des temps passés qui sont encore debout, en les reproduisant et en les analysant, afin que s'ils venaient à disparaître aussi dans quelqu'une de ces catastrophes, que l'homme ne peut ni prévoir, ni empêcher, cette histoire pût en atténuer la perte par la description qui en resterait et qui permettrait même de les restituer.

Au moment d'entreprendre un pareil travail, il nous importe de constater ce qui a été fait par ceux qui nous ont devancé dans les mêmes études, et de jeter un rapide coup d'œil sur la *bibliographie* (1) *de l'histoire de la peinture sur verre.*

Déjà au XIIᵉ siècle, le manuscrit du moine Théophile, et les écrits d'Éraclius (reproduits au XVIIIᵉ siècle dans les ouvrages de Raspe sur l'archéologie), viennent jeter une vive lumière sur l'art du peintre verrier. Nous parcourons, il est vrai, toute la période du moyen âge sans rencontrer d'ouvrage spécial sur cette matière. La description même incomplète des vitraux ne se trouve que dans les historiens; de plus, les procédés mécaniques, formant des secrets que les artistes conservaient avec un soin jaloux, peuvent tout au plus être soupçonnés dans les écrits des alchimistes.

En arrivant à l'époque de la renaissance et en avançant dans le XVIᵉ siècle, les livres imprimés se multiplient et étendent les connaissances qui commencent à se constituer en science. Bernard de Palissy, et Jacques de Paroy, tous deux peintres verriers, écrivent de remarquables ouvrages sur la peinture en émail. La mode est alors complétement aux émaux, et dès le commencement du siècle suivant, Néri, marchant sur les traces de Bernard de Palissy, publie d'importantes études sur le même sujet. Plus tard, Merret en 1669, et Kunckel en 1679, reproduisent cette dernière publication avec des notes et des commentaires. Deux architectes, Philibert Delorme et André Félibien, protégent particulièrement la peinture sur verre et en parlent dans leurs ouvrages.

Au XVIIIᵉ siècle, les écrivains peuvent se diviser en quatre catégories : dans la première, c'est Houdiquier de Blancourt et le baron d'Holback, qui continuent les travaux de Néri, de Merret et de Kunckel; c'est encore, pour l'étude des émaux, Ferrand (*Traité sur la peinture en émail*), Petitot (*Lettre à son fils pour lui servir de guide dans l'art de peindre sur émail*), les chimistes Shaw, Isaac Hollandus et Montami; — dans la deuxième catégorie, on peut ranger les nombreux dictionnaires historiques et scientifiques qui parurent à cette époque et dont les auteurs sont : dom Pernety, Moréry, Aubert, l'abbé Feller, Chambers, Owen, de Murr, Watelet, Millin; on peut y ranger également d'autres ouvrages, tels que ceux de De Vigny (*Journal économ.*), Beneton de Perrin (*Journal de Trévoux*), Daniel Webb (*Recherches sur les beautés de la peinture*), Fougeroux de Bondaroy (*Rech. sur Hercul. suivies d'une étude sur les mosaïques*), Loysel (*Essai sur l'art de la ver-*

---

(1) A la fin de l'ouvrage, une table générale donnera, par ordre alphabétique, les noms de tous les auteurs et de tous les peintres verriers cités dans le texte, avec l'indication de leurs œuvres.

rerie). — Dans une troisième catégorie, se placent les auteurs qui se sont occupés principalement de la vie des peintres et de leurs œuvres, tels que Descamps et Vasari; — et enfin, dans une dernière catégorie, les monographies, comme celle de l'église royale de Brou, par le R. P. Rousselet; les histoires générales et les voyages, comme le *Guide universel des Pays-Bas,* par le R. P. Boussingault, et les *voyages littéraires des deux bénédictins,* dans lesquels on puise divers renseignements précieux.

Après cette longue série d'écrivains, dont l'influence sur l'art de la peinture sur verre fut peu sensible, parce que les uns firent tourner les découvertes des émaux au profit des métaux, des faïences et des porcelaines, plutôt qu'à celui du verre lui-même, et parce que les autres ne s'en occupèrent qu'accidentellement et sans y attacher une grande valeur, nous devons mentionner les savants archéologues qui firent, à cette époque, la gloire de leur pays, et qui peuvent se diviser en deux écoles. Les premiers, guidés par Winckelmann, de Caylus, de Pauw, franchissent le moyen âge sans s'y arrêter et se mettent à la recherche du verre dans l'antiquité; les seconds, ayant à leur tête Montfaucon, Seroux d'Agincourt, l'abbé Lebœuf, Sauval, entrent tout d'abord dans le moyen âge et commencent à déchiffrer les pages des époques chrétiennes.

Au-dessus de tous ces écrivains du XVIIIᵉ siècle, dont nous n'avons fait que citer les principaux, et qui nous seront si utiles pour nos recherches, s'élève comme un phare lumineux pour éclairer l'histoire de la peinture sur verre, celui qu'on a appelé, à juste titre, le Vitruve des peintres verriers, *Pierre Levieil,* qui fut tout à la fois artiste et écrivain. Artiste, il voyait avec chagrin la peinture sur verre complétement méconnue et presque entièrement abandonnée. Il se mit alors à en écrire l'histoire pour la sauver de l'oubli et la réhabiliter, ou, suivant ses propres expressions, pour répandre quelques fleurs sur son tombeau. Son ouvrage fut presque un cri de désespoir. Cependant, quoiqu'il n'eût pas été donné à Pierre Levieil d'assister à la renaissance de cet art auquel il avait voué toute sa vie et toutes ses facultés, un certain attrait se manifesta dès lors dans quelques esprits pour ce genre de peinture si vivement soutenu.

A peine les terribles événements de la fin du XVIIIᵉ siècle sont-ils passés, à peine le calme est-il revenu, que les tendances vers cet art sont déjà plus marquées. La défense en est prise par quelques savants, tels que Brongniart, Alexandre Lenoir, Émeric David, Langlois, Hawkins, Lebas de Courmont. Les annales et les journaux périodiques s'en occupent également, et ce qu'il y a de mieux encore, c'est que les fourneaux des peintres verriers se rallument en France et en Allemagne, et prennent une plus grande activité en Angleterre, où ils ne s'étaient pas éteints complétement non plus qu'en Hollande et en Suisse.

Voilà que l'architecture ogivale revient en honneur, grâce à la réhabilitation du moyen âge qui s'est faite alors, et voilà que, du même coup, la peinture sur verre reprend sa place dans les églises gothiques, qu'elle décore si bien. C'est le réveil complet du moyen âge dans ce qu'il a de plus beau, de plus gracieux et de plus pur. Une nouvelle et ardente pléiade d'écrivains laissant de côté, pour un moment, les mystères de l'antiquité grecque et latine, viennent nous dévoiler les secrets de cet art vraiment chrétien; la valeur en égale le nombre. Ce sont : MM. de Caumont, dans son *Bulletin monumental*; Lassus et Didron, dans les *Annales archéologiques*; Eugène Bareste, dans le journal *l'Artiste*; du Sommerard, un des plus vaillants champions de la réhabilitation des arts au moyen âge; M. de Lasteyrie, dont l'importante publication, commencée en 1837, n'est pas encore terminée; le baron de Reiffenberg, dans les *Mémoires de l'Académie royale de Bruxelles*.

Nous devons mentionner également : MM. Thibaut et Thévenot, de Clermont, tous les deux historiens et peintres verriers, en 1835 et 1836; l'allemand Gessert (1839); Vigné (1840); Reboulleau de Thoires, Meunier, Batissier (1843); l'allemand Fromberg (1844); Bontemps, Bertrand (1845); Beaupré, l'abbé Texier, Ch. Winston (1847); Warrington (1848); Lafaye (1849); Lami de Nozon (1852).

Aux ouvrages de ces divers écrivains, viennent s'ajouter les grandes publications actuelles, telles que : l'*Architecture du Ve au XVIe siècle*, par M. Gaillabaud, le *Moyen âge et la renaissance, les Arts somptuaires au moyen âge*, et enfin toutes les *Annales* des nombreuses sociétés archéologiques. Pourrions-nous oublier les importantes *Monographies*, dues à tant de laborieux savants : Boisserée (cathédrale de Cologne); Eggert (Notre-Dame de Munich); Dupasquier et Didron (église de Brou); Hedgeland (Saint-Neot's Church, Cornwall); John Weale (Saint-Jacques de Liége); les RR. PP. Martin et Cahier (cathédrale de Bourges); de la Siccotière (cathédrale d'Alençon); Lettu (cathédrale d'Auch); l'abbé Guerbert (cathédrale de Strasbourg); Marchand et les abbés Bourassé et Monceau (église métropolitaine de Tours); l'abbé Barraud (cathédrale de Beauvais); Capronnier, Descamps et Lemaistre d'Anstaing (cathédrale de Tournai); Hucher (cathédrale du Mans).

Il est facile de juger, par cette nomenclature des principaux ouvrages modernes, que jusqu'ici la Belgique n'a eu qu'une part, qui n'est pas encore en rapport avec les richesses qu'elle possède. La valeur des ouvrages cités, et le nom des auteurs, doivent cependant faire comprendre le prix qu'on attache maintenant à l'étude de cette partie si intéressante de la peinture.

Si la Belgique n'a eu jusqu'ici que peu d'écrivains, il n'en faut pas conclure que l'art de la peinture sur verre y ait été négligée. Bien des fois la munificence royale et le gouvernement sont venus au secours des fabriques d'églises pour la restauration de leurs verrières ou pour l'établissement de nouvelles. Parmi les hommes distingués qui ont soutenu et encouragé les travaux de nos artistes, et qui ont sauvé de l'oubli et d'une ruine devenue presque inévitable les beaux vitraux du pays, se trouve au premier rang M. le comte de Beauffort, président de la Commission des beaux-arts, des sciences et des lettres, auquel on doit notamment la conservation et la restauration des admirables verrières, perdues au fond de la Campine, dans la petite ville d'Hoogstraeten. A côté de cet archéologue distingué, viennent se placer MM. les chanoines Descamps et Voisin, qui, aidés des conseils de M. Lemaistre d'Anstaing, ont présidé à une restauration complète des verrières de la cathédrale de Tournai. Les villes de Liége, de Gand, de Bruges et de Mons ont vu également, grâce au zèle éclairé de MM. les doyens et curés, les fenêtres de leurs églises retrouver leur ancienne parure.

Aujourd'hui le mouvement est plus marqué que jamais. Chacun désire remettre en honneur un art si longtemps et si injustement oublié. De hauts personnages laisseront de côté, un moment, leurs travaux politiques, pour apporter à cette œuvre de restauration leur part d'influence et de conseils; nous n'en voulons pour preuve que les paroles prononcées l'été dernier, au Congrès d'Arras, par M. le comte Félix de Mérode (1). Est-il besoin d'ajouter que nous partageons complétement les idées émises par le savant représentant, et que nous nous ferons un plaisir et un devoir de les développer lorsque l'occasion s'en présentera ?

Il faut du reste le reconnaître, jamais époque ne fut plus favorable que la nôtre à une telle étude. Les nombreuses recherches, faites depuis un quart de siècle, éclairent la route et donnent à la marche de l'écrivain moderne une certitude qu'elle n'avait pas eue précédemment.

Quel immense avantage n'avons-nous pas encore sur nos devanciers ! Ceux-ci étaient

(1) *Opinion de M. le comte Félix de Mérode sur les sépultures dans les églises, exprimée devant les membres de la Société française pour la conservation des monuments, réunis à Arras le 27 août 1855.*

« Au *Bulletin monumental*, n° 5 de cette année, j'ai remarqué le procès-verbal des séances tenues à Paris par la Société française, rapportant d'abord une communication de M. Didron, très-instructive à l'égard de l'état actuel de la peinture sur verre, concernant les obstacles qui entravent son développement et les moyens de les faire disparaître autant que possible. Les observations du savant archéologue et habile producteur de vitraux peints furent accueillies avec grande faveur, et le président, M. le comte de Mellet, invita les membres de la Société à seconder de leurs efforts la régénération d'un art si précieux pour l'ornementation des églises et d'autres édifices encore. C'est avec le désir de répondre à cet appel que je soumets à votre examen, Messieurs, quelques considérations sur une autre phase des débats de la même séance, 28 janvier, où s'agita la question des sépultures dans les édifices religieux..........

» Cependant, la faculté de donner un dernier asile à quelques défunts dans les édifices destinés au culte divin, pourrait être acceptée à d'autres conditions que l'*envahissement de l'espace* par des tombeaux.

» L'art qu'a préconisé M. Didron et que nous apprécions tous comme il le mérite, n'absorbe que la lumière superflue de la plupart des églises. Qu'on exige donc, pour y placer quelquefois la dépouille mortelle du trépassé, l'exécution d'une ou de plusieurs verrières, selon la grandeur respective des fenêtres qu'il serait à propos d'orner de peintures. Qu'on permette de tracer sur ou sous le vitrail l'inscription qui rappellerait la personne inhumée, à proximité. Et sans occuper le sol de manière gênante, on concéderait à quelques-uns la dernière demeure que leurs familles consentiraient à payer un assez haut prix. En peu d'années, dans les villes riches et populeuses, de vastes cathédrales comme celles d'Amiens, dépourvues de fenêtres peintes, reprendraient cette magnifique parure, sans frais pour la fabrique, je dirai même sans frais nouveaux *pour personne*, puisque la dépense d'un mausolée dressé sur un cimetière est souvent plus grande que ne le serait un vitrail ou des vitraux multiples de dimension moindre............ »

toujours dominés par la pensée exclusive de leur siècle; ils ne pouvaient juger la question à son véritable point de vue. Lisez tous leurs écrits : les uns traitent seulement de la verrerie, les autres de la peinture sur verre considérée uniquement comme une partie de l'art du dessin; pas un n'a soupçonné son but réel et n'a pu établir toutes les qualités qu'elle exigeait. Cela tient évidemment à ce qu'il y avait d'absolu et de restreint dans les idées.

Quant à nous, loin d'être exclusifs, nous aimons à puiser nos enseignements dans les travaux de l'antiquité et dans ceux du moyen âge. Grâce à ces études comparatives, nous parvenons à préciser le caractère que doivent revêtir les œuvres d'art; et, dans le cas particulier de la peinture sur verre appliquée à la décoration des églises, ce qui ajoute encore à notre force appréciative, ne craignons pas de le dire, c'est le retour sérieux des esprits vers les idées pieuses; car, si jamais aucune époque ne fut plus tolérante, jamais aussi aucune ne fut plus sincèrement religieuse.

Cette vignette représente le fragment d'une verrière qui se trouve dans l'église de Sainte-Waudru, à Mons et forme la partie culminante d'une peinture sur verre donnée par Philippe de Clèves, seigneur de Ravenstein, et sa femme Françoise de Luxembourg, lesquels y sont représentés.

Dans la partie supérieure sont deux anges sonnant de la trompette (*tuba œnea*); au milieu, un docteur de l'Église, dans un costume du commencement du XVIe siècle, porte un phylactère sur lequel la date de la verrière est inscrite (1514), et au-dessous, dans une gloire, se trouve le Saint-Esprit sous la forme d'une colombe aux ailes étendues.

§ II.

QUELQUES MOTS SUR LE VERRE DANS L'ANTIQUITÉ.

...... Je n'hésitai pas à aller moi-même à Khorsabad, où, avec un plaisir que l'on comprendra sans peine, j'eus la première révélation d'un nouveau monde d'antiquités.

BOTTA, *Monuments de Ninive*. Paris, 1849. In-f°, p. 5.

Etudes sur le verre en Assyrie, en Babylonie, en Perse, dans l'Inde, en Phénicie, en Egypte, en Etrurie, en Grèce, à Rome, et dans l'Occident.

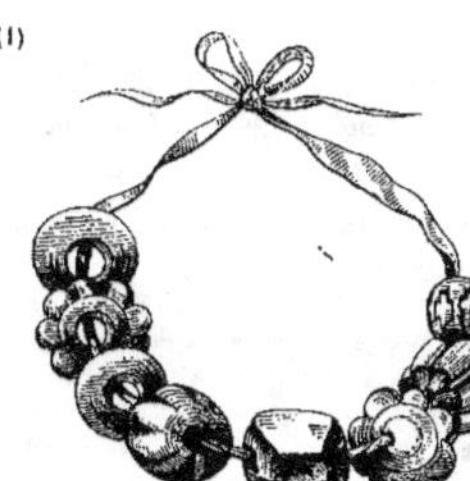

Avant de se développer et d'atteindre le but pour lequel elle semble créée, la peinture sur verre existait déjà en germe dans l'antiquité. Les verres diversement colorés et les émaux, qui en sont les principes constitutifs, ont été connus dès le commencement du monde. Le moyen âge a rassemblé ces éléments épars pour en composer un ensemble magnifique, d'où sont sortis des chefs-d'œuvre dignes du christianisme et de l'époque de foi qui les inspira. Quelques mots sur l'histoire du verre et des émaux chez les peuples de l'antiquité seront donc ici bien à leur place.

Les corps vitreux se sont offerts d'eux-mêmes à l'homme. En effet, dans les fourneaux primitifs où les métaux étaient forgés, se trouvaient en présence les deux éléments du verre : le sable de la maçonnerie et les cendres du foyer. Ces matières se réunirent, elles se combinèrent sous l'action d'un feu ardent et elles vinrent, dans leur nouvelle forme, étendre aux pieds de l'homme une surface diaphane.

Or, les enfants d'Adam savaient forger les métaux et ont pu, par conséquent, connaître également l'art de la verrerie (2). Les pâtes d'émail apparurent aussi, d'une manière imprévue

---

(1) Bracelet formé avec des perles de verre et trouvé au poignet d'un squelette féminin, en 1855, dans le cimetière franc de la vallée de l'Eaulne, Seine-Inférieure. — Voir *la Normandie souter.*, par M. l'abbé Cochet, Rouen, 1854; in-8°, p. 283, pl. X, fig. 4.

(2) Sella quoque genuit Tubalcain, qui fuit malleator et faber in cuncta opera æris et ferri.

Gen., Cap. IV, v. 22.

et toute naturelle, dans la cuisson des briques dont la surface se vitrifie lorsque le feu est poussé trop vivement; il arrive même quelquefois que le verre se détache et coule; ce phénomène se produisit sans doute de bonne heure, car les races humaines, avant leur dispersion, avaient commencé à bâtir la tour de Babel *en briques cuites au feu* (1).

Nous devons donc admettre que, suivant l'ordre naturel des choses, le verre et l'émail furent connus de toute antiquité, et en cela nous sommes d'accord avec Benneton de Perrin (2), Christius (3), Loysel (4), Pierre Levieil (5), Batissier (6) et avec la plupart des antiquaires. Cette hypothèse, d'ailleurs, s'accorde avec les textes de la Bible.

Ne pouvons-nous penser que Job a voulu parler du verre quand il dit (7) que la sagesse est plus précieuse que l'or et le zedoukit (mot hébreu, que saint Jérôme a traduit par *vitrum*)? Ne nous est-il pas permis de faire la même supposition, lorsque Salomon recommande au sage de ne pas exciter ses appétits en contemplant la couleur rubiconde du vin au travers de la coupe (8)?

Quelques autres passages de la Bible (9) s'expliquent aisément avec l'acceptation de la connaissance du verre à ces époques primitives : c'est ce qui a fait dire à M. le comte Alexandre de Laborde que l'usage de la mosaïque, composée en partie de fragments de verre, remonte jusqu'à l'origine des nations (10).

Les premières générations ont également su colorer les pâtes vitreuses, les mouler et en faire divers objets de grande dimension. Ces statues et ces colonnes d'une seule émeraude, ces pavages de saphir, ces murs incrustés de pierres précieuses, n'étaient que le résultat du travail habile du verrier. Ainsi se dévoilent tous ces mystères de l'antiquité. Nous croyons en outre que,

---

(1) Dixitque alter ad proximum suum, venite, faciamus lateres, et *coquamus eos igni*. Habueruntque lateres pro saxis, et bitumen pro cœmento.   *Gen.*, Cap. XI, v. 3.

(2) Benneton de Perrin ajoute ceci : C'est l'embrasement fortuit de quelques forêts qui fit connaître les mines et montra des ruisseaux de fer et de cuivre coulants. et le même accident a fait apercevoir le verre dès les premiers temps du monde. — *Dissertation sur la verrerie*, Mémoires de Trévoux. Oct. 1755. Paris, in-18.

(3) Christius, *De murrinis veter. lib. singul.* Lips., 1743.

(4) Loysel, *Essai sur l'art de la verrerie.* 1 vol. in-8°. 1791.

(5) Pierre Levieil, *Histoire de la peinture sur verre.* Paris, in-4°. 1774.

(6) Batissier, *Histoire de l'art monumental*, suivie d'une *Histoire du verre*. Paris, in-4°, 1848.

(7) Job, Cap. XXVIII, v. 17.

(8) *Prov.* Cap. XXIII, v. 31.

(9) Entre autres ceux-ci :

..... Lectuli quoque aurei et argentei, super pavimentum *smaragdino* et pario stratum lapide, dispositi erant ; quod mira varietate pictura decorabat.   *Esth.*, Cap. 1, v. 6.

..... Ecce ego sternam per ordinem lapides tuos, et fundabo te in *saphiris*.

Isaïe, Cap LIV, v. 11.

..... Et in conspectu sedis tanquam mare *vitreum* simile crystallo.

S¹ *Jou.*, *Apoc.*, Cap. IV, v. 6.

..... Ipsa vero civitas aurum mundum, simile *vitro* mundo.

Id., Cap. XXI, v. 18.

..... Et platea civitatis aurum mundum, tanquam *vitrum* perlucidum.

Id., Cap. XXI, v. 21.

(10) Desc. de un pavimento en mozayco descub. en la ant. Ital.; por don Alex. de la Borde. In-folio. Paris, 1806.

dans la plupart des contrées, l'art de la verrerie a suivi d'une manière immédiate l'art céramique, qui est, suivant M. le duc de Luynes (1), le plus ancien de tous (2).

Jusqu'au milieu du siècle dernier, les antiquaires en étaient réduits à discuter des textes; mais les découvertes faites à Herculanum et à Pompéï, plus tard dans les villes de l'antique Étrurie et tout récemment en Orient, ont donné raison à des assertions en apparence très-hardies et permis de placer l'objet à côté du texte.

Ninive. — Babylone. — Persépolis.

N'auraient-elles pas connu le verre ces antiques et florissantes cités de l'Orient, dont les unes ont disparu si complétement qu'il a fallu, comme l'avait prédit le prophète, que le voyageur se baissât pour en apercevoir la trace, et dont les autres ont laissé ces ruines, poétiquement décrites par Volney, par Chateaubriand et par Lamartine? Cette question est restée longtemps indécise, mais d'ardents et savants explorateurs viennent de la résoudre d'une manière inattendue et heureuse.

Déjà en 1811, M. Rich, continuant les travaux de Chardin, de Niebuhr, de Morier, de Ker-porter et du major Renelle, avait donné l'éveil dans son voyage à Babylone et à Persépolis. Voici comment il s'exprime (3) :

There we find fragments of alabaster vessels, fine earthen-ware, marble, and great quantities of varnished tiles, the glazing *and colouring of which are surprizingly fresh.*

Plus tard, le consul français à Mossoul, M. Botta, a publié, dans son magnifique ouvrage sur les monuments de Ninive (4), le dessin de divers ustensiles de ménage trouvés à Ninive et à Khorsabad, et dont une partie est de verre.

M. Layard, le savant concurrent de M. Botta, écrit à son tour : « Ils (les Ninivites) connurent aussi l'art de travailler le verre. Nous trouvâmes à Nemrod et à Kouyundjck de petites bouteilles et d'élégants vases de cette matière ; quelques-uns portaient le nom du roi de Khorsabad, et il est certainement permis d'attribuer à plusieurs de ces ustensiles une antiquité plus reculée que celle du temps de ce monarque (5). »

Et ailleurs : « les grains de chapelet étaient en *pâte de verre coloré*, en cornaline et en améthyste (6) »

(1) *Ann. de l'Inst. ; corresp. archéol.* 1852, p. 158.
(2) M. DE PEAUX, dans ses *Recherches philosophiques*, partage les mêmes idées et s'exprime ainsi :
« L'invention du verre a suivi de près celle de l'art du potier. On a eu une pâte assez approchante de la por-
» celaine avant que d'avoir du verre. Plusieurs nations même se sont arrêtées à la découverte de la porcelaine,
» sans pouvoir aller au delà ; d'autres n'ont connu qu'une sorte d'émail. Par exemple, on ne savait pas faire
» du verre, dans toute l'étendue de l'Amérique, en 1492, et cependant de certains sauvages y possédaient la
» méthode de vernir d'émail les pots de terre, au rapport de Narbourough. »
                                        DE PEAUX, *Rech. phil.* Paris, an III, p. 402.
(3) RICH, *Babylone and Persepolis.* Londres, 1839. 1 vol. in-8°, p. 65.
(4) *Monuments de Ninive.* Paris, 1849, in-fol.
(5) *Nineveth and its remains*, by AUST. LAYARD. 2 vol. in-8°. 1849. T. II, p. 421.
(6) *Ibid.*, T. II, p. 18.
Au tome premier, p. 543, M. Layard décrit deux vases, l'un d'albâtre, l'autre de verre, tous les deux

Il ne faut pas croire que les objets antiques faits de verre soient rares en Orient. Voici ce que dit M. Fresnel, attaché à la mission scientifique dirigée par la France sur les bords de l'Euphrate et en Perse :

Mais, après tout, COMME LE VERRE SE RENCONTRE A CHAQUE PAS *dans nos débris, dans nos ruines, je ne vois pas pourquoi les cercles énormes, qui recouvrent les yeux de nos personnages, ne seraient pas des disques de verre* (1).

Cette observation avait rapport à un groupe de statues trouvé dans les ruines du palais élevé par Nabuchodonosor sur les bords de l'Euphrate, dans Babylone. Les briques étaient marquées du nom du roi Nebokhadnêsar (Nabuchodonosor), et ne permettaient aucun doute sur le fondateur du monument. MM. Fresnel et Oppert recueillirent aussi un grand nombre de briques émaillées et une quinzaine de fragments offrant des caractères uniformes en émail blanc sur fond bleu.

Non-seulement le verre, comme nous le voyons, n'était pas rare en Orient, mais il était encore très-habilement travaillé et coloré. M. Place, le digne successeur de M. Botta au consulat français de Mossoul, donne à ce sujet des détails intéressants dans ses lettres au Ministre de l'Intérieur :

Elle (une chambre nouvellement découverte) renfermait diverses curiosités, entre autres une petite bouteille de forme très-élégante, en verre blanc, recouverte intérieurement d'une légère couche à reflets argentés et ornée de deux anses en verre rouge; auprès était une petite coupe de même verre, ornée, au-dessous de l'évasement de son ouverture, d'une série circulaire de petits dessins colorés en rouge et en bleu (2).

Ainsi donc, le verre et l'émail ont été connus dans l'Assyrie, dans la Babylonie et dans la Perse; les preuves en sont maintenant déposées dans les collections d'antiquités. Le Musée de Paris fut d'abord moins riche que celui de Londres. Les fouilles opérées par les agents français avaient produit, dans le principe, des résultats moins heureux que celles des Anglais; mais les chances se sont égalisées depuis et de nombreux objets d'un haut intérêt sont venus compléter la collection française.

Les auteurs anciens nous avaient également appris, pour la Perse, ce que ces heureuses découvertes nous ont si clairement démontré. Dans un passage d'Aristophane, un ambassadeur raconte qu'il a été député vers le grand roi, à Ecbatane, sous l'archontat d'Euthième (2ᵉ année de

d'un travail admirable et d'une conservation parfaite, mais qui, malheureusement, furent perdus dans le trajet de Bagdad à Londres. Voici le passage :

« Je pris un instrument (un pic) et je me mis moi-même à travailler avec le plus grand soin ; j'en fus » bientôt récompensé par la découverte de deux petits vases, l'un d'albâtre, l'autre de verre ; tous deux » d'une conservation parfaite, d'une coupe élégante et d'un travail admirable. Ils portent chacun le nom et » la marque du Roi Assyrien, écrit de deux manières différentes, comme dans les inscriptions de Khorsa- » bad. Ces vases de verre et d'albâtre et quelques pièces d'armure furent extraits de la collection générale » et envoyés en Angleterre; mais, par la négligence des autorités de Bombay, les caisses qui les contenaient » furent égarées. La perte des vases de verre est particulièrement regrettable. »

(1) Mission française en Orient. *Lettre de* **M. Fresnel** *à* **M. J. Mohl**, insérée dans le *Journal asiatique* du mois de juin 1855.

(2) *Rapport à l'Institut de France* (Académie des inscriptions et belles-lettres), inséré dans l'*Athenæum français*. Octobre 1852.

la 85e olympiade) : *partout, dit-il, on nous forçait de boire un vin pur et généreux dans des coupes d'or et de verre* (1).

Ajoutons enfin que les fameux vases murrhins, qui sans doute étaient formés d'une pâte vitreuse assez analogue à l'opale et nuancée de brillantes couleurs, venaient, au dire de Pline (2), de divers endroits de l'Orient ; les plus précieux étaient envoyés par la Perse.

Inde.

Nous avons peu de renseignements sur l'Inde. Nous savons que le verre y était fabriqué avec des fragments de cristal brisé, qu'il était plus fin et plus beau que celui des autres pays (3). On a souvent accusé les habitants de l'Inde de vendre de fausses pierres et de fausses perles, ce qui indiquerait qu'ils avaient porté l'art de la verrerie assez loin. Cependant Saumaise (4) prétend qu'ils tiraient leurs fausses pierreries de l'Égypte. Aucune preuve convaincante ne vient, au reste, à l'appui de cette assertion. Celle-ci est en outre contredite par Pline qui affirme qu'aux Indes, on imitait diverses pierres précieuses en teignant le cristal (5).

Or, comment aurait-on pu teindre le cristal, sans arriver pour la plupart des couleurs jusqu'à la fusion et sans recourir par conséquent à la vitrification ? Les trouvailles, faites de nos jours dans les topes du Cabouliston et dans les dagobas de l'île de Ceylan, ont prouvé que les Indous connaissaient, aussi bien que les autres peuples de l'Asie, le verre et sa fabrication. On peut à ce sujet consulter les écrits des divers voyageurs, tels que Valentia, Burnes, Ritter, Chapeman et Harington.

Phénicie.

La fabrication du verre fut une des principales branches du commerce de la Phénicie.

Nous ne rapporterons pas l'anecdote de la découverte du verre chez les Phéniciens, racontée par Pline (6) et reproduite par Bernard de Palissy (7) ; mais nous emprunterons aux lettres d'un savant de France écrites à un savant de Danemark (8), le passage dans lequel il est dit que les enfants de la tribu de Zabulon, en allant s'établir sur le bord de la mer, reçurent dans leurs instructions le conseil de se livrer à la fabrication du verre.

(1) Aristoph., *Acharn.*, v. 74.
(2) Pline, *Hist. nat.*, L. XXXVII, cap. 8.
(3) *Ibid.*, L. XXXVI, cap. 66.
   Auctores sunt, in India e crystallo fracta fieri, et ob id nullum comparari indico.
(4) Saum., *Exercit. in sol.*
(5) Pline, L. XXXVI, cap. 21.
(6) Pline, L. XXVI, cap. 15.
(7) Bern. de Palissy, 177, in-4°.
(8) Ces lettres se trouvent dans l'*Hist. de la peint. sur verre* de Pierre Levieil, à la fin de la première partie ; elles ont été extraites de la *Gazette littéraire de l'Europe*, 1er décembre 1765. Les auteurs de ces lettres sont inconnus, mais celui qui a écrit la première est le même qui a donné la traduction du mémoire de Christophe Hamberger (cité plus bas) sur le verre, dans le *Journal étranger* de 1761 ; févr., art. 11 ; Tom. I, p 48.

» .... Moïse, donnant la bénédiction aux enfants de Zabulon, leur dit : *Qui (scilicet Zabulonitæ)*
» *inundationem maris quasi lac sugent, et thesauros absconditos arenarum.* On doit consi-
» dérer ces bénédictions autant comme des instructions sur les qualités des pays que la tribu
» allait habiter, que comme des bénédictions proprement dites.

» Par les trésors les plus cachés du sable, tous les interprètes juifs, tant anciens que modernes,
» entendent le verre; ils en regardent la fabrication comme une des trois bénédictions que Moïse
» promit aux Zabulonites. Cette tradition universelle des Juifs ne peut guère s'expliquer que par
» l'effet que produisit sur les habitants de ce pays-là l'importance des promesses qui leur furent
» faites, et par les verreries qui y étaient établies de temps immémorial. »

Le sable de la rivière de Belus qui traversait le pays de Zabulon, était le plus propre à ce
genre de fabrication. Les verres et les cristaux de cette contrée étaient excessivement beaux et
conservèrent leur réputation jusque sous les empereurs romains (1).

La tradition nous a appris que les Phéniciens fondaient et coulaient le verre pour en former
des objets de grande dimension. Hérodote (2) et Théophraste (3) ont transmis le souvenir d'une colonne du temple d'Hercule, à Tyr, formée d'une seule émeraude et jetant un éclat extraordinaire ;
elle n'était évidemment que de verre coloré (4).

Les Sidoniens, au rapport de Pline (5), surent, les premiers, souffler le verre, le tourner et
graver sur sa face toutes sortes de figures à plat ou en relief, comme cela se pratiquait sur les vases
d'or et d'argent; en outre, ils imitaient avec une rare perfection le jaspe, dont ils formaient des
plaques que les Romains employaient à la décoration de leurs appartements. Saint Clément nous
apprend (6) que les habitants de l'île d'Arad invitèrent saint Pierre à venir voir de prodigieuses
colonnes de verre qui ornaient leur temple, et que le prince des apôtres fut saisi d'étonnement et
d'admiration à l'aspect de leurs colossales proportions.

On peut enfin, pour la discussion des textes sur lesquels les écrivains s'appuient pour établir
que les Hébreux comme les Phéniciens se servaient du verre, consulter les travaux de Christophe
Hamberger et de Jean-David Michaël, qui se trouvent dans les Mémoires de la Société royale de
Gœttingen (7).

Éthiopie. — Égypte.

Quand même les anciens écrivains, tels que Hérodote, Diodore de Sicile, Pline, Strabon, Pausa-
nias, ne nous auraient pas fourni de renseignements sur la fabrication du verre en Éthiopie et en

(1) *V.* Tacite, L. V, ch. 7; Pline, L. V, ch. 19, et Josèphe, L. II, *de bello Judaico.*
(2) Hérodote, L. II, cap. 44.
(3) Théophr., *Traité des pierres.*
(4) Vraisemblablement elle n'était que de verre de couleur d'émeraude, creuse en dedans et éclairée
d'une grande quantité de lampions, qui la rendaient lumineuse la nuit. Pierre Leveil, *Hist. de la peinture
sur verre*, Paris, in-fol., 1774.
(5) Pline, L. XXXVI, c. 25.
(6) St-Clem., *Bibl. Patr.*, Luyd. II, p. 434, 1re col.; c. 3.
(7) Commentarii Societ. reg. Gotting. ad annum 1754, t. III, p. 301 et 484.

Égypte, les nombreuses découvertes faites depuis les glorieuses campagnes du général Bonaparte et les travaux si remarquables auxquels la Commission scientifique, instituée par le grand capitaine, s'est livrée dans les hypogées de la Thébaïde ou dans les pyramides et les nécropoles de l'Heptanomide et du Delta, seraient plus que suffisants pour nous apprendre que les habitants des bords du Nil furent très-habiles dans l'art de la verrerie. Aujourd'hui, il n'est pas un musée, il n'est pas une collection particulière qui ne possède quelques objets en verre provenant de ces contrées, soit vase, soit statuette, soit amulette ou scarabée (1). Les faits avancés par les écrivains de l'antiquité ont toujours été confirmés ou expliqués par les recherches des temps modernes.

Les Éthiopiens, suivant M. de Pauw, ont pu observer plus tôt que d'autres les développements de la vitrification, parce que, dans leur pays, les matières combustibles sont mêlées de sable, et que les plantes arides, qu'on y brûle à défaut du bois qui y est rare, contiennent une quantité assez grande de sel alcali. Il est possible que dans la cuisson des vases, sous l'influence de ces matières, les phénomènes de la vitrification se soient produits.

Hérodote (2), Ctésias (3) et Diodore de Sicile (4) nous rapportent que les habitants de l'Éthiopie se servaient du verre pour en former des cercueils. Thucydide (5) nous donne une version un peu différente et prétend qu'ils ne faisaient qu'enduire leurs morts d'une couche vitreuse.

L'usage dont parlent ces auteurs est aussi attesté par Suétone (6) et Strabon (7), qui racontent qu'Auguste se fit représenter le corps d'Alexandre déposé dans un cercueil de verre que Seleucus Eubiosactes avait, par avarice, substitué au coffre d'or (8).

L'Égypte, dont la civilisation fut si brillante, porta très-loin l'art de la verrerie; elle était d'ailleurs favorisée par la nature, car on y trouve la meilleure soude connue. Les Vénitiens vont encore aujourd'hui s'en approvisionner à Alexandrie.

Il est généralement admis que les premières verreries furent établies dans la haute Égypte. Les vases de verre découverts dans les ruines du temple de Karnac, à Thèbes, portent en eux la preuve de leur antiquité et de leur origine. Bien antérieurement aux époques où les vases murrhins com-

---

(1) Le Musée égyptien de Livourne (décrit dans le *Bulletin de Férussac*, année 1826, p. 446) renfermait plus de deux cents pièces égyptiennes de verre, en émail ou en pâte de verre et d'émail, d'un travail admirable ; parmi ces divers objets se trouvaient des réseaux de grains et des cubes d'émail ou de verre.
   Batissier. *Hist. du verre*, faisant suite à l'*Hist de l'art monum.* Paris, gr. in-8°, p. 635.

(2) Hérodote, L. III.

(3) Cité par Thucydide, L. III.

(4) Diod. de Sicile, L. II, § XV.

(5) Thucydide, *Hist.*, L. III.

(6) Suétone, L. VII.

(7) Strabon, *Géog.*, L. XVI.

(8) Comme preuve à l'appui, nous pouvons encore citer le fait suivant, rapporté par Hérodote, à propos de l'ambassade des Ichtyophages, envoyée par Cambyse au roi d'Éthiopie : « Enfin, on leur montra les cercueils des Éthiopiens, qui sont faits, à ce qu'on dit, de verre, et dont voici le procédé : on dessèche le corps à la façon des Égyptiens ou de quelque autre manière ; on l'enduit ensuite entièrement de plâtre, qu'on peint de sorte qu'il ressemble, autant qu'il est possible, à la personne même. Après cela, on le renferme dans une colonne creuse et transparente de verre fossile, aisé à mettre en œuvre, et qui se tire en abondance des mines du pays. On aperçoit le mort à travers cette colonne, au milieu de laquelle il est placé, etc. »
   Hérodote, L. III, cap. XXIV. Trad. de Larcher. Paris, 1786.

mencèrent à être en usage à Rome (1), disent MM. Boudet et Jomard (2), la ville de Thèbes était déjà renommée par les ouvrages en verre coloré qui sortaient de ses fabriques et qui s'exportaient au loin. Dès les temps les plus reculés, c'était une branche importante de commerce qui se faisait par la mer Rouge, et, comme preuve à l'appui, ces auteurs citent le passage suivant, extrait de l'ouvrage de M. l'ingénieur Rozière, sur les vases murrhins (3) :

J'ai souvent trouvé dans les mines des anciennes villes de la Thébaïde, parmi les fragments de verre coloré dont elles abondent, quelques morceaux teints de diverses couleurs. Quelques-uns, offrant dans une de leurs parties de belles nuances de pourpre, étaient, je crois, des débris de cet ancien murrhin artificiel (que les Égyptiens savaient si bien imiter). D'où il résulte que non-seulement les plus anciennes verreries furent établies dans l'Égypte supérieure (4), mais que déjà on y fabriquait des verres colorés.

La tradition nous a transmis le souvenir du sceptre de Sésostris, lequel avait plusieurs coudées de longueur et n'était fait que d'une seule émeraude. N'y avait-il pas aussi dans la grande pyramide de Chéops une prodigieuse table smaragdine, sur laquelle Hermès avait gravé son grand œuvre, et qui avait vivement excité la cupidité des Perses et des Arabes, violateurs du colossal sépulcre? Le bon sens indique que ces objets, sceptre et colonne, étaient de verre coloré imitant les pierres précieuses.

Il est d'ailleurs hors de doute que les Égyptiens, guidés par leurs prêtres dont la science était si profonde, furent d'une grande habileté à manier le verre. Parfois ils se contentaient de le pétrir, et le faisaient servir d'ornement à leurs édifices, comme les quatre gigantesques écrevisses de verre, placées au pied du phare d'Alexandrie (5), parfois ils lui donnaient une pureté et une transparence égales à celles du cristal, ou le diapraient des plus vives couleurs (6).

(1) Pline nous apprend que l'introduction des vases murrhins, à Rome, date des triomphes de Pompée en Asie. L. XXXVII.

(2) Ouvrage de la Commission scientifique française en Égypte. *Arts et métiers.* BOUDET et JOMARD, t. VI.

(3) T. III, p. 126. *Mém. sur les vases murrh.*, par M. ROZIÈRE, ingénieur des mines, membre de la Commission des sciences.

(4) L'établissement des verreries suivit la marche de la civilisation égyptienne et, comme elle, abandonna la Thébaïde pour se transporter plus tard à Memphis et à Alexandrie.

(Note de l'auteur.)

(5) *Voir Vossius, Comment. ad Pomp. Melam., p. 274.*

(6) *Ils ciselaient encore le verre, dit M. de Pauw, et le travaillaient au tour avec tant de légèreté que quelques coups donnés trop profondément brisaient tout l'ouvrage, qui avait déjà coûté des soins infinis à l'ouvrier; et lors même que ces sortes de verre (calices audaces) réussissaient, il fallait encore les manier avec subtilité, de sorte que ceux qui connaissaient l'art de jouir, que rarement les poètes ignorent, n'aimaient pas dans leurs parties de plaisir à se servir de coupes si précieuses et si fragiles.*

Martial nous l'apprend dans les distiques suivants :

> Tolle, puer, calices, tepidique torcumata Nili ;
> Et mihi securâ pocula trade manu
>> L. XI, ep. 11.
>
> Non sumus audacis plebeia torcumata vitri ;
> Nostra nec ardenti gemma feritur aquâ
>> L. XIV, ep. 94.
>
> Aspicis ingenium Nili, quibus addere plura
> Dum cupit, ah ! quoties perdidit auctor opus !
>> L. XIV, ep. 115.

Les Égyptiens conservèrent leur supériorité dans l'art de la verrerie, jusque sous la domination romaine. Les textes explicatifs sont très-nombreux. Nous allons en citer quelques-uns choisis parmi les principaux :

Théophraste (1) nous dit qu'un roi d'Égypte envoya en présent au roi de Babylone une émeraude de quatre coudées de long sur trois de large (2).

Vopiscus nous apprend que les Romains tiraient de ce pays leurs plus beaux vases, et que l'empereur Aurélien força les Égyptiens d'en fournir tous les ans une certaine quantité (3). Le même auteur cite, d'après Phlégon, une lettre écrite par ce prince au consul Servien, son beau-frère. Il lui donne avis de l'envoi de verres à boire de couleurs variées, dont le prêtre d'un temple d'Égypte lui avait fait présent; il l'invite à ne s'en servir que dans les plus grands festins et dans les jours de fête les plus solennels (4).

Athénée, dans son *Banquet des savants*, parle de vases en verre et en cristal doré venant d'Égypte (5), ainsi que de ceux que l'on fabrique dans la ville de Coptos et dont la pâte, pétrie avec des aromates, est odorante (6).

Après avoir suivi avec intérêt les brillantes phases de l'art de la verrerie dans l'antique Égypte, après avoir admiré l'intelligence et l'adresse des ouvriers de ce pays qui inondait le monde entier de ses produits, chacun se demandera quel est l'état actuel de cette fabrication. Hélas ! cette branche de l'industrie s'est flétrie avec l'arbre tout entier, et pour permettre au lecteur d'en juger, nous emprunterons à MM. Boudet et Jomard un passage de leur savant mémoire sur l'état industriel de l'Égypte dans les temps modernes :

« L'art de la verrerie, qui a été poussé si loin en Égypte, y est aujourd'hui presque anéanti. Il
» paraît que les Égyptiens ne fabriquent plus le verre, mais seulement ils le refondent. La matière
» dont ils se servent pour alimenter leurs fourneaux est une fritte de verre commun, tirée de
» Venise. Ils en fabriquent des verres plats, légèrement bombés, qui éclairent les dômes des bains;
» des bouteilles de la forme des nôtres, des mortiers de verre, des alambics; de petits pilons qui
» servent à polir les ouvrages de cuir, les papiers, les cartons; et enfin des bocaux à bords renversés, qui leur servent de lampes. Pour rendre les bocaux propres à cet usage, ils établissent au
» fond un tube qui reçoit une mèche de coton; l'huile est supportée par une certaine quantité d'eau
» qui ne dépasse pas l'extrémité du tube.

» C'est par la voie du commerce qu'ils se procurent les lustres, les cristaux et les porcelaines

---

(1) Théorr., *Traité sur les pierres.*

(2) Cette prodigieuse émeraude n'était évidemment qu'une lame de verre colorée. Théophraste ajoute lui-même un peu plus loin, en parlant d'un pilier en émeraude qui se voyait à Tyr : *à moins que ce ne fût une fausse émeraude*, car on en voit quelquefois.

Il en est de même pour le colossal sérapis en émeraude, conservé, suivant Apion Plistonice, dans le labyrinthe et dont la hauteur mesurait neuf coudées. (Ce fait nous a été transmis par Pline, L. XXXVII, cap. 29).

(3) Vopiscus in Aurel., cap. 46.

(4) *Ibid.*

(5) Athénée, *Deipnosoph.*, L. V, c. 7.

(6) *Ibid.*, L. II, c. 4.

» qu'on voit chez eux. Entre autres produits des fabriques d'Europe, ils tirent de Venise les miroirs,
» les verres à facettes et les vitres colorées dont ils font un grand usage dans l'intérieur des appar-
» tements; et du Japon de magnifiques porcelaines.

    » Si l'art de la verrerie est aujourd'hui resserré en Égypte dans des bornes aussi étroites, il faut
» l'attribuer à la perte des anciennes pratiques, à la rareté actuelle du combustible et à la crainte
» des charges auxquelles le fabricant serait exposé si l'industrie prenait un plus grand essor.

    » Le combustible est la paille du Dourah ou du maïs, ou bien la tige du roseau. On ne fabrique
» que des bouteilles en verre assez grossier et qui sont de la forme de nos bouteilles communes (1). »

Étrurie.

L'Étrurie nous offre les traces d'un art primitif, modifié, il est vrai, tantôt par l'influence égyptienne, tantôt par l'influence asiatique, et qui porte les caractères d'un temps antérieur aux civilisations grecque et romaine. Cette contrée, bordée par la mer Tyrrhénienne et par la mer Adria-
tique, reçut des colonies parties d'Égypte, d'Asie et de Grèce. Les colons venus de ces différents
pays, civilisèrent peu à peu les premiers habitants et, agrandissant leur sphère d'action, finirent
par se rapprocher et se confondre. Il en résulta une production d'objets d'art portant un caractère mixte, qui jeta les savants dans de grandes discussions.

C'est ainsi que de Caylus, Gori, Tischbein, Millin, Winkelmann, Lanzi, Griffi, Canina, Visconti,
Micali, Raoul Rochette se trouvèrent souvent en désaccord. De tous ces archéologues distingués,
nous devons reconnaître que M. Raoul Rochette est peut-être celui qui a établi et marqué, avec le
plus de finesse et de sagacité, les différences appréciables provenant des diverses civilisations (2).

Il nous suffit de dire, pour le sujet qui nous occupe, que, dans toutes les fouilles faites en Étrurie,
à Phaleri, Veies, Cere, Tarquinies, Vulcie, Volsinies, etc., de nombreux fragments de verre ont été
trouvés. Les musées de Rome et de Naples en renferment de précieux échantillons. Les visiteurs
peuvent y admirer des patères, des urnes, des amphores et des pâtes émaillées de plusieurs
couleurs.

Le grand tombeau découvert par le général Galassi et l'archiprêtre Regolini, dans l'antique cité
étrusque de Cere, offre une particularité que M. Raoul Rochette signale en ces termes :

    « Les corps ensevelis dans cette chambre avaient été vêtus d'un filet à mailles formé de grains
» d'émail, d'un vert bleuâtre, absolument semblables, pour la pâte et pour la couleur, à ceux qu'on
» a recueillis dans les tombeaux égyptiens, et alternant avec des grains plus gros de corail, propres
» à faire ressortir l'ensemble du travail ; et c'est ici un trait infiniment curieux pour la connais-

----

(1) Grand ouvrage de la Commission française en Égypte. Texte. *Arts et métiers*, t. VI.

(2) Voir les nombreux articles publiés par M. Raoul Rochette, dans le *Journal des savants*, soit lorsqu'il
raconte son voyage sur les lieux où s'opéraient les fouilles, soit lorsqu'il fait l'analyse des ouvrages traitant
du même sujet.

Au moment où nous écrivons ces lignes, nous apprenons la mort de M. Raoul Rochette. Qu'il nous soit
permis de rendre ici un dernier hommage à cet illustre et infatigable savant, dont nous nous honorons d'a-
voir suivi les leçons.

» sance des antiques rapports de la civilisation étrusque avec l'Égypte, qui ne peuvent s'expliquer
» que par le commerce des Tyrrhéniens et le souvenir des traditions qu'ils avaient apportées avec
» eux dans leur émigration de l'Asie (1) »

La Péninsule tout entière nous procure encore de belles découvertes. Nous indiquerons au lecteur les nombreux objets recueillis par S. A. R. le comte de Syracuse, à Cumes, la plus ancienne de toutes les villes grecques de l'Italie et de la Sicile (2), ainsi que les collections formées dans le royaume de Naples, par le marquis Campana, et celles qui se trouvent dans le musée Bourbon et dans les différents musées romains.

Les ouvrages qui ont décrit, analysé et commenté les antiquités provenant des fouilles faites depuis 1713, dans l'Étrurie et la Grande Grèce, sont excessivement nombreux; ils sont cités et analysés, pour la plupart, dans le *Journal des savants* (articles de M. Raoul Rochette) (3).

Grèce.

Pendant longtemps on s'est demandé si les Grecs avaient connu le verre; cette question eût pu être posée, tout au plus, pour la fabrication. Était-il possible que la Grèce, qui a répandu sa civilisation sur toutes les contrées, et qui en échange a reçu les idées des autres peuples, ait pu ignorer ce que en dehors d'elle on *rencontrait à chaque pas?* Déjà, au temps d'Alexandre, la fusion de l'Orient et de l'Occident s'était rapidement complétée.

Il n'était donc pas admissible que les Grecs eussent ignoré la fabrication du verre. Les textes d'ailleurs l'indiquaient. Homère, pour désigner les vases qui ne vont pas au feu, se sert communément du mot αατυρος (4). Athénée qui écrivait, environ un millier d'années après l'immortel chantre de l'Illiade, et qui nous a laissé un ouvrage si remarquable sur les usages de la table chez les Grecs, désigne par la même expression les vases de verre. Ce rapprochement est important et significatif.

Aristophane, dans sa pièce des *Acharniens,* et dans celle des *Nuées,* emploie le mot ὕαλος, auquel divers auteurs ont donné une signification trop étendue. Son étymologie (il vient de *hal* qui, en hébreu, signifie *sable*) indique suffisamment le produit fait avec le sable, c'est-à-dire le verre.

Athénée (5), qui déclare avoir écrit son *Banquet des savants* à l'aide d'anciens manuscrits, nous

(1) Raoul Rochette, *Journal des savants,* 1845, p. 281; *voir* aussi P. S. Visconti, *Antichi monum. sepolcr. soperti nel ducato di Ceri.* Roma, 1856, in-fol. ; *Descriz. di Cere antica* dal L. Canina. Roma, 1858, in-fol. ; *Monum. di cere antico* dal L. Grifi. Roma, 1841, in-fol. ; *Ann. dell' Inst. arch.* T. VII. Krama et Poletti.

(2) *Monum. cum possed. di S A . R. il. conte di Siracusa, etc.* Napoli, 1855.

(3) *Le Bulletin des Annales de l'instit. de corresp. archéol.* renferme aussi un grand nombre de Mémoires intéressants sur les vases et autres objets trouvés dans la Péninsule italique.

(4) « Il assigna pour prix, au cinquième, un phialée à deux anses qui n'allait pas au feu ».

Homère, L. XI.

Ailleurs il dit sept trépieds (cratères) qui n'allaient pas au feu.

(5) Les *deipnosophistes* ou *Banquet des savants,* trad. de M. de Villebrune. Paris, 1789.

apprend que sur les tables on voyait un grand nombre de vases de verre blancs et colorés, entre autres, le baucalis (Βαυκαλίς). (1), le lesbion (Λέσβιον) (2); il parle aussi de plats de verre posés dans des réseaux d'argent (3), et il ajoute que les habitants de l'île de Rhodes fabriquaient avec des aromates des pâtes vitreuses odorantes (4).

Les découvertes modernes ont éclairé la question et dissipé tous les doutes. Les antiquités recueillies en Étrurie proviennent en grande partie des fabriques de la Grèce, ou du moins sont dues à des artisans de ce pays. Il y eut dans le principe une espèce d'étruscomanie qui portait à attribuer le mérite de toute fabrication à l'Étrurie ; mais on revint bientôt d'une telle erreur et on rendit aux Grecs ce qui leur appartenait. C'est ce qui faisait dire à Millingen : *This Etruscomania so long prevalent, is, however, now completely exploded, and it is universally acknowleged, that the vases in question are Greeck, or of thoses countries where greek manners and institutions prevailed* (5).

Les savants reconnurent dans beaucoup de ces vases l'habile manière des célèbres fabriques de Corinthe, de Sicyone et d'Égine ; et les fouilles ultérieures, opérées dans les tombeaux du Céramique, du Pirée et d'Égine, confirmèrent leurs appréciations.

Les vases de verre que l'on trouve le plus communément sont des cratères, des lécythus, des ptérotos et des oxybaphons ou petits plats.

Les Grecs employèrent le verre à des usages très-variés. Théophraste (6) nous indique clairement qu'ils savaient, au moyen de pâtes vitreuses, imiter les pierres fines. La tradition nous rapporte que les Grecs ornèrent, les premiers, les pavés de leurs temples et de leurs palais de compartiments et de tableaux imitant la nature ; ils y firent entrer le verre de couleur, soit à cause de sa dureté et de son éclat, soit à cause de la facilité qu'ils avaient de lui donner toutes sortes de nuances, facilité qu'ils ne pouvaient trouver dans les marbres ou dans les autres pierres naturelles (7). Ils avaient aussi l'habitude, au dire de Philostrate (8), de couvrir d'un enduit d'émail des carreaux de terre cuite qu'ils faisaient recuire, ils en formaient même toutes sortes de figures.

(1) Ibid., L. XI, ch. 4. Le véritable baucalis venait d'Alexandrie.

(2) Ibid., L. XI, ch. 11. Il cite cette phrase tirée d'une épigramme d'Hédyle :

πορφυρίας Λέσβιον ἐξ ὑάλου. Un lesbion de verre de pourpre.

(3) Ibid., L. IV, ch. 11.
Lorsque nous eûmes assez bu, on nous servit encore à tous un plat de verre, d'environ deux coudées de diamètre, dans un réseau d'argent et rempli de toutes sortes de poissons, etc.

(4) Ibid., L. XI, ch. 2.

(5) *Ancien unedited Monum.* — *Painted Greeck vases collect. in various countries*, etc., by JAMES MILLINGEN. Londres, 1822, introd., p. 3.
M. Raoul-Rochette partage les mêmes idées et s'exprime ainsi :
Les premiers vases trouvés en Étrurie firent abusivement donner le nom d'*Étrusques* à tous les vases qui leur ressemblaient, quoiqu'ils provinssent de la Grande-Grèce ou de l'Attique, ou des îles de la mer Égée.
Des fabriques de verre furent, comme celles de poterie, établies dans l'Attique, sans doute par l'effet de ces anciennes traditions de commerce et d'industrie que les Phéniciens avaient laissées sur le sol attique.
(*Journal des savants*, 1842. Art. intitulé : *Observ. sur les anciennes fabriq. de vases peints en Grèce.*)

(6) THÉOPHR., *Traité des pierres.*

(7) *Voir* PIERRE LEVIEIL, *l'Art de la peinture sur verre.* Paris, 1774, in-fol, p. 9.

(8) PHILOSTRATE, *les Tableaux.*

« Mais ils s'aperçurent bientôt, dit Pierre Levieil, que cette peinture en émail n'avait pas de
» durée. Les sels que l'air charrie venant à s'y attacher, en mangeaient les couleurs et en rédui-
» saient la surface en poussière. On employa alors des cubes de verre pleins, de couleurs métalli-
» ques, et on obtint une solidité parfaite » (1). Nous savons enfin que des verreries de la Grèce
sortirent des objets de différentes formes. Archimède aurait fait faire pour la bibliothèque d'Athènes,
une sphère toute de verre. Des tubes, réunis en faisceaux et soudés ensemble, étaient coupés par
tranches et servaient de vitres aux fenêtres, etc., etc.

Comme preuve à l'appui de l'habileté des artisans de la Grèce, nous citerons le magnifique *do-
lium*, ou tonneau de verre trouvé tout récemment dans la campagne de Naples, sur l'emplacement
de Cumes. Ce rare et précieux objet, reproduit par l'*Illustration anglaise* (2), nous parait dater
d'une époque déjà assez avancée de la civilisation grecque.

Rome.

Rome se forma au milieu d'un pays où des verreries étaient déjà établies depuis longtemps, et,
dès son origine, elle fit usage du verre; il en fut, du reste, de cet art comme de tous les autres :
le génie romain se l'appropria avec une merveilleuse facilité.

Les verriers occupaient à Rome des quartiers séparés. Martial nous apprend que, de son temps,
il y avait une verrerie dans le cirque Flaminien (3), et Martianus en place d'autres près du mont
Cœlius, à côté des charpentiers (4).

L'art de la verrerie fit de rapides progrès et déjà, à l'époque de Sylla, la fabrication était assez
importante pour pouvoir fournir, en quelques jours, toutes les plaques de verre nécessaires à la
décoration complète du premier étage du théâtre élevé par Marcus Scaurus, et dont Pline nous a
conservé des détails presque fabuleux (5). Les produits des ateliers romains n'étaient pas seulement
nombreux, nous sommes obligés de reconnaître qu'ils étaient supérieurs aux nôtres sous bien des
rapports. Nous passerons sous silence le prétendu verre malléable, présenté à Tibère et dont la
découverte coûta la vie à son auteur, fable reproduite pour l'époque de Richelieu; mais nous parlerons des verres formés de plusieurs couches de différentes couleurs et ciselés au tour par des
moyens qui ne sont pas parvenus jusqu'à nous.

Les Romains semblent avoir connu toutes les manières de travailler les pâtes de verre et d'é-

(1) Pierre Levieil, *Essai sur la peint. en mosaïque.* Paris, 1768, in-12, p. 25.
(2) *Illustrat. Lond. News.* Apr. 1854.
(3) Mart., L. XII, épigr. 75.

Quum tibi Niliacus portet crystalla cataplus;
Sunt mihi de circo pocula Flaminio.

(4) *Topogr. rom.*; L. IV, C. 4.
(5) L'amphithéâtre pouvait contenir 80,000 spectateurs. Le théâtre proprement dit, ou la scène, était
soutenu par 360 colonnes et divisé en trois étages. Les colonnes du premier étaient en marbre, celles du second
en verre, luxe inouï, dont on n'a pas d'autre exemple (*media e vitro, inaudito etiam postea genere luxuriæ*);
celles du troisième, en bois doré. 5,000 statues de bronze ornaient les entre-colonnements, etc.
Pline, L. XXXVI, C. 24.

mail. Ils imitaient les pierreries et les perles. Pétrone parle de fausses perles de la grosseur et de la forme d'une fève (1), et Trebellius Pollion raconte à ce sujet que l'Impératrice, épouse de Gallien, avait été trompée par un jouillier qui lui avait vendu des perles de verre pour des pierres fines et naturelles (2). Ces friponneries, souvent répétées, avaient fait dire à Tertullien : *Tanti vitreum quanti margaritum* (3).

On conçoit que ces artistes, si habiles à imiter la nature, ne devaient pas être moins adroits à combiner les pâtes d'émail, de manière à former des dessins et des tableaux, soit sur les vases, soit sur des plaques de verre. Les villes d'Herculanum et de Pompeii, exhumées de leurs cendres où elles étaient restées ensevelies pendant plus de sept siècles, les tombeaux antiques et les tombes sacrées des martyrs décorées par la piété des fidèles, nous ont offert une foule d'objets d'une haute valeur.

Nous allons les passer rapidement en revue, en ne nous arrêtant qu'à ceux qui nous offrent de l'intérêt au point de vue de nos études.

En première ligne se placent les vases de verre ornés de figures en relief, tantôt d'un ton clair, tantôt de diverses couleurs, sur un fond brun et d'une exécution si parfaite qu'ils n'étaient guère inférieurs aux beaux vases de Sardoine. Un des plus remarquables est, sans contredit, celui qui fut nommé, sans raison, l'urne d'Alexandre Sévère (4). Le Cabinet des médailles, à Paris, renferme une collection nombreuse de vases décorés de zigzags et de chevrons blancs et jaunes sur fond d'opale.

Nous donnons dans cet ouvrage (5) le dessin d'un vase de fabrication romaine, trouvé dans un tombeau, à Cologne, au commencement de 1844, et déposé au Musée de Bonn. Cette jolie pièce de verre se trouve dessinée et décrite dans les annales allemandes intitulées : *Jahrbücher des vereins von alterthumsfreunden im Rheinlande* (6).

Cette coupe, d'une pâte de verre opale, est d'une délicatesse de travail à laquelle les plus habiles ouvriers d'aujourd'hui ne pourraient pas atteindre. Les parties saillantes, les lettres qui sont détachées de quelques lignes du corps de la coupe et qui n'y tiennent que par quelques filets déliés, ont été entièrement découpées au touret. Elle porte une de ces inscriptions que l'on rencontre souvent sur les vases à boire des Romains.

Il y manque les deux premières lettres, mais la voici rétablie : πιε ζήσαις καλῶς.

Une autre coupe, d'un travail et d'une disposition semblables, avait été déposée dans le même tombeau ; sa dimension est un peu plus grande et son inscription, qui rappelle la précédente, est celle-ci : BIBE MULTIS ANNIS.

(1) Petron., C. 7. Pline, L. XXXVI, C. 26 ; L. XXXVII, C. 6, 7 et 8.
(2) Trebell. Poll. *in Gall.*
(3) Tertull., *Mart.*, L. IV.
(4) Winkelm., L. I, ch. II, § 28 ; et les auteurs cités dans les notes de Carlo Féa et de Janssen.
(5) *Voir* le vase dessiné en cul-de-lampe, à la fin du chapitre, d'après la gravure du *Jahrbücher des vereins von alterthumsfreunden*, 1844, taf. XI u XII. Fig. 2.
(6) Année 1844, page 320.

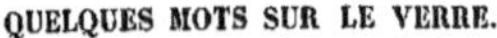

Nous reproduisons ici, en note, l'intéressante description d'une coupe semblable, empruntée à l'ouvrage du savant abbé Winckelmann ; ce qui nous permet de rapprocher deux objets analogues et trouvés à cent ans de distance (1).

Nous ne nous arrêterons pas à décrire les différentes espèces de vases de verre, tels que les *alassontes* dont les nuances étaient changeantes, tels encore que les lacrymatoires et les urnes de genres variés, ou ces petits vases d'un prix élevé, imitant le cristal, et si légers qu'ils semblaient avoir des ailes et qu'on les appelait *pterotoi*, ou *nimbi vitrei* (2). Nous ne ferons également que signaler les moules de pierres gravées en creux ou en relief, faits avec les mêmes pâtes vitreuses transparentes ou teintées, ainsi que certains instruments de jeux : les balles, *pilæ vitreæ lusoriæ*; les dés, *tesseræ cristallinæ*; et des pièces pour les échecs, *latrunculi lutrones vitrei*; mais nous allons établir comment, sur les bords du Tibre, on entendait la peinture sur verre, et à quel usage elle était destinée.

Les Romains savaient appliquer l'or et l'argent sur le verre et en former des dessins. Le savant de Caylus a indiqué les procédés dont on suppose qu'ils se servaient (3). L'or était de préférence incrusté sur les verres bleus dont on faisait des vases ou des médaillons.

Avec l'application de couleurs simples et vitrifiables, ou au moyen de plusieurs couches de verre superposées et découpées au touret, ils composaient des tableaux ou des bas-reliefs pour la décoration des appartements (4). D'abord ce ne fut que de simples plaques de verre noir et dans lesquelles on ne pouvait apercevoir que l'ombre des objets, ce qui surpre-

---

(1) « On peut se former une idée de l'habileté des ouvriers à travailler le verre, d'après la précieuse
» coupe ou tasse antique découverte environ l'an 1727, et qui se trouve aujourd'hui dans le cabinet de M. le
» marquis Trivulsi.
   » La tasse est extérieurement enveloppée d'une espèce de filet, qui est distant d'environ trois lignes de la
» coupe, à laquelle il tient par des fils ou des fûts de verre d'une grande finesse, placés à des distances égales
» les uns des autres. Au-dessous du bord de la coupe, il y a en caractères proéminents et attachés au fond,
» de la même manière que le filet, par des fûts longs de deux lignes ou un peu plus, l'inscription suivante
» qui tourne autour de la coupe : BIBE, VIVAS MULTIS ANNIS ; ce qui est une de ces exclamations dont on se
» servait au repas, et que les anciens avaient coutume de mettre sur leurs vases de verre.
   » Cette coupe n'a ni pieds, ni base, comme cela est assez général aux coupes antiques; de sorte que pour
» les faire tenir droites, il fallait se servir d'une buse creuse par le milieu, qu'on appelait *engytheca* ou
» *angotheca*.
   » Les caractères de l'inscription sont verts et le filet est bleu ; ces deux couleurs sont assez vives. La coupe
» même est de la couleur de l'opale, formant la gorge de pigeon par une nuance de rouge, de blanc, de
» jaune et de bleu, ainsi que cela est propre au verre qui a resté longtemps sous terre.
   » Ni le filet, ni les caractères n'ont certainement pas été soudés à ladite coupe; mais le tout a été fait au
» tour, sur une masse solide de verre froid, de la même manière qu'on fait les camées. On aperçoit visible-
» ment l'action du touret sur les fûts, lesquels sont plus ou moins anguleux, suivant que l'instrument a pu y
» pénétrer.
   » Pline parle de cette espèce d'ouvrage (L. XXXVI, C. 26), et il y décrit les différentes manières dont on
» donnait de son temps une forme au verre sortant du four : on le fondait de nouveau et on le teignait de
» quelque couleur; tantôt on lui donnait, par le moyen du vent, telle forme qu'on voulait, tantôt on le
» travaillait au tour, quelquefois aussi on le gravait au ciselet comme l'argent. »
   WINKELM., *Hist. de l'art*. Paris, an II. Note des éditeurs de Milan, au § 20 du ch. II; L. I.

(2) Voir A. DEVILLE, *Examen de deux passages de Pline relatifs à l'art de la verrerie*, dans les *Mém. de la Soc. des antiq. de Normand.*, tom. IV, in-4°, 2° série.

(3) DE CAYLUS, *Rec. d'antiq.*, t. 1, p. 252, 279, 294 et 295.

(4) Ces plaques de verre décoratives étaient appelées *Vitreæ quadrataræ*.

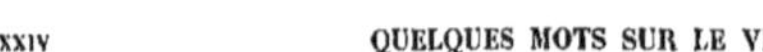

naît les personnes qui s'y voyaient pour la première fois (1). Mais bientôt on orna les marbres qui servaient de revêtement aux murs, avec des bas-reliefs de verre, des arabesques et des festons peints coloriés de même matière (2). On a recueilli dans les décombres des villas romaines plusieurs fragments de tableaux peints sur verre. « *J'ai vu moi-même, dit M. Batissier* (5), *dans la collec-* » *tion de feu M. Bartholdy, un de ces fragments de peinture avec le pan de muraille qui y était* » *encore adhérent, et qui suffirait seul pour montrer quel avait dû être dans l'antiquité l'em-* » *ploi de ces sortes de verre peint ou sculpté* (4).

Plusieurs bas-reliefs sont arrivés jusqu'à nous. Buonarrotti (5) et Winkelmann (6) ont publié et décrit celui du musée du Vatican qui représente, sur un fond bleu d'azur, une scène dionysiaque, d'une exécution qui rappelle les plus beaux camées antiques. Passeri (7) et Olivieri (8) en ont publié plusieurs; le plus important est sans contredit un taurobolium de plus de trois pieds de long, avec détails, accessoires et inscription.

Les Romains excellèrent surtout dans les peintures en mosaïque (*musivum opus*). Tantôt elles étaient formées de cubes de verre, dont l'assemblage se faisait au moyen d'un ciment fin, et dont les combinaisons représentaient de grands tableaux destinés à décorer les aires, les parois et même les voûtes des appartements. Parfois on les disposait en tables portatives. Jules-César emportait toujours avec lui, dans ses expéditions lointaines, de ces tables de mosaïques pour en orner sa tente. Tantôt elles se réduisaient à des proportions microscopiques, et devenaient des bijoux d'un grand prix. Les cubes de pâte et d'émail étaient alors remplacés par de longs fils de verre qui, une fois réunis, se soudaient ensemble par la chaleur. On comprendra alors aisément que le dessin ne se trouvait pas seulement à la surface, mais traversait la masse entière pour se reproduire sur l'arrière-face. Les artistes verriers, dont l'habileté à couper le verre était très-grande, formaient ainsi des masses assez épaisses, qu'ils divisaient ensuite par tranches, et ils obtenaient plusieurs reproductions exactement semblables du même dessin. M. Hamilton a possédé à Naples une de ces baguettes de verre en mosaïque, dont l'extérieur était bleu et dont l'intérieur représentait une sorte de roue de diverses couleurs.

Ce serait dépasser notre but que d'entrer dans de plus grands détails sur la peinture en mosaïque; nous nous contenterons de donner ici, d'après Winkelmann, la description d'un de ces délicats ouvrages :

(1) Senec. Ep. 86.
Stace nous apprend aussi que les murs et les plafonds des bains d'Étruscus étaient garnis de bas-reliefs ou frises de verre de différentes couleurs.   (Stac. Sylv., L. I, c. 5, v. 42.)
(2) *Voir* Pline, L. XXVI, c. 64; Vopisc. *in Firm.*, c. 5; Buonar., *Osserv. sopra alcuni medagl. ant.*, p. 457; Passeri, *luc. fictil. tav.* 76; Olivieri, *Dissert. sopra duo tav. di avor.*, p. 469. Raoul-Roch., *Peint. ant.*, 1836, etc.
(5) Ouvr. déjà cité, p. 645.
(4) De Caylus parle ainsi sur le même sujet : Les passages des auteurs et quelques monuments de cette matière m'ont mis en droit de regarder le verre comme un des grands objets de décoration dans le temps du luxe et de la splendeur des appartements.
(5) Buonarrotti, *Osserv. istor. sopr. alc. medagl.*, p. 457.
(6) Winkelm., *Hist. de l'art.*
(7) Passeri, *Luc. fict.*
(8) Oliv., *Sopra duo tav. di avor.*, p. 69.

« *L'un de ces morceaux, qui a à peine un pouce de longueur sur un tiers de pouce de largeur,*
» *offre, sur un fond obscur et diapré, un oiseau qui ressemble à un canard, et dont les couleurs*
» *sont très-vives et très-variées, mais qui représente plutôt une peinture chinoise qu'un ouvrage*
» *fait d'après nature. Le contour en est sûr et franc; les couleurs sont belles et pures, d'un effet*
» *très-doux, parce que l'artiste y a employé tour à tour du verre opaque et du verre transpa-*
» *rent. Le pinceau le plus délicat d'un peintre en miniature n'aurait pu rendre plus nettement le*
» *cercle de la prunelle, ainsi que les plumes de la gorge et des ailes, à l'origine desquelles ce mor-*
» *ceau est cassé. Mais ce qui surprend surtout, c'est que le revers de cette peinture offre le même*
» *oiseau, sans qu'on puisse y remarquer la plus petite différence dans les moindres détails. On*
» *peut conclure d'après cela que la figure de l'oiseau est continuée dans toute l'épaisseur du*
» *morceau.*

» *Cette peinture est composée de différentes lames de verre coloriées, qui, mises en fusion, se*
sont unies en se fondant (1). »

Il résulte, de ce que nous venons de dire, que les Romains exécutaient des peintures sur
verre, soit par l'application de couches de verre et d'émail sur des fonds de même matière, soit en
assemblant différentes lames ou cubes de verre pour en former des mosaïques. Pourquoi donc, si
nous admettons que les fenêtres ont pu être closes avec des vitres aussi bien qu'avec des pierres
spéculaires, n'admettrions-nous pas également que ces vitres ont été peintes et coloriées?

M. l'abbé Barthélemy (2) s'exprime ainsi : « Comme les Romains savaient l'art de peindre sur le
» verre, et qu'on ne voit pas qu'ils aient appliqué de couleurs sur la pierre spéculaire, peut-être
» faut-il entendre d'une fenêtre de verre ce que Martial dit dans l'épigramme XIXe du livre XI :

> » *Donasti, lupe, rus sub urbe nobis*
> » *Sed rus est mihi magnus in fenestrâ.* »

A cette citation nous pourrions ajouter la suivante, qui est de Vitruve (3) :

> « *Propter inopiam coloris indici cretam selinusiam*
> » *Aut annulariam, vitrumque inficientes,*
> » *Imitationem faciunt indici coloris.* »

La question des vitres aux fenêtres ne fait plus de doute depuis qu'à Herculanum et à Pompeii il
en a été découvert. Winkelmann, Bellori et Mazois les ont décrites. Mazois (4) en a eu en sa possession qui pourraient, disait-il, être comparées aux plus belles vitres modernes. Mais comme la
clôture des fenêtres, qui, du reste, étaient peu nombreuses et d'assez petite dimension, se faisait
également avec l'albâtre, le talc, le *lapis phengites,* que l'on découvrit en Cappadoce et en Espagne

---

(1) Winkelm., L. I, § 22.
(2) *Voyage en Italie,* in-8°. Paris, 1801, p. 248.
(3) L. VII, cap. 14.
(4) Les vitres romaines étaient posées dans une rainure et retenues de distance en distance par des boutons
tournants qui se rabattaient sur les vitres pour les fixer.

Mazois, *Ant. de Pomp.,* 5e part, p. 77.

avec des treillages, *transennæ*, des volets, et, enfin, avec des tentures, *vela*, l'emploi des vitres fut peu répandu.

Si nous quittons la Rome païenne pour nous adresser à la Rome chrétienne, et si, dans ce but, nous descendons dans les catacombes, nous y trouverons des objets de verre et d'émail bien précieux pour l'art et l'histoire.

Ce sont d'abord de nombreux fragments de vases de verre sur lesquels on lit ces mots : *bibe, vive*; et qui furent employés, suivant toute apparence, à la célébration des agapes chrétiennes. Ces fragments étaient collés au dedans et au dehors des sépulcres, comme autant de monuments de cet acte de piété de nos premiers fidèles (1).

On trouve encore, dans ce vaste musée funéraire, de petits médaillons en verre bleu avec des dessins gravés en or à l'effigie de saint Pierre et de saint Paul (2), ou représentant les premiers sujets de l'iconographie chrétienne et les figures symboliques de l'agneau, du poisson, du cerf se désaltérant, du coq, du paon, du phénix, du serpent, des palmes, des couronnes, des navires voguant en pleine mer, etc. On y trouve aussi des cornes, des ampoules, des vases de différentes espèces et des verroteries de couleurs bien conservées (3).

Les auteurs qui ont écrit sur les catacombes sont nombreux; nous ne pouvons que renvoyer le lecteur aux principaux, tels que Bosio, Bottari, Arringhi, Boldetti, Micali, Ficoroni et bien d'autres, qui lui apprendront à connaître les premiers monuments de l'ère chrétienne; nous l'engagerons aussi à visiter le musée du Vatican et le musée nouveau dit des Catacombes, où sont rangés les monuments eux-mêmes en quantité considérable.

Pour donner une idée de la manière de mouler, de dorer, d'argenter, de colorer et de ciseler le verre à cette époque, et de la haute valeur des objets de cette matière, nous emprunterons à Buonarroti la description suivante :

« *Le verre que j'ai fait graver fut trouvé dans le cimetière de Sainte-Agnès, en 1698, et je*
» *me félicite d'en avoir fait prendre le dessin sur-le-champ, car, peu de jours après, il s'en alla en*
» *éclats et il n'en resta pas la moindre partie. Il était de bonne manière et du plus beau travail: le*
» *fond était bleu, la bordure d'arabesques, les caractères, la jeune fille, les enfants et les fais-*
» *ceaux que l'un d'eux tenait, la corne d'abondance, l'urne et les roseaux, tout cela était d'or;*
» *l'habit de la femme était d'argent, les cheveux châtain clair; la figure principale, c'est-à-*
» *dire celle de l'homme, était en or, ainsi que la draperie qui lui descendait de dessus les épaules;*
» *mais cette dernière, dans la partie qui lui couvrait les genoux, était en argent et rayée de pour-*
» *pre; l'eau qui coulait de l'urne était de couleur vert-de-mer; les fruits que la jeune fille por-*
» *tait dans les replis de sa robe, étaient rouges et or, et ceux qui sortaient de la corne d'abon-*
» *dance étaient, au contraire, de leur couleur naturelle; le feston, porté par un des enfants*

(1) Telle est l'opinion de M. Raoul-Rochette, exprimée dans son *Mém. sur les antiq. chrétiennes.*
          Mém. de l'Inst. royal des inscript. et belles-lettres. T. XIII. 1838.
(2) Saint Jérôme dit formellement qu'il était d'usage de peindre la figure de ces apôtres sur des vases de verre.
          SAINT HIERON., *Comment. in libr. Joh.* C. IV.
(3) *Voir* le grand ouvrage de M. Louis Perret : *Roma subterr.* Pl. 12, 27, 33, 38, 59, 49, 51, etc.

» ailés , était mêlé d'or, de vert et de rouge; enfin, le vase d'or que portait le troisième génie,
» était dessiné par des traits de couleur rouge, à l'exception d'un rang de petits ronds qui étaient
» coloriés en noir, et de ces lettres : KATTEO, qu'on y lisait et qui étaient rouges (1). »

Enfin si, quittant l'Italie, nous revenons en Occident, nous verrons que l'art perfectionné de la verrerie y précède la civilisation. Il arrive à la suite des armées romaines et s'établit en conquérant dans le pays. Aussi dans les fouilles qui mirent à découvert les tombeaux de nos ancêtres, les plus anciens objets de verre sont les plus beaux, parce qu'ils proviennent de ces artistes si habiles, accourus de la Péninsule. Après eux se placent les produits de fabrique indigène, bien faciles à reconnaître à leurs formes et à leur style incorrects.

Le lecteur pourra consulter à ce sujet toutes les *Annales archéologiques* de France, de Belgique, d'Allemagne et d'Angleterre. Nous indiquerons particulièrement, pour la France, le savant et remarquable ouvrage de M. l'abbé Cochet, intitulé : *La Normandie souterraine* (2), dont les aperçus sont fins, ingénieux et toujours justes.

Là tout est classé méthodiquement, et comme le verre joue un grand rôle dans ce que je pourrais appeler l'emménagement des tombes anciennes, nous y trouverons de nombreux et précieux renseignements sur les genres et les formes variant suivant les époques. Ce sont d'abord des verres à côtes, des fioles lacrymatoires à bases aiguës, plus loin des ampoules, des urnes pleines d'ossements brûlés, ailleurs des barillets portant le nom du fabricant; ce sont encore des bracelets semblables à celui que nous avons donné en tête de ce chapitre, et qui a été emprunté à l'ouvrage de l'abbé Cochet; tout cela brille des plus vives couleurs et atteste l'habileté avec laquelle on maniait le verre et l'émail dès le commencement de notre civilisation.

Ce qui ajoute un vif intérêt à ces études, c'est la comparaison que l'on peut établir entre les travaux faits dans les différents pays et qui viennent se corroborer et se confirmer mutuellement. Parcourez les ouvrages des Raoul-Rochette, des Lenormand, des Roulez, des Schayes, des Akerman, des Schapflin, des de Caumont, des Roach-Smith et de tant d'autres savants archéologues, et vous reconnaîtrez quel admirable accord la science approfondie a fini par établir entre tous ces antiquaires dont les discordes étaient jadis devenues proverbiales.

Les découvertes faites en Belgique ont démontré que la fabrication du verre était déjà très-avancée à l'époque de la domination romaine, car il ne faut pas croire que les Romains aient importé dans la Belgique et les Gaules la connaissance du verre (3). Déjà Pline nous apprend que, de son temps, les Gaulois connaissaient l'art de la vitrification et même celui de la mosaïque. Tous les objets de verre provenant de ces découvertes ont été savamment décrits dans les Mémoires de l'Académie de Bruxelles par MM. Roulez, Borgnet, baron de Selys-Longchamps, Schayes, de Witt et Galesloot.

Nous y remarquons d'abord la description de quelques vases (reproduits en dessin) trouvés dans

(1) BUONARROTTI, *Osserv. sopra alc. framm. di vasi di ant. di vetro.* In-4°, p. 216, tav. 30.
(2) Rouen, in-8°, 1854.
(3) Ils y ont seulement apporté leurs savants procédés.

des tumuli près de Namur, et appartenant à l'époque de la domination romaine (1); un véritable lacrymatoire découvert en 1852 dans le grand-duché de Luxembourg. Ce petit flacon déposé dans les cendres d'une urne romaine, était de forme globulaire, de couleur bleue, entouré de filets en verre blanc, superposés en spirales irrégulières du haut en bas de la fiole. Il contenait un liquide qui, analysé par M. le professeur Reuter, a été reconnu provenir de larmes, répandues à la mort du défunt (2). On trouva enfin dans un cimetière franc, au village d'Heulchin, province de Hainaut, de gros grains de collier en ambre, en verre et en terre cuite, émaillés de diverses couleurs. « Or, ajoute M. Schayes dans son intéressante et très-précise *Notice,* les grains de collier de » cette espèce et les plaques d'agrafe et de ceinturon en or, en argent ou en cuivre, incrustés de » verre, appartiennent essentiellement à l'époque franque et mérovingienne (3). »

La plupart de ces objets sont déposés dans le Musée royal d'antiquités, à Bruxelles, et méthodiquement classés par son savant conservateur.

Ici s'arrêtent nos préliminaires : nous avons voulu, pour ne pas mettre de confusion dans nos études, établir par avance quel rôle, dans les temps antiques, avaient joué le verre et l'émail. Nous avons vu qu'ils ont été connus de toute antiquité, que pétris et colorés de mille manières, ils s'étaient prêtés à des usages aussi multiples qu'ingénieux; nous allons les voir maintenant subir une nouvelle transformation pour embellir nos églises et devenir, au commencement du moyen âge, un des plus puissants moyens d'instruction chrétienne.

(1) *Bulletin de l'Académie de Bruxelles,* notice de M. Borgnet. 1843, 1er vol., p. 191.
(2) *Ibid.,* 1855, t. II, p. 428. *Voir* aussi la notice de M. Roulez sur les *lacrymatoires. Ib.,* t. V, p. 226 et suiv.
(3) *Ibid.,* 1854, t. I, p. 119.

Vase romain trouvé dans un tombeau à Cologne et déposé au Musée de Bonn. *Voir* page xxxii.

HISTOIRE

DE LA

PEINTURE SUR VERRE.

> .... Voulez-vous sauver de leur ruine quelqu'un de ces vieux monuments que les siècles laissent arriver jusqu'à nous comme héritage sacré? Faites-vous ouvrir les vieilles caves de Saint-Denis, et sortez-en avec respect les vitraux où sont inscrits les hauts faits de nos croisades.
>
> (SAINT-GERMAIN L'AUXERROIS, par le *Comte Horace de Viel-Castel. L'Artiste*, tome I, page 303.)

CHAPITRE PREMIER.

Temps antérieurs au XIme siècle. — Vitraux de couleur aux fenêtres des églises. — Premières verrières ornées de figures peintes.

I

(1)

N E voulant pas nous attarder trop longtemps dans les préliminaires, dont l'étendue a cependant dépassé les limites primitivement tracées, nous avons dû négliger un grand nombre de détails et ne prendre que les faits principaux. Nous nous sommes contenté d'établir nettement l'état des arts et des procédés au moment où va surgir la peinture, sujet de notre étude. Le lecteur connaît maintenant les produits du verre et de l'émail, il les a suivis de siècle en siècle, de pays en pays; mais jusqu'à présent il ne les a vu employer comme vitres aux fenêtres, qu'exceptionnellement et dans des proportions restreintes. La civilisation ne tarde pas à passer de l'Orient en Occident et au Nord. Dans ces régions, nouvelles pour les arts, la température, souvent froide et pluvieuse, nécessite des ouvertures plus

---

(1) Cette lettre est tirée d'un évangéliaire du IXme siècle que l'on présume avoir appartenu à Charles le Chauve. *Man. de la bibl. de Bourg.*

grandes et hermétiquement closes. De là une nouvelle application du verre et de l'émail qui va se développer sous l'influence du christianisme.

II

Lorsque la foi nouvelle se constitua au grand jour, les néophytes se mirent avec empressement à bâtir des églises et à les décorer. Constantin donna l'exemple et érigea tout d'abord, à Rome, la basilique de Saint-Pierre, dont la démolition n'eut lieu qu'au 15e siècle pour faire place à l'œuvre du Bramante et de Michel-Ange. Anastase, le bibliothécaire, rapporte qu'aux fenêtres de cet édifice se trouvaient des vitraux colorés (1).

Tous les auteurs du 4e et du 5e siècle font allusion aux fenêtres vitrées des temples et souvent les décrivent avec enthousiasme. Lactance, par exemple, écrit que *l'esprit perçoit les objets extérieurs par les yeux du corps comme à travers les croisées garnies de verre ou de pierre spéculaire* (2).

Saint Jean Chrysostôme et saint Jérôme, plus précis, parlent des hautes fenêtres ornées de vitres de diverses couleurs, dont on décorait la maison du Seigneur (3). Prudence cite les riches verrières de la basilique de Saint-Paul hors-les-murs, à Rome. *Dans les fenêtres cintrées*, dit-il, *sont placés des vitraux de couleurs variées; ainsi brillent les prairies ornées des fleurs du printemps* (4). Une inscription, placée à Ste Agnès et reproduite par Ciampini (5), nous apprend que cette église fut reconstruite par Honorius, et décorée de vitres d'un effet surprenant.

III

En suivant l'ordre chronologique, nous arrivons à un fait d'une haute importance, car il nous offre la première indication de verrières peintes, représentant différents sujets. Jusqu'à présent les textes n'étaient pas suffisamment clairs, et ne semblaient indiquer que des vitraux de couleurs. Le lecteur a dû se demander s'il était possible que les premiers chrétiens, si habiles à manier le verre et l'émail pour orner la coupe pieuse de l'agape ou le médaillon destiné à rappeler le divin martyr sous la forme du bon pasteur, et les traits des fidèles apôtres, eussent tout d'un coup oublié cette science et cette pratique acquises, précisément au moment où ils réunissaient toutes leurs forces et bâtissaient au grand jour, à la face du monde païen, des édifices à Jésus-Christ triomphant.

Il ne fallait pas espérer retrouver, après quinze siècles écoulés, quelques débris de ces fragiles monuments échappés non pas aux ravages du temps, mais à l'inconstance et à la brutalité de l'homme; les textes seuls pouvaient parler, et ils l'ont fait d'une manière irrécusable.

(1) Fenestras ipsius ecclesiæ ex metallo cypsino decoravit, et alias fenestras *de vitro diversibus coloribus* decoravit.   Anast., *Bibl. de vitis roman. pontif.*, p. 187.
(2) Lact. *De opificio Dei*, cap. VII,
(3) S. J. Chrysost., *Opera.* Tom. VII, p. 554, et S. Hieron., *Commentar.*, apud cap. XLI. Ezech., v. 16,
(4) Prudent., Opera.
(5) Ciampini, *Veter. mun.* Tom. II, p. 105.

IV

Un poëte chrétien, le gendre de l'empereur Avitus, l'illustre évêque de Clermont, Sidoine Apollinaire, nous apprend que l'église, bâtie à Lyon en l'honneur des Machabées par saint Patient, évêque de Lyon en 450, était ornée de vitraux peints. Sidoine Apollinaire composa, sur la demande de saint Patient, une inscription pour l'église que ce prélat venait de terminer; il décrit dans une lettre, adressée à Hesperius, les détails de la cérémonie et les beautés de l'édifice; il envoie à son ami les vers qu'il a fait placer à cette occasion. Nous remarquons ceux-ci :

> « Ac sub versicoloribus figuris
> » Vernans herbida crusta sapphiratos
> » Flectit per prasinum vitrum lapillos » (1).

« Il est impossible de ne pas convenir, d'après ce passage remarquable de l'inscription de la basilique des Machabées, dit M. l'abbé Boué dans son intéressante Notice à ce sujet (2), que saint Patient ne l'ait embellie de vitraux coloriés à figures peintes. » *Sub versicoloribus figuris, prasinum vitrum*, sont des expressions trop précises, trop claires, pour laisser le moindre doute à la critique. L'EMPLOI DES VERRES PEINTS POUR L'ORNEMENT DES ÉGLISES REMONTE DONC, AU MOINS, AU Ve SIÉCLE (5).

V

Dès cette époque nous constatons, dans les Gaules, l'existence de fenêtres vitrées et, d'après ce que nous venons d'établir, il nous est légitimement permis de penser qu'une grande partie de ces vitraux étaient coloriés et peints.

Continuons les citations :

Fortunat, évêque de Poitiers, rappelle plusieurs fois, dans ses vers, le magnifique effet des verrières (4). Grégoire, de Tours, nous rapporte que des soldats pénétrèrent, en 525, dans une église, en brisant un vitrage (5); et déjà il nous avait appris qu'un voleur avait enlevé, également d'une église, des châssis de bois garnis de vitres (6); celles-ci avaient donc une certaine valeur et, sans doute, étaient couvertes de belles peintures.

(1) « *Sous des figures peintes, un enduit d'un vert printanier fait éclater des saphirs, sur des vitraux verdoyants.* » OEuvres de Sid. Apollin., traduct. de MM. Grégoire et Colombet. Lyon, Rusand, 1836, 1er vol., p. 175.

(2) *Bulletin monum.*, 1839, p. 526.

(5) M. de Caumont ajoute en note, à la fin de l'article de M. Boué : « Nous ne pouvons que remercier M. Boué de ses intéressantes observations. J'avais été comme lui, frappé de ce passage de l'inscription, composée par Sidoine pour l'église de Lyon; j'en ai parlé dans le chapitre de la 6e partie de mon cours, consacrée à l'histoire de la peinture sur verre. »

(4) *Voir* l'épigraphe placée en tête de l'introduction. *Voir* aussi, du même : *Carm.* L. X, § II.

(5) Grégoire. L. VI, cap. X.

(6) *Ibid.* L. I, cap. LIX.

VI

Pendant que la Gaule, initiée à la civilisation romaine et évangélisée par ses apôtres, faisait tourner à la gloire de Dieu ses premiers efforts dans l'industrie, en bâtissant de nombreuses églises ; pendant que le travail de la civilisation chrétienne s'accomplissait en Occident, l'empire d'Orient consacrait sa puissance et sa foi dans un monument qui marque une des principales époques de l'histoire de l'architecture.

Justinien accomplissait le rêve de David ; il luttait avec le fils du roi-prophète et, entrant dans l'édifice immense qu'il venait d'élever à la gloire du Très-Haut, il s'écriait : *Je t'ai vaincu, ô Salomon !*

Dans cette basilique, dédiée par l'empereur à la divine sagesse, Τη αγία σεπία, se trouvaient réunis tous les produits du luxe au 6ᵉ siècle. De riches mosaïques ornaient les fenêtres aussi bien que les parois et les voûtes. Quoique notre opinion à ce sujet soit formelle, nous devons reconnaître que les écrivains qui nous parlent des merveilles de cet édifice et que Du Cange a rassemblés dans son *Constantinopolis christiana* (1), ne sont pas suffisamment explicites.

Evagrius, Procope et Paul le Silentiaire s'étendent longuement sur les magiques flots de lumière irisée que d'innombrables fenêtres répandaient dans la sainte basilique (2). Ils font entendre que les vitres étaient de couleur, mais ils ne disent pas clairement si celles-ci formaient des tableaux.

Le siècle suivant reste pour nous dans la même obscurité. En 655, saint Philbert, fondateur de l'abbaye de Jumiéges (France), fait placer des vitres aux fenêtres des bâtiments claustraux, et dans la Vie de ce saint, écrite par ordre de Cochin, troisième abbé du même monastère, on trouve cette phrase : *Singula per lecta lux radiat per fenestras, vitrum penetrans, lumen optabile tribuens legentibus.* Dans le même temps, saint Ouen, dans la *Vie de saint Éloi,* mentionne aussi les vitres de l'église : *Apparuit subito in pariete circa vitream maximam.*

VII

Au commencement du vɪɪɪᵉ siècle, la France est donc en possession complète de l'art de la verrerie et envoie même des ouvriers dans diverses contrées. Les évêques anglais, saint Wilfrid et saint Benoît Biscop, Saint Anchaire et saint Rambert, apôtres de Suède et de Danemark, lui en demandent et font décorer de vitraux leurs nouvelles églises (3).

VIII

Ici se place un ouvrage important. L'auteur en est resté inconnu ; mais l'esprit et le style de ce

(1) *Constantinopolis christiana, ex variis script. contexta, auctore Carolo du Fresne, domino du Cange.* Paris, 1680. 4 vol. in-fol., lib. III, § 1 et III.

(2) *Voir* ᴅᴜ Cᴀɴɢᴇ.

(3) Bᴇᴅᴀ, *de Werimulens.* l., I, c. V.

manuscrit latin, reproduit par Muratori (1), doivent nous permettre d'en fixer l'époque jusqu'à un certain point, et de dire avec l'auteur italien qu'il est du commencement du viiie siècle.

En voici le titre : *Compositiones ad tingenda musiva, pelles, et alia, ad deaurandum ferrum, ad mineralia, ad chrysographiam, ad glutina quædam conficienda, aliaque artium documenta, ante annos nongentos scripta.*

Ce manuscrit, écrit dans le style de la basse latinité du viiie siècle, est excessivement remarquable au point de vue scientifique; méthodiquement divisé, il nous montre que déjà on était avancé dans la connaissance des produits du sol, et que la science chimique avait des règles fixes. L'art de teindre le verre n'était ni un mystère, ni le produit momentané du hasard, mais le résultat d'une étude acquise.

Ce traité fut évidemment composé en Italie, car il s'occupe de l'analyse des corps du sol italien (2). Il est probable que de nombreux exemplaires en étaient répandus dans les différents pays. Ce qui nous porterait à le penser, c'est d'abord la similitude des procédés en usage aussi bien en Gaule que dans la Péninsule, puis la parenté qui existe entre ce manuscrit et ceux d'Eraclius et du moine Théophile dont nous parlerons un peu plus loin.

<h2 style="text-align:center">IX</h2>

Le viiie siècle nous amène enfin le règne glorieux de Charlemagne et de nombreuses constructions. Nous savons avec quel luxe l'empereur faisait ériger des édifices religieux et quel soin il prenait à leur entretien. Nous savons aussi combien ses relations avec l'Italie furent nombreuses, et quand même d'habiles ouvriers verriers n'eussent pas été déjà établis en France, il en fût certainement venu avec tous ceux qu'envoya l'Italie sur la demande impériale.

Le silence des auteurs nous force à nous en tenir aux suppositions. Ce manque de renseignements ne doit pas nous surprendre, parce que, à cette époque, les fenêtres excessivement petites, n'étaient, en réalité, qu'un accessoire de peu d'importance ; le luxe se portait principalement sur les pavages, les parois et les voûtes ; mais encore un peu de temps, et les choses changeront.

<h2 style="text-align:center">X</h2>

Le ixe siècle voit les verriers continuer leurs travaux en France, malgré l'incertitude des temps et les ravages des Normands. Quelques faits importants de cette époque nous ont été conservés.

L'historien de saint Bénigne, de Dijon, qui écrivait vers l'an 1050, assure qu'il existait encore de son temps, dans l'église de ce monastère, un très-ancien vitrail représentant sainte Paschasie, et que cette peinture avait été retirée de la vieille église restaurée par Charles le Chauve (3). Cette

(1) Muratori. *Antiquit. medii ævi, dissert. vigesimaq.* Tom. II, col. 564.

(2) C'est ainsi qu'au paragraphe intitulé *De coctione vitri,* on lit : Arena est quæ nascitur in diversis locis, nascitur autem et in partibus Italiæ in montibus ; ista arena est autem..... etc.

(3) Emeric David. *Hist. de la peint.* In-18, 1842, p. 79.

peinture remonte donc au moins jusqu'à ce prince, qui protégeait les verriers d'une manière toute spéciale.

L'abbaye de Saint-Amand conserve une charte de Charles le Chauve, accordant à deux verriers dont elle cite les noms, Ragenulf et Balderic, deux manses en jouissance commune avec l'abbaye. Cet acte de donation a été signé le douze des calendes d'octobre de la vingt-quatrième année du règne de ce roi (865) (1).

XI

Le xe siècle est une époque de désastres et d'inquiétudes. De sinistres prédictions, accompagnées de présages plus sinistres encore, avaient annoncé la fin du monde; tout était paralysé, et les peuples, tombés dans le découragement, ne songeaient qu'au dernier jour. « Comme sur un navire » qui va couler bas, dit M. Charles de l'Escalopier, le silence et la prière avaient remplacé la ma- » nœuvre et le travail (2). »

Quelques esprits supérieurs ne partageaient cependant pas ces terreurs superstitieuses; de ce nombre furent les illustres évêques de Liége, Eracle et Notger, les grands bâtisseurs de leur épo- que (3). Mais les efforts de quelques hommes d'élite ne furent pas assez puissants pour combattre cette apathie, et les arts restèrent stationnaires.

XII

En Belgique, le mouvement civilisateur suivit les mêmes phases qu'en France, et ce que nous avons dit pour la Gaule française a également trait à la Gaule belgique. Si nous n'avons pas trouvé, pour ce pays des textes aussi explicatifs, du moins pouvons-nous conclure par analogie.

Ne savons-nous pas que déjà, au vie siècle, *saint Eleuthère* reconstruisit la cathédrale de Tournai, dont Grégoire de Tours parle avec admiration. *Saint Agricole*, évêque de Tongres, et *saint Monul- phe*, évêque de Maestricht, érigèrent des églises à Huy, à Maestricht et à Liége. Au viie siècle, *saint Gondulfe, saint Amand* et *saint Lambert* déploient le plus grand zèle dans la construction d'éta- blissements religieux. *Saint Amand* fonde, à la même époque, les abbayes de Saint-Pierre, de Saint-Bavon à Gand, de Renaix, etc. *Saint-Trond* imite cet exemple. *Sigebert*, roi d'Austrasie, établit les monastères de Stavelot et de Malmédy. *Saint Éloi*, l'illustre et habile évêque de Noyon, élève des églises et des chapelles dans la Flandre et la province d'Anvers.

Au viiie siècle, *saint Hubert*, le digne successeur de saint Lambert, transfère le siége épiscopal de Maestricht à Liége, érige en cathédrale la chapelle bâtie par saint Monulphe et la reconstruit.

(1) Nous ne reproduisons pas ici cette charte, parce qu'elle se trouve tout entière dans les ouvrages des deux savants bénédictins Martène et Durand : *Veter. script. et monum.... collectio;* 9 vol. in-fol. Paris, 1724. Tom. 1, col. 167 et 168, et dans le *Thesaurus novus anecd.* des mêmes auteurs; elle se trouve également dans Pierre Levieil et dans M. de Lasteyrie.

(2) Ch. de l'Escalopier, trad. du moine Théophile. Paris, 1847, in-4e, prélim., p. 11.

(3) *Voir* Chapeauville, tome II ; Polain, *Liége pittor.*; et J. B. Schayes, *Hist. de l'archit.*, tome I.

Éginhard, secrétaire de Charlemagne, donne lui-même le plan des bâtiments claustraux de Saint-Bavon.

La première église abbatiale de Lobes, érigée par *saint Landelin* et rebâtie en 837, était d'une beauté remarquable. Folcuin, écrivain du Xe siècle, nous en a laissé une description pompeuse (1). Toutes les églises élevées par les évêques Eracle et Notger étaient d'une grande richesse.

Nous citerons particulièrement la cathédrale de Saint-Lambert, qui fut détruite par un incendie en 1185; elle était, disent les historiens, entièrement couverte de peintures dont les sujets avaient été puisés dans l'Ancien et le Nouveau Testament, ou dans les histoires ecclésiastiques et dans la vie des saints pontifes (2).

Nous nous sommes à dessein étendu sur cette longue et un peu sèche nomenclature d'églises, afin de prouver que la Gaule belgique avait été pour les arts, à ces époques reculées, aussi bien partagée que les pays voisins (3). On doit observer, en outre, que les constructeurs de tout l'Occident étaient en grande partie les mêmes pour les diverses contrées; d'où nous concluons, malgré le silence des écrivains et l'absence complète de monuments de cette nature échappés aux ravages du temps, que l'art du peintre verrier était déjà, à ces époques, connu et cultivé en Belgique.

(1) Folcuinus, *De gestis abbat. lob.*, tome II, pages 205 et suiv.

(2) Chapeauville, *De gestis pontific. Leod.*, 1615, in-4°, tome II, page 129.

(3) *Voir*, pour les édifices bâtis à ces différentes époques, l'excellente *Histoire de l'architecture* du savant académicien de Bruxelles, M. Schayes. 1er vol., p. 285 et suiv.

CHAPITRE II.

XIᵉ et XIIᵉ siècles.

(1)

I

Lᴜs d'hypothèses ! plus de doute ! l'histoire jusqu'alors ne nous avait parlé que par ses textes ; mais dès le XIᵉ siècle les monuments apparaissent ; ils sont parvenus jusqu'à nous. L'intérêt grandit : le vitrail est là, brillant de toutes ses couleurs et, comme une pièce anatomique, attend que nous en fassions l'analyse.

II

Les XIᵉ et XIIᵉ siècles nous offrent la même qualité de verre. Celui-ci est généralement épais (à Saint-Denis, le verre a jusqu'à cinq millimètres d'épaisseur), gondolé, irrégulier et d'un vert foncé comme le verre à bouteille. Il n'est employé qu'en fragments presque toujours excessivement petits et qui ne dépassent guère douze centimètres dans leurs plus longues dimensions.

III

Le peintre verrier dispose de cinq sortes de verre teint dans la masse et d'une seule couleur d'émail (le brun).

Les cinq couleurs du verre sont les trois primaires: rouge, bleu, jaune ; et les deux binaires : vert et violet. Les procédés de coloration employés

(1) Cette lettre est tirée d'un manuscrit de 1084, provenant de l'abbaye de Lobes, et appartenant à la

à cette époque nous ont été conservés dans deux manuscrits, l'un d'Éraclius, reproduit par Raspe, et l'autre du moine Théophile. Nous parlerons plus loin de ces deux ouvrages.

Tout le monde sait que l'on obtient la coloration en mêlant des oxydes métalliques au verre fondu. Lorsque les matières premières ne sont pas pures, la fusion donne au verre des tons dus aux corps étrangers et dont on profite sans chercher quelquefois à s'en rendre un compte exact. C'est précisément ce qui arrivait alors. L'artisan savait que telle terre produisait telle couleur. Le sable provenant de la même carrière offrait même parfois des veines qui nuançaient les tons. Aussi le moine Théophile a-t-il bien soin de recommander de suivre avec attention la cuisson : « *Lorsque le* » *verre*, dit-il, *commence à prendre une nuance, jaune par exemple, arrêtez le feu, pour pro-* » *fiter du premier résultat. Poussez ensuite le feu et vous obtiendrez du pourpre clair, faites cuire* » *derechef, de la troisième à la sixième heure, vous aurez du pourpre roux et parfait* » (1). Ces effets tiennent aux oxydes métalliques qui changent de ton et de nuance suivant le degré de chaleur auquel ils sont soumis.

Nous ne nous arrêterons pas à indiquer les moyens de teindre le verre, nous renverrons le lecteur aux savants ouvrages de MM. Dumas (2) et Regnault (3), ou au manuel Roret (4). On peut également consulter les ouvrages de l'allemand Gessert (5) et ceux déjà cités, de Pierre Levieil et d'Haudiquert de Blancourt.

<h2 style="text-align:center">IV</h2>

Une seule observation nous semble nécessaire pour le moment : c'est que le verre rouge est toujours double (6), c'est-à-dire qu'il se compose d'une mince lame colorée appliquée sur une lame de verre ordinaire. Le procédé de fabrication en est fort simple.

Deux creusets contiennent l'un du verre rouge, l'autre du verre ordinaire. Au degré de fusion, l'ouvrier plonge sa canne dans le creuset de verre ordinaire et forme une boule qu'il commence à souffler et qu'il plonge ensuite dans un second creuset; il la couvre ainsi d'une surface de verre rouge et renouvelle cette dernière opération si la couche n'est pas assez épaisse. Il achève ensuite de souffler la boule jusqu'à ce qu'il en ait fait un manchon allongé.

bibliothèque de Tournai. Le dessin qui orne la lettre reproduit un des sujets souvent répétés de l'iconographie chrétienne. Sous la forme de Samson, terrassant le lion, nous devons voir Notre-Seigneur triomphant du péché et de la mort.

(1) Théoph. moine, chap. VIII. Trad. de M. Ch. DE L'ESCAL., in-4º. Paris, 1843.

(2) DUMAS, *Traité de chimie appliquée aux arts*, 1830. T. II, p. 551 et suiv.

(3) REGNAULT, *Chimie*, 1828, 4 vol. in-18.

(4) *Encyclop.* RORET, *Nouveau manuel complet de la peinture sur verre, sur porcelaine et sur émail*, par RECOULLEAU DE THOIRES, in-18. Paris, 1844.

(5) GESSERT, petit vol. in-18 traitant des procédés de coloration, surtout pour les émaux. Stuttgard, 1842.

(6) On trouve dans les vitraux du xiiiᵉ siècle, en France, des verres de couleur pourpre, qui ont une épaisseur assez forte et ne sont pas doublés. M. Steinheil, un des artistes les plus distingués de ce pays, a eu la bonté de m'en présenter et de m'en remettre. Nous ferons observer que la constitution de ces verres est défectueuse. Le mélange de la couleur n'a pas été intimement fait, et il en est résulté des veines et de l'inégalité dans la coloration du verre. La fabrication du verre pourpre, au xiiiᵉ siècle, paraît inférieure à celle du xiiᵉ siècle. Les lames épaisses de verre pourpre que j'ai eu occasion de voir, étaient très-opaques et irrégulièrement colorées, tandis que d'autres lames du xiiᵉ siècle et même du xiiiᵉ siècle, comme à Saint-Denis, qui n'ont qu'une légère pellicule pourpre, offrent de magnifiques nuances, quoique parfois légèrement veinées.

Les deux couches superposées ont fait corps ensemble et se sont étendues dans les mêmes proportions. Le manchon ainsi formé est, suivant la méthode adoptée, coupé dans ses deux extrémités, fendu dans sa longueur et porté de nouveau au fourneau pour s'étendre en feuille régulière.

Le verre rouge ne peut s'obtenir autrement, parce qu'une épaisseur un peu forte fait perdre la transparence. Il faudrait avoir alors des lames tellement minces que, si elles n'étaient pas doublées, elles n'offriraient aucune consistance, aucune solidité.

Dans la fabrication, rien donc n'est plus facile que d'avoir des verres doublés. On peut superposer autant de lames qu'on veut. En combinant les couleurs, on parvient à des tons mixtes d'un brillant effet. Cette idée simple ne vint cependant et ne fut mise en pratique qu'au xv⁰ siècle, comme nous le verrons.

▼

Le peintre verrier a donc à sa disposition, pour former ses fonds, cinq verres de couleur : le rouge, le bleu, le jaune, le vert et le violet. Nous devrions aussi compter le verre ordinaire et celui qui, légèrement nuancé de jaune, donnait les tons de carnation; mais, pour peindre, il n'a sur sa palette qu'une seule couleur, l'émail brun.

L'émail brun est un mélange composé de poudre de verre et d'un ou de plusieurs oxydes métalliques réduits en poudre, tels que le peroxyde de fer et le peroxyde de manganèse. On peut également le former avec un oxyde de cuivre ou même seulement avec de la terre d'ambre calcinée; cet émail est celui qui s'obtient le plus aisément par une foule de combinaisons (1).

Avec cette seule couleur brune, le peintre dessine les contours et indique les ombres au moyen de trois couches plates, données par la même teinte plus ou moins foncée; ainsi, que le verre soit jaune, bleu, rouge ou de toute autre couleur, le dessin qui y est appliqué est toujours du même ton et fait avec le même émail.

Le travail matériel pour peindre sur verre avec cet émail, est le même que pour la peinture à l'huile, avec cette différence qu'au lieu d'huile pour délayer la couleur, on se sert d'essence de térébenthine, d'eau de lavande épaissie ou simplement d'eau gommée. La lame de verre, ainsi chargée de son émail, est soumise au feu; la poudre colorante, entrant promptement en fusion, s'attache à la masse vitreuse qui la soutient et qui n'est encore qu'amollie; on laisse alors refroidir lentement et on obtient des traits inaltérables, parce qu'ils ont été tracés avec une couleur vitrifiée.

---

(1) Le moine Théophile indique le procédé suivant : nous le reproduisons ici pour donner au lecteur une idée des manipulations chimiques du xii⁰ siècle:

« Prenez du cuivre battu, brûlez-le dans un petit vase de verre jusqu'à ce qu'il soit réduit en poudre, » puis des parcelles de verre grec et de saphir grec, broyés l'un après l'autre entre deux pierres de por- » phyre; mêlez ces trois choses ensemble, de façon que le cuivre y soit à la dose d'un tiers, le verre d'un » tiers et le saphir d'un tiers. Vous broierez le tout soigneusement sur la même pierre, avec du vin ou de » l'urine et, mettant dans un vase de verre ou de plomb, peignez le verre en suivant scrupuleusement les » traits qui sont sur la table. Si vous voulez faire des lettres sur le verre, vous couvrirez les morceaux » entièrement de couleur et vous écrirez avec la queue du pinceau. »

(Chapitre XIX.)

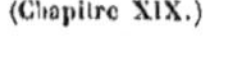

L'artiste se tromperait cependant étrangement s'il croyait pouvoir arriver aux effets sur verre de la même manière que pour la toile ou le bois. Dans ce dernier cas, le dessin se voit par réflexion, les rayons lumineux frappent le tableau et se réfléchissent dans l'œil. Pour la peinture sur verre, le phénomène n'est plus le même : la lumière arrive derrière la verrière et la traverse; on ne la reçoit donc que par transmission, il en résulte que la lumière vient jouer un rôle actif dans le tableau. Ainsi pour éclairer vivement un point, tandis que sur la toile on ne peut y arriver que par des tons énergiques, il faut, pour obtenir le même résultat, laisser à la vitre sa transparence et faire passer sans obstacle le rayon lumineux. Le peintre verrier doit donc se donner bien garde de suivre la même marche que le peintre à l'huile. Celui-ci éteint les parties qui doivent être dans l'ombre et enlève ses détails sur les fonds sombres, avec des couleurs plus vives; les tons chauds sont au premier plan et les reflets éteints à l'arrière. Celui-là, au contraire, ménage d'abord les parties claires et arrive avec des tons énergiques, qui forment comme un écran, pour les parties restant dans l'ombre. Les teintes de premier plan sont mises les premières et celles d'arrière-plan les dernières.

VI

Dans nos pays, les fenêtres des églises furent souvent closes, au commencement du moyen âge, par des plaques de pierres percées de trous ronds, dans lesquels on plaçait des fragments de verre (1); mais bientôt le progrès devint général et de belles verrières remplacèrent ces fermetures primitives dont on ne vit plus que de rares exemples.

Les pièces de verre, toujours très-petites au xiie siècle, doivent être réunies de manière à présenter une grande solidité. Le plomb vient prêter son corps flexible pour en former l'assemblage. Fondu et coulé dans des moules, il en sort sous la forme d'un long ruban, avec une épaisseur de quelques millimètres et porte une rainure (2) le long de ses flancs.

Souple comme le serpent, le plomb s'enroule autour des lames de verre qu'il retient dans les deux sens, au moyen de rainures où le verre vient se fixer.

Loin de nuire à l'effet, il en est un des plus puissants moyens en arrêtant nettement et en accusant énergiquement les contours. Nous ne savons au juste à quelle époque on commença à se servir du plomb pour cet usage. Le verre fut antérieurement placé dans des châssis en pierre et en bois. Saint Jérôme nous indique clairement ce dernier mode quand il parle du *vitro lignis incluso.*

Léon d'Ostie est le premier qui ait parlé des plombs aux fenêtres. Décrivant l'église de St.-Bénoît,

(1) Voir le cul-de-lampe à la fin du chapitre.

(2) Pour pratiquer ou parfaire la rainure sur les flancs de la baguette de plomb, on se servait du rabot, c'est la méthode indiquée par le moine Théophile. Comme le plomb avait souvent, en sortant du moule, ses deux faces rondes et bombées, on les aplatissait également en les rabotant. En général, les plombs jusqu'au 13e siècle étaient larges et peu hauts, bombés ou aplatis sur les faces et rabotés dans leurs rainures. Nous en possédons, qui sont restés bombés et qui ont quatre millimètres de hauteur sur neuf de largeur. Vers la fin du 16e siècle on se servit du tire-plomb pour préparer ces baguettes métalliques. *Voyez* PIERRE LEVIEIL, ouvrage déjà cité, in-4°, 1781, p. 575. Nous nous en occuperons en temps et lieu.

qu'il réédifia en 1066, il raconte que toutes les fenêtres de la nef et du chœur étaient fermées de tables de verre retenues par des plombs et reliées au moyen de traverses en fer (1).

Les plombs étaient coulés et souvent rabotés dans les demi-rainures, ils étaient en outre d'une épaisseur assez forte et arrondis sur les faces. Nous possédons un fragment de bordure garni de ses anciens plombs, ce qui lui donne une haute valeur (Pl. 4). Comme les procédés ne variaient pas avec les pays, nous sommes portés à conclure que telle était la forme générale, et nos recherches nous ont confirmé dans cette opinion (2).

VII

Le travail du peintre pour la confection de la verrière était, à l'époque du moine Théophile, exactement le même que de nos jours (3). Nous allons en parler brièvement et nous n'aurons plus besoin d'y revenir.

L'artiste, après avoir étudié le sujet de sa composition, le dessine et le peint, dans la grandeur qu'il doit avoir, soit sur toile soit sur carton. Le modèle étant ainsi bien arrêté, on en prend deux calques sur fort papier, ou si on le préfère, on peut en tracer un sur des panneaux de bois. Tous les contours doivent être nettement et fortement marqués. Un des deux calques en carton est découpé suivant les sinuosités des dessins en autant de morceaux qu'il y a de pièces de verre, et à cette époque elles étaient très-nombreuses. On forme ainsi des patrons sur lesquels on découpe le verre; ainsi fait un tailleur pour les différentes parties d'un vêtement.

Chaque pièce de verre est peinte suivant le modèle et passée au feu. Après la cuisson, les morceaux sont placés sur la table, où le second calque a été posé, et réunis exactement comme on pourrait le faire pour un jeu de patience. Le plomb vient ensuite se glisser entre les différentes parties de cette mosaïque et en forme un tout solide et complet (4).

VIII

Le procédé pour découper le verre est indiqué dans les termes suivants par le moine Théophile (5) :

« Vous ferez chauffer au foyer le fer à couper. Il devra être mince partout, mais plus gros au » bout. Quand il sera rouge, appliquez-en le gros bout sur le verre que vous voudrez diviser, et » bientôt apparaîtra un commencement de fêlure. Si le verre résiste, humectez-le de salive avec le

---

(1) Fenestras omnes et navis et titubi *plumbo* ac vitro compactis tabulis ferroque connexis inclusit.
                       Chron. casin., 4, III, cap. 27, édit. de Dubreuil, 1 vol. in-fol. Paris, 1603.
(2) Nous recommandons aux peintres verriers l'usage de ces plombs arrondis pour les petits détails, ils sont beaucoup plus avantageux pour l'effet de lumière que les bandes aplaties.
(3) Théoph. déjà cité, chap. XVII.
(4) *Voyez* pour tous les détails qui se rapportent au XII⁰ siècle, Théoph., chap. XVII et suiv.
(5) Chap. XVII.

» doigt à l'endroit où vous aviez placé le fer, il se fendra aussitôt. Selon que vous voudrez couper,
» promenez le fer et la fissure suivra. Toutes les parties ainsi divisées, prenez le *grésoir :* ce fer
» sera de la longueur d'un palme et recourbé à chaque tête; avec lui vous égaliserez et joindrez
» tous les morceaux chacun à sa place. »

Aujourd'hui les moyens sont plus simples et le diamant dont l'usage pour couper le verre ne remonte qu'au xvie siècle, produit avec facilité ces fentes que l'on ne pouvait obtenir qu'au moyen d'un fer rougi au feu (1).

Un des instruments les plus utiles est le grésoir, simple lame de tôle (d'environ 0^m,03 de large sur 0,25 de long) portant une série d'échancrures carrées, rangées par grandeur pour les différentes épaisseurs de verre. Avec le grésoir on rogne le verre et on lui donne rapidement mille formes diverses. Nous avons vu des peintres verriers, M. Capronnier entre autres, découper des pièces de verre avec une dextérité remarquable, et donner à la tranche une régularité presque égale à celle que le diamant pourrait produire en ligne directe.

Nous possédons des fragments de verre du xiie siècle dont la tranche est parfaitement nette. Divers essais malheureux ont été tentés pour remplacer le grésoir par des tenailles plus ou moins articulées. Pierre Levieil en donne plusieurs modèles; mais c'est au grésoir que l'on revient toujours de préférence.

IX

Après tous les détails matériels que nous venons d'exposer assez longuement pour familiariser le lecteur avec eux, et qui nous demanderont dorénavant peu de temps, le dessin vient s'offrir à notre examen.

L'art du dessin dégénère dès l'époque d'Auguste. Les beautés de l'antiquité disparaissent peu à peu sous les formes roides et incorrectes de l'école gréco-byzantine. Les catacombes de Rome nous ont laissé les monuments les plus complets de cette époque de transition, et l'on ne peut souvent juger de la date des peintures que par le degré plus ou moins avancé de la transformation byzantine. Plus le genre se rapproche de l'antique, plus on est près du siècle de Néron, mais, à mesure que le genre devient byzantin, il annonce le Bas-Empire.

L'art, à partir de cette époque, suit deux voies différentes : sur les rives du Bosphore, il s'immobilise; en Occident, au contraire, il progresse constamment. « *Sous le ciel de l'Italie et dans tout* » *l'occident de l'Europe,* dit M. Alfred Michiels (2), *la peinture chrétienne cherchait avec une cer-*

---

(1) Ce ne fut que vers le commencement du xvie siècle que l'usage du diamant s'introduisit parmi les vitriers. Le premier essai paraît en être dû à François Ier, lorsque, préoccupé des soupçons d'infidélité que lui inspirait la duchesse d'Étampes, il traça sur une croisée de Chambord, avec la pointe d'un diamant qu'il portait à son doigt, ces vers si connus :

Souvent femme varie,
Bien fol est qui s'y fie.

Trad. du moine Théopn., *note de* M. Ch. de l'Escal., p. 296.

(2) *L'Archit. et la Peint. en Europe, du XVe au XVIe siècle.* In-18, Bruxelles, 1853.

» *taine indépendance les moyens de rendre sensibles à la vue les austères conceptions du dogme et*
» *l'affectueuse morale de l'Évangile.* »

Aux xɪᵉ et xɪɪᵉ siècles, le dessin offre encore le caractère byzantin (*voir* planche 5). Il est maladroit et barbare, les personnages sont lourds, les plis roides et serrés les uns contre les autres. Les costumes sont également empruntés au style grec. Inutile d'ajouter qu'on ne trouve ni modelé, ni perspective, seulement quelques teintes plates pour les ombres. Si le dessin n'était vigoureusement indiqué par des tons admirables et pleins d'énergie, il en résulterait une impossibilité presque absolue de comprendre le sujet.

La planche 5ᵐᵉ représente un fragment (1) de verrière empruntée aux vitraux donnés à l'antique abbatiale de Saint-Denis, par l'abbé Suger. Le lecteur y trouvera, pour le modelé, les plis, les ombres, les tons, tous les caractères que nous venons d'indiquer. Nous ferons cependant observer que, déjà, on y remarque une certaine indépendance de main, un vif désir de copier la nature et de reproduire l'expression; or, tous ces signes de progrès, toutes ces tendances de nos premiers artistes ne se retrouvent en aucune façon en Orient, où les peintures restent marquées du même cachet d'immobilité et de routine; aussi, lorsqu'il y a quelques années, un savant et courageux archéologue, M. Didron, découvrit au sommet du mont Athos, dans un couvent de moines, un antique manuscrit sur la peinture, il reconnut qu'alors encore les artistes grecs ne faisaient que copier les travaux de leurs aïeux, du temps des Honorius et des Paléologues (2).

X

Les détails d'architecture permettent également d'apprécier l'âge de la verrière; le style architectonique est ce que l'on est convenu d'appeler roman (3). Le plein cintre règne en maître, les ornements appartiennent au genre classique, mais au classique dégénéré. Du chapiteau corinthien, il ne reste plus que la forme; de grossières figures ont remplacé la feuille d'acanthe, l'élégant rinceau grec a cédé la place à des zigzags, à des chevrons, à des billettes..... etc., et ainsi du reste.

Les verrières ont, en outre, des bordures toujours très-larges, dont les ornements sont semblables à ceux que nous venons de décrire. Le feuillage et les enroulements perlés offrent parfois, comme à Saint-Denis, de riches combinaisons. La planche IV donne deux bordures. La première, marquée A, fait partie de notre collection particulière; la deuxième, marquée B, est inédite et appartient aux verrières de l'abbatiale de Saint-Denis. Le feuillage polylobé n'est pas encore symbolique, mais on y remarquera la finesse des détails, surtout celle des petits fleurons, et le grand nombre des morceaux, car chaque couleur comporte un morceau de verre séparé. Toutes les couleurs connues à cette époque s'y trouvent réunies.

A la fin du xɪɪᵉ siècle, le style architectural change : le roman devient gothique, la simplicité

____

(1) Le sujet en sera expliqué un peu plus loin lorsque nous parlerons des verrières de Saint-Denis.
(2) Voir l'*Iconogr. chrétienne*, par M. Didron.
(3) L'architecture romane fut le dernier reflet de l'antiquité et prépara la voie au style nouveau qui surgit avec l'ogive.

succède à la richesse, souvent de mauvais goût, empruntée au genre profane. L'art devient chrétien, il ne puise ses inspirations que dans l'élévation du dogme divin, et il ne prend plus, pour ornement, que le feuillage de la nature disposé symboliquement. L'ogive a remplacé le plein cintre, les fleurs des champs ont chassé les ornements byzantins; mais cette révolution ne s'est pas opérée instantanément. La transition dure environ un demi-siècle.

La planche 2 offre un fragment de verrière qui appartient à un de nos amis, M. G. Hagemans, archéologue distingué de Liége (1). Déjà les petits losanges violets et verts, placés sous la figure principale, laissent apercevoir la forme de l'ogive. En comparant les draperies de l'ange à celles de saint Joseph (Pl. 3), il est facile de voir qu'elles sont d'un faire beaucoup plus simple, que, par conséquent, nous nous écartons de plus en plus du genre byzantin; nous touchons au xiiie siècle, si en réalité, nous n'y sommes pas déjà.

Le médaillon de l'ange est entouré d'une bordure en saillie sur l'encadrement peint de la verrière. Le feuillage de cette bordure est enlevé en blanc sur un fond couvert d'un émail brun, suivant la méthode indiquée par le moine Théophile. L'ange se détache en vive couleur au milieu de cette espèce d'auréole lumineuse. Les feuilles de l'ornementation sont découpées en quatre, cinq et sept festons; le chiffre trois, symbole de la Trinité, n'apparaît pas encore, nous ne le trouverons définitivement adopté par les artistes que dans le deuxième tiers du xiiie siècle, comme à Bourges, Sens, Angers, Tours, Lyon, Salisbury, etc. Quelques verrières de Bourges et deux roses de l'église Saint-Jean à Lyon, portent autour de leurs médaillons, de pareilles bordures blanches, feuillées et perlées, mais avec cette différence que le feuillage est trilobé.

<h2 style="text-align:center">XI</h2>

Les divisions intérieures des verrières, tracées par l'armature en fer, sont des carrés, des cercles complets ou des losanges; très-simples au xie siècle, elles deviennent plus compliquées et plus riches dans la deuxième moitié du xiie siècle, grâce à l'ogive qui vient y apporter ses découpures.

Les fonds sont presque toujours formés par un réseau bleu à filets rouges, avec intersection blanche; rarement le rouge domine; parce que cette couleur, répandue sur toute la surface, donnerait un ton trop vif, qui nuirait à l'ensemble (2). Quelquefois, comme dans la planche 3, le fond est nuancé de plusieurs couleurs séparées par les détails du sujet.

La verrière que M. Capronnier, de Bruxelles, exécute en ce moment pour la chapelle épiscopale de Tournai (Pl. 1), donnera une idée exacte des ensembles de cette époque. C'est une imitation très-heureuse des vitraux de Saint-Denis, les plus beaux types du xiie siècle.

____

(1) Cette verrière porte les principaux caractères de l'époque de transition, nous l'avons rangée au nombre de celles du xiie siècle, parce qu'elle nous paraît appartenir à ce siècle plutôt qu'au xiiie. C'est le seul fragment du xiie siècle qui, à notre connaissance, se trouve en Belgique ; nous regretterions de ne pas le voir déposé au Musée royal de Bruxelles, si nous ne le savions placé en d'aussi bonnes mains , et embellissant un des plus riches et des plus précieux cabinets d'antiquités de la Belgique, dont l'heureux et savant propriétaire publie en ce moment le catalogue raisonné dans le Bulletin archéologique liégeois.

(2) On peut s'en rendre compte sur quelques verrières de Bourges.

Le choix des sujets a été fait par monseigneur l'évêque de Tournai. Nous en ferons connaître le détail dans la seconde partie de l'ouvrage consacrée à la description des verrières de la Belgique.

Le fond et les bordures sont empruntés aux verrières de Saint-Denis. Les médaillons, bien disposés, isolés et encadrés dans les figures géométriques, au milieu d'un réseau uniforme, ressemblent, suivant l'expression d'un écrivain, à un tableau suspendu au-devant d'une tenture.

Quant aux compositions, au choix général des sujets, à l'esprit qui y présidait, comme le xiii⁰ siècle a suivi les mêmes errements, d'une manière beaucoup plus développée, nous n'en parlerons qu'au siècle suivant, nous contentant de dire que déjà, aux xi⁰ et xii⁰ siècles, l'esprit et le caractère des compositions indiquent, chez les artistes, une ferme croyance jointe à une profonde érudition.

XII

Deux auteurs, Eraclius et le moine Théophile, nous ont laissé de précieux écrits sur les procédés employés alors pour travailler et peindre le verre. Le manuscrit du premier a été reproduit par Raspe dans son *Essai sur la peinture à l'huile* (1), il doit être à peu près de la même époque que celui du moine Théophile. Tous les deux nous ont transmis les mêmes procédés et les mêmes erreurs. Une différence assez grande distingue toutefois ces écrivains : c'est que l'un étant, sinon Romain d'origine, au moins habitant de Rome (2), s'est spécialement occupé de ce qui intéressait son pays d'adoption. Il indique les moyens de fabriquer, ciseler, argenter, dorer et façonner le verre, tandis que le moine Théophile, Allemand selon toute probabilité, s'est attaché surtout à la peinture sur verre si cultivée à son époque dans tout l'Occident.

Eraclius a quelque chose qui respire encore le paganisme, il travaille pour les arts, et semble avoir pour but de procurer à l'humanité une nouvelle jouissance, en expliquant la fabrication des bijoux qui doivent parer la déesse de la beauté.

Le moine Théophile ne travaille que pour Dieu, il enseigne la manière d'embellir la maison du Seigneur, et s'il parvient à être utile aux hommes en augmentant leurs connaissances, pour toute récompense, il demande une prière. A la science du maître, il joint l'abnégation chrétienne la plus complète et nous présente déjà ce beau caractère des pieux artistes du moyen âge, auxquels il suffisait que Dieu sût leurs noms.

Écoutez le bon moine dans son simple langage (3) :

« *Lorsque tu auras souvent relu ces choses et que tu les auras bien gravées dans ta mémoire, toutes les fois que tu te seras utilement servi de mon œuvre, en retour de mes préceptes, je ne te*

____

(1) *A critical Essay on oil painting; proving that the art. By R. E.*
Raspe, in-4⁰. London, 1781.

(2) Raspe remarque que le nom d'Éraclius est grec, mais que cet écrivain habitait sans doute une des parties de l'Empire romain resté sous la domination des empereurs de Constantinople. Nous serions plutôt portés à penser que notre auteur était un de ces Grecs établis en si grand nombre à Rome.

Le même auteur ajoute avec raison qu'Éraclius, simplement qualifié de : *Vir sapientissimus*, ne devait être ni un prêtre ni un dignitaire de l'Église, parce qu'un titre semblable était à cette époque un honneur trop considérable pour ne pas s'en prévaloir.   *Ouvrage déjà cité*, p. 44.

(3) *Préface*, p. 9.

demande que d'adresser pour moi une prière à la miséricorde du Dieu tout-puissant. Il sait que je n'ai écrit mes observations ni par l'amour d'une louange humaine, ni par le désir d'une récompense temporelle; que je n'ai soustrait rien de précieux ou de rare par une malignité jalouse; que je n'ai rien passé sous silence, me le réservant pour moi seul, mais que pour l'accroissement de l'honneur et de la gloire de son nom, j'ai voulu subvenir aux besoins et aider aux progrès d'un grand nombre d'hommes. »

XIII

Il nous reste maintenant à parler des artistes en particulier et de leurs travaux.

A cette époque, on le sait, les arts et les sciences s'étaient réfugiés dans les monastères, et les ouvriers laïques étaient bien peu nombreux. Les moines, dont la première vertu est l'abnégation, comme Théophile nous en a donné l'exemple, ne signaient généralement pas leurs travaux, aussi leurs noms ne sont pas parvenus jusqu'à nous, sauf quelques rares exceptions.

Nous trouvons dans le *Cantatorium* de saint Hubert qu'un homme très-habile dans son art, nommé Roger, vint de Reims, de 1060 à 1070, pour fabriquer des verrières destinées à une église du pays d'Ardennes (1).

En France, sur une verrière de la cathédrale de Rouen, on lit : *Clemens vitrearius* (2) *Carnotensis M.* (3).

L'abbaye de Tegernsée, en Bavière, possède des vitraux qui lui furent donnés en 999 par un comte Arnold. On y voit également cinq fenêtres peintes par le moine Wernher de 1068 à 1091.— On suppose que les verrières de Heldesheim, en Hanovre, ont été peintes de 1029 à 1059 par un nommé Buno.

Dans la nef de la cathédrale d'Angers se trouvent des verrières qui datent de 1125 à 1130 (4).

(1) Voici le passage : « *Illuminavit quoque oratoria, quæ exstruxerat,* PULCHERRIMIS *fenestris, quodam* » *Rogero conducto ab urbe Remensi, valenti, admodùm viro et promptissimo, hujus artis et peritissimo.* »
D'après DE REIFFENBERG, *Monum. pour servir à l'hist. des provinces de Namur, de Hainaut et de Luxembourg,* in-4º. Bruxelles, 1847, tome VII, p. 260.

Le baron de Reiffenberg ajoute en note : *Fenestræ vitreæ* et *pictæ.* Nous pensons que ce savant écrivain a raison de dire que ces verrières étaient peintes. L'époque le demandait, et d'ailleurs le verrier Roger venait de Reims, où l'art de la peinture sur verre était porté à un haut point. La cathédrale conserve encore de magnifiques vitraux, du commencement du XIIIᵉ siècle et tellement beaux que l'on doit en conclure que cet art y était florissant depuis longtemps.

(2) Au moyen âge on disait indifféremment *vitrearius, vitriarius, vitriator* ou *vitreator.*

(3) La lettre *M* devait commencer le mot *magister.*
Voici l'appréciation de Langlois qui, le premier, déchiffra ce nom de *clemens :*

« Le nom du vieux peintre verrier auquel on doit attribuer les verrières dont nous nous occupons en cet » instant, est, par un heureux hasard, échappé à la proscription, mais mutilé et recouvert en partie par les » plombs d'une restauration ; ce n'est pas sans peine qu'on peut le déchiffrer sur le phylactère où il se trouve » inscrit.

» ..... On ne pourrait citer, je crois, qu'un très-petit nombre de signatures sur verre aussi anciennes ; » car dans les XVᵉ et XVIᵉ siècles même cet usage était loin d'être généralement répandu, et se renfermait » ordinairement dans l'apposition de quelques monogrammes aujourd'hui plus ou moins connus. » *Essai hist. et descrip. sur la peint. sur verre,* 1 vol. in-8º, Rouen, 1832, p. 25.

(4) Le calque des vitraux de cette cathédrale est publié en ce moment par M. le Hucher, architecte; grand in-plano.

On en a découvert en Alsace et au Mans qui sont, pour le moins, aussi anciennes, mais dont la date fixe n'est pas connue. Nous devons encore citer les vitraux de l'église de Glosar, dans le Hartz ; ils sont de 1488 et portent les portraits des empereurs Conrad Ier, Henri III, Henri IV et Frédéric Ier.

A Chartres, sous la rose occidentale se trouvent trois belles verrières du XIIe siècle. *Leur éclat est tel*, dit M. de Lassus, *qu'elles font pâlir tous les vitraux dont le XIIIe siècle a enrichi cette admirable cathédrale* (1). Les sujets qui y sont figurés devaient, suivant M. l'abbé Bulteau, se rapporter à la grande scène que le peintre aurait traitée plus haut dans la rose, c'est-à-dire à la glorification de Jésus-Christ, qui est le sujet des sculptures du portail. C'est en effet une loi fidélement observée par les artistes du moyen âge, de reproduire deux fois à chaque façade le même sujet ; de sorte que la peinture sur verre est toujours la reproduction de la statuaire, pourvu que l'une et l'autre soient de la même époque. Aujourd'hui les trois grandes fenêtres du portail occidental n'ont qu'une signification incomplète, parce que l'artiste qui a peint la rose au XIIIe siècle n'a pas compris, ou plutôt n'a pas voulu suivre la pensée de son prédécesseur.

Nous empruntons à M. l'abbé Bulteau et nous donnons en note les détails de ces importants vitraux (2).

(1) *Annales archéologiques*, t. I, p. 82.

(2). La première fenêtre à droite montre un magnifique *arbre de Jessé* ou tige généalogique de Jésus-Christ. Dans le bas du vitrail, le vieux Jessé est couché sur un lit ; de sa poitrine sort l'arbre de la généalogie divine ; les branches de l'arbre se croisent et se recroisent plusieurs fois, et entre les branches s'échelonnent les rois de Juda, ancêtres charnels de Marie et de Jésus : comme la place manquait, quatre rois seulement, David, Salomon, Roboam et Abias, sont figurés ; après Abias vient la très-sainte Vierge couronnée comme une reine ; enfin, au sommet de la tige, Jésus paraît entouré des sept dons du Saint-Esprit sous la forme de sept colombes blanches ; elles portent un nimbe uni et sont inscrites dans une auréole, autour de laquelle on lit dans l'ordre suivant :

Sapientia,

Intellectus,	consilium.
Fortitudo,	scientia.
Pietas,	timor.

C'est la traduction littérale de cette prophétie d'Isaïe, XI : « *Et il sortira un rejeton de la tige de Jessé, et une fleur naîtra de sa racine et l'esprit du Seigneur se reposera sur lui ; l'esprit de sagesse et d'intelligence, l'esprit de conseil et de force, l'esprit de science et de piété, et l'esprit de crainte du Seigneur le remplira.* De chaque côté de la tige se dressent les ancêtres spirituels du Sauveur, c'est-à-dire les prophètes qui l'ont annoncé ou figuré. A gauche, on trouve en allant de bas en haut : *Nahum, Samuel, Ézéchiel, Zacarias, Moyses, Isaïas et Abacuc ;* à droite, on voit : *Osée, Amoon* (pour *Amos*), *Micheas, Joheel* (pour *Joel*), *Balaam, Daniel et Sophonias,* tous avec leur titre de *propheta* ajouté à leur nom sur la banderolle qu'ils tiennent à la main.

La fenêtre centrale rappelle les principaux traits de l'enfance de Jésus. On y voit l'Annonciation, la visitation, la naissance de Jésus, le réveil des bergers, l'adoration des mages, le massacre des Innocents, la Chandeleur, la fuite en Égypte, la chute des idoles, le retour à Nazareth ; puis il y a le baptême de Jésus et son entrée triomphale à Jérusalem ; on remarquera que le Sauveur porte une palme. Dans le haut du vitrail, Marie assise, porte sur ses genoux le petit Jésus bénissant ; ici elle a un sceptre fleuri dans chaque main ; à ses côtés sont deux anges profondément inclinés.

La troisième fenêtre offre les scènes principales de la passion et de la résurrection du Seigneur Jésus. Il y a la Transfiguration, la dernière Cène, le lavement des pieds, la trahison de Judas, la flagellation, le crucifiement, la mise au tombeau, la résurrection, l'apparition à la très-sainte Vierge, l'apparition à Madeleine, le voyage avec les disciples d'Émaüs et le souper avec les mêmes disciples.

Descr. de la cathédrale de Chartres par M. l'abbé BULTEAU. 1 vol. in-8°, 1850, p. 191.

Les verrières de la cathédrale d'Angers furent placées par ordre de l'évêque Ulger, dont l'épiscopat dura de 1125 à 1149. Ces vitres précieuses se trouvent dans la nef, aux 3me, 4me, 5me et 9me fenêtres en comptant à gauche à partir du portail ; elles sont légendaires et retracent les scènes principales de la vie de la sainte Vierge (la 4me), de sainte Catherine (la 3me), de saint Vincent et de saint Laurent (la 5me), la dernière est indéchiffrable. M. de Lasteyrie a donné le dessin de la verrière de sainte Catherine (1). On y remarque l'élégance des médaillons à fond bleu avec bordures rouges lisérées de perles blanches, et la simplicité de leur forme qui est alternativement ovale et en fer à cheval.

L'église de Saint-Serge et la chapelle de l'hôpital, à Angers, ont encore quelques débris du XIIe siècle. Il en est de même pour la chapelle de l'ancienne abbaye de Fontevrault, aujourd'hui convertie en maison de détention.

L'église abbatiale de Saint-Denis a vu, depuis peu d'années, restituer aux croisées des bas côtés du chœur et de l'abside quelques-unes des magnifiques vitres dues à l'abbé Suger, qui en donne lui-même la description au chapitre XXII du livre de son administration tenu par le moine Guillaume, souvent sous sa dictée : « *Nous avons fait peindre une suite nombreuse et très-variée de vitres* » *nouvelles, commençant par l'arbre de Jessé, qui se trouve au chevet de l'église, et finissant au* » *vitrail placé sur la porte principale, tant au haut qu'au bas de l'édifice ; ces peintures sont* » *l'ouvrage d'un grand nombre de maîtres fort habiles appartenant à diverses nations.* »

Nous avons donné un très-remarquable fragment de ces vitraux, pl. 3 (2). M. de Lasteyrie leur consacre quatre planches et reproduit, en grandeur d'exécution, d'après une verrière consacrée à la mère du Divin-Rédempteur, le portrait en pied de l'abbé Suger, qui s'est fait peindre en dehors d'un médaillon, agenouillé aux pieds de la sainte Vierge (3).

Nous voyons en outre, à Saint-Denis, quatre médaillons dont deux symboliques d'une grande importance, parce que c'est, en quelque sorte pour l'Occident, la première page de la symbolique chrétienne qui va se développer si brillamment au siècle suivant.

Dans le premier médaillon, l'Autel sorti de l'Arche d'alliance s'appuie sur la croix du Christ, où la Vie vient mourir pour sceller plus étroitement cette alliance ; autour de l'Autel sont les quatre roues destinées à soutenir l'Arche d'alliance, et les quatre évangélistes symbolisés. Dans le second, Jésus-Christ, d'une main, dévoile la Synagogue, et de l'autre, couronne l'Église. Sur sa poitrine rayonnent les sept dons du Saint-Esprit sous la forme de sept colombes.

Les sujets des deux médaillons inférieurs étaient également symboliques ; d'un côté, les prophètes

---

(1) *Voir* son grand ouvrage, pl. I.

(2) Le songe de saint Joseph, qui en est le sujet, est tiré de l'Évangile selon saint Mathieu, chap. 1, v. 18, 19, 20, 21 :

18. *Or, la naissance de Jésus-Christ arriva en cette manière. Comme Marie, sa mère, avait été fiancée à saint Joseph, avant qu'ils fussent ensemble, elle se trouva enceinte par l'opération du Saint-Esprit.* — 19. *Saint Joseph, son mari, parce qu'il était juste et qu'il ne la voulait pas diffamer, la voulut renvoyer secrètement.* — 20. Mais comme il pensait à ces choses, voici l'ange du Seigneur qui lui apparut en songe et lui dit : Joseph, fils de David, ne crains point de recevoir Marie, ta femme ; car ce qui a été conçu en elle est du Saint-Esprit. — 21. Et elle enfantera un fils, et tu appelleras son nom Jésus ; car il sauvera son peuple de ses péchés.

(3) *Voir* M. DE LAST., pl. III et pl. VII, fig. 2.

apportaient des sacs de blé au moulin, saint Paul tournait la meule; de l'autre, on voyait un lion et un agneau ouvrant un livre. Ces peintures ont été remplacées, au xiiie siècle, par deux scènes des martyrs de la légion thébaine, dont l'abbaye avait reçu quelques reliques.

Tous ces vitraux sont restaurés et quelques-uns n'ont gardé que quelques fragments primitifs; c'est dire qu'ils sont presque entièrement neufs. M. de Lasteyrie s'élève avec une grande énergie contre cette restauration, qu'il qualifie de maladroite. Sans vouloir la défendre complètement et sans méconnaître ce que, par endroits, elle peut laisser à désirer, surtout comme caractère, nous ne pouvons nous associer au reproche éternel qu'on fait aux parties restaurées d'être criardes, car l'artiste n'a fait que copier exactement les nuances et les couleurs.

Si le verre ancien peut se distinguer du verre nouvellement travaillé, c'est parce que celui-ci est plus limpide et surtout parce qu'il n'est pas plus possible de lui donner cet adoucissement de tons et cette opacité, produit de longues années, que d'appliquer sur les médailles la patine des siècles? Qu'on cesse donc de reprocher à nos artistes un fait indépendant de leur volonté et de leur travail, un fait qui se reproduira toujours, à moins de recourir à ce qu'on appelle un trompe-l'œil. Nous aurons à critiquer des verrières à tons criards, comme à Munich, mais sous un tout autre rapport.

Une des belles verrières de Saint-Denis voit se développer et s'étendre, dans ses élégantes ramifications, le plus ancien arbre de Jessé que nous connaissions (1). D'autres sont uniquement couvertes de dessins d'ornement.

« *Une des verrières placées dans les anciennes chapelles de Saint-Osmanne et de Saint-Hilaire,*
» *dit* M. de Lasteyrie (2), *peut être regardée comme un des types les plus purs du style byzantin,*
» *en fait de peinture sur verre. Le caractère en est surtout frappant dans l'espèce de griffon qui*
» *forme la base de l'ornement. On pourrait reprocher peut-être à cette verrière la profusion des*
» *parties blanches; toutefois, il y reste si peu de fragments anciens, qu'on risquerait de mettre*
» *sur le compte du premier auteur les imperfections d'une maladroite copie.* »

(1) Nous avons pensé qu'il serait assez piquant de transcrire ici, comme une espèce d'introduction à la symbolique chrétienne, à laquelle nous voulons réserver une place aussi grande que le comportera l'étendue, malheureusement limitée, de cet ouvrage, les réflexions que cet arbre de Jessé a suggérées à M. de Lasteyrie :

« L'arbre de Jessé n'est autre que la généalogie emblématique de la sainte Vierge et de Jésus-Christ. Il a sa première souche dans le sein de Jessé ou Isaï, père de David, qu'on représente toujours sous les traits d'un vieillard, parce qu'en effet il était très-âgé lorsque David vint au monde. Chaque rameau sorti de cette noble tige porte une figure de roi, et la branche la plus haute de l'arbre présente, en s'épanouissant, l'image de Marie, comme sa fleur la plus belle, ou celle de Jésus, comme son fruit le plus doux.

» A ceux qui voudront voir dans cette peinture la prétention de prouver que le Sauveur du monde était de bonne maison, un tel sujet pourra paraître absurde et presque impie. Mais si l'on considère, dans la vierge Marie, l'emblème des vertus chrétiennes, dont l'éclat fait pâlir l'éclat de vingt couronnes; si l'on voit dans Jésus le fils de Dieu, entre les mains de qui un roseau devient un sceptre plus puissant que tous les sceptres des rois, alors peut-être voudra-t-on reconnaître, dans cette époque grossière, une grande leçon donnée aux puissances du monde.

» Je ne prétends pas, du reste, que l'artiste employé par Suger ait ainsi compris la pensée qu'il devait rendre; car il est de la nature des emblèmes religieux de perdre beaucoup de leur valeur en passant à l'état de traditions. La naïveté du tableau de Saint-Denis semble, en effet, prouver que le peintre n'a vu, dans le sujet donné, qu'une suite de rois terminée par un Dieu, et s'en est strictement tenu aux termes de sa commande, sans chercher à en saisir le sens mystérieux.

» Du reste, les figures sont d'un bon style pour l'époque, et le feuillage courant d'où elles sortent ne manque pas d'une certaine grâce. »

(2) Ouvrage déjà cité, p. 53, pl. VI et VII.

En général, M. de Lasteyrie est impitoyable pour les restaurations. Il est impossible de partager son avis en cette occasion. Le XIIe siècle nous offre parfois des parties blanches en profusion. Nous avons donné (Pl. 2) un fragment de cette époque, qui n'en montre encore qu'un faible échantillon. Autour de l'ange se déroule une espèce d'auréole lumineuse, composée d'un léger feuillage, enlevée avec l'émail brun sur verre incolore; il en est de même pour les ailes de l'ange et les deux filets de la bordure.

L'église de la Trinité, à Vendôme, possède une glorification de la Vierge reproduite par M. de Lasteyrie (Pl. VIII) et admirablement expliquée par ce savant archéologue :

« *De grands rapports existent*, dit-il, *entre cette Vierge et les types conservés sur les monnaies* » *byzantines, dans les manuscrits ou les dyptiques du même style, et particulièrement l'auréole* » *amendaire dont Marie est enveloppée, semble être un des mythes inventés par les artistes grecs, et* » *par eux répandus dans le monde chrétien : cette forme d'auréole, dont la peinture sur verre n'offre* » *peut-être aucun autre exemple, se rencontre très-rarement, même en sculpture, dans nos monu-* » *ments nationaux, si ce n'est dans les églises de Poitou, dans ces temples chrétiens où se trahit* » *encore une influence sarrazine. Or, la vitre de Vendôme est une lointaine racine provenant de* » *la même souche que les sculptures de Poitiers, et cette Vierge brune, maigre et drapée d'un long* » *vêtement blanc, est, à mes yeux, une Vierge mauresque habillée à la grecque. Quant au* » *nimbe, chargé d'un dessin d'ornement d'une grande finesse, il était soutenu par quatre anges,* » *aujourd'hui complétement frustes. Le nom de* MARIA, *qu'on peut y lire encore, était la seule* » *inscription de cette vitre.* »

Mentionnons encore le vitrail incolore (Planche 5), trouvé dans les ruines de l'abbaye de Bon-Lieu (Creuse), par M. l'abbé Texier, qui en fait remonter la date jusqu'en 1141 (1).

(1) Tout en nous réservant de nous étendre plus longuement, dans le chapitre suivant, sur les vitraux incolores, nous ne résistons pas au désir de donner ici, en note, la courte dissertation de M. l'abbé Texier sur ce vitrail ;

« Nous avons dit plus haut que, à côté des vitraux en couleur, on en rencontrait d'autres en verre blanc, » sur lesquels un trait noir dessinait des ornements courants, empruntés quelquefois au règne végétal, et » plus souvent encore aux caprices d'une riche imagination. Pour atteindre à un semblable résultat, l'emploi » des moyens plus faciles, une simplicité plus grande, ont suffi au verrier dont nous examinons l'œuvre : » le vitrail dont nous parlons appartenait à l'abbaye de Bon-Lieu (Creuse). L'église de cette abbaye, fondée » par Giraud de Sales et Amélius de Comborn, en 1119, fut solennellement consacrée par Gérard, évêque de » Limoges, en 1141. Nous reproduisons les élégantes croix de consécration peintes à fresque, à cette occa- » sion, sur les murs. L'œil exercé de nos lecteurs y reconnaîtra facilement le pinceau du XIIe siècle. Inutile » d'ajouter que l'église est antérieure aux peintures qui la décorent.

» Répétons quelques observations qui fixent la date du vitrail qui nous occupe. Il appartient à l'époque » romane, nous l'avons prouvé. — *Par les témoignages historiques :* l'église dont il fait partie est tout entière, » dans son architecture et sa décoration, de la première moitié du XIIe siècle. — *Par son exécution :* le verre » est inégal, gondolé; les feuilles, de petites dimensions, sont épaisses, rugueuses; la soude abonde dans » leur composition; elles ont été cassées au grésoir; les plombs ont été façonnés au rabot. — *Par l'état de* » *conservation :* les deux surfaces du verre ont été dépolies, couvertes d'irisations par les agents atmosphé- » riques; les mêmes causes les ont criblées de trous nombreux, dont la profondeur atteint jusqu'à deux » millimètres. — *Par le style :* ces fleurs à cinq lobes, qui s'épanouissent en des cœurs enlacés et liés par des » agrafes, se retrouvent sur mille monuments du XIIe siècle, notamment sur une peinture de 1137 et sur un » chapiteau roman de la même époque.

» Nous voici donc en possession du plus ancien vitrail de France, à dates précises; sa possession fournit » plusieurs observations intéressantes.

» L'église de Bon-Lieu, édifice en style roman, a un caractère grave et sombre; les percées y sont rares

Il a existé en Belgique, comme en France, en Allemagne et en Angleterre, de très-nombreux monuments de peinture sur verre; mais ces fragiles tableaux n'ont pu résister aux ravages et aux dévastations des guerres. La Belgique divisée en un grand nombre de petits États, fut plus que tout autre pays, victime de ces luttes entre royaumes. On ne peut s'empêcher de regretter les vitraux qui ornaient les fenêtres des florissantes abbayes de Lobbes, de Stavelot, d'Orval, de Saint-Bavon et de tant d'autres. Que sont devenues les verrières des églises de Tournai, de Gand, de Tongres et de Liége? Un seul historien vient à notre secours, c'est celui du monastère de Saint-Hubert, qui parle avec admiration des vitraux donnés par *Adeladis, comitissa Arcleonis* à l'église *d'Anslaro*, ou *Anly,* vers 1060 (1). Il nous apprend que les dessins peints sur cette verrière ne représentaient que des griffons, autour desquels couraient des rinceaux et des entrelacs.

XIV

En résumé, les vitraux des XIe et XIIe siècles se distinguent par la forme plein cintre; la petite dimension, l'irrégularité et les couleurs du verre; les plombs coulés et rabotés, étroits sur la face, épais sur les flancs; les larges bordures au feuillage polylobé, aux perles et aux enroulements byzantins; les fonds résillés et en mosaïque; la décoration architectonique de l'époque romane; les médaillons circulaires, losangés ou en quatrelobes, dessinés par l'ossature en fer de la fenêtre; les personnages lourds et trapus, les draperies aux plis raides et serrés et les costumes grecs. Enfin l'art, encore tout byzantin, ne prendra décidément que dans le siècle suivant le caractère national.

» et de dimensions petites. Ce vitrail, placé au centre de l'abside, éclairait le maître-autel. Cette partie de
» l'édifice appelait une clôture lumineuse, dont l'ornementation fût en harmonie avec la décoration du reste
» de l'édifice; enfin, la pauvreté de la communauté naissante préscrivait une sévère économie : réunir l'élé-
» gance, le peu d'élévation du prix, la teinte lumineuse et douce, tel était le problème posé au verrier. Pour
» le résoudre, du verre et du plomb lui ont suffi : du verre épais, grisâtre, coupé par l'opaque dessin du
» réseau métallique. Plus de lignes noires péniblement tracées par le pinceau et fixées au feu du moufle;
» l'économie, l'élégance, la simplicité se réunissaient donc en cette fabrication.
» Ainsi l'étude d'un vitrail ancien, la découverte d'un procédé d'ornementation simple et facile, tels sont
» les faits acquis par ces recherches. Il y a donc toujours à apprendre dans le moyen âge, et l'examen d'une
» pauvre église, perdue dans un désert, peut révéler des faits d'un intérêt général. »
      Hist. de la Peint. sur verre en Limousin, 1 vol. in-8°, 1847, p. 11.

(1) Voir le *Cantatorium* de Saint-Hubert, déjà cité.

Fenêtre des transepts de l'abbaye de Villers; *apud* SCHAYES, *Hist. de l'archit.*

CHAPITRE III.

XIIIᵉ siècle.

I

ANS les procédés matériels aucune découverte n'est venue au secours du peintre verrier, et cependant les verrières diffèrent complétement de celles des époques antérieures. Si elles ont encore avec celles-ci quelques points de ressemblance par leurs formes générales, du moins les détails sont entièrement nouveaux. Le progrès est sensible.

La peinture et la sculpture, qui avancent du même pas, ont suivi l'élan de l'architecture. Les architectes ont à cette époque, il faut le dire à leur gloire, marché les premiers dans la voie du progrès. Les conceptions architecturales sont grandes et dignes de la pensée religieuse qui animait les artistes. De tous côtés les basiliques, abandonnant les formes incertaines du style roman, ont élevé leurs hautes voûtes ogivales; elles ont dressé dans l'air leurs sveltes colonnettes, leurs pinacles à jour et leurs flèches élégantes, qui semblent, a dit un auteur, autant d'échelles de Jacob destinées à porter les prières jusqu'au Ciel. Les architectes enfin, pour donner à leur œuvre le cachet de spiritualité qui distingue le dogme catholique, ont en quelque sorte immatérialisé la pierre.

La fenêtre, après quelques tâtonnements, a subi une métamorphose complète; elle s'est allongée sans s'élargir, son couronnement en plein cintre est devenu aigu, et elle ressemble maintenant assez bien à un fer de lance : c'est ce qui a fait donner par quelques archéologues au style ogival primaire la dénomination de *lancéolé*. L'architecte a groupé les ouvertures, deux par deux, et les a couronnées de la rose ou oculus roman découpé en plusieurs lobes dans son intérieur.

(1) Cette lettre, ornée du lion de Saint-Marc, est tirée d'un *Passionale magnum*, man. de la Bibliot. de Bourg., Nᵒ 207.

Bientôt les deux fenêtres lancéolées et la rose ont été enfermées dans une immense ogive pour faire un tout, dont les parties s'amincirent peu à peu jusqu'à ce que les grandes travées de pierre, qui formaient les divisions, devinssent de simples meneaux, de simples colonnettes. Cette marche est facile à suivre depuis les églises primitives de Tournai, jusqu'à la cathédrale de Bourges et la sainte chapelle de Paris.

L'oculus roman subit une des plus belles transformations possibles. Considérablement agrandi, enrichi de meneaux rayonnants, comme à Chartres, Reims, Paris, Rouen, Tournai (moderne), il nous présente désormais ces élégantes roses qui, jusqu'à la décadence de l'architecture gothique, vont toujours devenir de plus en plus compliquées (1).

La peinture a obéi à l'impulsion donnée par l'architecture, les formes ont perdu l'aspect de lourdeur que leur avait imprimé le genre byzantin, l'expression des traits est devenue pleine de grâce et de douceur angélique, les plis sont maintenant droits et réguliers; la manière de draper, peu savante encore, est belle surtout par sa simplicité. Les sujets empruntés à l'Ancien et au Nouveau Testament sont habilement disposés; et la plupart du temps la pensée symbolique se traduit et se poursuit à travers les médaillons de la verrière avec un tel bonheur et une telle énergie que vous ne savez ce que vous devez le plus admirer ou de l'érudition, ou du génie des artistes du moyen âge.

II

Nous avons, dès ce moment, à signaler deux genres nouveaux. Sur les verrières apparaissent les grands personnages de quinze à vingt pieds de hauteur placés dans l'étage supérieur des fenêtres des nefs centrales; nous en donnons une reproduction planche 6. Ce sont ensuite les verrières en grisaille, c'est-à-dire dont le dessin d'ornementation se détache sur un fond légèrement teinté en gris, ou chargé de hachures se croisant à angle droit. Le dessin, appelé lacis ou entrelacs, est souvent rehaussé de brillantes couleurs, comme à Saint-Denis, à Bourges, à Chartres et dans quelques autres églises; ces grisailles remplacent, pour les fonds des verrières à grands sujets isolés, les anciens réseaux de couleurs, et elles ont l'avantage de donner plus de lumière. Il est probable que la nécessité d'éclairer davantage les églises, à mesure que l'instruction se répandait, a inspiré aux artistes cette innovation.

(1) Voici ce que disent de cette transformation les révérends pères Martin et Cahier :

« Les lancettes plus aiguës tendent évidemment à réduire en meneaux le tympan où sont percées les
» roses, et déjà les lobes de celles-ci sont évidés à jour. Qu'en résulte-t-il comme effet d'architecture? C'est
» que la convergence des rayons qui pénètrent à travers des vides plus rapprochés, diminue encore à l'œil
» l'épaisseur de la partie opaque déjà fort amincie par le ciseau ; tandis qu'une des principales causes du
» charme qui vous séduit à l'aspect des roses de l'abside (à Bourges), consiste dans la parfaite netteté du
» contour de leurs lobes, et dans l'apparition tranchée des larges ombres qui cernent leurs harmonieuses
» couleurs. »

Monographie de la cathédrale de Bourges, 2 vol. grand in-fol., Paris, 1841-1844, p. 501.

Ces observations nous semblent très-justes au point de vue de l'effet de la peinture sur verre; mais il est impossible de méconnaître que les architectes ne soient en progrès et qu'ils n'arrivent, au xiiie siècle, à créer le type par excellence des églises chrétiennes.

Le fragment, Pl. 8, N° 1, seul débris des verrières primitives du chœur de la cathédrale de Tournai, est bien différent de tout ce que nous avons vu jusqu'alors. Le fond bleu est large et dégagé; le dais, placé au-dessus du grand personnage dont on n'aperçoit que la tête et les mains jointes, appartient au style ogival primaire, qui conserve encore le caractère roman, mais tend cependant à s'alléger; l'ogive est largement tracée. Les figures humaines, plus ou moins grossières, qui décoraient les chapiteaux, ont cédé la place à de simples crochets feuillés. Le carré, inscrit dans un quatrelobe ogival, est très-élégant et indique positivement le XIII° siècle. Le feuillage, sans être encore gothique, n'est déjà plus roman, et, ce qui est important à noter, il est partout trilobé. Les couleurs sont celles que nous connaissons; il n'y en a pas de nouvelles.

Les grisailles (même planche, N° 2) de l'église des SS. Michel et Gudule, à Bruxelles, ne sont pas moins remarquables. Ces vitraux fermaient les oculi du triforium du chœur. On a bouché ces ouvertures devenues inutiles, et on a remplacé les vitres par une peinture uniforme, appliquée sur le fond de la galerie. Ces grisailles sont rehaussées de verres de couleur. Le fragment inférieur est orné de dessins ménagés sur un réseau à hachures droites. Le fond de l'autre fragment est couvert d'une légère couche d'émail, qui laisse sortir en blanc les petites roses et les entrelacs. Dans tous les deux, les feuilles sont trilobées.

Ces vitraux, que nous avons pu voir et étudier, ont conservé leurs plombs du XIII° siècle, absolument semblables à ceux de notre bordure du XII° siècle (Pl. 4) et à ceux du vitrail de M. Hagemans (Pl. 2).

III

L'art s'est affranchi des entraves hiératiques; il s'est échappé des établissements monastiques où il avait trouvé un refuge. De nouvelles tendances surgissent avec le XIII° siècle : les artistes laïques sont livrés à leur inspiration et, pourvu qu'ils restent pénétrés de l'importance moralisatrice et religieuse de leur mission, l'Église les accueillera et les protégera; or, hâtons-nous de le dire, les artistes comprennent le rôle qu'ils sont appelés à jouer; pendant un siècle ils ne dévieront pas de la voie qui leur a été tracée pour l'instruction et l'édification du peuple.

De cette liberté laissée, en Occident, aux artistes, il résulte un progrès rapide et constant. Déjà les types et les costumes byzantins que nous signalions dans les siècles derniers ont disparu; la nature seule sert maintenant de modèle; les figures s'empreignent de l'expression religieuse et l'époque fournit les costumes. A partir de ce moment, malgré l'incorrection encore grande du dessin, l'intérêt de ces tableaux diaphanes grandit par l'énergie de la reproduction. Le moyen âge tout entier va se dérouler à nos yeux avec toute la variété pittoresque de ses usages et de ses costumes.

Les verrières de Chartres ouvrent cette nouvelle période. Aussi, est-ce à dessein que nous avons choisi le vitrail de Constantin et de Charlemagne (Pl. 10).

Constantin (1) sommeille étendu sur son lit. Un ange l'avertit d'avoir à demander à Charlemagne

(1) L'inscription de la planche 10 porte, par erreur, le nom de Charlemagne au lieu de celui de Constantin.

des secours contre les infidèles, pour la délivrance des lieux saints de la Palestine. Au pied du lit, Charlemagne à cheval et armé de pied en cap apparaît à l'empereur grec (1).

Dans cette peinture il n'est pas un petit détail qui ne soit à étudier. Commençons par les costumes qui ont le précieux avantage de nous indiquer avec une grande précision la date du travail de l'artiste.

Charlemagne est revêtu de l'armure maillée complète, avec chaperon, chausses et gantelets (2); par-dessus flotte la cotte d'armes. Le casque rappelle celui des croisades (3), il est cylindrique, sans nasal, fermé par devant, et de plus orné de la couronne feuillée, marque distinctive des princes (4). L'empereur tient en main une lance portant le gonfanon à deux pointes; une large épée pend à son côté; son bouclier arrondi au sommet, pointu par en bas, nous montre une forme nouvelle (Au Xe siècle on faisait encore usage du bouclier circulaire ou oval des Romains, *umbo*, légèrement bombé surtout au milieu). On pense généralement que cette forme fut apportée par

---

(1) Voici la description de la verrière tout entière, telle que la donne M. l'abbé Bulteau. Elle fera comprendre le système des verrières légendaires :

« Ce vitrail a été donné par les marchands de fourrures, qui étaient des robes d'hermine et de vair. — On » lit souvent : Karolus ou Carolus, ou bien encore Carrolus.

» Saint Charlemagne couronné et nimbé est assis entre deux évêques. — *L'empereur Constantin est averti » par un ange durant son sommeil de demander secours à Charlemagne pour délivrer les lieux saints de la Pales- » tine. Au pied du lit on voit un grand guerrier monté sur un cheval et armé de pied en cap; c'est Charlemagne » montré en songe à Constantin.* — Charlemagne est reçu par Constantin aux portes de Constantinople. — Il » combat les Sarrasins et les met en fuite. — L'empereur grec donne à Charlemagne trois châsses pleines de » précieuses reliques, et entre autres, de la sainte tunique de Marie. — Charlemagne donne ces trois » châsses à l'abbé et aux moines d'Aix-la-Chapelle. — Charlemagne assis; un personnage richement vêtu lui » parle; un autre personnage assiste à l'entretien. — Charlemagne est couché sur son lit; saint Jacques lui » apparaît et lui ordonne de délivrer l'Espagne du joug des Sarrasins. — L'empereur part pour l'Espagne » avec l'archevêque Turpin et plusieurs cavaliers. — Il s'est jeté à genoux en présence de son armée, et » supplie le Seigneur de bénir ses armes. — Il s'empare de Pampelune. — Il fait construire une église en » l'honneur de saint Jacques; il est à cheval et parle aux ouvriers. — Il est retourné une seconde fois en » Espagne; il combat les Sarrasins d'Aigoland. — Saint Roland demande à son oncle, saint Charlemagne, la » permission de se mesurer en combat singulier contre le géant Féroual ou Feracutus, comme l'appelle » Vincent de Beauvais. — Roland et Féroual, tous deux montés à cheval, se battent vaillamment. — Roland » renverse de cheval son terrible adversaire et le transperce de son épée. — Charlemagne avec les siens, » est en marche pour retourner en France; le traître Gannelon lui parle. — Le saint et valeureux Roland » au désespoir veut briser sa durandal contre un rocher; le rocher cède, et l'épée reste intacte. Il sonne de » son oliphant pour appeler à son secours; il en sonne avec tant de force qu'il se brise les veines du cou. — » L'archevêque Turpin offre le saint sacrifice; au moment de la consécration, il est ravi en extase, et un » ange lui annonce que Roland est dans le paradis. Charlemagne, assis sur un faldistoire, assiste à la messe. » Théodoric trouve son frère expirant; il lui donne à boire dans un casque. — Dans le médaillon placé vis- » à-vis, on voit un grand nombre de guerriers dormant pêle-mêle sur la terre nue; leurs lances fichées dans » le sol, ont reverdi et fleuri, signe de leur mort prochaine.

» C'est en décrivant ce vitrail que nous avons plus vivement regretté que notre plan ne nous permît pas » d'entrer dans les détails; rien n'est plus intéressant que l'histoire du grand et saint empereur, telle qu'elle » est racontée par Vincent de Beauvais (*Miroir historial,* liv. XXIV) et reproduite ici sur verre par un » artiste du XIIIe siècle. »

Descript. de la cathédrale de Chartres , O. D. C., p. 239.

(2) *Voir* le grand ouvrage de M. le comte Horace de Viel-Castel sur les costumes, armes et armures du moyen âge.

(3) *Voir* ALLOU, *Sur les casques au moyen âge* (*Mém. des antiq. de France,* T. XIII et XIV), et *les Monuments inédits* de M. Willem., dont le texte par M. Potier est rempli d'excellentes notes.

(4) Sur les verrières de Saint-Denis où le même sujet est reproduit, Constantin porte la couronne fermée et Charlemagne la couronne ouverte, tandis qu'à Chartres les deux empereurs portent la couronne ouverte.

les Danois et adoptée d'abord par les Normands, plus tard par les Anglo-Saxons sous Guillaume le Conquérant.

Ces boucliers étaient peints de couleurs tranchantes et ornés de figures et d'emblèmes comme on peut en juger d'après notre planche. La tapisserie de Bayeux nous en fait voir avec des griffons, des dragons, des serpents, des croix ou des cercles symétriquement disposés. Ces figures variées ne sont pas encore des armoiries, mais seulement des signes pour que les chevaliers puissent se reconnaître sur le champ de bataille.

La selle doit aussi être étudiée; c'est la selle gauloise avec ses arçons relevés. On sait qu'elle était inconnue aux Romains qui ne se servaient que d'étoffes pliées. Les étriers ne datent que du XIIe siècle, on en voit pour la première fois à quelques cavaliers sur les tapisseries de la reine Mathilde.

IV

Le costume guerrier de Charlemagne est celui du commencement du XIIIe siècle; à mesure que l'on avance de quelques années, il devient plus élégant et les armoiries apparaissent. La cotte d'armes de saint Louis était semée de fleurs de lis d'or sans nombre (1). Une miniature de 1237 nous montre Herry, seigneur de Metz, maréchal de France, tenant l'oriflamme. Sa longue cotte d'armes est d'azur à la croix ancrée d'argent traversée d'un bâton de gueules. Son haubert est complet. Il porte, en outre, la ceinture de chevalerie, à laquelle est suspendue une large épée. L'oriflamme est de gueules à cinq pennons. Déjà, depuis longtemps, les oriflammes étaient armoriées; celle que portait Thibaut VI, dit le Jeune, comte de Blois, mort en 1218, était d'azur, chargée de croix tréflées, à la cotice d'or, et d'une autre cotice d'argent brochant sur le tout.

L'empereur Constantin est vêtu de chausses rouges, de l'aube ou tunique à manches serrées et de la robe à manches ouvertes, bordées d'un large galon d'or. Une colonne, placée près du lit roman, indique le palais. On remarquera déjà plus de légèreté de style pour le lit de Constantin que pour celui de saint Joseph (Pl. 5), quoiqu'ils aient la même forme. Dans la verrière de saint Joseph, l'intérieur de l'habitation est plus habilement représenté, mais l'expression des figures est moins bonne.

V

Comme l'artiste prenait ses modèles autour de lui et ne s'inquiétait pas de la date des scènes qu'il dessinait, il habillait ses personnages, quels qu'ils fussent, à la mode de son temps. Il en résulte que les verrières nous font successivement connaître tous les costumes du moyen âge, et nous procurent ainsi un intéressant sujet d'observations A Chartres, par exemple, les donateurs, qui figurent en grand nombre sur les vitraux, nous offrent, depuis le roi saint Louis jusqu'aux cordonniers et poissonniers, une piquante variété de costumes.

(1) On peut voir saint Louis revêtu de ses habillements royaux fleurdelisés et entouré de ses armoiries, dans une des roses de la cathédrale de Soissons. M. de Lasteyrie, pl. XXVI, en a donné le dessin.

Nous faciliterons certainement l'étude de la peinture sur verre en complétant, dans quelques lignes rapides, la description des costumes tels que nous les trouvons aux verrières de Chartres, Reims, Rouen, Bourges..... etc.

Vers la fin du xiiie siècle, les femmes ont les cheveux courts, partagés en deux masses tombant de chaque côté du visage et légèrement bouclés, ou réunis sur les oreilles en deux touffes nattées et souvent renfermées dans un réseau. Les jeunes filles laissent leurs cheveux pendants et, dans les cérémonies, se couvrent encore du manteau et du voile appelé dominical qui, jusqu'au siècle précédent, faisaient partie du costume ordinaire.

La robe, longue et serrée sur les hanches, au corsage et aux bras, est recouverte d'un surcot ou surcotte qui, d'abord, était une espèce de fourreau que l'on passait par-dessus, plus tard on la retroussa sur les manches, on la découpa autour des ouvertures des bras pour laisser voir la taille et on la garnit de fourrures et de broderies. Les dames nobles y ajoutaient un jupon armorié.

Les bourgeois portent, sur une robe de dessous ou gonne, un surtout ou surcot, comme les femmes, mais avec un capuchon qui dure tout le xiiie siècle. L'habillement se complète avec des chausses collantes. La chaussure noire, serrée au-dessus du pied, commence à s'effiler en pointe. Les cheveux, assez courts et partagés sur le front, tombent, de chaque côté du visage, en deux masses épaisses qui s'arrondissent en S.

Le costume ecclésiastique, comme on peut en juger par la planche 6, est, pour les évêques, les sandales ornées d'une croix, l'aube ou la tunique tombant jusqu'aux talons, l'étole dont on aperçoit les bouts frangés, la dalmatique fendue sur les côtés et diaprée de riches feuillages, la chasuble infundibuliforme bordée d'orfroi, le long manipule à franges, le pallium posé et non fixé par-dessus la chasuble. La mitre, à fanons pendants, est à deux pointes et de forme basse; son exhaussement a produit celle d'aujourd'hui; parfois elle est conique, comme pour saint Grégoire, et d'elle sont venus plus tard les bonnets de prêtre; c'était la tiare primitive avant qu'elle fût chargée de la triple couronne et, sans doute aussi, cette mitre spéciale qu'on ne pouvait porter qu'avec la permission des papes. Le nom du prélat se voit quelquefois écrit sur le bandeau inférieur.

Comme complément, nous ne devons pas oublier l'amict ou superhuméral, qui se plaçait sur les épaules, et enfin la crosse, dont la volute est ornée d'enroulements très-élégants (1).

(1) La crosse ou bâton pastoral, *baculus pastoralis, ferula, pedum pontificale, cambuta,* l'emblème du bon pasteur, a été de tout temps la marque distinctive du pouvoir des évêques et des abbés. Ce n'était autrefois qu'une canne avec un bouton ou une crossette.

A la fin du ive siècle, la crosse de saint Séverin, évêque de Cologne, lui servait de bâton de voyage; celle de saint Bernard, conservée jusqu'à la Révolution française dans l'abbaye d'Afflighem, près Bruxelles, et celle que l'on trouva dans le tombeau de Morard, abbé de Saint-Germain des Prés, mort en 990, n'étaient aussi que de simples cannes.

La courbure de la crosse figurait quelquefois un crochet de berger ou une volute ionique. Plus tard, on décora cette courbure d'incrustations d'ivoire, de verres colorés et de métaux précieux. Comme les mitres, les crosses crurent en hauteur à partir du xiie siècle, et arrivèrent à leur plus grand développement de luxe et de splendeur du xive au xve siècle.

L'investiture des siéges épiscopaux s'effectuait par la remise de cet insigne, et on dégradait les évêques en leur brisant leur crosse sur la tête : *Baculis super eorum capita confractis* (*In acta sancti Theodardi Narbon. episc.*, sect. 9).

L'évêque tournait la courbure de la crosse en dehors, pour faire comprendre que sa juridiction s'étendait

Dans le vitrail des marchands d'étoffe, planche 9, on remarquera la robe à deux couleursd'un des personnages et le gant passé à la ceinture. L'étoffe qui se brise en se développant, montre combien les artistes de cette époque étaient inhabiles à rendre les plis. Le dessin de cette planche se retrouve dans l'ouvrage *le Moyen âge et la Renaissance* (1), et dans celui de M. de Lasteyrie (2); nous l'avons également donné ici, parce que nous le regardons comme un type et qu'il n'est pas exactement reproduit dans les ouvrages que nous venons de citer, surtout dans le *Moyen âge et la Renaissance*.

Les bordures du xiiie siècle (Pl. 11), mises en regard de celles du xiie siècle (Pl. 4), permettent de suivre les différences du style de l'ornementation. Le feuillage est presque entièrement trilobé et les galons perlés disparaissent; en un mot, les derniers et pâles souvenirs de l'antique s'éteignent sous les inspirations nouvelles du moyen âge. La transformation n'est pas encore terminée, mais le passage d'un style à l'autre est sensible. Les bordures tendent à devenir beaucoup plus étroites et quelquefois déjà elles se couvrent d'armoiries (3).

VI

Nous avons maintenant à traiter de l'esprit et du genre des compositions.

Dans les vitraux légendaires (4), les sujets étaient empruntés aux Actes des apôtres, et aux chroniques religieuses. D'autres fois, ces vitraux étaient ce que les RR. PP. Cahier et Martin appellent théologiques ; ils se rapportaient à la vie de Jésus-Christ ou de la sainte Vierge, ou bien ils ensei-

sur tout ce qui l'entourait. A la crosse des abbés et abbesses était attaché un voile, *sudorium*, et la courbure devait être tournée en dedans, pour indiquer que leur pouvoir était limité à l'intérieur de leur monastère.

Le bâton pastoral d'un archevêque est la croix processionnelle, celui d'un patriarche ou primat est la croix à deux traverses; le pape, enfin, s'est réservé la croix à triple barre.

Voir pour plus de détails l'excellent article de M. Potier, dans les *Monum. inéd.* de M. Willem. 2 vol. in-4°, 1829, p. 20.

(1) T. II, pl. V, fig. 2.

(2) *Ibid.*, pl. XIII, fig. 3.

(3) Voici comment s'expriment les RR. PP. Cahier et Martin à propos de ces transformations :

« Vers les premières années du xiiie siècle, les bordures commencent à perdre quelque chose de leur im» portance : leur faire a déjà moins de fini, et les détails ont moins de pompe. Mais, en revanche , elles
» courent avec une légèreté de mouvement et une grâce de contours que la gravité du style roman ne con» nut pas, et sont aux bordures de l'époque précédente ce que l'ogive de Philippe-Auguste est au plein-cintre
» de Louis le Gros.

» On aperçoit clairement la même transformation dans diverses mosaïques et grisailles. Rien de plus
» splendide que les enroulements de feuillages fantastiques qui servent de fond à la verrière centrale de
» Saint-Cunibert de Cologne. La grisaille de Saint-Denis, contemporaine, sans doute, des vitraux de Suger,
» est d'une fierté imposante, tandis que celles de Soissons et de Saint-Remi de Reims, qui semblent apparte» nir aux dernières années du xiie siècle, conservent encore la fécondité des compositions et l'éclat du colo» ris, tout en acquérant la flexibilité des lignes et l'élégance du tracé. »

Monographie de la cathédrale de Bourges, 2 vol. grand in-fol., Paris, 1841-1844, p. 502.

(4) Les verrières peuvent être légendaires sans que les sujets soient renfermés dans des médaillons. Ainsi, dans l'église de Sainte-Radegonde, à Poitiers, les actes de la sainte sont dessinés sur un fond en grisaille, sans être encadrés (*voir* M. de Last., pl. XIX). Cette disposition est, au reste, d'un mauvais effet, et fut rarement employée. Cette verrière est une des premières qui nous offre une bordure blasonnée dans toute sa longueur aux armes de France et de Castille. Ces armoiries indiquent que le donateur fut le frère de saint Louis, Alphonse, comte de Poitiers et de Toulouse, qui adopta le blason de sa mère et porta l'écu parti de France et de gueules à six châteaux d'or.

gnaient les dogmes de l'Église sous la forme ingénieuse de la symbolique chrétienne. Le vitrail de Constantin et de Charlemagne, donné à l'église abbatiale de Saint-Denis par l'abbé Suger, nous a fourni l'occasion d'expliquer les vitraux légendaires; notre étude se complétera naturellement par la description d'une verrière du genre théologique et symbolique, que nous empruntons à la cathédrale de Bourges.

Les vitraux de la cathédrale de cette ville ont été analysés et décrits, avec une science qui n'appartient qu'aux docteurs de l'Église, par les RR. PP. Cahier et Martin, de l'ordre de Jésus (1). Leur ouvrage est sans contredit un des plus considérables de notre siècle; et nous pensons être agréable à nos lecteurs, en même temps qu'utile aux artistes, en donnant un résumé concis de l'admirable dissertation de ces révérends Pères, au sujet de la plus importante verrière théologique du xiiie siècle. Ce vitrail, placé dans le collatéral gauche du chœur de la cathédrale, ou plutôt ce poëme avec son exposition, son nœud et son dénoûment, a pour titre cette pensée écrite en caractères symboliques : *Rachat de l'humanité par le sacrifice de la Croix, et substitution de l'Église à la Synagogue.* Suivons-en les sujets, comme cela doit se faire pour toutes les verrières de cette époque, c'est-à-dire en commençant par en bas.

Trois zones principales partagent cette fenêtre. Celle du bas et celle du haut se composent d'un médaillon central cantonné de quatre médaillons plus petits. La zone du milieu comporte trois sujets, celui du centre domine; et enfin, dans l'amortissement de la croisée se trouve un médaillon isolé, qui résume en lui seul la double pensée reproduite dans la verrière tout entière.

Dans la zone inférieure, le médaillon central représente Notre-Seigneur portant la croix et marchant au Calvaire.

Le peintre a choisi l'instant où Jésus-Christ, s'arrêtant, se tourne vers les saintes femmes qui le suivent et leur dit : *Filles de Jérusalem, ne pleurez pas sur moi, mais sur vous et sur vos enfants.* De l'autre côté de Notre-Seigneur se trouve Simon le Cyrénéen, qui va porter l'instrument du supplice, et qui doit plus tard recueillir le prix de son dévouement.

Il est aisé de comprendre, par cette scène, que la préférence est donnée à la nation des Gentils, représentée par Simon le Cyrénéen, sur la nation juive, indiquée par les saintes femmes, ce que d'ailleurs les paroles de Notre-Seigneur font clairement entendre.

Dans la partie inférieure, à gauche, Isaac marche au supplice. Abraham, s'adressant aux gens de son escorte, leur dit de s'arrêter et d'attendre, qu'ils reviendront lorsque le sacrifice sera accompli. Isaac porte le bois de l'holocauste, et ce bois, divisé en deux parties, forme une croix distincte, signe éloquent et qui n'a pas besoin de commentaire. Mais ce qu'il faut encore remarquer, c'est surtout cette séparation de l'escorte, séparation qui ne doit pas être définitive. Nous reviendrons vers vous, lui dit Abraham, quand le sacrifice sera accompli. La séparation ne sera donc pas éternelle? Le jour de grâce se lèvera donc aussi pour la nation juive? Cette pensée, indiquée et commencée tout en bas de la verrière, au premier médaillon secondaire, se complétera tout en haut sur le dernier médaillon supérieur.

(1) *Monographie de la cathédr. de Bourges,* 2 vol. in-fol. Paris, 1841-1844.

A droite, nous sommes au mont Moriah; Isaac est étendu sur le bûcher et, pour que ce sacrifice précurseur soit bien compris, la victime, renversée sur le dos, voit le glaive levé et prêt à tomber sur sa tête; mais elle s'est résignée et s'est offerte d'elle-même pour obéir à la volonté du Dieu tout puissant. Plus tard aussi, la divine Victime viendra s'offrir d'elle-même à l'holocauste, pour le rachat de l'humanité. Cette scène est complétée par l'Ange, dont la main saisit le glaive prêt à frapper, et par le bélier arrêté auprès du buisson voisin.

Au-dessus, à gauche, c'est Élie venant demander à la veuve de Sarepta les aliments que lui refusent ses concitoyens, et en retour lui apportant la joie et le bonheur; c'est toujours la nation des Gentils recueillant les grâces que le peuple juif perd par son endurcissement. A côté de la veuve se tient son jeune enfant, portant deux têtes et deux corps, dont l'un est vêtu d'une robe de même couleur que celle de sa mère; l'autre porte la couleur de la robe d'Élie; indication claire et nette de la vie présente que cet enfant doit à sa mère, et de la vie future qu'il devra bientôt au prophète.

De l'autre côté, à droite du médaillon central, l'Agneau pascal est immolé, et les portes sont marquées de son sang. Les juifs sont là debout et le bâton à la main, se préparant à manger la pâque, comme des voyageurs qui se hâtent, selon l'ordre donné à Moïse. *Voici comme vous le mangerez : vous ceindrez vos reins, vous aurez les pieds chaussés et le bâton en main, vous hâterez votre repas, car c'est la pâque* (Phase, pesahh, *phaskha*, c'est-à-dire le passage du Seigneur). Au-dessus de l'agneau est écrit *Mactatio agni*. Ce qu'il faut encore observer, c'est que l'agneau, comme Isaac, regarde le couteau qui va le frapper et, de plus, lèche la main qui va l'immoler. Quand le moment du sacrifice du fils de l'homme sera venu, le divin supplicié priera pour ses bourreaux. Dans le sujet actuel, le chef de famille marque la porte du signe du Tau, que l'artiste a représenté par une croix, et au-dessous est écrit : *Scribe Tau.*

Nous arrivons à la zone centrale. Là est le fait principal, le crucifiement. D'un côté, à droite de Jésus-Christ est une Reine, la tête ceinte d'une couronne, le manteau royal sur les épaules. Elle reçoit, dans une coupe, le sang qui coule de la plaie de Notre-Seigneur. C'est l'Église recueillant le sang précieux du divin Rédempteur, et avec lui toutes les grâces qu'elle répandra sur le monde. Elle est revêtue d'un manteau de couleurs éclatantes, comme en un jour de fête, car elle est dès ce moment épouse et Reine. Épouse, elle a reçu le sang de Jésus-Christ, qui est le gage de son union et la source de sa fécondité; Reine, puisque désormais, réunie à lui, elle devient la dispensatrice de ses mérites.

La figure opposée et placée à la gauche de J.-C. est sans contredit la plus remarquable. C'est une Reine aussi, mais son manteau est tombé, un bandeau est sur ses yeux et de sa tête inclinée la couronne se détache et tombe. Dans une main elle tient un sceptre brisé, et de l'autre s'échappent les tables de la Loi; cette figure, qui nous est montrée avec toutes les marques de la tristesse et de la déchéance, c'est la Synagogue, c'est le peuple juif perdant par son aveuglement tout le fruit du divin sacrifice.

Combien la pensée rendue par cette figure est profonde et complexe! L'artiste l'a exprimée avec une précision extraordinaire. La Synagogue, quoique humiliée, n'est pas condamnée sans retour, pas plus que l'ancienne loi n'est reniée dans la pensée créatrice de l'œuvre. Si le peintre avait voulu

indiquer la condamnation de l'ancienne loi, il en eût montré les tables foudroyées et brisées en mille éclats, mais loin de là dans le tableau elles ne font que s'échapper des mains indignes désormais de les porter. Si le peintre eût voulu indiquer encore la Synagogue condamnée sans retour, il nous l'eût représentée, comme les démons, renversée au pied de la croix, et se tordant dans les convulsions de la rage et du désespoir. Mais il nous montre au contraire la Synagogue encore pleine de dignité; seulement elle a perdu les attributs de son pouvoir, et elle est écartée de la croix, parce qu'elle ne veut pas voir.

Pour compléter cette pensée, dans le médaillon de droite est le serpent d'airain, dressé par Moïse dans le désert; et comme alors furent guéris ceux qui le regardèrent avec confiance, aujourd'hui seront également sauvés ceux qui jeteront sur la croix un regard d'amour et de repentir.

Moïse est là, tourné vers la Synagogue, et semble lui dire : Arrache le bandeau de tes yeux, lève la tête, regarde et sois sauvée.

De l'autre côté, près de l'Église triomphante, Moïse fait jaillir la source du rocher, type de la loi de grâce. Aujourd'hui le breuvage qui doit nous désaltérer, c'est le sang précieux qui coule de la plaie de Notre-Seigneur et que l'Église recueille pour nous, c'est cette eau vive dont Jésus-Christ est la source et dont le ruisseau d'Horeb et de Cadès n'était qu'une image.

C'est toujours la même pensée, mais rendue avec une puissance bien grande. Dans la zone supérieure, nous voyons la résurrection, et au-dessous le pélican qui s'ouvre les flancs pour donner son sang à ses petits, leur rendre la vie et mourir; ce sont encore les lions symboliques, *hic leo est forma salvatoris*. Au-dessus, Jonas rendu à la lumière pour être revenu sincèrement au Seigneur. Et enfin le fils de la veuve de Sarepta ressuscité par Élie, qui est regardé comme le précurseur de la conversion des Juifs. Cette pensée achève celle qui est exprimée dans le premier sujet d'en bas.

Attendez, dit Abraham à son escorte, et nous reviendrons quand le sacrifice sera accompli. Le peintre a voulu exprimer cette croyance, que les grâces de Notre-Seigneur s'étendront un jour sur les Juifs, et que là sera sans doute la dernière mission de J.-C., c'est-à-dire que le tour de la nation errante des Juifs viendra après celui des autres, et qu'alors tous les peuples se confondront dans une même croyance et dans un même amour pour Jésus-Christ.

Dans le médaillon supérieur, le vieux Jacob bénit les enfants de Joseph en croisant les bras (là se trouve le signe de la croix), il donne la préférence à Éphraïm sur Manassé, c'est le cadet préféré à l'aîné, c'est encore la nation des Gentils passant avant celle des Juifs (1).

On reconnaîtra avec nous qu'il est impossible de poursuivre une idée avec plus de bonheur de science et d'érudition dogmatique, et combien ne sera-t-on pas étonné de l'habileté avec laquelle les artistes du xiiie siècle, si modestes, savaient mettre en regard les faits de l'Ancien et du Nouveau Testament, dont les premiers avaient été les signes précurseurs des seconds (2).

---

(1) Ce résumé est bien pâle auprès du beau travail des révérends Pères, dans lequel nous engageons vivement les artistes à aller puiser des conseils et des inspirations.

(2) Nous pensons devoir, pour l'honneur des artistes modernes, mettre en regard du splendide vitrail symbolique du xiiie siècle, la composition d'une verrière du même genre due à un de nos savants les plus

VII

Nous nous sommes réservés de parler, dans ce chapitre, des vitraux incolores dont nous avons déjà cité un exemple au siècle précédent.

infatigables, à M. Didron, le directeur des *Annales archéologiques*. La description, faite par M. Didron lui-même, en a paru, l'année dernière, dans le journal de Paris, l'*Univers*, la voici :

« A la fin de l'année 1852, on posait dans une chapelle de l'église Saint-Éloi de Dunkerque, un vitrail que je venais de faire exécuter à Paris. Cette chapelle, affectée tout à la fois à la communion et à la confrérie du Sacré-Cœur, exigeait que les sujets représentés sur la verrière fussent comme l'enseigne de sa destination. En outre, la chapelle et l'église entière appartenant au style flamand (a) de la fin du xvᵉ siècle ou des premières années du xvıᵉ, il fallait faire concorder l'ensemble de la fenêtre avec la physionomie de l'édifice.

» Nous avons donc adopté la tournure et les costumes de cette époque, une sorte de terme moyen entre les verrières de la cathédrale de Tournai, qui datent de 1475 à 1500, et celles de Saint-Jacques de Liége, qui sont de 1520 à 1550 : moins de sévérité dans le costume et de bonhomie dans la figure qu'à Tournai ; un peu moins de richesse dans les vêtements et de mondanité dans l'attitude qu'à Liége.

» Au lieu d'un sujet unique, celui, par exemple, de Notre-Seigneur montrant son cœur enflammé et saignant, ce qui aurait produit une verrière pauvre et plate, nous avons représenté dix scènes diverses, auxquelles prennent part des personnages assez nombreux, qui s'élèvent au nombre de quarante-cinq, tous en pied et presque de grandeur naturelle.

» En l'honneur du Saint-Sacrement et du Sacré-Cœur, qui donnent leur vocable à la chapelle, nous avons extrait de la vie de Notre-Seigneur, des Livres-Saints ou des Commentaires, les sujets les plus propres à témoigner de l'amour de Dieu pour les hommes.

» Ces sujets, comme dans les vitraux du moyen âge, s'ordonnent de gauche à droite et s'échelonnent de haut en bas.

» A la base du vitrail, Jésus-Christ, assis à la table de la Cène, va donner la communion à ses apôtres ; il prononce les paroles sacramentelles : « Ceci est mon corps, ceci est mon sang. » Le calice et le pain sont sur la table (b). Saint Jean se penche sur l'épaule du Sauveur. Les autres apôtres, assis ou debout, écoutent ou regardent. Judas est au milieu d'eux, prêt à partir en froissant une bourse pleine de cet argent qui fut cause de sa perte. Jésus, personne divine, porte le nimbe crucifère ; les apôtres ont le nimbe sans croix, mais lumineux. Judas lui-même est orné du nimbe, puisqu'il conserve le caractère indélébile de l'apostolat, mais d'un nimbe noir, d'un nimbe en deuil de sa trahison. Tous, le Christ et les apôtres ont les pieds nus, conformément aux règles de l'iconographie chrétienne.

» A droite, en présence de la sainte Vierge et d'un serviteur agenouillé d'admiration, Jésus change l'eau en vin aux noces de Cana (c). Les urnes représentées ici ont la forme de celles d'Angers, qui passe, non sans raison, pour une urne provenant de Cana ; nous l'avons publiée, en gravure et description, dans le 11ᵉ volume des *Annales archéologiques* : C'est un vase en porphyre rouge, orné de deux masques antiques de Bacchus ou de Satyre.

» A gauche, le Sauveur est assis contre le puits de Jacob ; il annonce à la Samaritaine qu'il est venu donner au monde cette source d'eau qui jaillit à la vie éternelle (d). La Samaritaine porte, suivant la tradition constante à la fin du moyen âge, un vêtement d'une grande richesse : étoffes d'or, fourrures et bijoux.

» Ainsi, pour cette chapelle de la Communion, le jour de la Cène, le vin de Cana et l'eau du puits de Jacob, c'est-à-dire la réalité et les figures sous la forme des trois substances qui nourrissent le corps et l'âme de l'homme.

» Plus haut, une parabole : l'enfant prodigue, exténué de misère, pieds nus et habits déchirés, revient à son père, qui le reçoit dans ses bras en pleurant de joie (e). Le costume du père, un riche patriarche, est aussi somptueux que celui du fils est misérable : feuillages d'or sur drap d'or. — Au-dessus, c'est le commen-

(a) Cette expression de *style flamand* n'est pas juste, puisque le savant écrivain cite un peu plus loin les cathédrales de Tournai et de Liége qui n'ont jamais fait partie des Flandres ; il vaudrait mieux aujourd'hui dire, *style belge*. Les cathédrales de la fin du xvᵉ siècle, en Belgique, ont en effet un caractère particulier qui dépend surtout de la décoration murale des voûtes et des verrières dans lesquelles brille le genre de la peinture flamande.

(b) Matth., xxvi, 26-29.
(c) Johann., ll, 1-11.
(d) Johann., lV, 1-16.
(e) Lucas, XV, 18-21.

Ces vitraux, sur lesquels M. l'abbé Texier avait appelé l'attention dès 1847 dans son excellent *Traité de la peinture sur verre*, semblent avoir été assez nombreux à ces époques primitives. Voici

taire même de la parabole. Un jeune chevalier renvoie une belle jeune femme, richement parée, l'œil ardent, qui tient un flacon et une coupe de vin dont s'enivre si facilement la jeunesse. C'est la personnification de la volupté à laquelle le chevalier a sacrifié trop longtemps et qu'il abandonne enfin pour se jeter entre les bras du Sauveur, représenté, comme le bon Pasteur, la houlette à la main. Jésus le serre avec tendresse contre sa poitrine, et il le confirme, par ses paroles les plus douces, dans sa vertueuse résolution (*a*).

» En regard de la parabole de l'Enfant prodigue, est représentée la parabole du bon Samaritain. Le Samaritain recueille le voyageur que des voleurs ont dépouillé, battu et blessé. Un riche coffret est rempli de liqueurs fortifiantes, d'huile et de baumes, que le Samaritain charitable étend sur les plaies du mourant, qui est nu et couvert de sang, comme Jésus descendu de la croix. Dans le fond passe outre, s'enfuit, pour ainsi dire, et disparaît le lévite, comme quelqu'un qui ne veut pas s'attarder à secourir son prochain (*b*). La charité du Samaritain et la compassion pour un juif de la part d'un dissident annoncent qu'on est désormais sous le régime de la loi d'amour, où la vérité et la miséricorde se sont rencontrées, où la justice et la paix se sont embrassées (*c*). Les vertus ennemies, en quelque sorte, se sont réconciliées à la venue du Sauveur. En conséquence, nous avons commenté la parabole du bon Samaritain par la personnification des Vertus qui se rencontrent et s'embrassent.

» Mais le tableau se complète par l'ensemble des misères qui fondent sur l'homme et que le Sauveur est venu détruire ou consoler. — A gauche, l'affamé tend les bras et demande du pain, l'homme qui a soif demande à boire, le voyageur cherche un abri, l'enfant nu réclame des vêtements, l'infirme et le prisonnier appellent la visite du médecin et implorent l'homme de charité. — A droite, Jésus-Christ est debout au milieu de six jeunes femmes, qui sont nées sous le regard de son amour, sous le feu de sa tendresse divine. Sur ce champ de bataille où gisent, mourantes ou blessées, ces six classes de malheureux que la misère a terrassés, le Sauveur envoie six Vertus vivantes pour les guérir. L'une apporte du pain, l'autre du vin, la troisième l'hospitalité, la quatrième des vêtements, la cinquième des médicaments, la sixième tient une prison ouverte et qui vient de laisser passer sa victime. — La correspondance entre les deux médaillons, entre les misères et les consolatrices, s'exprime en outre par des inscriptions. Autour du nimbe de chaque Vertu (car, instruits par l'exemple des sculpteurs qui décorent la cathédrale de Chartres, nous avons dû sanctifier et comme canoniser ces jeunes femmes), on lit un verbe qui trouve son régime (complément) sur le malheureux auquel la Vertu l'adresse spécialement. Ainsi, la Vertu qui guérit de la faim porte autour de son nimbe : CIBAT ; et, sur la victime qu'elle soulage, on lit : FAMELICUM. — Voici, du reste, la série des inscriptions qui se répondent d'un médaillon à l'autre :

CIBAT FAMELICUM.	POTAT SITIENTEM.
COLLIGIT HOSPITEM.	VESTIT NUDUM.
SANAT INFIRMUM.	LIBERAT CAPTIVUM.

» Quant au Sauveur, qui envoie ces vertus soulager ces misères, il porte écrit sur son nimbe : DEUS CHARITAS EST.

» Nous n'avons personnifié que six Vertus ou six OEuvres de miséricorde, au lieu de sept qui furent admises dès la seconde moitié du moyen âge, parce que le texte de l'évangile de saint Mathieu nous en faisait une loi : « Or, quand le Fils de l'homme viendra dans sa majesté, accompagné de tous les anges, il s'asseyera sur le trône de sa gloire. Et toutes les nations étant assemblées devant lui, il séparera les uns d'avec les autres, comme un berger sépare les brebis d'avec les boucs, et il placera les brebis à sa droite et les boucs à sa gauche. Alors le Roi dira à ceux qui seront à sa droite : Venez, vous qui avez été bénis par mon père, possédez le royaume qui vous a été préparé dès le commencement du monde ; car j'ai eu faim, et vous m'avez donné à manger ; j'ai eu soif et vous m'avez donné à boire ; j'ai eu besoin de logement, et vous m'avez logé ; j'ai été nu, et vous m'avez revêtu ; j'ai été malade, et vous m'avez visité ; j'étais en prison, et vous êtes venu me voir. » — Aux maudits, le Souverain-Juge reproche de n'avoir exercé envers lui aucun de ces six devoirs. Alors les maudits lui répondent : « Seigneur, quand est-ce que nous vous avons vu avoir faim, ou

---

(*a*) Dans le *Guide de la Peinture* (*Manuel d'iconographie chrétienne*), à la description de la parabole de l'Enfant prodigue, on lit, page 220 : « On voit encore le Christ prenant le prodigue dans ses bras et le baisant au visage. » Nous avons donc exécuté en vitrail ce que le peintre grec prescrit pour une fresque.

(*b*) LUCAS, X, 50-58.

(*c*) *Psalm.*, LXXXIV, 11. — Misericordia et Veritas obviaverunt sibi, Justitia et Pax osculatæ sunt.

comment s'exprime M. Émile Amé, à propos des vitres de cette espèce signalées par lui dans le département de l'Yonne, vitres qu'il a dessinées lui-même et qu'il s'est attaché à décrire avec un

avoir soif, ou être sans logement, ou sans habits, ou malade, ou en prison, et que nous avons manqué à vous assister? » Mais il leur répondra : « Je vous le dis en vérité, autant de fois que vous avez manqué à prêter ces assistances à l'un de ces plus petits, vous avez manqué à me les rendre à moi-même (a). »

« Il n'y a donc positivement que six œuvres de miséricorde et non pas sept. Bien mieux, les commentateurs, les sermonaires, les mystiques ont assigné cette fonction, par voie de figure et de symbolisme, aux six urnes de Cana. Dans son *Rational des divins offices*, Guillaume Durand dit : « Aux noces de Cana sont placées les six amphores, c'est-à-dire sont instituées et exercées les six œuvres de miséricorde. » Mais Durand est de la fin du xiii⁰ siècle, de l'époque même où l'on commence à allonger d'une vertu nouvelle le texte évangélique, et, tout aussitôt après avoir dit positivement qu'il y a seulement six œuvres de miséricorde, il oublie son chiffre et il en énumère sept, qui sont : « Nourrir l'affamé, donner à boire à qui est tourmenté de la soif, recueillir l'étranger, vêtir le nu, visiter l'infirme, aller voir le prisonnier, enfin ensevelir le mort (b). » A partir de ce moment jusqu'à la Renaissance, on ajouta quelquefois, mais quelquefois aussi on ne l'y inscrivit pas, l'ensevelissement des morts à la série des œuvres de miséricorde établie par l'évangile de saint Mathieu. Depuis la Renaissance jusqu'à nos jours, on introduisit presque constamment la septième œuvre de miséricorde. Dans le *Manuel d'iconographie chrétienne*, pages 277-278, à propos de peintures byzantines qui représentent, comme dans la principale église de Salamine, le jugement dernier, nous avons dit : « On y voit la charité sous la forme d'une grande femme exerçant tour à tour sa générosité sur ceux qui ont faim et soif, sur ceux qui voyagent et qui sont nus, sur les malades et les prisonniers, en tout vingt-cinq personnages. A ces six œuvres de miséricorde, l'Église latine en a ajouté une septième, l'ensevelissement des morts. Sur trois maisons de la ville de Bruges, à la façade principale, on voit sculptées en relief sept œuvres de miséricorde : l'ensevelissement des morts est placé tout au sommet de ces maisons, dans la pointe du pignon. Ces sculptures sont des xvi⁰ et xvii⁰ siècles. Le même sujet, sculpté au xvii⁰ siècle, se voit sur une maison de Gand, rue du Vieux-Bourg, n⁰ 65. A Gand, comme en Grèce, il n'y a que les six œuvres, et on a supprimé l'ensevelissement. Mais, dans ces sept actes de charité, comme c'est au corps seulement qu'on s'adresse, l'Église latine n'a pas voulu oublier l'âme, dont les Grecs ne s'occupent pas. Nous avons donc (les Latins) figuré les sept œuvres spirituelles en regard des sept œuvres corporelles, pour faire un tableau complet. Ces œuvres spirituelles se résument dans ces propositions : conseiller les faibles, instruire les ignorants, consoler les affligés, pardonner les injures, supporter les peines, prier pour les morts, les vivants et les persécuteurs. »

» Armés de ces autorités, nous avons personnifié les Six OEuvres de miséricorde. Nous pouvons donc, en conséquence de ce qui précède, publier, sans autres réflexions, une lettre que M. l'abbé Chauveau, vicaire général du diocèse de Sens, nous a écrite il y a déjà longtemps, mais que nous tenions en réserve précisément pour cette occasion. M. Chauveau nous écrivait en novembre 1851 : « Monsieur, j'ai lu avec un bien grand intérêt la cinquième livraison du tome XI des *Annales archéologiques;* mais j'ai dû faire une remarque que vous voudrez bien me permettre de vous soumettre. Je trouve, à la page 258 : « Ils verront (les lec- » teurs) que ce nombre des urnes (de Cana) s'applique aux six âges du monde, aux six âges de l'Église, aux » six âges de l'homme, aux six œuvres de miséricorde. » C'est certainement par inadvertance que ce dernier membre de phrase est tombé de votre plume : plein de votre sujet, vous avez oublié pour un moment que la théologie morale compte *sept* OEuvres de miséricorde spirituelle et *sept* OEuvres de miséricorde corporelle. Elles sont désignées et énumérées dans deux vers hexamètres, vers techniques et mnémoniques dont la contexture, qui n'a rien de remarquable sous le rapport poétique, a pourtant de la précision et de la concision. L'un d'eux, celui qui énumère les œuvres de miséricorde corporelle, offre des désinences peu agréables à l'oreille; mais ils ont tous deux le grand avantage de réunir en un seul mot chacune des œuvres qu'enfante l'ingénieuse et inépuisable charité. Les voici :

OEuvres de miséricorde spirituelle :
Console, Carpe, Doce, Solare, Remitte, Fer, Ora.
OEuvres de miséricorde corporelle :
Visito, Poto, Cibo, Redimo, Tego, Colligo, Condo.

» Non, ce n'est point par inadvertance, mais avec intention et réflexion, comme on a pu le voir, que nous

(a) MATTHÆUS, XV, 31-46.

(b) DURANDI, *Rationale divinorum officiorum*, lib. VI, cap. XIX, n⁰ 6 : « Ibi siquidem positæ sunt sex hydriæ, id est instituta sunt et perfectissime exercentur sex opera misericordiæ, quæ sunt pascere esurientem, potare sitientem, colligere hospitem, vestire nudum, visitare infirmum, adire incarceratum et mortuum sepelire. »

soin minutieux, et dont il faut lui savoir d'autant plus gré que les verrières qui nous sont restées de cette époque sont excessivement rares (1) :

« Nous croyons reconnaître, et nos lecteurs le reconnaîtront sans doute avec nous, que ces pan-
» neaux de vitrerie, que nous avons retrouvés çà et là, doivent leur naissance à un système com-
» plet, achevé. Ce système nous semble suscité par la grande et irrésistible influence que saint
» Bernard, ce rigoriste docteur en fait d'art, a exercée sur l'art religieux de son siècle.

» Ce système de vitraux incolores paraît avoir été adopté en 1134 par le chapitre général de
» l'ordre de Cîteaux; l'article 82 le consacre expressément, il y est dit : « *Les vitres doivent être*
» *blanches (incolores), sans croix et sans peintures.* »

» L'église abbatiale de Clairvaux, dont saint Bernard fut un des plus illustres abbés, en offrait
» une preuve irrécusable. Nous pourrions reproduire ici en témoignage authentique, si nous ne

avons traduit en peinture sur verre le texte de saint Mathieu : nous n'avons pas voulu nous permettre d'ajouter une œuvre aux six que le Sauveur a lui-même énumérées. Nous avions d'ailleurs bien des monuments du moyen âge, antérieurs à l'irrésolu Guillaume Durand, pour nous affermir dans notre propos sérieusement délibéré, et notamment une magnifique couverture en ivoire d'un psautier du xı^e au xıı^e siècle, où l'on voit le roi David exerçant en personne, dans une série de six tableaux ou médaillons, les six et non les sept œuvres de miséricorde (a).

» Au bas de la verrière, c'est un sujet historique qui ouvre notre composition; au sommet, c'est encore un sujet historique, le crucifiement, qui la ferme. Le crucifiement, sacrifice par excellence, preuve suprême de l'amour du Sauveur pour le genre humain, nous a paru le couronnement naturel d'un vitrail destiné à une chapelle du Sacré-Cœur. Jésus, attaché sur la croix et agonisant, dit à la sainte Vierge, placée à sa droite, en lui désignant saint Jean : « *Mater, ecce filius;* » à saint Jean, placé à sa gauche : « *Fili, ecce mater.* » Au pied de la croix dort égorgé l'agneau sans tache qui va se rougir du sang que versent à flots les plaies du Sauveur.

» Tel est le détail de ces six sujets et des quarante-cinq personnages qui les composent. Mais le fond sur lequel ces sujets se détachent ou plutôt se relient l'un à l'autre, est un fond de fleurs, de feuillages, de branches qui partent d'un tronc unique et vigoureux. Cet arbre, comme celui de Jessé, s'enracine au pied du vitrail, derrière le Sauveur à la Cène. Jésus-Christ est donc comme le Jessé de cette généalogie, et cet arbre divin étend et élève dans le ciel bleu ses rameaux qui saisissent, comme dans une armature, la Samaritaine, les Noces de Cana, le Repentir de l'enfant prodigue et la Conversion du pécheur, la Charité du Samaritain et la Réconciliation des vertus, le Soulagement des misères humaines et le Sacrifice du Calvaire. Ce sont comme les fruits de cet arbre unique, auquel nous appliquerions ce que l'Église, par l'organe d'Adam de Saint-Victor, dit de la Croix :

O Crux, lignum triumphale,	Inter ligna nullum tale
Mundi vera salus, vale.	Fronde, flore, germine (b).

» Les seuls oiseaux du ciel, dignes d'habiter un tel arbre, sont ceux que la symbolique du moyen âge a consacrés comme étant l'emblème des vertus. Nous avons donc choisi de préférence le pélican, qui s'ouvre le cœur pour nourrir et ressusciter ses petits, comme Jésus a donné sa vie sur la croix pour sauver l'humanité, et comme, dans l'Eucharistie, il nourrit le chrétien de sa chair et de son sang. Le pélican est perché, avec sa petite famille, vers la moitié de l'arbre.

» On doit comprendre maintenant pourquoi nous appelons cette verrière le VITRAIL DE LA CHARITÉ. »

(1) *Recherches sur les vitraux incolores du département de l'Yonne;* broch. in-8°. Paris, 1854, p. 11.

(a) Ce manuscrit, qui provient de la Chartreuse de Grenoble, a appartenu à M. le docteur Comarmond, de Lyon, qui l'a cédé à M. Libri. M. Dusommerard a donné en gravure et en description, dans les *Arts au moyen âge*, les deux feuilles d'ivoire de la couverture de ce manuscrit. Pendant six semaines, nous avons eu entre nos mains ce livre inappréciable qui, depuis, a été vendu en Angleterre par M. Libri. C'est un manuscrit à jamais perdu pour la France.

(b) *Proses d'Adam de Saint-Victor*, publiées, en texte et traduction, par CHARLES BARTHÉLEMY, dans le *Rational des divins Offices de Guillaume Durand*, vol. III, page 545. M. Charles Barthélemy vient de rendre un grand service aux amis de la poésie du moyen âge en publiant, comme appendice à sa précieuse traduction du *Rational* de Guillaume Durand, toutes les *Proses* d'Adam de Saint-Victor.

» craignions d'être prolixe, l'extrait de la relation d'un voyage fait en 1517, de Joinville à Clair-
» vaux, par la reine de Sicile, le comte et la comtesse de Guise; on y parle des *vitraux blancs* de
» l'église, de la librairie et du réfectoire (1). »

Nous ne pensons pas que les vitraux incolores aient été employés exclusivement dans les églises
cisterciennes; nous sommes porté à croire, et nous en avons donné des exemples, que les églises
riches, comme celles de Chablis, devaient aussi en être garnies dans certaines parties. Les églises
pauvres, ou les chapelles d'un rang inférieur, entre autres, l'église de Migennes et la chapelle de
Sens, employèrent ce système de vitrerie, qui sait si bien s'allier à la belle et sévère architecture
des XIIᵉ et XIIIᵉ siècles.

Souvent même, cette vitrerie incolore a dû être employée concurremment avec la grisaille ou la
peinture sur verre. Ces divers systèmes se faisaient valoir par leurs contrastes.

Les artistes verriers, dans les monuments cisterciens, pouvaient donner librement carrière à
leur brillante imagination, sous la condition expresse cependant de ne figurer aucune croix ni
aucune peinture. Aussi est-ce avec un rare bonheur qu'ils se sont acquittés de leur tâche, souvent
ingrate, et qu'ils ont su vaincre les plus grandes difficultés en appliquant, sans se répéter, les
ornements les plus divers, feuillages, enlacements, nattes, etc., à la composition de leurs vitraux.

De la défense excessive, trop rigoureuse même, dont nous venons de parler, est donc sorti un système complet de vitraux blancs à dessins figurés par les plombs. Ce système ne nous paraît avoir
rien de commun avec la vitrerie en grisaille, avec laquelle il peut marcher de pair dans certaines
conditions faciles à apprécier.

L'article 82 du règlement des communautés cisterciennes éclaire subitement les temps antérieurs
au XIIᵉ siècle. Les vitres seront blanches, y est-il dit, sans croix ni peintures. Donc déjà existaient
différents genres de verrières depuis la plus simple à la vitre incolore, chargée seulement d'une
croix de rubis ou d'or, jusqu'à la plus riche aux belles peintures comme à Saint-Denis. Défense
expresse d'y former même une croix, car ce signe religieux ne pourrait qu'attirer vers les objets extérieurs, quoique involontairement, l'attention des moines et les distraire de leur recueillement et de
leur méditation ; on se contentera d'un dessin sans signification. Loin de chercher à créer un genre
nouveau dans les arts qu'ils condamnaient, les religieux de Cîteaux ne voulaient en réalité que l'application la plus simple de ce qui existait avant eux.

On ne doit pas cependant conclure comme le fait M. l'abbé Texier, que là est l'origine de la
peinture sur verre ou du moins celle de la vitrerie en grisaille, et que c'est dans le Limousin qu'elle
est née, parce qu'il trouve encore un vitrail incolore de 1141. Le Limousin nous offre de savantes
et très-anciennes écoles, mais n'est pas la seule province où se développa la peinture sur
verre.

Il faudrait pour accepter cette assertion, faire table rase de tous les vitraux antérieurs aux
XIᵉ et XIIᵉ siècles; il faudrait encore ne pas compter les verrières de Lyon, de Poitiers, de Tours, de

(1) *Annales archéologiques*, vol. III, pages 225—239, article : *Un grand monastère au* XVIᵉ *siècle* (Monastère de Clairvaux).

Dijon. La vitrerie est née multicolore, tantôt laissant passer à travers ses parois transparentes l'azur des cieux, tantôt brillant elle-même de toutes les couleurs de l'arc-en-ciel.

Il est donc impossible d'admettre que les vitraux incolores nous indiquent l'origine de l'art du verrier, ils n'en ont été qu'une des branches; mais au XIIe siècle, ils se sont singulièrement développés sous l'influence des rigueurs ascétiques des abbés de Citeaux, influence qui aurait pu être funeste aux beaux-arts, si le bon sens public n'en eût fait heureusement justice.

Les vitraux incolores furent employés pour les églises et les monastères peu fortunés; pour les appartements secondaires des abbayes. Rien de plus ingénieux que les combinaisons cherchées par les artistes pour ces pages où le dessin n'est formé que par le plomb. Souvent même celui-ci courra sur le verre comme un ornement complémentaire, alors qu'il ne sera pas nécessaire pour maintenir la lame.

M. Didron, dans ses *Annales archéologiques* (1), donne le dessin des vitraux incolores découverts par M. l'abbé Texier dans les églises des anciennes abbayes de Bon-Lieu (Creuse) et d'Obasine (Corrèze); la première consacrée en 1141, et la deuxième en 1143, toutes les deux appartenant au diocèse de Limoges et affiliées à l'ordre de Citeaux.

M. Émile Amé a complété ces premières études en signalant le même genre de verrières aux églises de Pontigny, de Migennes, de Chablis, de Sens et de Montréal. On peut consulter à ce sujet son ouvrage dont nous avons parlé un peu plus haut. Nos planches 5 et 12 donnent des spécimens de vitraux incolores empruntés aux ouvrages de M. l'abbé Texier et de M. Émile Amé. Nous verrons que, au XVIIe siècle, la vitrerie blanche a tué la peinture sur verre. Les verrières incolores ont, du reste, une très-grande importance et fournissent, comme le fait très-judicieusement observer M. Didron, des moyens très-économiques de clôture pour les églises de campagne et les appartements des monastères ou couvents.

VIII

La disposition générale des verrières dans l'église appelle notre examen. Les fenêtres des basses nefs étaient consacrées aux légendes pieuses du pays, et à celles des saints ou des saintes dont l'église possédait quelques reliques. Les tons devaient être froids et lourds, afin qu'une certaine obscurité pût régner dans ces bas-côtés, depuis le porche jusqu'au chœur.

Dans l'étage supérieur de la nef centrale, les grandes figures des patriarches, des rois ou des prophètes de l'Ancien et du Nouveau Testament, se découpaient sur un fond en grisaille, et laissaient passer une lumière un peu plus vive qui venait, comme un rayon divin, éclairer la voûte d'une douce clarté.

Les vitraux du pourtour du chœur développaient les légendes des patrons de la basilique, ou bien les principaux traits de la vie de Notre-Seigneur et de la sainte Vierge, ou bien encore traduisaient les dogmes mystiques en caractères symboliques. Là les couleurs les plus vives et les plus énergiques devaient former autour du sanctuaire une auréole brillante et, pour me servir des expres-

(1) 1850, tome X, pages 81 et suiv.

sions de nos anciens écrivains, elles devaient resplendir des feux de la topaze, de l'émeraude et du saphir.

Les verrières du chœur étaient réservées aux scènes de la Passion, aux apôtres et aux principaux confesseurs et martyrs. La fenêtre centrale du sanctuaire était toujours consacrée à Jésus-Christ; ordinairement on y voyait le crucifiement. Toutes ces verrières du chœur, principalement celles du sanctuaire, légèrement teintées, laissaient descendre en toute liberté les rayons lumineux sur l'autel, qui se détachait en vive lumière sur le fond un peu sombre de l'église.

L'artiste ménageait habilement la gradation de ses tons, il les voilait en quelque sorte pour en arrêter l'éclat dans la longueur des premières nefs, les coloriait énergiquement autour du chœur, entourait le sanctuaire d'une couronne semi-lumineuse, mais diaprée des plus brillants reflets de l'arc-en-ciel, et faisait descendre ensuite des torrents de lumière sur l'autel du divin sacrifice.

La peinture, comme on le voit, n'était pas restée au-dessous de l'architecture. L'architecte avait en quelque sorte immatérialisé la pierre, il l'avait façonnée et découpée de mille manières, et lui avait fait parler, dans ses dentelures mystiques, le langage de l'allégorie chrétienne. Le peintre à son tour s'était emparé de la lumière et la maniait aussi habilement que l'architecte avait découpé la pierre. Il l'arrêtait, il la voilait, il lui donnait les plus vives couleurs, il la répandait enfin par torrents quand il voulait produire ses grands effets.

Cette admirable gradation des tons, cette longue gamme de couleurs, douce et voilée au porche, éclatante et lumineuse au sanctuaire, peut encore s'observer à la cathédrale de Chartres. Cette basilique a eu le bonheur de conserver presque toutes ses verrières du XIIIe siècle, et on n'y compte pas moins de cent quarante-six fenêtres et encore près de quatorze cents sujets (1).

Quand le peintre avait ainsi disposé l'ensemble de sa composition, il procédait à l'étude des détails. Avait-il à établir une verrière légendaire, les médaillons, rangés symétriquement par étages, formaient, comme pour les pages d'un livre, des lignes horizontales dans lesquelles se développait l'histoire, la légende ou la pensée symbolique, avec cette différence toutefois que, pour en prendre lecture, il fallait, contrairement aux pages imprimées, commencer par le bas, en partant de la gauche et suivre le même ordre pour chaque ligne.

Les sujets, comme nous l'avons déjà dit, étaient tirés de l'Ancien et du Nouveau Testament, des Actes des apôtres et de la Vie des saints; d'autres fois une pensée symbolique se poursuivait à travers des figures allégoriques, avec une habileté et une sincérité que notre plume est impuissante à décrire. Or, plus le talent était grand, plus il était modeste. Vous chercheriez vainement sur ces vitres le nom des artistes du moyen âge qui offraient au Ciel non-seulement leurs œuvres, mais ce qui devait être plus agréable encore à Dieu, le sacrifice de leur gloire. Quant aux riches et puissants donateurs, c'est à peine s'ils osaient s'y faire représenter. Sachant que Jésus-Christ a dit que les derniers deviendraient les premiers, ils choisissaient la dernière et la plus petite place. On les voyait toujours agenouillés, eux et leur famille, tout au bas du vitrail, dans l'attitude du recueille-

(1) *Voir* pour cette disposition générale les intéressants détails donnés par M. Ferd. de Lasteyrie, dans son opuscule intitulé : *Quelques mots sur la théorie de la peinture sur verre.* In-18. Paris, 1852.

ment et de la prière; ils formaient ce que l'on peut appeler la pieuse signature du vitrail. Nous verrons si cette humilité durera longtemps.

IX

Pour compléter ce qui nous reste à dire du xiiie siècle, nous avons à énumérer les verrières qui existent encore.

En Belgique, nous ne connaissons pas de vitraux de cette époque. Les églises cependant, comme nous le ferons voir un peu plus loin, en ont possédé de fort beaux et en grand nombre; les seuls fragments que nous puissions citer, mais qui ont une haute valeur, proviennent des églises de Tournai et de Sainte-Gudule à Bruxelles. Nous en avons donné le dessin, planche 8.

En France, les églises de Chartres, Reims, Paris, Strasbourg, Rouen, Poitiers, Clermont, Auxerre, Troyes, Tours en possèdent encore. On doit mettre sur la première ligne les verrières de Chartres, les grandes roses de Notre-Dame de Paris, de Reims, de Soissons, et les grisailles, rehaussées de couleur, de Poitiers, de Tours et de Troyes.

En Angleterre, les cathédrales de Cantorbéry et de Salisbury possèdent de beaux vitraux et surtout de belles grisailles de cette époque.

Pour l'Allemagne, nous citerons l'église de Saint-Cunibert, à Cologne, et la cathédrale de Munster, en Westphalie. Enfin, pour l'Espagne, la cathédrale de Tolède.

X

Nous disions tout à l'heure que la Belgique avait possédé de belles verrières du xiiie siècle; il suffirait, pour le prouver, de faire remarquer les richesses dont jouissaient alors tous les établissements religieux, et, à l'appui de cette assertion, de montrer la magnificence de ces quelques fragments échappés aux ravages des temps.

Divers documents viennent nous apporter de nouvelles preuves. Ainsi en 1387 les sept lignages de la ville de Bruxelles firent placer dans l'église des SS. Michel et Gudule à Bruxelles, une verrière portant leurs armoiries avec l'image de St. Michel, et cette verrière *en remplaça une autre plus ancienne*, et sans doute en mauvais état. Dans leur histoire de la ville de Bruxelles, MM. A. Henne et Alph. Wauters ajoutent : « *On suppose que dès le xiiie siècle les onze fenêtres du chœur avaient été garnies de vitraux* (1). » Ce fait ne peut être mis en doute, surtout depuis que dans les *oculi* du triforium on a retrouvé de beaux fragments de grisaille, rehaussés de couleurs, et qui datent de la construction, sous le duc Jean Ier.

La cathédrale de Tournai avait au xiiie siècle de très-belles verrières. Nous avons donné le dessin du fragment provenant des collatéraux du chœur. Ces derniers débris viennent attester aujourd'hui que les peintres verriers qui les ont exécutés étaient déjà bien habiles.

(1) *Hist. de la ville de Bruxelles*, par MM. Henne et Wauters, 2 vol. in-8°.

La cathédrale de St.-Lambert à Liége en possédait également. Dans Loyens (1) on trouve ce passage : « *Grisard de Bierset fit faire en 1250 la grande fenêtre qui est au-dessus de la porte de* » *l'église (St.-Lambert) du côté du palais, et Jean d'Enghien avait fait construire celle qui est du* » *côté de la porte vers Notre-Dame aux Fonts.* » Fisen en parle (part. 2, paragr. 27 et 28), et voici ce qu'il en dit : « *Thibaut de Bar a fait faire la ronde verrière du vieux chœur (St.-Lam-* » *bert), au-dessus de laquelle on avait sculpturé les deux barbeaux de ses armes en 1310.*

» Le rond de la grande fenêtre fut miné par un vent impétueux le propre jour de Pâques de » l'an 1606, à midi, et fut réparé incessamment. Quelque reste du bas de cette fenêtre ne tomba » pas, parce qu'elle avait été quelque temps auparavant raffermie et réparée de nouvelles vitres, » que quatre chanoines de cette église donnèrent avec leurs armes en 1577. L'une des quatre tou- » relles de leur magnifique tour fut renversée par le même vent sur la maison d'un bourgeois qui » pour lors était à sa table. »

Si nous plaçons la verrière indiquée par Loyens et Fisen (2) à côté de celles de l'époque que nous étudions, c'est que pour le style, en 1310, on suivait encore tous les errements du xiiie siècle.

Ces exemples sont suffisants pour montrer que la Belgique était à la hauteur des autres nations pour la peinture sur verre, et, disons-le de suite, ce rang, que dès l'abord elle prend dans les arts, elle ne le quittera plus.

XI

En résumé, les signes distinctifs qui nous permettent de reconnaitre les vitraux du xiiie siècle sont : la variété dans la forme des médaillons; le changement survenu dans les bordures, dans les enroulements et dans les ornements ou les feuilles; ceux-ci, quoique rappelant encore l'antique, sont constamment découpés en un triple feston, et se présentent invariablement par petits groupes composés chacun de trois divisions, indiquant ainsi le chiffre de la Trinité; c'est là un des indices les plus sûrs pour distinguer les ornements du xiiie siècle de ceux des époques précédentes. Nous avons encore les grands sujets placés dans les fenêtres des étages supérieurs et les

---

(1) *Histoire héraldique des bourgmestres de la noble cité de Liége.* MDCCXX, p. 26.

(2) Voici maintenant le texte de Fisen que mentionne Loyens :

« Grisellus Biersens, canonicus et cantor Leodiensis, Balduini Admiralli filius, ædes suas nomine verna-culo Motte dictas, in suburbano Avrotano, cinctas aquis, ut hodiè visuntur, cum hortis adjacentibus attri-buit charitate verè christiana sustentandis octo sacerdotibus, quibus senio confectis aliunde victus non suppe-teret; ut ibi vitæ reliquium Deo darent. . . . .

. . . .

» Ejusdem Griselli munificentiam esse reperio, rotundam illam è vitro fenestram (1280), quæ in St. Lam-berti templo in septentrionem versa Palatium respicit : nam alteram quæ spectat occidentem eodem tempore adornabat Enghianus episcopus. Tertia ad meridiem opus postea fuit Theobaldi Barrensis episcopi anno sequentis sæculi decimo; quæ profecto templi sunt ornamentum posteritati spectandum. »

Il finit en faisant cette réflexion :

« Spectantibusque ostendunt alia plurima monumenta quæ ad ultimum nobilis illius Basilicæ ornamentum desiderantur, si cui posterorum forsitan animus esset per calcata majoribus exempla sequi. »

BARTHOLOMÆI FISEN Leodiensis e societate Jesu, *sancta Legia Romanæ Ecclesiæ filia, sive historiarum Ecclesiæ Leodiensis pars secunda.* Opus posthumum. Leodii, MDCXCVI.

grisailles, puis la première apparition des costumes nationaux. Mais il ne faut pas oublier que la décoration architecturale représentée dans ces verrières, est encore en retard et n'a pas abandonné la forme romane.

Dans les trois siècles que nous venons de parcourir, les artistes sacrifient presque toujours la vérité des couleurs à l'harmonie générale, les détails à l'ensemble. Nous voyons des chevaux verts, des arbres jaunes ou rouges, des personnages portant la barbe et les cheveux d'un bleu magnifique, mais toutes ces erreurs se redressent à la fin du XIIIe siècle. Ce qu'il faut surtout admirer, c'est l'entente parfaite du contraste simultané des couleurs, c'est aussi la pensée religieuse, si bien reproduite et si habilement poursuivie par ces pieux et fervents artistes. Les travaux de la peinture sur verre ont, à cette époque, une harmonie et une unité telles que nous n'en trouverons de pareilles dans aucun autre siècle.

En avançant dans les âges, nous allons voir un dessin plus correct, des formes plus savantes, mais, hélas! pourquoi le dire déjà? l'homme devient moins bon, il fait la part de Dieu plus petite, la sienne plus large, et il croit ainsi se grandir. L'histoire de l'art chrétien, dont les plus belles pages ont été écrites, sans contredit, sur les verrières des églises, ne nous l'apprendra que trop tôt. Aussi est-ce avec peine que nous nous séparons d'une époque où la pensée fut grande, belle, généreuse, et où la forme seule, quoique savante pour le temps, ne fut pas à la hauteur de la composition (1).

---

(1) Les RR. PP. Martin et Cahier attribuent aux modifications architectoniques la décadence de la peinture sur verre dans les siècles suivants.

« Hors de cette sage distribution, disent-ils, la peinture sur verre allait être engagée sur une pente de
» décadence d'autant plus inévitable que, rétrécie dans des champs où la hauteur démesurée perdait de plus
» en plus tout rapport de proportion avec la largeur, elle n'avait plus l'espace nécessaire pour qu'il lui fût
» permis de songer à développer de savantes combinaisons. Il devait lui arriver ce qui arriva en effet : qu'elle
» devint stérile et monotone, jusqu'à l'époque la plus rapprochée de nous, où elle prétendit rivaliser avec la
» peinture sur toile. Mais alors, après avoir été la sœur de l'architecture, puis sa servante, elle se mit à
» vouloir être sa maîtresse. C'était méconnaître les rôles, et l'architecte ne put se plier à ces exigences
» qu'en sacrifiant le génie de l'ensemble. Aussi, ne paraît-il plus occupé dès lors qu'à préparer du travail au
» sculpteur et au peintre : se mettant au service de ceux qu'il aurait dû diriger, et cédant aux fantaisies de
» ceux qui devaient prendre ses ordres. »

Monogr. de la cathédrale de Bourges, p. 501.

Nous pensons, au contraire, que cette modification des formes a puissamment contribué au progrès de la peinture en général comme art, en forçant les artistes à abandonner les petits médaillons du XIIIe siècle pour se livrer à l'étude de grandes et belles pages.

Il faut remonter plus haut, il faut remonter jusqu'à l'étude de l'esprit religieux des siècles antérieurs qui se perdait, pour découvrir la véritable cause de la décadence de la peinture religieuse.

CHAPITRE IV.

XIVe siècle.

—

I

(1)

e siècle amène de notables changements : tandis que l'architecture avait adopté le style ogival, la peinture, dans son ornementation, était restée byzantine ; mais elle commence à comprendre les nouvelles formes et s'empresse de les reproduire. Les sujets se couronnent d'élégantes découpures ogivales. Les médaillons restreints disparaissent, et les compositions, plus largement dessinées, remplissent l'intervalle entier des meneaux, tout en se superposant encore, de manière à renfermer dans une seule verrière une histoire complète.

La cathédrale de Cologne, dont la dédicace du chœur fut accomplie en grande pompe, le 27 septembre 1322, par l'archevêque Henri de Virnenbourg (2), renferme les monuments les plus importants de la peinture sur verre au commencement du XIVe siècle.

Ses vitraux lui furent donnés par le vainqueur de Wœringen, Jean Ier, duc de Brabant, de concert avec le comte Thierry de Clèves et les principales familles de Cologne qui y firent placer leurs armoiries ; ils résument tous les progrès accomplis depuis un siècle et posent, pour notre histoire, un jalon de reconnaissance.

Laissons M. Sulpice Boisserée nous les décrire (3) :

« Les vitriers imitèrent les architectes dans le jeu des formes, en figurant aux fenêtres, avec des verres de différentes couleurs et de la manière la plus pittoresque, des entrelacements de feuillage,

(1) Cette lettre est tirée des *Chroniques* dites *de France ou de St.-Denis*, man. du XIVe siècle, Bibl. de Bourgogne, N° 5.

(2) La première pierre en avait été posée le 14 août, par l'archevêque de Cologne Conrad, en présence de l'empereur Guillaume, Henri, duc de Brabant ; Gauthier, duc de Limbourg ; Otton, comte de Gueldres ; Thierry, comte de Clèves ; Jean d'Avesnes, comte de Hainaut ; le légat du pape, l'évêque de Liége....., etc.

(3) *Monographie de la cathédrale de Cologne*, 2 vol. grand in-fol. Paris, 1823 ; 1er vol., p. 26 et suiv.

de rinceaux, de losanges et de divisions de cercle. Aux fenêtres des bas-côtés et des chapelles, ils figurèrent, dans toute la longueur et la largeur, à partir des arcs, un tissu régulier de toutes sortes de feuillages qui, par le contraste des contours noirs sur le verre blanc, produit l'effet d'une étoffe damassée, et n'est interrompu que par des bordures bigarrées. Dans la partie inférieure, à une hauteur de quinze pieds, les vitriers figurèrent des arcades ornées de jolies tourelles, dans lesquelles ils représentèrent, sur un fond alternativement bleu ou rouge, les images en grandeur naturelle, de divers saints, évêques et autres personnages, de façon que chaque compartiment des fenêtres présente une image. Quant à la forme des ornements, chaque fenêtre offre des variations; mais, pour ce qui concerne l'ordonnance de l'ensemble, elles furent toutes traitées d'une manière uniforme.

» Il est évident que les vitriers exécutaient toutes ces décorations d'après le dessin de l'architecte; et c'est encore à lui qu'il faut attribuer le changement qu'ils adoptèrent dans les vitraux de la chapelle du milieu; ces vitraux se composent de carreaux bleus, en forme de croix, entourés de riches bordures, où est représentée, en petit, la vie de Jésus-Christ. Aux deux fenêtres de côté on exécuta, au lieu du damassé de feuillage, un tissu riche et varié de figures géométriques, résultant du carré, du losange, du cercle et du triangle sphérique.

» Ces trois fenêtres et quelques-unes des chapelles sont entièrement conservées; toutes les autres ont perdu une grande partie de leurs ornements. On peut cependant, eu égard à la grande harmonie qui règne dans chaque partie comme dans l'ensemble des décorations, dériver de ce qui existe encore, l'état antérieur de ces fenêtres, sinon pour le tout, au moins pour l'essentiel.

» Mais ce qui est plus important, c'est que les fenêtres supérieures du chœur sont encore absolument dans leur état primitif. Seulement, les fenêtres des petites galeries pratiquées au-dessous sont dépareillées, à peu de choses près, de leurs ornements. Ils se composaient d'une espèce de tissu semblable à celui des grandes fenêtres, imitant une tapisserie variée de figures géométriques. Les grandes fenêtres elles-mêmes, nonobstant la diversité des couleurs et des figures, sont toutes exécutées d'après le même principe et la même ordonnance. Dans les arcs, on voit une répétition des ornements travaillés en pierre, ou des étoiles, des losanges et des feuillages; dans l'espace du milieu, on trouve ces entrelacements imitant la tapisserie et, dans la partie inférieure, on voit des figures peintes, placées au-dessous des niches en arcs pointus, et décorées de petites tourelles.

» Ces figures, de huit pieds de haut, ayant la couronne en tête, le sceptre d'une main et le globe de l'autre, représentent les rois de Juda et forment, de chaque côté, une rangée qui aboutit à la fenêtre du milieu, où l'on voit les trois mages adorant l'enfant Jésus assis sur les genoux de la sainte Vierge.

» Au-dessus de ce tableau, on a représenté la généalogie de la sainte Vierge, dans une suite de bustes dessinés sur un fond bleu et entourés de cadres de couleurs variées, à la manière des tableaux de la vie de Jésus, que l'on voit à la partie inférieure correspondante de la fenêtre du milieu, dans la chapelle principale. Cette déviation de la décoration générale des fenêtres, qu'on s'est permise pour celle du milieu, s'explique déjà pour les sujets qui y sont représentés; mais le bleu qu'on y a employé comme couleur dominante, laisse encore deviner une intention particulière. Le coloris plus foncé de ces fenêtres sur lesquelles se portent de préférence les yeux des fidèles pendant l'office divin, tempère merveilleusement l'éblouissement que produisent les rayons du soleil.

» Si nous considérons la grande étendue des vitraux peints qui tiennent lieu de murailles, et que nous réfléchissions sur leur effet magique, nous y trouvons réalisée, de la manière la plus surprenante, l'idée de cette Jérusalem céleste, bâtie de pierres précieuses, dont il est fait mention dans la dédicace de la cathédrale. Dans les anciennes églises grecques et latines, et entre autres dans celles de Sainte-Marie Majeure à Rome, de Saint-Marc à Venise, dans la grande église de Notre-Dame à Bethléem, et dans celle de Sainte-Sophie à Constantinople, on avait cherché à réaliser cette même idée au moyen de peintures en mosaïques dont on couvrit les murailles sur un fond doré. C'est probablement à l'usage si étendu de cette peinture en mosaïque, pour laquelle on employait presque exclusivement le verre colorié, que l'on doit l'invention des vitraux peints, et cette découverte fournissant les moyens de construire des murailles transparentes, conduisit à la solution merveilleuse d'un problème que l'on avait pu jusque-là regarder comme impossible. »

Le lecteur jugera facilement, d'après cette description si complète, que l'aspect des verrières a complétement changé. Les peintres se sont laissé diriger par les architectes, et désormais, des pinacles à jour, des colonnettes ogivales et des dais pleins d'élégance vont couronner et encadrer les personnages; il semble qu'une fée soit venue toucher de sa baguette les œuvres des siècles précédents, pour faire paraître à nos yeux toute une décoration nouvelle, tant la métamorphose est complète.

II

Cette métamorphose toutefois ne se retrouve pas dans les procédés matériels pour l'emploi du verre et sa mise en plomb; ici nous en sommes encore aux anciens errements. La charpente en fer de la fenêtre a seule subi une modification; elle est devenue complétement indépendante du travail du verrier. Les vitraux de Cologne vont encore nous fixer sur ces détails.

« Le verre en est très-fort, dit M. Boisserée (1), il a presque deux lignes d'épaisseur; on le coupa, tant que les formes le permettaient, en de très-petites pièces, et ce ne fut pas seulement d'après les différentes couleurs que l'on en opéra l'assemblage; le fond blanc même fut composé pour la plupart de pièces de deux pouces de largeur sur quatre pouces de longueur; et de ce procédé résultèrent ces entrelacements variés qui se voient aux vitraux supérieurs du chœur. Dans les vitraux décorés d'un damassé de feuillage, les jointures des pièces suivent la forme du feuillage, ou s'en rapprochent le plus possible, les pièces des figures sont ajustées de la même manière. La peinture de ces figures est excessivement simple; tout le dessin ne consiste qu'en quelques contours accompagnés de peu de hachures.

» Les nombreuses jointures de plomb donnent une singulière solidité aux vitres; ces jointures sont très-soignées, et elles sont tant sur le revers que sur le devant, couvertes à toute leur surface d'une soudure d'étain. Les panneaux ainsi assemblés sont attachés sur des châssis en fer qui, suivant les compartiments des fenêtres, ont 3 à 4 pieds de largeur, sur 2 pieds et demi à 3 pieds et

____

(1) Sulp. Boiss., O. d. c., p. 29.

demi de hauteur ; ces châssis enfin sont garnis encore de verges de fer disposées en carrés, pour la plupart d'un pied seulement. Dans cet état, ces panneaux sont fixés à l'intérieur, moyennant des vis, sur les barres de fer larges d'un pouce et demi, épaisses d'un demi-pouce, qui sur la largeur et sur les hauteurs des fenêtres sont scellées dans les pieds-droits et en forment la principale armature.

» En fait de couleurs, ce sont le bleu, le rouge et le jaune qui ont été le plus souvent employés ; on trouve bien moins le vert et plus rarement encore le violet. Quant à l'assemblage des couleurs, les vitriers n'ont jamais manqué d'observer la règle de joindre le clair à l'obscur, et de marier ainsi le bleu, le rouge, le vert et le violet toujours avec le jaune ou le blanc. C'est dans ce système d'assemblage et dans la variation multipliée des couleurs, que réside presque tout le secret de l'effet attrayant des vitraux peints. On voit combien les vitriers étaient pénétrés de ce principe, par le soin constant qu'ils ont mis à le suivre, et surtout par l'attention particulière qu'ils ont eue de border les panneaux, du côté où ils se rattachent aux pieds-droits et formes de pierre, de filets blancs ou jaunes, de manière à ce que les ornements des couleurs foncées se détachent de la pierre d'une manière vive et brillante. »

<h2 style="text-align:center">III</h2>

Les bordures des vitres se chargent de feuillages gothiques à forme aiguë, de figures géométriques ou ogivales, de blasons ; et souvent elles sont trop étroites pour remplir le vide laissé par le sujet, elles se doublent alors comme aux cathédrales de Strasbourg et de Lyon. Quant aux feuillages qui forment le principal ornement des bordures et des fonds damassés, ils varient suivant les contrées ; très-simples et presque toujours trilobés en France et en Belgique, ils sont beaucoup plus riches et à peu près constamment polylobés en Allemagne et en Angleterre. Nous ne prétendons pas que cette règle soit invariable, nous la donnons seulement comme générale.

La planche 16 reproduit deux fragments de grisaille provenant de Cologne et sur lesquels le lecteur pourra reconnaître le feuillage aigu, et un système d'arrangement bien différent de celui des siècles précédents. Les vitraux de Cologne offrent cette particularité que la croix apparaît dans toutes les combinaisons de l'ornementation.

<h2 style="text-align:center">IV</h2>

L'art du dessin est en voie de progrès, déjà le Cimabué et le Giotto avaient, en Italie, donné l'essor au génie de la peinture ; leur influence se fait sentir jusqu'en Occident. Le dessin devient plus correct, le modelé commence à paraître ; encore un peu de temps et la perspective viendra compléter le tableau. La manière de draper est plus savante ; les vêtements flottants ne descendent plus raides et droits, ils tombent sur les pieds des personnages où ils viennent se briser légèrement, en plis aigus.

<h2 style="text-align:center">V</h2>

Les costumes continuent à suivre les modes du temps. Le vitrail des arbalétriers (pl. 15), fragment trouvé à Tournai, nous montre les perfectionnements apportés dans les armures (1).

(1) Voir pour les costumes militaires, l'excellent article de M. Fevret de Saint-Mémin, dans l'ouvrage de

Les arbalétriers, donateurs de ce vitrail, qui portait en bordure des fleurs de lis et des arbalètes à rouet, ont la tête couverte du capel de fer ou cabasset, ils sont vêtus du haubert complet, mais ils ont déjà les grevières de plates, première pièce par laquelle on prélude à l'usage du fer battu.

Dans la planche 15 se déroulent les riches costumes guerriers de l'époque qui se composaient de cette manière : bassinet à visière articulée, amovible, ou le heaume, gorgerin de maille, gambisson piqué, rembourré et doublé de lames de fer, corselet de fer, pièces articulées pour les membres inférieurs, cotte de maille, cotte d'armes armoriée avec ceinture pour la soutenir et ceinture de chevalerie. Le xive siècle amena la transition entre l'armure complète en chaînes de maille des xie et xiie siècles et l'armure entièrement en plaques de fer battu du xve (1).

La planche 15 dont nous venons de parler et qui reproduit une verrière destinée à la chapelle du Saint-Sang à Bruges, est une imitation des vitraux de Cologne; elle donnera une idée exacte des ensembles du xive siècle.

En rapprochant cette verrière de celles du siècle précédent, on jugera aisément du changement radical survenu dans le caractère de la peinture sur verre.

VI

Au milieu du xive siècle, une importante découverte, celle du jaune d'argent, vient apporter de nouvelles modifications et procurer aux peintres verriers de grandes facilités de travail, en permettant de supprimer une partie des plombs et de simplifier l'ossature de la fenêtre. Jusqu'alors, chaque fois que la couleur jaune a été employée, soit pour la dorure de quelques ornements, soit pour quelques vêtements, il a fallu se servir d'un verre teint dans sa masse en jaune, découpé suivant la forme de l'objet à représenter, et l'enfermer dans un plomb qui en suivait tous les contours. Dorénavant le jaune d'argent forme, sur la palette, une nouvelle couleur d'application, et l'on doit se rappeler que nous n'y avions encore que l'émail brun.

Le peintre qui déjà est devenu habile à dessiner ses personnages, et commence à comprendre les ombres propres et le clair-obscur, modèle ses sujets avec l'émail brun, les rehausse avec quelques touches de jaune d'argent, et forme un genre nouveau de peinture en grisailles. A cet effet de verrières bi-colorées, ajoutez les gracieux détails de l'architecture ogivale des grandes compositions, et vous aurez ainsi des types complétement différents de ceux des siècles antérieurs.

M. André du Sommerard, 5 vol. avec album. Paris, 1846, tome V, p. 212. — ALLOU, *Études sur les armes et armures du moyen âge*, t. XIII et XIV des *Mémoires de la Société des antiquaires de France.* — C^to HORACE DE VIEL-CASTEL, — VILLEMAIN, etc.

(1) A la même époque les dames portent la robe longue, traînante, serrée à la taille, le surcot largement découpé sous les bras et réduit par-devant à une double bande étroite qui laisse apercevoir toute l'élégance des formes du buste. L'usage des fourrures est général.

Les seigneurs et les bourgeois sont vêtus de long. Ils ont le mantel fendu, la garnache ou houppelande à manches larges et pendantes, le camail à capuchon, le chaperon et l'aumônière suspendue à la ceinture. La chaussure, quoique allongée, ne s'effile en poulaine qu'à la fin de ce siècle; c'est alors que les deux cours de Richard II, en Angleterre, et d'Isabeau de Bavière, en France, donnèrent l'exemple d'un luxe inouï.  Les modes se modifièrent principalement pour les femmes qui se coiffèrent avec des escoffions, espèce de bourrelets en forme de cœur. Les collets montants des robes remplacèrent le camail. Les chaussures devinrent plus que ridicules, etc.

Le jaune d'argent se compose d'ocre jaune calcinée, broyée, mêlée ensuite avec du chlorure d'argent en quantité définie. Le mélange peut se compléter par une addition d'eau. Au moyen âge on employait le sulfure d'argent au lieu du chlorure.

On obtient ainsi une bouillie épaisse avec laquelle on peut peindre comme avec l'émail. Après avoir passé au feu les pièces de verre couvertes de la couleur, la croûte desséchée de l'ocre est enlevée avec la lame d'un couteau, et il reste une magnifique teinte d'un jaune doré, plus ou moins foncée suivant la quantité plus ou moins grande de chlorure ou de sulfure de chaux. On sait que le chlorure d'argent subit une décomposition et dépose sur la surface du verre l'argent à l'état métallique. C'est donc l'argent pur et divisé en atomes infiniment petits qui, répandu sur la surface du verre, donne à celle-ci cette belle couleur jaune.

« *Selon les procédés actuels de la science*, dit M. l'abbé Texier (1), *la coloration en jaune du* » *verre s'obtient principalement de deux manières : par l'emploi de l'antimoine ou de l'argent.* » *Dans le premier cas, la teinte est souvent sale, inégale, rousse et sentant la fumée; dans le* » *second, l'oxyde d'argent pénètre dans le verre, sans laisser d'épaisseur à la surface, et le teint* » *d'une manière vive et agréable.* »

Nous ajouterons que suivant la composition du verre et les proportions de chlorure d'argent, on obtient des jaunes qui varient de la couleur d'or pâle au jaune orange très-vif.

Cette ingénieuse découverte n'est que le prélude de celles que nous allons voir se succéder rapidement. On ignore à qui elle est due. La tradition rapporte qu'une agrafe d'argent se détacha du surcot d'un peintre verrier italien, et tomba sur une des pièces de verre coloriées que l'on portait au feu. Après la cuisson, une auréole dorée se forma autour de l'agrafe. Le peintre, mis ainsi sur la voie d'un nouveau procédé, mêla une dissolution chimique d'argent avec de l'argile, et fut assez heureux pour arriver à un bon résultat (2).

Nous ignorons si cette anecdote est exacte ou fausse, il est possible que la découverte du jaune d'argent ait été faite sans qu'on la cherchât; c'est ainsi que, de nos jours, le père d'un de nos artistes distingués voulant argenter un verre de montre et ayant opéré par les procédés en usage, reconnut, à son grand étonnement, que les bords du verre étaient dorés; il enleva, avec un acide, la couche d'argenture, et il obtint un verre d'un très-beau jaune d'or; il eût ainsi trouvé la teinte du jaune d'argent pour le verre, si cela n'eût été fait depuis cinq siècles.

VII

La découverte du jaune d'argent est un fait trop important pour que nous ne nous y arrêtions pas encore un instant; M. l'abbé Texier l'attribue aux verriers du Limousin, nous ne demandons

---

(1) *Histoire de la peinture sur verre*, p. 57.

(2) Les auteurs italiens prêtent cette anecdote au bienheureux Jacques l'Allemand, qui vivait vers le milieu du xve siècle. « *Laissons à l'Italie*, dit M. l'abbé Texier (*Histoire de la peinture sur verre*, p. 28), *la gloire pure de son héros, et constatons que, près d'un siècle auparavant, les verriers de Limoges pratiquaient la recette qui fut là-bas le prix d'une angélique obéissance.* » Ce que M. l'abbé Texier a constaté pour Limoges, d'autres auteurs l'ont fait pour le reste de la France et nous-même pour la Belgique. Aussi doit-on placer, sans hésiter, la découverte de l'application du jaune d'argent sur le verre au milieu du xive siècle.

pas mieux que de le croire bien que cette assertion ne soit basée que sur des conjectures; et de plus le savant chanoine limousin affirme qu'il existe d'autres émaux d'application sur les petits vitraux d'Augne et les grands vitraux de la cathédrale de Limoges (1). Nous ne pouvons, malgré l'autorité de M. l'abbé Texier, nous empêcher de mettre ce dernier fait en doute, et nous regrettons vivement de ne pouvoir en ce moment aller en faire la vérification. Le point sur lequel nous devons insister jusqu'à preuve palpable du contraire, c'est qu'à cette époque aussi bien à Limoges qu'ailleurs, aucune autre couleur d'application n'a été employée pour le verre.

Il nous semble bien difficile d'admettre que les artistes limousins aient essayé d'un émail et qu'ils n'aient pas persévéré après avoir réussi. Voici ce qui a pu induire M. l'abbé Texier en erreur. Au xive siècle le verrier qui voulait, par exemple, avoir une robe rayée de rouge ou un semis de perles de couleur sur un fond résillé, cueillait au bout de sa canne un peu de verre incolore, en formait une boule, et sur cette boule semait des gouttes de verre de couleur puisées dans un autre creuset. Il soufflait, les gouttes s'allongeaient et s'élargissaient avec la boule et formaient tantôt des perles plus ou moins larges, tantôt de longs rubans. Il ne s'agissait plus ensuite que de diminuer

(1) *Nous donnons le passage entier qui a trait aux émaux pour que le lecteur se pénètre de la pensée de l'écrivain :*

« Au xive siècle le désir de peindre fit imaginer d'appliquer à la surface du verre les oxydes colorants, et de les fixer par la recuisson. Le travail du pinceau, en devenant ainsi plus large, plus facile, permettait de diminuer les détails de la composition, de supprimer les fonds mosaïques, de réduire dans les mêmes proportions le travail de coupe du verre et de mise en plomb. Mais ces couleurs d'application sont opaques : elles ne doivent leur transparence qu'au peu d'épaisseur de la couche colorante, et même, dans ce cas, elles ont un aspect gris, un ton terreux de plus en plus apparent, selon l'intensité du rayon lumineux. L'emploi des verres teints était donc toujours nécessaire : de là l'impossibilité de rapprocher sur le même verre des couleurs vives, franches, d'un ton différent.

» On imagina donc d'agrandir l'emploi du procédé indiqué par Théophile pour l'exécution des pierreries ; on mêla aux oxydes colorants un fondant vitrifiable, qui, leur communiquant sa translucidité, donnait aux couleurs d'application un ton de verre semblable à celui des verres teints : c'est ce qu'on appelle les émaux colorants. Divers auteurs ont fait honneur au xve siècle de cette découverte : c'est une erreur manifeste : ce procédé était connu de Théophile à la fin du xiie siècle. Le xve siècle ne peut que réclamer l'extension donnée à son emploi. Au xive siècle nous retrouvons les émaux sur les petits vitraux d'Augne, où ils figurent les pavés d'une salle à dalles émaillées. Nous les retrouvons encore sur les grands vitraux de la cathédrale de Limoges.

» Théophile serait-il muet sur ce point, tous les vitraux auraient-ils été réduits en poudre, on pourrait encore décider *à priori* que, au xive siècle, les verrières reçurent des émaux d'application. Que se passait-il alors dans la peinture en émail pratiquée en Limousin ? Après avoir composé leurs images d'émaux incrustés dont les teintes juxtaposées étaient circonvenues de filets métalliques, les émailleurs, abandonnant cette manière si semblable à la mosaïque, commencèrent, au xive siècle, à supprimer le trait et à mêler les teintes séparées auparavant. D'autres progrès apparents suivirent de près celui-ci. L'émail ne se coula plus : il s'étendit hardiment comme une couleur ; enfin de véritables tableaux sur cuivre se produisirent à la même époque. Ces tableaux différaient peu des vitraux contemporains. Sur les vitraux comme sur les métaux, les couleurs se composent, s'étendent et se fixent de la même manière ; c'est la même substance mise semblablement en œuvre ; les procédés de peinture et de recuisson sont identiques. On peut dire que les vitraux sont des peintures en émail appliquées sur verre, et que les émaux sont des peintures en verre appliquées sur métal. L'excipient, verre d'une part, métal de l'autre, constitue la seule différence (p. 100). »

D'accord avec M. l'abbé Texier pour les émaux sur métal, nous ne le sommes plus pour les vitraux. Nous dirons avec lui que les premiers sont des peintures *complètes en verre* appliquées sur métal, mais nous ajouterons que les vitraux ne sont encore que des peintures *très-incomplètes en émail* appliquées sur verre. Nous ne trouvons l'application réelle des émaux sur le verre que dans la deuxième moitié du xvie siècle, comme nous le prouverons dans la suite de cet ouvrage.

les perles ou de raccourcir et modeler les rubans avec l'émeri ou le burin. Souvent même aucun travail n'était nécessaire. Nous possédons deux fragments de cette espèce, l'un qui présente un semis de perles bleues sur un réseau d'or, sur l'autre est un pan de robe rayée de pourpre.

On comprend combien il est facile de confondre ces émaux de *fabrication* avec ceux *d'application*, et nous sommes très-porté à croire que les émaux signalés par M. l'abbé Texier ne sont dus qu'à la fabrication.

VIII

Les résultats de la découverte du jaune d'argent furent d'autant plus grands qu'ils se combinèrent avec les progrès de la fabrication du verre et de l'art du dessin. Déjà les verreries produisent des lames de verre de grande dimension (1); le peintre sachant modeler et ombrer ses personnages, ayant en outre sur sa palette deux couleurs d'application, l'émail brun et le jaune d'argent, se contente de peindre des sujets en grisaille rehaussés de jaune, utilise ainsi des feuilles de verre plus larges et simplifie la mise en plomb; nous donnons un spécimen de ce genre, planche 14. Ce fragment, provenant de Tournai, nous montre sainte Catherine avec l'épée et la roue, instruments de son supplice. Ce vitrail n'est qu'une grisaille rehaussée de jaune, les plis ont une recherche que nous n'avions pas encore vue et qui est un des types du xive siècle; de plus, la touche est très-fine et annonce l'approche de la belle époque gothique des Van Eyck et des Hemling.

Nous devrions parler maintenant des verres doublés qui apparaissent à la fin du xive siècle; mais comme les changements qui en résultent dans le faire et les procédés ne se font guère sentir qu'au xve siècle, nous nous en occuperons au chapitre suivant.

IX

Les artistes du xive siècle suivaient-ils dans le classement des vitraux un ordre déterminé? Nous n'en pouvons douter. La cathédrale de Strasbourg nous en offre un exemple. Son immense et curieuse vitrerie, comme l'a très-justement dit M. de Lasteyrie, a été fondée vers la fin du xiiie siècle, et nous fournit non-seulement les premiers modèles de légendes dont les sujets sont juxtaposés ou superposés sans encadrement ni séparations, mais encore une disposition générale d'un haut intérêt.

M. l'abbé Guerber qui a fait une sérieuse étude des vitraux de cette cathédrale, va nous l'apprendre.

Après avoir établi qu'il était difficile de faire ressortir une idée générique pour les anciens vitraux des xiie et xiiie siècles, que cependant trois séries distinctes devaient se trouver dans la cathédrale : celle des empereurs, celle des martyrs et des évêques et celle des sujets historiques des deux Testaments, cet écrivain continue ainsi, à propos de la verrerie du xive siècle :

(1) « Sur les vitraux de la cathédrale de Limoges, dit M. l'abbé Texier, nous avons mesuré des têtes colossales peintes sur une seule pièce de verre dont la dimension en longueur dépasse trente centimètres, ep. 99. »

» Aujourd'hui il y a ordonnance; une pensée symbolique a présidé à la confection des vitraux dont le genre est le plus richement reproduit. Les artistes du xɪvᵉ siècle, prenant pour point de départ l'œuvre dépareillé de leurs devanciers, ont pu exécuter sur une vaste échelle, le plan d'unité des trois nefs, qui venaient d'être achevées après l'incendie de 1298; ils y firent entrer quelquefois avec bonheur, les fragments des deux siècles précédents qui avaient échappé aux ravages du feu, et peut-être aux atteintes des hommes. Il y a donc une certaine unité dans les vitres de la cathédrale; elle est assez patente pour être saisie par l'observateur; elle n'est pas assez complète pour être justifiée jusque dans les derniers détails. Je tâcherai d'en donner une idée.

» L'abside est dépourvue de verrières; ses trois baies n'ont que du verre blanc. Pour qui sait combien de sinistres le chœur a eu à traverser, l'état actuel des choses n'a rien de surprenant. Cependant il n'est pas prouvé qu'il y ait jamais eu des vitraux dans ces baies; seulement il est hors de doute qu'il devrait y en avoir. Comme l'abside embrasse le sanctuaire et exprime la plénitude des mystères, les trois baies devront être ornées des sujets qui résument l'histoire de la religion, la consommation de la glorieuse manifestation de Dieu à l'égard des hommes; c'est le ciel qui devra y figurer, et plus particulièrement le couronnement de la mère de Dieu par son fils, avec la coopération des deux autres personnes de la Trinité. La basilique a été de tout temps dédiée à la sainte Vierge.

» Les transepts contiennent ordinairement le règne de Jésus-Christ sous la forme emblématique, comme les nefs offrent le plus souvent l'image du règne historique du Christ. Le bras droit de la croix renferme plus particulièrement la victoire de la foi sur la loi, de la grâce sur les ordonnances légales, de la réalité sur la figure. Cette pensée est rendue dans le croisillon sud de la cathédrale de la manière la plus ingénieuse et la plus complète. La statuaire de la façade extérieure de ce transept donne la main aux médaillons peints des deux roses; l'ensemble de la peinture et de la sculpture ne laisse plus de doute sur la vérité que les créateurs de cette partie de l'édifice ont voulu lui imprimer. Les quatre baies à la base des roses sont vides; j'essaierai bientôt de déterminer quels sujets ont dû s'y trouver autrefois. Le transept nord est en partie déshérité de ses représentations bibliques ou historiques; à part quelques ornements de végétaux dans deux roses, il ne reste que quatre figures, réunies avec une certaine intention dans les baies de la façade orientale.

» Les grandes richesses se trouvent dans les nefs. Les collatéraux nous indiquent, dans la vie, dans les œuvres et dans la passion du Sauveur, la *voie* qu'il faut suivre et la *vérité* qu'il faut croire. C'est l'image de l'Église militante, le livre du peuple toujours ouvert, abordable à tous, intelligible pour chaque chrétien qui voit dans le Christ le destructeur du péché, l'auteur de la grâce et le modèle de la vie. En portant les yeux sur les galeries du triforium, on voit la généalogie du Sauveur suivant l'Évangile de saint Luc. Jésus-Christ, Dieu et homme, y apparaît dans la vérité de l'histoire, fils de Joseph, *comme on croyait* (1), qui fut fils d'Héli, qui le fut de Mathat. Il remonte

____

(1) Saɪɴᴛ Lᴜᴄ, cap. III, v. 23.

ainsi, à travers soixante-quinze générations, à Adam, *qui fut de Dieu* (qui fuit Dei), comme dit l'Évangile (1).

» Mais l'arbre généalogique du Christ n'est pas épuisé, et la moitié seulement des générations, depuis David jusqu'à saint Jean le précurseur, ont trouvé place dans le triforium nord. Il est bien à supposer que les baies du triforium sud étaient destinées à abriter les autres, depuis le roi David jusqu'à Adam. Ce plan bien naturel eu égard à la disposition des lieux et à l'achèvement d'une œuvre, ne laisse que peu de vestiges dans le triforium sud, où les angles des pignons sont le plus souvent ornés de végétaux qui n'ont aucune analogie avec l'arbre généalogique.

» La vérité étant donnée par l'enseignement du Sauveur, la voie étant tracée par son exemple et par ses œuvres, il fallait montrer que cette régénération spirituelle de l'homme ne peut s'opérer sans obstacles. La lutte entre le principe du mal dans l'homme et le principe du bien qui est fortifié par la grâce, est parfaitement rendue dans la dernière demi-baie du grand vaisseau près de l'orgue. Dans douze panneaux, les Vertus principales du chrétien sont aux prises avec les Vices. Sous la forme de reines, le front ceint du diadème, une lance à la main, les Vertus ont renversé leurs rivales, qui s'efforcent en vain de se relever; des banderolles portent les noms des unes et des autres. C'est l'image de la vie, le combat incessant de la matière et de l'esprit, qui doit se terminer à l'avantage de l'âme, avec l'aide de la grâce de Jésus-Christ. Ce symbole se retrouve dans bon nombre de cathédrales, quelquefois avec certaines modifications, et les artistes du moyen âge, si profonds de vues, manquaient rarement d'offrir, sous des traits sensibles, cette image du grand combat de la vie, image qui ne devrait jamais sortir de la pensée du chrétien.

» Par la *voie* et la *vérité*, on arrive à la *vie*; le combat mène à la victoire. C'est ce que disent les belles verrières du grand vaisseau, où l'Église triomphante apparaît dans toute la splendeur de ses glorieux enfants. Dans la première fenêtre du côté droit, la sainte Vierge portant son divin fils ouvre la série des innombrables vierges qui ont suivi l'agneau sans tache à travers le sang du martyr. Les baies de la gauche présentent une milice plus variée, celle du sacerdoce chrétien, dans des figures de papes et de diacres, de docteurs et d'évêques, et celle d'un certain nombre de guerriers martyrs. Dans la série des évêques on trouve les prélats qui ont le plus illustré l'antique siége d'*Argentorat*. C'est une pléiade de saints appartenant le plus souvent au sanctuaire de l'église, et devant faire suite aux sujets qui orneront un jour l'hémicycle du chœur.

» Les apôtres ne se trouvent pas parmi ces saints; leur place est au chœur, au-dessous du couronnement de la sainte Vierge, où on n'oubliera pas de les faire représenter. Ils se trouvent déjà, il est vrai, dans la chapelle de Sainte-Catherine, où les a fait mettre l'évêque Berthold; mais ils y sont *à l'état de vie* : ils portent, outre l'inscription de leur nom et l'instrument de leur supplice, des banderolles, sur chacune desquelles se trouve inscrit un article du symbole dont ils furent les glorieux propagateurs. Rien n'empêche par conséquent de les faire figurer dans l'abside à l'état de gloire, en leur donnant le premier rang dans la milice céleste.

(1) Saint Luc, cap. III, v. 38.

» Le vitrail du porche côté sud termine d'une manière heureuse la série des sujets de la petite nef méridionale. Le Christ est entouré de ses apôtres; les anges du jugement voltigent dans les airs, et, sous la forme d'un pèlerin, le Sauveur se présente aux hommes pour réclamer de leur part une œuvre de charité qu'ils refusent de lui faire. C'est évidemment le complément du tableau du jugement dernier dans la baie inférieure de ce collatéral, ou plutôt c'est le même tableau donné dans les formes de la parabole. Le pendant de cette verrière dans le collatéral nord renferme l'histoire du genre humain depuis la création jusqu'au déluge. Depuis ce moment jusqu'à la venue du Rédempteur, il y a lacune, et il se présente involontairement la pensée, s'il n'était pas entré d'abord dans l'idée des artistes de compléter les sujets bibliques dans les baies de la nef latérale nord, occupées par les empereurs. On n'envie pas à ces princes, grands bienfaiteurs de la cathédrale, le privilége d'y figurer en pied; les évêques de Strasbourg ont voulu honorer leur mémoire et leur exprimer la reconnaissance des fidèles : mais il eût été désirable, au point de vue de l'art, de leur assigner une autre place, et de faire occuper les baies de cette nef par l'histoire de l'Ancien Testament, comme celle du Nouveau garnit les fenêtres du collatéral opposé.

» Cela n'est-il pas entré dans les projets des artistes verriers des xiiime et xivme siècles? Il est difficile de le savoir; mais il est permis de le supposer, à la vue des sujets qui remplissent les roses des ogives des baies des empereurs, tels que le Christ en croix, la résurrection, la Vierge avec les apôtres, l'apparition de Jésus-Christ à ses disciples et à Madeleine; sujets qui devaient se continuer dans les fenêtres supprimées par suite de la construction de la chapelle Saint-Laurent, et se terminer sans aucun doute par la descente du Saint-Esprit. Ces représentations bibliques, qui semblent donner la main à celles des médaillons de la petite nef sud, demandent, selon moi, la continuation des sujets sacrés dans les lancéoles. Quoi qu'il en soit, c'est là une de ces lacunes presque obligées, où la pensée des artistes hésitait entre la logique et la reconnaissance, entre la suppression des verrières romanes et l'inexécution des traits bibliques de l'ancienne loi.

» Telle est l'ordonnance générale de nos vitraux. Jésus-Christ est l'âme et le centre de toute chose : fondateur du pacte nouveau, il exprime aussi dans sa personne l'ancienne loi; et sa génération, même temporelle, l'unit, par l'opération du Saint-Esprit, à Dieu le Père, à travers l'âge des prophètes et des rois, des juges et des patriarches. Ce lien mystérieux unit de la manière la plus intime les deux Testaments. Jésus-Christ réalise dans le Nouveau les promesses faites par Dieu dans les révélations précédentes. Les deux Testaments apparaissent dans les vitraux sous la double forme de l'histoire et de la parabole; double enseignement qui nous indique *la voie* qu'il faut suivre, la *vérité* qu'il faut croire, la *vie* qu'il faut gagner. La Société nouvelle, fondée par le sang du sacrifice expiatoire, l'Église, se montre dans sa triple expression — de *militante*, dans les œuvres de perfection que la foi demande au chrétien, et dans les combats qu'il est appelé à soutenir; — de *souffrante* dans le lieu d'expiation; — de *triomphante*, dans la couronne qui ceint le front des bienheureux. Toutes ces vérités sont clairement énoncées dans les verrières; tous ces faits y sont consignés : c'est un abrégé de l'histoire du genre humain, le doigt de Dieu qui montre à toutes les générations par quels moyens on arrive au salut.

» L'ordonnance générique est donc visible encore, et l'intention créatrice des fondateurs s'y manifeste dans sa beauté. Malgré les lacunes, les transpositions malheureuses, les restaurations mauvaises, et surtout malgré l'absence d'unité dans l'architecture de l'édifice lui-même, l'observateur diligent comprend la pensée primordiale et peut recomposer l'ensemble » (1).

Nos lecteurs nous sauront gré de leur avoir donné cette magnifique description des vitraux de la cathédrale de Strasbourg. M. l'abbé Guerbert ne se contente pas de parler sèchement de ce qui est, il dit encore ce qui a été et ce qui doit être. Dans ces brillantes pages le savant abbé développe la symbolique de la verrerie strasbourgeoise, et il demeure constamment à la hauteur de son sujet. Les artistes y trouveront de précieux renseignements qui viennent compléter ceux que nous avons déjà donnés sur la disposition générale des verrières dans les basiliques chrétiennes.

X

Les églises n'avaient pas seules le privilége des vitraux coloriés. Les palais des rois, les châteaux des grands seigneurs, les maisons des riches bourgeois en possédaient également.

Toutes les fenêtres des appartements des maisons royales, au Louvre et à l'hôtel de Saint-Pol étaient, à l'époque de Charles V, garnies de vitres peintes, aussi hautes en couleur que celles de la Sainte-Chapelle, pleines d'images de saints et de saintes surmontées d'une espèce de dais et assises dans des trônes élevés, le tout d'après les dessins de Jean de Saint-Romain, fameux sculpteur de ce temps, que ce monarque employait par préférence pour la décoration de ses palais. En outre quelques-unes des vitres des appartements du roi, de la reine, des enfants de France et du sang royal étaient rehaussées des armoiries du personnage qui les occupait. Nous savons de plus que chacun de ces panneaux coûtait 22 sols (11 à 12 fr. de notre monnaie); ils pouvaient avoir 50 à 55 centimètres carrés de superficie (2).

« On ne se bornait pas dans ce temps, » dit Langlois, « à décorer ces mêmes maisons royales
» de sujets purement religieux, la navette et le pinceau puisaient aussi dans les compositions des
» romanciers, des scènes amoureuses et chevaleresques, qui formaient un assez plaisant contraste
» avec ces figures de bienheureux dont on couvrait les vitraux. Dans le roman entièrement inédit
» de Theseus, fils de Floridas, qui paraît avoir été rimé vers le règne de Charles VI, on en trouve
» la preuve dans les vers suivants :

> » La chambre estoit aournée de riche vermillou,
> » Et d'istoires-royaux y avoit à foison,
> » Toute la vieille loy dès le temps (de) Pharaon ;
> » Et la novelle aussi jusqu'à la Passion,
> » Y estoit ordonnée en figuration.
> » Le maistre qui l'ouvra y mist longue saison.
> » En ung aultre costé, avoit-on paint Noyron (Néron),
> » Comme fist lapider sainct Pierre le baron.
> » . . . . ete., ete.

<hr>

(1) *Essai sur les vitraux de la cathédrale de Strasbourg*, par M. l'abbé V. Guerbert; 1 vol. in-8°, Strasbourg, 1848 ; chap. 2 ; p. 28 et suiv.

(2) SAUVAL, *Antiquités de Paris*, 1724, t. II, p. 20. — *Voir* aussi la note de Pierre Levieil, à propos du même fait, dans son grand ouvrage, p. 75.

» Tels étaient, » ajoute Langlois en faisant observer que la scandaleuse histoire du gentil Theseus avec la fille de l'empereur romain était également peinte dans les appartements royaux, « les sujets » qui contribuaient, avec les peintures édifiantes dont parle Sauval, à la décoration intérieure de » l'hôtel de Saint-Pol. Quelle étrange bigarrure devaient présenter alors les tapisseries et les » fenêtres historiées, les pavés de faïence ou de terre vernissée, couverts d'ornements ou figurant » des mosaïques, et les royaux habitants de ces palais revêtus, ainsi que leurs courtisans et leurs » gardes, d'habits chamarrés, de devises et de blasons des couleurs les plus variées (1)! »

La mode des vitraux peints que, pour les édifices civils, nous commençons déjà à saisir au siècle précédent, se soutiendra jusqu'à nos jours.

<h2 style="text-align:center">XI</h2>

Des vitraux du xive siècle existent encore en France, notamment dans les cathédrales de Beauvais, Chartres, Carcassonne, Evreux, Limoges, Narbonne, Strasbourg et Toulouse. On en trouve aussi de très-remarquables dans l'église de Nielden-Hasslach (Bas-Rhin); l'Angleterre en possède dans ses cathédrales d'Hereford, Lincoln, York, et dans la chapelle de Merton, à Oxford; l'Allemagne, à l'abbaye de Sainte-Croix (basse Autriche), dans les églises de Cologne, Oppenheim et Wilsnach; la Toscane, dans l'église d'Orvieto.

Les noms des artistes sont encore couverts d'un voile presque impénétrable, et cependant ils doivent être très-nombreux, car la peinture sur verre était alors la manière de peindre la plus pratiquée. Les souverains qui régnèrent pendant la deuxième moitié du xive siècle tinrent à honneur de la protéger. Charles V et Charles VI, par priviléges donnés et octroyés aux *peintres vitriers*, les déclarèrent *francs, quittes et exempts de toutes tailles, aides, subsides, garde de porte, guet, arrière-guet et autres subventions quelconques.* Ces priviléges se trouvent insérés au greffe de la prévôté de Paris, sous la date du 12 août 1390.

En Belgique, il existe un panneau du xive siècle dans l'église de Sichem, près de Diest. C'est le seul fragment qui reste d'une époque bien florissante, qui a précédé celle des Van Eyck et des Hemling. Philippe le Hardi, qui fonda, en 1383, la chartreuse de Dijon, fit exécuter à Malines, où les fourneaux des peintres verriers étaient en pleine activité, les vitres de l'église peintes en grisailles par un certain Henri, qu'un écrivain français appelle Gleusemak, sans doute pour *glaesemaeker*, prenant, dit M. de Reiffenberg (2), pour un nom propre celui d'un métier.

Peut-être venaient-ils aussi de Malines ces vitraux qui furent placés dans le chœur de l'église des SS. Michel-et-Gudule, à Bruxelles, et dont MM. Henne et Wauters nous ont rappelé le souvenir suivant :

« En 1587, les sept lignages en firent placer un portant leurs armoiries avec l'image de saint » Michel, et il conste de plusieurs documents que d'autres furent donnés par quelques princes et » seigneurs, ainsi que par différentes corporations. Les bouchers, entre autres, contribuèrent,

(1) *Essai hist. et descript. de la point. sur verre*, 1 vol. in-8º. Rouen, 1852; note de la page 159.
(2) *De la peint. sur verre en Belgique* (*Nouv. Mém. de l'Académie de Belg.*, t. II).

» en 1497, à la restauration d'un vitrail du grand chœur où se trouvaient leurs armoiries, et l'on
» voit, par un compte de 1573, que depuis longtemps les brasseurs avaient suivi cet exemple; lors
» de la construction de la chapelle actuelle du Saint-Sacrement, on renouvela une partie des fenêtres
» du chœur. On n'y voit plus aujourd'hui que cinq vitraux admirablement peints, représentant les
» princes de la maison d'Autriche, souverains des Pays-Bas (1). »

XII

En résumé, le XIVe siècle se présente à nous sous un aspect tout différent de celui des siècles précédents. Les petits médaillons ont disparu avec les dernières réminiscences byzantines, pour faire place aux élégantes et gracieuses nervures du style ogival. De légères touches d'or, résultat d'une ingénieuse invention, viennent rehausser les fleurons aigus du gothique qui commence à fleurir.

Le peintre a brisé les cadres étroits dans lesquels il était obligé de renfermer ses compositions; sa main est devenue plus ferme et plus hardie; la perspective elle-même apparaît déjà; nous sommes à l'aurore d'un jour radieux. Le soleil qui s'est levé au beau pays du chantre de la divine épopée, va bientôt dorer de ses rayons bienfaisants les flèches de nos vieilles basiliques, et faire luire aux yeux de nos artistes les formes de la réelle beauté pour les arts.

(1) *Histoire de la ville de Bruxelles*, p. 258.

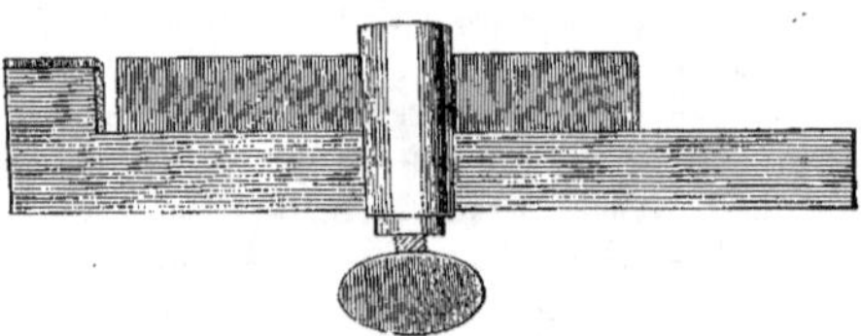

Grésoir perfectionné par M. le Baron DE THEISS, consul général de France à Gênes.

CHAPITRE V.

XVᵉ siècle.

(1)

I

E siècle voit se développer rapidement l'application des verres doublés dont on attribue généralement et avec toute raison la découverte aux frères Hubert et Jean Van Eyck, quoiqu'on n'en ait aucune preuve matérielle. M. le baron Jules de Saint-Génois a fait à ce sujet de nombreuses recherches qu'il a consignées dans le *Messager des sciences historiques de Gand* (2).

— « Dans le XVᵐᵉ siècle, dit cet infatigable » écrivain, le talent du peintre sur verre at- » teint un haut degré de perfection; seulement » le verre est encore gondolé, mais les cou- » leurs teintées en masse sont admirables et » partout les ombres soigneusement indiquées. Pierre Levieil fait honneur à Jean Van Eyck de ce » progrès; les Allemands ont admis cette tradition, qui ne remonte pas au delà du XVIᵐᵉ siè- » cle, et en général il est regardé comme l'inventeur des émaux, c'est-à-dire des verres doublés.

» L'auteur d'une notice traduite de l'anglais, insérée au *Mercure de France,* du mois de no- » vembre 1856, dit que ce perfectionnement eut pour résultat de donner aux figures un relief » qu'elles n'avaient pas; que les peintures exécutées d'après ce système, au temps du Primatice et » sous la direction de Jean Cousin, ne sont pas inférieures à celles d'Italie, et qu'elles ont plus de » vivacité de couleur. Nous nous sommes donné beaucoup de peines pour savoir s'il existait quelque » part des ouvrages de ce genre à attribuer à Jean Van Eyck; on n'a pu rien nous indiquer à ce » sujet. Le savant auteur de l'*Essai sur la peinture sur verre* (5), avec lequel nous sommes entré » en correspondance à cet égard, mit à nous éclairer une obligeance dont nous le prions de rece- » voir ici nos remerciments; il n'avait acquis aucune preuve dans les recherches qu'il poursuit de- » puis longues années, que Jean Van Eyck ait peint lui-même sur verre : seulement il se rappelait

(1) Cette lettre provient d'un *Missale pro festis* du XVᵉ siècle. *Bibl. de Bourg.,* n° 9218.
(2) Année 1859, p. 52.
(5) E. H. Langlois.

» avoir vu à Paris, il y a quelque vingt ans, un petit vitrail d'environ deux pieds en tous sens, re-
» présentant un prince et sa femme, tous deux debout, supérieurement vêtus, et supportant cha-
» cun d'une main un magnifique reliquaire; il n'y avait point de monogramme, seulement le
» millésime 1447.

» Les émaux incrustés dans les orfrois des manteaux, les pierreries de la couronne de ces per-
» sonnages firent, ainsi que le style et le caractère de cette composition, croire à tous les amateurs
» que ce morceau ne pouvait être que de Jean Van Eyck : cette peinture a passé en Russie. Je ne
» pense pas qu'avec l'esprit de critique dont on use à notre époque, où l'on est parvenu à distinguer
» Jean Van Eyck de ses élèves, et quelques-uns de ceux-ci entre eux, nous eussions pu assurer que
» ce vitrail, où ne pouvaient se trouver certains tons brunâtres qui, dans les teintes, font distinguer
» les ouvrages de Jean Van Eyck, fût réellement de la main de ce maître : nous avons comparé beau-
» coup de vitraux de la seconde moitié du xve siècle, avec une grisaille fort connue de Jean Van
» Eyck, et il nous eût été fort difficile de dire que quelques-uns ne sont pas du même artiste.

La plupart des auteurs, depuis Pierre Leviel (1) jusqu'à Langlois, n'ont pas compris le mécanisme des verres doublés; ils ont cru que les lames de verre étaient couvertes d'une couche
d'émail, dans laquelle on pratiquait de larges entailles pour y faire couler d'autres émaux.

Nous ne craignons pas d'affirmer ici que pendant toute la durée du xve siècle la palette du peintre
verrier, sur laquelle ne se trouve que l'émail brun et le jaune d'argent, ne s'enrichit d'aucune autre
couleur, si ce n'est d'une légère teinte de carnation dans laquelle entrait probablement de la terre
d'ombre calcinée et de l'oxyde de fer. Cette teinte sert à modeler les têtes et est assez difficile à
apercevoir.

La découverte des frères Van Eyck ne porta pas sur les émaux d'application, mais sur ceux de
fabrication. Ils trouvèrent le moyen de superposer plusieurs lames de verre et de les souder ensemble. Voici par quel procédé :

Le verrier a près de lui plusieurs creusets, où se trouvent en fusion des verres de diverses couleurs. Il commence par cueillir au bout de son tube une petite masse de verre quelconque, la
souffle légèrement et la plonge dans un autre creuset; il la couvre ainsi d'une couche de verre de
couleur différente et continue à souffler, il peut répéter cette opération autant de fois qu'il le juge

(1) Voici la version de Pierre Leviel :

« La Flandre possédait, vers la fin du xive siècle, une famille née pour l'accroissement de l'art de peindre,
» et qu'elle a toujours regardée comme les premiers maîtres de l'école flamande. Hubert et Jean Van Eyck,
» natifs de Maeseyck, sur la Meuse, acquirent dans le pays de Liége une réputation de supériorité dans cet
» art, que leur sœur Marguerite voulut partager avec eux. Le cadet plus connu sous le nom de Jean de
» Bruges, à cause du long séjour qu'il fit dans cette ville, joignait à l'art de peindre un goût décidé pour les
» sciences, et en particulier pour la chimie : inventeur de la peinture à l'huile, il avait su la substituer à
» l'eau d'œuf ou à la colle. On assure qu'il trouva aussi le secret de diminuer dans la peinture sur verre la
» dépense qu'entraînait l'emploi du verre coloré, fondu tel dans toute sa masse, par l'invention des émaux
» ou couleurs métalliques vitrifiables. Il les broyait et délayait à l'eau de gomme, et les couchait de l'épais-
» seur d'une ou deux feuilles de papier sur la face d'une table de verre blanc. Elles étaient propres à se par-
» fondre par la recuisson au fourneau, après laquelle cette surface paraissait aussi lisse et aussi transparente
» que dans ces verres de toutes couleurs, fondus tels aux mines dans toute leur masse. »

L'art de la peinture sur verre, p. 71, par. 114.

convenable, et obtient un manchon formé de lames multiples de verre, intimement réunies, et offrant mille nuances. On comprend qu'il était plus facile d'obtenir de cette manière des verres de teintes variées, que d'employer les émaux proprement dits que la science n'avait pas encore appris à appliquer sur un subjectile aussi fusible que le verre.

II

Cette découverte donna dans le principe des résultats peu satisfaisants.

Les teintes douteuses, les verres violets surtout, produits par la combinaison du bleu et du rouge, furent prodigués. L'énergie des couleurs disparut et l'harmonie fut rompue. On en jugera facilement par la reproduction du baptême de Cérénus, planche 19 *bis*, d'un dessin assez bon pour l'époque, mais d'un coloris bien terne, où les teintes se heurtent d'une façon désagréable. Ce n'est qu'un essai encore peu heureux de la nouvelle méthode. L'usage de doubler les verres se répandit partout, et devint bientôt une véritable manie. On doubla les verres sans nécessité, on superposa des lames de même couleur; dans certaines vitres on peut compter jusqu'à sept couches. Le talent des artistes ne devait pas cependant se perdre dans cette funeste voie, et nous verrons se produire de magnifiques compositions.

Les verres doublés procurèrent toutefois de grandes facilités pour l'exécution des détails. Le peintre enlevait, au moyen du burin ou de l'émeri, certaines parties de couleurs et laissait paraître à nu la lame inférieure transparente ou teintée. On juge de suite quelles ressources procurait cet ingénieux moyen de dédoubler les lames.

Voulait-on, par exemple, peindre l'ancien blason de France qui était d'azur aux fleurs de lis sans nombre, on prenait un verre bleu et blanc; la partie bleue s'enlevait suivant les contours de la fleur de lis qui restait blanche. Cette partie était alors teintée en or par une application de jaune d'argent, faite du côté lisse; on sait que le jaune d'argent ne donnerait pas un ton uniforme si on le posait sur une surface raboteuse et dépolie. La fleur de lis était ensuite modelée avec l'émail brun placé au revers du jaune, dans la portion excavée de la vitre.

Voici maintenant la version de Langlois :

« L'application des émaux, consistait à faire pénétrer la couleur plus ou moins profondément dans le » verre, soit sur toute l'étendue de la pièce, soit dans certaines parties colorées en plein, telles que les dra-» peries, par exemple, dans lesquelles on voulait isoler ou des broderies ou des orfrois d'une autre couleur, » ce qui nécessitait une nouvelle fusion pour fixer les matières employées dans ce second travail.

» Ces émaux s'introduisaient alors dans des entailles destinées à les recevoir, et pratiquées dans le verre au » moyen de l'émeri et de l'eau, ou par celui du burin, mais toujours au revers de la couleur couchée sur » toute la surface, de peur qu'à la cuisson qu'il en fallait faire, les couleurs ne vinssent à se mêler et à se » confondre.

» L'extension considérable que Jean de Bruges sut donner à l'emploi des émaux, l'en ont fait communément » considérer comme l'inventeur; mais les célèbres Bernard Palissy et Pinaigrier élevèrent parmi nous cette » branche de l'art au plus haut degré de perfection. »

Essai sur la peinture sur verre, p. 16.

Cette application de l'émail dans la partie creuse du verre a fait croire à quelques auteurs que l'émail y était coulé, c'est une grave erreur; à cette époque l'émail est toujours appliqué au pinceau.

Parfois pour empêcher les couleurs jaune, brune et de carnation de se mêler, on utilisait les deux côtés du verre, mais le plus souvent les artistes se contentaient de placer au revers de la vitre des teintes générales pour donner plus d'énergie aux différentes parties du sujet. Déjà aussi on produisait le vert en teignant avec le jaune d'argent la surface d'un verre bleu.

Ces nouveaux procédés permirent d'employer de plus grandes lames vitreuses que l'industrie perfectionnée mettait à la disposition des verriers et de simplifier considérablement l'ossature en plomb des verrières.

Les réflexions suivantes de M. l'abbé Texier (1) sur les procédés du xive siècle (2) compléteront nos explications :

« Les mêmes besoins d'ajustage élégant, la même recherche de détails finement rendus, développèrent, au xive siècle, des procédés imaginés, mais rarement mis en œuvre dans l'époque antérieure. A ce titre leur description appartient à cette seconde division de nos recherches.

» Déjà le verre se soufflait en feuilles à deux couches, l'une épaisse et sans couleur, l'autre plus mince et teinte en bleu ou en rouge. Cette seconde couche fut attaquée au moyen du fer, du sable, ou d'une pierre à grains fins et poreux. En l'enlevant péniblement par parties on réussissait à rapprocher sur le même verre les teintes bleue ou rouge d'une teinte incolore. Ce n'était pas assez : d'autres couleurs pouvaient être appliquées sur la partie blanche de la feuille de verre, et augmenter ainsi le nombre des teintes dont disposait le peintre verrier. Ainsi un écusson armorié provenant d'Aymoutiers, que nous devons à la bienveillance de M. Maurice Ardant, porte d'or à trois lions passants de gueules, armés et lampassés de sable. Sur le verre, épais de quatre millimètres, un travail pénible a enlevé par places la couche rouge. Seule la partie figurant les lions a été réservée; on a eu, par ce travail de manœuvre, trois lions rouges sur fond incolore; mais la silhouette de ces lions, grossièrement découpée, aurait manqué de poils, de griffes et de traits. Le pinceau est venu au secours du burin. La partie blanche de l'écu a reçu un oxyde d'argent qui l'a teintée en or, et, au revers de la saillie rouge figurant les lions, un oxyde de fer finement appliqué les a armés, vêtus et délicatement profilés. Notons que, pour empêcher la pénétration d'une couleur sur l'autre, les verriers, lorsqu'ils voulaient disposer deux teintes sur le même verre, les plaçaient habituellement sur les faces opposées, et les empêchaient ainsi de se mêler à leur point de contact. On peut trouver ingénieuses ces pratiques d'une technique plus avancée; mais la chimie moderne pourrait en rire : c'est un droit que les siècles se passent en l'usurpant tour à tour. Sans émousser les pointes de l'acier le plus dur, sans emploi pénible de sable et d'émeri, sans chance de casse, les verriers modernes, au moyen du fluor, enlèvent rapidement cette couche rouge si lentement attaquée autrefois par la patience laborieuse de nos bons aïeux.

(1) *Histoire de la peinture sur verre*, p. 101.
(2) Ces observations se rapportent à la fin du xive siècle et au commencement du xve.

III

Les peintres tendent, en outre, à se séparer complétement des architectes et, disons-le de suite, ce fut un très-grand tort. Au siècle précédent, les tableaux étaient maintenus dans les divisions des fenêtres et en acceptaient les formes. Maintenant un seul sujet remplit la verrière dans toute sa largeur, sans tenir compte des meneaux qui deviennent une gêne et un obstacle disgracieux. Aussi s'agit-il, comme à Tournai, de remplacer des vitres détruites dans une fenêtre du xiiie siècle, on ne trouve rien de mieux que de couper les meneaux du milieu.

A partir de ce moment, la peinture va être constamment, pour le style, en avance sur l'architecture; la riche ornementation du style gothique, fleuri ou flamboyant, sera partout adoptée, alors que le genre de l'édifice ne sera encore que rayonnant. Il ne faut cependant pas s'y tromper, pendant toute la durée du xve siècle la décoration est encore entièrement ogivale. Le lecteur en trouvera la preuve dans les dessins de nos planches 17 à 20.

Sur les verrières on supprima souvent ces bordures en mosaïque et en fleurs enroulées des siècles précédents. Des colonnettes gothiques ou d'autres motifs architectoniques les remplacent et encadrent les peintures de leurs galbes légers. Les sujets, placés l'un au-dessus de l'autre, seront séparés par une balustrade et des découpures ogivales. Le lecteur aura une juste idée de l'ensemble d'une verrière par notre planche 18, dont l'explication sera donnée, dans la seconde partie de cet ouvrage, avec celle des verrières des églises de Liége.

Les grands personnages sont placés dans d'élégantes niches flamboyantes, au fond damassé. La planche 17 nous montre un des plus beaux types du xve siècle, comme caractère et comme dessin. Cette verrière qui fait partie d'une collection particulière, porte sa date dans la partie inférieure; elle est de 1479 et représente deux chanoines avec leurs patrons : la Vierge d'une part et saint André de l'autre. Des paroles, qui semblent sortir de la bouche des donateurs, sont écrites sur des philactères; sur l'un on lit : *Maiū mē Dei pēcor misere me* (Marie, mère de Dieu, je vous prie, ayez pitié de moi); sur l'autre : *S. Ādrea ora Dū pro me* (Saint André, priez Dieu pour moi).

La richesse et l'habileté du dessin nous placent à la fin du xve siècle et nous annoncent l'approche de la brillante époque d'Hemling et d'Albert Dürer.

On remarquera l'abus du blanc en grisaille, caractère particulier de la fin du xve siècle et du commencement du xvie. Les manteaux sont blancs, les doublures seules sont en couleur (1). Les vêtements sont amples et bien drapés; l'expression des traits, surtout pour la Vierge, est très-heureuse, et les extrémités sont très-soignées. La décoration architectonique est bien étudiée; les détails des armoiries sont finement dessinés; les personnages et les armoiries se détachent, comme c'était alors la mode invariable, sur un fonds formé d'une étoffe damassée. Nous croyons que l'on trouverait

(1) M. l'abbé Texier signale la même particularité. On peut encore l'observer, notamment dans les vitraux de l'église de Saint-Jacques, à Liége, et dans ceux d'Angleterre qui sont reproduits dans l'ouvrage de M. Charles Winston (Londres, 2 vol. in-8°, 1847).

difficilement un panneau, de la même époque, qui réunit autant de qualités; malheureusement, nous ne connaissons pas la main qui l'a tracé.

IV

Le fragment que nous donnons planche 19 *bis*, nous paraît être, comme le précédent, de la fin du xve siècle. Il était placé, à Tournai, dans les verrières historiques de la même époque, mais la facture en est toute différente (1).

Le trait, le coloris bistreux, les verres doublés et employés avec affectation, tout indique l'époque des Hugo Van der Goes et des Rogier de Bruges. En réfléchissant que les plus grands maîtres travaillaient pour la basilique tournaisienne, peut-être pourrait-on y reconnaître un de ces travaux introuvables de peinture sur verre sortis des ateliers de ces habiles artistes.

Les deux autres fragments, planches 19 et 20, proviennent également de Tournai.

Le premier représente l'Annonciation, sujet fréquemment traité à cette époque. Il se distingue par la finesse des détails, et il appartient à la première moitié du xve siècle.

Le deuxième permettra d'apprécier la richesse de l'ornementation du même siècle; les détails sont encore empreints du caractère gothique, mais on sent percer déjà la rondeur des rinceaux de la renaissance et l'ampleur des feuillages classiques (2).

V

Les changements survenus par suite des progrès des artistes et les tendances de la peinture sont devenus tels que nous devons nous y arrêter un moment pour les constater. Nous sommes à la fin d'une ère qui s'évanouit pour laisser surgir d'autres idées et d'autres manières de faire; remarquons, en outre, que la peinture sur verre, dont s'occupent tous les peintres, marche en tête des différents genres.

Dans les Flandres, où les écoles de peinture occupent une si large place, nous avons la série des

(1) Voici ce qu'en dit M. Lemaistre d'Anstaing :

« Plus haut et dans des proportions moindres, étaient deux tableaux, dont l'un représentait saint Éleuthère ressuscitant Blonde, fille du tribun Cérénus, et l'autre, le même saint baptisant trois personnes, savoir : Cérénus, sa femme et leur fille Blonde. Tous trois sont nus et dans les fonts baptismaux jusqu'à mi-corps ; ce qui rappelle l'ancien usage de l'Église de plonger les nouveaux baptisés dans l'eau sacrée. A côté de ces trois personnes il y en a deux autres, homme et femme, qui sont probablement le parrain et la marraine des baptisés. Le saint, en habits pontificaux, est aussi accompagné de deux assistants en surplis.

» Ces deux peintures, encore existantes aujourd'hui, étaient autrefois placées au-dessus de celles que nous avons décrites; elles sont d'ailleurs d'un faire tout différent.

» On est d'avis qu'elles représentent saint Éleuthère, comme le dernier évêque résidant à Tournai, pour rappeler le souvenir de ce saint prélat et les rapports qui l'unissaient à son successeur immédiat. »

(*Rech. sur l'hist. de l'arch. de l'église cathéd. de Notre-Dame de Tournai*. Tournai, 1842, t. 1er, p. 359.)

(2) Dans notre seconde partie, où seront décrits les vitraux de Tournai, nous établirons, d'après nos recherches, à quel artiste on peut, suivant de grandes probabilités, attribuer la magnifique composition et l'habile dessin des verrières de la basilique tournaisienne.

grands maîtres, depuis les Van Eyck, qui perfectionnèrent la peinture à l'huile, jusqu'à Hemling et Albert Dürer, en passant par Hugo Van der Goes, Liévin de Witte, Thierry, de Harlem, et Rogier de Bruges. Ces illustres artistes étudiaient les grandes compositions dès leur jeunesse, en historiant, à la gomme et au blanc d'œuf, de vastes toiles dont on décorait souvent les appartements à la place de tapisseries; et on comprend, à leur manière, que le séjour de l'Italie modifie chaque jour leur talent.

M. Alfred Michiels, dans l'appréciation d'un tableau attribué à Rogier de Bruges, a décrit le caractère de la peinture à la fin du xve siècle d'une manière trop élégante et trop exacte pour que nous ne donnions pas ici cette page remarquable :

« La Belgique, dit cet écrivain, possède de Rogier de Bruges (1) une œuvre précieuse; elle orne le musée d'Anvers et offre aux regards les Sept-Sacrements. Une église ogivale s'y déploie, claire, brillante et harmonieuse; on promène sa vue dans les nefs comme dans une construction réelle.

« Le sentiment poétique dont elle est pénétrée nous éloigne de Van Eyck. On ne trouve plus ici leur gravité profonde; point de sévère demi-jour, point d'expression mélancolique. La lumière s'épanche à grands flots, la cathédrale semble gaie, suave et riante. Ni les formidables maximes, ni les pensées douloureuses, ni même l'austère sagesse des chrétiens ne peuvent régner dans cet air diaphane et sous ces voûtes sereines. L'orgue majestueux ne doit pas y déchaîner ses tempêtes, comme la voix menaçante d'un Dieu courroucé; le chant des jeunes filles, les douces litanies des cloîtres doivent seuls y monter vers le rédempteur du genre humain, comme les fraîches notes de l'alouette au lever du soleil. *Le génie tranquille et gracieux de Hemling paraît déjà vivifier ce monument.*

« *Les personnages ont le même caractère. Ce n'est pas l'énergie qui distingue les types des figures, mais une certaine mollesse. Les chairs sont roses et blanches, sans pâleur; les tons vigoureux, les nuances de brique, les ombres fortement accusées de Van Eyck ont disparu. Les têtes expriment l'affabilité, l'onction; des sentiments plus vifs, plus élégiaques y répandent une sorte de poésie intime; les tendresses chrétiennes se font jour de nouveau, comme dans les productions rhénanes.*

« Jean et Hubert, ces glorieux penseurs, avaient peut-être des âmes trop robustes pour comprendre ce lyrisme. Ils observaient, jugeaient et imitaient. Leur but, les moyens d'y parvenir absorbaient toute leur intelligence. Les natures moins puissantes trouvent, dans leur faiblesse même, une source cachée de grâce et de pathétique. Elles deviennent la proie de leurs émotions, de leurs désirs, de leurs regrets et de leurs tristesses. Les esprits supérieurs ont quelquefois une grande similitude avec les plaines méridionales : un ardent soleil illumine et féconde les régions des tropiques, mais il dessèche la campagne et ne lui laisse aucun voile, aucun mystère. Les pays moins brillants ont un charme spécial, comme les âmes plus faibles. La lumière s'y adoucit dans la brume, se colore sous les rameaux, se joue à travers les nuées, prend mille formes séduisantes. Là on découvre des sites qui inspirent le recueillement et font naître une douce mélancolie. Des larmes y viennent au bord des paupières; elles tombent sur les fleurs ainsi que des gouttes d'orage; l'oiseau solitaire les boit aux rayons de la lune, et l'ivresse qu'il puise dans ce philtre magique donne à sa voix de plus touchants accords (2). »

(1) Boisserée et Passavant sont d'accord pour la lui attribuer.
(2) *Histoire de la peinture flamande et hollandaise.* Bruxelles, 1850, 4 vol. in-8°, p. 522.

Quel intérêt n'offrirait pas l'étude des verrières du xv⁰ siècle si la plupart étaient parvenues jusqu'à nous et si nous connaissions les peintres qui les ont exécutées. Hélas! il n'est resté que bien peu de vitraux de cette époque et, de plus, nous ne savons à qui les attribuer. D'autre part, quelques noms d'artistes verriers sont arrivés jusqu'à nous, mais leurs travaux ont disparu. Nous sommes dans cette bizarre position de posséder les œuvres sans nom d'auteur, ou les noms d'auteurs sans les œuvres.

Nous serons plus heureux au siècle suivant; pour celui-ci, nous nous contenterons de citer quelques noms de peintres verriers qui ont été découverts dernièrement par M. A. Pinchard, employé aux archives de Bruxelles (1).

Jean de Calloo, verrier, demeurant à Gand, fit, en 1410, pour le Conseil de Flandre, une des fenêtres de la grande salle sur laquelle il peignit les armoiries de Charles VI, roi de France, de Jean sans Peur, de Marguerite de Bavière, son épouse, et de Jean de Flandre. Cette verrière contenait 48 pieds de verre, et lui fut payée 14 l., 8 sols.

Le verre peint, à cette époque, coûtait 6 sols parisis, le double du verre blanc.

Wautier Van Pède exécuta, en 1414, deux verrières pour le duc Antoine de Bourgogne, qui en fit don à l'église d'Alsemberg, près de Bruxelles, et à la chapelle de Loenbeke, non loin de l'église.

La première fenêtre lui fut payée 10 l., 8 sols, et la deuxième 6 l., 5 sols, deniers gros.

Jean Doop fit, en 1455, trois verrières qui furent données par Philippe-le-Bon à l'église de Sainte-Pharaïlde de Gand; il reçut pour son travail 12 livres de gros, monnaie de Flandre, ou 144 livres parisis.

Jean Van Puersse, verrier bruxellois, exécuta, en 1440, par les ordres du duc de Bourgogne, une verrière qui fut placée dans le chœur de l'abbaye de Groenendael, près de Bruxelles; elle avait 144 pieds d'alors, était divisée en compartiments dans lesquels on avait peint divers sujets religieux; en bas Philippe le Bon et Isabelle de Portugal étaient représentés agenouillés.

Cette verrière fut payée 24 gros, monnaie de Flandre le pied, en tout 80 l, 8 sols.

La Biographie liégeoise du comte Becdelièvre Hamal mentionne pour le xv⁰ siècle les peintres Laurent et Werth ou West (Jean ou Jean de) qui florissait en 1480, et Leumont (Thiry de) Liégeois, dont les principales œuvres ont dû être exécutées vers 1450.

De nouvelles recherches amèneront, il faut l'espérer, de précieuses indications pour l'histoire de cette belle école flamande, si admirable dans ses œuvres et si intéressante à étudier.

VI

En Italie, les écoles florentine, romaine, vénitienne et lombarde se développent rapidement au xv⁰ siècle et annoncent les règnes brillants de Jules II et de Léon X. Les artistes italiens ne peignaient ordinairement qu'en mosaïque, à fresque et en détrempe; les ouvrages des deux premiers genres ne pouvaient être déplacés, ceux du troisième se détérioraient à l'humidité; les travaux de

(1) Voir *le Messager des sciences historiques de Gand*, 1854, p. 434.

peinture restaient donc dans les villes où ils étaient faits, et la gloire de leurs auteurs ne pouvait se répandre au loin.

Antonello de Messine apporta, en Italie, le secret des Van Eyck pour la peinture à l'huile; il le communiqua à son élève, Dominique, auquel il coûta la vie. André Castagna, qui avait lâchement assassiné son maître pour posséder seul la connaissance de ce nouveau procédé venu des Flandres, ne profita pas de son crime, car la peinture à l'huile se propagea et hâta les progrès des écoles italiennes. Voici déjà venir Pisanello, André Verrochio, Ghirlandaio, le Giorgione, Pérugin, Léonard de Vinci; nous touchons à Michel-Ange, à Raphaël, au Corrége, aux Carraches, à Jean Cousin et à tant d'autres. C'est l'antique qui renaît avec la beauté des formes et malheureusement aussi le matérialisme des idées, écueil contre lequel vint échouer l'art religieux.

VII

En France, les fastes de la peinture sont moins connus encore, et cependant les belles verrières de nos églises attestent l'habileté de maîtres dont l'histoire ne nous a conservé que bien peu de noms. Nous devons citer en première ligne, pour la peinture sur verre, Henry Mellein, qui reçut des lettres patentes de Charles VII, et auquel Pierre Levieil consacre les lignes suivantes (1) :

« Les lettres patentes que Charles VII accorda, en 1450, à Henry Mellein, tant pour lui que pour » ceux de sa profession, nous apprennent qu'il était peintre verrier à Bourges. Il est vraisemblable » qu'il est l'auteur de ces vitres peintes qui sont à l'hôtel de ville de Bourges, dans lesquelles on » admire les portraits de Charles VII, à genoux, à demi nu, devant Renaud de Chartres, arche- » véque de Reims, en mémoire sans doute de ce que ce monarque avait été sacré et couronné à » Reims, par ce prélat, environ six mois auparavant. On y distingue aussi ceux des douze pairs de » France et celui de Jacques Cœur, son argentier, qui ont toujours passé pour originaux. Il y a lieu » de croire que ces lettres patentes furent le témoignage le plus authentique de l'approbation que » Charles VII donna à cet ouvrage, consacré à la mémoire d'un événement si glorieux aux armes des » Français et si fatal à celles des Anglais (2). »

Combien les œuvres sorties des ateliers des peintres de Limoges, de Beauvais, de Rouen, de Bourges et de tant d'autres villes, dont un assez grand nombre existent encore, sont remarquables! quelle finesse de style! quel brillant coloris! Et cependant nous avons à peine quelques noms à citer parmi tous ces artistes, dont les émaux luttaient avec ceux de Lucca Della Robia, et dont les verrières pouvaient se placer avantageusement à côté des plus belles, de la même époque, dans les autres contrées.

(1) *O. d. c.*, p. 79.

(2) Langlois ajoute : « Henry Mellein est l'auteur du portrait magnifique de Jeanne d'Arc, peint en pied sur les vitres de l'église Saint-Paul, de Paris. Ce précieux morceau fut exécuté en 1456, cinq ans après la mort de l'héroïne d'Orléans.

O. d. c., p. 224.

Longlois (1) a trouvé, dans les comptes manuscrits de la fabrique de la cathédrale de Rouen, comptes qui remontent à 1384, les noms de *Guillaume de Gradville*, *Robin Damnigne*, *Guillaume Barbe* et son fils *Jehan*; leurs travaux sont là, mais nous sommes sans renseignements sur leur vie.

Nous devons à M. Deville les noms de deux peintres verriers, qu'il a découverts dans les comptes du château de Tancarville en Normandie. Ce sont ceux de *Guillaume Delanoe* et *Jehan le Normand* (2).

Il ne faut pas oublier parmi les artistes de cette époque, le roi René d'Anjou qui, fait prisonnier, en 1450, par le comte de Vaudemont soutenu par Philippe le Bon, fut amené à Dijon.

« Pendant sa captivité, dit M. A. Michiels (3), il se récréa en peignant des scènes diverses, qui

---

(1) *O. d. c.*, p. 181.

Le même auteur nous donne quelques détails intéressants sur les prix de fabrication, puisés dans les comptes de la cathédrale de Rouen au xv° siècle :

1460-1461. *« A Guillaume Barbe, maistre voirrier, demourant à Rouen, en la paroisse Saint-Nicholas-le-Painteur (a), pour avoir faict XVII pennaulx de voire neuf en gros plomb neuf en une grande fournil qui est sus la chapelle du Saint-Esprit en la croisie devers la calende qui contiennent CX picds à XV sous le pic vallent.* . . . . *VI¹ XVII^b VI^d.* »

Même année. *« Au dict Barbe, pour avoir ouvré de son mestier à une grande fournie de voire qui est derriere le grant autel du costé du revestiaire où il y a des hystoires de la Passion, semée d'estoilles, et y a en ycelle fournie LXIII pennaulx de voire, les queulx ont été levés, mis bas, refais, laves et escurés et remis hault à leur lieu et reliés tout de neuf au pris de III sous chacun pennel pour paine vallent* . . . . *IX¹ IX^s.*

Item, pour avoir painct et recuit les estoilles qui sont semées en la dicte fournie. . . . . . . *XX^s.* »

1462. *« A Germain Turgis marchant demourant à Rouen pour l'achat de X sommes et demye de voire pour l'usage de l'œuvre payé par quittance.* . . . . *XLV¹ XV^s.* »

Et dans celui de l'année suivante :

. . . . Pour l'achat de VI bouges (b) de voire rouge pour l'usage de l'œuvre au pris de XXXVI^s VIII^d la bouge, vallant et paié. . . . . *XI^l.* »

1464. *« Au d. Barbe voirrier pour avoir ouvré de son mestier en la chapelle Sainte-Anne de lad. église c'est assavoir en icelle chapelle à une fournie de voire neuf de couleurs ou il y a quatre jours laquelle est bordée et à chacun pennel au parmy a ung fermaillet de voire de couleur et quatre ymages bas en lad. fournie et aussy pour avoir painct et recuit toutes les bordenrs et fermailles de lad. fournie comme etc.* . . . . . . *XXXVl.* »

En 1468, *trois sommes* (c) *de gros voire rouge furent achetées moyennant 40 liv. 8 sous.* En 1483, *deux sommes de voire blanc coûtèrent 7 livres.*

Quoique attachés non-seulement à l'année, mais même, pour ainsi dire, à vie à la cathédrale, les maîtres verriers n'étaient point payés à tant par an, mais seulement en raison de leur travail, tantôt à la journée, plus souvent à la pièce. On leur fournissait la matière.

(2) Extrait des comptes de la maison d'Orléans-Longueville, au château de Tancarville, de 1492 à 1593.

A Guillaume Delanoe, peintre et verinier, pour deux panneaulx de verre mis aux fenestres de la chambre des comptes et en iceux avoir mis les armes de Monsieur et de Madame, pour ce. . . . . . . LX s

Au varlet du D. Delanoe pour x journées a rabillier les verrières de la maison des comptes tant hault que bas et selles de la tour carrée et garniz de plomb, pour ce. . . . . XL s. t 

A Pierre Bidel, mareschal pour plusieurs verges de fer à servir aux verrières qui ont été faites neufves en la chambre des comptes et en la tour carrée, pour ce paie. . . . . V s.

Jehan le Normand se trouve dans le même compte en 1440.

Histoire du château et des sires de Tancarville ; par A. DEVILLE. Rouen, 1854, 1 vol. in-4°, p. 237.

(3) *O. d. c.*, T. II, p. 215.

(a) On appelait cette église Saint-Nicholas-le-Painteur, c'est-à-dire *le Peintre*, à cause de l'éclatante beauté de ses verrières.

(b) *Le bouge ou la bouge*, qui est ici mesure de capacité, était un grand sac en double cuir très-épais, dont on se servait ordinairement pour transporter la vaisselle ou tous autres objets fragiles ; il nous serait impossible d'en déterminer au juste la contenance.

(c) Par ce mot, on doit entendre la charge d'un cheval ou d'un âne. Ce mot en est resté : *bête de somme*. La somme consistait en deux grands paniers, qu'on appelle encore aujourd'hui, en Normandie, *paniers de somme*. On voit ici que la somme de verre coloré en rouge coûtait, en 1468, 16 livres 8 sous, qui représenteraient environ 85 francs de nos jours.

» lui firent oublier sa chute imprévue, et au bout de six mois, il reçut la visite de Philippe le Bon ;
» or, il avait exécuté sur verre les portraits de Jean sans Peur et de Philippe lui-même. Il les offrit
» à son puissant geôlier qui donna ordre de les placer dans les vitraux de la chapelle des Char-
» treux. Il peignit de la même manière, en 1451, pour les fenêtres de la chapelle ducale son
» portrait avec les armes de Bar. On prétend que cette image existe encore. Il s'amusa aussi à tra-
» cer les armes des chevaliers de la Toison d'Or, qui avaient fait des prouesses contre lui, tant son
» âme était douce et exempte de fiel. »

VIII

Toutes les écoles marchent d'un pas égal et parviennent, pendant la durée du XVe siècle, dans des conditions différentes, avec des types variés, au même degré de perfection.

Le génie du beau se développe en Italie, l'entente des procédés vient des Flandres, la richesse du coloris surgit à Venise, et la France réunissant en un faisceau, l'inspiration, l'habileté et l'entente de la couleur, ne tarde pas à se placer au rang des premières nations.

Le XVe siècle est une époque de transition. Une révélation soudaine s'est faite chez les artistes, le beau leur est apparu et, fascinés, éblouis, ils ont marché sur la trace de l'antiquité dans la représentation de la beauté des formes ; mais uniquement préoccupés de cette pensée, travaillant désormais chacun pour soi, ils se sont séparés des autres artistes, et c'est la peinture sur verre qui y a, sans contredit, le plus perdu.

L'église commande une verrière. Le peintre ne s'occupe plus de l'œuvre architectonique, il trace et peint son sujet, dans ses idées modernes, sans se demander s'il sera en rapport avec le lieu et le monument auquel il est destiné. Ne cherchons donc plus d'unité ni d'harmonie dans les temples saints. Heureux encore si nous n'avions pas bientôt à constater la disparition de l'esprit religieux avec celle du style !

M. l'abbé Texier a bien saisi et expliqué cette nouvelle marche de la peinture sur verre et en a fait apprécier les conséquences :

« Le temps n'était plus, dit-il, où le *maître de l'œuvre* chargé de la construction d'une vaste cathédrale en combinait les diverses parties pour traduire une pensée commune ; où la vitrerie en couleurs se liait au système architectural pour en devenir la continuation ; où le peintre sur verre, en un mot, n'était que le très-humble serviteur de l'architecte.

» Au XVe siècle, le verrier se sépare du constructeur : ce n'est plus un simple décorateur, c'est désormais un peintre préoccupé du besoin de donner à son œuvre la plus grande somme de valeur individuelle possible. Il en sera du monument ce qu'il pourra. A la distance où le regard saisit les détails, un modelé plein de finesse, une composition embellie de mille prétentions, une riante perspective, mille délicatesses d'un pinceau léger récréeront la vue, mais ce sera aux dépens de l'ensemble. A tous les points de la perspective où l'œil ne perçoit qu'un effet général, le vitrail apparaîtra trop lumineux dans ses bordures, inégalement teinté dans ses fonds. La coloration douteusement répartie, fatiguera par mille teintes incompréhensibles. Il semblera que la pluie, en battant la verrière, ait déteint ses couleurs pour les répandre et les laver selon les caprices des variations atmosphériques.

» Ce défaut général sera accompagné de tous les défauts d'exécution qu'il suppose. Préoccupés du désir de dessiner exactement, les verriers abandonneront habituellement, pour les carnations, l'usage des verres teintés dans la masse. Pour cet effet, ils se contenteront d'un verre blanc que rehaussera le plus souvent un modelé gris. Soit désir de l'économie, soit recherche d'un milieu plus transparent, le verre destiné aux travaux de la recuisson a peu d'épaisseur, et les fondants abondent dans sa composition. L'emploi des couleurs d'application, en permettant de rapprocher plusieurs teintes sur le même morceau de verre, restreint le nombre des plombs, et augmente d'autant l'espace exposé aux chocs et à la percussion. Toutes ces causes, on le comprend, ne diminuent pas la fragilité d'une matière déjà si fragile; elles ont encore le triste résultat d'augmenter la froideur et la monotonie des visages. Comment les carnations pâles et blanches pourraient-elles harmonieusement être drapées de vêtements hauts de couleur. La teinte grise des chairs se retrouve d'ailleurs avec un ton identique sur les pinacles du dais qui abritent les personnages, sur l'architecture qui les encadre, sur les consoles qui les supportent. Tous ces tons clairs, rapprochés de ceux que produisent les nombreux ornements colorés en jaune, livrent passage à de larges rayons lumineux qui éblouissent le regard en détournant l'attention des sujets plus sombres : il en résulte un défaut d'harmonie peu favorable à la décoration (1). »

<h2 style="text-align:center">IX</h2>

Après s'être félicité du progrès de l'art du dessin, on ne peut s'empêcher de se livrer à quelques considérations empreintes d'un vif chagrin sur la tendance de moins en moins religieuse qui se manifeste, à partir du xve siècle, dans les verrières des cathédrales. Jusqu'ici nous les avions vues destinées à enseigner la religion en parlant aux yeux; et elles l'avaient fait de la manière la plus heureuse, soit par la méthode directe de la légende, soit par la méthode légèrement voilée du symbolisme. Déjà ce noble but est perdu de vue. Il ne s'agit plus d'enseigner les vérités principales de notre salut. Les vitraux sont consacrés à retracer des faits bien moins importants, tels que le rétablissement d'un siège épiscopal. Et, comme une fois qu'on est entré dans cette voie, la chute est rapide, à côté de cette histoire, on a placé celle de l'origine des droits et des revenus du chapitre; et la considération même qu'on aurait à étaler une impudique, une sanguinaire Frédégonde, n'a pu arrêter ceux qui ont dirigé cette œuvre.

Aussi désormais le vitrail va devenir de plus en plus mondain. Les grands du siècle viendront s'y faire représenter dans toute la vanité de leur pompe; tout au plus le saint patron figurera-t-il en arrière et sur le second plan; et les armoiries se répéteront avec leurs mille formes dans toutes les parties de la verrière. Le respect pour l'Église et les choses saintes s'en est trouvé amoindri; mais ces grands, qui envahissent insolemment le sanctuaire, qui amènent ainsi en partie les tour-

(1) *O. d. c.*, p. 40.

mentes de l'Église du xvɪᵉ au xvɪɪɪᵉ siècle, ces grands, comme par un retour de la vengeance divine, ont vu leurs malheurs suivre ceux de l'Église (1).

Quelques pas en arrière sont nécessaires pour comprendre la marche générale de l'art. Un lien intime et caché réunit les diverses productions de l'intelligence, qui ne sont que l'expression des tendances et des idées des nations. Si l'esprit populaire s'égare, les arts, dont l'enseignement par les yeux est si puissant, loin de chercher à le ramener, se laissent le plus souvent entraîner par le tourbillon. Dans le principe de notre civilisation, les beaux-arts et la littérature sont essentiellement religieux; le christianisme opère la fusion des races et des langues; c'est l'époque de saint Martin, de Lactance, de saint Césaire, de Grégoire de Tours, de saint Avite, de Fortunat et de tant d'autres.

Les premières peintures légendaires murales ou sur verre, apparaissent avec les chansons de geste, les romans des cycles de la Table Ronde, carolingien et mythologique; et déjà, aussi bien dans les travaux des artistes que dans les œuvres littéraires, on aperçoit l'esprit français qui se forme, écartant ce qu'il y avait de vague, d'indéterminé, de rêveur dans les œuvres du Nord, de boursouflé, de passionné, dans l'imagination ardente de l'Orient, pour devenir méthodique, calme, sensé, analytique, souvent gai, parfois railleur.

Les longues chroniques, demi-historiques, demi-fabuleuses, ces épopées infinies, remplies de merveilleuses aventures, tournant toujours à la gloire de la religion, se retrouvent tout entières sur les vitraux où elles furent peintes dans un but d'instruction et de moralité.

Les arts sont soumis aux mêmes luttes que les lettres : deux littératures sont en présence représentées par les langues d'oïl et d'oc, deux genres de peinture sont également en rivalité; l'une nationale s'inspirant de l'histoire plus ou moins réelle du pays et demandant son inspiration au génie de

---

(1) M. Lemaistre d'Anstaing, dans sa description des vitraux placés à l'abside septentrionale du transept de la cathédrale de Tournai (*Opusc.*, 1846, in-8º, p. 5), a parfaitement expliqué cette décadence :

« Plus tard, dit-il, quand la foi fut moins ardente, quand le doute, comme un ver rongeur, eut attaqué cette fleur précieuse de l'enthousiasme, on vit les arts descendre des hauteurs où ils s'étaient élevés, et abaisser leur vol vers la terre. Ils cessèrent alors d'être spiritualistes, pour devenir positifs; leur idéal ne fut plus dans le ciel, et la pensée de l'infini ne les inspira que rarement. Le clergé n'échappa point à cette décadence; chargé souvent au xɪɪɪᵉ siècle d'élever les temples de la religion, il abandonna plus tard ce soin aux laïques, à des architectes rétribués, à des artistes qui vivaient de leurs travaux. Les traditions sacrées furent ainsi délaissées, les types hiératiques négligés, et là où ils étaient figurés autrefois avec grandeur et simplicité, se montrèrent alors l'homme et ses idées mobiles et ses passions vulgaires. Des œuvres remarquables cependant surgirent de ce nouveau mouvement des esprits. Si l'idée première fut moins haute et moins profonde, souvent l'ordonnance et l'exécution devinrent plus correctes; l'habileté et le savoir-faire remplacèrent le génie, comme il arrive d'ordinaire aux époques postérieures. C'est sous l'empire de cette école qu'ont été faits les beaux vitraux de Sainte-Gudule, qui représentent les monarques du pays, Charles-Quint, Philippe II, et les archiducs. Ils sont une preuve de ce que nous avançons. Au xɪɪɪᵉ siècle, on n'y aurait pas peint des princes, mais bien des saints; au xvɪᵉ, on préférait plaire aux premiers plutôt qu'aux seconds, et souvent alors pour les âmes tièdes dans la foi, le monde présent passait avant le ciel futur, les honneurs d'ici-bas avant la gloire céleste. »

l'étude, l'autre orientale, voulant s'imposer avec ses règles et ses types invariables. Mais l'énergie des fortes populations du Nord triomphe de la faiblesse de celles du Midi déjà perdues par la corruption romaine, et la langue d'oc suivant de près la chute de la nationalité provençale, s'ensevelit dans la tombe du dernier des Albigeois; les Franco-Romains l'emportent sur les Gallo-Romains, les trouvères sur les troubadours, les artistes de l'Occident sur les peintres gréco-byzantins.

En même temps que la féodalité se développait, la bourgeoisie se formait à l'abri du pouvoir royal; aux longues fictions historiques et chevaleresques, succédèrent les contes bourgeois, les *dicts*, *lais* ou *fabliaux*. L'esprit français devint de plus en plus sarcastique et frondeur; c'est alors que parurent les romans du *Renard*, les *Bibles* et les *Castoiements*, sanglantes satires qui flagellaient les débordements de tous, grands seigneurs, gens d'églises, médecins, légistes, bourgeois, *excepté les rois sacrés et inviolables aux yeux des trouvères, parce qu'en eux était le seul recours du peuple contre la féodalité* (1).

De vives discussions scolastiques s'élevaient en outre de toutes parts et de rudes champions, tels qu'Abeilard et saint Bernard, n'étaient pas faits pour les éteindre.

De ces dispositions diverses dans les esprits et la littérature devaient résulter nécessairement des tiraillements dans les tendances des artistes, toujours prompts à s'enflammer et à mettre leur talent au service des causes qu'ils adoptent.

Les peintres et les sculpteurs se portagèrent en deux camps. Les premiers ne demandèrent à la littérature que ce qui leur était nécessaire pour la composition de leurs tableaux. Naïfs comme les premiers chroniqueurs, ils traçaient sur le verre ou la tapisserie ces légendes et ces histoires que les trouvères s'en allaient racontant de château en château.

Soumise de son plein gré aux lois rigides de l'Église, la peinture évita de descendre jusqu'à la trivialité du sarcasme, ou de se mêler aux querelles scolastiques, elle resta essentiellement théologique jusqu'à la fin du xive siècle et s'éleva dans la symbolique jusqu'aux hauteurs d'une sublime poésie.

La sculpture accepta le second rôle, et tout en créant de belles œuvres que nous admirons encore aujourd'hui aux portails de nos églises, elle se laissa gagner par l'esprit frondeur et méchant du genre bourgeois, et couvrit les parois des églises de ses élucubrations railleuses.

A ces époques primitives pour notre civilisation, l'homme ne savait pas encore cacher ses faiblesses sous le manteau de la dissimulation; les vices, issus du contact de la jeune génération avec la corruption romaine, paraissaient dans toute leur hideuse nudité, et les poëtes, en les flagellant de leur style âpre et rude, causaient presque autant de scandale que ceux qu'ils poursuivaient.

Ce fut encore bien pis quand la sculpture se mit de la partie. Pendant que d'un côté les vertus, sous la forme des bienheureux, allaient recevoir leur récompense dans le ciel et décoraient les voûtes et les gables des basiliques, les vices sous les plus hideux aspects, sous des formes obscènes et repoussantes, prirent place dans les parties basses afin de montrer leur abjection; en outre, pour rendre le tableau plus saisissant, pour montrer la dégradation dans ses plus extrêmes limites, on mettait

____

(1) Baron, *Histoire de la littérature française*, 2 vol. in-8°. Bruxelles, T. I, p. 81.

souvent en scène les gens d'églises, que l'on représentait de la manière la plus méchante et la plus scandaleuse.

On ne comprenait pas alors que si l'hypocrisie et la dissimulation doivent toujours être démasquées, du moins il est des tableaux qu'il est dangereux d'exposer aux yeux de la foule ignorante, plus disposée à saisir le mal que le côté moral. Les peintres sur verre ne tombèrent jamais dans ces écarts, et sous ce rapport ils se montrèrent bien supérieurs aux autres artistes.

Les arts et les lettres marchèrent donc parallèlement. La littérature jusqu'au xv⁰ siècle ressemble à une de ces belles verrières en mosaïque du commencement du moyen âge, péchant dans les détails, mais laissant apercevoir dans son ensemble la grandeur de la pensée et la force de conception qui fait les grands caractères et les grands peuples.

Au xv⁰ siècle, le genre de la peinture se modifie, la symbolique chrétienne et la théologie vont céder la place à l'allégorie. C'est encore la littérature qui nous fournira la clef de cette modification. Dès le xiii⁰ siècle, les poëmes allégoriques sont nombreux; à mesure que la langue romane s'écarte du latin pour devenir française, elle est plus positive, elle abandonne les idées abstraites de la symbolique chrétienne pour revêtir des formes plus palpables, plus saisissables, elle gagne en clarté ce qu'elle perd en poésie. A la place des chansons de geste et des légendes merveilleuses chantées ou racontées par les trouvères, nous avons les récits historiques, puis les mystères, joués et récités par les pèlerins, les ménétriers et les jongleurs, plus tard par les confrères de la Passion. Viennent ensuite les moralités religieuses, allégoriques, anecdotiques, par les clercs de la Bazoche. Dans les arts, à la place du beau poëme épique dû à l'aiguille de l'habile Flamande, nous aurons les moralités tissées dans les manufactures des Flandres; les tentures de Bayeux disparaîtront sous les tapisseries d'Arras, d'Audenarde et de Tournai. Les vitraux théologiques du chœur de la cathédrale aux cinq clochers, seront remplacés par de véritables tableaux, où s'étaleront des sujets mondains. La poésie chrétienne tend à disparaître étouffée sous le prosaïsme de la vie matérielle.

De la tapisserie de Bayeux à celle d'Arras et aux vitraux de Tournai, de Robert Wace à Philippe de Commines, des artistes grecs à Hemling, la marche est facile à saisir. Il y a progrès, progrès réel, immense dans la manière de s'exprimer, de dessiner et de peindre, mais l'art en se sécularisant est descendu des régions élevées où il planait tout d'abord, et l'allégorie, tout en étant encore morale et religieuse, n'est plus à la hauteur de la symbolique des premiers temps; elle est cependant tout occidentale, on pourrait dire toute nationale, et il faut s'empresser de le constater, car bientôt elle redeviendra classique et trop souvent païenne.

XI

Une des plus curieuses allégories du xv⁰ siècle, qui donnera une juste idée des compositions religieuses de cette époque, appartenait à l'église paroissiale et royale de Saint-Paul (aujourd'hui démolie). La description en a été faite par l'abbé Lebœuf, dans son *Histoire de la ville de Paris*, (Paris, 1754, t. II, p. 525), et reproduite par Pierre Levieil. La voici :

« Dans la nef, à l'un des vitrages situés du côté méridional, presque vis-à-vis le pilier de la chaire du prédicateur, sont quatre pans ou panneaux; voici ce qu'ils contiennent : Au premier est représenté Moïse, tenant de la main droite un glaive élevé et de la gauche les tables de la loi. Au second est peint un jeune homme vêtu de bleu, à cheveux blonds, tenant de la main droite un sabre et de la gauche une tête coupée; c'est sans doute le jeune David. Dans le fond de ces deux panneaux règne cette inscription : *Nous avons défendu la loi*. Au troisième pan est figuré un homme de moyen âge, vêtu d'un habit court, sur le devant duquel est pendue une grande croix potencée comme celle du royaume de Jérusalem ou du duché de Calabre, laquelle est attachée à un collier en forme de chaîne; le guerrier, qui paraît être un croisé, tient une épée de la main gauche et de l'autre le nom de Jésus, J. H. S., en lettres d'or gothiques; au-dessus de sa tête, est écrit : *Et moi la foi*. Au quatrième panneau, l'on voit une femme dont la coiffure est en bleu et les habits en vert; elle a la main droite appuyée sur un tapis orné d'une fleur de lis, et de cette main elle tient une épée; de sa main gauche, appuyée sur sa poitrine, elle tient quelque chose qu'il n'est pas facile de distinguer; au-dessus de sa tête est écrit : *Et moi le roi*. J'ai pensé, continue notre scrutateur des antiquités françaises, que ce devait être la pucelle d'Orléans. C'est peut-être le seul endroit de Paris où soit représentée Jeanne d'Arc, qui rendit de si grands services à Charles VII contre les Anglais; il y a apparence que ces vitrages ne furent faits que vers l'an 1436, époque où Paris fut repris sur ces mêmes Anglais; car quoique cette église ait été dédiée, en 1431 ou 1432, par l'évêque de Paris de ce temps, qui tenait pour le roi d'Angleterre, on a plusieurs exemples de dédicaces d'églises faites avant que les édifices en fussent entièrement achevés. »

Un second exemple montrera, au contraire, combien, à la fin du xve siècle, les artistes étaient loin de posséder l'esprit fin et érudit de leurs prédécesseurs.

A l'église de Saint-Michel des Lions, à Limoges, la fenêtre percée à l'extrémité orientale du collatéral nord, est divisée en deux par une colonnette qui, en se ramifiant dans le tympan, y forme un quatre-feuilles. Ses quatre lobes épanouis sont occupés par les évangélistes, représentés sous leur forme humaine et écrivant dans des attitudes variées. Ces figures en grisaille sont disposées sur un fond bleu ou violet. Au centre se montre la Sainte-Trinité. Dieu le Père, sous forme humaine, vêtu d'une robe rouge et d'un manteau bleu, tient sur ses genoux la croix où est attaché son divin Fils. Le Saint-Esprit, sous la forme d'une colombe, va de l'un à l'autre. Ces figures, de petite proportion, sont placées au-dessus de deux niches d'architecture en grisaille, à feuillages et à bordures d'or, selon l'usage que nous avons déjà constaté. Dans chacune de ces niches, d'une si riche architecture, se dresse sur un fond tendu d'une étoffe en couleur damassée, un personnage revêtu du sévère manteau patriarcal. Un cul-de-lampe lui sert de support; un dais ou pinacle, en gothique fleuri, le recouvre et l'abrite.

« Or, ajoute M. l'abbé Texier (1), auquel nous avons emprunté les détails qui précèdent, nous remarquerons un déclin évident dans cette composition idéale : le rapport qui unit la Trinité aux deux saints n'est ni direct ni saisissable pour les spectateurs. »

(1) *O. d. c.*, p. 41.

Il faut cependant reconnaître que les peintres éprouvaient une certaine difficulté à agencer les diverses parties de leurs compositions multiples. Les nombreuses découpures flamboyantes de la fenêtre, les riches détails de même style dont on composait l'encadrement des peintures, l'étoffe damassée dont la mode exigeait que l'on formât le fond, étaient autant d'embarras à vaincre. On plaçait alors de grands personnages dans la partie carrée de la fenêtre et on reléguait, dans les étroits interstices des nervures supérieures, les détails légendaires ou symboliques qui, à cause de l'éloignement, ne pouvaient être saisis. *Par quel renversement des lois de la perspective*, observe très-judicieusement M. l'abbé Texier, *les figures les plus grandes sont-elles rapprochées de l'œil du spectateur aux dépens des sujets de petite proportion* (1).

S'agissait-il cependant de remplir entièrement la verrière par une série de personnages, on les encadrait dans les riches ornements du gothique fleuri et on leur faisait la place si petite que, de loin, ces microscopiques personnages, toutefois très-finement dessinés, ressemblaient, suivant la spirituelle expression de M. Mérimée, à un jeu de cartes étalé sur une table.

On le voit donc, à la fin du xve siècle les compositions légendaires et symboliques sont en pleine décadence et disparaissent devant un genre nouveau, que nous étudierons avec le xvie siècle.

XII

La peinture sur verre ne fut cependant jamais plus florissante. On ne voyait que vitraux partout, on en plaçait même aux portes des litières. Les prélats riches, dit M. de Caumont (2), en ornaient leurs palais et jusqu'à leurs maisons des champs (3); soit qu'ils admirassent ou qu'ils crussent pouvoir blâmer cet usage nouveau, les annalistes en ont fait souvent la remarque. Le surhaussement des bâtiments, particulièrement des édifices religieux, l'agrandissement des fenêtres étaient devenus l'objet d'un vœu général, et fournissaient sans cesse à la peinture de nouveaux éléments. Ainsi, comme on rebâtissait la ville de Nuys, après les guerres qui l'avaient dévastée, les grands édifices de cette ville reçurent beaucoup plus d'élévation qu'ils n'en avaient auparavant, et leurs vastes fenêtres se couvrirent bientôt de belles peintures (4).

Aux dons de toute espèce, faits par les familles nobles pour la confection des verrières, venait s'adjoindre le produit de certaines amendes. C'est ainsi qu'en 1436 la baronne de Heeze fut condamnée à payer à la ville de Bruxelles une somme de 100 *ryders* d'or pour faire mettre un vitrail entre les deux nouvelles tours de Sainte-Gudule, vitrail qui fut remplacé au xvie siècle par celui qu'on y voit actuellement (5).

Les Lierrois qui s'étaient refusés, en 1428, à reconnaître pour échevin Pierre Van Acken, dit Van Paesschen, que le duc Philippe de Saint-Pol avait nommé, furent punis d'une façon exem-

<hr>

(1) *O. d. c.*, p. 42.
(2) *Bulletin monumental*. Caen, 1859, in-8°, p. 595.
(3) *Actus pontific. Cenommanem apud Mabillon, analecta vet. monum.*, p. 350.
(4) *Annales noveticnses, apud Martenne et Durand*, t. IV, col. 540.
(5) *Histoire de la ville de Bruxelles*, par Henne et Wauters, 5 vol. in-8°. Bruxelles, 1845, T. I, p. 250.

plaire par décision des chefs-villes du Brabant. Celles-ci exigèrent la punition des dix ou douze habitants les plus coupables, et, entre autres peines, l'exécution de 600 pieds de vitraux peints, savoir : 200 pieds pour une fenêtre à l'église de Saint-Pierre, à Louvain; 200 pieds à celle de Sainte-Gudule, à Bruxelles, et 200 pieds à l'église de Notre-Dame, à Anvers (1). Il ne reste plus aucune trace de ces verrières qui, sans aucun doute, ont dû être exécutées.

Dans le pourtour du chœur de l'église des SS. Michel et Gudule, à Bruxelles, il y avait déjà, au xiiie siècle, un petit chœur (*chorulus*) dédié à sainte Marie Madeleine. Helwige, fille de sire Guillaume Pipenpoy, y fonda une chapellenie en 1282 (2). L'amende que le comte de Melghem paya, en 1465, fut employée à l'orner d'un vitrail, et le compte de cette année prouve que le vitrier Gille Van Pede y plaça trois nouvelles fenêtres (3).

Le xvie siècle nous fournira de nombreux exemples de punitions semblables.

XIII

Les verrières du xve siècle, encore existantes, sont assez nombreuses et pour la plupart très-belles.

En Belgique, outre celles de la cathédrale de Tournai dont nous avons parlé, il en existe à Anvers dans la chapelle que le marquis du saint-empire avait fait ériger et décorer pour fêter le mariage de Philippe le Beau avec Jeanne la Folle, et en consacrer le souvenir. Le détail s'en trouvera dans la seconde partie; nous nous contenterons, pour le moment, d'en constater l'importance.

La cathédrale de Diest renferme cinq belles verrières de la fin du xve siècle, elles sont placées dans les bas côtés de la nef, et ornaient autrefois les fenêtres de la haute nef. Elles ont été très-habilement restaurées par M. Pluys, peintre verrier de Malines, et seront, comme les précédentes, décrites dans la seconde partie de cet ouvrage.

Les premières fenêtres de la nef de la même église, à droite en regardant le chœur, sont closes de remarquables vitraux incolores de la fin du xve siècle.

N'oublions pas la verrière donnée par Henri VII à la cathédrale d'Anvers ; elle est placée dans la chapelle de la sainte Vierge. Le sujet en sera détaillé plus loin.

Cette verrière est plus intéressante sous le rapport historique et pour les costumes, qu'au point de vue des arts. Le dessin cependant y est pur et correct autant que l'état de dégradation permet d'en juger, car les têtes de Henri et d'Elisabeth sont presque entièrement effacées; les couleurs de l'encadrement architectonique se heurtent d'une façon désagréable, le violet et surtout le bleu foncé

---

(1) HENNE et WAUTERS, T. I, p. 250.

(2) C'est ce qui explique le motif pour lequel Magnus Pipenpoy, gentilhomme d'Isabelle, fit placer dans les fenêtres de la chapelle de Sainte-Marie Madeleine, les armes de sa famille. Par une transaction faite vers 1670, entre le chapitre et Jacques Pipenpoy, ces armes furent posées dans la première fenêtre entre la chapelle et l'autel de Sainte-Catherine.

 *Archives de Sainte-Gudule.*

 (3) HENNE et WAUTERS, T. III, p. 260.

dominent aux dépens des autres tons, assombrissent le sujet et lui font perdre tout son charme.

Au cloître de l'ancienne église de Saint-Paul des dominicains, dans la même ville, on voit deux petits médaillons de la fin du xve siècle représentant saint Jean prêchant dans le désert, et un intérieur d'atelier d'orfèvre. Mais ces deux compositions, par leur manière, appartiennent plutôt au siècle suivant qu'à celui-ci.

En France, les églises de Bourges, de Chartres, d'Evreux, de Limoges, du Mans, de Metz, de Paris, de Riom, de Tours et de Rouen possèdent des vitraux du xve siècle.

Nous avons déjà parlé des peintres verriers de la cathédrale de Rouen, cités par Langlois. Ceux de l'abbaye de Saint-Ouen de la même ville sont restés inconnus. Les verrières en sont cependant d'un haut intérêt. Langlois les a décrites dans son *Essai sur la peinture sur verre*, et a donné, pl. 11, le dessin de celle qui représente la sybille de Samos ; il ajoute sur la vitrerie de cette église, les réflexions suivantes (1) :

« On trouve dans cette basilique, un grand nombre de verrières d'une beauté remarquable, parmi lesquelles nous avons choisi celle que nous publions ; elle est placée dans la deuxième travée du collatéral gauche de la nef, en regardant le chœur. Sa comparaison avec la précédente (qui est du xiiie siècle), fait mesurer le vaste espace qu'avait franchi la peinture depuis le xiiie siècle jusqu'aux dernières années du règne de Louis XII ; car cette seconde époque est celle à laquelle se rattache la fabrication de ces dernières vitres où l'on voit briller à travers les vestiges de la vieille manière, un caractère de bon goût et d'élégance très-prononcé.

» Les vitres des fenêtres inférieures de Saint-Ouen représentent, pour la plupart, des scènes de martyrs, des saints, des miracles aujourd'hui peu connus, des sybilles, etc., peintures d'autant plus précieuses pour les artistes et les antiquaires, qu'elles offrent dans les brillants motifs d'architecture dont elles sont enrichies, ce que l'imagination la plus féconde peut produire de plus varié dans ce genre. Nous entendons parler surtout des magnifiques dais gothiques et semi-gothiques qui couronnent les personnages, décoration du plus heureux effet, qui, dès le xive siècle, naquit de l'idée d'isoler de grandes figures dans les compartiments des fenêtres.

» Les verrières des hautes voûtes, dans tout le pourtour de ce vaste monument, sont décorées sur des fonds blancs de figures colossales représentant des prophètes, des apôtres, des prélats et des abbés ; il est à remarquer que ces derniers, nonobstant la variété des couleurs affectées à leurs différents ordres, sont tous uniformément vêtus de robes d'un bleu tendre.

» Outre les trois qui se voient dans les fenêtres inférieures, des sybilles sont encore répandues çà et là parmi cette longue suite de personnages (2). »

On remarque dans la Sainte-Chapelle, à Paris, une rose très-délicatement peinte, mais dont les nuances légères ne sont pas en harmonie avec les tons chauds et vigoureux des beaux vitraux du

(1) *O. d. c.*, p. 44.

(2) On plaçait souvent dans les temples à côté des portraits des prophètes ceux des sybilles et de Virgile, auxquels on attribuait des prédictions sur le Christ et la sainte Vierge. On comptait communément dix sybilles : la Cimmère ou l'Italique, la Cumane ou Babylonienne, la Delphique, l'Erytréenne, l'Hellespontique, la Lybieane, la Persique, la Phrygienne, la Samienne et la Tyburtine.

xiiie siècle qui parent les fenêtres, et dans la jolie petite église de Walbourg (Bas-Rhin), de beaux vitraux légendaires.

L'Angleterre a conservé quelques verrières du xve siècle, dont on trouvera, en grande partie, la description dans John Weale (1) et Ch. Winston (2). Elles se trouvent à Oxford, dans la chapelle du New-Collége; à York, dans la cathédrale où est la plus belle et la plus grande verrière connue en Europe; dans le Kent, à l'église de Nettlestead, et à Windsor.

L'Allemagne en possède également dans les cathédrales d'Ulm, de Munich, de Lubeck et de Nuremberg; enfin en Italie, de belles verrières de cette époque ornent encore l'église paroissiale d'Arezzo, et celle des Dominicains de Pérouse.

XIV

Si l'on embrasse d'un seul coup d'œil l'ensemble du xve siècle et qu'on mesure l'étendue du chemin parcouru par l'humanité progressive, on est à la fois saisi d'admiration et de regret : d'admiration pour les immenses progrès réalisés dans les beaux-arts et le commerce; de regret pour l'usage irréfléchi que les générations du xve siècle ont fait des nouvelles ressources mises à leur disposition par la Providence.

Plusieurs causes ont contribué à ces résultats pour ce qui regarde les arts religieux.

L'Église d'abord, qui jusqu'alors s'était montrée si forte, si pleine d'unité, passant avec majesté au-dessus des hérésies sans en être atteinte, l'Église divisée, du moins temporellement, nous fait assister aux scandales du grand schisme d'Occident. La doctrine pure et immuable de N. S. J.-C. ne devait pas en souffrir, *les portes de l'enfer ne pouvaient prévaloir contre l'Église;* mais ces discordes donnaient le champ vaste à l'esprit d'incrédulité, l'indifférence survenait, et les artistes qui travaillaient pour l'Église ne sentant plus peser sur eux une main aussi ferme, devenaient mondains.

Ne semble-t-il pas que la désunion devait régner partout; les peintres ne veulent plus subir la loi des architectes, jadis maîtres de l'œuvre commune. Chacun suit son inspiration particulière. Avec l'habileté dans l'art du dessin surgit, hélas ! la mutinerie et l'indiscipline; l'esprit religieux se trouve en outre affaibli par l'étude mal comprise de la nature.

Il faut toutefois reconnaître que les œuvres de cette époque ont encore l'originalité naïve du moyen âge en Occident; s'il y a désaccord entre les artistes, du moins le caractère national et religieux perce encore dans les œuvres. Nous assistons à la fin du moyen âge pour entrer bientôt dans la voie de l'antiquité et du paganisme rajeunis. C'est alors que, méconnaissant tout ce qu'il y avait

(1) Divers works of early masters in christian decoration..... With examples of ancient painted and stained glass. Edited by John Weale, 2 vol in-folio. Londres, 1846.

(2) An inquiry into the difference of style observable in ancient glass paintings, especially in England by an amateur (Charles Winston). Londres, 2 vol. in 8°, 1847.

On peut encore consulter les ouvrages de MM. *Owen Carter, Sydney Smirke, Francis Bedfort* et la revue intitulée : *Quaterly papers on architecture.*

de vital, de bon, de national chez nos aïeux, on s'empressera d'aller réclamer les inspirations des divinités païennes, confondant la beauté matérielle avec cette beauté toute spirituelle que les artistes du moyen âge ont si bien comprise et doivent revendiquer comme leur plus belle gloire.

Le XVe siècle, en définitive, nous amène la découverte de procédés nouveaux qui permettent aux peintres de faire valoir leur talent, qui grandit chaque jour, mais dont ils ne font usage que pour faire perdre à la verrière, aussi bien qu'à l'édifice, son caractère d'unité et de grandeur.

ROSE DU XVme SIÈCLE.

Voici comment s'exprime M. Didron dans ses *Annales* (T. X, p. 2) à propos des magnifiques roses des basiliques françaises : « Ailleurs qu'en France et que dans nos cathédrales, à Cologne, Fribourg et Ratisbonne, à Canterbury et Salisbury, à Bruxelles et Liége, à Pise et Milan, on trouve des vitraux chargés d'ornements et de sujets historiques, aussi bien que chez nous. Mais ce qui nous appartient, sinon exclusivement, du moins en très-grande partie, ce sont ces roses de nos cathédrales, astres circulaires, astres lumineux, qui éclairent l'édifice immense de la cathédrale comme le soleil éclaire notre monde. »

CHAPITRE VI.

XVIe siècle.

(1)

I

E XVIe siècle est une des époques qui subit le plus de variations tant au point de vue religieux qu'à celui des sciences et des arts : perfection du dessin, du coloris et de la perspective, changement complet de procédés amené par la découverte des émaux, décadence de plus en plus marquée dans la peinture religieuse, tels en sont les principaux caractères : les artistes de ce siècle ont été applaudis sans réserve par quelques-uns, amèrement et injustement critiqués par d'autres; nous tâcherons d'éviter les deux excès et de leur rendre la justice qui leur est due, tout en montrant les écarts dans lesquels ils sont tombés.

II

Pour ne pas dévier de l'ordre que nous avons adopté dès le début de cet ouvrage, nous commencerons par l'étude des procédés mécaniques. Le peintre n'a encore sur sa palette, si le lecteur veut bien se le rappeler, que trois couleurs d'application, l'émail brun, le jaune d'argent, et la teinte de carnation pour les chairs. Dans la première moitié du XVIe siècle, une nouvelle couleur, ou pour parler plus méthodiquement, un nouvel émail vient s'ajouter aux trois autres,

---

(1) Cette lettre est tirée d'un album de musique religieuse ayant appartenu à Marguerite d'Autriche et composé par ordre de cette princesse.

Cette lettre grotesque, placée avec plusieurs autres du même genre dans un livre de prière, offre un trait bien caractéristique de la légèreté des mœurs au XVIe siècle; elle est, en outre, remarquable en ce qu'elle a servi de type pour les figures placées en tête de quelques journaux légers et satiriques de notre époque, entre autres le *Punch* anglais.

L'album où nous l'avons puisée fait partie de la collection des Mss. de la Bibl. de Bourg. à Bruxelles, et est classé sous le N° 228.

c'est le rouge de fer, que nous observons pour la première fois sur les vitraux de la chapelle du saint sacrement des miracles à Sainte-Gudule (Bruxelles), vitraux qui datent de 1540 à 1550, et sur lesquels Bernard Van Orley et Michel Van Coxie en ont fait un large emploi.

Ces quatre couleurs d'application, très-variées de nuance et combinées avec les verres doublés, procurent d'immenses facilités pour peindre sur le verre; elles changent complétement la manière de faire : on commence à préparer la lame vitreuse comme la toile au moyen de tons généraux et locaux sur lesquels on modèle les sujets; on trace les ombres et on arrive à l'effet avec des retouches de couleurs, tandis qu'on fait saillir les points lumineux en enlevant hardiment la teinte et en laissant à la vitre toute sa transparence.

Ce genre fut appelé par les écrivains peinture en apprêt. Nous conserverons cette dénomination, pour éviter la confusion, quoiqu'elle ne nous paraisse pas parfaitement juste.

Dès le milieu du xvie siècle, on trouve le moyen d'appliquer toutes les couleurs sur le verre, en les préparant avec un fondant, c'est-à-dire avec de la poudre de verre. La peinture devient alors, suivant l'expression convenue, tout à fait peinture en apprêt. La plus ancienne vitre émaillée que nous connaissions se trouve dans le cloître attenant à une des églises de Maestricht, elle représente une armoirie et porte la date de 1548 (1). On se servit des émaux d'abord pour les petits vitraux d'appartements, et ce ne fut guère qu'au siècle suivant qu'on les adopta généralement pour la grande peinture des verrières.

A qui doit-on la découverte des émaux? Personne ne peut le dire. Il faut voir là une de ces conquêtes naturellement faites dans chaque siècle par le progrès des connaissances humaines. Le moment vient où un nouveau fait, une nouvelle idée doit paraître, on est tout étonné de voir ce fait ou cette idée surgir à la fois de plusieurs côtés, l'élan est donné, et le mouvement se propage avec la rapidité du fluide électrique.

Si d'ailleurs on observe avec attention la nouvelle manière de peindre, on restera bientôt convaincu que les émaux d'application devenaient une nécessité, que les artistes y étaient naturellement et forcément amenés. Durant les siècles précédents, le verre coloré donnait les teintes de fond, et l'émail brun servait à tracer les contours et les ombres. Le mode était simple, l'effet puissant. Maintenant les artistes, devenus plus habiles, ne se contentent plus de ces moyens primitifs, et se rapprochent pour le verre de la manière de la peinture sur panneau et sur toile; ils veulent reproduire les teintes variées et changeantes des chairs, les tons nuancés des étoffes; mais leur palette est bien pauvre; c'est en vain qu'ils tourmentent leurs quatre couleurs d'application, le brun, le jaune, la teinte de carnation et le rouge de fer, à tout instant les demi-teintes, les reflets bleus, pourpres, verts, les mille tons nuancés de la nature, leur manquent, et ce besoin, premier aiguillon du travail et de l'intelligence, conduit presque immédiatement à la découverte des émaux.

L'application du jaune d'argent sur un verre teinté en bleu dans sa masse, produisit le vert. On chercha diverses nuances en teignant les deux surfaces de la vitre avec des couleurs différentes. Vinrent ensuite le bleu et le rouge orangé d'application, puis successivement les autres tons.

____

(1) Les couleurs bleues et rouges de cette vitre sont des émaux d'application.

III

Nous serions assez tenté de croire que les premiers essais d'émaux sur verre furent faits en Hollande; là comme dans les Flandres l'alchimie se livrait à des travaux plus sérieux qu'en France, où la transmutation des métaux absorbait tous les esprits. Il ne faut pas oublier toutefois que la fabrique de Limoges, si habile dans l'art d'émailler les métaux, était alors en pleine activité, et on peut, non sans raison, lui attribuer en partie l'honneur de la découverte des émaux sur verre. Les Léonard le Limousin, les Jehan le Limousin, les Pierre Raymond, les Jehan et Pierre Pénicaud confectionnaient ces émaux sur métal, qui n'eurent pas leurs semblables dans le monde, et qui font encore aujourd'hui notre admiration. Ces artistes étaient à la fois peintres sur métal et sur verre, malheureusement on ne connait aucune grande œuvre de ces maitres. M. l'abbé Texier (1) déclare avoir vu deux petits tableaux émaillés de la main de Pierre Pénicaud sur une seule pièce de verre, mais il oublie de nous dire quelles étaient les couleurs d'émail, et cependant c'est là pour nous le point important (2).

L'application des couleurs émaillées donna d'excellents résultats pour les vitraux d'appartements dont la fabrication prit une telle extension en Allemagne, et surtout en Suisse, qu'on a donné

(1) *Essai historique sur les émailleurs de Limoges*, extrait des mémoires de la *Société des antiquaires de l'Ouest* (année 1842), p. 291.

(2) M. l'abbé Texier, dans le même ouvrage, cite quelques notes intéressantes, tirées du registre de comptes de la confrérie du Saint-Sacrement établie dans l'église paroissiale de Saint-Pierre du Queyroix, ce registre est conservé à l'hôtel de ville de Limoges. Les notes ont rapport à un grand vitrail de douze mètres carrés, dû aux maitres émailleurs de Limoges, et qui fut détruit en 1770.

« 1555. *Avons baillé à Pierre Pénicaud et à Réchambault, qui font la vistre de la Cène que avons faict marché à six vingt livres, de quoi leur baillâmes comptant, comme appert par la lettre passée par Albin, la somme de* 60 *lyvres tournois.* »

Au verso du folio 24 était une représentation de la susdite vitre de la Cène, peinte en couleurs et sur laquelle on lisait les inscriptions suivantes :

Desiderio desideravi hoc pascha manducare vobiscũ antequd Patiar.	1556	*Les counferres de le counferie du cors de Dieu hounet septhe vitre fect ferre.*

On doit la connaissance de ces inscriptions à une copie de l'abbé Legros. Quant au *pourtraict* (sujet de la Cène peint sur la vitre), il a été dérobé. Voici quelques autres détails sur la pose de ce vitrail :

« *Item au farron pour* 232 *lyvres fert ouvré que fut mis tout autour de la vistre de la Cène qu'avons fect fere en la dicte esylize Saint-Pierre, et pour six barres à tracers pour la* d° *vistre à douze deniers livres,* 11 *liv.* 12 *s.*

» *Item pour* 80 *livres fil de bobynes pour létonner la* d° *vistre,* 6 *liv.* 55 *s.*

» *Item, payé pour clavettes de fert,* 1 *liv.* 2 *s.* 6 *d.*

» *Item, fut payé pour fil de bobines pour ce que de l'aultre n'y en hoult assez,* 1 *liv.* 15 *s.*

» *Item avons payé tant par plomb pour la dicte vistre et aultres petites mises,* 4 *liv.* 6 *s.*

» *Plus, pour ung disner que fust fait le jour que fismes le marché de la vitre, appelés les quatre bayles nouveaulx et aussi Réchambault et aultres,* 4 *livres* 15 *s.* »

En 1558, le vent ayant brisé une partie de la *nappe* et de la *taxe* peintes sur ce vitrail, les bayles le firent racoustrer par Réchambault, et donnèrent tant pour lui que pour ceux qui lui aydarent la somme de 2 liv. 10 s. 10 d.

à cette espèce de vitrerie peinte, le nom de vitrerie ou vitraux suisses. La mode des émaux ne s'étant répandue qu'au siècle suivant pour la grande peinture d'église, nous en ferons l'étude et l'appréciation avec celles des verrières du xvıı^e siècle.

IV

Les vitreries firent de grands progrès pendant toute la durée du xvı^e siècle et livrèrent aux peintres des lames de verre de plus grande dimension. La mise en plomb ne subit pas de modifications sensibles ; mais la découverte de l'emploi du diamant pour couper le verre et de la machine pour tirer le plomb, appelée tire-plomb, simplifia considérablement le travail du vitrier.

Pierre Levieil fait remonter au commencement du xvı^e siècle l'usage du diamant pour couper le verre et en attribue la découverte à François Ier. C'est d'après Levieil que M. Charles de L'Escalopier a rapporté cette anecdote, que nous avons fait connaître, du roi de France gravant sur une vitre de Chambord ces vers si connus, que lui inspiraient de jalouses inquiétudes.

Le tire-plomb serait d'invention plus récente, s'il faut s'en rapporter à Levieil, qui s'exprime ainsi : « Quoiqu'on ne puisse pas établir précisément le temps où les tire-plombs passèrent en usage dans les vitreries, on peut néanmoins avancer que leur invention ne remonte pas plus haut que les dernières années du xvı^e siècle. Ce n'est, en effet, que de ce temps que l'on voit des panneaux de vitres joints avec un plomb plus faible, c'est-à-dire moins épais dans le *cœur* et dans les *ailes*, que celui des siècles précédents, ce qui semble annoncer l'invention d'un outil plus expéditif que le *rabot*, et qui, ménageant plus de temps ou de matière, donna plus de souplesse au plomb, et au vitrier plus de facilités pour l'employer.

» Une tradition conservée dans une famille de Lorraine, qui est encore de nos jours très-industrieuse dans le mécanisme du tire-plomb, nous apprend que la connaissance de cette machine lui était venue des Suisses vitriers, qui s'en servaient en *courant*, comme on dit, la *losange*, dans l'Alsace, la Lorraine et la Franche-Comté, ce qu'ils font encore de nos jours. Un des aïeux de cette famille, nommé *Haroux*, célèbre armurier, établi à Saint-Michel, ayant examiné de près cette machine, en connut l'utile, en corrigea le défectueux, en polit le grossier et la porta à un degré de perfection où, depuis ce temps, on a bien pu l'imiter sans la surpasser. Cette machine, telle qu'elle sortit des mains des descendants de Haroux, se nomme tire-plomb d'Allemagne ; les Français l'ont simplifié depuis... » (*Voir*, pour les détails relatifs aux différents tire-plombs, l'ouvrage de Levieil, p. 240 et suiv.)

Cette facilité de se procurer le plomb en longs rubans tout prêts à recevoir et à embrasser le verre, contribua à multiplier les vitraux incolores dont le dessin n'est formé que par les plombs. Les verrières blanches avaient déjà fait une timide apparition dans les siècles précédents ; elles se multiplient durant celui qui nous occupe, mais nous attendrons pour en parler avec détails qu'elles aient définitivement pris leur rang, hélas ! beaucoup trop important, dans la vitrerie des églises.

Nous nous contenterons de faire observer que jusqu'à présent le peintre verrier s'était exclusivement occupé de la vitrerie, mais que nous allons voir bientôt la peinture et la vitrerie former deux arts distincts. Le métier finira par l'emporter sur l'étude, et la science tuera l'inspiration.

Pour terminer ce qui a rapport à la partie technique de la peinture sur verre à l'époque qui nous occupe, nous donnerons, d'après M. l'abbé Texier, un curieux extrait de deux feuillets, seul reste d'un traité complet embrassant la technique des verriers du xvi⁰ siècle :

« Pour faire vitres en griset (1).

» Si veux faire vitres en griset plaisantes pour clarté, lesquelles portant personnages, portraits, portiques et fleuronnerie (2), se placent ès temples et riches logis, deux teintures (3) te sont nécessaires.

» De la commune couleur des griset.

» Premièrement prends rocaille (4) deux parts (5), sablon blanc une part, périgord (6) une part, paillettes de fer (7) une part, *æs ustum* (8) une part. Toutes choses bien broyées, tu mêleras selon l'habitude, et t'en serviras selon le besoin. Et, si tu veux plus clair et roux, mettras davantage rocaille et périgord, diminuant d'autre part.

» Pour calciner l'argent fin.

» Pour égayer ton griset, tu doreras bordures, manteaux et orfrois des personnages en appliquant argent brûlé, et, cet argent, tu le calcineras des façons suivantes selon ton choix :

» Prends et bats argent fin (9), jusqu'à ce qu'il soit mincé comme parchemin, et puis le taille en copeaux subtils et menus, sauf quelques piécettes grandes comme un écu. Prends creuset de terre ; dispose au fond lit de sel ordinaire, bien grugé (10). Sur icelle couche étends tes copeaux d'argent ; recouvre de sel et d'argent jusqu'à cinq fois s'il te plaît. Lute ensuite et couvre proprement ton creuset, sauf en un point auquel mettras conduite longue et étroite. Puis dispose à l'entour charbons ardents, que tu entretiendras et remplaceras quatre heures durant ; et, quand sera refroidi, si tu trouves que l'argent soit devenu si fragile et cassant plus que verre, tu auras réussi ; sinon recommence jusqu'à réussite.

» Si tu veux, tu pourras prendre tale ou soufre, et faire de même. Ton argent ainsi calciné, tu le laveras en coulant avec soin dans un feutre pour qu'il ne s'en perde. Ensuite tu le broieras et appliqueras selon l'usage.

(1) Grisaille.

(2) Pour fleuronnerie : arabesques, rinceaux d'ornements et de fleurs.

(3) Teintes, couleurs.

(4) Un traité de la peinture sur verre, rédigé au xvi⁰ siècle, publié et analysé récemment par M. Lecointre-Dupont (*Bulletin de la Soc. des Antiq. de l'Ouest*, p. 281, 1846), définit ainsi la rocaille : *La rocaille, qui n'est autre chose que ces petits grains ronds, verts et jaunes que vendent les merciers.* D'autres verriers désignaient ainsi des débris de vieux verre blanc. Pour le texte présent nous nous rangeons à leur avis.

(5) Notre auteur ne dit pas s'il s'agit du poids ou de l'étendue.

(6) Manganèse.

(7) Fer oxydé qui se détache, à la forge, du fer incandescent.

(8) Cuivre oxydé.

(9) Sans alliage.

(10) Écrasé et broyé.

« Et, pour égayer davantage, tu disposeras autour du champ (de la vitre) et ès coins moins voyants, verres alternants saphirins et pourpres; *avec un cuivre ajusté pour abréger*, tu traceras dans la conduite des creux (du cuivre) ornements et rinceaux comme jaillissant de vases et se reliant ou bien formant couronne et bouquets enlacés. »

« Un fait neuf et curieux, ajoute M. l'abbé Texier (1), se produit dans cette page. A la vue des mêmes ornements répétés sur des verres de couleurs différentes, nous avions soupçonné que le trait si coulant et si pur des ornements de cette époque peints sur les vitraux, était dû trop souvent à un procédé mécanique. La publication de ce fragment ne peut laisser de doute à cet égard : *il restera prouvé que les verriers du* xvi*e siècle employaient des cuivres découpés appliqués sur le verre pour y tracer des ornements au moyen d'une brosse.* La renaissance était accusée d'avoir introduit le métier dans l'art. Voici sa condamnation écrite et signée de sa propre main. »

Déjà, depuis longtemps, M. Villemin avait reconnu que les peintres verriers employaient des procédés mécaniques pour appliquer des dessins d'ornement sur le verre et, dans son grand ouvrage (*Monuments inédits de France*), il donne (Pl. 500) quelques-uns de ces dessins tout faits, dont se servaient les peintres sur verre pour découper leurs cuivres ; ils portent la date de 1567.

Mais comme, à cette époque, on publiait des recueils de patrons à l'usage de diverses industries, M. Pottier fait les observations suivantes, page 72, au sujet du travail de M. Villemin :

« M. Villemin a eu tort de désigner les motifs représentés sur la planche 500, comme étant particulièrement destinés aux peintres verriers. Il est, au contraire, évident, d'après la composition de ces dessins et le réseau de mailles qui en forme le fond, que ce sont des motifs de dentelle et de broderie. »

Il ne faudrait pas cependant conclure, des lignes qui précèdent, qu'aucuns patrons n'étaient pas destinés aux peintres sur verre. Nous empruntons à M. Pottier lui-même le titre de deux livres qui trancheront la question.

— *Patrons pour brodeurs, lingières, massons,* VERRIERS, *et autres gens d'esprit; nouvellement imprimé; à Paris, rue Saint-Jacques, à la Queue-de-Regnard.* M. V. L. IIII.

Voici, incontestablement, le plus curieux de tous ces titres ; il est en vers :

Patrons de diverses manières,
Inventés très-subtilement,
Duysans à brodeurs et lingières,
Et à ceux lesquels bravement
Voulent, par bon entendement,
User d'antique et robvesque,
Frise et moderne proprement,
En comprenant aussi moresque.

A tous massons, menusiers et verriers
Feront prouffit ces pourtraicts largement,
Aux orph.èvres et gentils tapissiers,
A jeunes gens aussi semblablement;

(1) *O. d. c.*, p. 107.

> *Oublier point ne veulx aucunement*
> *Contrepointiers et les tailleurs d'ymages,*
> *Et tissotiers, lesquels pareillement*
> *Par ces patrons acquerront héritages.*

On les vend à Lyon par Pierre de Sainte-Lucie, en la maison du défunt Prince, près Nostre-Dame de Confort. (Sans date.)

Comme dernière observation, nous ferons remarquer que les cuivres, ainsi découpés sur les patrons, ne pouvaient servir qu'à appliquer les teintes plates, dont on accusait ensuite les contours avec le pinceau ou le tire-ligne.

V

Avec le xvi⁰ siècle surgit une période nouvelle pour le système de l'ornementation. Depuis plus d'un demi-siècle, les peintres avaient été puiser en Italie de nouvelles idées, et ils peignaient déjà dans leurs tableaux les édifices classiques, avec les ordres grecs et romains; mais ils éprouvèrent plus de difficulté à adopter ce mode pour les verrières dont l'encadrement gothique en pierre refusait de s'y plier. Aussi assistons-nous à la transformation lente et difficile des vitraux de style ogival en vitraux classiques. C'est la lutte de deux architectures, lutte vive, intéressante, dans laquelle la première perd chaque jour du terrain et finit par succomber.

La série de nos planches présente la marche aggressive de l'architecture classique.

Les vitraux de Mons sont antérieurs à 1520. L'ogive s'y abaisse et se rapproche du plein cintre; les balustres, les dais et les formes arrondies du style classique percent de toutes parts; les petits détails et les feuillages appartiennent seuls encore au genre gothique. Les planches 21 et 22 présentent des types bien caractéristiques de cette première transition.

Les verrières de l'église de Saint-Jacques, à Liége, et quelques-unes de celle de Hoogstraeten, sont de 1520 à 1540. L'ornementation classique s'y fait encore plus sentir ; voici venir toutes les moulures des ordres de Rome et d'Athènes; voici les consoles, les volutes, les perles, les oves; c'est à peine si les rinceaux des frises laissent saillir quelques formes aiguës. Les feuillages du chou frisé, du chardon, du chêne et de la berce cèdent la place à la feuille d'acanthe, aux guirlandes de pampres et d'oliviers, de fleurs et de fruits. Le style ogival agonise sous les puissantes étreintes de la renaissance, et dans quelques années il aura complétement disparu.

Sur les vitraux de la chapelle du Saint-Sacrement des Miracles, dans l'église des SS. Michel et Gudule (Bruxelles), il n'existe plus aucune trace de gothique. Mais comme l'architecture classique s'est faite coquette et élégante pour parvenir à remplacer sa sœur du Nord! L'ogive succombait écrasée sous une profusion d'ornements bizarres et de mauvais goût; le plein cintre se relève avec tout le charme de la grâce et de la légèreté.

Nous sommes au plus beau moment de la renaissance. Les architectes ont respecté les proportions élancées et hardies des basiliques du moyen âge; ils se sont contentés de substituer très-habilement aux fines nervures gothiques les colonnes corinthiennes ou runiques, mais amincies, mais allongées et adroitement superposées, ménageant, respectant toutes les formes de l'art gothique, et se faisant accepter à force de souplesse et d'élégance (1).

Le vitrail de Charles-Quint et d'Isabelle (le dessin en est donné, pl. 26), placé dans le transsept nord de la collégiale bruxelloise, est une des plus belles fleurs de la renaissance. Agencement général de la composition, combinaison savante des deux arts : architecture et peinture; beauté du coloris et légèreté dans les détails, hardiesse de main et de pinceau, ressemblance des portraits, le nom du grand maître qui l'exécuta (Bernard Van Orley), tout s'y trouve réuni pour en faire une des plus importantes pages historiques de la Belgique.

VI

La verrière a de nouveau changé d'aspect. Les bordures d'encadrement qui existaient au xve siècle, quoique déjà souvent négligées, sont totalement abandonnées. Le peintre ne s'inquiète plus du monument auquel est destinée son œuvre; il travaille à part et pour lui seul. Les deux dimensions de la fenêtre, hauteur et largeur, lui suffisent. Les meneaux ne comptent plus; s'il les respecte, c'est qu'il n'ose pas encore y porter le marteau.

Le peintre avait été assez sage, jusque vers 1560, pour laisser en dehors de son cadre l'amortissement de la fenêtre, c'est-à-dire la partie supérieure comprise entre les bras de l'ogive et remplie par les nervures flamboyantes. Il y plaçait des symboles religieux ou des armoiries. Vers la fin du xvie siècle, il ne tient même plus compte de ces nécessités absolues des formes architecturales, et son temple classique, encadrement désormais obligé de ses personnages, passe tout au travers de la fenêtre; les branches entrelacées des meneaux vont cacher une partie de son tableau; que lui importe? Si les pieux donateurs ne sont pas satisfaits, qu'ils suppriment les dentelles sculptées de la croisée, l'édifice doit se plier au tableau. N'est-ce donc pas toujours la lutte des deux styles, combat qui se continue à l'insu des artistes ? Le peintre s'est séparé de l'architecte, la mode lui donne raison, l'architecte s'humiliera, et devra abandonner le style ogival pour se livrer exclusivement à l'art grec et romain.

Le vitrail emprunté à l'église de Saint-Servais à Liége, dont nous donnons la reproduction, planche 28, vient expliquer et prouver notre assertion. Cette église en possède six qui offrent le même arrangement. Souvent aussi le peintre verrier se contente, surtout durant la seconde moitié du xvie siècle, de placer dans les fenêtres de jolis cartouches qui encadrent de petites compositions. Les exemples en sont nombreux; c'est ainsi que l'on reproduisait les différents actes de la vie des saints, ou les travaux agricoles, les occupations et même les divertissements des douze mois de l'année, formant un zodiaque complet, tel qu'on le voit (malheureusement avec quelques mutilations) à la petite église paroissiale de Montigny (Seine-Inférieure) (2).

____

(1) L'église Saint-Eustache, à Paris, et le château de Chambord offrent les types les plus curieux de cette transformation.

(2) Langlois, dans son *Essai*, p. 104, dit avec raison que le zodiaque de Montigny rappelle la manière flamande, et que l'on pourrait penser que le peintre verrier, lorsqu'il exécutait ses vitraux, avait sous les yeux les jolies estampes des Sadeler.

Pendant que l'aspect des verrières subissait de grandes altérations, le caractère des compositions éprouvait, comme nous allons le voir, de cruelles atteintes.

VII

La poésie chrétienne au xvie siècle, dans les travaux de la peinture sur verre, brilla encore d'un assez vif éclat, mais ne s'éleva que rarement à la hauteur des siècles précédents. L'exécution, quoique très-remarquable sous le rapport de l'art du dessin, resta au-dessous de la pensée, et ne s'empreignit point de l'inspiration religieuse.

Une des compositions les plus belles et les plus complètes sous le rapport de la pensée se trouve dans l'église de Saint-Patrice à Rouen, elle a été décrite par Langlois avec la science d'un bénédictin (1).

« Cette verrière, dit-il, probablement exécutée d'après les dessins du plus grand peintre français de la renaissance, le fameux Jean Cousin, offre, sous le voile d'une allégorie sacrée, *le triomphe de la loi de grâce* et la mise en action de cette première strophe d'une de nos plus belles hymnes liturgiques :

> Cessant figuræ : non litat impares,
> Impar sacerdos amplius hostia ;
> Jam pontifex fit numen ipsum ,
> Seque sibi Deus agnus offert.

» Le Sauveur en croix est élevé sur un char de triomphe (2) tiré par plusieurs vertus mystiques portant des palmes en signe de victoire. La *foi chrétienne* (3), tenant à la main le même symbole, est assise sur le devant du char, et dans cette partie du vitrail on ne sait ce qu'on doit le plus admirer, ou de la grâce raphaëlesque de ces femmes, ou de la fierté des autres figures dépendant de cette noble composition.

» Au pied de la croix se voient les vases des sacrifices, ou plutôt ceux de l'Égypte, remplis de la manne céleste, de ce pain éphémère et figuré du camp de Sin, devenu désormais inutile par le don de la véritable eucharistie (4). Accablé sous les roues du char, le prince des ténèbres témoigne, par ses hideux regards, la confusion dont le couvre la ruine de son empire anéanti par la consommation du grand mystère.

» En avant du divin cortége marchent les chefs d'Israël ; à leur tête se font distinguer Aaron et

---

(1) *O. d. c.*, p. 51 et suiv.

(2) Regnavit a ligno Deus.

(5) L'artiste, pour la grande figure de la religion, s'est appliqué à dessiner la sainte Vierge, dont le monogramme se trouve dans l'amortissement à côté de celui de son divin fils. C'est donc, au point de vue de l'art, le type de la mère du divin Rédempteur que nous aurons à étudier dans un moment.

(4) Patres nostri manducaverunt manna in deserto, sicut scriptum est : panem de cœlo dedit eis manducare.

Dixit ergò eis Jesus : amen, amen dico vobis : non Moyses dedit vobis panem de cœlo, sed pater meus dat vobis *panem* de cœlo verum. Joan., VI, 51-52.

Moïse; le premier porte le Décalogue et la verge miraculeuse; le second, chargé du serpent d'airain, élève vers ce symbole du fils de l'homme en croix (1) ses regards prophétiques, et, marchant à ses côtés, les enfants de Jacob, à l'ombre du sacré talisman, foulent impunément aux pieds les cérastes enflammés, horribles hôtesses du désert.

» Ici se termine cette pompe triomphale dans laquelle nous n'avons remarqué ni rois chargés de fers, ni trophées militaires, ni de riches dépouilles des nations. Où sont donc les ennemis que le Christ a vaincus? Nous les voyons dans les panneaux inférieurs du tableau; c'est le *Péché, Satan, la Mort* (2) et *la Chair*, fléaux héréditaires de la misérable postérité d'Adam.

» Le premier compartiment représente le Péché sous la figure des deux premiers humains. A la grâce, à la pureté des contours, à la noble simplicité des poses, l'artiste a su joindre une intention morale, parfaitement exprimée par la profonde inquiétude d'Adam et le mouvement de terreur d'Ève; en effet, le séducteur a triomphé, les yeux des coupables sont ouverts, le redoutable appel tonne sur leurs têtes, et, dans le premier sentiment de sa faiblesse (3), notre crédule aïeule semble chercher dans les bras de son époux un vain refuge contre l'indignation de l'Éternel.

» Dans le sujet suivant celui qui les perdit, l'ange des ténèbres, dont la noire malice est figurée par une tête de singe, s'éloigne à grands pas du délicieux Eden; il tient dans sa main droite, en le faisant plier de la gauche, un roseau, symbole de la faiblesse humaine, et l'on voit le serpent tentateur cherchant à s'échapper des feux vengeurs (4) dont le monstre infernal est environné.

» Ici *la Mort*, fille du Péché, entre dans l'exercice de ses terribles droits; déjà son bras se lève pour frapper; mais l'artiste, guidé par un goût délicat et pur, loin d'appauvrir sa composition par l'introduction du hideux squelette, triviale et grossière image de la décomposition physique, a répandu des grâces jusque sur la Mort même. Cette belle figure pâle, décolorée dans le vitrail, et dont les formes paraissent seulement altérées par la souffrance, n'est pas même couverte

> .... *De ces pâles lambeaux*
> *Qu'une ombre désolée apporte des tombeaux.*

---

(1) Si sicut Moyses exaltavit serpentem in deserto, ità exaltari oportet filium hominis.

JOAN., III, 14. NUM., XXI, 9.

(2) Præcipitabit mortem in sempiternum. ISA., XXV, 8.

De manû mortis liberabo eos, de morte redimam eos : ero mors tua ô mors, morsus tuus ero inferne.

OSÉE, XIII, 14.

Per hominem mors, et per hominem resurrectio mortuorum. I. *Corinth.*, XV, 21.

(3) Saint Basile, dans ses écrits, paraît peu disposé à tolérer dans les filles d'Ève cette faiblesse héréditaire. « *Nolim dicat mulier*, dit-il, *imbellis sum et infirma : isthæc infirmitas carnis est : nam in animâ sibi sedem finxit virtus firma et potens.* » Comme pour apporter des restrictions aux droits que, conformément à l'opinion du docteur grec, le beau sexe usurpe quelquefois, André Valladier, dans un de ses sermons, fait observer : « *que la femme ne peut être considérée comme l'image de Dieu et chef des choses sublunaires, ayant été faite d'Adam, et non pas Adam d'elle, et pour Adam et non pas Adam pour elle.* »

Le peintre verrier s'est exprimé dans le sens du prédicateur, mais bien plus éloquemment que lui.

(4) On était persuadé, bien avant l'exécution de cette vitre, que les flammes éternelles et le sentiment de leurs cuisants effets étaient inséparables des esprits réprouvés, de quelque nature qu'ils fussent, et que, par cette cause, un damné ne pouvait apparaître sans laisser après lui une odeur suffocante de soufre et de fumée. Une partie de cette croyance était vraisemblablement basée sur les écrits de saint Grégoire et de saint Augustin.

« *Satan*, dit un théologien du commencement du xviie siècle, *ne parut-il pas pour tenter le Sauveur ? Ne*

« Un vaste linceul, élégamment attaché sur sa tête, voltige autour de son corps en ondoyants replis. C'est l'Atropos des Grecs, aux ciseaux de laquelle le peintre a substitué une javeline et des flèches, images de la destruction.

» Près de la Mort dont elle ne peut fuir les inévitables atteintes, *la chair*, cette ennemie du salut de l'âme (1), se montre sous la figure d'une femme coiffée de perles et couverte des magnifiques habits de cour des règnes de Henri II et de Charles IX. Hochets frivoles de la fortune, l'or, l'argent et les pierreries sont prodigués sur ses vêtements en brillants rinceaux, en bordures étincelantes : Cependant les yeux de cette femme, dont le front est triste et chagrin, sont fermés à la lumière, emblème de l'aveuglement du cœur : et la chaîne de fer qui pèse sur ses épaules paraît traîner après elle le plus redouté, le plus inévitable des fléaux de la nature humaine, *la mort* (2). »

Langlois a négligé d'étudier les paysages qui forment le fond du tableau. Derrière le char de triomphe s'élèvent une splendide demeure et un moulin (3), simple chaumière, pour nous indiquer que la loi de grâce a été établie pour le riche et le pauvre, pour le puissant et le petit.

Derrière *Satan* se dresse le palais de l'orgueil dont la tour élevée menace le ciel, mais que la foudre a frappé et que l'incendie consume.

La *mort* semble sortir d'un élégant pavillon de fêtes, orné de guirlandes, car elle nous atteint partout même au milieu des plaisirs.

La belle et imposante figure de la *chair* laisse apercevoir dans le lointain l'opulent castel aux tourelles élancées, demeure du riche où trop souvent règne l'intempérance.

Certes, comme composition religieuse le xiiie siècle n'offre rien de supérieur. C'est, en quelques traits, un poëme complet d'une énergique simplicité, mais l'exécution est-elle à la hauteur de l'idée? Le premier groupe, formé par les personnages de l'Ancien Testament, est bien entendu. Les têtes y sont nobles et fières, les draperies comme celles des autres parties du tableau sont riches, mais un peu trop tourmentées. Pourquoi les deux femmes qui représentent l'*Amour* et l'*Obédience*, montrent-elles leur gorge et leurs épaules nues? L'artiste s'est évidemment laissé entraîner par la manie générale à son époque, de montrer son habileté à dessiner le nu.

posséda-t-il pas plusieurs corps et n'en possède t-il pas tous les jours, et voudriez-vous dire pour cela qu'il soit hors des flammes? Il sortirait souvent hors de l'enfer, et n'y entrerait jamais s'il pouvait : donc il porte son feu avec soi, et, bien qu'il ne brûle pas ceux qu'il possède, si n'a-t-il pas moins ses flammes qu'il traîne quant et soi. »

(1) Caro concupiscit adversùs spiritum. *Galat.*, V, 17.
Si enim secundum carnem vixeritis, moriemini. *Rom.*, VIII, 13.

(2) Langlois ajoute quelques pages plus loin : « Cette belle vitre est très-probablement un don de la confrérie de la Passion, instituée dans cette église (Saint-Patrice) en 1574, sous l'archevêque Philippe d'Alençon. Dès 1408, on donna, dans le cimetière de cette paroisse, la représentation de ce mystère, et l'on établit ensuite un *Puy* dans lequel on fonda divers prix pour les poëtes qui composeraient, en l'honneur de la mort du Christ, les meilleurs morceaux, qui consistaient en chants royaux, ballades, sonnets, rondeaux, etc. Ce puy commença en 1543, et Farin nous a transmis la composition poétique la plus distinguée qui parut alors. On y trouve comme dans notre vitrail, Jésus en croix, Adam, premier glouton, Satan, le mortel sagittaire (la mort, le serpent de laton (d'airain), etc.

(3) Ce moulin, mû par l'eau, n'entraîne-t-il pas en outre avec lui une idée mystique? L'artiste n'a-t-il pas voulu indiquer le fleuve de grâce faisant tourner la roue du moulin où se prépare le pain céleste? Ne voyons-nous pas souvent, dans une figure de symbolique analogue, saint Paul tournant la meule d'un moulin auquel les prophètes apportent des sacs de blé.

La tête de la Vierge est admirable de candeur et de grâce, mais le corps est indigne de la porter et n'est que celui d'une forte femme aux contours vigoureusement et amoureusement tracés; là encore l'étude du modelé a entraîné l'artiste. Tu as cru faire un Dieu, disait Brunelleschi à Donatelli à propos d'un Christ en bois que celui-ci venait de terminer, et tu n'as fait qu'un paysan. Notre artiste, au lieu d'une Vierge, n'a fait qu'une nourrice. Lors même que l'on ne voudrait voir dans ce sujet que la figure de la religion, nous n'en persisterions pas moins à soutenir que tous les détails en sont trop mondains et sans aucun caractère de chasteté.

VIII

Moins heureux encore, d'autres artistes du xvie siècle ne parvenaient qu'à rendre triviale et ridicule une idée qui, habilement développée, eût pu, comme la précédente, s'élever à la hauteur d'un véritable poëme religieux. Laissons Pierre Levieil nous en fournir un exemple :

« On voit dans l'église paroissiale de Chartres, dit cet auteur (1), des vitres peintes par Pinaigrier en 1527 et 1530, d'un bon goût de dessin et d'un bel apprêt de couleurs; entre ces vitraux on en remarque un plus particulièrement, qui depuis a été copié en différentes églises de Paris. Il est la vive expression d'une allégorie qui rapporte à Jésus-Christ l'émanation des grâces que les sacrements confèrent, ouvrage néanmoins dans lequel il est difficile de discerner si les vues du peintre sont plus religieuses que politiques, plus pieuses que ridicules.

» D'ailleurs cette allégorie, dont le premier sens est admirable, se trouve plus ou moins chargée d'épisodes dans les différentes copies qui en ont été faites en divers lieux. La description que Sauval donne de cette vitre allégorique (2) est très-conforme à une de ces copies, merveilleusement peinte sur verre, qui était autrefois sous le charnier de l'église paroissiale de Saint-Étienne-du-Mont, à Paris, et que, de l'ordre des marguilliers de cette église, j'ai transporté au côté droit de la chapelle de la sainte Vierge, qui sert de chapelle de la communion (3).

» Voici comme notre auteur s'en explique : On voit dans cette vitre des papes, des empereurs, des rois, des évêques, des archevêques, des cardinaux, tous en habits de cérémonie, occupés à remplir et rouler des tonneaux, les descendre dans les caves, les uns montés sur un poulain (4), les autres tenant le traineau à droite et à gauche; en un mot, on leur voit faire tout ce que font les tonneliers. Tous ces personnages, au reste, ne sont pas des portraits de caprice, ce sont ceux de

(1) *O. d. c.*, p. 42.

L'église paroissiale de Saint-Hilaire, qui s'élevait autrefois sur la place Saint-Pierre à Chartres, fut détruite en 1793, et les vitraux dont il s'agit, conservés par miracle, mais laissés en très-mauvais état, ont été placés, au commencement du xixe siècle, dans les fenêtres du triforium absidal de l'église Saint-Pierre, à la place des grisailles qui s'y trouvaient.

(2) Voyez les *Antiquités de Paris*, par Sauval, p. 35 de l'addit. au Tome Ier, sous le titre de *Vitres ridicules*.

(3) Cette verrière existe encore, nous en parlerons au chapitre suivant.

(4) C'est le nom qu'on donne à deux pièces de bois arrondies, assemblées par des traverses, autour desquelles les tonneliers filent leurs câbles pour descendre de grosses pièces dans les caves.

Paul III (1), de Charles-Quint, empereur, de François Ier, roi de France, de Henri VIII, roi d'Angleterre, du cardinal de Châtillon et autres, presque aussi ressemblants que si on les avait peints d'après eux; le tout sur ces paroles de l'Écriture : *Torcular calcavi solus; quare est rubrum vestimentum meum.* Les muids qu'ils remuent sont pleins du sang de J.-C. étendu sous un pressoir, qui ruisselle de ses plaies de tous côtés. Ici les patriarches labourent la vigne, là les prophètes font la vendange. Les apôtres portent le raisin dans la cuve, saint Pierre le foule. Les évangélistes dans un lointain, figurés par un aigle, un taureau et un lion, le traînent dans des tonneaux sur un chariot que conduit un ange. Les docteurs de l'Église le reçoivent au sortir du corps de Notre-Seigneur, et l'entonnent. Dans l'éloignement et vers le haut du *vitreau*, sous une espèce de chambre ou galerie, on distingue des prêtres en surplis et en étole qui administrent aux fidèles les sacrements de Pénitence et d'Eucharistie. »

Cette verrière allégorique est-elle digne de la pensée religieuse qui a dû inspirer le peintre? Élève-t-elle l'âme *de materialibus ad immaterialia*, comme le disait l'abbé Suger? Que le lecteur en juge.

L'artiste ne pouvait représenter J.-C. foulé par les mains de ceux qui l'adorent; le corps de Notre-Seigneur ou plutôt un cadavre, dont le fidèle ne comprend pas tout d'abord la signification, est étendu sur le plancher inférieur du pressoir, et, sans le secours d'aucun appareil de pression, des flots de sang jaillissent de ses plaies. Pourquoi n'avoir pas conservé l'idée symbolique tout entière et ne pas avoir montré le pressoir rempli du raisin mystique que les apôtres apportent à la cuve? Peut-être, si on eût craint que les fidèles ne comprissent pas le sens caché de cette scène, eût-on pu représenter au-dessus du pressoir, à moitié voilé par les nuages, la croix du salut. Il résulte de cette intervention du corps de N. S. J. C. dans le travail de la préparation du vin sacré une confusion étrange.

Les détails sont aussi faibles que l'ensemble. L'agencement des groupes n'est pas heureux; les hauts personnages, mêlés aux apôtres, aux patriarches et aux saints, n'offrent plus d'intérêt; les chariots de raisin conduits par des anges assis sur les tonneaux, et que traînent les évangélistes symbolisés par leurs animaux (dans une scène analogue, au musée de Cluny, les animaux sont à tête humaine), semblent appartenir à une farce de carnaval et non pas à une scène religieuse. Ne soyons donc pas étonnés d'entendre Pierre Leviel se demander si cette vitre n'est pas plutôt politique que religieuse, et de voir Sauval la taxer de ridicule; ne craignons pas d'en montrer les défauts à nos artistes pour leur en faire éviter l'écueil.

IX

Nous ne sommes plus aux temps où l'on pouvait peindre sur les verrières des sujets analogues à celui d'une des chapelles de Dreux, que Pierre Leviel nous décrit ainsi :

« Dans la chapelle de Saint-Marin, un des vitraux représente une histoire fort singulière. Un

---

(1) Sauval ou son éditeur, a fait ici un lourd anachronisme. Cette vitre, selon lui, a été peinte en 1530, et Paul III n'a succédé dans le saint-siége à Clément VII qu'en 1534.

jeune homme est à table au milieu de plusieurs convives; derrière lui est un vieillard presque nu qu'il paraît mépriser : c'est son père. Le jeune homme ouvre un pâté; il en sort un crapaud qui lui saute au visage et y demeure attaché. Plus bas on voit le jeune homme aux pieds d'un évêque qui tient un livre ouvert : il exorcise le crapaud qui se détache et tombe à terre. »

Ce sujet se retrouve dans d'autres localités, notamment dans la petite église de Conches, et a été longuement décrit par Langlois, qui l'avait tiré des *Fleurs des exemples* ou *Catéchisme historial*, par le théologien *Antoine d'Averoult*, édit. de Rouen, 1655, 2 vol. in-8°. Les peintres verriers l'avaient puisé dans *Thomas Cantimpré* et *Cæsarius*.

La pensée morale se laisse facilement deviner sous ces apparences bizarres, mais l'instruction, qui est maintenant descendue dans les rangs du peuple, exige que la forme soit noble comme l'idée.

On trouve très-souvent au xvie siècle différentes scènes groupées avec habileté dans un seul tableau, principalement dans les vitraux suisses (1).

X

La politique inspira quelquefois, du temps des guerres religieuses, les artistes qui appartenaient à la religion réformée. Ils devinrent esclaves des passions humaines, et la peinture sur verre tomba dans ce que nous pourrions appeler le désordre moral. Nous n'en voulons pour preuve que les vitraux de Hollande, de la fin du xvie siècle, et principalement un de ceux de Gouda, dont le sujet est *la liberté de conscience* et que nous appellerons, nous, *la liberté de l'indécence*. Quel que soit le mérite de l'œuvre, nous la déclarons inadmissible dans un temple, fût-il même protestant; et cependant elle y est encore (2).

XI

Après les sujets religieux ou symboliques, auxquels nous devions accorder le premier rang, viennent les grands personnages avec leurs armoiries. Ici notre tâche devient rude et pénible. Ce n'est plus la maladresse d'un artiste que nous avons à relever; ce sont de funestes tendances que nous avons à combattre, c'est la religion amoindrie, outragée, c'est l'Église profanée qu'il nous faut venger.

Dans les premiers siècles du moyen âge, les produits des beaux arts étaient, dans l'Église, uniquement consacrés à Dieu, ils devaient en montrer la puissance, l'infinie bonté et répandre dans le cœur du peuple l'amour de la sainte Trinité. Les artistes ne cherchaient point une vaine renommée, et si les donateurs croyaient devoir, comme un salutaire exemple, faire connaître leur nom

(1) Nous recommandons à l'attention des artistes la collection de vitraux suisses du Musée de Cluny, à Paris.

(2) Pierre Levieil décrit cette verrière qui fut peinte en 1596 par Adrien de Vrije.
Jon Weale, dans un ouvrage déjà cité, en donne en outre une reproduction assez fidèle.
Nous en parlerons un peu plus loin.

et conserver le souvenir de leur donation, c'est à peine s'ils osaient se faire peindre, dans de très-petites proportions, humblement prosternés aux pieds du Dieu tout-puissant.

Dans un retable d'autel, en or massif, importé d'Allemagne, et qui est maintenant déposé au Musée de Cluny, l'empereur saint Henri et l'impératrice sainte Cunegonde se sont fait représenter étendus, le front contre terre, aux pieds de J. C. Dans cette magnifique œuvre d'art du xie siècle, les deux souverains n'ont que dix à douze centimètres, et Notre-Seigneur en a au moins cinquante.

Nous avons déjà dit comment l'abbé Suger, tout-puissant à son époque, s'était fait peindre en adoration devant la Vierge, si petit qu'on ne l'apercevait pas de prime abord. C'est avec bien du mal que l'on retrouve, reléguée dans quelques roses secondaires, l'effigie de saint Louis.

Mais à mesure que les siècles s'écoulent l'homme devient plus orgueilleux, il porte une main hardie sur les ornements de l'autel, la basilique n'est plus regardée comme la maison du Seigneur, dans laquelle on venait humblement réclamer une place. Maintenant c'est un temple plus ou moins riche, suivant la fortune des donateurs, et que les grands du monde veulent bien consacrer à Dieu, pourvu que la première et la plus grande place leur soit réservée. Le pharisien a chassé le publicain et il règne en maître.

Il n'était pas besoin d'être prophète, pour prédire les tempêtes du siècle dernier. Tout n'indiquait-il pas que l'esprit religieux allait s'affaiblissant, et que la société, perdant sa base fondamentale, son point d'appui le plus essentiel, devait être bouleversée?

Au xve siècle, l'autorité ecclésiastique a le tort de tolérer aux vitres des églises, le remplacement des scènes religieuses par des sujets historiques. Ceux-ci, comme à Tournai, touchent, il est vrai, à l'histoire du chapitre et de ses droits, en cela ils ne s'écartent pas encore complétement des convenances, sauf quelques scènes que nous avons déjà vivement critiquées, comme le meurtre de Sigebert; mais une fois sur cette pente, on ne s'arrête pas facilement. Les grands veulent imiter le clergé, celui-ci faisait consacrer ses droits, ceux-là veulent faire connaître leurs armoiries. Les premiers ont préparé les voies aux seconds. Bien plus, les évêques, chefs temporels presque autant que spirituels, suivent le même exemple, et, le mal gagnant toujours, les verrières cessent presque entièrement d'être religieuses pour devenir de véritables pages héraldiques. Elles serviront encore à l'instruction du peuple, mais ce sera pour lui faire connaître les titres et qualités de ses maîtres, souvent de ses oppresseurs, et les signaler plus tard à sa fureur, alors que, toute crainte, tout respect étant éteints, les orages populaires se seront déchaînés dans leur affreuse violence.

Un des pays dans lesquels cette marche funeste de l'art religieux est le plus sensible, c'est la Belgique.

Au xve siècle le chapitre tournaisien consacre de nombreuses verrières à établir l'origine de ses droits. Voici venir ensuite les de Horn, les Croy, les Lalaing, les de Clèves et tant d'autres, qui, à Hoogstraeten, à Mons, à Liége, à Diest, à Lierre, partout enfin, occupent les verrières avec toutes leurs armoiries. Parfois, comme à Liége, si une vitre ne suffit pas aux quartiers de noblesse, une seconde y sera entièrement affectée. Veut-on, comme à Mons, ne pas faire disparaître totalement le sujet religieux? la verrière sera partagée en trois parties, et un tiers seulement sera donné à Dieu. Parfois cette place, trop petite, forcera à tronquer le sujet (1). Qu'importe! Dans les deux autres tiers, le donateur s'étalera fièrement, avec l'appareil de tous ses titres.

Dans ces vitres, les personnes divines et les saints patrons sembleront venir, non pas pour être adorés, mais pour honorer le hautain donateur.

A Dieu ne plaise cependant que nous venions prétendre ici que les de Hornes, les Croy, les Lalaing, que les membres de ces illustres familles, dont la Belgique s'enorgueillit à juste titre, aient voulu que la religion leur servît de piédestal, ou qu'ils aient sciemment offensé Dieu; ils ont obéi aux tendances de leurs siècles, ils ont cédé au torrent de vanité qui entraînait tout, ils ont enfin subi l'influence des idées. Les corporations elles-mêmes, qui jadis se contentaient de signer le vitrail par la reproduction de quelques-uns de leurs travaux au bas de la fenêtre, veulent aussi avoir leurs armoiries; et voilà que les instruments du métier, pelles, pioches, tranche-lard, etc., parodie des antiques pièces de blason, viennent, en pal, en sautoir, de *fasce* et de mille autres manières, couvrir de leurs prétentieuses couleurs les vitres des églises. A Liége, les corporations remplissent toute une verrière de leurs grotesques armoiries. A Diest, sur une vitre donnée par la corporation des mégissiers et des épiciers, les chandelles, les balances, les paquets de toute sorte, remplacent les instruments de la Passion, ou les anges du concert céleste.

Si du moins les hauts et riches donateurs s'étaient contentés des bas côtés de la nef, laissant les cohortes saintes entourer les trois personnes divines; mais non, ces pharisiens modernes, entrant dans le sanctuaire même, se sont mis au rang de Dieu. Osymandias ne s'est-il pas aussi fait représenter, dans une des salles de son fastueux tombeau, étendu devant une table d'or, en compagnie d'Isis et d'Osiris? Ce que l'on faisait au xvie siècle n'était rien moins qu'une réminiscence païenne ou une béatification anticipée. Jadis, au bon vieux temps de simplicité, les fenêtres du chœur étaient exclusivement réservées à l'histoire de J. C., à celle des apôtres, des évangélistes et des premiers confesseurs et martyrs. Aujourd'hui, entrez à Saint-Denis, vous y verrez tous les rois de France, depuis les meilleurs jusqu'aux plus pervers, occupant en buste leur place dans l'enceinte sacrée. Vous serez affligés du même spectacle dans la collégiale des SS.-Michel et Gudule, à Bruxelles. Le grand chœur et ceux des chapelles de Notre-Dame et du Saint-Sacrement des Miracles, sont entièrement occupés par les familles princières de Bourgogne, d'Autriche et d'Espagne.

Hé quoi! dira-t-on, n'est-ce pas d'un salutaire exemple que de voir les empereurs, les rois, les princes, les ducs, les puissants de la terre venir, revêtus de leur brillant costume, s'agenouiller humblement aux pieds de Notre-Seigneur et de la sainte Vierge? Vous blâmez toutes ces armoiries; mais plus l'apparat sera grand, plus l'humiliation paraîtra grande et belle. De quel droit jetez-vous le blâme sur ce que la terre a respecté pendant des siècles bien orageux cependant? Voudriez-vous, par hasard, détruire ces magnifiques œuvres d'art, le plus bel ornement de nos basiliques?

Loin de nous la pensée de vouloir toucher à ces pages qui tiennent à l'histoire de l'Église, elles ne sont pas d'ailleurs toutes choquantes au même degré. Qu'on ne s'y trompe pas, nous écrivons pour

____

(1) Cette remarque est générale pour toutes les verrières, et principalement pour celle de Marie de Bourgogne, dont le sujet religieux est la Fuite en Égypte.

l'avenir, nous voulons que le passé, tout en le conservant malgré ses défauts, éclaire la marche des artistes. Notre respect pour les autorités légitimes de ce monde est sincère. C'est encore faire preuve des profonds sentiments qui nous animent que d'établir l'ordre hiérarchique qui doit être suivi par ceux qui traitent de la peinture religieuse. Il ne peut y avoir ici de tendances politiques; notre mission est plus élevée et plus sainte : il s'agit d'une question religieuse; nous nous sentons assez fort et assez convaincu pour oser dire la vérité, qui ne doit blesser personne. L'avenir est devant nous; c'est là que, éclairés par les leçons du passé, nous n'aurons plus d'excuses pour de nouvelles erreurs.

Non, nous ne demandons pas qu'on touche aux belles verrières des sanctuaires belges, mais nous ne pouvons nous empêcher de trouver qu'on a fait aux personnages la place trop large, que la verrière a été établie pour eux et non pour l'église. Le peintre n'a eu qu'une pensée : faire converger vers le donateur toutes les parties de son tableau qui, en dehors du principal personnage, ne renferment que des accessoires exigés par la mode et dont, à la rigueur, il aurait pu très-bien se passer.

Les personnages, dit-on, sont agenouillés. Ah! vraiment, c'est bien le moins. Regardez cependant avec attention, et vous verrez qu'au haut du chœur de Sainte-Gudule et à Mons, ils ne se sont pas toujours résignés à cette humble position. Pourquoi, en outre, au lieu de les peindre entièrement de profil, comme ils devraient l'être s'ils accomplissaient réellement l'acte de prière et d'adoration qu'on leur prête; pourquoi sont-ils représentés la face tournée vers les fidèles, semblables à ces acteurs qui, tout en jouant leur rôle, regardent constamment les spectateurs?

Est-il, en outre, convenable de couronner et souvent de cacher les scènes religieuses avec les armoiries?

Nous avons été souvent nous asseoir dans l'église, seul et replié sur nous-même, n'ayant pour témoin que Dieu présent dans le tabernacle; nous nous sommes efforcé de nous dégager des influences mondaines, et nous nous sommes demandé, dans la sincérité de notre âme, si ces verrières ne renfermaient pas un sens moral que nous n'avions pas saisi. Après une longue méditation, nous nous sommes levé en répétant cette maxime fameuse, qui, nous le craignons bien, sera toujours de circonstance : *Vanitas vanitatum, et omnia vanitas.*

« Les splendeurs du culte, en élevant l'âme à Dieu, » dit avec raison un écrivain religieux (1), lui commandent des sacrifices qui consistent en ce qu'il y a de plus beau et de plus précieux aux yeux de l'homme, et en même temps elles la détachent de la terre et la préservent ainsi de ce faux amour-propre qui est au fond du luxe individuel, en ce qu'il pousse l'homme à s'élever au-dessus de ses semblables. *Le sentiment humain peut se mêler, sans doute, aux offrandes qu'on fait à Dieu ; mais alors on s'écarte de l'esprit du christianisme, alors le sacrifice ne consiste plus*

(1) Cette citation est empruntée à un remarquable article du *Journal de Bruxelles,* feuille du mercredi, 30 mai 1855.

Le *Journal de Bruxelles,* essentiellement catholique, renferme souvent des articles religieux d'une haute valeur. Son propriétaire, qui en est en même temps le rédacteur en chef, M. le chevalier D. STAS, est un des journalistes les plus honorables et les plus distingués de Belgique; nous tenons à honneur de lui exprimer ici notre reconnaissance pour l'amitié qu'il n'a cessé de nous témoigner.

en l'or pur du sanctuaire, mais se convertit en un plomb vil, indigne des regards du Créateur. »

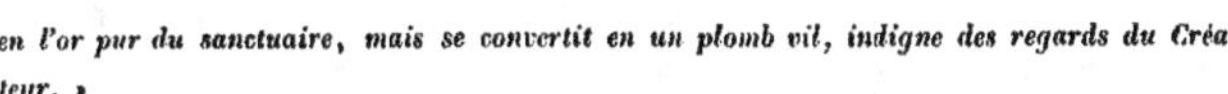

XII

Le xvie siècle vit les églises s'enrichir d'un nombre considérable de verrières. Il serait permis de s'en étonner, si l'histoire n'était là pour en fournir l'explication. Le siècle précédent avait été une époque de guerre et de désastres pour l'Europe. A peine la guerre de Cent-Ans était-elle terminée, qu'en France éclataient les luttes sanglantes entre Louis XI et les grands seigneurs féodaux; en Angleterre, la guerre des Deux-Roses couvrait le pays de sang et de larmes; d'un autre côté, la cité de Constantin tombait au pouvoir des Turcs et, de plus, la réforme menaçait l'Église; Wiclef et Jean Huss avaient payé de la vie leur triste témérité.

Ces luttes et ces bouleversements opérèrent une fusion des pouvoirs et amenèrent une grande révolution. La monarchie s'éleva sur les ruines de l'aristocratie. Trois grands États s'étaient, en outre, constitués : l'Espagne, l'Angleterre et la France. L'Italie, divisée, affaiblie et subjuguée, découvrait ses trésors aux nations puissantes de l'Occident; la concentration du pouvoir suprême permit d'en profiter et de donner un élan considérable aux beaux-arts. L'imprimerie vint aider à la diffusion des connaissances humaines, et la gravure répandit le goût des arts. Le clergé, pressé de résister aux funestes idées nouvelles, poussait à l'embellissement de ses temples. Tout se préparait, enfin, pour l'ère éblouissante des Léon X, des Charles-Quint et des François Ier.

La peinture sur verre eut, en France, une large part dans cet entraînement général. Ce fut elle qui profita la première du goût nouveau des rois et des princes pour les arts ; ses ateliers étaient ouverts, ses fourneaux allumés; les artistes y surgirent de toute part, et l'école française vint s'y constituer définitivement sous ses différents aspects.

En Allemagne et particulièrement en Belgique, la peinture sur verre, comme les beaux-arts en général, n'eut jamais de plus brillante époque; l'Angleterre, sous les règnes de Henri VIII et d'Élisabeth, suivit le mouvement, quoique plus lentement.

Diverses causes, d'un ordre secondaire, continuèrent à augmenter le nombre sans cesse croissant des verrières. De tous côtés, ce n'était que donations faites par les riches particuliers ou les corporations. Nous ne devons pas oublier aussi les condamnations par lesquelles il était ordonné d'orner de vitraux les établissements publics, non-seulement en réparation d'injures verbales, comme Damhoudere atteste que cela avait lieu de son temps, mais même en punition de tous délits et excès sans exception. Des documents judiciaires et d'anciens manuscrits conservés jusqu'à ce jour, offrent aussi plusieurs condamnations de cette catégorie (nous ne parlons que de celles que nous avons été à portée de consulter). Un certain François Middernacht, traduit en justice pour payement d'une dette, soutenait l'avoir acquittée. Le contraire fut prouvé. Poursuivi de ce chef au criminel, il fut condamné, par jugement des échevins de Saint-Pierre-lez-Gand, le 2 janvier 1524, outre l'amende, à faire construire et peindre à ses frais *un vitrail de la valeur de IX livres parisis, pour être placé dans la chambre échevinale.*

Nous savons, par le vieux manuscrit de Christophe Van Huerne, que dans l'ancien prétoire de la châtellenie du Vieux-Bourg de Gand, on voyait jadis un beau vitrail colorié avec une inscription portant qu'il y avait été placé aux frais des individus y dénoncés, et qui avaient arraché violemment un prisonnier des mains de la justice.

Des échevins de Gand infligèrent la même peine, en 1592, à Étienne Du Jardin, *grand débaucheur* de dames, et qui avait employé, contre plusieurs d'entre elles, la force et la violence. Ce jugement remarquable est du 12 août 1592. Il se trouve inscrit au registre criminel de la même année, page 10. Le vitrail que le coupable dut faire exécuter, avec une inscription portant son nom, prénom et la cause de sa condamnation, devait être placé en face de la chaire de vérité, dans l'église de Saint-Nicolas, dont il était le paroissien. Il fut en outre condamné à contribuer, pour une forte somme d'argent, à la construction du mur d'enceinte du couvent des capucins.

Un jugement pareil fut porté, en 1595, contre un autre nommé Laurent Francen, également célèbre par ses galanteries, malgré ses cinquante ans ; il avait déjà été traduit de ce chef devant la cour spirituelle et soumis à une pénitence publique. C'était un pécheur endurci : le juge laïque le soumit de nouveau à l'amende honorable, à aller la torche au poing, entre deux sergents de ville, de la maison communale jusqu'à l'église de Saint-Michel. La verrière qu'il dut faire peindre devait orner l'un des vitraux de la même église, et une somme de soixante et quinze florins était destinée à couvrir cette dépense.

Dans un conflit qui eut lieu en 1554, à propos d'un prisonnier violemment arraché à l'abbé de Saint-Pierre-lez-Gand, les conseillers fiscaux requirent encore cette pénalité contre les échevins de Gand.

Un dernier exemple d'une condamnation de ce genre nous est fourni par la contestation qui eut lieu, peu d'années auparavant, entre l'abbé et les religieux du couvent de Saint-Cornil, à Ninove, d'une part, et les *bourguemaître* et échevins de cette ville, d'autre part, à cause des reliques du saint patron, ainsi que de celles du bienheureux saint Cyprien, reposant dans l'église dudit couvent, que les échevins en avaient enlevées forcément le jour de la dédicace et qu'ils avaient portées en procession par la ville. A tant d'excès était venu se joindre le tort d'avoir recueilli les offrandes et dons accoutumés, au préjudice du monastère. Dans le litige, l'abbé demanda que les bailli et échevins, par forme de pénalité, fussent condamnés à faire confectionner, avec une inscription convenable, dans l'église paroissiale de Ninove, une verrière de la valeur de dix livres de gros, dans laquelle seraient représentés le Christ et, au pied de la croix, la mère de Dieu et saint Jean l'Évangéliste.

Ces jugements et une foule d'autres paraissent aujourd'hui fort étranges ; ils n'ont pas lieu d'étonner, quand on se reporte à l'esprit du temps et qu'on ne perd pas de vue que le pouvoir discrétionnaire, dans la distribution des peines, étant admis en principe, le sort des coupables ou de ceux qu'on réputait tels, dépendait entièrement du choix ou de la volonté d'un juge.

Les communes qui exerçaient aussi le pouvoir judiciaire, se trouvaient-elles en pénurie de fonds, éprouvaient-elles le besoin d'augmenter les travaux de défense, ou avaient-elles résolu d'ériger quelque édifice ou quelque monument public, la justice criminelle pourvoyait à tout ; les délinquants et tous ceux qui avaient le malheur de transgresser des règlements quelconques, étaient de suite assujettis à de grosses amendes, obligés de travailler pour un certain temps aux fortifications, ou d'en fournir les matériaux. Les registres criminels, ceux surtout du xvie siècle, contiennent une foule de condamnations de cette nature (1).

XIII

Les légendes détaillées sur les verrières, les sujets symboliques, les saints, les martyrs et les autres personnages sont presque toujours accompagnés d'inscriptions qui servent à les expliquer ou à les désigner. Les donateurs ne se contentaient pas de leurs nombreux quartiers de noblesse, ils y faisaient ajouter des banderolles, des philactères ou des cartouches qui devaient éclairer les plus ignorants en leur apprenant les hautes vertus et toutes les qualités des riches protecteurs de l'Église.

Le style des inscriptions passa par les mêmes phases que le caractère religieux des compositions. Simple et modeste dans le principe, il devint ampoulé, arrogant et menteur avec le xvie siècle.

Quant au système de l'écriture, il varia suivant les pays, qui adoptèrent chacun un mode particulier. Nous attendions ce moment, où le genre s'en modifie de toutes parts à la fois, pour en tracer l'histoire rapide.

Dans les siècles antérieurs au xiiie, les inscriptions sont toujours latines ou grecques, les caractères romains ou grecs sont clairs, bien tracés et faciles à distinguer. Au xiiie siècle, avec les langues nationales qui se forment en Occident, apparaissent des caractères particuliers, que l'on est convenu d'appeler gothiques, assez nets et simples, mais devenant plus compliqués au xive et presque illisibles au xve. Les inscriptions du xiiie siècle, très-rarement en langue romane, sont, comme les actes du clergé, presque exclusivement en latin. Le xive siècle voit le français très-souvent préféré au latin. Au xve siècle, l'allemand vient se joindre au français pour chasser les idiomes du Midi et de l'Orient.

Au xvie siècle, enfin, les caractères gothiques, qui s'étaient maintenus malgré la transformation du langage, disparaissent pour faire place à ceux que les modernes ont adoptés.

On voit que cette marche de l'écriture des inscriptions sur les verrières tient le milieu entre les systèmes mis successivement en usage pour les actes civils et politiques et ceux du clergé, qui conserva beaucoup plus longtemps la langue de la métropole chrétienne. On lira avec plaisir, à l'appui de cette assertion, une note qui nous a été remise par le savant archiviste de Bruxelles, M. A. Wauters, l'un des auteurs de l'*Histoire de Bruxelles et de ses environs*. Cette note, quoique très-courte, est suffisante pour faire apprécier l'importance des langues française et flamande en Belgique, au moyen âge :

« L'introduction de la *langue française* dans les actes date de l'an 1200.

(1) Nous avons emprunté le détail de ces condamnations à un article de M. le baron Jules de Saint-Génois, dans le *Messager des sciences et des arts de Gand*.

« Cette introduction est due, non aux souverains ni aux princes, comme on le croit généralement, mais aux villes. Les princes et les rois suivirent cet exemple; l'Église fut la dernière à s'y conformer, et aujourd'hui encore la plupart de ses actes officiels se font en latin.

» La ville de Tournai paraît avoir été le lieu primitif de l'émancipation de la langue française.

» Les archives contiennent un très-grand nombre de documents écrits en langue française : un de 1200, un autre de 1206, et, à partir de 1211, une série qui n'est plus interrompue.

» Pour la Flandre, on a un chirographe reposant aux archives de Lille et donné par Mehau ou Mathilde, dame de Tournai, en 1221; pour le pays de Liège, un compromis passé, le 13 avril 1253, entre l'évêque de cette ville et Walter Berthout, seigneur de Malines.

(Voyez J.-B. Dumortier, *Notice sur l'époque de l'introduction de la langue française dans les actes publics au moyen âge.*)

» Les actes publics n'ont été rédigés en flamand que dans la seconde partie du xiiᵉ siècle. On ne connaît aucun diplôme authentique, écrit en cette langue, qui soit antérieur à un jugement des échevins de Bouchout, du 1ᵉʳ mai 1249.

» Puis viennent une charte de Marguerite de Constantinople, comtesse de Flandre et de Hainaut de 1251, et un accord entre l'abbaye de Saint-Bavon et son écoutète, de 1252; mais la langue flamande ne fut généralement adoptée que vers 1280 (1).

» En Brabant, la keure de Bruxelles de l'an 1229 a été rédigée en flamand, mais ce n'est qu'une traduction du texte latin (2). Les plus anciens diplômes flamands que nous ayons pour ce pays, sont un diplôme relatif à la dime de Bodeghem, de l'an 1277, et une sentence de l'amman de Bruxelles, de 1275 (3). »

Sans nous étendre davantage sur ce détail des vitraux, nous ferons observer qu'il est important, quand on procède à l'examen d'une vitre ancienne, d'en étudier soigneusement l'Écriture qui est un des nombreux moyens de fixer l'âge de la pièce antique, et quelquefois le seul qui permette d'en déchiffrer le sujet.

XIV

La série des peintres verriers du xvıᵉ siècle est nombreuse et brillante, nous allons la parcourir rapidement en même temps que nous étudierons dans chaque pays les différentes phases de la peinture sur verre.

France. — L'école française ne revêtit point tout d'abord un cachet original et particulier comme celles d'Allemagne et d'Italie; mais elle se distingua par sa marche progressive. Lorsque l'influence italienne se fit sentir, lorsque François Iᵉʳ eut accueilli Léonard de Vincy à Fontainebleau et appelé auprès de lui le *Rosso* et le *Primatice*, les ateliers des peintres verriers étaient

(1) Voyez C. A. Serrure, *Geschiedenis der Letterkunde in Vlaenderen*.
(2) *Histoire de Bruxelles*, p. 38.
(3) Pour ces deux dernières, voyez *Histoire des environs de Bruxelles.* T. 1ᵉʳ, p. 203, et III, p. 147.

en pleine activité; les splendides verrières, qui en sont sorties, attestent encore aujourd'hui le florissant état de la peinture. Le réveil de l'antique, en rendant aux beaux-arts l'éclat des temps anciens, lança les artistes italiens en plein paganisme. Ceux-ci, par une déplorable erreur, au lieu de ne chercher dans les œuvres de l'antiquité que les moyens d'arriver à l'entente du beau, se mirent à les copier servilement. La France les imita et se jeta dans les mêmes écarts. Nous ne pouvons que nous associer aux réflexions suivantes de M. l'abbé Texier (1) :

« En ce temps-là florissait, sous le ciel de l'Italie, une école soumise à une double inspiration ; chrétienne par ses traditions, elle n'avait pas vu sans éblouissement les chefs-d'œuvre du paganisme, et son art s'en était inspiré. On vantait sa correction, sa grâce et sa beauté. Les princes, séduits, l'appelèrent en France pour embellir leurs palais; et les largesses royales, en enrichissant les artistes italiens, firent des Français leurs imitateurs et leurs émules.

» Alors on assiste à un curieux et triste spectacle. Au lieu de tempérer l'incorrection française par les grâces italiennes, et de conserver avec amour l'inspiration chrétienne qui avait animé les chefs-d'œuvre gothiques, les artistes français, je parle des verriers comme des autres, se jettent à la suite de l'imitation étrangère.

» Ils sacrifient toute la tradition à la recherche de la forme, et le moyen se transforme en but: faire briller les ressources d'un pinceau habile, dépenser la plus brillante imagination à traduire des compositions sans signification, se jouer en de niaises figures mythologiques et allégoriques, c'est le dernier but de l'art, c'était aussi sa décadence et sa mort. »

Tel est, en réalité, le caractère général des travaux du XVIᵉ siècle, le dessin arrive à la perfection, le coloris brille du plus vif éclat, mais l'art religieux s'éteint avec l'inspiration chrétienne, et la peinture sur verre, après avoir jeté quelques belles lueurs, va disparaître par degrés; elle se relèvera de nos jours plus éclatante et plus savante que jamais.

Le XVIᵉ siècle, en s'ouvrant, assiste aux travaux déjà commencés des peintres verriers des villes de Limoges, Beauvais, Auch, Paris, Rouen, Bourges, Metz, Auxerre, Sens, Châlons-sur-Marne, et tant d'autres.

ROBERT COURTOIS, ENGUERAND LE PRINCE, JEAN et NICOLAS LE POT, ROBERT PINAIGRIER, Mᵉ CLAUDE et frère GUILLAUME s'élèvent du premier coup à la hauteur des grands maîtres italiens. Tous ces artistes appartiennent déjà à la renaissance. Comment, d'ailleurs, aurait-il pu en être autrement, quand c'était aux Raphaël, aux Michel-Ange, aux Primatice, aux Rosso qu'on demandait les cartons et quand on luttait d'habileté avec ces rois de la peinture?

Les souverains continuent à venir en aide à la peinture sur verre, qui cependant ne devait pas tarder à succomber. Henri II, en 1555, confirme les anciens priviléges des peintres verriers en faveur de RENÉ et REMI; LE LAGOUBAULDE, père et fils; de LAURENT LUCAS et ROBERT HERUSSE, à Anet, élection de Dreux; de PHILIPPE BACOT, à Boussi; de PIERRE EUDIEN, à Fecamp; de SIMON MEHESTRE; DE LA RUE, père et fils ; MARTIN HUBERT; GILLES et MICHEL DUBOSC, frères, à la vicomté

____

(1) *Histoire de la peinture sur verre*. O. d. c., p. 61.

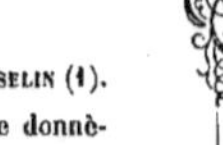

de Caen. Charles IX, en 1563, accorde également des lettres patentes aux frères BEUSELIN (1).

Ces encouragements et les nombreux travaux auxquels les artistes ne pouvaient suffire donnèrent, au commencement du XVIᵉ siècle, un vif essor à la peinture sur verre; les peintres dont nous allons, en quelques mots, raconter l'histoire, nous en fourniront la preuve.

PRINCE (ENGUERAND ou ANGRAND LE), natif de Beauvais, vit sa gloire passer à la postérité avec les belles vitres qu'il peignit pour sa ville natale. Aussi modeste qu'habile, il ne dédaigna point de se soumettre aux dessins envoyés par Raphaël, Jules-Romain et Albert Dürer; il les copia avec tant de talent, que ses verrières peuvent être considérées comme des œuvres vraiment originales, auprès desquelles cependant ne pâlissent pas celles qu'il exécuta sans le secours de ces illustres collaborateurs; une des plus remarquables et des plus importantes pour l'histoire a été dessinée par M. Villemin dans ses *Monuments inédits*, elle représente saint Eustache et sa famille. Le peintre a donné à ses personnages les traits de Charles IX et de sa femme, et les a revêtus de magnifiques habits de cour.

Angrand Le Prince avait quelque chose de la grâce de Raphaël et de la hardiesse de Jules Romain et d'Albert Dürer; il se piquait, dit Langlois, d'obtenir ses modèles des plus grands artistes de l'Italie et de l'Allemagne, et, dans le XVIIIᵉ siècle, on conservait encore, à Beauvais, des dessins précieux qu'il s'était ainsi procurés; il mourut en 1530, dans un âge avancé.

POT (JEAN LE), suivant M. Tremblay (2) vint de Flandres, en 1500, s'établir à Beauvais où il épousa la fille d'Antoine Caron, peintre. Il était habile dans la peinture en grisaille et dans la sculpture. Il fut la souche d'une famille de peintres verriers de son nom, parmi lesquels se place en première ligne NICOLAS LE POT, probablement gendre de Angrand Le Prince. « Au siècle dernier, écrit M. Tremblay, il y avait peu de maisons dans Beauvais où l'on ne trouvât des vitres peintes d'une bonne manière et d'une grande vivacité de coloris, représentant des portraits, des paysages ou des armoiries; on citait principalement l'hôtel des arquebusiers et plusieurs autres édifices de la même ville; mais tous ces morceaux dépérissent par le nouveau goût et l'usage des croisées modernes. » Nous ajouterons que ces verrières étaient dues en partie à la famille de Jean et de Nicolas Le Pot. On conçoit du reste aisément que les peintres verriers aient été nombreux dans une ville dont les habitants se plaisaient à orner leurs maisons de vitres peintes; aussi Beauvais fut-il un centre important pour les écoles de peinture sur verre.

COUSIN (JEAN), surnommé le *Michel-Ange français*, naquit à Souci, près de Sens, au commencement du XVIᵉ siècle, et vivait encore en 1584. Doué d'une instruction solide, connaissant la géométrie, la perspective et l'anatomie, sciences sur lesquelles il écrivit plusieurs traités, ce grand artiste a laissé de beaux ouvrages de différents genres. Il montra, dans son beau tableau du *Jugement dernier*,

(1) *Voir* les lettres patentes dans PIERRE LEVIEIL. *O. d. c.*, p. 88 et suiv.
(2) *Notice sur la ville et les environs de Beauvais*, 1815.

qu'il possédait un talent de premier ordre. Par la hardiesse de ses poses, la correction de son dessin, une légère mais habituelle exagération dans les formes, et par son habileté dans la sculpture (ce qu'il prouva par le tombeau de l'amiral Chabot), il fut justement comparé à Michel-Ange. Il possédait pour ses compositions cet élan spontané qui distingue le caractère français, ne reculant devant aucune difficulté, et en triomphant aisément. Si, comme on le croit généralement, il forma de nombreux élèves, on devra reconnaître qu'il contribua pour une grande part, en France, au progrès de la peinture.

Jean Cousin fournit de nombreux cartons pour les églises de Paris et de la province. On pense qu'il travailla aux verrières de l'église Saint-Gervais à Paris en même temps que Robert Pinaigrier, dont nous parlerons tout à l'heure. On lui attribue celles du chœur, où l'on trouve le martyr de saint Laurent, l'histoire de la Samaritaine, la réception de la reine de Saba par Salomon, œuvre remarquable portant le chronogramme 1551. Il exécuta les vitres du château d'Anet et celles de la Sainte-Chapelle de Vincennes d'après les cartons de Luca Penni et de Claude Baldouin, suivant quelques écrivains, et d'après Jules Romain, suivant d'autres.

M. Alexandre Lenoir, qui avait réuni dans le musée des Petits-Augustins, les vitraux de la chapelle de Vincennes, s'exprime ainsi à leur sujet (1) :

« Plusieurs de ces vitraux ont été totalement abîmés par la grêle, ils représentaient divers passages de l'Apocalypse. Ceux qui sont conservés sont au nombre de sept. Les deux plus beaux étaient dans le sanctuaire; la composition en est vigoureuse, elle représente la chute du monde ou les approches du Jugement dernier. La terre est ébranlée, des flammes soulèvent les flots de la mer roulant des malheureux cherchant à combattre la mort qui veut les frapper. Des anges, au milieu des éclairs, sonnent la trompette dernière. Les contrastes sont frappants et touchent l'âme du spectateur. Chacun des sujets est divisé par des encadrements peints en grisaille, formant des voûtes de façon à donner de la suite aux sujets. On voit dans les angles du haut, les chiffres de Henri II et de Diane de Poitiers, et dans le bas des groupes des trophées de guerre ornés de salamandres.

» Les vitraux de la nef ont la même distribution; ils représentent les portraits en pied de François Ier et de Henri II, de grandeur naturelle. Plusieurs ont été dégradés par les paysans qui y lançaient des pierres. Au bas de l'un des deux on voit la Vierge ayant l'enfant Jésus sur ses genoux.

» Ces peintures sont sublimes; elles ont plutôt l'air d'être exécutées sur la toile que sur le verre. Jean Cousin y a réuni et employé toutes les ressources de son art. Son dessin semble être celui de Jules Romain; sa couleur et son faire celui du Corrége.

» Une fausse tradition annonçait que Jean Cousin avait exécuté ces peintures sur des cartons de Jules Romain; c'est une erreur accréditée par des gens qui ne savent pas trouver dans les ouvrages des grands maîtres, ces traits fins de sensibilité qui les caractérisent, à n'en pas douter. Je suis

____

(1) *Traité historique de la peinture sur verre*, faisant suite à la description historique et chronologique des monuments de sculpture réunis au Musée des monuments français, par Alexandre Lenoir, 1 vol. in-8°. Paris, an VIII de la république. (M. Lenoir est le seul qui n'admette pas, comme on le verra plus bas, que Cousin ait travaillé d'après les dessins de Jules Romain.)

heureux de combattre un bruit suscité, peut-être du temps même de l'auteur, par la jalousie des artistes ses contemporains, et que depuis, l'ignorance ou l'indifférence a laissé parvenir jusqu'à nous. C'est une palme de plus que j'ai l'orgueil d'attacher à la gloire de Jean Cousin. »

Le même écrivain à propos des travaux exécutés par Jean Cousin au château d'Anet, s'exprime ainsi :

« On voit dans la chapelle sépulcrale du tombeau de François Ier, trois croisées magnifiques, exécutées en grisaille claire par Jean Cousin, d'après ses dessins. Cette manière est ingénieuse, elle tempère l'ardeur du soleil sans ôter le jour, et produit l'effet d'un verre dépoli. Ces vitraux représentent Jésus-Christ prêchant dans le désert, Abraham rendant à Agar son fils, et la dernière bataille gagnée contre les Amalécites, sous la conduite de Moïse. »

Les églises de Moret et de Fontainebleau, le Château de Fleurigny près de Sens, et Saint-Étienne du Mont à Paris, s'enrichirent des travaux de Cousin. A Sens, il peignit, d'après les cartons du Rosso, la sybille Tyburtine montrant à l'empereur Auguste prosterné, la Vierge et son fils dans ses bras, entourés d'une lumière céleste.

Plus heureux que Bernard Polissy, il échappa à la prison pour ses opinions religieuses, quoiqu'il eût été soupçonné de calvinisme pour une figure de pape précipité dans les enfers. Il ne cessa d'être protégé par les rois Henri II, François II, Charles IX et Henri III.

PINAIGRIER (ROBERT) eut la gloire de travailler en concurrence avec Jean Cousin et d'en approcher si près qu'aujourd'hui on ne sait auquel des deux artistes appartiennent certaines verrières des églises de Paris. Il exécuta de 1527 à 1550 les beaux vitraux de l'ancienne église paroissiale de Saint-Hilaire de Chartres, qui se trouvent actuellement, comme nous l'avons déjà dit, dans celle de Saint-Pierre.

Les principaux vitraux peints à Paris par Robert Pinaigrier étaient, suivant M. Alexandre Lenoir, à Saint-Jacques-la-Boucherie, à Saint-Étienne du Mont, à la Madeleine, à Sainte-Croix en la Cité, à Saint-Merry et à Saint-Barthélemy.

Voici ce que Pierre Levieil (2) dit de ce peintre que l'on regarde comme un de ceux qui amena l'usage des émaux : « Le même peintre fit à Paris de très-belles vitres pour l'église paroissiale de Saint-Gervais : telles sont, dans le chœur de cette église, l'histoire du paralytique de la Piscine, celle du Lazare; et, dans la nef, les vitres peintes de la chapelle de Saint-Michel, sur laquelle sont représentées les courses des jeunes pèlerins, qui, près d'atteindre la cime du rocher escarpé sur lequel est située l'abbaye de Saint-Michel *in tumba*, s'exercent à des danses et à des amusements champêtres. Ce *vitreau* a toujours été fort estimé pour la correction du dessin, le vrai qui règne dans la composition et la beauté du coloris. Il est formé en partie de verre de couleurs en table, découpé suivant les contours du dessin, et en partie *couché* d'émaux. Ce peintre s'appliqua néanmoins singulièrement à perfectionner et à rendre les émaux plus fréquents dans ses ouvrages

(1) *O. d. c.*, p. 43.
(2) *O. d. c.*, Édition de 1759.

que ses prédécesseurs. Il fut même longtemps regardé en France comme leur inventeur. Pinaigrier pourrait bien aussi être l'auteur des vitres peintes de la chapelle de la sainte Vierge dans la même église, quoique l'emploi des émaux y soit plus rare. » On ne connaît pas la date de sa mort.

GONTIER (JEAN et LÉONARD) frères, LINARD, MADRAIN et COCHIN, tous nés à Troyes (Champagne). Cette ville, comme Beauvais, fut une de celles où l'art de la peinture sur verre, fortement encouragé, brilla d'un vif éclat. Les édifices publics et les maisons particulières étaient généralement ornées de vitres peintes. La ville de Troyes conserve précieusement le souvenir des frères Gontier, qu'elle range au nombre de ses illustres enfants. Elle les avait appelés à décorer la cathédrale, la collégiale, les églises de Saint-Martin ès-Vigne, de Moutier-la-Celle, l'arquebuse et la paroisse de Saint-Étienne. Un des rares amateurs de la peinture sur verre au XVIIIe siècle écrivait, en 1759, à Pierre Levieil, qu'on voyait encore, dans les divers édifices mentionnés plus haut, des verrières des frères Gontier qui faisaient l'admiration des meilleurs connaisseurs. Morery, dans son *Dictionnaire* (1), parle avec éloge des deux frères. Il vante particulièrement la vitre de la paroisse Saint-Étienne, que Léonard peignit à 18 ans, et nous apprend que la mort vint surprendre cet artiste, dix ans plus tard, au milieu de ses travaux pour la même église. Ne serait-elle pas aussi de ces artistes cette verrière, placée dans le fond du sanctuaire de Saint-Pantaléon, à Troyes, et dont le cardinal Richelieu offrit une somme considérable?

PALISSY (BERNARD), *l'inventeur des rustiques figulines du Roi.* S'il est un nom qui doive être prononcé avec respect, c'est celui de Palissy. Il était de ces hommes rares et prédestinés qui s'élèvent d'eux-mêmes au-dessus de leurs concitoyens. Une lumière les a soudainement éclairés, une voix intérieure les soutient dans la lutte et ils parviennent au but à travers tous les obstacles. Doué d'un grand caractère, ne demandant ses ressources qu'au génie de l'étude, Palissy acquit les connaissances les plus utiles et les répandit ensuite avec la plus complète abnégation.

Un plat de terre émaillée, venu d'Italie, peut-être de Faenza, tombe dans ses mains; il comprend aussitôt la possibilité d'un nouveau produit des arts pour la France, et se met à en chercher le secret de fabrication. La peinture sur verre, qui commençait à perdre de son importance et à descendre au rang de métier (2), est par lui négligée. Il se livre avec ardeur à l'étude des terres émaillées; ses essais ne sont pas heureux; plusieurs années s'écoulent, ses ressources s'épuisent, et il travaille toujours. — Reprends la peinture sur verre, lui disait sa femme, aie pitié de moi et de tes enfants. — Quelques larmes jaillissaient des yeux du peintre, il promettait, mais à peine rentré

(1) Voir aussi le *Voyage des deux Bénédictins.* Paris, 1717, t. I, p. 93.
Ces deux révérends pères citent également comme très-remarquables les vitres de la bibliothèque des dominicains de Troyes et celle de l'abbaye de Notre-Dame des Prés, ordre de Cîteaux.
(2) Voici comment s'exprimait Palissy à propos de la dépréciation des vitres peintes et des émaux : « N'est-ce pas un malheur advenu aux verriers des pays de Périgord, Limosin......? Auxquels pays tes verres sont méchanisez en telle sorte qu'ils sont venduz et criez par les villages par ceux mesmes qui crient les vieux drapeaux et la vieille ferraille...... » Plus loin il dit, en parlant des émailleurs de Limoges, que *leur art est devenu si vil qu'il leur est difficile de gaigner leur vie au prix qu'ils donnent leurs œuvres.*
De l'Art de la terre, in-12, p. 307.

dans son atelier, cette voix secrète de l'âme qui le soutenait dans ses épreuves, parlait plus haut que celle de la famille, le mari et le père s'effaçaient devant l'artiste, et malgré lui c'était à ses terres émaillées qu'il revenait.

La misère la plus affreuse vint l'assaillir, ses meubles furent brûlés pour alimenter ses fourneaux, ses vêtements servirent à payer son ouvrier; enfin, dénué de tout, il eut le courage, le triste courage, de voir souffrir auprès de lui sa femme et ses enfants,..... il cherchait toujours. Oh! que n'étiez-vous là, Raphaël, Michel-Ange, Albert Durer, Jean Cousin, Primatice, Rosso, vous tous ses contemporains, pour conserver cette belle tête aux traits souffrants, pleine d'une dignité calme, s'efforçant encore de sourire à ses amis, mais dont le regard profond et plein de vivacité indiquait que le feu du génie n'avait rien perdu de son ardeur dans cette âme supérieure !

Dieu avait fixé l'heure du triomphe. Après seize longues années de luttes et d'angoisses il put, comme Archimède, s'écrier : εὕρηκα (j'ai trouvé). La terre sortit émaillée des habiles mains du maître, la prospérité et le bien-être revinrent avec les succès. Palissy fut le créateur de la faïence française. Pour nous, sa plus grande gloire est de n'avoir pas caché les secrets de la nature que ses seize années de recherches lui avaient fait découvrir; il établit à Paris des cercles publics où il convoqua la jeunesse, et publia plusieurs ouvrages trop connus pour que nous nous en occupions ici. Il illustra donc la France comme artiste et comme professeur.

Palissy nous appartient par ses travaux de peinture sur verre. On lui doit principalement une suite admirable de vitraux de moyenne grandeur, qui décoraient la salle d'armes du château d'Écouen, il y avait peint les amours et les malheurs de Psyché d'après les cartons de Raphaël. Ces vitraux furent, à l'époque de la révolution, déposés par M. A. Lenoir au musée des Petits-Augustins, puis, à la Restauration, rendus à la famille de Montmorency, qui en possède encore une partie.

« Ces vitraux, dit M. Alex. Lenoir (1), sont d'une composition agréable, savante, et portent un grand style dans le dessin; mais l'exécution n'en a pas été extrêmement soignée, les couleurs à la cuisson se sont trop étendues, ce qui donne de la rondeur au dessin et le dénue de ses finesses. Ils avaient souffert des mutilations et des dégradations. Voici un fait : Un vitrier d'Écouen, voulant les nettoyer, les frotta avec du grés en poudre, enleva par ce moyen toutes les demi-teintes, et laissa de grandes parties de verre à nu. Cette peinture, seulement fixée sur le verre et non y incorporée, n'a pu résister à ce genre de frottement. Il en est de même des tableaux précieux qui tombent dans les mains de restaurateurs ignorants.

» Les vitraux de la chapelle d'Écouen, que j'ai également recueillis, sont beaucoup plus soignés et mieux conservés. Deux panneaux en forment la collection. Ils ont été exécutés d'après le Primatice, et représentent la Nativité de Jésus-Christ et sa circoncision. Les compositions en sont belles, riches, et les airs de tête fort gracieux. Ils sont postérieurs de quelques années à ceux ci-dessus cités. »

Quelques vitraux du même maître, provenant également du château d'Ecouen, se voient au

(1) *Voir* son ouvrage déjà cité.

musée de Cluny. Ses autres travaux ont disparu dans les tourmentes révolutionnaires.

Bernard Palissy eut le malheur de se jeter dans la Réforme et mourut en prison. Voici comment Langlois termine sa notice biographique (1) : « Malgré son âge extrêmement avancé et les éminents services dont les arts lui étaient redevables, Palissy ne put trouver grâce aux yeux des ligueurs, qui le firent arrêter et enfermer à la Bastille, à cause de ses opinions religieuses. Henri III alla le visiter dans sa prison et lui dit : *Mon bon homme, si vous ne vous accommodez sur le fait de la religion, je serai contraint de vous laisser entre les mains de mes ennemis. — Sire, répondit ce généreux vieillard, ceux qui vous contraignent ne pourront jamais rien sur moi, parce que je sais mourir.* »

Palissy, né dans les environs d'Agen au commencement du xvie siècle, termina en prison, vers 1589, à l'âge de 80 ans, une vie qu'il avait honorée par de grands talents et de rares vertus.

Après les grands maîtres que leur talent éleva si haut, et dont nous avons brièvement raconté la vie, vient la cohorte des artistes laborieux et intelligents, qui, dans une sphère plus modeste, soutinrent encore l'honneur du pays. L'inscription de leurs noms sur des comptes de fabrique en a sauvé un certain nombre de l'oubli.

M. Deville, savant archéologue, a retrouvé, dans les comptes manuscrits de la cathédrale de Rouen, commençant en 1384 et allant jusqu'au commencement du xvie siècle, les noms des artistes qui suivent (2) : OLIVIER TARDIF, de 1540 à 1554; NOEL TARDIF, probablement fils du précédent, de 1562 à 1569; MAHIET (MATHIEU) EVRARD, de 1574 à 1605. Cet artiste travailla également pour l'église de Saint-Maclou de la même ville.

Langlois nous indique, de son côté, comme ayant travaillé à l'église de Saint-Maclou : GABRIEL HAVÈNE, en 1521; MICHEL BESOCHE, en 1535; PIERRE ANQUETIL, en 1541; SOYER REPEL, en 1565, qui remania toutes les vitres autour du chœur et celles de la chapelle de la Vierge; MICHEL EVRARD, en 1578; GUILLAUME LEVIEIL, en 1584 (Pierre Levieil, dans son ouvrage sur l'*Art de la peinture sur verre*, parle de ses ancêtres comme verriers à Rouen, mais il n'était pas remonté plus haut que 1640 pour établir leur filiation; il n'avait pas eu connaissance de ce Guillaume Levieil); JEAN BESOCHE,

(1) *O. d. c.*, p. 209.

(2) Le même écrivain a extrait des comptes du château de Tancarville, en Normandie, quelques renseignements intéressants sur les peintres verriers normands; il les a insérés dans son *Histoire du château de Tancarville* (Rouen, in-4°, 1834); nous les transcrivons ici :

1518. « A JEHAN TRUPECHAULT la somme de dix livres tournois, pour avoir refaict la grant verrière de la chapelle du chasteau de Tancarville, par marché faict par Jean Castel, escuier viconte dud. lieu. »

1524. « A THOMAS MALATUR, pour avoir réparé les verrières de lad. chapelle du chasteau et des chambres dud. lieu, par marché à luy faict, la somme de six livres tournois. » Ce maître verrier, sept ans après, recevait la même somme pour le même travail.

1531. « A THOMAS MALATUR, verrier, demeurant à Bolbec, la somme de six livres tournois, pour sa paine et sallaire devoir reparré en plusieurs endroits les verrières du chasteau de Tancarville, et mis le verre et plon à ce nécessaire, le tout par marché à luy faict par les officiers jouxte la quictance dud. Malartur, en dabte du dixseptiesme jour de juing mil cinq cents trente et un, et pour ce ley la somme de. . . . . VI l. »

Aux noms de ces peintres verriers, il faut ajouter ceux de JEHAN LE NORMAND, de GUILLAUME DE LA NOE et de PIERRE DE VAILLY, employés, comme les précédents, au château de Tancarville, le premier en 1440, le second en 1492, le troisième en 1505.

en 1595. Pour l'église de Saint-Ouen : GEOFFROY MASSON et ARNOULT DE LA POINTE, en 1508; CARDIN JOYSE, en 1512.

JEAN BARBE, de Rouen, et ANTOINE CHENESSON, d'Orléans, furent employés, de 1502 à 1508, au château de Gaillon, par le cardinal Georges d'Amboise Ier.

GUILLAUME COMMONASSE et GERMAIN MICHEL peignirent pour la cathédrale d'Auxerre ; le premier, en 1575, rétablit à neuf la verrière du côté de la cité et reçut 30 livres pour ce travail; le second exécuta pour le portail neuf les nouvelles vitres qu'il posa en 1528.

CLAUDE et ISRAEL HENRIET, père et fils, sont mis, par Félibien et Florent le Comte, au rang des bons peintres sur verre. On doit attribuer à Claude une partie des belles vitres de la cathédrale de Châlons (Champagne) et quelques-unes des croisées de la nef supérieure de Saint-Étienne du Mont. « Claude, dit Pierre Levieil (1), a dû travailler dans cette église en concurrence avec les meilleurs peintres de son temps. On y remarque plusieurs verrières qui pourraient avoir été faites d'après les dessins d'Angrand ou Enguerrand le Prince, de Beauvais, telles que la Nativité de la sainte Vierge, l'histoire de saint Étienne et celle de saint Claude; mais la Descente du Saint-Esprit sur les apôtres, qui est de la plus grande beauté, n'est pas d'après le même peintre et pourrait bien être de Claude Henriet, ainsi que celle qui, derrière la chaire admirable de cette église, représente Jésus, docteur de la loi, enseignant dans le temple, dont les touches larges et faciles et la beauté des têtes annoncent un grand maître. »

LEQUIER (JEAN), non moins recommandable par les hautes qualités de son cœur et de son esprit que par son talent, alla en Italie former son goût et revint enrichir sa ville natale d'une foule de beaux vitraux qui, malheureusement, ont disparu en grande partie pendant la révolution. La chapelle de Sainte-Barbe ou des Tullier, construite en 1531, dans la cathédrale de Bourges, fut ornée de verrières dues à cet artiste ; et c'est là, dit l'abbé Romelot (*Histoire de la cathédrale de Bourges*), son principal mérite. On y remarque le portrait du fondateur, Pierre Tullier, ceux de son père, de sa mère et de plusieurs autres personnages de la même famille, dont les noms se lisent sur ces verrières. « C'était, ajoute le même écrivain, une satisfaction pour la vanité des donateurs, d'espérer que leur ressemblance leur survivrait sur une substance, fragile à la vérité, mais moins que la vie humaine. » Jean Lequier mourut à Bourges, en 1776, et fut inhumé dans la cathédrale.

Nous ne ferons que nommer : — BOUCH (VALENTIN), qui, par son testament daté de 1541, légua à la cathédrale de Metz tous ses *grands patrons, desquels il a fait les varrières de la dite église, pour s'en servir et aider, à l'avenir, à la réparation d'icelles varrières, toutes et quantes fois nécessité sera;* — Maître CLAUDE et frère GUILLAUME, de Marseille, dont nous parlerons plus loin; — JEAN DE CONNET, dont l'haleine punaise, nous apprend Bernard Palissy, gâtait les travaux; — ARNOULD DESMOLES,

_____

(1) *O. d. c.*, p. 50.

qui embellit de ses travaux la cathédrale d'Auch ; une inscription en patois gascon indique que ces verrières furent achevées en 1509 ; — Monnier père et fils, qui travaillaient à Blois ; — dom Moxoni, prieur de l'abbaye de Cerfroy, ordre de Saint-Bernard, près de Soissons ; il peignit, en 1529, les belles vitres du réfectoire de ce monastère. Cette infraction aux règlements prouve que les moines de Cîteaux commençaient à se relâcher de la sévérité rigoureuse des premiers temps.

M. l'abbé Texier nous fournit, dans son *Histoire de la peinture sur verre* (1), la liste suivante :  Robert et Jehan Courtois, dont les œuvres ornent les églises du Limousin. — Jehan Pénicault et Pierre Réchambault, dont les noms se trouvent consignés dans des comptes dont nous avons déjà parlé. — F. François, qui exécuta pour l'église de la Baronnie de la Borne, près d'Aubusson, une triple verrière représentant l'arbre de Jessé et portant, avec le millésime 1523, sa signature en toutes lettres, la seule que l'on ait constatée sur les nombreux vitraux de cette contrée. — François Delalande, qui peut-être n'était que vitrier, car le registre de l'église de la Ferté-Bernard (2), près du Mans, porte que la vitre où se voit la colonne symbolique surmontée du Père éternel, *a été exécutée, en 1552, sur les moules et mesures fournies par le sieur François Delalande, vitrier.* Cependant, un peu plus loin, le même registre, pour la même année, porte *qu'il fut alloué la somme de 36 livres tournois au sieur Delalande, vitrier, pour une vitre par lui faite, représentant la vie de monseigneur Saint-Julien, et une somme de 40 livres pour une autre vitre de la même chapelle.* — Pierre Raymond, dont le nom se lit, en 1555, dans les comptes de la confrérie du Saint-Sacrement de l'église de Saint-Pierre du Queyroix, à Limoges.

« Quoique nous n'ayons trouvé au bas des nombreuses verrières citées par nous, écrit M. l'abbé Texier (3), qu'un seul nom, celui de F. François, on se tromperait cependant si on pensait qu'elles sont dues à une école étrangère au Limousin. Pour les siècles antérieurs au xvi⁰, l'immense dépense de verres colorés faite dans l'exécution des émaux, atteste suffisamment leur emploi dans la vitrerie en couleur de cette province. Loin d'être étranger à ce pays, l'art magnifique des verriers semblerait y avoir pris naissance. »

Nous terminerons par l'indication d'un artiste étranger, qui vint en France exécuter quelques-uns des charmants et renommés vitraux de l'église de Sainte-Foy, à Conches (Normandie) ; son nom a été dernièrement retrouvé. Laissons parler M. Ch. Lenormant (*Journal de Rouen,* 16 février 1855) : « Le calque des vitraux de Conches, exécuté avec un soin scrupuleux par deux artistes de la localité, les frères Laumonier, dévoués à la gloire de leur pays, a fait découvrir une signature dont personne, jusqu'ici, ne s'était aperçu, à cause des ornements du maître-autel qui cachent le bas des fenêtres du milieu dans le chœur. Comme les sept verrières de cette partie de l'église sont de la même main et renferment une même suite de sujets : dans le haut, la passion de Notre-Seigneur ; dans le bas, la légende de sainte Foy, patronne de l'antique collégiale, on ne peut douter que l'artiste dont la signature vient d'être recueillie ne soit l'auteur des quarante-deux tableaux dont se compose cette vaste

(1) *O. d. c.,* p. 86.
(2) La description des verrières de cette église se trouve dans le *Bulletin monumental,* t. V, p. 306.
(3) *O. d. c.,* p. 68.

composition, et son nom est d'autant plus curieux à connaître que, de tout temps, l'histoire de sainte Foy a joui d'une grande réputation.

» Dans le dernier siècle, où le goût de la peinture sur verre s'était presque complétement effacé, Levieil, auteur du *Traité* qui fait partie de la collection des *Descriptions d'arts et métiers* publiées par l'Académie des sciences, s'étend avec éloges sur le mérite des verrières du chœur de Conches, et notamment sur la recherche et la finesse des détails qu'on y remarque. La découverte est donc fort intéressante, mais elle ne doit pas profiter à notre école. On lit en effet, en belles lettres latines, sur le bord inférieur du manteau de saint Louis, roi de France, au bas de la verrière du centre : ALDEGREVERS HOS. ANNO. DOMINI. XX, ce qui indique qu'un artiste du nom d'ALDEGREVERS est l'auteur, sinon des vitraux de Conches, au moins des cartons d'après lesquels ces vitraux furent exécutés, et que le peintre fit ce travail en 1520.

» Il nous semble impossible de ne pas reconnaître ici Albert ou plutôt Henri Aldegrevers, peintre et graveur allemand, né à Soest, en Westphalie, et qui vint de bonne heure à Nuremberg pour y suivre les leçons d'Albert Dürer. Aldegrevers est considéré comme le premier de ceux qu'on appelle les *petits maîtres* (1), à cause de leur goût pour traiter les sujets de petite dimension. Dans les planches plus considérables on lui reproche d'avoir imité trop servilement son maître, sur lequel il l'emporte néanmoins par la correction du dessin. Aussi conserve-t-on précieusement en Allemagne plusieurs tableaux, ouvrages de sa jeunesse, et dont quelques-uns peut-être ont été exécutés avant qu'il vint à Nuremberg.

» Le plus intéressant à comparer avec nos vitraux serait le *Christ en croix*, de la galerie de Munich, ouvrage dans lequel M. de Nagler, auteur d'un *Dictionnaire des artistes* fort estimé (2), remarque une tendance à se rapprocher des maîtres italiens. Les vitraux de Conches sont aussi d'un goût allemand moins prononcé que la plupart des planches d'Aldegrevers, et, d'ailleurs, on est loin d'avoir eu jusqu'ici de cet artiste un ensemble de composition aussi riche et aussi intéressant. Quand il l'exécuta, il était dans sa première jeunesse, car nous savons, grâce au témoignage de l'inscription qui accompagne son portrait gravé par lui-même, qu'il était né en 1502; la plus ancienne de ses estampes datées est de 1522, et l'on a vu que les peintures de Conches étaient de 1520. Aussi, tout en admirant la précocité de l'artiste, s'étonne-t-on moins de le voir, dans ses premiers travaux, tout à fait dégagé de l'influence d'Abert Dürer. Il semble que les plus habiles verriers de la Normandie, en décorant à l'envi les chapelles latérales de l'église de Conches, aient voulu rivaliser avec le jeune maître allemand qui leur avait ouvert, en quelque sorte, les voies de la grande peinture historique.

» On ne mentionne pas d'autre artiste du nom d'Aldegrevers que celui dont nous avons parlé jusqu'ici. La supposition d'un père ou d'un frère aîné d'Henri ne paraît donc pas admissible. Les historiens de l'art en Allemagne conviennent qu'ils n'ont pu jusqu'ici rien découvrir sur les premières années d'Aldegrevers, et ils s'accordent seulement à dire qu'il abandonna le pinceau pour le burin. On doit donc penser que la découverte dont nous parlons n'excitera pas moins d'intérêt en

(1) On peut consulter, à ce sujet, le *Peintre-graveur* d'Adam Bartsch, 18 vol. in-8°, Vienne, 1821.
(2) 22 vol. in-8°, München, 1855.

Allemagne que dans notre pays. J'ai lieu de croire qu'elle surprendra même l'habile historien de la peinture sur verre en France, M. Ferdinand de Lasteyrie. Je me rappelle avec plaisir la visite que nous avons faite ensemble à l'église de Conches, avant qu'il renonçât à faire partie de la commission des monuments historiques, et il me semble qu'à cette époque il n'était pas mieux renseigné que moi sur le nom d'Aldegrevers. »

Nous compléterons, à la fin du chapitre, les détails qui précèdent en parlant des vitraux encore existants.

XIV

Belgique. — La peinture sur verre va nous indiquer la révolution qui vient de s'opérer dans ce royaume définitivement constitué par la puissante maison de Bourgogne. Depuis le jour où l'Italie était venue chercher dans les Flandres le secret de la peinture à l'huile, et il y avait de cela un siècle, les choses avaient bien changé. C'était maintenant la Belgique, comme la France et l'Allemagne, qui demandait à l'Italie de lui faire connaître les merveilleuses richesses de l'antiquité. Les peintres, jeunes et vieux, coururent s'inspirer des chefs-d'œuvre du passé ; le riant climat du Midi leur montra de nouveaux aspects, et la vieille école flamande se modifia profondément ; le rapprochement des vitraux des églises de Tournai et de Bruxelles en donnera la mesure.

Les peintres flamands s'étaient formés d'eux-mêmes d'après les modèles que la nature avait placés sous leurs yeux. Le ciel gris pesait de ses teintes plombées aussi bien dans les paysages que sur l'horizon, les types manquaient souvent de distinction, sauf toutefois les types religieux ; la raideur du style gothique se faisait encore sentir dans les poses et les draperies ; la nature était copiée sans choix, souvent les tons sombres manquaient de transparence, et de plus l'ensemble se perdait sous des détails d'une finesse extrême.

L'étude de l'antique, sous le ciel brillant de l'Italie, apprit à choisir les modèles, fit aimer les belles formes, les nobles expressions, les types distingués. Elle développa la science du modelé et des draperies ; elle fit comprendre l'habile contraste du nu avec le drapé, les grandes ombres, les effets de lumière, la transparence des clairs-obscurs, les lointains vaporeux et la perspective aérienne. À l'habileté du dessin de l'école florentine ou romaine, se joignit bientôt le brillant coloris de l'école vénitienne.

Mais, comme nous l'avons déjà dit, l'enthousiasme pour les formes et le coloris, l'imitation poussée à ses dernières limites, mais trop servile de la nature, tua l'inspiration religieuse et forma l'école matérialiste ou panthéiste dont Rubens est la plus haute expression, le dernier mot.

Cependant, ce ne sont pas les compositions religieuses qui font défaut. En quel siècle y en a-t-il plus qu'au XVIe ? Mais les peintres, hélas ! ne possèdent plus cet esprit de piété qui inspira les chefs-d'œuvre de leurs aïeux. La vanité des grands veut en outre profiter de cette renaissance qui reproduit si habilement les personnages, et elle contribue encore à jeter les artistes en plein paganisme, dans l'étude seule du corps humain, dans l'adoration de la matière. Cette marche est surtout sensible en Belgique, pour la peinture sur verre. Nous ne voyons presque plus de scènes religieuses, mais de splendides verrières, ruisselantes de perles et de saphirs, ornées de guirlandes des plus fraîches fleurs, entièrement consacrées aux riches donateurs dont elles portent au front les armoiries; le lecteur en jugera bientôt.

Mais quel rapide élan les ducs de Bourgogne donnent aux beaux-arts. Charles le Téméraire n'appelle pas moins de cent peintres à Bruges pour les décors de ses noces. « C'est surtout au temps de Charles-Quint et sous l'administration de Marguerite d'Autriche, dit M. A. Henne (1), que les écoles flamandes d'architecture, de sculpture et de peinture, inspirées par le goût de l'antiquité, prirent un essor inattendu. » Les architectes, les sculpteurs, les verriers, les peintres encouragés par l'autorité publique, créèrent alors d'innombrables chefs-d'œuvre; monuments nouveaux, églises et chapelles, hôtels de ville, fontaines, palais, habitations splendides, tout s'éleva à la fois comme par enchantement.

Les particuliers, comme les communes, comme le clergé, furent entraînés par l'action du gouvernement; les d'Egmont, les de Taxis, les de Lalaing, les Culembourg, les de Boussu, les de Lannoy, achetaient ou élevaient des hôtels où ils étalèrent un luxe que la politique jalouse de leur maître les forçait à déployer. Quelle brillante pléiade d'artistes vient répondre dignement à d'aussi grands efforts.— Crespin Van den Broecke, d'Anvers; — Pierre Coeck, d'Alost, le Vitruve flamand, peintre et architecte de Charles-Quint; — Bernard Van Orley et Michel Coxie son élève; — Jean de Maubeuge; — Frans-Floris, cet ivrogne si excentriquement habile; — Martin de Vos; — Charles d'Ypres; — les Horenbout; — les Roger Van der Weyden; — les Lievin de Witte et tant d'autres non moins illustres, mais qu'il ne nous appartient pas de nommer ici.

La peinture sur verre ne le cède pas aux autres branches des beaux-arts. « A aucune époque, ajoute encore M. A. Henne (2), on n'exécuta plus de vitraux que sous l'administration de Marguerite, qui encourageait spécialement cette branche de l'art. A chaque page des comptes de son hôtel, on trouve des subsides accordés pour établir des verrières : dans le chœur de l'église de Sainte-Gudule et dans l'église des Frères Mineurs à Bruxelles; dans la chapelle des Chartreux à Scheut; dans l'église du monastère de Rouge-Cloître à Auderghem; dans l'église d'Alsembergh; dans la cure de Braine; dans l'église de Sainte-Élisabeth, à Grave; dans l'église paroissiale de Zutphen; dans l'église des frères prêcheurs de Douai, etc. (3). En cela encore, Marguerite trouva maint imitateur dans la noblesse, dans le clergé et dans la riche bourgeoisie. »

Quelques années après, Jean Haecht, d'Anvers, d'après les dessins de Michel Coxie et Bernard Van Orley, orna la nouvelle chapelle du Sacrement des Miracles de cinq vitraux, qui furent offerts par Charles-Quint et les souverains alliés à la maison impériale (4).

(1) *Revue universelle des arts.* Paris et Bruxelles; avril, 1855, p. 19.
Quelques-uns des détails qui suivent sont empruntés aux intéressants articles de M. Henne sur *les Arts en Belgique sous Charles-Quint.*
(2) *Ibid.*, p. 25.
(3) Comptes de 1512 à 1527.
(4) *Histoire de Bruxelles*, III, p. 265.

Charles-Quint et Marie de Hongrie firent encore exécuter en 1538, par Bernard Van Orley, les deux magnifiques vitraux des transepts (1).

La famille impériale, de grands personnages de leur cour et le magistrat de Bruxelles donnèrent à la chapelle de Notre-Dame de Scheut, treize vitraux représentant la Passion, et quarante-trois vitraux au cloître qui, dit-on, n'avait pas son pareil en Belgique (2).

Pierre Coeck, d'Alost, orna de plusieurs vitraux la cathédrale d'Anvers (3).

En 1526, les membres du grand conseil firent placer des vitraux représentant la famille impériale, dans l'église de Saint-Rombaut, à Malines (4), dont le frontispice sous la tour venait d'être orné (1522) d'un vitrail, exécuté en 1473, aux frais du métier des drapiers, par GAUTIER VAN BAT-TELE (5).

Van Orley y peignit un vitrail représentant les portraits en pied de Marguerite et de Philibert II de Savoie. En 1546, l'Empereur accorda aux marguilliers de la même église un subside de cent cinquante florins *pour reffaire anciennes verrières,* et vers le même temps, il donna des vitraux à l'église de Saint-Jean (1545) et à l'église des Carmes (1546) de la ville de Malines (6). En 1547, l'église de Saint-Pierre reçut de Granvelle un fort beau vitrail (7).

Tel fut le mouvement de la peinture sur verre en Belgique, que, si nous voulions donner la liste complète des peintres verriers de ce royaume, nous serions obligé de citer presque tous les artistes, car, au XVIᵉ siècle, il n'était guère de peintre qui ne connût la peinture sur verre et ne se livrât plus ou moins à ce genre. Nous ne nous occuperons donc que de ceux qui s'y sont spécialement consacrés. Il existe malheureusement parmi ceux-ci de grandes lacunes qu'il ne nous a pas été donné de pouvoir combler ; ainsi nous ignorons quels artistes ont peint les vitraux d'Hoogstraeten, de Mons et de Liége.

Grâce à MM. Henne et Wauters (8), nous connaissons les noms de quelques peintres qui ont travaillé pour la collégiale de Bruxelles.

JACQUES DE VRIENDT ou FLORIS, natif d'Anvers, peignit, en 1528, le beau vitrail du Jugement dernier qui se trouve au-dessus du grand portail de la collégiale bruxelloise, et fut donné à l'église par l'évêque de Liége, Erard de la Marck.

BERNARD VAN ORLEY ou plutôt D'ORLEY, de Bruxelles, peintre dont la manière était tout italienne ; MICHEL VAN COXIE, de Malines (9), et JEAN HAECHT, d'Anvers, ont peint les verrières de la cha-

---

(1) *Histoire de Bruxelles,* III, p. 270.
(2) *Ibid.,* III, p. 270.
(3) DE REIFFENBERG, *Pièces relatives à la construction de la cathédrale d'Anvers. Bulletin de l'Académie,* XII, première partie, p. 50.
(4) AZEVEDO.
(5) *Ibid.* Ce vitrail avait d'abord été placé au-dessus d'une porte latérale.
(6) *Voir* les comptes qui suivent.
(7) AZEVEDO.
(8) Voir leur *Histoire de la ville de Bruxelles.*
(9) C'est de cet artiste, élève de Van Orley, que M. Fortoul, dans son *Histoire de l'art en Allemagne,*

pelle du Saint-Sacrement des miracles dans la même église. Les détails de ces peintures se trouveront dans la seconde partie de notre ouvrage.

M. Alex. Lenoir attribue à Bernard Van Orley quelques-uns des vitraux qui ornaient, à Paris, la maison dite des Célestins. Voici ce qu'il en dit : « ..... Puis après viennent les vitraux de la chapelle d'Orléans : toute cette famille y est représentée en pied. On y voit aussi François Ier, Henri II, Charles IX, etc. L'exécution en est attribuée à Bernard Van Orley, né à Bruxelles....... Ces vitraux offrent des difficultés vaincues bien singulièrement. Dans un ornement où l'artiste avait besoin d'une draperie bleue semée de fleurs de lis, il s'est servi d'un verre, non pas bleu dans sa pâte, mais seulement bleu sur les deux faces ; puis il a fait creuser dans son verre des fleurs de lis qu'il a peintes en jaune et, après cette opération, il a ombré le tout comme il convenait. » Le lecteur, qui déjà est familiarisé avec le mécanisme des verres doublés, ne partagera pas l'étonnement de M. Alex. Lenoir, qui probablement se trompe quand il avance que le verre était doublé en bleu sur les deux faces ; car il ne nous dit pas que le verre fût creusé des deux côtés, condition indispensable dans le cas où le verre incolore est recouvert d'une double lame bleue.

DANIEL (LOUIS), de Gand, peignit en 1521 et 1522, pour l'église de Saint-Bavon à Gand, des vitres qui n'existent plus aujourd'hui, mais dont le détail a été donné dans le *Messager des sciences* (1), par M. le baron Jules de Saint-Genois. Daniel avait aussi travaillé pour l'église de Saint-Sauveur et la chapelle de Jérusalem, à Gand, dans les églises de Papingloo, de Mendonck, d'Ackergem et de Wondelghem, ainsi que dans les maisons de plusieurs particuliers.

M. Alexandre Henne, dans la *Revue universelle des arts* (2), cite plusieurs noms de peintres verriers : DIERICK, JACOB FELAERT, CORNEILLE VAN DAELE, JOSSE VEREGHEN, d'Anvers (3), JEAN DOX (4), PELGRIM ROESEN (5), JEAN ASSAYS, JEAN OFFENIES, CORNEILLE TAMBURCH (6), le fameux anabaptiste DAVID JORISZ, de Gand (7), et AERT VAN OORT, de Nimègue, habitant d'Anvers et qui, suivant Guicciardin (8), inventa l'art de cuire et de colorer le verre cristallin.

M. Henne nous donne ensuite, comme pièces justificatives, les extraits suivants puisés aux archives des églises et du royaume.

« Compte de 1526 : Marguerite donne aux religieux du couvent de Notre-Dame de Grâce, lez la ville de Bruxelles, XC livres de XL gros, par lettres patentes du XXe août XVcXXVI, pour avoir et acheté une grande verrière pour leur nouvelle église.

---

t. II, p. 184, Brux. 1844, a écrit le jugement suivant : « Il pénétra si avant dans le sentiment et dans les secrets de l'école romaine, qu'une sainte Barbe, touchée par ce pinceau flamand et conservée à la Pinacothèque de Munich, pourrait à la rigueur être prise pour un Raphaël. »

(1) Année 1836. t. IV. p. 528.
(2) No 1, avril 1855, p. 26.
(3) GUICCIARDIN. *Antverpia.*
(4) *Hist. de Bruxelles*, III, p. 263.
(5) *Ibid.*, III, p. 264.
(6) Voir, pour ces trois derniers artistes, les comptes qui suivent.
(7) MORERI. D'autres le font naître à Delft.
(8) *Antverpia.*

» Compte de 1527 : A Jehan Ofreins, verrier, résidant à Bruxelles, la somme de soixante livres du prix de XL. gros, à quoy mad. dame a faict convenir et appointer avec lui pour une belle et riche verrière qu'il a faicte et posée au meur de lesglise du couvent et monastère de Rouge-Cloistre, au bois de Soigne, lez Bruxelles, ystoriée du crucifiement de Notre-Sgr et armoyée des armes de mad. dame.

» Compte de 1542 : Cent livres payés aux marglissiers de l'église de Notre-Dame de Halsemberghe, que mesdits seigneur (Maximilien et Charles), par leurs lettres patentes du pénultième jour de juin XVe douze leur ont donné pour une fois pour emploier à la façon d'une verrière.

» Au curé de Braynne, la somme de quatre carolus d'or de XX^s, pièce auquel mad. dame en a faict don pour iceulx convertir et emploier a lachat dune belle verrière armoyée de ses armes, que led. curé posera en sa maison.

» Compte de 1521 : A Corneille Tamburch, verrier, résidant à Bruxelles, la somme de LX plus d'or de XL. gros monnoie de Flandre, pour semblable somme que madite dame, par ses lettres patentes du XIIIJ^e jour de septembre XV^cXXJ, a ordonné prendre et avoir delle en satisfaction et payement d'une verrière quelle lui a fait faire et mettre en l'église Sainte-Élisabeth en la ville de Grave.

» Compte de 1527 : A ung verrier, la somme de vingt livres du prix de XL gros monnoie de Flandre, pour son paiement d'une belle et riche verrière armoyée des armes de mad. dame, mise et posée au meur de léglise paroissiale du village de Zutphen.

» Compte de 1524 : Aux maistres de la fabrique de léglise de Saincte-Goulle, en la ville de Bruxelles, la somme de cent livres du prix de XL gros monnoie de Flandre la livre, de laquelle somme ma dite dame, par ses lettres patentes du VIIIme jour de septembre XVCXXIII, leur a faict don de grace espécial pour une fois pour en faire une verrière armoyée de ses armes, et icelle mectre et asseoir au meur de lad. église, pour décorement dicelle et en commémoration de mad. dame.

» Compte de 1521 : A maître Jean *Assays*, verrier demeurant à Bruxelles, la somme de XL livres de XL gros monnoie de Flandre, qui due lui était pour une belle grande verrière en laquelle est figurée la remontrance de Notre-Seigneur quand il fut mis au Saint-Sépulcre, et laquelle madite dame a fait faire et asseoir en l'église des Frères mineurs, en la ville de Bruxelles, aux quels elle en a fait don.

» Compte de 1525 : Aux prieur et religieux du couvent des Frères prescheurs de la ville de Douai, la somme de douze livres dudit prix de XL gros, auxquels madite dame en a fait don pour Dieu et en aumosne pour les ayder à reffaire les verrières de leur église.

» Divers dons pour verrières : Bruxelles. Don de IIJ^cLX livres, pour construire une verrière en la chapelle du Sainct-Sacrement miraculeux. 17 février 1556. Compte de 1556.

» Don de cent cinquante florins pour reff^e aucunes verrières a Saint-Rombaut. Compte de 1541.

» 1545 : Don de cent livres pour une verrière en l'église Saint-Jean a Malines. Compte de 1545.

» 1546 : Don de cent florins aux Carmes de Malines pour une verrière. Compte de 1546. »

Dans les pièces justificatives du second article du numéro suivant de la même Revue, nous trouvons :

« Compte de 1527 : A PAUL TUBACH, archer de corps de madame, la somme de douze livres du pris de XL gr. monnoie de Flandre, dont mad. dame luy a fait don pour certaing ouvrage de paincture qu'il lui a fait.

» A PAUL TUBACH, painctre, la somme de trois livres de XL gr. monnoie de Flandre, laquelle somme mad. dame luy a ordonné prendre et avoir delle pour plusieurs blasons qu'il a fais pour verrières au cloistre de mad. dame des Sept-Douleurs, lez la porte des Aisnes, à Bruges. »

Pierre Levieil cite, d'après Descamps, les artistes suivants : — MARC WILLEMS, né à Malines vers 1527, compositeur habile et fécond, qui travailla spécialement pour les peintres sur verre et les tapissiers; — MARC GUÉRARDS, de Bruges, appelé l'*enlumineur*, parce qu'il mettait en couleur les cartons destinés aux verrières; LUCAS, de Héere, élève favori de Frans-Floris, qui fut, comme Otto-Venius, peintre, historien et poëte; il séjourna quelque temps en France et mourut à Bruges, en 1584, à l'âge de 50 ans. — CHARLES D'YPRES débuta dans la peinture sur verre, et la quitta, après un voyage en Italie, pour peindre à fresque et à l'huile; cet artiste fournit alors aux peintres verriers, ses premiers maitres, une grande quantité de cartons, et mourut de mort violente en 1564. — JEAN et JACQUES DE GHEYN, père et fils : le premier, né à Anvers vers 1530, fut bon peintre sur verre et graveur; il ne commença à peindre ses compositions à l'huile sur toile que vers la fin de sa vie; la mort vint le surprendre en 1582. Jacques, son fils, n'avait alors que 17 ans, mais déjà son talent était reconnu et il fut chargé d'achever les travaux de son père. Jacques Gheyn s'était adonné à la gravure, dans laquelle il excellait, et il avait formé de bons élèves; s'en étant fatigué, il étudia seul la peinture à l'huile et s'y distingua. Il ne cessa toutefois pas entièrement les travaux de peinture sur verre.

M. le baron Xavier Van den Steen, de Jehay, dans son *Essai historique sur l'ancienne cathédrale de Saint-Lambert à Liége*, fait connaître quelques noms de peintres verriers. JEAN DE COLOGNE, JEAN NIVAR, NICOLAS PIRONNET et GUILLAUME FLEMAEL. « Au-dessus du portail et dans la partie supérieure du transept (de l'ancienne cathédrale de Saint-Lambert à Liége) dit cet auteur, p. 81, était un grand vitrail ayant la forme d'une rose épanouie; c'était un présent qu'avait fait, au XIIIe siècle, le tréfoncier Gérard de Luxembourg, seigneur de Bierset (1). Ce grand vitrail comportait plusieurs compartiments dans lesquels dominaient des trèfles, des quintefeuilles et des rosaces; ce ne fut qu'au XVIe siècle, que *Jean de Cologne* peignit sur les vitraux de cette rose quelques scènes de l'Ecriture sainte, mais qui étaient assez détériorées au siècle dernier. »

Le même auteur écrit p. 59, que Guillaume Flemael peignit à la fin du XVIe siècle le beau vitrail qui se trouvait dans la cinquième et dernière chapelle de la nef, et il ajoute, p. 99, à propos d'un autre artiste : « La chapelle du bas côté droit (du transept), dédiée à Sainte-Croix, était digne de remarque par une magnifique verrière représentant l'Adoration des Mages. Cet ouvrage terminé en 1520, était attribué à *Thiry de Leumont* (2). C'était un présent fait par le grand chancelier *Gérard de Militis*, de la famille de Marotte.... » Le sujet de cette verrière fut gravé par *Wierix* en 1600,

(1) Voir les *Annales généalogiques et héraldiques de la maison de Luxembourg Montmorency*, t. I.
(2) M. le baron Van den Steen n'est pas d'accord avec la *Biographie liégeoise du comte Bec-de-Lièvre Hamal*, qui fait vivre cet artiste vers le milieu du XVe siècle ; peut-être s'agit-il du père et du fils.

et de nouveau, en 1604, par *Jean Valdor*, qui dédia cette gravure à *Jean de Curtius de Sou-magne.*

» Enfin, s'écrie M. Van den Steen, p. 176, quel beau coup d'œil offrait le chœur de la cathé-drale de Saint-Lambert, où se dessinaient ces magnifiques verrières, chefs-d'œuvre des *Nicolas Pironnet*, des *Guillaume Flemael*, des *Jean Nivard*, des *Jean de West*, des *Thiry de Leumont*, presque tous enfants de Liége et élèves des frères Van Eyck » (1).

M. Léopold de Villers (2) a découvert dernièrement, dans les archives communales de Mons, le nom de toute une famille de peintres verriers de cette ville, les *Claix* (*Claude*) et *Anthoine* Eve. Ce jeune et laborieux écrivain a bien voulu nous communiquer des détails pleins d'intérêt sur ces artistes, auxquels on doit quelques-unes des belles verrières de l'église de Sainte-Waudru à Mons ; nous les donnerons dans la seconde partie avec tout ce qui concerne cette basilique.

On trouve encore le nom d'un peintre verrier dans les comptes relatifs à la *Joyeuse entrée du prince d'Espagne à Lille et jeux de personnages en* 1549 ; comptes retrouvés dans les archives de la ville de Lille par M. le baron de Lafons de Melicocq , et insérés dans les *Annales archéologiques*, A. 1855, p. 209 :

A David Coullenois, vorier, vous avez aussi alloué III *l.,* « *pour avoir faict la représentacion d'une fille laquelle estramoit* (étendait) *et jectait des fleurs , ainsy que le prince passoit et aultres industries.* »

M. Lafons de Melicocq ajoute en note :

« Cet habile « vericreur » faisait payer (1561) III l. VI s. « trois croix de voir » qu'il avait pla-cées à la chambre du sceau, et demandait XII s., pour « quatre piecches quarrées. » Cette même an-née il mettait en la chambre sur le Marché aux Poissons « ung rond blancq » de VI s., et « quatre bordures d'anticques » au dit lieu, de XXIII s. Aux verrières de la Halle il fixait « cinq autres bor-dures d'anticques « à VI s. piecche (verre à VI s. le pied). A la maison du messager de la ville il po-sait dans l'une des verrières « cinq croix de voir » de VII s. 6. d., et « deux rons blancq » de XII s. Peindre à « l'anticque » signifiait alors, à Lille, peindre dans le style de la renaissance. Ainsi, en 1834, l'argentier dit que « Thomas Tournemine, painctre, a painct la chambre des payeurs tout le fons rouge, semé de fleurs de lys blanches et les armes de l'empereur, et ung crucefix mis à la cheminée de lad. chambre, et le placquier deleurs (plafond) painct à l'anticque, » etc.

La généralité des peintres flamands s'est plus ou moins occupé de la peinture sur verre, soit en peignant eux-mêmes sur verre, soit en exécutant seulement des cartons. Presque tous faisaient leur apprentissage chez les peintres verriers, dont les ateliers étaient les grandes écoles ouvertes à la jeunesse : ce qui nous explique comment les meilleurs peintres des XVe et XVIe siècles

(1) Ces vitraux représentaient, d'après une note d'André Gerlich, vitrier plombier du chapitre en 1775, les portraits en pied des donateurs tels que le cardinal d'Eeckworth, le cardinal Gérard de Groes-beeck, etc.

(2) M. Léopold de Villers, bibliothécaire adjoint et attaché aux archives de l'État, à Mons, est l'auteur d'un beau travail sur l'église de Sainte-Waudru, de la même ville (*Recherches sur l'histoire et l'architecture de Sainte-Waudru, à Mons*, 1 vol. in-8°. Mons, 1854). Nous serons heureux de pouvoir, avec l'agrément de l'auteur, en donner bientôt ce qui concerne les vitraux.

entendaient si bien ce genre de peinture quoiqu'ils ne s'occupassent nullement de la partie matérielle.

XV

L'Allemagne n'a pas conservé les noms de ses peintres verriers, quoiqu'il y en ait eu certainement de très-habiles. Aussi en sommes-nous réduits aux conjectures. En première ligne se place tout naturellement l'artiste, que l'on regarde comme le chef ou le restaurateur de l'école allemande, ALBERT DURER, dont nous avons déjà parlé, parce qu'il appartient en même temps au xv⁰ et au xvi⁰ siècle. Il naquit à Nuremberg en 1470 et y mourut en 1528. Sa manière se ressent encore de la sécheresse, de la raideur et des tons lourds des siècles précédents, elle fut néanmoins assez belle pour mériter les éloges de Raphaël. Albert Dürer perfectionna la gravure et laissa bien loin derrière lui ses contemporains. Quoiqu'il se soit également occupé de la peinture sur verre, nous ne pouvons indiquer avec certitude aucune œuvre de lui.

On est généralement d'accord pour lui attribuer les belles verrières de la cathédrale de Cologne, au sujet desquelles M. Boisserée s'exprime ainsi :

« Les sujets des magnifiques peintures des vitraux qui furent exécutées au commencement du xvi⁰ siècle, dans le bas-côté nord de la nef, sont choisis sans le moindre égard à l'idée attachée à l'édifice, telle qu'on la trouve réalisée dans le chœur. On a même, en cette occasion, abandonné tout à fait le principe qui avait été si sagement adopté et qui consistait à mettre les vitraux en harmonie avec la décoration générale; on y voit plusieurs rangs de figures de saints parfaitement isolés et placés les uns au-dessus des autres; quelquefois ce sont des compositions, telles que l'Adoration des Trois Mages et autres, la plupart de grandeur au-dessus de nature. Ces peintures, supérieurement dessinées et exécutées avec les couleurs les plus brillantes et les plus vives, présentent autant de tableaux indépendants les uns des autres; elles formeraient, si on voulait les copier, une collection particulière qui ferait le plus grand honneur aux peintres allemands de cette époque (1). »

La France a probablement aussi possédé des verrières peintes ou seulement dessinées par Albert Dürer, car on regarde comme étant de celui-ci les vitraux de l'église du Temple à Paris. Voici ce qu'en dit M. Alexandre Lenoir dans son *Histoire de la peinture sur verre* (2) :

« Les plus grands vitraux qui viennent de l'église du Temple et que j'ai réunis dans le Musée, ne datent pas de l'époque de cet édifice qui remonte vers 1160. Ils garnissaient vingt croisées de cette église qui, au premier coup d'œil, inspirait le respect.

» Les vitraux dont je parle sont composés et peints par Albert Dürer, fondateur de l'école allemande; ils sont intéressants sous bien des rapports, et représentent les sujets les plus frappants de la vie du Christ, commençant depuis sa naissance en le suivant jusqu'au tombeau. L'ordonnance en est grande, les compositions bien pensées et les développements sont riches.

(1) *Hist. et descript. de la cathédr. de Cologne*; par Sulpice Boisserée, 1 vol. in-4°, avec atlas. Munich, 1843, p. 61.
(2) *O. d. c.*

» Albert Dürer, né coloriste, y a répandu beaucoup de chaleur et de vivacité. Les couleurs en sont belles et vigoureuses, le dessin correct et l'architecture d'un bon genre. La fabrique dans sa partie y offre une curiosité rare, c'est la grandeur des pièces; ces monuments immortels pour Albert Dürer annoncent que le gothicisme commençait alors à s'éloigner de la France.

» Ils ont de remarquable que le verre en étant épais, et l'artiste ayant voulu rendre sensible la prunelle de ses personnages, a fait creuser à l'outil et user avec le foret cette partie de l'œil (1). »

M. Alex. Lenoir cite sous le n° 7 du catalogue de son musée, un *Ecce homo* du même artiste, provenant également de l'église du Temple.

D'autres écrivains ont encore attribué quelques verrières à Albert Dürer, mais sans en avoir aucune certitude.

Nous avons déjà mentionné JACQUES D'ULM, mis par l'Église au rang des bienheureux. Il était de l'ordre de Saint-Dominique et mourut à Bologne, en 1491, âgé de plus de quatre-vingts ans, après avoir travaillé toute sa vie à la peinture sur verre. Peut-être ne devrions-nous pas citer comme appartenant à l'Allemagne HENRI GOLTZIUS, peintre sur verre et graveur, qui, dès sa jeunesse, quitta son pays natal, pour voyager en Italie, et se fixa à Harlem (Hollande), où il mourut en 1617. Son père était peintre sur verre; il habitait le duché de Juliers, où il éleva son fils Henri. Leurs œuvres nous sont inconnues.

XVI

Hollande. — Cette partie des Pays-Bas anciens, qui s'étend de la Zélande à la Frise, et de l'Escaut à l'Océan, nous offre une page importante pour l'histoire de la peinture sur verre.

La Hollande, affranchie du despotisme espagnol, se constitua en nation indépendante sous la direction des princes de Nassau et l'ordre régna bientôt avec la liberté. Confondant malheureusement ensemble les questions politiques et religieuses, elle se jeta dans les erreurs de la réforme qui n'arrêtèrent pas l'essor des beaux-arts, mais en changèrent les tendances et en dirigèrent les allures. Toute l'histoire politique et religieuse est écrite sur les verrières. Les artistes, enflammés de l'amour du pays, prirent pour sujets de leurs tableaux les luttes de leurs compatriotes avec les Espagnols, ils consacrèrent leurs triomphes et chantèrent leur gloire. L'école hollandaise, riche de couleur, d'expression et de vérité, luttait alors avantageusement avec les autres pays et ne s'était pas encore jeté dans cette voie de la trivialité tracée par les Van Ostade, les Jean Steen et les Rembrandt. Comme la peinture sur verre était en grande faveur, c'est elle qui fut chargée de conserver le souvenir des pages glorieuses du pays aux vitres des églises changées, pour la plupart, en temples réformés.

Les Lucas de Leyde, les Crabeth, les Van Zyl peignent à Gouda pour Philippe II, pour Marguerite de Parme et les grands seigneurs catholiques; mais, avec la religion réformée et l'indépendance du pays, voici venir les Wytenwael et les Adrien de Vrije, qui exécutent des vitres représentant des allégories politiques et religieuses, la liberté de conscience, par exemple, pour le prince

(1) Ce percement oval de la vitre, qui étonne si fort M. Alex. Lenoir, consiste simplement à dédoubler le verre bleu de l'œil pour faire briller la prunelle.

d'Orange et les bourgmestres des différentes villes. Suivons les artistes et leurs travaux , ils vont nous parler à la fois de la religion, de la politique et des arts.

Lucas de Leyde, le patriarche de l'école hollandaise, peut être mis en parallèle avec le peintre illustre dont il sut gagner l'amitié, le restaurateur de l'école allemande, Albert Dürer. Plus brillant que le grand maître allemand comme coloriste, il fut plus faible sous le rapport du dessin. Également habile dans tous les genres de peinture et dans la gravure, il acquit une immense fortune dont il fit toujours un libéral usage vis à vis de ses confrères. Fut-il réellement peintre sur verre? Tous les historiens s'accordent à le dire; aucun ne peut indiquer ses œuvres; sans doute elles furent détruites lors des guerres politiques et religieuses.

David Jorisz ou George, né à Delft, suivant Descamps (1), fut bon peintre sur verre. Poursuivi pour ses idées religieuses (cet hérésiarque s'annonçait comme un nouveau Messie), il se réfugia dans la Frise et de là à Bâle où, pour se dérober aux poursuites, il prit le nom de Jean Van Brock. Il mourut en 1556, laissant un assez grand nombre de dessins, dont la manière se rapproche beaucoup de celle des œuvres de Lucas de Leyde.

Aert Claessoon, dit *Aertgen*, naquit à Leyde en 1498 et entra chez **Cornille Enghelbrechtsen** qui en fit un excellent peintre. Il s'attacha de préférence aux sujets religieux et fut appelé à composer un grand nombre de cartons pour les peintres sur verre. Il mourut de mort violente en 1564.

Crabeth (Dirck et Wouter Pietersze frères) paraissent avoir travaillé spécialement à la peinture sur verre. Wouter (Gauthier) en visitant la France et l'Italie, laissait dans chaque ville comme souvenir, une vitre ou un panneau peint. La ville de Gouda possède encore des verrières dues à leur habile pinceau (2). Voici comment Pierre Levieil juge les deux frères (3) :

« *Wouter l'emportait sur son frère dans le coloris comme dans le dessin, mais Dirck donnait plus de force à ses ouvrages, ce qui fit dire dans le temps que Dirck était supérieur dans les ouvrages où il fallait une peinture mâle, et Wouter dans ceux qui demandaient des lumières plus brillantes. La force de Dirck consistait dans les coups de pinceau plus hardis; il formait ses ombres par des hachures larges et bien entendues; il épargnait beaucoup le verre dans les contours des membres et des draperies; cela supposé, on a moins lieu d'être surpris de sa plus prompte exécution. Wouter, au contraire, s'était approprié une pratique constante du clair-obscur, par la dégradation du lavis de la couleur noire, habilement étendu sur le verre, qu'il épargnait moins que son frère, mais dont il entendait parfaitement les rehauts. Or, cette manière de faire ne pouvait manquer de donner plus de brillant dans les lumières , mais lui demandait plus de temps et de délicatesse.* »

(1) Suivant Moreri , il naquit à Gaud.

(2) On trouve le détail des vitres de Gouda dans une petite brochure in-12, imprimée au xviie siècle à Gouda et réimprimée dans la même ville en 1815. Elle porte pour titre : *Explication de ce qui est représenté dans le magnifique vitrage de la grande et belle église de Saint-Jean à Gouda, pour la satisfaction tant des habitants de cette ville que des étrangers qui viennent y admirer cette merveille, imprimé à Gouda, chez André Endenburg, imprimeur de la ville avec privilége.* L'ouvrage anglais, édité par John Weale et déjà cité, les décrit d'une manière complète. Pierre Levieil en donne aussi une assez longue description.

(3) *O. d. c.*, p. 45.

Nous avons retrouvé cette manière de travailler de Dirck, ces hachures hardies qui modèlent les personnages, dans les vitraux du xviie siècle de la collégiale de Bruxelles, nous en parlerons au chapitre suivant, nous ferons observer que sur les vitres de Gouda les couleurs d'application sont déjà nombreuses.

La belle église de Saint-Jean, à Gouda, renferme quatre verrières de la main de Wouter Crabeth, deux de ses élèves, neuf de Dirck et quatorze de ses élèves.

La première, de Wouter, représente Salomon recevant la reine de Saba ; elle fut donnée par l'abbesse de Rynsburg, qui s'y est fait peindre avec tous ses quartiers de noblesse. On y lit : *Wouter Crabet fig. et pinx. Goudæ*, 1561.

Sur la seconde se trouve la naissance de Jésus-Christ. Les donateurs furent les chanoines de Saint-Salvador, d'Utrecht, qui y sont figurés dans le bas, présidés par J. C. et accompagnés de leurs indispensables armoiries. L'inscription porte 1565.

La troisième, consacrée à l'histoire d'Héliodore, fut donnée par le duc de Brunswick, peint au bas de la verrière avec son patron (saint Laurent) et les armoiries de sa maison. Elle date de 1566.

La quatrième, donnée par Marguerite d'Autriche, duchesse de Parme, et gouvernante des Pays-Bas, paraît n'avoir été peinte qu'en 1576. On y voit le sacrifice d'Élie et le lavement des pieds. La princesse y est représentée au-dessous, derrière elle est sa patronne avec un dragon sous ses pieds.

Deux des élèves de Wouter ont peint, sans doute d'après ses cartons, sur deux vitraux, la Passion, la Résurrection et l'Ascension de Notre-Seigneur. L'un fut donné par Théodore Cornélisze, trésorier du roi d'Espagne pour le ressort de Ter-Goude, et par le bourgmestre Jean Hey ; l'autre, par Nicolas Van Nieuland, évêque de Harlem. On lit dans leurs inscriptions : *Peints par les disciples de Wouter Crabeth, à Gouda*, 1580.

Parmi les neuf verrières de Dirck Crabeth, également signées et exécutées de 1555 à 1576, nous remarquons la quatrième, sur laquelle on voit la dédicace du temple de Salomon et la sainte Cène, donnée par le roi d'Espagne, Philippe II et la reine Marie d'Angleterre, sa première femme, qui y sont représentés avec toutes les marques distinctives de la majesté royale : on y lit *des devises en leur honneur* et le chronogramme 1557 ; et la huitième, donnée par Guillaume de Nassau, prince d'Orange, qui a pour sujet Jésus-Christ chassant les marchands du Temple. Elle fut exécutée en 1557, et en 1637 on y plaça les armoiries des vingt-huit conseillers de Gouda.

Nous ne nous étendrons pas davantage sur les travaux des frères Crabeth, dont des descriptions ont déjà été faites plusieurs fois. Wouter se maria, et sa fille épousa le graveur Reynier Parsyn, qui nous a laissé les portraits de ses deux illustres parents.

Van Zyl (Dirck), peintre sur verre d'Utrecht, eut la gloire d'être appelé, avec les frères Crabeth, à travailler pour l'église de Saint-Jean, à Gouda, qui possède cinq verrières de ce maître. Van Zyl ne se sentit peut-être pas en état de lutter avec les habiles frères, et se contenta d'exécuter ses vitres d'après des cartons préparés pour lui. On ne sera donc pas étonné de lire sous la première inscription : *Lambert Van Noord van Amersfoort inv. et fig. Theod. Van Zyl pinx. Utrecht*, 1556. L'église de Gouda conserve avec beaucoup de soin les cartons des frères Crabeth, qui ont servi à l'exécution de leurs verrières.

WILLEM THIBOUT ou TIBAUT, et CORNILLE ISBRANTCHE KUFFENS ou KUSSENS, vivaient du temps des frères Crabeth. Ces deux artistes s'associèrent dans leurs entreprises, ou peut-être, dit Pierre Levicil, travaillèrent-ils en concurrence. Descamps les cite avec éloge, et leurs noms se trouvent consignés dans les chroniques de Gouda et les descriptions des villes de Harlem et de Delft. Le premier mourut en 1599; le second en 1618. L'église de Sainte-Ursule, à Delft, a une belle vitre, faite en 1563, donnée par Philippe II et sa femme Élisabeth de Valois. Le sujet principal est l'Adoration des mages; au-dessous sont peints les hauts donateurs avec leur ange gardien et leurs armoiries. Gouda en possède une de chacun de ces peintres. Celle de Thibout, donnée par les bourgmestres de Harlem, rappelle le brillant fait d'armes de Guillaume, fils de Florent de Harlem, qui, en 1219, au siége de Damiette par les croisés, rompit la chaîne du port et introduisit l'armée assiégeante dans la ville. On y lit la devise : *Vicit vim virtus,* et au bas de l'inscription : *Wilhelmus Tibaut, fig. et pinx. Harlemi* 1597.

La verrière de Cornille Kuffens est, suivant le livret dont nous avons parlé, un présent fait à l'église de Gouda par les bourgmestres d'Amsterdam; les armes de cette ville sont peintes au-dessous du sujet historique, qui représente une série de scènes ayant trait à la parabole du Pharisien et du Publicain dans le temple. L'inscription porte : *Henry Keyser, ingénieur d'Amsterdam, inv. Cornille Kussens fig. et pinx. Amst.* 1597.

Les mêmes peintres sur verre peignirent les portraits en pied de tous les comtes de Flandre, sur les vitres de la salle du Grand-Conseil de Leyde.

VAN COOL (LAURENT) exécuta, pour la chapelle du Conseil privé de Delft, un vitrail où les conseillers sont représentés de grandeur naturelle et cuirassés depuis la tête jusqu'aux pieds. Ce sont les dessins de cet artiste, dit Pierre Levicil (1), qui furent, comme le rapporte Florent le Comte, gravés en France, au XVIe siècle, sous le nom de Laurent le vitrier.

VAN KUYCK (JEAN), habile peintre verrier, fut arrêté à Dort pour ses opinions religieuses. Sauvé du bûcher une première fois par l'écoutète ou chef de la justice, il fut repris une seconde fois. Son protecteur, qu'il avait peint sous la figure de Salomon, fut accusé de vouloir s'enrichir des travaux de l'habile peintre et obligé de l'abandonner. Ce malheureux artiste, marié et père de famille, périt sur le bûcher le 28 mars 1572.

C'était à l'école des peintres sur verre que se formait, en Hollande aussi bien que dans les Flandres, la jeunesse destinée à l'art de peindre. C'est ainsi que JACQUES LÉNARDS, peintre sur verre d'Amsterdam, donna les premières notions de son art à GUÉRARD PIETERS, et le fit entrer ensuite chez CORNILLE CORNELISSEN, autre peintre sur verre, dont il devint le premier et le meilleur élève.

VYTENWAEL JOACHIM et ADRIEN DE VRIJE travaillèrent ensemble aux verrières de Gouda. Joachim, fils d'un peintre sur verre d'Utrecht, suivit la carrière de son père jusqu'à 18 ans; mais, dégoûté de cet art par les difficultés qui l'accompagnent, il le quitta pour la peinture à l'huile et, après avoir voyagé en Italie, revint habiter Utrecht; l'église de Gouda possède deux vitres dont il composa les cartons. Adrien de Vrije, contrairement à Vytenwaël, s'adonna spécialement à la peinture

---

(1) *O. d. c.,* p. 54.

sur verre. Nous connaissons de lui quatre vitraux dans l'église de Saint-Jean, à Gouda. Ces vitraux, plus païens que chrétiens, sont pour nous un type curieux de la sécheresse des idées religieuses de l'Église réformée des Pays-Bas et de l'excitation de la jeune nation victorieuse. Nous empruntons à Pierre Leviel la description brève et claire de ces quatre verrières (1) :

« La première représente Guillaume II, roi des Romains, dix-huitième comte de Hollande, avec les emblèmes de la justice et de la grandeur d'âme; ses armoiries, jointes à celles de Hollande, y sont accompagnées de celles des hauts Heimraden de Rynland, donateurs de cette vitre, en mémoire des priviléges que ce prince leur avait accordés à Leyde, en 1275. On lit dans l'inscription : *Adrian de Vrije, fig. et pinx. Goudæ 1594.*

» La seconde, donnée par les États du Sud-Hollande, représente la *Liberté de conscience*, sous la figure d'une reine en triomphe dans un char (2), suivie de la *Foi*; la *Tyrannie* est écrasée sous ses roues; le char est tiré par cinq femmes, savoir : l'*Amitié*, l'*Union*, la *Constance*, la *Justice* et la *Fidélité*; on distingue dans cette même vitre les armoiries du prince d'Orange, de la Hollande et de toutes les villes du Sud-Hollande. L'inscription porte : *Joachim Wytenvaël tot Utrecht, invent. Adrian de Vrije, fig. et pinx. Goudæ 1596.*

» Cette inscription et cette date, répétées dans la troisième vitre de Vrije, nous font connaître qu'il l'a peinte la même année d'après les cartons de Vytenwaël. Elle a été donnée par les États du Nord-Hollande, et est connue sous le nom du *Chevalier chrétien;* elle représente la remontrance du prophète Nathan à David après son péché, et les armoiries des États.

» De Vrije fut chargé, l'année suivante, par les bourgmestres de Dordrecht, de peindre une quatrième vitre, dite *la Pucelle de Dordrecht.* Cette vitre contient, en outre, les armoiries de quatorze villes ou bourgs de la dépendance de Dordrecht, avec cette inscription : *Divæ amicitiæ cum S. P. Q. Goudano religiosè hactenùs cultæ sanctèque deinceps colendæ, hoc vitrum sacrum esse voluit senatus populusque Dordracenus.* Et au-dessous : *Adrian de Vrije fig. et pinx. Goudæ 1597.* »

Les vitraux de ces derniers maîtres sont entièrement peints avec des couleurs d'application qui, désormais, vont être employées de préférence par les artistes de tous les pays. Nous ne quitterons pas la Hollande du XVIe siècle, sans nous incliner devant le grand artiste, une des plus éclatantes gloires de l'école hollandaise, devant celui qui eut l'honneur de former Rubens. OCTAVE VAN VEEN (OTTO-VENIUS) appartient à la Hollande, quoiqu'il n'y séjournât guère après sa jeunesse. « C'est à l'école de ce maître, à la fois peintre, historien et poëte, dit M. Levesque dans l'*Encyclopédie méthodique* (3), que Rubens trouva des modèles de grâce et de génie pittoresque, de couleur, de beauté de pinceau, de bonté et d'élégance de mœurs, d'application à l'étude variée des lettres et des arts. »

L'école hollandaise est à son apogée pour la grande composition et le genre noble, dont les plus belles pages furent consacrées à la peinture sur verre; celle-ci contribua très-certainement à la

(1) *O. d. c.,* p. 55. (Cette description a été tirée, par Pierre Leviel, du livret des vitraux de Gouda.)

(2) Cette reine, accompagnée de son royal époux, sans doute le prince d'Orange sous forme allégorique, est entièrement nue. Tous les détails de cette vitre sont de la plus complète inconvenance.

(3) Voir à l'article qui concerne Rubens.

maintenir dans ces hautes régions, malgré la sécheresse de la pensée créatrice, et lutta toujours avec avantage contre les tendances triviales des Van Ostade et des Jean Steen.

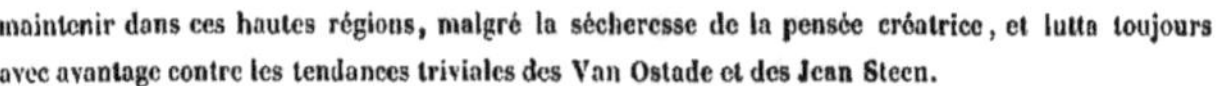

XVII

Italie. — La peinture sur verre ne présente, pour l'Italie, qu'un intérêt très-secondaire. Les petites fenêtres des églises classiques ne nécessitaient pas les peintures sur verre, qui n'eussent été qu'une superfétation avec la richesse fatigante des basiliques italiennes. Le besoin engendre la ressource. Dans les cathédrales gothiques dont les parois sont transparentes, la peinture sur verre fut d'une nécessité absolue, et elle devint une des branches principales des beaux-arts septentrionaux. En Italie, où la lumière, toujours très-intense, se filtre par des embrasures étroites, la mosaïque et la fresque se déroulèrent sur les murailles épaisses et sur les voûtes des dômes.

Le magnifique effet de nos verrières fut cependant apprécié en Italie, et celle-ci s'empressa de faire venir de France des peintres sur verre. Le Bramante, sur l'ordre de Jules II, chargea deux Français, *maître* CLAUDE et *frère* GUILLAUME de l'ordre de Saint-Dominique, tous les deux venus de Marseille, d'exécuter des vitraux pour la chapelle du Vatican, d'après les cartons et sous la direction de Raphaël. Ces vitraux furent détruits peu de temps après. Voici ce que nous apprend l'*Abecedario Pittorico* (1) : « En 1527, lors du sac de Rome par le connétable de Bourbon, les vitraux peints au Vatican, environ quinze ans auparavant, par Claude, peintre sur verre, furent brisés pour en avoir le plomb qui servit à faire des balles de mousquet. »

Maître Claude étant mort, frère Guillaume acheva seul les travaux commencés, se rendit ensuite à Cortone, puis à Arezzo, où il mourut.

GEORGES VASARI, qui nous a laissé une *Histoire des peintres*, fut élève de ce religieux ; mais il se dégoûta promptement de la peinture sur verre et l'abandonna.

L'éditeur de l'ouvrage de Pierre Levieil cite, dans une note (2), un peintre sur verre dont le *Grand vocabulaire français* parle ainsi au mot *Sienne* : « *Les vitres de la rosette qui sont au-dessus du portail* (de la cathédrale de Sienne) *furent peintes, en 1549, par* PASTORINO DI GIOVANNI MICHELI, *de Sienne, qui apprit cet art de Guillaume Marzilla, Français, l'un des plus grands maîtres qu'il y eut alors pour ces sortes d'ouvrages.* » Ce Guillaume Marzilla ne serait-il pas le frère Guillaume, de Marseille, que Vasari appelle de Marcilly ? Il aurait pu former un élève en Toscane, puisqu'il s'est fixé à Arezzo et qu'il y a fini ses jours.

Un fait assez étrange a dû frapper le lecteur, c'est que, au XVIe siècle comme au XIIIe, les verrières ne portent presque jamais la signature des artistes qui les ont exécutées. Dans les premiers temps du moyen âge, nous connaissons les œuvres sans les artistes ; plus tard, le nom des peintres arrive jusqu'à nous, mais le plus souvent il nous est impossible d'indiquer leurs travaux, et quand nous y

(1) Article *Claude*, p. 118.
(2) 2me note, p. 40.

parvenons, ce n'est que grâce à quelques comptes échappés par miracle à la destruction des archives des églises.

Pourquoi donc les peintres verriers n'ont-ils, en règle générale, jamais signé leurs vitraux? Pourquoi surtout les artistes du xvie siècle n'ont-ils pas revendiqué la gloire immortelle de leurs magnifiques œuvres? Est-ce esprit d'abnégation, comme on peut le penser pour les nobles artisans gothiques? A qui oserait le dire, les verrières de cette époque, qui ne procèdent pas du caractère religieux, seraient là pour donner le plus éclatant démenti.

La raison pourtant nous en paraît simple. Nous sommes étonné de ne l'avoir rencontrée chez aucun auteur.

Au commencement du moyen âge, les pieux et fervents artistes voulaient offrir à Dieu le sacrifice de leur gloire temporelle, en laissant leur nom dans l'oubli; nous l'avons déjà dit et prouvé, nous n'y reviendrons pas. Mais, aux xve et xvie siècles, le motif est tout autre. L'artiste qui traçait le dessin du vitrail ne se chargeait pas de l'exécuter. Rarement un peintre célèbre connaissait assez les procédés propres à la peinture sur verre pour peindre lui-même le vitrail. Il se contentait de faire les cartons, et le peintre verrier, dont toute la science se bornait souvent aux procédés mécaniques, traçait l'ensemble qui lui était marqué. Une fois que la verrière était ainsi exécutée, de quel nom pouvait-elle être signée? Du nom du peintre qui avait fourni les cartons? Mais il est douteux qu'il fût parfaitement satisfait de l'exécution de son idée sur le verre. Ou bien pouvait-elle porter le nom du peintre verrier qui avait réalisé la peinture indiquée sur les cartons? Mais c'eût été s'approprier le mérite d'un travail qui ne lui revenait qu'en partie. S'il arrivait que ce fût le même artiste qui eût tracé le dessin sur le papier et exécuté la peinture sur le vitrail, il ne songeait pas à mettre son nom au bas d'un tel travail, puisqu'il voyait que les autres peintures sur verre n'étaient pas signées, et sans doute aussi il aimait mieux réclamer comme son ouvrage seulement ses toiles peintes, et non ses vitraux, où la difficulté que présentait l'application ne permettait pas toujours au génie et au talent de montrer tout ce qu'ils pouvaient faire.

Ne cherchons donc pas sur les verrières les noms des artistes, nous ne les y trouverions que par une rare exception. Il est vrai qu'à mesure que nous avançons dans les temps modernes, les peintres deviennent moins scrupuleux, moins modestes, et aujourd'hui il n'est si mince restauration qui ne porte, en grands caractères, le nom de son auteur.

XVIII

Les vitraux du xvie siècle, encore existants, sont tellement nombreux que nous ne pourrons qu'indiquer succinctement les localités où on les rencontre. Il n'est presque pas de ville qui n'en renferme, et, par ce qui reste, on peut juger de ce qui a dû être.

C'est en France qu'on trouve le plus grand nombre de vitraux. « La France, dit le savant rédacteur des *Annales archéologiques*, est à elle seule plus riche en vitraux encore existants que l'Angleterre, l'Allemagne, la Belgique, la Suisse, l'Italie, la Grèce et l'Espagne réunies. Il suffit de citer les cathédrales de Chartres, de Bourges, de Reims, de Troyes, d'Auxerre et d'Auch; les églises conventuelles de Saint-Remi de Reims, de Saint-Pierre de Chartres et même de Brou; toutes les paroisses de Rouen et de Troyes, pour justifier cette affirmation. *La France est le pays des vitraux (1).* »

Si Paris, le centre de toute grande chose, cette ville ardente pour le mal comme pour le bien, où le génie des arts fut compris et respecté souvent même durant les plus tristes époques, si Paris n'avoit pas été mille fois déchiré par les guerres intestines, pillé, incendié par ses habitants et par les étrangers, que de richesses ne nous offrirait-il pas ? Hé bien ! malgré tant de sanglantes querelles, de désordres, de bouleversements et de dévastations, les principales églises de Paris renferment encore de ces belles et délicates peintures de tous les siècles, que leur fragilité même a peut-être sauvées des désastres, le peuple s'attaquant de préférence à qui lui résiste, et sa colère grandissant en raison des obstacles. Saint-Gervais, Saint-Etienne du Mont contiennent de belles verrières du XVIᵉ siècle, que l'on attribue à Robert Pinaigrier et à Jean Cousin, les plus grands maîtres de leur temps. La vitrerie de la Sainte-Chapelle de Vincennes est due entièrement à Jean Cousin.

La Normandie, fière de ses gentilshommes verriers dont les familles se sont perpétuées jusqu'à nous, a bien peu de paroisses, même au fond des campagnes où l'on ne retrouve de remarquables fragments de verrière. En première ligne, nous devons placer les églises de Rouen, dont nous avons déjà parlé ; la cathédrale, Saint-Maclou, Saint-Patrice, Saint-Romain, Saint-Godard, ont encore d'admirables vitraux (2) ; viennent ensuite les églises des villes d'Alençon, de la Ferté-Bernard, de Pont-Audemer, de Caudebec, de Pont-de-l'Arche et de Conches, nous citerons, en passant, une petite commune dans l'arrondissement de Bacqueville (Seine-Inférieure), à Lintot, où se voit une Résurrection, en très mauvais état, mais dont les morceaux subsistent presque tous, quoique replacés sans ordre (Notre-Seigneur est en trois pièces qu'on reconnaît éparses dans la fenêtre). Cette peinture offre de grandes beautés de dessin et de coloris.

Pour se rendre compte de l'importance de la peinture sur verre en France au XVIᵉ siècle, il faut parcourir les vieilles basiliques de Beauvais, Bourges, Châlons-sur-Marne, Auch, Limoges, Auxerre, Metz, Brou, Quimper. L'artiste trouvera des modèles de roses dans les cathédrales de Sens et de Reims ; il pourra étudier les vitres légendaires aux églises de Saint-Etienne, de Beauvais, de Fer-rières (Loiret), de Sainte-Foy de Conches (Eure), de Montierender (Haute-Marne) et de Montfort-Lamaury (Seine-et-Oise) ; Metz, Quimper et Dol lui permettront d'apprécier les maîtresses vitres ; au château de Champigny (Indre-et-Loire), il verra une belle suite de portraits des membres de l'illustre famille des Bourbon-Montpensier ; à Écouen, les grisailles peintes par Bernard Palissy, pour les Montmorency.

La Belgique est à la hauteur de la France. Bruxelles, Liége, Mons, Hoogstraeten, Lierre et Anvers ont conservé précieusement un grand nombre de vitraux. Leur genre, surtout à Bruxelles,

____

(1) Année 1850, t. X, p. 2.

(2) Toutes ces verrières sont en mauvais état et n'attestent pas le goût des édiles de la vieille capitale nor-mande.

s'écarte de celui de la France, en ce qu'il participe beaucoup plus de l'école Italienne. Nous en parlerons avec détails dans la seconde partie de cet ouvrage.

L'Angleterre est un véritable musée pour la peinture sur verre; elle a acheté de toutes mains, et a été un gouffre où est venue s'engloutir la plus grande partie des richesses des autres pays. Toutes ces vitres, venues on ne sait d'où ni par quelle voie, sont aujourd'hui disséminées dans les temples, les églises et les chapelles des châteaux; c'est ainsi que la cathédrale de Lichtfield se pare des vitraux enlevés à l'abbaye d'Herkenrode en Belgique. L'Angleterre eut cependant ses écoles de peinture, et l'on doit à ses propres artistes les magnifiques verrières des cathédrales de Winchester, d'York, de Gloucester, de Lincoln, de Fairford dans le comté de Gloucester, celles de King's-College, à Cambridge, et les maîtresses vitres de l'abbaye de Westminster.

Nous trouvons dans un ouvrage de Francis Bedfort (1), l'indication suivante : « *A splendide collection of elaborated stained glass, executed by Bernard Dininschoff*, 1585, *exists at Gilling castle, Yorkshire.* » Nous y voyons en outre que les travaux de peinture sur verre, au temps de Henri VIII, étaient payés 1 schelling 4 d. le pied (2).

Langlois, dans son *Essai* (3), termine ainsi son article sur les œuvres des peintres anglais :

« Nous devons à l'obligeance de M. John Gage, directeur de la Société des antiquaires de Londres, l'indication des vitraux de la maison de chasse de Henri VI et de Marguerite d'Anjou, à Ockwell, dans le Berckshire; ceux de la chapelle du château d'Hengrave (comté de Suffolk), peints dans le xvi⁰ siècle, et représentant vingt et un sujets, depuis la création du monde jusqu'au jugement dernier. Ce savant indique encore les vitraux de la résidence du doyen de l'abbaye de Westminster (Dean's House), qui sont du commencement du xiii⁰ siècle. »

L'Allemagne comme la Belgique eut ses écoles qui participèrent du genre flamand. A Brunswick des vitres, très-vives de coloris, rappellent la manière d'Albert Dürer; à Nuremberg se voient les portraits très-remarquables de l'empereur Maximilien, de sa femme et du margrave de Brandebourg. Les vitraux de Lubeck, qui s'étendent du xiii⁰ au xvi⁰ siècle, ont été publiés dans cette ville, en 1847, par le docteur Ernst Deecke (4), avec planches en couleur, par C.-J. Milde. Dans le Wurtemberg, à Horb, une maison particulière est ornée de jolis petits vitraux, dits vitraux suisses, et dont les sujets sont empruntés à l'histoire de la Suisse.

La Suisse a laissé fuir de chez elle ces œuvres délicates auxquelles elle donne son nom. C'est à peine si, à Zurich, on en retrouve dans la maison de l'Arquebuse, et dans quelques habitations de Coire; mais en revanche on en rencontre dans tous les musées et dans toutes les collections d'amateurs des autres pays.

En Italie, les artistes français peignirent des vitraux qui subsistent encore à Arezzo (Toscane). Les vitres de Cortone sont dues aux peintres français et italiens. En Espagne on en voit aux

(1) *Anglican church ornaments; examples of stained glass, sacred emblems, etc.* By Francis Bedfort, 1846.
(2) *Ibid.*, t. I, p. 26.
(3) *O. d. c.*, p. 266.
(4) Cet auteur ne mentionne qu'un seul peintre sur verre, Franz, fils de Dominik Livi, natif de Florence, mais élevé et instruit à Lubeck.

églises de Burgos, de Séville, de Tolède et de Cuença; elles ont été peintes en grande partie par des artistes flamands.

XIX

En résumé, le XVIᵉ siècle nous a montré le génie des arts, dégagé de toute routine, libre, complétement émancipé, mais par cela même participant de la faiblesse de l'humanité, perdu par l'orgueil et se jetant dans les plus tristes écarts.

Chefs-d'œuvre de dessin et de couleur, les verrières luttent de beauté avec la nature, mais les compositions religieuses s'éloignent peu à peu des sphères célestes où elles planaient jadis si noblement, elles descendent au niveau des passions du monde et se font les complaisantes de l'amour-propre humain. Perdant de vue son but uniquement religieux, la peinture sur verre devient sans importance, et dès lors elle tombe dans l'indifférence et l'oubli, jusqu'à ce que de nobles intelligences en aient compris la vraie mission et l'aient réhabilitée. Les deux siècles suivants vont nous faire assister à sa complète décadence et à sa longue léthargie.

Échelle de 0ᵐ,05 pour mètre.

Fragment de vitrail incolore du XVIᵉ siècle (église de Sᵗᵉ-Waudru, à Mons).

CHAPITRE VII.

XVIIe siècle.

I

 NTRE toutes les époques, le XVIIe siècle se distingue facilement au premier abord par ses émaux et par son *fenestrage*. Nous voguons en plein dans les émaux. La chimie se développe sérieusement. Les Hollandais surtout font preuve d'aptitude dans cette science, et nous voyons l'Italien Néri quitter Florence pour aller chercher auprès d'Isaac Hollandus(2), habitant alors Anvers, les leçons que plus tard il mit à profit dans son pays et publia dans un des ouvrages les plus considérables de son temps.

Il serait inutile de s'étendre longuement sur les émaux du XVIIe siècle, qui n'offrent aujourd'hui, depuis les progrès immenses de la chimie, qu'un médiocre intérêt de curiosité; nous renvoyons le lecteur à Néri et à l'Anglais Christophe Merret, son traducteur et son commentateur (3).

Déjà les verres doublés avaient amené une assez grande modification dans les travaux de la peinture sur verre en fournissant des teintes mixtes que l'on ne possédait pas auparavant. Les fabricants avaient aussi apporté de l'économie dans la confection des verres colorés parce qu'ils en diminuaient l'épaisseur par une lame de verre commun, incolore. Ils n'étaient pas cependant parvenus à produire ces mille nuances indécises de la nature que les peintres verriers réclamaient vivement, afin de travailler désormais sur le verre comme sur la toile et le bois. Aussi bientôt l'artiste ne s'en rapporte plus aux verreries pour lui fournir ses verres teintés, il les colore lui-même avec

---

(1) Cette lettre est tirée du *Ritus celebrandi in capella aulica electorali Bonnensi festum et octavam S. S. corporis Christi*, manuscrit de la Bibl. de Bourg., n° 9,597.

(2) Nous recommandons, à propos de cet artiste hollandais, la très-intéressante note intitulée : *Point de critique fort douteux éclairci*, intercalée par Pierre Levieil dans son ouvrage, page 63.

(3) Néri fit imprimer son traité italien, sur l'*Art de la verrerie*, chez les Gianti, en 1612, in-4°. La traduction latine avec notes, par Christophe Merret, médecin anglais et membre de la Société royale de Londres, parut en 1669.

les émaux que les chimistes ont découverts. Il y trouve plusieurs avantages: variété et liberté dans les couleurs; économie dans la dépense. Par suite de cet abandon la fabrication des verres doublés tombe en pleine décadence; le rouge se ternit et s'assombrit, le bleu et le violet deviennent noirâtres, les autres couleurs enfin ne peuvent plus se comparer à celles des époques précédentes.

Les peintres verriers sont malheureusement encore bien novices dans l'art d'émailler le verre, il en résultera une grande irrégularité dans les œuvres et moins de transparence, par conséquent moins de beauté dans les tons. Nous signalons cependant, comme exception, un fait qui se reproduit depuis la fin du xvie siècle jusqu'au xviiie, c'est que dans les petits vitraux suisses les émaux sont admirables de vivacité et de transparence, et l'emportent sur les verres teintés dans leur masse; la comparaison est facile à établir parce que très-souvent ils sont employés simultanément. Le vitrail suisse dont nous donnons la reproduction pl. 29, en fournit un exemple.

Dans les grandes verrières, le contraire a précisément lieu, le peintre veut arriver à établir de grandes ombres et des tons fuyants au moyen de teintes bistreuses qui rendent la verrière tellement lourde, terne et confuse, qu'on peut à peine en distinguer le sujet. Nous en citerons comme un des exemples les plus frappants les vitraux de la chapelle de Notre-Dame dans la collégiale bruxelloise.

Cette chapelle, placée à droite du chœur, fait face à celle du Saint-Sacrement des Miracles où se trouvent les magnifiques vitraux de Van Orley et de Van Coxie. Or, si le visiteur se place dans le grand chœur de manière à pouvoir observer à la fois les fenêtres des deux chapelles, il sera frappé de la vivacité du coloris, de la transparence et de la légèreté des vitres du xvie siècle et de la triste apparence des autres, il jugera dès lors facilement de la différence dans la manière des artistes qu'un siècle seulement sépare, et de la décadence où en est arrivée la peinture sur verre en si peu de temps.

Nous sommes cependant à la grande époque de Rubens et de son école. Combien ne devons-nous pas regretter chez les peintres verriers l'oubli des règles de la lumière qui les a empêchés de tirer un parti convenable des immenses ressources que leur fournissaient leurs illustres contemporains! Ils ont copié sans intelligence les cartons tracés par les grands maîtres, ils ont opéré sur le verre comme ils l'auraient fait sur la toile, et la beauté de leurs œuvres est complétement anéantie par l'effet de la lumière arrivant à contre-sens.

Prenez les différentes parties des vitres de la chapelle de Notre-Dame à l'église Sainte-Gudule, placez-les sur un fond opaque, ou regardez-les par un temps sombre de manière que le jour venant de l'extérieur ne puisse leur nuire, vous verrez alors avec quelle richesse de coloris, quelle sûreté et quelle hardiesse de touche, l'artiste les a traitées, vous reconnaîtrez aisément la main de Van Thulden, un des élèves aimés de Rubens. Mais dès que le jour devient un peu vif, la vitre se trouble et devient confuse. Par un contre-sens déplorable, la lumière extérieure qui devrait l'éclairer et l'animer, l'assombrit et la tue. La cause en est dans l'inintelligent emploi des émaux et dans les tons bistreux qui y ont été répandus à profusion. Nous devons rendre toutefois justice à l'émail orangé, très-beau et très-doux, de la tenture qui recouvre les prie-Dieu, il pâlit cependant auprès de la même couleur reproduite en verre doublé, dans les mêmes conditions, au quatrième vitrail, à celui de l'archiduc Léopold.

Les artistes ont toujours mieux réussi avec leurs émaux dans les petits vitraux où nous rencontrons en grand nombre de délicieuses et charmantes scènes. Nous citerons notamment les verrières de l'ancien charnier de Saint-Étienne du Mont à Paris, aujourd'hui dispersées dans les fenêtres de l'église.

II

Les peintres verriers ont poussé jusqu'à ses dernières limites le manque d'entente pour la disposition de la grande décoration architecturale. Au siècle précédent, les arcs de triomphe, les temples, les portiques se présentaient toujours de face, et c'est à peine si la profondeur des premières voûtes était indiquée au moyen de quelques teintes plus sombres ; plus tard on agrandit cette ornementation et l'on ne tint plus compte de l'amortissement de la fenêtre. Il semblait que les artistes prissent à tâche de se lancer dans l'impossible. Maintenant toutes les parties architectoniques qui vont accompagner les sujets, se présenteront obliquement, c'est-à-dire de la manière la plus défavorable à la peinture sur verre qui n'admet pas, comme la peinture sur toile, les fuyants et la perspective aérienne.

Pour compléter ce que cette manière a de disgracieux et d'incompatible avec la peinture sur verre, les artistes adoptent le style lourd, raide et prétentieux de l'école française du temps de Louis XIII et de Louis XIV, de telle sorte que, comme couleur et ornementation, les verrières du xviie siècle sont bien inférieures à celles des siècles antérieurs.

III

Nos connaissances sont bien plus étendues que celles de nos prédécesseurs, disaient les peintres verriers du xviie siècle. La palette de ceux-ci leur présentait à peine quelques couleurs d'application, la nôtre est chargée des nuances les plus fines et les plus délicates. Autant leurs moyens étaient bornés, autant les nôtres sont multiples. Que de difficultés n'avaient-ils pas à surmonter ! Avec quelle facilité, au contraire, ne travaillons-nous pas ? S'ils revenaient à la vie , combien seraient-ils étonnés et ravis à la vue de nos créations ! Les leurs étaient nécessairement incomplètes, nous n'avons donc pas à en tenir compte.

Dédaignant les leçons du passé, oubliant que les progrès ne s'obtiennent dans la réalité que par l'étude des œuvres antérieures, ces artistes dédaignèrent les travaux des siècles précédents.

La mise en plomb fut regardée comme une superfétation, un obstacle inutile apporté au travail du peintre dans des temps ignorants. La verrière dut être disposée comme une toile pour laisser le champ libre au pinceau. Au lieu de former ce réseau métallique qui s'enroulait autour des sujets, renforçait les lignes du dessin et donnait à la peinture décorative l'énergie sans laquelle celle-ci ne saurait subsister, le plomb ne servit plus qu'à assembler des vitres égales et carrées, formant dans leur ensemble une espèce de treillage derrière lequel les artistes se mirent à peindre comme sur une toile sans tenir compte des joints du verre.

Auparavant la mise en plomb dépendait de la peinture, elle devait lui obéir aveuglément et la soutenir; mais, au XVIIe siècle, la peinture et la mise en plomb deviennent indépendantes l'une de l'autre. On ne se décide à rompre l'uniformité de la mise en plomb que pour ne pas mutiler les figures des personnages; alors, suivant la grandeur de la tête, dessinée et peinte sur une seule lame de verre, on réunissait deux ou trois petits carrés en un, moyen dont l'invention avait dû coûter peu d'efforts.

Qui le croirait, c'était là tout le résultat que l'on obtenait des études sérieuses que l'on faisait faire aux apprentis sur la mise en plomb. « *A Toulouse,* nous apprend Levieil (1), *les gardes et jurés du corps des maîtres vitriers proposent, pour chefs-d'œuvre à leurs aspirants à la maîtrise, la distribution la plus élégante des contours des figures d'une estampe et la coupe du verre la plus industrieuse, comme si ces morceaux, qui par leur jointure doivent former l'ensemble d'un panneau, devaient être peints sur verre.* » Malgré cette intelligence bien sentie des besoins de la peinture sur verre, les peintres verriers tendent chaque jour à s'affranchir du travail de la mise en plomb; c'est à peine si nous pouvons en citer quelques-uns, comme Nicolas Desangives, qui en comprennent l'importance et s'y soumettent. Tous bientôt, jusqu'à Pierre Levieil, l'oublieront complétement.

Les verrières ne sont formées que de petits carreaux de vitres dont les plus longues dimensions ne dépassent guère vingt-cinq centimètres. Peut-être pourrait-on en expliquer ainsi la raison : les émaux n'étaient pas encore, comme de nos jours, ramenés, par des frittes préparatoires et des fondants, à un même degré de fusion ne dépassant pas la chaleur modérée du moufle. Il fallait savoir habilement profiter des différents états de chaleur du four, diriger des coups de feu plus ou moins violents, suivant la dureté de l'émail. Les couleurs de grand feu et celles dont la fusion est plus facile se rencontraient sur les mêmes lames de verre; les risques de casse étaient grands; on les diminuait en donnant moins de superficie aux lames de verre; malgré cette précaution, on perdait quelquefois des fournées tout entières, ce qui contribua à dégoûter quelques artistes de la peinture sur verre. Nos planches 50 et 51 permettront au lecteur d'apprécier les verrières du XVIIe siècle.

<h2 style="text-align:center">IV</h2>

Il arriva cependant un fait bizarre, étrange : pendant que l'ancienne mise en plomb des verrières peintes était rejetée, on étudiait pour les vitraux incolores, dont l'usage devenait de plus en plus général, les combinaisons d'assemblage les plus compliquées et les plus ingénieuses. Mais telle était la sécheresse de pensée des artistes, qu'ils se contentaient, comme les Chinois pour leur casse-tête, ou les musulmans pour les arabesques des mosquées, de chercher, dans l'agencement des lignes géomé-

(1) *O. d. c.,* p. 66.

triques, des enroulements et des entrelacs plus ou moins heureux, sans demander au signe de la rédemption de venir consacrer ces œuvres, qui auraient dû être essentiellement religieuses. On ne trouve que bien rarement la croix représentée dans les insignifiants dessins des vitraux incolores de ce siècle.

Les verrières blanches, déjà nombreuses au xvie siècle, le deviennent plus encore à cette époque, et bientôt elles régneront presque exclusivement. Nous nous réservons d'en parler plus longuement au chapitre suivant.

V

Au xviie siècle, la grande peinture était dignement soutenue. N'avait-elle pas pour ses plus nobles interprètes Poussin, Van Dyck, Lebrun, Lesueur, Murillo, Gérard Dow, tous les grands maîtres des écoles définitivement constituées, si différentes dans leurs tendances et leur manière?

La peinture sur verre ne pouvait, alors que le goût pour les beaux-arts était général, disparaître subitement. Si l'inspiration manque, l'habileté sera grande et nous vaudra encore de beaux travaux que nous pourrons apprécier en passant en revue les peintres verriers des différents pays.

La France compte, au nombre de ses peintres verriers, Jacques De Paroy, dont les travaux sont nombreux. Cet artiste, né à Saint-Pourçain sur l'Allier, se rendit en Italie et entra dans l'atelier du Dominicain. Il prit la manière brillante et hardie de son illustre maître. Le séjour assez long qu'il fit à Venise le familiarisa avec les grands coloristes de l'école vénitienne. De retour en Auvergne, il travailla au château du comte de Catignac. S'étant rendu ensuite à Paris, il fut appelé à peindre les vitraux de l'église de Saint-Merry. On présume généralement qu'il ne fit que les cartons et que la peinture sur verre fut exécutée par *Jean Nogare*. Nous savons, d'une manière certaine, que ce travail en collaboration des deux artistes eut lieu pour le Jugement de Suzanne, qui décore la fenêtre d'une des chapelles basses de cette église. Jacques De Paroy peignit, dans l'église collégiale et paroissiale de Gannat, près de Saint-Pourçain sur l'Allier, des vitres où sont représentés les quatre Pères de l'Église latine: saint Ambroise, saint Jérôme, saint Augustin et saint Grégoire le Grand. Saint Augustin et saint Ambroise, dit Levieil (1), sont représentés sous les traits de MM. de Filhol, dont un était archevêque d'Aix. On y voit en outre les armoiries de ces personnages, moins illustres cependant que les saints dont ils usurpent la place. Jacques De Paroy décéda dans la ville de Moulins, à l'âge de 102 ans.

Jean Nogare vient de se dévoiler à nous par sa verrière du Jugement de Suzanne, dont Jacques De Paroy avait composé les cartons. Sauval lui attribue des verrières qui n'existent plus, mais qui se voyaient de son temps dans la croisée de l'église de Saint-Eustache, à Paris, du côté de la rue des Prouvaires. Jules III, Charles V et Henri II y étaient représentés, le premier coiffé de la tiare, les deux autres portant la couronne en tête, et revêtus tous trois de leurs habits pontificaux, impériaux et royaux. Ils adoraient l'enfant Jésus que la Vierge tenait dans ses bras (2).

(1) *O. d. c.*, p. 67.

(2) Sauval range cette verrière au nombre de celles qu'il qualifie de ridicules. Il est inutile d'ajouter qu'en cette occasion nous ne partageons pas son avis. Voyez l'addition au tome Ier de ses *Antiquités de Paris*, p. 35.

Héron et Chamu, tous deux peintres verriers de la même époque, travaillèrent pour l'église de Saint-Merry en concurrence avec Nogare. Ils exécutèrent pour le chœur, qui ne fut terminé qu'en 1612, l'histoire de saint Pierre tirée des actes des apôtres, et expliquée dans de nombreux philactères couverts de citations latines; l'histoire de Joseph est conçue de même. Dans la nef, ils prirent pour sujets de leurs compositions la Vie de saint Jean-Baptiste et celle de saint François d'Assise. Les chapelles de la même église furent également décorées par leurs soins.

Les quatre peintres précédents doivent être placés ensemble, mais De Paroy surpasse de toute la hauteur de son talent les trois autres, qui ne sont en quelque sorte que ses satellites.

Robert, Nicolas, Jean et Louis Pinaigrier, Nicolas Levasseur, Jean Monnier, François Perrier, Nicolas Desangives et François Porcher, cités par Pierre Levieil, travaillèrent concurremment aux églises de Saint-Paul et de Saint-Étienne du Mont, à Paris.

L'église paroissiale de Saint-Paul, qui fut détruite durant la révolution, à la fin du xviiie siècle, possédait les plus beaux charniers de Paris. Les vitres de ces charniers avaient été exécutées de 1608 à 1655, et étaient dues aux plus habiles peintres verriers. Sauval et Pierre Levieil nous en ont conservé un souvenir intéressant.

Nicolas Levasseur avait exécuté, d'après les cartons de Vignon, les vitraux de la chapelle de Communion et ceux de la partie des charniers qui y est adjacente. Du côté qui regardait l'Arsenal, on remarquait de petits paysages dessinés dans les soubassements des verrières par Robert Pinaigrier. Ils étaient en mauvais état et Levieil nous dit que, de plus, leur facture était médiocre.

Quelques vitraux portaient la marque J. M., qui était celle de Jean Monnier. Cet artiste fut, suivant Félibien, un des meilleurs peintres français de son temps. Il avait pour aïeul et pour père les Monnier, peintres verriers de Blois, que nous avons mentionnés au siècle précédent. Protégé par Marie de Médicis, pour laquelle il avait fait une copie bien réussie de la Vierge au Coussin vert, d'André Solario, il fut conduit à Rome et à Florence par l'archevêque de Florence. Ce fut à la suite de ces voyages, pendant lesquels son talent avait grandi, qu'il se livra aux travaux de la peinture sur verre.

François Perrier peignit dans la même galerie des charniers de Saint-Paul, l'histoire du premier concile de l'Église et l'ombre de saint Pierre guérissant les malades. Fils d'un orfèvre de Mâcon, il se rendit à Rome, se fit le disciple de Lanfranc ce rival jaloux du Dominicain. De retour en France, il travailla pour le Vouet et n'eut guère le temps de s'adonner à la peinture sur verre. Il est probable qu'il ne fit que les cartons des verrières qu'on lui attribue.

Les plus belles vitres des charniers de Saint-Paul se trouvaient dans la galerie parallèle à la rue Saint-Antoine, elles représentaient l'imposition des mains par saint Paul aux Éphésiens, la guérison des malades par l'attouchement des linges et de la ceinture de cet apôtre, et les sept fils de Sceva, magicien, chassés par le diable; elles étaient l'œuvre de Nicolas Desangives, un des derniers peintres verriers qui ait compris l'importance de la mise en plomb. « On remarque, dit Levieil (1), en

(1) *O. d. c.*, p. 66.

parlant des peintures de cet artiste, une intelligence admirable dans la distribution et la coupe des contours des membres et des draperies de ses figures. Leur jointure par le plomb est si délicate et si peu sensible que, loin d'appesantir l'ensemble d'un panneau , elle n'y marque que le trait nécessaire pour former les contours. Elle en réunit si parfaitement les parties qu'on croirait volontiers que tout le panneau n'est qu'un même morceau, comme la toile est au tableau. » Nicolas Desangives a travaillé aussi au charnier de Saint-Étienne du Mont. On peut avec raison se ranger de l'avis de Leviel et regarder comme œuvres de cet artiste, les trois jolies verrières sur lesquelles on voit : Daniel dans la fournaise ardente, le Défi porté par Élie aux faux prophètes de Baal , l'Adoration du Christ, sous la forme du serpent d'airain, par tous les peuples de la terre. Il signait ses œuvres par les trois lettres *N. D. F.* entrelacées. Ce monogramme signifiait : *Nicolaus Desangives fecit.*

Le nom de François Porcher, peintre verrier, l'habile émule de Desangives, est cité par Sauval. Leviel l'a retrouvé dans un acte de 1677, il y paraît comme juré de la communauté des maîtres vitriers-peintres sur verre , pour appeler d'une sentence du lieutenant de police qui froissait leurs intérêts.

Nous arrivons à l'artiste que, dans sa naïve ignorance, Sauval appelle l'inventeur des émaux, à Nicolas Pinaigrier. Il avait peint pour le charnier de Saint-Paul, le patron même de cette paroisse, poursuivi par les orfèvres d'Éphèse, le Départ de saint Paul de cette ville, et la résurrection d'Eutyque. Cet artiste, ainsi que Robert, Jean et Louis Pinaigrier, qui travaillèrent pour les mêmes églises, sont sans aucun doute les fils ou petits-fils de Robert Pinaigrier, le digne émule de Jean Cousin au siècle précédent.

Pierre Leviel attribue à Nicolas Pinaigrier la grande composition de l'allégorie du pressoir mystique, placée dans une des fenêtres de l'église de Saint-Étienne du Mont. Voici, au sujet de cette verrière, les curieux détails qu'il fournit (1).

« J'ai observé, en donnant la description de l'allégorie du pressoir, peinte par Pinaigrier en 1520 pour l'église de Saint-Hilaire de Chartres, que ce sujet avait été copié par la suite pour plusieurs églises de Paris. Or, le *vitrau* de Saint-Étienne, où il est représenté, doit avoir été peint par les descendants de ce célèbre artiste qui, propriétaires des cartons originaux de cette allégorie, en auront fait l'objet de leur complaisance et de leur application, toutes les fois qu'ils auront eu occasion de répéter sur le verre ce morceau chéri de leur auteur. Et comme Sauval nous apprend que les marchands de vin avaient adopté par choix ce sujet pour en orner leurs chapelles de *confrairie* ou de dévotion, j'en augure que le *vitrau* de Saint-Étienne, où l'on a peint cette allégorie, aura été donné pour l'ornement du charnier de cette église par Jean le Juge, marchand de vin, un des plus grands amateurs de peinture sur verre de son temps. Je pense être fondé à le croire, par une délibération de la fabrique de cette paroisse en 1610. On y lit que ce marguillier avait persisté avec fermeté dans la résolution qu'il avait prise de faire peindre à ses frais la grande vitre qui est dans la nef au-dessus de la chapelle Sainte-Anne, malgré l'avis de sa compagnie qui avait arrêté en son absence, qu'il serait prié de *convertir en valeur, pour être employés à la construction du charnier,*

(1) *O. d. c.*, p. 69.

les deniers destinés à cette verrière historiée, qui ôterait beaucoup de jour à cette partie de l'église, déjà obscurcie par le voisinage de la tour du clocher. »

Nicolas Pinaigrier avait appliqué sur ses verrières des émaux si beaux et si solides, que Sauval l'avait appelé l'inventeur des émaux. « Nicolas Pinaigrier, dit Pierre Leviel (1), héritier des talents et des couleurs de son aïeul, se sera appliqué plus attentivement que les autres. Ses émaux sont plus transparents, plus fondants et plus sûrs pour ce concert de fusion à la recuisson, si nécessaire à la beauté et à la bonté du coloris de la peinture sur verre; tandis qu'on remarque dans les vitraux que Sauval attribue aux Robert, Jean et Louis Pinaigrier, et même dans ceux de Jean Monnier et de Nicolas Levasseur, beaucoup d'émaux qui, en bouillonnant à la recuisson, se sont écaillés; d'autres qui, trop durs, se sont écartés, dans la fusion, de ce concert au fourneau de recuisson, dans lequel nous venons de remarquer que Nicolas Pinaigrier excellait, et qui ne s'obtient que par l'expérience soutenue de l'étude de la chimie. »

Nous voyons que Nicolas Pinaigrier, après de longues recherches, était parvenu à obtenir des couleurs vitrifiables, pouvant être ramenées toutes au même degré de chaleur dans la fusion au simple feu de moufle, et telles que la science les donne aujourd'hui à tous les peintres verriers.

Les œuvres de cet éminent artiste portent comme marque un compas ouvert posé sur ses deux pointes et entrelacé d'une branche de laurier, le tout placé dans un ovale. Il paraît présumable que les autres peintres de la même famille avaient remplacé le compas par ces petits paysages dont nous avons parlé plus haut.

On attribue avec raison aux artistes dont nous venons de nous occuper l'exécution des vitraux de l'église de Saint-Étienne du Mont et particulièrement ceux du charnier. N'ayant trouvé aucun renseignement à ce sujet dans Sauval, Félibien ou d'Argenville, Pierre Leviel eut la pensée de consulter les archives paroissiales; mais il ne fut pas plus heureux. La fabrique n'était entrée pour rien dans la dépense de ces verrières dues à de riches donateurs dont les noms seuls se trouvaient consignés sur les registres. Leviel constata que les constructions du charnier avaient commencé en 1604 et que les vitraux en avaient été terminés en 1622. Avec quel enthousiasme il nous décrit ces vitraux vraiment remarquables! Rendons hommage au mérite de sa description en en donnant un extrait.

« On doit mettre au rang des plus beaux vitraux de ce charnier, celui du Jugement dernier, également distingué par le fini des figures et l'éclat du coloris; mais la délicatesse du travail, la beauté des émaux, leur industrieux emploi et leur réussite à la recuisson, brillent surtout dans celui qui représente la Fin du monde. La variété des objets qu'il renferme, tels que l'obscurité que laissent les astres qui tombent du firmament, la confusion des éléments, la frayeur de tout ce qui a vie dans l'air, au sein des eaux et sur la terre qui touche au moment de sa destruction, hommes de tout sexe et de tous états, animaux, poissons, oiseaux, bâtiments, monuments de toute espèce, fruits de la nature et de l'art prêts à rentrer dans le néant; cette surprenante variété, dis-je, y est caractérisée avec une expression qui saisit le spectateur d'effroi à la vue de ces sujets de terreur, et d'ad-

(5) *O. d. c.*, p. 66 et 67.

miration pour le travail de l'artiste qui a si bien peint et si heureusement colorié sur le verre tant et de si différents objets de si menu détail.

» Tel est encore, malgré son défaut essentiel de correction dans le dessin et de pratique dans le costume, le *vitrau* dans lequel le peintre s'est occupé à rendre la parabole du banquet du père de famille rapportée par saint Luc. Tous les détails en sont surprenants et de la plus grande délicatesse. *La salle du festin entre autres y paraît éclairée par des vitraux, dont les plus grands portent neuf pouces de haut sur un pouce et demi de large.* On y distingue sans confusion des frises ornées de fleurs au pourtour d'un fond de vitres blanches, dont la façon paraît le plus exactement conduite, et sert elle-même de cadre à des panneaux de verre historiés et coloriés dans la précision de la miniature la plus délicate. Au bas d'un de ces vitraux distribué en quatre panneaux de hauteur, dans lesquels l'art du peintre, presque incompréhensible, représente la Nativité, la Résurrection et l'Ascension de Jésus-Christ; on reconnaît dans le dernier panneau les armoiries du président *de 'Viole, seigneur d'Andresel,* dont la veuve fit présent de ce vitrau en 1618. Les fleurs, dont le pavé de cette salle paraît jonchée, sont du coloris le plus naturel et le plus vif » (1).

Nous ajouterons que parmi les qualités qui distinguent les vitraux du xviie siècle, surtout ceux de petite dimension, on remarque la légèreté, la finesse, la précision et la délicatesse de la touche.

Sauval met au rang des bons peintres sur verre de Paris un artiste du nom de PERRIN, qui exécuta, d'après les cartons de Lesueur, de belles grisailles pour une des chapelles de l'église de Saint-Gervais. Leviel pense que Perrin a dû peindre les armoiries et les chiffres du cardinal de Richelieu, prodigués sur toutes les vitres de l'église et des bâtiments de la Sorbonne.

M. A. Lenoir avait réuni, au musée des Augustins, quelques-uns des vitraux de Perrin provenant de l'église de Saint-Gervais; il en donne l'énumération suivante :

SALLE DU XVIIe SIÈCLE.

N° 9 (*de Saint-Gervais*).

Les martyres de Saint-Gervais et Saint-Protais, peints en grisaille sur deux panneaux, par Perrin, d'après les dessins d'Eustache Lesueur.

N° 10 (*Ibid.*).

La Fuite de la Vierge en Égypte, peinte aussi en grisaille, par le même, d'après Lesueur.

N° 11 (*Ibid.*).

Deux panneaux arabesques, exécutés en grisaille, par le même artiste, d'après Lesueur.

Paris comptait encore, au nombre de ses peintres, LE CLERC père et fils. Le premier fut chargé de travaux assez importants. On lui confia les peintures du chœur de l'église neuve de Saint-Sulpice. Ces vitraux, qui existent encore, sont à fond blanc. D'une exécution assez médiocre, ils n'offrent rien de particulier ni d'intéressant. Cet artiste décora aussi quelques chapelles du pourtour du

(1) PIERRE LEVIEIL, *O. d. c.*, p. 69.

chœur et y montra plus de goût. Il peignit encore les vitres de la chapelle Mazarin, aujourd'hui le palais de l'Institut. Il mourut sans avoir mis son fils en règle avec les statuts et priviléges des peintres verriers. Leclerc fils, ne pouvant obtenir l'autorisation d'établir un fourneau à Paris, fut obligé de se couvrir du nom de Michel Dor, maître verrier, à la charge d'enseigner son art à Dor fils, dont nous parlerons plus tard.

Levieil nous indique encore à Paris, pour le même temps, deux peintres sur verre sur lesquels il nous donne les renseignements suivants :

« Les pères récollets avaient, à la fin du xviie siècle, deux frères de leur ordre peintres sur verre, que le hasard m'a fait connaître; il m'était tombé entre les mains, comme j'avais fait une bonne partie de mon Traité, un manuscrit intitulé : *L'art et la manière de peindre sur verre, tant pour faire les couleurs que pour les couches, avec le dessin du fourneau et la manière de faire pénétrer les couleurs, le tout tiré des vénérables FF. Maurice et Antoine, religieux récollets, très-habiles peintres sur verre, à Paris;* sans date d'année. Charmé de cette découverte, je m'adressai au R. P. Protais, définiteur, pour avoir quelques lumières sur ces frères. Voici ce qu'il m'en apprend d'après la nécrologie historique et chronologique de son ordre : *Article de Verdun : frère* ANTOINE GOBLET, *lay, natif de Dinant, profès en 1687, mort le 18 avril 1721, âgé de 55 ans et 35 ans de religion, avait le talent de peindre sur verre. Article de Nevers : frère* MAURICE MAGET, *lay, natif de Paris, profès en 1681, mort à Nevers le 17 décembre 1709, âgé de 49 ans et 29 ans de religion;* sans rien de plus. Ces deux religieux étant contemporains, le frère Maurice a pu travailler avec le frère Antoine : il existe encore, aux Récollets à Versailles, un frère Juvénal, qui a connu le frère Antoine et a vu plusieurs de ses ouvrages, entre autres son portrait peint sur verre par lui-même et très-ressemblant (1) ».

Le manuscrit de ces religieux nous apprend que, de leur temps, vivait un peintre verrier, nommé BERNIER, mais il ne donne sur lui aucun détail particulier.

Les provinces suivirent les mêmes errements que la capitale. Les écoles abandonnèrent peu à peu les anciennes traditions pour se lancer dans toutes les difficultés de la grande peinture, sans se demander si la plupart n'étaient pas inabordables sur le verre. Ou bien, reprenant les médaillons du xiiie siècle, mais laissant de côté le grand système d'entente de la peinture décorative, portée cependant à un si haut degré dans les premiers temps du moyen âge, elles se mirent à créer de charmants petits vitraux, véritables chefs-d'œuvre de miniature, où la richesse du coloris le disputait à la finesse de la touche.

La ville de Soissons nous offre un exemple remarquable de ce genre de composition. La salle de l'Arquebuse était encore, du temps de Levieil, ornée de dix vitraux, dont les six plus grands n'avaient que dix pieds sur six. Ils furent peints, en 1622, par PIERRE TACHERON, maître vitrier, peintre sur verre de cette ville. Sur chaque verrière, divisée en médaillons avec bordure de fleurs,

(1) LEVIEIL, *O. d. c.*, p. 75.

l'artiste soissonnais peignit les métamorphoses d'Ovide et mérita les suffrages de tous. Louis XIV, se rendant dans les Flandres, en 1667, pour faire valoir les prétendus droits de Marie-Thérèse à l'héritage de ces riches contrées, fut frappé de la beauté de ces vitres et témoigna le désir d'en posséder quelques-unes, mais les préoccupations de la guerre les lui firent ensuite oublier. Pierre Tacheron eut peut-être pour rival CHARLES MINOUFLET, qui fut employé, à la même époque, par les moines de l'abbaye de Saint-Nicaise, à Reims.

La ville d'Arras comptait, au nombre de ses peintres sur verre, PIERRE MATHIEU, dont la réputation attira à son école quelques peintres étrangers, entre autres Jean Van Bronkhorst, d'Utrecht.

La Champagne, le Berri, l'Alsace, le Languedoc même eurent, dans le même temps, des peintres verriers dont l'histoire ne nous a pas conservé les noms, mais dont les œuvres embellissent encore les églises de ces provinces.

En Normandie, nous trouvons un GUILLAUME LEVIEIL, l'aïeul de l'historien. Cet artiste travaille d'abord à l'église de l'hôpital, il se rend ensuite, en 1687, à Orléans, où il entreprend les verrières de l'église de Sainte-Croix. Déjà, à cette époque, la peinture sur verre n'est presque plus qu'un métier : vitres peintes et vitres blanches, Levieil fournit tout. Rappelé, par ses affaires, à Rouen, auprès de sa famille (1), il meurt en 1697 et laisse son établissement à un de ses fils, déjà chargé d'entreprises importantes à Paris.

Langlois cite PHILIPPE GOUST, peintre verrier, qui travaillait à la cathédrale de Rouen de 1605 à 1620; enfin, pour le Limousin, M. l'abbé Texier nous donne les noms de SYLVESTRE PONTUT et de POILLEVET.

Nous avons réservé, pour le chapitre suivant, les artistes dont la carrière s'est particulièrement accomplie durant le siècle suivant, bien que quelques-unes de leurs œuvres appartiennent au xviiᵉ siècle.

<h2 style="text-align:center">VI</h2>

La Belgique arrive à l'apogée de sa gloire dans les arts; Rubens la place à la tête des autres nations. La peinture sur verre devait se ressentir du puissant élan donné par le grand maître flamand, et elle nous présente, en effet, de belles œuvres, dont les principales sont précieusement conservées dans les églises de Bruxelles et d'Anvers.

Nous ne connaissons pas de verrières dont les cartons soient de Rubens. Il est néanmoins très-probable que l'illustre peintre anversois a dû en composer, ce qui n'était pour lui, grâce à son immense facilité, qu'un jeu et un délassement. Si le maître ne nous a pas laissé d'œuvres de ce genre, ou si le xviiiᵉ siècle les a vues périr, du moins sommes-nous plus heureux pour les élèves dont nous possédons les travaux dignes de cette brillante école.

Les plus importantes verrières de la Belgique, au xviiᵉ siècle, ornent les fenêtres de la chapelle de Notre-Dame, dans la collégiale bruxelloise. Un des premiers élèves de Rubens, celui qui l'aida dans

(1) Guillaume Levieil s'était allié à la famille des Jouvenet, les illustres peintres normands.

les peintures de la galerie du Luxembourg, à Paris, THÉODORE VAN THULDEN, de Bois-le-Duc, en composa les cartons ; JEAN DE LA BAER, peintre sur verre à Anvers, exécuta les vitraux.

Les trois premières fenêtres (car la quatrième, un peu moins bonne sous le rapport du dessin, est entièrement l'œuvre de Jean De la Baer) nous permettent d'apprécier le talent de Van Thulden. Il a bien la même manière de faire que le maître, quoique avec un peu moins de légèreté ; c'est la même inspiration, ce sont les mêmes tendances que dans le chef de cette école appelée, par quelques historiens, l'*école matérialiste*. Quelle richesse et quelle ampleur dans les formes! quelle hardiesse de pinceau! quel brillant coloris! La nature est saisie dans ce qu'elle a de beau, de coloré, de joyeux ; les grands personnages posent avec noblesse et dignité dans leur magnifique costume. Mais ne cherchez pas, dans les scènes religieuses qui se partagent la moitié des fenêtres, le sentiment chrétien qui naît de la pratique de l'humilité et de la vertu. Van Dyck est peut-être le seul élève de Rubens qui ait compris, je ne dirai pas le spiritualisme, mais le christianisme ; sans abandonner la pureté des formes, il a répandu sur les personnages saints un charme indéfinissable de grâce et de chasteté, qui, écartant l'esprit de toute idée mondaine, nous engage à nous incliner et à adorer.

Quant à Van Thulden, il ne faut pas lui demander le sentiment chrétien qui existe chez Van Dyck. Malgré la grâce répandue sur les traits de la Vierge, on sent percer les amoureuses formes de la femme et, au lieu d'adorer, on se plaît à admirer ; l'esprit est satisfait, mais l'âme pieuse reste insensible. C'est le même sentiment que l'on éprouve devant le grand tableau de la Descente de croix de Rubens. Le naturel, la vérité des chairs, la beauté du dessin et la fermeté de la touche vous frappent d'étonnement et d'admiration. Mais nous demanderons si jamais on a vu une seule personne frappée de la majestueuse grandeur et de l'imposante sévérité que devrait comporter un pareil sujet, tomber à genoux et verser des torrents de larmes. Nous avouons, pour notre compte, que les Christ de Van Dyck nous remuent et nous touchent profondément, tandis que nous restons insensibles devant les œuvres du chef de l'école anversoise.

Il en est de même pour les œuvres de Van Thulden ; elles sont marquées du cachet du grand maître, mais elles manquent de l'esprit religieux, première condition pour les travaux d'église. Nous avons déjà parlé des verrières dues à cet artiste dans la collégiale de Bruxelles, et nous aurons encore plus tard l'occasion d'y revenir.

JEAN DE LA BAER, d'Anvers, peintre sur verre, fut le collaborateur de Van Thulden et probablement aussi l'élève de Rubens. Quoique habile dessinateur, il se contenta le plus souvent de copier les cartons que lui préparaient d'autres artistes. Le même genre de composition se remarque dans quelques grands vitraux de l'église de Saint-Jacques, à Anvers, et de la collégiale bruxelloise ; quant à ce qui concerne les différents traits de la vie de la sainte Vierge, représentés dans cette dernière église, Descamps, dans son *Voyage*, en avait attribué à tort les dessins à Abraham Van Diepenbeeck ; les cartons signés de Van Thulden et Jean De la Baer existent encore dans les archives de l'église de Sainte-Gudule, à Bruxelles.

Les paroisses d'Anvers renferment des verrières attribuées à VAN DYCK père, PIERRE et JEAN-

BAPTISTE VAN DER VEKEN, JEAN DE LOOSE, HENRI VAN BALEN, ABRAHAM VAN DIEPENBEECK (1). Nous nous y arrêterons lorsque nous traiterons des vitraux belges. Qu'il nous suffise de dire, en ce moment, qu'on y remarque, en général, les mêmes qualités et les mêmes défauts que dans les œuvres de Van Thulden.

VII

La Hollande que nous avons vue si brillante au siècle dernier, continue à soutenir et à encourager ses artistes dans leurs travaux de peinture sur verre. De nombreuses verrières viennent, malgré le puritanisme des réformés, embellir leurs temples.

CLAES-JANSZE est chargé, en 1601, par le bourgmestre de peindre une vitre pour l'église de St-Jean, à Gouda, représentant l'Histoire de la femme adultère; l'inscription nous apprend qu'il en fit la composition et la transporta lui-même sur le verre. On y lit: *Claes-Jansze, fig. et pinx. Rotterdam,* 1601.

CORNEILLE CLOCK, peintre sur verre à Leyden, exécute, en 1601 et 1603, deux verrières pour l'église de Gouda, d'après les cartons du bourgmestre de Leyden, Swanenburg, qui était peintre. Les bourgmestres réunis de Leyden et de Delft en avaient fait la dépense. Elles représentent : l'une la levée du siège de Leyden, l'autre celle du siège de Samarie : c'est le fait et son apologie. Dans le siège de Leyden, on distingue le prince d'Orange, Boisot et les principaux guerriers qui prirent part à cette glorieuse affaire. L'inscription des verrières porte, sauf la variante de la date : *Le bourgmestre Swanenburg inv. et fig. Leyden. Corneille Clock pinx. Leyden,* 1601 et 1603.

GÉRARD DOW, né à Leyden en 1613, était, par son talent minutieux, très-apte à la peinture sur verre. Son père, dont le nom était Dow-Janszoon, le fit sortir de l'atelier du graveur Bartholomé Dolendo, pour entrer dans celui de PIERRE KOWHOORN, peintre sur verre dans la même ville, et dont la principale gloire est d'avoir eu un si brillant élève. Le jeune Gérard Dow passa ensuite dans l'atelier de Rembrandt; celui-ci lui apprit à apporter dans son travail le soin et le fini que lui-même ne mit que dans ses premières œuvres.

« Gérard Dow, dit M. Descamps, est un des peintres hollandais qui a le plus fini ses tableaux. Tout y est précieux, flou et colorié suivant les tons de la nature. Sa couleur n'est point tourmentée par le travail; rien n'y est fatigué. Une touche fraîche et pleine d'art y voile le soin le plus pénible. Ses tableaux conservent autant de vigueur de loin que de près. »

Notre artiste abandonna, jeune encore, la peinture sur verre, pour se livrer exclusivement à la peinture à l'huile. C'est cependant aux premiers travaux de sa jeunesse que l'on attribue l'affaiblissement de la vue qui le força à porter des lunettes et le fit mourir, presque aveugle, en 1674.

Tout le monde connaît les ravissants petits tableaux de Gérard Dow. Il n'en est malheureusement pas de même pour ses compositions sur verre; elles sont complétement inconnues.

(1) Le nom de N. GROULARD se retrouve dans un acte de 1693 provenant des archives de l'ancienne cathédrale de Saint-Lambert. (On en trouve les détails dans la 2ᵐᵉ partie).

La ville d'Utrecht vit de nombreux et habiles peintres sur verre fleurir au xviiᵉ siècle : BYLERT, dont le fils s'illustra dans la peinture d'histoire; JEAN VERCURG et son élève VAN BRONCKHORST; leurs ouvrages ornent les églises d'Amsterdam; BOTH, qui doit en partie sa réputation à ses deux fils, JEAN et ANDRÉ, unis par le cœur aussi bien que par le talent; WESTERHOUT, qui fut le maître de William Tomberge, dont nous parlerons bientôt.

La Hollande est riche en artistes et en œuvres; il n'est pas de villes où l'on n'en rencontre et qui n'aient précieusement conservé les travaux et les noms des peintres; aussi nous pouvons citer encore quelques artistes dont le nombre, pour ce petit pays, dépasse celui des autres contrées.

BERTRAND FOUCHIER, né à Berg-op-Zoom, en 1609 : cet artiste quitta l'atelier de Van Dyck pour apprendre la peinture sur verre, à Utrecht, chez Jean Billaert, d'après Levieil, probablement le Jean Bylert dont nous venons de parler; il voyagea ensuite en Italie et revint travailler, à la peinture sur verre et à l'huile, à Berg-op-Zoom, où il mourut en 1674.

PIERRE JANSSENS, né à Amsterdam en 1612, fut élève de Jean Van Bronckhorst, peintre sur verre, dont il adopta le genre. Quelques belles verrières des Pays-Bas portent sa signature.

ABRAHAM TOORNEVLIET, de Delft, a la gloire d'avoir été le premier maître de Miéris, qui le quitta pour entrer chez Gérard Dow, s'inspirer de sa manière, lutter avec lui et le dépasser.

JACQUES VAN DER ULFT, sur le compte duquel Pierre Levieil s'exprime ainsi :

« On vit à peu près dans le même temps, en Hollande, un de ces hommes dont on peut dire que c'est un problème de savoir si le mérite propre de l'artiste a plus illustré son art, ou si l'art a plus contribué à la gloire de l'artiste. Il naquit à Gorcum, vers l'année 1627, et se nommait Jacques Van der Ulft. Entre les qualités qui servirent à le rendre estimable, son application aux sciences et surtout à celle de la chimie, ne tint pas le dernier rang; c'est à l'étude particulière qu'il en fit qu'il dut la vivacité des couleurs qu'il employa dans ses vitres peintes, en quoi elles approchent beaucoup de celles des frères Crabeth, de Gouda. On voit, de Van der Ulft, de fort belles vitres dans la ville de Gorcum et dans le pays de Gueldres. Il ne s'en tint pas à ce genre de peinture : il excella pareillement dans la peinture à l'huile et mérita d'être regardé comme un des plus habiles peintres hollandais. Plus copiste qu'inventeur, il sut, en copiant, se rendre original; ses figures étaient d'un bon goût de dessin et d'un bon coloris; l'esprit que leur donnait une touche fine et légère, l'avantage qu'il tirait du clair-obscur pour ses groupes caractérisaient singulièrement ses ouvrages; mais ce qui le rendit encore plus recommandable et plus utile à sa patrie, ce fut la bonté de son esprit et la douceur de ses mœurs; elles lui méritèrent les vœux unanimes qui l'élevèrent à la place de bourgmestre. Le temps qu'il donna avec tant d'intelligence au traitement des affaires publiques ne l'empêchait pas d'en trouver encore qu'il consacrait à la peinture. Excellent peintre, juge intègre, ce sont les titres que la postérité lui accorde. L'année de sa mort est restée inconnue. »

HOLSTEYN, peintre sur verre à Harlem, n'est connu que par son fils, CORNILLE HOLSTEYN, bon peintre d'histoire.

TOMBERG ou TOMBERGE, de Gouda, fut chargé, vers le milieu du XVIIe siècle, de la restauration des vitres peintres de l'église de Saint-Jean, à Gouda, où il exerçait la peinture sur verre. Descamps (1) l'appelle Wilhem Tomberge et nous apprend que, quoiqu'il eût travaillé sept ans chez Westerhout, à Utrecht, et ensuite à Bois-le-Duc, chez Van Dyck père, il resta peintre sur verre médiocre.

Tomberg, d'après le livret de Gouda, qui le nomme tantôt David, tantôt Daniel, fut chargé, en 1655, de rétablir une vitre donnée, en 1559, par l'abbé de Berne et peinte par Dirck Van Zyl, laquelle avait été endommagée par un orage dont il ne fixe pas la date. Deux ans après, il reçut ordre des conseillers de la ville de Gouda de peindre leurs armoiries dans une vitre qu'ils avaient projeté d'agrandir, vitré donnée, en 1576, par Guillaume, prince d'Orange, et peinte par Dirck Crabeth. Tout en acceptant le travail, Tomberg émit des doutes sur la réussite de son travail, en déclarant que, *depuis les frères Crabeth, le secret de la peinture sur verre était perdu.* Levieil regarde ces paroles de Tomberg comme inspirées uniquement par la modestie d'un artiste appelé à toucher des œuvres supérieures.

GUÉRARD HOET, un des meilleurs peintres de Hollande; son père et son frère sont revendiqués par nous comme peintres sur verre. Guérard Hoet naquit à Bommel, en 1648; il y reçut les premières notions de dessin de ses parents, qui exerçaient la peinture sur verre, entra bientôt après chez Warnar Van Rysen, que la mort prématurée de son père le força de quitter au bout d'un an, et termina les entreprises de peinture sur verre commencées dans l'atelier paternel. On voit, dans les Pays-Bas, des tableaux d'église de grande dimension, des plafonds d'hôtels et de charmants petits tableaux de chevalet, dus à Guérard Hoet et qui placent cet artiste parmi les plus remarquables peintres du pays. Guérard mourut en 1755, âgé de 85 ans, dans la ville de la Haye, où il résidait depuis neuf ans; son grand âge n'avait aucunement altéré ses facultés et, jusqu'à son dernier moment, son pinceau fut brillant et sa touche fine et légère.

Les siècles les plus brillants des Pays-Bas sont le XVIe et le XVIIe. Nous ne saurions trop engager les artistes à étudier les œuvres exécutées en Hollande ; nulle part les émaux sur verre ne furent mieux entendus. La délicatesse de la touche, la vivacité du coloris et l'entente de la lumière font de quelques verrières, surtout dans les petites compositions, des œuvres d'un prix inestimable. Il est bien entendu que nous ne prétendons pas parler du choix des sujets ni de la valeur morale des compositions qui, comme nous l'avons indiqué, se sont parfois écartées des règles mêmes de la convenance.

VIII

L'Allemagne ne compte, pour le XVIIe siècle, que peu de peintres sur verre. Les œuvres, comme

____

(1) *O. d. c.*, t. I, p. 126, et t. II, p. 9.

les artistes de cette époque, y sont rares. Il ne faut pas en chercher la cause ailleurs que dans la réforme religieuse, qui s'y développa avec tant de rapidité et y suscita de nombreux troubles.

Nous ne pouvons citer que Spielberg, qui pratiqua la peinture sur verre à Dusseldorf. Son fils, Jean Spielberg, qui naquit dans cette ville en 1619, négligea l'atelier paternel pour se livrer exclusivement à la peinture à l'huile. Quant à Henri Goltzius, né en 1558, à Mulbrecht, dans le duché de Juliers, nous en avons déjà parlé au siècle précédent. Henri Goltzius est célèbre par ses nombreuses productions comme dessinateur et graveur ; il peignit aussi sur verre avec non moins d'habileté, mais nous ne connaissons pas ses œuvres.

IX

La Suisse a été sans contredit le pays le plus fécond en vitraux du xviie siècle. M. Jules Labarte en a bien apprécié l'esprit et le caractère ; voici comment il s'exprime (1) : « Au commencement du xve siècle les vitraux peints avaient été employés, comme nous l'avons dit, à la décoration des édifices privés ; ce fut surtout en Allemagne et en Suisse que ce goût se propagea. Nuremberg, Ulm, Fribourg-en-Brisgau possédaient, à la fin du xve siècle et au commencement du xvie, des maîtres verriers du premier mérite (2). De ces écoles sortirent des peintres verriers qui s'établirent dans la Suisse allemande. Ces artistes surent conserver jusqu'au commencement du xviiie siècle le style des grands vitraux du xve, en réunissant au charme produit par l'éclat des vives couleurs des verres teints dans la masse et des verres doublés toute la finesse qu'on peut obtenir dans les carnations et dans les petits sujets, par l'application de couleurs vitrifiables sur du verre incolore.

» En Allemagne et en Suisse, les châteaux, les hôtels de ville, les riches abbayes, les habitations particulières virent leurs fenêtres se garnir de ces charmants vitraux ; ils reproduisaient pour les nobles, les armes de la famille encadrées par des décorations architecturales ; pour les maisons communes, les armoiries de la ville ou du canton, soutenues par des porteurs de bannières revêtus des costumes et des armures du temps ; pour les abbayes, la figure en pied du fondateur de l'ordre. Les bourgeois, les artisans y faisaient placer dans un écu les insignes de leur profession. Souvent enfin, nobles, bourgeois et artisans s'y faisaient représenter dans leur costume avec leurs femmes et leurs enfants.

» Indépendamment du mérite de leur exécution, ces vitraux présentent donc un très-grand intérêt, puisqu'ils font connaître des usages, des costumes, des armes d'un temps déjà bien loin de nous, et qu'ils donnent les portraits de personnages qui, sans avoir un nom historique, ont cependant occupé de leur temps un rang distingué dans les cités qu'ils habitaient. »

Malgré le nombre considérable des vitraux suisses, peu de noms d'artistes ont été conservés ou recueillis. Nous ne pouvons citer pour le xviie siècle que celui de Hegli qui peignit une *Bethsabée*

---

(1) *Description des objets d'art qui composent la collection* Debrugge Duménil, précédée d'une introduction historique par Jules Labarte, Paris, 1847, 1 vol. in-8°, p. 88.

(2) Dr Kugler, *Handbuch der Kunstgeschichte*, S. 766.

au bain pour le bailli de Haffzungeren. (Ce vitrail se trouve dans la belle collection de M. Debrugge Duménil, n° 525).

X

L'Angleterre s'occupait déjà, depuis longtemps, de la fabrication de verres de couleur qu'elle expédiait dans les autres pays; elle avait aussi des ateliers de peinture sur verre, dont les magnifiques produits ornent encore ses principales cathédrales. La réputation de ses artistes ne s'était cependant pas répandue au loin, ou bien peut-être faut-il attribuer à des artistes étrangers un grand nombre des vitraux anglais du siècle dernier; c'est ce que l'on serait tenté de croire en lisant les réflexions suivantes de Levieil (1) :

« Beaucoup de personnes confondent assez ordinairement l'art de peindre sur verre et celui de le colorer. L'Allemagne et l'Angleterre nous fournissent, à la vérité, des tables en feuilles et des vases de verre coloré; je ne sais si l'Allemagne a conservé des peintres sur verre, comme l'art de faire du verre de toutes sortes de couleurs; mais je suis en état d'assurer, d'après cet ouvrage anglais (2) dont j'ai promis quelques extraits en français, qu'en 1758, lorsque ce livret parut, si les Anglais connaissaient l'art de colorer des tables de verre, ils n'avaient pas ou très-peu de peintres qui sussent le colorer, c'est-à-dire en faire des tableaux transparents par le secours de la recuisson, qu'ils pourront cependant porter un jour plus loin que nous. »

Les dernières paroles de Levieil sont prophétiques, car c'est aux Anglais que revient la gloire d'avoir les premiers remis en honneur la peinture sur verre.

Langlois, dans son *Essai* (3), nous fournit quelques noms de peintres verriers anglais, ou tout au moins qui ont travaillé en Angleterre :

BECWITT, l'auteur de la magnifique verrière de la salle des Barons, dans le château d'Arundel, où se voit le roi Jean accordant sa fameuse charte à l'Angleterre.

FOREST, élève de Jarvis, a aidé ce dernier dans le travail de la belle vitre peinte placée au-dessus du maître-autel dans la chapelle de Saint-Georges, à Windsor; elle est d'après West et représente la Résurrection.

JARVIS, qui a peint, de concert avec Forest, son élève, la verrière précitée.

LINGE (BERNARD VAN), peintre flamand, vint s'établir en Angleterre sous le règne de Jacques Ier. Il peignit, en 1636, les vitraux de la chapelle de *Queen's college*, à Oxford, et, en 1641, les vitres nord et sud de la chapelle de *University college*, dans la même ville. Les dernières représentent des sujets tirés de l'Ancien et du Nouveau Testament. Il peignit aussi, aux frais de sir Jean Strangeways, la belle vitre orientale de la chapelle de *Wadham college*, à Oxford; les sujets en sont tirés de la Vie de Jésus-Christ.

(1) *O. d. c.*, p. 74.
(2) *The handmaid to the arts*, 1758. 2 vol. in-4°. Londres et Paris.
(3) *O. d. c.*, p. 261 et suiv.

Dans la chapelle de *Balliol college*, en la même ville, il exécuta, en 1637, une des vitres du nord, représentant saint Philippe et l'eunuque de la reine Candace, et une des vitres du sud, contenant l'histoire de la maladie et de la guérison d'Ézéchias. Enfin, pour la chapelle de *Christ-church college* il fit plusieurs vitraux, dont les principaux sujets sont la destruction de Sodome et de Gomore, et Jésus-Christ discourant avec les docteurs.

MARLOW (LOVEGROVE DE) a peint en grisaille une partie des vitres de la chapelle de *All-Souls*, à Oxford.

John Weale, dans son ouvrage, déjà cité, sur la peinture chrétienne, mentionne, comme ayant travaillé à la *Hall* et à la chapelle du Roi, à Oxford : BERNARD FLOWER, *glazier, southwark;* FRANCIS WILLIAMSON, *of St Olyff, southwark;* et SYMOND SYMONDES, *St Margaret, Westsminster's.*

La peinture sur verre, comme on le voit, commence à prendre en Angleterre d'assez grands développements, qui s'accroîtront encore au siècle suivant.

XI

En parcourant la série des peintres verriers, nous avons, autant que possible, rappelé les œuvres qui leur ont survécu; nous les avons étudiées et appréciées; il ne nous reste qu'à indiquer sommairement les localités principales où l'on rencontre des vitraux encore existants du XVIIe siècle.

La Belgique nous offre, dans la collégiale de Bruxelles, les œuvres capitales et les plus caractéristiques de l'époque.

La France en renferme un assez grand nombre; Paris surtout en possède de très-belles, que jusqu'alors elle a eu le tort de négliger presque entièrement; celles de Saint-Etienne du Mont sont en assez mauvais état. A Saint-Eustache, on voit de grands sujets, et à Saint-Sulpice, dans le chœur, des verrières à fond blanc, qui marquent l'époque de décadence.

Les villes de Troyes, de Chartres, de Bourges, d'Auch, de Toulouse en ont dans leurs églises, mais la plupart sont détériorées. Les roses de la cathédrale d'Orléans sont ornées des armoiries, des chiffres et emblèmes de Louis XIV. La Bibliothèque de Strasbourg conserve une charmante suite de petits vitraux peints par les frères Linck et provenant du cloître de l'abbaye de Malsheim; ils représentent la vie des pères de l'Église et de nombreux paysages. Dans la Bibliothèque de Troyes se voient de beaux vitraux provenant de l'hôtel de l'Arquebuse en la même ville.

M. Villemin en a reproduit plusieurs dans son grand ouvrage sur les monuments inédits (1), et M. Potier y a inséré les intéressantes notes qui suivent : « Quoique nous n'ayons pas la certitude que le charmant vitrail représentant Louis XIII, tirant de l'arquebuse à rouet, ait fait partie de la suite qui décorait autrefois les fenêtres de l'hôtel de l'Arquebuse à Troyes, cependant, comme par son sujet il paraît tout naturellement s'y rapporter, et que d'ailleurs il est constant que des pièces,

(1) *O. d. c.*, pl. 251 et 252.

actuellement en la possession de quelques amateurs, ont été distraites de cette collection, nous le considérerons comme en faisant partie.

» Les vitres précieuses, qui décorent maintenant les fenêtres de la Bibliothèque publique de la ville de Troyes, et qu'on doit considérer comme un monument de la sincère affection des habitants de cette ville pour Henri IV, offrent les principaux événements de la vie de ce monarque révéré. Plusieurs sujets représentent ce qui s'est passé, tant à Paris qu'à Troyes, sous son règne. La suite entière se compose de seize sujets, dont dix reproduisent des scènes, à proprement parler, historiques, telles qu'une vue topographique de la bataille d'Ivry et un tableau de l'entrée de Henri IV à Paris, tandis que les six autres offrent des portraits plus ou moins allégorisés de Henri IV et de Louis XIII. Chacune de ces charmantes peintures, dont deux portent la date de 1624, renferme, outre son sujet principal, un couronnement composé de magnifiques cartouches, reproduisant les armes de France et celles des différents personnages qui jouèrent un rôle dans les scènes représentées. Quelques-uns de ces cartouches contiennent les portraits de Louis XIII et de la reine, entourés de trophées et de guirlandes de fleurs. La plupart de ces vitraux sont en outre accompagnés d'inscriptions et encadrés dans un riche entourage de trophées, composés en partie d'armes à la romaine, et en partie d'armes du temps.

» Le véritable nom de l'artiste auquel on doit ces précieuses peintures est encore un sujet de contestation parmi les savants. Grosley et d'après lui M. Villemin, appellent cet artiste LINARD GON-THIER (1); mais Moréri, Levieil et E.-H. Langlois divisent ce nom, et en appliquent les parties à deux individus différents. Ainsi, selon ces derniers, il aurait existé à Troyes deux frères, tous deux peintres verriers, du nom de GONTHIER, savoir JEAN et LÉONARD, et en outre un troisième artiste, étranger à la famille des précédents, mais originaire comme eux de Troyes, et vivant à la même époque, lequel aurait porté le nom de LINARD. Ces trois artistes auraient vécu vers la fin du xvi⁰ siècle et le commencement du siècle suivant; et Léonard Gonthier, le plus célèbre d'entre eux, serait mort à vingt-huit ans, s'il faut en croire des mémoires manuscrits cités par Moréri. Toutefois, l'époque à laquelle peignait Léonard est bien constatée par des comptes de 1606, 1607 et 1608, cités par Grosley, dans ses *éphémérides*, et desquels il résulte que cet artiste était alors le peintre verrier en titre de l'église et du monastère de Montier-la-Celle, à Troyes. Peut-être, au reste, dans cette confusion de personnages, ne faut-il voir qu'une confusion introduite dans les noms propres par une espèce d'homonymie. Le nom de Léonard, prenant souvent la forme de Liénard, et sans doute, par aphérèse, celle de Linard, aura bien pu être porté indifféremment par Gonthier, sous ces deux formes différentes, sans pour cela que Linard Gonthier cessât d'être différent de Linard tout court.

» Grosley, qui au reste ne parle point de Jean Gontier, cite, comme ayant été les maîtres de Léonard, deux artistes appelés Macadré et Lutereau; et Levieil donne au même pour contemporains et pour élèves Madrain et Cochin. Aucun biographe ne parle de Bazin, que le titre de notre planche

____

(1) Nous ferons observer que nous avons déjà parlé de la famille des GONTIER ou GONTHIER au siècle précédent. Ces artistes appartiennent à la fin du xvi⁰ siècle et au commencement du xvii⁰.

252 mentionne comme ayant travaillé, conjointement avec Gonthier, aux vitres de l'hôtel de l'Arquebuse. »

Nous aurions encore d'autres détails à donner sur les vitraux et les peintres verriers de la ville de Troyes; ils nous seraient fournis par Grosley, J. Quicherat et Assier, mais comme ils se rapportent aux siècles précédents, nous les publierons dans un appendice à la fin de ce volume.

M. l'abbé Texier, en parcourant les départements de la Haute-Vienne, de la Corrèze et de la Creuse, y a trouvé de nombreux débris de peinture sur verre de la même époque.

La Suisse a fourni un nombre considérable de petits vitraux qui sont disséminés dans les collections particulières. Quelques-unes de ces œuvres, souvent du plus grand mérite, portent des signatures qui n'ont encore été jusqu'à présent que bien incomplétement recueillies. C'est un travail complet à entreprendre, travail qui, sans doute, avec l'aide des renseignements puisés dans les archives du pays, fournirait d'intéressants et précieux documents sur l'histoire de la peinture sur verre. L'importante collection de M. Debrugge Duménil est riche en vitraux héraldiques suisses (1). Deux seulement sont signés, ils sont de 1624 et portent le nom de HEGLI; on les trouve classés dans le Catalogue sous les nos 524 et 526. Un autre, sous le n° 525, est signé d'un H et daté de 1624 (2).

Au Musée de Cluny, si riche également en vitraux suisses (il n'en contient pas moins de soixante), on ne trouve qu'une seule inscription portant la signature des artistes. Le vitrail où elle se lit est classé sous le n° 899, et il a pour sujet, *Daniel dans la fosse aux lions*; la légende est la suivante :

Jean Melchior Schmitter, *dit Hug, bourgeois et peintre sur verre, à* Wyl, *en* Thurgovie, *et* Jean-Jacques Rissy, *bourgeois et vitrier à* Liechtensteig, 1610.

Au-dessus on lit :

Les armoiries que vous voyez, nous les avons dédiées à un brave et honnête homme qui a pour nom Dias Grob, à Wasserflu.

La Suisse ne possède plus guère de vitraux du xviie siècle qu'à Coire ; ils représentent des sujets et des blasons.

La Hollande en possède dans les églises de plusieurs de ses villes. Nous nous y sommes trop étendus pour y revenir en ce moment.

En Angleterre, on en trouve à Guilfort (comté de Surrey), dans la chapelle de l'hôpital fondé par l'archevêque Abbot; dans la chapelle de Saint-Georges, à Windsor, et dans plusieurs chapelles des colléges d'Oxford ; enfin, en Allemagne, dans l'église du Saint-Sacrement, à Nüremberg.

XII

Les vitraux du xviie siècle sont, comme on le voit, beaucoup moins nombreux que ceux des siècles précédents ; cela tient à ce que la peinture sur verre, méconnue dans son esprit et ses procédés, commençait à tomber tout à fait en défaveur.

(1) Voir le Catalogue déjà cité, p. 312.
(2) Un autre vitrail, classé sous le n° 505, porte la signature de Macuel et la date de 1590.
Le docteur Kugler, dans son ouvrage intitulé : *Handbuch der Kunstgeschicte*, nomme, parmi les plus habiles maîtres verriers de la même époque, les frères Stimmer et Christoph Maurer, qui florissaient vers la fin du xvie siècle.

Non-seulement les verrières nouvelles devinrent chaque jour plus rares, mais les anciennes disparurent peu à peu. Le défaut d'entretien, la malignité, les séditions en ruinaient quelques-unes. Le goût pour ce genre de décoration allait s'affaiblissant ; on ne tenait guère aux anciennes vitres peintes et, pour le moindre motif, on les remplaçait par du verre blanc.

Une cause particulière fit disparaître beaucoup de verrières. La mode vint de placer dans les églises des mausolées de style classique, et de grands tableaux que l'on appendait aux murs. Ces œuvres d'art nécessitaient un jour pur et blanc. Tantôt les rayons lumineusement colorés par les vitraux peints nuisaient considérablement aux peintures, d'autres fois le jour trop amoindri n'éclairait pas suffisamment les riches mais pâles sculptures, dont l'Italie fournissait le style et la matière.

M. l'abbé Texier, dont nous aimons à citer les sages et justes observations, sentait ce que nous venons d'exposer, quand il écrivait les lignes suivantes (1) : « Bientôt il fut de bon goût de réclamer de la lumière. Les marbres pâles et froids, les revêtements sans élégance appelaient un jour plus abondant pour se montrer dans toute la gloire de leur nudité prosaïque. On avait intronisé, dans nos églises gothiques, un art prétendu grec ; au défaut du soleil oriental, il lui fallait une lumière qui en fût aussi la contrefaçon !.... Les fourneaux des verriers s'éteignirent dans l'indifférence générale, et cet art, français par excellence, mourut au moment où la foi semblait mourir : il est glorieusement ressuscité avec elle ! »

Les archives des églises sont remplies de décisions par lesquelles les chapitres ou les fabriques ordonnaient de sacrifier les verrières aux nouveaux embellissements intérieurs des édifices. En voici quelques exemples, rapportés par M. l'abbé Bulteau, dans son *Histoire de la cathédrale de Chartres* (2).

« M. le doyen dit que Messieurs de la commission à la décoration s'assemblèrent hier, que leur ayant été proposé par le sieur Berruer, sculpteur, de donner du jour à son ouvrage de l'entrée du chœur, ils avaient été d'avis de faire faire des bordures de verre blanc aux quatre croisées qui répondent aux deux côtés de l'entrée du chœur ; qu'il en pourra coûter environ 120 livres par croisée. — Messieurs de la commission *authorisés* de faire faire lesdites bordures. »

(Extrait des registres capitulaires du 3 décembre 1768.)

A la 45e fenêtre du transsept septentrional, le vitrail a en effet une bordure en verre blanc qui date de cette époque.

Les 33e, 54e et 55e fenêtres des nefs et transsept sur lesquelles se voyaient les donateurs avec leurs armoiries, le roi saint Louis, Louis de France, fils de saint Louis, et Guillaume de la Ferté-Hernaud, ont été vitrées de verre blanc en 1775. Le registre capitulaire nous en donne l'explication à la date du 21 avril 1775 :

« M. d'Archambault, l'un de Messieurs les commis à la décoration, s'est mis au bureau et a dit qu'il demandait si, suivant le désir de M. Bridan, il serait fait en verre de Bohême deux croisées de chaque costé au-dessus des portes collatérales pour mieux éclairer le groupe de l'Assomption. —

(1) *O. d. c.*, p. 86.
(2) *O. d. c.*, p. 201, 208 et 213.

Acte. Les vitrages seront faits ainsi qu'il est ci-dessus expliqué. » Le vitrier Roussel reçut 900 livres pour avoir garni ces quatre fenêtres en verre blanc.

La 54e fenêtre eut ses vitres peintes remplacées en 1786 par du verre blanc pour éclairer le chœur provisoire établi au centre du transsept, durant les travaux de la décoration du chœur.

Les mêmes actes d'ignorance et de vandalisme furent commis dans presque toutes les églises (1).

XIII

Nous terminerons ce qui concerne le xviie siècle par un exemple (2) qui donnera la juste mesure de l'état de la peinture sur verre à cette époque et nous fera de plus connaître quelques noms de peintres verriers.

(1) Nous croyons devoir donner ici la note suivante, extraite de Levieil, p. 104, qui établit le prix du verre de couleur, *à la fin du* xviie *siècle.*

« Je finis ces observations sur le verre rouge par la copie que j'ai trouvée dans les papiers de feu mon père, d'un compte arrêté en 1689, entre le sieur Perrot, maître d'une verrerie, près Orléans, et Guillaume Levieil, mon aïeul, entrepreneur des vitres des roses et des vitraux de la nef de l'église de Sainte-Croix de la même ville. Elle servira entre autres choses à prouver que le prix du verre rouge était, à la fin du xviie siècle, du tiers en sus de celui du verre des autres couleurs.

Du 3 septembre 1689 (porte ce compte), M. Levieil, entrepreneur des vitres de Sainte-Croix, doit au sieur Perrot de la verrerie d'Orléans, pour les vitres de couleur qu'il a livrées ce jourd'hui, savoir :

Cent trente-sept pieds et demi de couleur bleue, à 25 sous le pied, valent . . . . 171 liv. 15 s.
Plus soixante et quinze pieds de verre audit prix. . . . . 95 » 15 »
Plus soixante et quinze pieds de rouge, à 35 sous le pied . . . . 131 » 5 »

Au bas est l'acceptation et reconnaissance de cette fourniture par Levieil, puis la quittance du sieur Perrot, de la somme de trois cent quatre-vingt-seize livres quinze sous pour le total.

Voici en outre quelques détails fournis par Félibien sur le verre tel qu'on le trouvait dans le commerce en France :

« Le verre blanc et le meilleur qu'on employe aujourd'hui se fait dans la forest de Gastine par de là Montoire, il est de pure fougère.

» L'autre se fait à Chambray près de Conches en Normandie, et n'est pas si blanc. Il s'en fait encore de la mesme sorte, proche de Lyons près de Rouen.

» Tout le verre qui se fait est par *tables* ou par *pièces rondes* ou *longues.*

» Celui qu'on appelle à présent de Lorraine, se fait à Nevers; il est par tables et par pièces longues, et un peu étroites en bas, c'est-à-dire qu'il n'a point de nœud au milieu. Il se coule sur le sable, au lieu que les autres le soufflent avec une verge de fer creuse, ce qui fait qu'ils sont ronds, et ont un nœud, qu'on appelle *œil de bœuf,* quand on l'emploie.

» Les pièces de verre rond se vendent à la *somme ou au pannier,* il y en a vingt-quatre au pannier, et cela s'appelle vingt-quatre *plats de verre.* Les plats ont deux pieds, six à sept pouces ou environ de diamètre.

» Les tables se vendent au *balot* ou *balon,* qui contient vingt-cinq *liens,* et le lien contient six tables de verre blanc; chaque table a deux pieds et demi de verre en quarré ou environ.

» Quand le verre est de couleur, il n'y a que douze liens et demi au balot, et trois tables à chaque lien.

» Il ne se fait du verre de couleur qu'en tables, et c'est de ces verres de couleur, dont on se servait beaucoup anciennement, et qu'on voit aux vitres des églises, où l'on ombrait les plis des vêtements avec des couleurs plus obscures qu'on faisait recuire. »

Des principes de l'architecture, de la sculpture et de la peinture, par M. Félibien, secrétaire de l'Académie des sciences et historiographe des bâtiments du Roi. 1 vol. in-4·, Paris, 1699, p. 190.

(2) Cet exemple est tiré d'un article intitulé : *Agonie de la peinture sur verre,* fourni par M. l'abbé Caneto aux *Annales archéologiques* (Année 1850, t. 10, p. 26).

En 1659, les travaux de réédification de la cathédrale d'Auch touchaient à leur terme, Dominique de Vic, qui occupait le siége épiscopal de cette ville depuis 1654, songea à compléter la vitrerie. « Dans le choix des vitraux, dit M. l'abbé Caneto, on devait s'arrêter naturellement à continuer cette riche décoration selon l'idée déjà exécutée dans les deux grandes zones de baies à jour
qui éclairent le haut et le bas du chevet. » Nous lisons, en effet, à la date du 12 décembre 1639,
dans un compte-rendu des recherches déjà faites à cette fin : « De plus, est à remarquer qu'on désire faire les vitres en deux façons, sçavoir les dix-huit d'en haut les faire de verre blanc avec les
bordures peintes, et en outre le haut, qui sera en tiers point, sera aussi peint. Les quinze restantes,
en ce comprins les trois os (roses), les faire toutes peintes en grandes et belles figures de personnages et armoiries qui surpassent le naturel, accompaignés de quelques beaux desseings soict d'architecture, soict de quelque autre riche invention, en sorte qu'il n'y paraisse pas un pouce de verre
blanc, le tout conforme au reste des vitres de l'église proportion observée. Et pour ce qui est des
figures, on baillera par estat ce qu'on désirera qu'elles représentent et en cette peinture est requis,
jusques à présent étant la besoigne un peu difficile, quoiqu'en Goiscoygne il y ait quel qu'habile
maitre capable de l'entreprendre. »

On décida que l'on diviserait *la besoigne suiuant les espèces* et que l'on *baillerait à faire la fer-
rure au serrurier et la vitrerie avec la plomberie aux vitriers.* En conséquence, des informations
furent prises et des propositions furent faites à différents peintres verriers. Quatre documents de
cette époque existent encore: l'un est la réponse signée de la main d'un artiste, du nom de RIMAUGIA,
demeurant rue de la Vannerie, proche les Recommanderesses, à Paris, et aussi peu versé dans la
connaissance de la peinture que dans celle de l'orthographe.

Rimaugia discute la qualité du verre, déclare qu'il ne pourra fournir du verre fabriqué dans
la Lorraine, parce que la guerre a ruiné les maîtres verriers, abattu les fourneaux, et dispersé
les ouvriers, mais que l'on pourra en faire fabriquer ailleurs d'aussi bon par des ouvriers lor-
rains.

Quant au prix :

« Il nous est donc nesesere de respondre à la demende quy nous estes fette pour le prix de la
besougne, a sauoir celle quy est pinte en figure sur vere de coulleur appelez grand besougne et
l'aultre quy est peinte en esmail requiet comme bordures, armes, cartouches et timbres, etc.

» Premièrement pour le pris du pieds de roy assauoir la grande besougne quy est labourée sur
le vere de couleur nous la vendons coutumièrement six liures le pied de roy.

» Plus pour les bordures requistes en émail vallent quatre liures le pied de roy.

» Plus pour le vere blanc vault douze soltz le pieds de roy sens rien rabattre par ce que l'on
nous a dict demender le prix au juste. »

Rimaugia termine par cette caractéristique réserve :

« Et s'il advenoit que nous conuenions du pris ensemble, il est à propos de vous fere assauoir
que *vous ferez fere les desins des histoires que vous trouuerez propre et les fere designer sur le
papier de la grandeur des susdittes formes.* »

Les autres mémoires ne sont que des copies sans nom d'auteur, mais une courte note, portant la date du 6 novembre 1640, nous fait connaître les noms de trois autres artistes : Nicolas Chanen, Antoine Poreser et Nicolas le Lorraing ; elle est ainsi conçue :

« On nous a dict que le meilleur maistre appresteur est nommé Nicolas Chanen, logé à la rue des Billettes. Il travaille à la Bastille, et à la maison professe de Saint-Louis; il a fait les vitres du Saint-Esprit en Greue. — Il y a un autre maistre, A. Poreser, logé près de Saint-Jacques la Boucherie. — Il y en a un autre nommé Nicolas le Lorraing qui travaille à Saint-Louis. Lui et Chanen ont entreprins cette besoigne. Il n'est pas maistre quoyqu'il travaille mieux que les autres. »

Une lettre autographe de 1643 nous apprend que l'on cherchait encore à ce moment, et des peintres verriers et du verre de couleur pour la confection des verrières. Voici cette lettre :

A Messieurs, Messieurs du chapitre de l'église métropolitaine de Sainte-Marie
d'Aux, a Aux (Auch).

« Ces lignes seruiront pour vous faire scavoir que iay escrit en plusieurs villes les plus trafriquantes de la France pour recouurer de verre de couleur et n'en ay point trouué. Iay parle aveeq ces gentils hommes qui font le verre à la Prade, mais ie nay pas peu auoir bonne responce d'eux et crois qu'ils ne sont point assuré en leur fait, mais un de leur gens ma aduerti quon en pourra faire a la verriere de Neuers, ou iay escrit au maistre gentilhomme qui fait le verre, qui s'appelle Charles de Hanse et attend la response. Si tost ie l'auray receue ie vous aduertiray. Si vous estes en la mesme volonté de faire faire vos vitres d'apprest, il vous plaira m'escrire un mot de response qui me pourra seruir d'asseurance sur laquelle ie les feray travailler. S'il y a moyen de nous accorder du pris, il ne vous faut pas regarder peu de chose, car le verre de couleur sera fort cher. Si tost que nous serons d'accord du pris je pourray commencer à prendre mes mesures et faire les dessins de vitres et prendre résolution d'aller demeurer à Aux au plustost, ou tout ce que depend de moy ie tacheray a faire mon possible de vous contenter et attendant ie feray provision de verre blanc a cause de la commodité qui se trouve à Thle (Tholose ou Toulouse) pour le present. S'il vous plaisait escrire a Neuers à ce gentilhomme qui fait le verre, comme vous aves des amis et credit par tout, vous feres plus aveeq une parolle que moy avec de l'argent. Vous pourres addresser vos lettres à Moulins en Bourbonnais chez M. Maugin marchant, pour le faire tenir à M. Charles de Hanse au bois Gisi paroisse de Souigny à Neuers, finissant je demeure

« Messieurs Vre très humble et affectionné serviteur,
» Jacques Damen. »

« Le peu qui nous reste des anciennes archives, dit M. l'abbé Caneto, ne nous dit rien de précis ni de la patrie de Jacques Damen, ni de la *responce* qu'il sollicite *pour lui servir d'asseurance*. Il est vraisemblable qu'il se trouvait alors à Toulouse, c'est-à-dire à portée, comme il le dit, de faire provision de verre blanc. Nous ferons observer qu'il se propose de venir se fixer à Auch, où il promet de ne rien négliger pour donner satisfaction au clergé de la métropole..... Nous ne savons quel parti eut la préférence en assemblée capitulaire. Toutefois nous aimons à nous persuader que Jacques Damen vint en effet prendre domicile à Auch..... Louis Clément, de Brugelles, qui appelle DENEIS le peintre qui posa les vitraux des chapelles latérales, n'aurait-il pas, soit erreur, soit inadvertance, défiguré le vrai nom de Damen, comme il l'a fait pour tant d'autres? »

On s'était promis beaucoup : les basses vitres devaient être peintes *en grandes et belles figures de personnages et de quelques beaux desseings soict d'architecture, soict de quelqu'autre riche invention, en sorte qu'il n'y paraisse pas un pouce de verre blanc; le tout conforme au reste des vitres de l'église, proportion observée;* mais l'exécution fut bien inférieure à l'idée préconçue, les vitres furent blanches, les frises et les impostes seules reçurent des sujets et des ornements peints. M. l'abbé Caneto se charge de nous en expliquer la raison :

« Si dans les basses fenêtres qui se trouvent à l'ouest du transsept, on n'a pas suivi le plan d'ornementation arrêté en 1659, conformément aux verrières du chevet, c'est beaucoup moins la faute des hommes que celle d'une époque qui n'eut jamais le moindre encouragement pour l'ancienne peinture monumentale sur verre. Reléguée dans les frises et les bordures des grands panneaux blancs, ou tout au plus dans les impostes et les rosaces, la peinture en apprêt elle-même ne reproduisait guère plus, dès les premières années du règne de Louis XIV, que des armoiries, des emblèmes, des devises, des fruits ou des fleurs. Encore est-il bien facile de remarquer, dans les œuvres de cette époque, l'absence complète des beaux verres rouges et jaunes, teints dans la masse, comme on les préparait dans les verreries des époques antérieures. Dans notre cathédrale d'Auch, par exemple, ces deux riches couleurs, d'un éclat à la fois moelleux et éblouissant, constituent l'un des rares mérites des basses verrières qui rayonnent autour du chœur, tandis que dans les trois roses et les trente fenêtres qui font suite à l'occident, elles sont remplacées par du verre rouge sanguin, ou bien oranger, simplement coloré au moufle.

» Enfin, loin de favoriser la grande peinture sur verre, le siècle de Louis XIV vit trop souvent substituer des panneaux entièrement blancs aux verrières de couleur, sous le frivole prétexte d'éclairer les tableaux à l'huile, alors toujours plus nombreux dans les églises; ou bien encore, afin de donner plus de lumière aux anciens du sacerdoce, dont l'âge aurait affaibli la vue. Aussi, quoique les rangs des peintres verriers fussent singulièrement éclaircis, cet art pouvait à peine suffire, surtout en France, à l'existence de ceux qui tentaient encore, à leur manière, des efforts inutiles pour en perpétuer les traditions. »

XIV

Le XVIIe siècle ressemble à ces bouquets de feux d'artifice, qui réunissant en une seule gerbe tous les feux et toutes les flammes, éclatent soudain dans les airs, dissipent les ténèbres, brillent de mille lueurs diverses, illuminent tout le paysage, et bientôt s'éteignent pour laisser régner la nuit et ses ombres. A part la valeur morale des compositions, aucun siècle ne nous offre des œuvres plus grandioses que celles de la collégiale bruxelloise ou des églises de Paris, ni de sujets plus fins, plus délicatement touchés que ceux des charmants vitraux des charniers.

Mais hélas! les maîtres si habiles qui ont confondu le panneau de verre avec la toile, qui ont fait disparaître les différences du travail pour ces genres pourtant si opposés, se lasseront bientôt de confier le fruit de leurs études, le gage de cette gloire mondaine qui leur est maintenant si précieuse, à un subjectile aussi fragile que le verre, et les peintres verriers, ne comprenant plus l'importance de leur mission, disparaîtront des églises pour n'y plus laisser que les vitriers.

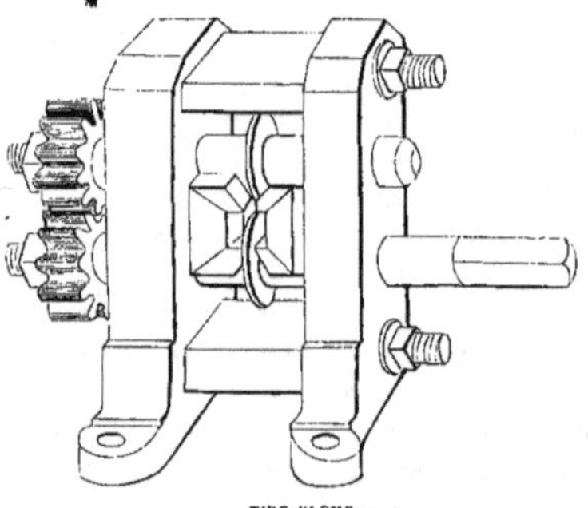

TIRE-PLOMB.

Cette figure explique le tire-plomb mieux que ne pourrait le faire la description la plus complète. Cet appareil, comme on peut en juger à la simple inspection, se démonte facilement et peut recevoir des pièces de rechange pour obtenir des bandes de plomb plus ou moins fortes. Un lingot de plomb de 0^m,50 de longueur, donne une bande étirée d'environ 0^m,80. (Voir pour la technique ce que nous avons dit du tire-plomb, page 119.)

CHAPITRE VIII.

XVIIIe siècle.

(1)

I

A technique de la peinture sur verre se compliquait de plus en plus. Les verres teints dans la masse devenaient d'un prix élevé, d'un emploi rare, et les couleurs d'émail obtenaient toujours la préférence. Mais comme on ne pouvait coucher indistinctement les émaux sur toutes les espèces de verre, il était difficile de s'en procurer ayant les qualités nécessaires. Le verre de France, connu dans les verreries sous le nom de verre de couleur, ou verre à la rose était trop mince, suivant Pierre Levieil (2), celui de Bohême trop chargé de sels ; celui de Saint-Quirin, vulgairement appelé verre d'Alsace, était le meilleur, à défaut du verre d'Angleterre (5)

(1) Chiffre de Louis XIV peint sur les vitres du palais de Versailles par Pierre Levieil.

(2) *O. d. c.*, 2me partie, p. 104.

(5) Ephraïm Chambers (dans son grand ouvrage intitulé : *Cyclopædia or Dictionnary of arts and sciences*, 2 vol. in-folio, 1750, et Supplém., 2 vol. in-fol., 1855), donne sur le verre anglais les détails suivants, qu'il avait puisés dans le *Builder's dictionnary* :

« Le verre à couronne anglaise est de deux espèces : le premier, le plus beau et le plus limpide, se fabrique à *Ratcliff*, à *Bear-Garden on the bank-side, Southwark*, et se nomme *Ratcliff crown glass*. Il se vend à raison de 24 tables à la case ; la table est ronde et porte trois pieds, six pouces de diamètre.

» Le deuxième moins pur et un peu plus sombre, se fabrique à *Lambeth* et est connu dans le commerce sous le nom de *Lambeth crown glass*.

» *Le verre de Newcastle* est le plus usité, quoiqu'il ne soit pas le plus beau, sa couleur est légèrement cendrée, il renferme des taches, des fils, d'autres défauts, et souvent il est gauche ; on le trouve dans le commerce par tables de cinq pieds de superficie, à raison de 40 à la case, ou par tables de six pieds et de 55 seulement à la case.

» Les soudes sont tirées de Syrie, mais le plus souvent des environs d'Alicante en Espagne ; les dernières renferment des substances étrangères que les Espagnols y introduisent pour en augmenter le poids, et doivent subir un travail préparatoire d'épuration avant de pouvoir être utilisées. »

Chambers donne aussi sur le verre français quelques détails qu'il avait empruntés, en partie, à Félibien :

« Le verre français ou normand, ainsi nommé parce qu'il se tire de la Normandie, se fabrique exclusivement dans neuf établissements, quatre sont situés dans la forêt de Lyons, quatre dans les environs de la ville d'Eu, et l'autre à Beaumont près Rouen. Ce verre est un peu plus clair que notre verre à couronne, il donne au papier blanc une teinte bleue, on le vend à raison de 56 tables à la case. »

Le dernier renseignement sur la manière dont on livre le verre dans le commerce français diffère légèrement de celle qui est indiquée par Félibien, mais cette différence s'explique facilement en admettant que les dispositions commerciales variaient suivant les contrées.

« Le verre allemand, ajoute Chambers, est de deux espèces, le blanc et le vert : le blanc contient des fils dont les lois françaises prohibaient l'importation. Les peintres n'étaient plus préoccupés que du désir d'enrichir leur palette et de trouver le verre le plus propre à supporter leurs couleurs vitrifiables.

Les ouvrages sur les émaux se multiplient. Voici venir les traités de l'art de la verrerie de Jean Kunckel de Lowenstern (1), du baron d'Holbach (2) et d'Haudicquer de Blancourt (3), commentateurs et continuateurs de Néri. Après eux paraissent les *Dictionnaires de chimie et d'histoire naturelle* de Macquer et de Schaw, les *Encyclopédies*, le *Journal* de Trévoux, les lettres édifiantes et différents mémoires. Les artistes n'ont que l'embarras du choix pour s'éclairer. Pierre Levieil, à la fin du siècle, résume tous les travaux accomplis et les offre en un traité complet.

comme celui de Newcastle, quoi qu'il soit cependant exempt de taches et des autres défauts; le vert est plus plane et moins gauche que celui de Newcastle.

Le verre hollandais se rapproche beaucoup de celui de Newcastle pour la couleur et le prix, mais souvent il est très-gauche, et les tables de petite dimension. »

(Extrait de la *Cyclopædia*. Voir le mot *glass*.)

Haudicquer de Blancourt, dans son livre intitulé : *De l'art de la verrerie* (1 vol. in-8e, Paris, 1697, p. 45), nous fait connaître l'origine et l'histoire des verreries du comte d'Eu : « ANTOINE DE BROSSARD, Escuyer, seigneur de Saint-Martin et de Saint-Brice, et Escuyer de Charles d'Artois comte d'Eu, prince du sang royal; trouva cet art si beau et si considérable, qu'ayant sçeu qu'il ne dérogeait pas, il obtint de ce prince, en l'année 1453, une concession de verrerie dans tout son comté d'Eu, pour travailler ou faire travailler au gros verre, avec promesse de n'en souffrir établir aucune autre dans son comté, et plusieurs autres beaux priviléges que ce prince lui accorda.......

« Depuis Antoine de Brossard qui obtint cette concession de verrerie au comté d'Eu, les ainez de cette branche ont toujours fait exercer cet art, jusqu'à la fin du siècle passé qu'ils cessèrent de le faire, après la mort de Charles de Brossard, chevalier, seigneur de Saint-Martin et de Saint-Brice tué au siége de Chartres en l'année 1591...... Dès que les ainez en eurent cessé l'exercice, les cadets ne manquèrent pas de le continuer comme ils le font encore aujourdhuy. »

Haudicquer de Blancourt cite parmi les gentils-hommes verriers de Normandie : MM. DE CAQUERAY qui acquirent le droit de verrerie par l'alliance que fit un de leurs ancêtres, en l'année 1468, avec une fille d'Antoine de Brossard; MM. VAILLANT qui obtinrent le droit de grosse verrerie pour récompense de service; MM. DE VIRGILLE, DE LA MAIRIE, DE SAGNIER et DE BONGARD; et il y ajoute qu'il y en avait beaucoup d'autres qui « *furent confirmés en leur noblesse pendant la dernière recherche de l'année* 1667. »

Beneton de Perrin, dans sa *Dissertation* sur la verrerie, insérée aux Mémoires de Trévoux, octobre 1755, cite les mêmes familles comme possédant, de son temps, des priviléges de verrerie, et ajoute qu'on fut obligé de venir en Normandie chercher des Messieurs (c'est ainsi qu'on appelait les gentils-hommes verriers) quand on voulut établir des manufactures de verre en *Champagne*, en *Haynault*, au *Pais-du-Maine*, en *Anjou* et à *Alençon*.

A Paris les verriers formaient une communauté, et nous lisons dans le *Dictionnaire des origines, découvertes, inventions et établissements* (3 vol. in-8e, Paris, 1777, p. 607), qu'en 1658 ils firent renouveler les statuts qui leur avaient été octroyés par Henry IV le 20 mars 1600.

On sait que les verreries de Bohême étaient les plus renommées de l'Allemagne; or, nous trouvons, dans l'*Indicateur universel et méthodique, contenant les découvertes modernes en faveur des sciences, des arts, du commerce et de la marine, etc.* (2 vol. in-8e, Paris, 1787), que dans la Gallicle on venait d'établir depuis peu des verreries à l'instar de celles de Bohême (1er vol., p. 506).

Le roi de Suède, à la même époque, défendait l'entrée de toutes sortes de verres, excepté du verre à vitre, pour favoriser le développement des manufactures du pays (Voir le *Journal historique*, mars, 1728).

De tous côtés enfin les Gouvernements protégeaient et activaient la fabrication du verre comme s'ils pressentaient que cette industrie allait devenir une des plus importantes des temps modernes, et si la peinture sur verre a souffert pendant près d'un siècle du progrès immense accompli dans la confection du verre, elle doit aujourd'hui s'en réjouir et en profiter.

(1) *Art de la verrerie*, 2 vol. in-12, Paris, 1718.

(2)   *Id.*   *id.*,   1 vol. in-4o, Paris, 1752.

(3)   *Id.*   *id.*,

II

Malgré toutes ces recherches, la chimie, la physique et l'histoire naturelle étaient encore à l'état d'enfance. La confusion plutôt que le progrès semblait sortir des études des savants. Les émaux étaient d'une application difficile, et les vitraux que nous possédons encore de cette époque prouvent, par leur état presque général de dégradation, combien ils étaient peu réussis à la cuisson.

Pierre Levieil, le plus sincère et le plus instruit de tous les artistes de son époque, en était arrivé à voir les émaux partout. « J'ai entre les mains et sous les yeux, dit-il (1), des morceaux de verre rouge du treizième ou du quatorzième siècle, sur lesquels on distingue aisément la trace de la brosse dont on se servait pour étendre et coucher sur un verre nu ce *vernis rouge,* ainsi que Kunckel l'appelle. »

Nous avons déjà expliqué (page 47), que les veines que l'on remarque sur le verre rouge du XIIIe siècle proviennent uniquement du mélange imparfait de l'oxyde colorant, dans le creuset, avec le verre en fusion, et que les verres à plusieurs couches sont ainsi formés dans la fabrication et non par des émaux appliqués après coup.

On comprend difficilement que Levieil n'ait pas saisi le mécanisme des verres doublés dont il devait posséder cependant de nombreux spécimens : nous trouvons la preuve de son ignorance à ce sujet dans le passage suivant : « J'ai voulu faire faire du verre rouge (teinté dans la masse), dans les verreries de Bohême, d'où j'ai tiré une assez grande quantité de verre en tables de toutes les autres couleurs de parfaite beauté, si l'on excepte le vert, et quoique j'eusse consenti à une augmentation de deux tiers en sus du prix des autres couleurs, je n'ai pu obtenir des verriers de ce royaume de m'en faire un envoi. » Cet envoi était impossible puisque jamais on n'a fabriqué de bon verre rouge teinté en plein dans la masse.

Sa pensée se traduit plus clairement encore dans les lignes suivantes :

« J'en augure que la difficulté du succès dans la teinture des masses de verre en rouge porta les peintres vitriers à faire, ou par eux-mêmes, ou par les verriers, l'essai d'un émail rouge fondant, qui, réduit en poudre impalpable et détrempé à l'eau, était étendu et couché avec art sur le verre destitué de couleurs par le secours du pinceau ou de la brosse, en autant de couches que la nuance désirée le demandait; que ces tables ainsi enduites de ce vernis rouge, étaient portées dans un fourneau pour y faire cuire et parfondre la couleur qui y avait été couchée; que de là ils obtinrent ces différentes nuances de verre rouge plus clair ou plus foncé, suivant le besoin, sans lui rien ôter de sa transparence. »

Il paraît, au reste, que la France ne produisait plus, déjà depuis longtemps, de tables de verre de couleur satisfaisante, car Levieil ajoute un peu plus loin : « J'ai conservé deux tables de verre de couleur, d'environ un pied de superficie chacune, l'une bleue, l'autre verte, que mon père fit venir de Rouen après le décès du sien; elles montrent assez par leur contexture d'un verre dur et

___

(1) *Art de la verrerie,* 2me partie, p. 104.

épais, et leur surface ondée et raboteuse, combien l'art de la verrerie dans ce genre était déchu de l'état où il était dans le xvie siècle. »

Pour connaître les procédés et les difficultés de cuisson des émaux au xviiie siècle, il faut se reporter à l'ouvrage de Pierre Levieil, qui est en quelque sorte le dernier jalon planté dans l'histoire de la peinture sur verre, de même que le premier avait été placé au début par le moine Théophile.

III

L'émail blanc est plus fréquemment employé au xviiie siècle que dans les siècles précédents. Déjà au xvie cependant il apparaît sur les vitraux, nous en avons constaté la présence sur les grandes vitres de la collégiale bruxelloise, qui sont de la première moitié du xvie siècle.

Cette couleur semblerait avoir été employée un peu plus tard en France. C'est Philibert de l'Orme qui nous en annonce la venue, par les lignes suivantes extraites de son *Traité d'architecture :*

« Il faut que l'architecte face encor ce service au seigneur, de faire un devis pour toutes les vitres qui seront nécessaires en tout le bâtiment, soit de verre blanc, ou voirre peint, ou en façç d'émail, comme sont les vitres que j'ay fait faire au chasteau d'Anet, qui *ont esté des premières veuës en France pour émail blanc.* Aussi il donnera les devises et histoires pour y mettre, mais telles qu'il plaira au seigneur. D'avantage il donnera la façon et la grosseur du plomb lié, avecques tant de verges de fer et barres qui y pourrât entrer, selon la grosseur des fenêtres (1). »

Au xvie siècle l'émail blanc n'est guère employé que comme glacis pour donner, au moyen de son opacité, de la force et de l'harmonie aux tons. Levieil, lui-même l'avait constaté, et nous l'indique ainsi en parlant de l'émail blanc :

« Les meilleurs peintres vitriers du xvie siècle, ont connu cette couleur blanche et l'ont utilement employée. On voit encore de très-belles grisailles anciennes, glacées d'un lacis de cette couleur. »

Au xviie l'emploi en est très-fréquent; mais au xviiie, il devient général et forme une des couleurs principales.

Dans les deux vitres, reproduites par les planches 52 et 53 de notre ouvrage, l'émail blanc est dominant.

Nous ferons observer que l'émail blanc est tout à fait inutile au peintre verrier et que son emploi, surtout comme couleur principale, ne pouvait avoir lieu que dans une époque de décadence.

IV

Sauf quelques verrières à grands sujets qui apparaissent dans la première moitié du xviiie siècle, on remarque surtout des vitres dont les couleurs criardes sont combinées sans goût et sans la moindre entente de l'harmonie des tons. Le jaune orangé, très-vif, le rouge et le violet dominent.

____

(1) L'*Architecture de Philibert de l'Orme,* conseiller et aumônier ordinaire du Roi et abbé de Saint-Serge lez-Angiers. 1 vol. in-fol., Paris, 1576, chap. XIX, p. 50.

On se contente souvent d'une combinaison géométrique de verres de couleur, principalement pour les roses. Les bordures en échiquier sont fréquentes, et parfois, comme à Anvers, on osera réparer de magnifiques verrières des xvie et xviie siècles, ou plutôt on en agrandira et l'on en bouchera les trous au moyen de pièces à échiquier de couleurs tranchantes qui produisent le plus bizarre et le plus triste effet au milieu de ces chefs d'œuvre méconnus, et cela existe encore au moment où nous écrivons ces lignes (1); souvent aussi on ne fera qu'entourer les verrières d'une bordure formée d'entre-lacs ou de fleurs, et placer en frontispice au milieu d'une gloire d'où s'échappent des rayons d'or, le nom de Jéhovah en lettres hébraïques.

L'art de la vitrerie a presque entièrement remplacé celui de la peinture, et Leviel qui résume dans son ouvrage les travaux accomplis durant le xviiie siècle ne croit pas pouvoir mieux faire que de consacrer la majeure partie de ses planches à la vitrerie; six planches sur douze donnent les détails de l'assemblage des vitres par les plombs, nous n'y comptons pas moins de trente dessins différents pour les panneaux carrés ou circulaires des fenêtres.

Voici les noms adoptés pour ces combinaisons géométriques, noms aussi bizarres que les œuvres sont insignifiantes. Cette liste que nous empruntons à Pierre Leviel est curieuse pour l'histoire de l'art : *pièce quarrée, lozange, bornes en pièces couchées, bornes en pièces quarrées, doubles bornes, triples bornes soit en pièces quarrées, soit en bornes couchées au tranchoir pointu, tranchoir en lozanges ou miramondes, tranchoirs pointus en tringlette double, tringlettes en tranchoirs, chaînons debout, chaînons renversés, moulinets en tranchoirs simples, moulinets à tranchoirs évidés, moulinets doubles, moulinets au tranchoir pointu à la table d'attente, croix de Lorraine, mollettes d'éperon, feuilles de laurier, bâtons rompus, du dé simple, du dé à la table d'attente, de la façon de la reine, de la croix de Malthe, de la rose de Lyon, de la façon du Val-de-Grâce,* et encore bien d'autres dont les compartiments différents se sont arrangés sous le compas des inventeurs (2).

Chacun de ces noms correspond à un dessin des planches ; et si Pierre Leviel met tant de soin à nous conserver ces formes avec leur désignation, c'est que déjà, au moment où il écrit, la mode en passe; on se lasse des œuvres des vitriers, comme on s'était lassé de la peinture sur verre, et l'on préfère de simples vitres carrées que le commerce livre maintenant dans de plus grandes dimensions; autant autrefois on cherchait à tempérer et à nuancer la lumière, autant on la veut maintenant vive et blanche. Écoutons Leviel (3). « L'usage des vitres blanches s'étant beaucoup accrédité vers la fin du xvie siècle, alors le vitrier laborieux et intelligent chercha tout à la fois à faire entrer la variété des compartiments et la solidité dans les ouvrages dont il fut chargé. On voit les vitres blanches prendre plus fréquemment dans les églises mêmes la place des vitres peintes. Leur plus grand éclat séduisit plus facilement ceux qui, moins recueillis que leurs pères, voulurent un jour

----

(1) Nous sommes cependant heureux de pouvoir dire que l'on commence à s'occuper sérieusement de la restauration des beaux vitraux des églises d'Anvers.

(2) Félibien, dans son *Traité d'architecture* (déjà cité), avait donné depuis plus de 50 ans une liste semblable avec planches explicatives ; Pierre Leviel, dans ce cas, n'a fait que copier l'œuvre de Félibien en y ajoutant quelques développements sans importance.

(3) *O. d. c.*, p. 202.

plus gai jusque dans les lieux saints, dans lesquels une sombre lumière édifiait leurs aïeux, et leur inspirait ce goût pour la prière, *auquel leurs neveux ont substitué si légèrement une dangereuse démangeaison de voir ou d'être vus.* C'est par une suite de ce nouveau goût que les plus grands carreaux prennent à présent aussi dans nos églises la place des panneaux de verre en plomb, comme ils l'ont prise dans les maisons, où on ne peut avoir trop de jour ; mais comme cet usage, fruit de la vicissitude et de la légèreté pourrait, à son tour, voir revivre celui desdits panneaux ; comme l'esprit d'épargne pourrait un jour succéder au luxe qui s'étend sur cette portion des bâtiments ; j'ai cru devoir à la postérité la description que je vais donner dans ce chapitre de la pratique de cet art relativement aux panneaux de verre en plomb qui est plus particulièrement l'art du vitrier. »

Pierre Levieil entre ensuite dans tous les détails de l'état de vitrier. Il indique la manière de travailler le verre, donne la forme des instruments nécessaires depuis le grésoir jusqu'au diamant ; il fait honneur à François Iᵉʳ de la découverte de l'usage du diamant pour la coupe du verre. Les tire-plomb sont décrits avec beaucoup de soin. Ils auraient été, s'il faut l'en croire, importés en France par des artisans venus de Suisse, vers la fin du xviᵉ siècle. Rien n'est oublié ; et malgré le regret que lui cause la mode moderne, il pousse la complaisance et le scrupule jusqu'à indiquer comment se posent et se mastiquent les grandes vitres de nouvelle fabrication ; mais ce qui semblait alors beaucoup plus important, c'était l'encadrement des gravures, aussi entre-t-il dans des détails minutieux sur le choix du verre et la préparation du cadre. Il faut reconnaître, du reste, que Levieil a eu soin de séparer l'art d'avec le métier, l'histoire de la peinture d'avec celle de la vitrerie. Il gémit, il se plaint, mais il craint de froisser les idées de son époque, et il se décide à suivre le courant.

V

A quoi donc vont servir les émaux dont les découvertes se multiplient chaque jour ? On les emploiera pour les porcelaines, les bijoux et les meubles. L'Angleterre et la Hollande les appliqueront encore sur les vitraux, mais l'usage pour la peinture sur verre s'en perdra en France et dans les autres pays. Au commencement du xviiiᵉ siècle nous verrons encore surgir quelques grandes compositions qui peu à peu céderont la place à des bordures, à des chiffres et à quelques armoiries.

On n'appellera plus les peintres verriers pour restaurer les vitraux en mauvais état, mais on s'adressera aux vitriers, aux coureurs de losanges (1), qui remplaceront les verrières par des vitres blanches dont le plomb formera seul le dessin. D'ailleurs, on réclame du jour pour les nouvelles œuvres classiques, autels, tombeaux, statues et tableaux, dont se sont encombrées les églises, et les vitraux de couleur disparaîtront pour faire place à des vitres incolores.

(1) On appelait ainsi des vitriers suisses qui parcouraient les villes et les campagnes avec des tire-plomb et fabriquaient rapidement des panneaux de verre blanc, à compartiments losangés, qu'ils mettaient à la place des verrières trop sombres ou en mauvais état. Ces vitriers ont causé un préjudice considérable aux églises en faisant disparaître un grand nombre de vitres peintes.

Les artistes les plus sérieux seront eux-mêmes obligés de se soumettre à la loi rigoureuse de leur époque et de porter une main coupable sur les chefs-d'œuvre de leurs prédécesseurs. Écoutons Pierre Levieil nous raconter avec toute sa bonne foi la destruction de vitraux anciens accomplie par lui-même (1).

« On comptait encore à Paris, il y a 40 ans au plus, au rang des monuments de la peinture sur verre du xii⁰ siècle quelques anciens vitraux dans le haut chœur de l'église de Paris, *dont j'ai démoli en 1741 les deux derniers, pour les remplir de vitres blanches.*

» Toutes les grandes fenêtres qui règnent autour de ce vaste édifice, dans la partie supérieure, au-dessus des galeries, sont uniformes dans leur construction. Une grande partie circulaire de tout le diamètre de la largeur des fenêtres surmontée dans son amortissement par un panneau de vitres qui la termine en cintre gothique, et flanquée d'un panneau de chaque côté formant un triangle obtus, semble couronner les deux pans ou colonnes de vitres du dessous, dont les sommets terminés en pointes, laissent au milieu sous la partie circulaire un autre triangle isocèle. Ces deux pans de vitres sont séparés par un meneau de pierre qui sert de support à la partie circulaire; or dans les anciennes fenêtres où *j'ai mis des vitres neuves,* la partie circulaire était avant la démolition des anciennes vitres, remplie de panneaux de verre, retenus par des traverses et des montants de fer, d'un verre fort épais recouvert d'une grossière grisaille dont les lacis au simple trait étaient rehaussés de jaune..... etc. »

Nous devons constater, en passant, que Levieil n'a pas compris toute l'importance et toute la beauté des œuvres des xii⁰, xiii⁰, xiv⁰ et xv⁰ siècles, et que par conséquent il ne craignait pas, malheureusement, de faire disparaître au besoin celles qui le gênaient ou qu'il espérait remplacer. Pour lui le siècle par excellence de la peinture sur verre c'est le xvi⁰; aussi avec quel respect il y touche, avec quel enthousiasme il en décrit les œuvres. Le xvii⁰ jouit auprès de lui d'une égale faveur, et quand il reçoit l'ordre de supprimer des verrières de ces deux époques, il crie à la barbarie. Mais, comme son intérêt exige impérieusement qu'il se conforme à ces dures instructions, il se borne à les déplacer. C'est ainsi qu'il nous a conservé la plus grande partie des belles vitres du charnier de Saint-Étienne du Mont en les transportant dans les fenêtres de l'église.

Les autres artistes n'y mettaient pas autant de scrupule. Témoin ce qui se fit à l'église St-Merry dont les fenêtres nous présentent une des plus curieuses plomberies du xviii⁰ siècle. C'est encore Pierre Levieil qui va nous le raconter (2).

« Je me garderai bien de suivre l'exemple de ce qui s'est pratiqué depuis quelques années dans l'église paroissiale de Saint-Merry. C'est un des dommages occasionnés par le goût de ce siècle ennemi de la peinture sur verre, que le retranchement qu'on a fait dans cette église d'une partie considérable de ses belles vitres peintes, vitres dans lesquelles, comme nous l'avons dit, les plus habiles peintres sur verre du seizième au dix-septième siècle, les DE PAROY, les CHARNU, les HÉRON et les NOGARE avaient concurremment représenté, avec autant d'ordre que de beauté, des morceaux d'histoire de la plus heureuse exécution. Au lieu de leur substituer en les estropiant, un pan de

(1) *O. d. c.,* p. 24.
(2) *O. d. c.,* p. 82.

vitres blanches toutes nues entre des pans de vitres peintes , on aurait pu donner à cette église un jour aussi étendu que celui qu'on s'y est procuré, et conserver néanmoins ces belles vitres. En détruisant peu à peu la pierre des meneaux et des amortissements des croisées, on y aurait élevé à la place des vitraux de fer, dans le milieu desquels on aurait renfermé, comme dans un tableau, les sujets entiers d'histoire qu'elles contenaient. Dans le pourtour, et pour remplir le vide que la démolition de la pierre aurait laissée, on eût pratiqué des vitres blanches, bordées si l'on eût voulu d'une frise très-leste, *ornée sur un fond blanc de filets de verre jaune qui n'est pas sans effets dans les vitres où elle a été employée* (1). Feu le sieur Denis , un des bons vitriers de son temps, avait donné l'exemple de ces tableaux de vitres peintes encadrées dans des vitres blanches dans l'église paroissiale de Saint-Jean en Grève; et je l'ai suivi avec succès sous les ordres de M. Payen, architecte juré-expert, dans celle de Saint-Étienne du Mont. »

Pierre Levieil déplore avec raison les mutilations accomplies sur les verrières de l'église de Saint-Merry; cette œuvre de destruction est une des plus bizarres et des plus caractéristiques du xviii° siècle.

L'église de Saint-Merry, entourée de ruelles étroites, enclavée au milieu de vieilles maisons enfumées dont les façades touchaient jusqu'à ses murailles était très-obscure (elle l'est encore aujourd'hui malgré les travaux qu'on y a faits pour remédier à cet inconvénient); le conseil de fabrique crut pouvoir éclairer l'intérieur en supprimant une partie des vitraux, il ne comprit pas qu'il aurait fallu d'abord permettre à la lumière du jour d'arriver jusqu'aux parois extérieures des fenêtres en démolissant les sales et noires maisons qui enveloppaient l'église de toutes parts et en élargissant les rues.

Un vitrier proposa un plan qui fut immédiatement adopté. Les belles peintures du siècle précédent durent être remplacées par *un chef-d'œuvre de vitrerie ; et* quel chef-d'œuvre!

Une ordonnance dorique fut adoptée pour l'armature de toutes les fenêtres, et aujourd'hui ce travail existe encore; de larges pilastres s'élèvent en rampant le long des meneaux et supportent un couronnement de même ordre. Le fer en dessine les contours, le verre blanc en remplit les intervalles. Ces pilastres divisent les fenêtres en longues bandes rectangulaires dans lesquelles on a placé les principaux panneaux des anciennes verrières, mutilés, séparés, rognés et encastrés tant bien que mal dans leurs cadres pâles. Les vastes et grandioses compositions des derniers grands maîtres de l'art expirant de la peinture sur verre, ne se présentent plus dans cette église que par fragments, dont quelques-uns, en outre, sont en mauvais état.

Les peintres verriers devenaient chaque jour plus rares et plus inhabiles; leur ignorance et leur maladresse dans la restauration des anciennes vitres contribuaient à la défaveur qui s'attachait à la peinture sur verre. Qui donc, au xviii° siècle, a placé derrière le chœur de Saint-Étienne du Mont, à Paris , les cinq belles verrières du xvi° siècle dont les sujets se rapportent à la vie de la sainte Vierge? Une nouvelle bordure y a été ajustée, et cette bordure en échiquier jaune et rouge vif produit le plus désagréable contraste avec les vitraux.

(1) Les verrières bordées de filets jaunes étaient en effet de mode au xviii° siècle, on les trouve en grand nombre dans les églises de Paris.

Ce qui fut le mieux réussi ce sont des vitraux en grisaille à dessins courants, entourés d'une bordure de fleurs et portant au front soit un chiffre soit un sujet pieux.

En parcourant la série des peintres verriers du xviiie siècle et leurs travaux, nous nous rendrons un compte exact de l'importance de la peinture sur verre durant cette période de temps.

VI

Au commencement du xviiie siècle la peinture sur verre jette encore en France quelques belles lueurs. Les artistes du siècle précédent ne sont pas tous descendus dans la tombe, les derniers fourneaux ne sont pas éteints, et les peintres verriers cherchent à soutenir la vieille réputation de leurs devanciers.

Trois peintres travaillent ensemble aux vitres des églises de Paris : BENOÎT MICHU, P.-A. SEMPI et GUILLAUME LEVIEIL, le père de l'écrivain.

BENOÎT MICHU, fils d'un peintre sur verre flamand, fut reçu en 1677 maître peintre sur verre à Paris. Il tenait en outre boutique de vitrerie. Ses principaux travaux se trouvaient dans le cloître des Feuillants (aujourd'hui démoli). Les vitraux de ce cloître, commencés en 1624 et 1628, furent continués et achevés de 1701 à 1709. Ils représentaient les actes les plus mémorables de la vie du bienheureux Jean de la Barrière, abbé des Feuillants, de l'ordre de Cîteaux, qui, ayant mis la réforme dans son abbaye, y institua de la congrégation de Notre-Dame des Feuillants. Michu travailla avec Levieil et Sempi à la Chapelle royale de Versailles et à l'église des Invalides. Il peignit en 1726 les armoiries de Monseigneur le cardinal de Noailles qui furent placées au milieu de la grande rose reconstruite aux frais de ce prélat, du côté de l'archevêché, dans l'église de Paris, dont il était archevêque.

Nous ferons observer que la grande rose dont il est ici question fut seulement restaurée et que les armoiries du cardinal de Noailles remplacèrent (au centre de la rose) une image de la sainte Vierge. La puissance temporelle usurpait la place réservée aux puissances célestes, substitution tellement choquante que de nos jours encore elle a soulevé les plus vives récriminations.

Michu travailla également pour l'église de Saint-Étienne du Mont, il peignit pour la chapelle Sainte-Anne une verrière à frise, représentant au-dessous d'une gloire les portraits et les alliances de deux habitants de la paroisse. Il mourut en 1750.

P.-A. SEMPI, d'origine flamande, continua en 1701, d'après les dessins de Mathieu Elias, également flamand, les vitraux du cloître des Feuillants, il travailla en collaboration avec Sempi et Levieil.

GUILLAUME LEVIEIL, né à Rouen, fils du peintre verrier du même nom, dont nous avons déjà parlé, s'adonna de bonne heure à la peinture dont il reçut les premières notions de Jean Jouvenet, son aïeul et l'oncle du grand Jouvenet. Il travailla d'abord avec son père aux vitres de l'église de

Sainte-Croix d'Orléans, plus tard il aida un *frère convers de l'abbaye de Saint-Ouen de Rouen*, qui peignait les verrières de l'église des Blancs-Manteaux, à Paris, et fut chargé du morceau capital, du Christ en croix au-dessus du maître-autel.

Appelé par Mansard, il fut employé à Versailles aux frises de la Chapelle du Roi, et s'occupa également de la vitrerie du dôme de l'hôtel royal des Invalides , les frises en furent exécutées d'après les dessins de Lemoyne et de Fontenay.

Ce fut à cette époque qu'il essaya, avec Michu et Sempi, de peindre les armoiries et les chiffres de Louis XIV sur des glaces de grande dimension ; ils ne purent y réussir. Leviel se maria en 1707 et fut presque immédiatement chargé de la vitrerie de l'église de Saint-Nicolas du Chardonnet ; on venait d'en terminer la nef et les chapelles, il en peignit les frises sur les dessins de Jouvenet, et se fit aider par un jeune peintre sur verre de Nantes, nommé Simon, qui ne le quitta que pour retourner exercer son art dans sa ville natale.

La chapelle royale de Versailles venant d'être terminée en 1709 , Leviel fut appelé de nouveau pour en compléter d'après Audran les frises vitrées. Il refit quelques têtes pour la Sainte-Chapelle de Bourges et celle des Cordeliers d'Étampes, et exécuta de nombreuses armoiries pour différents seigneurs. Il mourut en 1751, confiant ses travaux à ses deux fils Jean et Pierre.

Jean Leviel, frère cadet de Pierre l'historien, filleul du fameux Jouvenet, fut bon peintre. Il s'associa avec son frère et fut chargé de l'entretien des frises de la chapelle royale à Versailles. La mode était alors de couvrir les vitres des châteaux d'armoiries et de chiffres. Ce fut lui qui peignit sur les fenêtres du château de Crécy le chiffre de la marquise de Pompadour. Il mourut en 1755, laissant un fils du nom de Louis, alors élève de Demachy, et dont Pierre, son oncle, fait un brillant éloge. Louis Leviel fut sans doute englouti dans la tourmente révolutionnaire à laquelle nous touchons, car nous ne retrouvons plus son nom.

Pierre Leviel, l'historien, reste donc le dernier de la famille, et comme il nous l'apprend dans son ouvrage, à la mort de son frère, il était à peu près le seul peintre verrier de Paris. En parlant de son frère et de son neveu , il écrivait les lignes suivantes :

« Tel est le sort actuel de la peinture sur verre. On aura peine à croire que dans la capitale du royaume, au temps où j'écris, 1768, il ne se trouve qu'un artiste de ce talent, dans lequel il élève un fils âgé de 19 à 20 ans, et que ce seul artiste soit assez peu occupé autour de quelques armoiries et de quelques frises, que son art ne pourrait suffire à ses besoins, s'il ne joignait un commerce de vitrerie plus étendu à ses entreprises de peinture sur verre. »

Avant d'entamer la biographie de Pierre Leviel, qui occupe une place si importante dans l'histoire de la peinture sur verre, nous voulons terminer la série des artistes du xviiie siècle.

Langlois, fils d'un vitrier, chercha à s'élever par son travail à la hauteur des peintres sur verre. Il travailla pour l'abbaye royale de Sainte-Geneviève, et pour l'église Saint-Sulpice. Mais d'un talent médiocre, il vit ses œuvres peu estimées. Ce qu'il fit de mieux, suivant Pierre Le Vieil, c'est un camaïeu dans une des chapelles de l'église souterraine de l'abbaye; il représente une procession de la châsse de la sainte patronne de Paris. Langlois mourut, marchand faïencier, vers l'an 1725.

Huvé, neveu et élève de Michu, vivait dans le même temps; mais, s'il faut en croire Le Vieil, ne porta pas le talent de la peinture sur verre à un aussi haut degré de perfection que son oncle. Le sieur de Montigny, maître vitrier, chargé de l'entretien des vitres de l'hôtel royal des Invalides, en confia le soin à notre artiste qui, en reconnaissance, donna les premières leçons de peinture à *mademoiselle de Montigny*. Cette jeune fille montrait de grandes dispositions, et serait peut-être parvenue à un rang éminent si la mort ne l'eût enlevée à la fleur de l'âge.

Huvé était occupé à peindre des frises d'attente pour la chapelle du château de Versailles, lorsqu'il se vit en butte aux poursuites des jurés de sa profession, parce qu'il n'était pas reçu maître; il se retira à Croix-Saint-Leufroy, où il mourut vers 1752.

Jean-François Dor, élève de Leclerc dont nous avons déjà parlé, peignit de 1717 à 1738 quelques panneaux ornés de frises pour le cloître des Carmes-Déchaussés de Paris. On y voyait de lui des camaïeux assez bien traités qui représentaient des actes de la vie de la Vierge et de celle de sainte Thérèse. Les armes des Bec-de-Lièvre, originaires de Normandie, figuraient dans les vitres du même cloître, avec cette inscription plusieurs fois répétée : *Ab anno 1365 ad annum 1738* ; ce qui avoit trait à l'ordre successif des alliances de cette famille jusqu'à l'époque de l'exécution des peintures qui les retraçaient.

Le Vieil nous fait connaître le nom de Guillaume Brice à propos des vitraux de l'église Saint-Paul, à Paris, qui avaient souffert des émanations provenant des fosses du vaste cimetière qui y était attenant. Les jeunes enfants qu'on réunissait dans ces galeries pour le catéchisme, avaient aussi causé quelques dégâts aux vitres qu'on réparait tant bien que mal avec des morceaux de verre peint assortis le mieux possible. « L'entretien, dit Le Vieil, en était confié aux soins de feu Guillaume Brice, maître vitrier à Paris; ce maître Brice, sans être versé dans la pratique de la peinture sur verre, était un amateur distingué de cet art et avait formé une collection précieuse de vitraux anciens, qu'il avait augmentée de celle de l'illustre grammairien, François Restaut, également passionné pour la peinture sur verre, mais dont la collection fut vendue par sa veuve. »

La fabrique de la cathédrale de Paris chargea notre intelligent vitrier du soin *de remettre en plomb neuf la grande rose du côté de l'archevéché. Il fit le même travail, avec autant de succès pour les admirables vitraux de la Sainte-Chapelle.* Peu de temps avant sa mort, qui survint en 1768, il s'occupait encore de la restauration d'une grande verrière de Notre-Dame de Paris.

Régnier (frère Pierre), religieux de la congrégation de Saint-Maur, décédé en 1766, s'occupa toute sa vie de la peinture sur verre, mais uniquement dans les maisons de son ordre. *Il remit cependant en plomb neuf les précieuses vitres peintes de l'abbaye royale de Saint-Denis, dont la* révolution a détruit un si grand nombre. Frère Réguier doit être un de ces artistes consciencieux qui devenaient si rares. Déjà les plus célèbres villes de France manquaient de peintres sur verre, et c'est à peine si dans toute l'étendue du royaume on en eût trouvé quatre ou cinq en état d'exécuter seulement des ornements et des armoiries.

Nous avons donné, pl. 52, un vitrail inédit, appartenant à la collection de notre collaborateur, M. J.-B. Capronnier; ce fragment porte les caractères bien tranchés des émaux et de la manière de travailler des artistes français du xviii° siècle.

La peinture sur verre se soutenait encore en Hollande, en Suisse et en Angleterre, mais assez faiblement, et elle avait perdu la plus grande partie de son importance des siècles précédents.

En Hollande, nous ne pouvons guère citer que JEAN ANTIQUUS, né à Groningue en 1702, et son maître GUÉRARD VAN DER VEEN, chez lequel il resta jusqu'à 20 ans, époque à laquelle il abandonna ce genre de peinture et partit pour l'Italie.

La planche 53 représente une jolie grisaille de Hollande, achetée dernièrement par M. le comte A. de Beauffort pour le musée de Bruxelles. Cette peinture sur verre que nous pourrions ranger aujourd'hui au nombre des petits tableaux de genre ou de chevalet, est une des plus gracieuses compositions que nous ayons rencontrées dans le xviii° siècle; elle porte des armoiries et ornait les fenêtres de quelque castel, comme la mode le voulait alors. Le verre en est pur et assez beau, il semble être de fabrique française et offre beaucoup d'analogie avec celui du vitrail (l'*Agnus dei*), dont nous avons donné le dessin, pl. 52. Or, il n'y aurait à cela rien d'étonnant; car la Hollande tirait de Normandie la majeure partie de son verre le plus usité, il arrivait de Dieppe à Amsterdam et autres villes par mer (1). C'était celui qui supportait le plus de droits à l'entrée et à la sortie. On trouve dans *le tarif général des Provinces-Unies* (année 1701) *pour les droits d'entrée et de sortie que payent les marchandises, tant en ce païs qu'à la mer Baltique ou au passage du Sund* (2) que pour le verre à vitres de Normandie on payait 12 sols par pannier (24 pièces) de droit à l'entrée et 15 sols à la sortie; quant au verre à vitre de Bourgogne, par gerbe ou lien de 6 florins, on payait 1 sol, environ la moitié du droit sur le verre de Normandie. Enfin pour celui d'Allemagne on payait 6 sols, droit équivalent à celui qui pesait sur le verre de Bourgogne. Il est évident que l'on avait chargé d'un droit très-fort l'espèce de verre qui devait le plus rapporter au trésor, en tenant compte de la manière de voir et d'opérer à ce temps. Quant aux verreries hollandaises, elles n'étaient qu'en petit nombre. Voici quel était l'état des choses à Amsterdam en 1772. Le Guide d'Amsterdam pour cette année nous l'apprend (3) :

« On a depuis longtemps fait du verre dans cette ville, l'on voit même aujourd'hui sur le Keysersgraft, près de la Beerestraat, un gros bâtiment, qui porte encore le nom de Oude Glashuys; cette verrerie fut de là transférée au bout de Roosegraft, et enfin près de la porte de Leyden, dans le bastion dit Schinkel; l'on y a fait toute sorte de verres, bouteilles, etc.

(1) *Le Guide ou nouvelle description d'Amsterdam*, Amsterdam, 1772, 1 vol. in-8°.
(2) *Le Guide d'Amsterdam*, enrichi de figures, Amsterdam, 1701, 1 vol. in-12.
(3)　　　*Ibid.*,　　　　Amsterdam (1772), déjà cité.

» Mais en 1722, de riches particuliers ayant formé une société, résolurent de faire construire une verrerie, beaucoup plus grande et plus spacieuse que n'était celle dont nous venons de parler : l'on y a fait des glaces et des verres, de la manière qu'on les fait dans le faubourg Saint-Antoine à Paris; mais à peine cette entreprise fut-elle conduite à sa perfection, que les entrepreneurs et les intéressés, qui apparemment n'y trouvaient pas leur compte, en firent cesser le travail, et en destinèrent les bâtiments, qui subsistent encore, à d'autres usages.

» Vers l'an 1750 on a construit une autre verrerie, sur Wittenburg, au bout de la petite Wittenburgerstraat, qui subsiste encore. »

Les Hollandais savaient au reste parfaitement utiliser les produits des autres pays et faire les sacrifices nécessaires pour l'ornementation de leurs demeures. La prospérité de leur commerce leur en fournissait largement les moyens.

En Angleterre la peinture sur verre faisait partie des opérations industrielles que les Anglais développaient avec tant d'ardeur. Le nombre toujours croissant des verreries et le besoin d'en orner et d'en embellir les produits contribua à soutenir la peinture sur verre. M. Bosc d'Antic constate dans ses œuvres, les progrès et les tendances des Anglais, en même temps qu'il en précise la raison d'être : « Depuis 1760, dit ce savant, les Anglais ont considérablement perfectionné leurs verreries comme un grand nombre d'autres branches de commerce (1); » plus loin il ajoute :

« Il est aisé de prévoir que l'art de la verrerie fera en Angleterre des progrès plus rapides que dans aucune autre partie du monde. La richesse de ces insulaires; le patriotisme qu'ils portent jusqu'à l'enthousiasme; la bonne qualité et l'abondance de leur chaux de plomb, de leur potasse et de leur charbon de terre; la facilité des transports par les canaux qu'ils ont si multipliés, et par les rivières qu'ils ont rendues presque toutes navigables; surtout les sociétés des arts, établissements fort au-dessus de tous nos éloges; associations vraiment dignes de la Grande-Bretagne, sans cesse occupée de la perfection des arts utiles, et qui dépense chaque année pour leur encouragement 100,000 liv. de notre monnaie; tous ces avantages inestimables ne nous permettent pas de douter que cet art important ne soit promptement porté par les Anglais au plus haut point de perfection (2). »

M. Bosc d'Antic ne s'était pas trompé, c'est en effet en Angleterre que la peinture sur verre, quoique très-affaiblie, se soutint jusqu'à son réveil définitif, auquel nous allons bientôt assister.

La fin du siècle dernier avait été remplie par Abraham Van Linge, fils de Bernard Van Linge, dont nous avons parlé au siècle précédent. Cet artiste avait orné de six verrières la chapelle de la Société de Lincoln's Inn, bâtie par Inigo Jones; de plus, il avait travaillé à Christ-Church, Baliol, Queen's et University collége, à Divinity school (Oxford), à Hatfield, Wroxton, etc.

La ville d'Oxford, le point central des universités anglaises, ce foyer des sciences toujours en acti-

---

(1) OEuvres de M. Bosc d'Antic, contenant plusieurs mémoires sur l'art de la verrerie, sur la faïencerie, la poterie, l'art des forges, la minéralogie, l'électricité, et sur la médecine, 2 vol. in-8°, Paris, 1780, t. Ier, p. 157.

(2) *Ibid.*, p. 161.

vité, voyait ses temples et les vastes salles de ses colléges s'enrichir de travaux modernes, où les émaux habilement traités brillaient des plus vives couleurs. Un voyageur français, M. Pingeron, capitaine d'artillerie, auteur de plusieurs ouvrages, constata l'état des arts en Angleterre, et consigna ses observations dans les journaux de l'époque.

Dans une lettre que publia, au mois d'avril 1768, le *Journal de l'agriculture, du commerce et des finances*, ce savant nous apprend que le peintre sur verre le plus renommé d'Oxford se nommait WILLIAM PECKITT, d'York, et qu'il venait de peindre, dans un très-bon goût, les vitres de la chapelle d'un collége de l'Université; il ajoute que les procédés en usage sont ceux qui se trouvent décrits à l'article *Peinture sur le verre*, dans le dictionnaire d'Owen, dont les artistes anglais font un cas singulier.

On lit aussi dans le premier volume du *Mercure* de juillet 1769, p. 185, qu'un peintre sur verre anglais, nommé ROBERT SCOTT GODFREY, demeurant à Paris chez M. de Semaison, à la Haute-Borne, barrière du Pont-aux-Choux, faisait voir une grande croisée, peinte dans le goût des anciens vitraux d'église; que les couleurs en étaient belles, très-vives et très-solides; qu'on y trouvait toutes celles qu'on employait autrefois, les jaunes, orangées, pourpres, violettes, bleues, vertes, de différentes nuances; *qu'enfin cette peinture que l'on croyait perdue, et qui plairait en sachant l'employer à propos*, y était mieux faite pour le dessin et le coloris que dans les anciens ouvrages de ce genre.

Nous verrons bientôt que les artistes anglais vinrent, au commencement du siècle suivant, aider les Français dans la réhabilitation de la peinture sur verre.

VII

Le moment est venu d'étudier Pierre Le Vieil, d'établir le rôle qu'il a joué dans les arts et les services qu'il a rendus à la peinture sur verre.

Nous donnerons d'abord l'excellente et courte biographie de ce peintre-historien par Langlois (1).

« VIEIL (PIERRE LE), auteur de l'important ouvrage intitulé : *L'Art de la peinture sur verre et de la vitrerie*, naquit le 8 février 1708, à Paris. Sa famille, originaire de Normandie, s'y distinguait, depuis plus de deux siècles, dans la peinture sur verre, dont il devait un jour recueillir et nous transmettre les archives égarées, éparses et non explorées avant lui. D'abord pensionnaire au collége de Sainte-Barbe, Pierre Le Vieil vint achever, à celui de la Marche, des études qui lui valurent de brillants succès. Au sortir des classes, il se rendit immédiatement en Normandie pour y prendre l'habit de Saint-Benoît dans la fameuse abbaye de Fontenelle, autrement dite de Sainte-Wandrille. Il avait alors 17 ans, âge auquel son père avait été lui-même postulant dans le même ordre. Le jeune novice aspirait avec ardeur après les vœux qui l'allaient détacher entièrement du monde,

____

(1) *O. d. c.*, p. 243.

lorsque, précisément à la veille du jour qui devait les lui entendre prononcer, une révolution subite se fit dans ses idées, lorsqu'il songea à son père accablé d'infirmités et chargé de dix autres enfants trop jeunes encore pour pouvoir se passer des soins que réclament les premiers âges de la vie. A cette pensée, l'amour de ses parents l'emporta sur celui de la vie monastique, et Pierre, regretté de ses supérieurs, quitta Saint-Wandrille, cet antique asile des sciences, où sans doute il avait puisé son goût pour l'étude de l'antiquité, goût souvent répandu dans ses ouvrages.

» Quoique son père cultivât encore la peinture sur verre, cet art était déjà tellement déchu de son ancien lustre, que le jeune Le Vieil, négligeant entièrement l'étude du dessin (car jamais il ne sut peindre lui-même), se chargea seulement de la préparation des couleurs et des émaux qu'on employait dans ses ateliers, et joignit à ses opérations la conduite des entreprises de son père. Ce fut ainsi qu'il restaura les verrières de beaucoup de monuments de la capitale, tels que Saint-Étienne du Mont, l'abbaye de Saint-Victor, Saint-Merry, la cathédrale, etc.

» Au milieu de ces travaux matériels, son goût pour la littérature lui fit entreprendre son grand ouvrage historique et pratique de la peinture sur verre, et si quinze ans de sa vie furent employés à cette pénible élaboration, on ne peut en être surpris lorsqu'on vient à songer aux recherches en tout genre que réclamait un pareil travail, dont l'objet était entouré d'oubli, de mystères et de dédains. Cette production estimable sera toujours considérée comme éminemment savante, et si, comme quelqu'un l'a fait observer, Pierre Le Vieil, s'y montre *toujours précieux par sa naïveté;* s'il y a trop sacrifié quelquefois aux déférences que prescrivait alors la hiérarchie sociale, si la sottise des gardiens naturels des temples l'a souvent forcé de capituler avec de barbares exigences, c'est que, sous le premier rapport, ses écrits étaient simples comme ses mœurs; c'est que, sous le second, il est difficile d'échapper à l'influence des préjugés sucés avec le lait maternel, et que, sous le troisième, il ne l'est pas moins de lutter sans cesse et victorieusement contre le torrent du mauvais goût, quand ce torrent entraîne le siècle dans son cours et fait irruption sur l'Europe entière.

» On doit encore à Pierre Le Vieil un *Essai sur la peinture en mosaïque,* une *Dissertation sur la pierre spéculaire des anciens,* et quelques autres ouvrages littéraires inédits. Il vécut dans le célibat et mourut à Paris, le 25 février 1772, frappé d'une troisième attaque d'apoplexie. »

Cette biographie est vraie de tous points, mais incomplète.

Pierre Le Vieil occupe au xviiie siècle, dans l'histoire de la peinture sur verre, une place aussi importante que le moine Théophile au xiie. Chez l'un comme chez l'autre, on trouve le même ardent désir d'être utile à tous, la même bonne foi et parfois aussi la même naïveté.

Le moine Théophile est un de ces religieux mis en réserve par la Providence, au commencement du moyen âge, pour conserver le dépôt des sciences et le transmettre, lorsqu'elles seront en état de le recevoir, aux nouvelles générations sortant de la barbarie. Tout plein de cette abnégation qui est une des premières vertus de l'homme religieux, poussé par l'esprit de charité, il n'a qu'une seule pensée, c'est de rendre service à son semblable et d'être agréable à Dieu; pour toute récompense, il ne demande à celui qu'il instruit qu'une prière adressée en sa faveur au dispensateur et au rémunérateur de toute chose.

Pierre Le Vieil arrive au moment où la société, déjà mûre, veut connaître et apprendre. Le doute et l'examen ont fait place à la ferveur naïve du moyen âge. Les hommes supérieurs se sont lancés dans l'étude de l'antiquité, dans le progrès des sciences et dans la discussion des faits. L'instruction commence à se répandre dans les masses, la lumière se fait partout. Les peuples plus éclairés se sentent plus forts et plus robustes, ils cherchent à s'affranchir des liens sociaux du moyen âge qui les entravent dans leurs efforts. De cette activité intellectuelle sort un immense besoin d'étude et de liberté. Malheureusement les hautes intelligences, les chefs du progrès, confondant dans leur orgueil ce qui est sujet à discussion et à examen avec ce qui ne l'est pas, César avec Dieu, mais n'osant s'attaquer à César dont le pouvoir est plus près d'eux et trop fort encore, s'en prennent à la Divinité.

La philosophie railleuse et méchante du xviiie siècle pervertit le caractère religieux du peuple. L'esprit de Voltaire et de Jean-Jacques, de d'Alembert et de Diderot, se répand dans les classes inférieures et, leur faisant perdre le respect des choses saintes, les prépare au grand cataclysme universel qui faillira tout engloutir. Le Vieil, c'est là sa plus belle gloire, n'a fait aucune concession à l'esprit impie de son époque; il a compris, lui l'homme bon, pieux et sincère, que ce qu'il fallait ce n'était pas égarer le cœur du peuple, mais combattre les préjugés, les routines, répandre l'instruction, la mettre à la portée de tous; et il compose un ouvrage de premier ordre que les peintres verriers consultent encore avec fruit.

Pierre Le Vieil a fait ce qui lui était humainement possible; il a rassemblé les éléments épars de l'histoire qui nous occupe, surtout pour les derniers siècles, et nous a conservé les procédés de la peinture sur verre. L'architecture classique avait déjà, depuis près de deux siècles, remplacé le style propre du moyen âge. De tous côtés s'élevaient des églises aux colonnes gréco-romaines, portant, suivant l'expression de Victor Hugo, un dôme comme une bosse sur le dos. Les églises du collége Mazarin (aujourd'hui l'Institut), de la Sorbonne, du Val-de-Grâce, des Invalides, de Sainte-Geneviève (Panthéon), toutes taillées sur le même modèle, n'offraient pas de travaux sérieux aux peintres verriers. A peine leur avait-on fait exécuter quelques frises émaillées, que bientôt, pour ne pas nuire aux fresques des coupoles intérieures, notamment aux Invalides, on s'était empressé de les supprimer. Il faut d'ailleurs reconnaître que les édifices classiques, nous l'établirons plus loin, se prêtent difficilement à la peinture sur verre.

La restauration des églises ogivales était complétement négligée, on ne faisait que le strict nécessaire, ou bien, si l'on y travaillait, c'était pour les travestir, pour y placer des autels et des portiques gréco-romains. On les eût peut-être abattues si la démolition en eût été possible. Or, sans églises gothiques, pas de développement pour la peinture sur verre. Le Vieil se trompait quand il en attribuait le délaissement général à d'autres causes. Lisez son chapitre intitulé : *Causes de la décadence de la peinture sur verre, et réponse aux inconvénients qu'on lui reproche pour excuser ou perpétuer son abandon.*

« Les inconvénients que l'on reproche aux vitres peintes ne sont, dit-il, que des prétextes. Quels sont-ils? La fragilité du verre, la pourriture du plomb, l'obscurité résultant des vitres peintes, l'indécence de quelques sujets et, enfin, le manque de verres de couleur et d'artistes pour les réparer. » Sa réponse est aussi piquante que l'attaque. «Les vitres sont fragiles, mais les *précieuses porcelaines* qui ornent avec profusion les appartements et les buffets des grands, sont-elles moins susceptibles *de fragilité que le verre? Jusqu'où le luxe actuel ne porte-t-il pas la prodigalité dans l'acquisition dispendieuse de ces vases et de ces bijoux si fragiles? La France, la Saxe, l'Angleterre et la Prusse n'entrent-elles pas en concurrence avec la Chine et le Japon pour les progrès de leurs manufactures en ce genre, sources de dépenses exorbitantes? A quelle cherté ne monte pas le prix des glaces d'une certaine étendue? Un seul carreau de verre blanc de Bohême ou de la verrerie de Saint-Quirin dans le pays de Vosges, n'absorbe-t-il pas lui seul souvent presque le double du prix de la totalité des carreaux dont on garnissait une croisée entière du verre de France le mieux élité? Cependant toutes ces compositions si chères, ou sont du verre elles-mêmes, ou n'en sont que des modifications.*

» Les plombs pourrissent au bout d'un certain nombre d'années ; mais rien n'est plus facile que de remettre une verrière en plomb.

» Quant à l'obscurité résultant des vitres peintes, eh! pour l'amour de Dieu, allumez des cierges. Le luminaire n'est-il pas un accessoire obligé du service divin? *De là ces lustres garnis de bougies et ces grandes illuminations qui brillent dans nos temples, au milieu de la plus éclatante clarté du jour, dans les grandes solennités, surtout dans ceux où le rite romain prévaut, ce qui faisait dire à un Italien, peu éclairé d'ailleurs sur le véritable esprit de la religion, qu'elle périssait en France, parce que dans une seule église de Rome, on brûlait, en un seul jour, plus de cierges en plein midi, qu'on n'en brûlait en un mois dans les églises de Paris aux saluts les plus solennels.* La trop grande clarté nuit plus qu'elle ne sert dans une église, et, en fin de compte, on peut rendre les verrières moins sombres par quelques retranchements intelligents, en ayant bien soin de ne pas prendre modèle sur ce qui s'est fait à Saint-Merry (1).

» Des verrières ridicules ou indécentes se voient dans les églises; hâtez-vous de les supprimer, vous ne ferez que vous conformer au décret du Concile de Trente (*sess.* 25, *decr.* 2, *ad calc.*), et aux ordonnances de nos évêques qui prescrivent d'enlever des lieux saints toute décoration profane ou licencieuse.

» Les fabriques ne fournissent plus de verres de couleur et les artistes manquent partout. Que les souverains, les princes et les riches encouragent comme autrefois l'art et les artistes, vous verrez ceux-ci se multiplier rapidement, et les fabriques fournir de nouveau des produits qu'elles placeront avec avantage. »

Tels sont les raisons et les moyens que fait valoir Le Vieil pour réhabiliter la peinture sur verre. Le chapitre suivant est écrit dans le même but, c'est un appel à tous les riches et à tous les puissants du jour. Nous avouons que nous n'avons pas le courage d'y suivre notre auteur. Dans son désir de voir revivre cet art auquel il a consacré sa vie, il va trop loin, il manque de dignité et il l'abaisse jusqu'aux plus humbles détails. Sans pouvoir s'en rendre compte, Le Vieil se sentait mal à l'aise au milieu de la société du xviiie siècle, et pour relever un art essentiellement noble par lui-même, ne sachant où adresser ses appels, il s'égarait et tombait dans une trivialité peu faite pour atteindre le but élevé que tout à l'heure encore il désignait si clairement. Il finit par inviter les amateurs

---

(1) Nous avons parlé un peu plus haut du travail de mutilation opéré, durant ce siècle, sur les verrières de cette église.

à aller à l'abbaye de Saint-Victor, à Paris, voir des vitres peintes de tous les temps, pour s'assurer par eux-mêmes de l'état de la peinture sur verre dans les différents siècles.

« C'est, dit-il, dans ce notable rendez-vous que se sont rangés sous mes yeux tous ces précieux monuments de la peinture sur verre, qui m'ont mis à portée de juger plus sainement des progrès de l'art sur lequel je me proposais d'écrire, et j'en ai fait mon étude particulière dans l'entretien qui en a passé successivement de mon père à moi depuis plus de soixante ans.

» Je regarde d'ailleurs comme un juste tribut de ma reconnaissance de déclarer ici que c'est dans la riche bibliothèque de cette abbaye surtout, qu'encouragé par l'accueil bienveillant des dignes chanoines, qui depuis neuf ou dix ans en ont la direction, j'ai puisé la meilleure part des richesses qui sont entrées dans la composition de ce traité. »

Rendons à Pierre Le Vieil, historien, la justice qui lui est due. Le moine Théophile, au commencement du moyen âge, avait par son traité répandu la connaissance de la peinture sur verre; Le Vieil, par le sien dans les temps modernes, nous en a conservé l'histoire et la technique. Ils ont tous les deux pour nous une immense valeur.

Voici un extrait de l'ouvrage de Le Vieil dans lequel le peintre moderne apprendra à connaître les procédés du XVIIIe siècle, et pourra y puiser quelques utiles enseignements :

« Les dessins ou cartons que le peintre vitrier doit exécuter sur le verre étant faits, agréés, arrêtés par les parties, et même *arrhés* suivant l'usage le plus ancien, son premier travail est de tracer sur ces dessins, avec un crayon assez distinct, les contours de la coupe des pièces de verre et des plombs qui doivent les joindre. Il fera des différentes parties dont ils sont composés, un tout dans lequel le plomb et les verges de fer, qui doivent maintenir les panneaux, ne coupent aucun des membres, en passant au travers; ce qui serait insupportable, surtout dans les têtes. Cette attention ne doit pas être moins sérieuse dans les frises. La distribution des pièces de verre qui les composent sur la hauteur, doit même, en les dessinant, être faite de manière qu'elles se coupent toutes uniformément à la hauteur de la place où la verge de fer doit passer sur la façon des vitres, sans en déranger les accords et sans rien altérer de leur solidité. Il est aisé de sentir qu'une fleur, ou un fruit, ne doit pas être coupé, de sorte qu'une moitié se trouve dans une pièce et l'autre moitié dans celle qui la suit. Enfin, il faut que le dessin de ces frises soit assujetti à la distribution donnée par le calibre de vitres blanches, pour la place des attaches de plomb qui soutiendront les verges de fer, sur l'alignement des crochets de fer qui doivent les porter.

» Cette distribution exactement faite, selon les règles de la vitrerie, le peintre-vitrier s'occupera de la coupe de son verre, prudemment choisi pour servir de fond à sa peinture. Il suivra l'ordonnance des contours des membres et des draperies dans les tableaux, des ornements et des cartouches ou des supports dans les armoiries. Il diminuera sur la grandeur du panneau un juste espace pour l'épaisseur du cœur du plomb, qui, sans cette attention, le *rejetterait* et tiendrait le panneau trop fort (trop étendu dans ses dimensions) pour la place qu'il doit remplir...........

» S'agit-il d'armoiries, car *à présent c'est presque le seul objet de la peinture sur verre*, le titré les voudra ou plus étendues, c'est-à-dire d'un panneau composé de plusieurs pièces, ou d'une seule pièce quarrée, ronde ou ovale, qui est la forme la plus ordinaire. Le degré d'élévation auquel elles doivent être placées, et ceci a lieu pour tout autre sujet, prescrira au peintre sur verre la manière de peindre qu'il doit y employer (1). »

Levieil fit hommage de son ouvrage à l'Académie des sciences qui, dans sa séance du 24 mars 1772, en fit un éloge complet, et lui accorda, sous son haut patronage, les honneurs de l'impression à la suite des autres arts dont elle avait déjà publié les théories. Ce fut pour Levieil une juste et bien douce récompense de ses quinze années de recherches et d'études, ce fut en outre pour son travail une consécration qui contribua plus que toute autre cause, au commencement du siècle suivant, à la réhabilitation de la peinture sur verre; car celle-ci, suivant l'heureuse expression de Levieil, n'était qu'en léthargie.

Le grand ouvrage de Levieil fut, au début de notre siècle, dans les mains de tous ceux qui s'occupèrent de la peinture sur verre; il est encore aujourd'hui très-utile à consulter, principalement pour les XVIe, XVIIe et XVIIIe siècles. Si l'on ne doit pas toujours accepter les jugements de Levieil, du moins est-on sûr d'y trouver une sincérité qui ne se dément jamais. Sans doute il a jugé trop favorablement bien des vitraux du XVIIe siècle, mais pourrait-on lui faire un crime de cette indulgence pour des œuvres qu'il respectait tout d'abord comme provenant de ses aïeux et de ses maîtres? Sans doute la haute portée des œuvres des premiers siècles du moyen âge lui est restée inconnue; sans doute les détails qu'il donne sur la vie des peintres verriers sont quelquefois erronés ou incomplets; mais n'arrivait-il pas le premier dans cette longue et importante histoire, que bien des auteurs après lui n'ont pas mieux comprise?

Malgré ses erreurs nous devons regarder Pierre Levieil comme un historien du premier ordre et une des plus belles intelligences de son époque.

<h2 style="text-align:center">VII</h2>

Cependant les traditions et les connaissances des siècles antérieurs s'évanouissaient et la peinture sur verre s'en allait de plus en plus méconnue et délaissée. » Cette peinture est tellement négligée, dit un écrivain du XVIIIe siècle, qu'on trouve très-peu de peintres qui en aient connaissance (2). » Ne croyez pas, du reste, que cet écrivain se rende un compte exact de cette peinture qu'il semble regretter, il n'en parle un peu plus loin que pour tomber dans une lourde erreur : « Les Flamands ont une manière de peindre sur verre, qu'on appelle peinture en apprêt et dont la connaissance ne nous est venue que vers le milieu du siècle dernier (3). »

Mais si l'on ne fait que mentionner la sérieuse peinture sur verre, on s'étendra avec complaisance sur de futiles découvertes; que le lecteur en juge : « On a trouvé aussi le secret de peindre à *l'huile* sur le verre avec des couleurs transparentes, comme sont la laque, l'émail, le vert-de-gris, et des huiles ou vernis colorés, qu'on couche uniment pour servir de fond; quand elles sont sèches, on y

(1) Levieil, *O. d. c.*, p. 140.
(2) *Dictionnaire des origines, découvertes, inventions et établissements*......, Paris, 1777, 5 vol. in-8°.
(3) *Ibid.*

met des ombres, et pour les clairs, on peut les emporter par la hachure avec une plume taillée exprès. Ces couleurs à l'huile sur le verre se conservent longtemps, *pourvu que le côté du verre où est appliquée la couleur ne soit pas exposé au soleil* (1). »

Il est encore un autre genre de peinture sur verre qui attire la sympathie des amateurs de cette époque, c'est celle qui, destinée aux miniatures des tabatières, imite l'émail (2).

Félibien, après avoir (dans son chapitre intitulé : *De la vitrerie*) parlé de la manière de *peindre le verre au feu pour faire les vitres*, s'étend aussi avec complaisance sur les autres genres de peinture :

« On peint à l'huile sur le verre comme l'on fait sur les jaspes, et les autres pierres fines ; mais la plus belle manière d'y travailler est de peindre sous le verre, c'est-à-dire qu'on y voie les couleurs au travers du verre. Pour cela on garde une conduite dans le travail toute contraire à celle qu'on pratique d'ordinaire, car il faut coucher d'abord les *rehauts* et les couleurs, que l'on met ordinairement les dernières quand on peint sur une toile ou sur du bois ; et celles qui servent de fond et d'*esbauches* se couchent sur toutes les autres.

« On peint encore sur le verre de cette mesme manière avec des couleurs à gomme ou à colle, qui paraissent avec plus d'éclat qu'à huile. Quand l'ouvrage est fini, soit à huile, soit à détrempe, l'on couvre toutes les couleurs avec des feuilles d'argent, ce qui donne un plus grand éclat à celles qui sont transparentes, comme sont les laques et les verts (5). »

Nous sommes, comme on le voit, bien loin des vitraux d'église, retournons-y.

VIII

Les vitraux encore existants du xviiie siècle se rencontrent en assez grand nombre dans les églises de Paris ; mais ce ne sont pour la plupart que des vitraux incolores à bordures de fleurs enroulées. Tels sont ceux des églises des Blancs-Manteaux, de Saint-Nicolas du Chardonnet et des Invalides. A Saint-Gervais se voient des sujets et des bordures ; à Saint-Merry, où toutes les vitres furent remaniées, la plomberie est remarquable ; les roses y ont été refaites en 1751. Les croisées du chœur de l'église Saint-Sulpice sont ornées de grands sujets sur fond blanc ; à la fenêtre centrale a été peinte une Ascension ; Notre-Seigneur y est entouré d'une gloire aux rayons d'or d'un assez vif éclat. Ces verrières ne manquent pas d'une certaine valeur. La couleur jaune domine dans les œuvres du xviiie siècle, spécialement dans les bordures. C'est un caractère assez particulier pour l'époque.

Les vitres de la chapelle de Versailles portent des chiffres peints sur glace. On se rappelle que Levieil, Michu et Sempi avaient voulu peindre également des sujets sur glace et qu'ils n'avaient pas réussi.

(1) *Dictionnaire des origines de 1777*, déjà cité.

(2) *Gazette d'agriculture, de commerce et de finance*, art. de M. Pingeron ; mardi, 6 février 1770, n° 11.

(5) *Des principes de l'architecture, de la sculpture, de la peinture, etc.*, par Félibien, Paris, 1699, 1 vol. in-4° ; chap. IX (*de la Peinture sur verre*), p. 505.

A Caudebec (Seine-Inférieure) on voit quelques bordures jaunes sur fond blanc.

Dans l'église de Saint-Nicolas de la Taille (arrondissement du Hâvre), commencée en 1754 et finie en 1759, les fenêtres ont des bordures formées d'ornements d'or sur fond blanc. On remarque au bas d'une de ces vitres une inscription à demi effacée, dans laquelle le nom du peintre verrier se trouve relaté :

. . . . LEBRUN. . . . . A CAUDEBEC, PINXIT.

Ces verrières portent les dates de 1758 et 1759, et quoiqu'elles ne présentent que peu d'importance sous le rapport de l'art, elles prouvent du moins par leurs chronogrammes, comme le fait très-bien observer Langlois, que, dans la dernière moitié du XVIIIᵉ siècle, les fourneaux de la peinture sur verre n'étaient pas encore entièrement éteints en Normandie.

En Angleterre, les vitraux du XVIIIᵉ siècle sont très-nombreux ; les peintres verriers avaient continué leurs travaux sans aucune interruption. Nous voyons, à la fin du siècle dernier, HENRI GILLES, d'York, peindre, en 1687, sur la vitre orientale de la chapelle d'*University College*, à Oxford, une nativité donnée par le docteur Radcliff (les couleurs d'application y sont en mauvais état); et enfin, en 1700, YSAAC OLIVIER, âgé de 80 ans, peint dans l'église du collège de *Christ Church*, à Oxford, sur une verrière, saint Pierre délivré de prison par un ange; mais, comme au vitrail précédent, les couleurs en sont en partie effacées.

Voici maintenant le détail des principales verrières du XVIIIᵉ siècle dans ce pays :

Chapelle de Queen's College, à Oxford : Les vitraux ont été réparés, en 1715, par WILLIAM PRICE, de Londres. Le vitrail du milieu, qui représente la sainte famille, est entièrement de cet artiste. — Dans un des vitraux de l'église du collège de *Christ Church*, qui est en même temps la cathédrale du diocèse, on voit également de lui une nativité d'après les dessins de sir James Thornill. — En 1700, il peignit aussi, d'une manière extrêmement remarquable, le vitrail oriental de la chapelle de *Merton College*, représentant les principaux événements de la vie de Jésus-Christ. Les couleurs de cette dernière vitre sont aujourd'hui presque disparues.

Chapelle de New College (Oxford) : Ses charmants vitraux ont été réparés, en 1740, par WILLIAM PRICE le jeune, de Londres. Cet artiste a peint sur les fenêtres voisines de l'autel, dans la chapelle de *Magdalene College*, à Oxford, deux grandes et belles figures; il mourut en 1765.

Chapelle de New College, à Oxford : Les vitres septentrionales ont été peintes, de 1765 à 1774, par PECKITT, d'York, d'après les dessins de Rebecca; les couleurs en sont extrêmement altérées.

Chapelle de New College, à Oxford : La grande vitre occidentale a été peinte, en 1777, d'après les dessins de sir Joshua Reynolds, par JERVAIS, dont le nom indique une origine française; elle représente sept figures allégoriques : la Tempérance, le Courage, la Foi, la Charité, l'Espérance, la Justice et la Prudence. Au-dessus, dans un espace de dix pieds de large sur dix-huit de haut, Jervais a peint la naissance de Jésus-Christ, composition très-remarquable. Dans un groupe de bergers qui s'approchent pour saluer le Sauveur du monde, on voit, sur la gauche, le portrait des deux artistes.

Cathédrale de Lincoln : La grande croisée orientale a été peinte, en 1762, par PICKET (peut-être le même Peckitt, d'York, dont nous venons de parler).

Chapelle de Brazen-Nose College (1) : La magnifique vitre orientale, qui représente le Christ et les quatre évangélistes, a été peinte, en 1776, par SEARSON, d'après les dessins de Mortimer; elle fut donnée par Cawley, principal du collège.

Chapelle de Magdalene College, à Oxford : La vitre orientale, qui représente le Jugement dernier, avait été peinte en clair-obscur d'après les dessins de Christophe Schwartz; elle fut réparée, en 1794, par FRANCIS EGINTON. — On doit au même artiste les huit fenêtres peintes qui décorent l'entrée de la chapelle, dont la dépense s'éleva à 55,000 francs; elles représentent les figures des deux patrons du collége, saint Jean-Baptiste et sainte Marie-Madeleine; des rois Henri III, Henri IV; de W. Waynflete et de W. Wykeham; de l'évêque Fox, du cardinal Wolsey, fondateurs de plusieurs colléges à Oxford. Dans les autres compartiments des fenêtres se trouvent le baptême de Jésus-Christ, une mise au tombeau, les armes du Collége et celles des rois et des prélats déjà mentionnés. — Eginton a placé sur les vitres de la chapelle Saint-Georges, à Windsor, les armes des chevaliers de la Jarretière. Il a peint encore, dans la chapelle de *All-Soul's College*, à Oxford, la vitre occidentale. Il mourut le 26 mars 1805.

La peinture sur verre, en Angleterre, durant le xviiie siècle, malgré son activité, resta stationnaire quant à l'esthétique. La mise en plomb est la même qu'au siècle précédent, et les couleurs sont peu solides. C'est toutefois aux ateliers des peintres anglais que revient, pour une bonne part, la gloire de la conservation de la peinture sur verre pendant ces temps orageux.

IX

Le xviiie siècle nous offre la période la plus faible et la plus triste de la peinture sur verre qui, se traînant avec peine, méprisée et honnie de tous, tombe en si grande déconsidération, qu'il arrive un moment où l'on ne trouve à Paris qu'un seul peintre verrier, et encore ne peut-il vivre du produit de son travail.

En France, plus de peintres verriers habiles, mais un écrivain; la plume a remplacé le pinceau. Nous devons cependant nous en féliciter, car l'ouvrage de Levieil est le trait d'union qui, à travers l'affreuse tempête de la fin du xviiie siècle, relie le passé au présent.

Nous devons reconnaître toutefois que le petit nombre des peintres verriers de cette époque eurent le bon sens de ne pas se jeter dans toutes les extravagances du xviie siècle. Leurs travaux sont peu nombreux, mais souvent plus sages, plus modestes et plus sérieux; ils reposent même de l'étude de ceux qui les ont immédiatement précédés. Nous préférons beaucoup la simple fenêtre élevée par Pierre Levieil, à la gloire de l'Éternel dans Notre-Dame de Paris, à presque toutes celles du siècle antérieur.

(1) En français, le Collége du *Nez de Bronze*. Cet établissement reçut autrefois ce nom d'un masque de bronze, fort bizarre, auquel était attaché, en forme de nez, le heurtoir ou marteau de la porte principale.

Ainsi, pendant que les éléments révolutionnaires se déchaînaient sur la France dans toute leur violence et paralysaient l'essor des arts, la peinture sur verre se conservait en Angleterre, en Hollande
et en Suisse, et dès lors il nous est permis de constater une chose, c'est que la peinture sur verre
ne cessa pas d'être, que les secrets n'en furent pas perdus, malgré la croyance générale, et que
précisément au moment où on la croyait morte, un grand historien en enseignait les procédés et
la popularisait.

Rose exécutée par Pierre Levieil dans la cathédrale de Paris.

CHAPITRE IX.

XIXᵐᵉ siècle, 1800-1832.

Peinture sur glace. — MM. Alexandre Lenoir, Brongniart, Dihl, Demarne, Legay, Pâris, W. Collins, Mortelègue, Langlois, etc. — Manufacture impériale de Sèvres. — Notre-Dame de Paris. — St.-Roch. — Notre-Dame de Lorette. — Allemagne. — Les frères Boisserée. — S. M. le roi Louis. — Manufacture royale de Munich. — MM. Franc et H.-J. Hess. — Cathédrale de Ratisbonne. — Exposition de 1831 à Paris. — État de choses.

I

(1)

Lorsque, à la fin du siècle dernier, la révolution française commençait à sévir avec fureur, que les églises étaient dévastées, les tombes profanées, et que les ornements sacrés, les marbres des autels, les pierres tombales mêlées aux ossements des morts gisaient abandonnés sur le sol et disparaissaient peu à peu au milieu des incendies de la place publique, une voix grave et austère se fit entendre. Cette voix fut assez forte pour dominer un instant le tumulte des flots humains que soulevait la tempête révolutionnaire; elle ne protesta ni contre la profanation des choses saintes, ni contre les tendances politiques du siècle, elle se borna à demander, au nom de l'histoire et de l'art, la permission de recueillir les épaves du vieux navire social qui sombrait et allait s'engloutir à jamais.

Cette voix humble mais courageuse, c'était celle d'un homme nourri des idées de Montfaucon dont il allait être le continuateur le plus actif et le plus efficace, c'était celle d'un savant porté par son goût naturel vers l'étude de l'antiquité et principalement du moyen âge; cette voix enfin, c'était celle d'Alexandre Lenoir.

L'Assemblée nationale consentit à suspendre un moment le cours de ses graves travaux politiques, pour décréter, sur la proposition de Bailly, la création d'un dépôt destiné à conserver les monuments des arts renfermés dans les églises, et en confia la conservation et l'administration à M. Alexandre Lenoir, le 4 janvier 1791.

(1) Armoiries de S. M. LÉOPOLD Iᵉʳ, roi des Belges, telles qu'elles sont peintes sur une grande verrière, en style du XIIIᵉ siècle, donnée par Sa Majesté à la cathédrale de Tournai.

L'ancien couvent des Petits-Augustins, aujourd'hui l'École des Beaux-Arts, fut désigné comme le local réservé au dépôt; M. Alex. Lenoir y réunit tous les morceaux de sculpture qu'il put arracher des mains du peuple en délire (1), il y joignit une nombreuse collection de vitraux peints, et conserva à la France une foule de chefs-d'œuvre, aujourd'hui remis en place comme les statues funéraires des rois et des reines de France, ou déposés dans les musées du pays.

M. A. Lenoir ne s'en tint pas là, il classa, numérota tous les objets de sa collection, en rechercha l'origine et en fit une histoire, qu'il livra plus tard à la publicité (2). Les gouvernements qui se succédèrent avec rapidité trouvèrent notre collectionneur si fidèle à sa besogne, si absorbé dans ses études de prédilection et si dédaigneux de la vie politique, qu'ils le respectèrent et le protégèrent.

On peut dire qu'Alexandre Lenoir reçut l'héritage de Pierre Levieil. Initié par les œuvres de notre savant peintre sur verre, et par celles de Montfaucon et de Winkelman, à l'étude des arts, il suivit avec un intérêt tout particulier tout ce qui se rattachait à l'histoire de la peinture sur verre. Le moment arriva où tout sembla brisé et perdu, et où il fallut tout reconstituer. On chercha les derniers anneaux de cette chaîne interrompue que l'on voulait continuer. C'est Alexandre Lenoir qui remit les peintres sur les traces de la peinture sur verre, et leur montra qu'on n'avait jamais cessé un moment de cultiver cet art; il en conservait comme preuve, au musée des Petits-Augustins, un vitrail daté de 1786.

<h2 style="text-align:center">II</h2>

Si les fourneaux des peintres verriers ne s'étaient pas tout à fait éteints, la peinture sur verre avait du moins subi de grandes modifications et lorsqu'en 1800 elle revint à la mode et fixa sur elle l'attention publique elle s'était complétement transformée.

(1) Le local des Petits-Augustins avait été disposé par M. Lenoir dès le mois d'octobre 1790, et cinq ans plus tard ce dépôt prit le titre officiel de *Musée national des monuments français*. En 1816, il fut fermé par un ordre supérieur dont personne ne voulut se reconnaître coupable, pas même Louis XVIII.

M. Lenoir mit un courage extraordinaire à arracher ses chers monuments des mains du peuple et cela souvent au risque de sa vie. Partout où se commettaient des actes de profanation et de vandalisme, il y courait et sauvait ce qu'il pouvait. Un fait donnera l'idée de la noble hardiesse de notre antiquaire et des dangers qu'il affronta, c'est lui-même qui nous le raconte à propos de la profanation de la tombe de Richelieu à la Sorbonne : « En 1793, écrit-il, j'ai sauvé ce mausolée comme par miracle, et non sans avoir reçu plusieurs blessures des soldats révolutionnaires, qui le frappaient à coups de baïonnettes. Un des commissaires du Salut public fit ouvrir le cercueil en ma présence pour en extraire le plomb ; le corps s'étant trouvé dans l'état d'une momie sèche, il lui coupa la tête et la montra au peuple, en proférant de grossières injures contre la mémoire de Richelieu. Le peuple y répondait par les cris de *Vive la république*. » M. A. Lenoir raconte un peu plus loin qu'à l'exhumation des rois à Saint-Denis, il vit un soldat couper avec son sabre une mèche de la barbe de Henri IV, et s'en faire des moustaches, disant qu'avec ce talisman il allait vaincre les ennemis de la République.

(2) *Description historique et chronologique des monuments de sculpture réunis au Musée des monuments français*, par Alexandre Lenoir, *conservateur et administrateur de ce musée*, nommé le 4 janvier 1791, 1 vol. in-8°, Paris, an VIII de la république.

Quelques années plus tard, le même auteur fit suivre cet ouvrage d'un autre plus important pour nous, c'est l'*Histoire de la peinture sur verre, et description des vitraux anciens et modernes pour servir à l'histoire de l'art relativement à la France*, par A. Lenoir, Paris, 1804, in-8°.

Qu'était-il donc survenu ?

Le lecteur qui a suivi jusqu'ici avec attention cette histoire, a remarqué que chaque siècle a apporté aux peintres verriers de nouveaux procédés, a enrichi leur palette et que l'art de la peinture sur verre a constamment progressé pour arriver, pendant le XVIᵉ siècle, à son complet développement. A toute chose il faut de justes limites, même à la liberté, c'est ce que l'homme en général comprend le moins bien. Il en fut ainsi pour nos peintres qui suivirent aveuglément dans leurs travaux les progrès de la chimie, sans se demander si les nouvelles découvertes, heureuses pour d'autres, pouvaient leur être favorables. Une couleur fusible était-elle trouvée avec une modification même peu importante, ils se hâtaient de s'en servir, et ils en arrivèrent à ne plus se préoccuper que de l'art de l'application des couleurs fusibles pour obtenir des tableaux sur verre et non plus des vitraux. Les plombs devinrent inutiles dès qu'on put appliquer sur la même lame toutes les couleurs dans leurs nuances les plus tendres et les plus délicates. Ces pauvres plombs, on se mit à les prendre en pitié, à en rire et à les délaisser. Mais comme on ne pouvait clore une fenêtre avec une seule lame de verre on voulut bien encore, mais à regret, permettre de réunir carrément les différentes parties du tableau, et bientôt on disposa les choses de telle sorte que les sujets tinssent sur un seul morceau.

Pierre Levieil avait déjà fait cet essai, et n'y avait réussi qu'imparfaitement, mais au commencement du XIXᵉ siècle, voici MM. Brongniart et Dihl qui produisent des séries très-importantes de couleurs fusibles. M. Brongniart venait à peine d'être nommé, en 1800, directeur de la Manufacture nationale de Sèvres, qu'il présentait à l'Académie un tableau peint sur verre (1).

M. Dihl, un simple particulier, avait déjà, depuis plusieurs années, tenté quelques essais heureux et bientôt il fit paraître des peintures sur des glaces d'une seule pièce de quatre pieds sur cinq, il s'était adjoint pour ce travail deux artistes distingués, MM. Demarne et Legay.

M. Mortelègue, fabricant de couleurs à Paris, exposa aussi des glaces peintes sans le secours de verres teintés ni de plombs. Cet exemple fut en outre imité par d'autres. Or ce que l'on produisit, remarquons-le bien, ce ne furent plus des vitraux d'églises, mais des peintures sur glaces, impuissantes à occuper un rang utile dans la décoration des grands édifices, ne pouvant offrir qu'un intérêt de curiosité, et laissant bientôt passer le public froid et indifférent devant elles.

---

(1) On lit dans le *Moniteur* du 29 nivôse, an x : « Le citoyen Brongniart, directeur de la Manufacture nationale de porcelaines de Sèvres, a présenté à la classe des sciences mathématiques et physiques de l'Institut, dans sa dernière séance, un tableau peint sur verre, d'une exécution parfaite et dont les dimensions surpassent beaucoup tout ce qui a été fait dans ce genre. Il a fait connaître les procédés employés dans cette opération, et en général les moyens dont se sert la Manufacture de Sèvres pour obtenir les couleurs qui ne changent point au feu. Parmi les échantillons qu'il a présentés, on a remarqué deux bouquets de roses peints sur verre, et dont les couleurs sont tellement conservées, que bien qu'un seul d'entre eux ait subi l'action du feu, il était impossible de distinguer la plus légère altération, même dans leurs nuances les plus tendres ? »

« Les améliorations que le citoyen Brongniart a introduites dans la fabrication des porcelaines, et le bon goût qui préside au choix des formes qu'il emploie, sont également remarquables. »

III

Alexandre Lenoir ne voyait cependant pas sans un certain regret les tendances de la nouvelle école. Il s'élevait surtout contre ceux qui prétendaient que l'art de la peinture sur verre avait été perdu, il voulait au contraire que l'on revînt aux anciens errements ; mais il apportait dans ses explications une confusion qui laisse voir combien à cette époque on s'écartait de l'ancienne esthétique. Une discussion qui s'éleva dans le *Moniteur* de 1809 entre Alex. Lenoir et M. Delafontaine, un ami de M. Dihl, nous présente le plus fidèle tableau de l'état de choses à cette époque.

Dans le numéro du 25 février, A. Lenoir terminait ainsi un article sur Jean Cousin :

« Nous saisirons cette occasion pour détruire, s'il nous est possible, l'espèce de préjugé qui existe parmi les gens du monde, qui considèrent encore le moyen de peindre sur verre comme un secret ; ils disent communément, en parlant de cet art : ce secret est perdu. L'art de peindre sur verre, dont la découverte se fit en France, si l'on en croit les *Chroniques* de l'abbé Suger sur l'abbaye de Saint-Denis, n'a jamais été un secret. . . . .

» On a toujours pratiqué plus ou moins la peinture sur verre, soit en France, soit en Angleterre ou en Hollande, et c'est avec regret que je vois encore de nos jours annoncer avec emphase, dans les gazettes, que l'ancienne peinture sur verre vient d'être renouvelée par des artistes allemands. Le Musée des monuments français possède des vitraux faits à Paris, qui sont datés de 1780 et de 1786 ; depuis cette époque, M. Brongniart, directeur de la Manufacture impériale de Sèvres, en a fait exécuter plusieurs que j'ai vus, qui ont parfaitement réussi. Soyons donc fiers de ce que nous possédons nous-mêmes, et sachons priser à leur juste valeur les charlatans étrangers qui ont l'impudeur de nous annoncer comme une découverte nouvelle, un art que nous avons inventé et que nous n'avons cessé de pratiquer pendant plus de huit siècles entiers. »

M. Dihl se trouva blessé à tort ou à raison de l'article de M. Lenoir, et surtout du silence complet gardé par celui-ci sur ses travaux ; il envoya au *Moniteur*, par l'entremise de M. Delafontaine, une réponse qui parut dans le N° du 12 mars, la voici :

... « Pour prouver que cette peinture n'a pas été perdue en France, il (M. Lenoir) cite des vitraux déposés au Musée, qui ont été faits à Paris en 1780 et 1786, il parle de ceux exécutés depuis par M. Brongniart, directeur de la Manufacture de Sèvres.

» On peut se rappeler avoir vu un de ces vitraux, chez M. Lignereux, rue Vivienne, qui avait alors un dépôt de cette manufacture.

» Il aurait pu encore citer à l'appui de cette opération les portraits de S. M. l'Empereur et Roi, et celui du Pape qu'on a vus à l'exposition de l'industrie nationale de 1806, et qui ont été exécutés par un descendant du fameux M. Viel.

» Le soin que M. Lenoir a mis à recueillir les preuves de son assertion, l'hommage qu'il rend aux ouvrages anciens et modernes, portent à croire qu'il ne connaît pas assez les derniers succès obtenus en France, car il n'aurait pas sûrement négligé d'en parler.

» Si M. Lenoir n'avait cité que les progrès faits par les anciens, on pourrait croire qu'il n'attache de prix qu'aux productions des siècles reculés; mais il a cité des ouvrages modernes en ce genre.

» Cependant il n'a pas parlé des beaux tableaux peints sur glace que M. Dihl a fait exécuter par de bons maitres. Ces tableaux sont placés dans une galerie qu'il a établie à cet effet dans une manufacture de porcelaine, rue du Temple.

» Ces tableaux de cinq pieds sur quatre d'un seul morceau, sont peints avec les couleurs préparées et composées par M. Dihl; son moyen n'est pas celui des anciens; car il obtient des chairs, des dégradations de lumière, des effets de jour, des tons harmonieux, et tout ce qui contribue à rendre un tableau bon dans quelque genre que ce soit.

» Il fait subir à ses couleurs l'action du feu autant de fois que cela est nécessaire à la perfection de l'ouvrage; mais ce n'est point le feu qui donne la teinte aux couleurs, il ne sert qu'à les fixer d'une manière inaltérable.

» Ces tableaux ont l'opacité de la nature. L'œil ne peut découvrir ni le verre, ni la glace sur laquelle ils sont peints. Il suffit donc de les voir pour être convaincu que les procédés employés par M. Dihl n'ont aucun rapport avec ceux des anciens; car comment comparer l'avantage de peindre sur des glaces d'un seul morceau, avec l'appauvrissement où ils étaient de se servir de coulisses de plomb pour réunir leurs verres teints et former des compositions même d'une dimension médiocre. Quoique les tableaux de M. Dihl aient, comme on l'a déjà dit, cinq pieds sur quatre, il assure qu'il peut en faire exécuter sur des glaces du plus grand volume.

» Plusieurs artistes des plus distingués de la capitale ont vu ces tableaux et ont jugé que ce pouvait être une nouvelle carrière ouverte aux beaux-arts.

» M. Lenoir qui, avec raison, attache un grand prix à faire connaître les progrès successifs de la peinture sur verre, ne pourrait-il pas faire ajouter à la collection des vitraux réunis dans le Musée des monuments français, un des tableaux exécutés par M. Brongniart, un de M. Viel, un de M. Avelin, et une glace peinte d'après le procédé de M. Dihl. Assurément ce serait le meilleur moyen de prouver aux artistes allemands, que nous possédons tout ce qu'il y a de mieux dans ce genre...... »

Dans un nouvel article qui parut le 50 mars, M. A. Lenoir crut devoir répondre, quoique indirectement, à l'attaque de M. Delafontaine, et il écrivit les lignes suivantes : « .. ... On a fait valoir avec raison l'avantage que prend la peinture sur verre moderne sur l'ancienne, en ce que les peintres qui s'en occupent se servent de grands morceaux de glace sur lesquels ils peuvent librement exercer leur talent, sans le secours des rainures de plomb, et sur lesquels, à l'aide d'une manutention habile, ils parviennent à produire des effets aussi moelleux et aussi vigoureux que le ferait une peinture à l'huile. Cet avantage est grand sans doute; mais il ne peut avoir lieu que dans le cas où l'artiste emploie une peinture qui doit seulement être fixée sur le verre, car il lui serait impossible de l'y incorporer au feu, à cause des divers tons qu'il est obligé de placer à côté les uns des autres, qui nécessairement se confondraient en refondant le tout ensemble, ce qui ne produirait alors qu'un amalgame de couleurs rebutant à voir.

» L'avantage dont on parle appartient exclusivement à nos découvertes modernes dans l'art de la verrerie et non pas dans celui de la peinture sur verre.

» Nos anciens maîtres se sont servis de plomb pour rapprocher leurs pièces, par deux raisons : 1° parce que de leur temps on ne connaissait pas l'art de couler de grandes pièces de verre ; 2° parce qu'en faisant incorporer la couleur dans le verre par l'action d'un feu violent, ils n'auraient pu obtenir deux teintes sur le même morceau qui devait passer deux fois au feu, comme je viens de le démontrer........

» Malgré mon enthousiasme pour l'ancienne peinture sur verre, je ne suis pas moins l'admirateur des nouvelles découvertes en ce genre : je connais les difficultés de l'art, et je rends grâce en mon particulier aux hommes habiles, dont la gloire tend à la perfection d'un art que nous avons longtemps pratiqué avec succès. »

IV

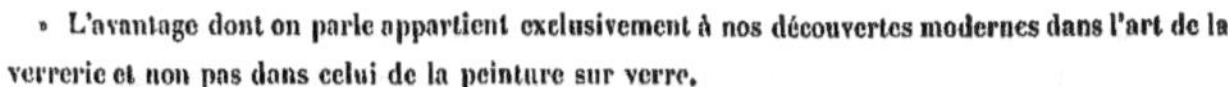

Sur ces entrefaites, MM. Dihl, Demarne et Logay ouvrent une galerie dans laquelle ils ont placé leurs peintures sur verre et ils y appellent le public. A. Lenoir ne pouvait rester indifférent en présence d'une telle manifestation, il entre alors franchement dans la question et reconnaît le talent de M. Dihl. C'est A. Lenoir lui-même qui va nous rendre compte de cette exposition publique si importante pour nous au point de vue de l'histoire de l'art. Ce compte-rendu parut dans le *Moniteur* du 2 mai 1809, le voici :

« Aujourd'hui la peinture sur verre vient de recevoir un nouvel éclat par un procédé dont on doit la découverte au zèle infatigable d'un artiste qui consacre ses veilles au perfectionnement des couleurs à l'usage des peintres. Il sera donc facile maintenant d'orner les vitres des palais d'une manière à la fois agréable pour le maître, et instructive pour la jeunesse, en y faisant représenter les faits héroïques de nos annales modernes.

» .... Les peintres verriers du xviie siècle, en cherchant à perfectionner l'art, abandonnèrent l'ancienne manière de colorer le verre, et ils s'adonnèrent à l'usage de la peinture en *apprêt*, qui consiste seulement à fixer les couleurs sur le verre par un fondant, en le passant au feu...... Il n'y avait qu'un pas à faire pour atteindre la perfection de l'art dans cette manière de peindre sur verre et M. Dihl l'a fait. Je veux parler de la galerie des tableaux sur glaces, ouverte au public depuis quelques jours.

» Il ne faut pas confondre la manière de peindre de M. Dihl, avec l'ancienne peinture sur verre ; il n'y a aucun rapport entre elles. Dans l'une, les couleurs pénètrent le verre d'outre en outre, ce qui a nécessité l'emploi de plusieurs pièces de verre que l'on a réunies par du plomb ; autrement les couleurs se seraient mélangées et amalgamées au feu. Dans l'autre elles couvrent seulement la superficie qu'elles pénètrent légèrement. Nous dirons en faveur de M. Dihl que le procédé nouveau  offre deux avantages remarquables : 1° celui d'être peint sur une seule glace, ou sur une seule pièce de verre ; 2° qu'il présente une grande perfection dans la fonte des couleurs et dans leur harmonie, ce que les anciens n'ont jamais fait, puisqu'ils ne pouvaient obtenir par leur procédé que

des tons tranchés les uns à côté des autres, **unis par un corps étranger comme de la mosaïque,
qu'ils adoucissaient cependant par des ombres faites d'oxyde de fer, fixées seulement sur le
verre.**

» Si l'on examine les anciennes peintures sur verre, on verra que les morceaux qui les composent
sont multipliés à l'infini, et qu'ils sont d'une très-petite étendue ; mais qu'ils augmentent de volume
à mesure que l'art s'est perfectionné et qu'il se rapproche des derniers siècles. Cette différence
appartient tout entière au perfectionnement de l'art de la verrerie ; car à l'époque des premiers
vitraux, on ne savait pas encore fabriquer de grands morceaux de verre. C'est une justice que l'on
doit rendre à M. Dihl ; il est le premier qui ait osé entreprendre des tableaux sur un seul morceau
de glace d'une aussi grande dimension. On lui doit d'autant plus d'éloges, qu'il a fallu vaincre de
grandes difficultés pour parvenir à la fonte parfaite de ses couleurs sur une surface aussi considérable, lorsqu'il a dû, pour la perfection de son travail, passer plusieurs fois son morceau de glace
au feu et l'en retirer sans accident.

» Il ne convient pas d'appeler vitraux les peintures sur glace de M. Dihl, puisque ce sont de
véritables tableaux qui ont l'éclat et qui produisent autant d'effet que ceux que l'on traite à l'huile.
Les couleurs qu'il emploie sont suffisamment fixées sur la superficie du verre pour recevoir la
transparence convenable et laisser pénétrer la lumière du jour par tous les points. Cette nouvelle
manutention est douce à l'œil, sans altérer cependant la vigueur des tons et l'effet magique qu'elle
doit produire.   .

» En admirant ces tableaux, j'ai eu le désir de m'en approcher pour examiner de près le procédé
de l'auteur, mais j'en ai été empêché par une barrière placée à la distance de huit pieds environ ;
ce qui a nui beaucoup aux renseignements que je voulais prendre. Cependant je crois avoir reconnu
que la première préparation du travail consistait à se procurer une glace dépolie sur laquelle on
peint avec des couleurs amalgamées à un fondant, que l'on applique les unes à côté des autres,
tantôt en pointillant, et tantôt en forme de lavis, suivant le besoin que l'on en a, comme on le fait
quelquefois à l'huile, en commençant cependant par les premiers plans et les teintes les plus fortes
pour arriver successivement aux plus faibles, et toujours en dégradant. Ensuite on chauffe doucement cette peinture qui naturellement, à l'aide du fondant avec lequel elle est mêlée, a une tendance
à s'incorporer sur la superficie du verre que le feu amollit d'autant plus facilement qu'il est dépoli.
J'ai encore reconnu que cette peinture est la même que celle que l'on emploie pour la porcelaine ;
elle en a toute la teinte. J'ai dans les mains un tableau sur verre, signé SEQUIN et daté de 1786,
représentant un ermite faisant une lecture dans sa retraite, dont l'effet est imité de Rembrandt,
qui me paraît avoir été traité par les mêmes moyens ; il est sur un seul morceau de verre ainsi que
les essais de M. Brongniart que j'ai vus à Sèvres, mais qu'importent les moyens employés par
M. Dihl, puisque ses résultats sont des chefs-d'œuvre !

» Honneur soit rendu aussi aux talents de MM. DEMARNE et LEGAY, qui ont bien voulu allier leurs
talents aux moyens de M. Dihl. Les paysages de M. Demarne, au nombre de neuf, sont d'une composition agréable, d'une touche savante et d'un effet délicieux. La vue de Saint-Cloud, prise de l'extrémité du pont est d'un effet tellement doux et si harmonieux, que l'on oublie l'art au point que

l'on se suppose placé dans une chambre noire à travers laquelle on voit la nature. Le tableau suivant contraste parfaitement avec celui-ci ; il représente un lac glacé, lequel traverse un paysage couvert de neige et de frimas : on y voit des patineurs élégamment dessinés s'exercer sur la glace, et des femmes avec leurs enfants qui la traversent. J'admire surtout, dans ce tableau, la pureté et l'éclat du blanc que l'on a employé pour rendre la neige ; cette couleur et le moyen de l'appliquer sur le verre n'étaient point connus des anciens peintres. Le clair de lune placé à la suite est moins parfait ; le ciel est bien, mais généralement dans ce tableau la touche est lourde, principalement dans les eaux, ce qui m'autorise à croire que les couleurs ayant un peu fusé au feu, elles ont élargi le trait et la touche. La lumière du feu, placé dans un coin du tableau et autour duquel plusieurs personnages sont assemblés est parfaite.

» Le tableau précédent, agréablement peint par M. Legay, nous a paru être un portrait de famille. On voit une jeune femme de grandeur naturelle appuyée sur une espèce de balcon, badinant avec ses enfants ; il y a ici une grande difficulté vaincue en ce que des figures de haute stature, offrant moins de touches et moins de détails qu'un paysage, il a fallu beaucoup plus de soin et de précision pour passer sans dureté et sans effort du clair à la demi-teinte, et de la demi-teinte à l'ombre, pour faire tourner les chairs et arriver à l'illusion de la nature, c'est ce que M. Legay a parfaitement rendu ; ses draperies sont belles et bien jetées, la manche de velours est parfaite ainsi que le châle pourpre qui se groupe avec le bras du personnage principal.

» La galerie de M. Dihl mérite à juste titre les éloges des artistes et des hommes de goût ; pour s'en convaincre, il suffit de voir les peintures qu'il vient de soumettre au public, et nous avouerons avec franchise que nous n'avons rien vu d'aussi agréable depuis que l'on s'occupe de la peinture sur verre. »

Le mouvement se propagea et il n'y eut bientôt plus d'expositions de tableaux où l'on ne vît des peintures sur glace. On fut cependant bientôt obligé de reconnaître que l'on ne pouvait suivre avec succès ce mode de peinture sur verre pour les vitraux d'église et qu'il fallait revenir aux verres teintés et aux plombs. Un artiste de Londres, M. William Collins, exposa au Luxembourg, en 1826, quelques vitraux destinés aux églises de Paris, ce fut un avertissement et un enseignement pour les peintres français.

V

La véritable route indiquée et ouverte, on s'y lança ardemment, sans beaucoup de succès d'abord, mais cependant avec une intelligence qui présageait une réussite prochaine. MM. Mortelègue, Pâris, Constantin et Robert entrèrent dans la bonne voie. Les vitraux de Sèvres qui décorent les sacristies de Notre-Dame de Paris et de l'église de Notre-Dame de Lorette, ont un cachet tout particulier. Ils sont d'un brillant et d'une chaleur de coloris extraordinaires, c'est une espèce de peinture flamboyante. On sent que les artistes étaient à leur coup d'essai dans ce genre de peinture, mais on doit dire, malgré quelques défauts, que ce coup d'essai est un coup de maître.

Langlois a résumé les travaux de peinture sur verre qui ont été exécutés de 1809 à 1825 et dont nous venons d'indiquer le caractère ; les efforts des artistes pour la renaissance d'un art auquel il s'intéressait, se produisaient sous ses yeux, et il en prenait toujours note. C'est donc à cet écrivain que nous empruntons le compte-rendu des œuvres qui ont paru durant cette période depuis M. Dihl, et le nom des artistes qui les ont accomplies (1).

» De 1809 à 1811 et jusqu'en 1823, M. Mortelègue, fabricant de couleurs, dont les travaux ont puissamment secondé les progrès de l'art, fit paraître plusieurs tableaux sur verre qui, malgré leurs beautés réelles, ne produisirent pas sur le public, admirateur constant de la vivacité des anciennes peintures, l'effet qu'on devait en attendre ; l'absence des verres teints et des tons purpurins, au moyen desquels les anciens verriers répandaient un si vif éclat dans leurs ouvrages, en fut la seule cause, inconvénient qui, du reste, ne nuisit en rien aux mérites de ces produits, aux yeux des véritables appréciateurs.

» On doit à M. Mortelègue un Christ placé dans l'église de Saint-Roch, c'est le premier tableau peint sur verre dont on ait décoré une église de la capitale depuis la restauration du culte (2). En 1823, 1824 et 1825, plusieurs peintures furent exécutées au moyen de verres peints et de verres teints ; tels sont les vitraux qu'on voit à la Sorbonne dont l'un représente la religion et l'autre saint Louis. Ces morceaux sont dus à M. Pâris, ainsi que d'autres travaux en ce genre, exécutés pour l'église royale de Saint-Denis d'après les dessins et sous la direction de M. Debret, architecte de ce monument éminemment historique. De ces associations successives des arts du dessin et de la science chimique, on ne tarda pas à voir surgir des résultats qui démontraient évidemment, au moins sous quelques rapports, la supériorité des procédés nouveaux sur les anciens ; car, malgré l'admiration qu'on ne doit cesser de porter aux ouvrages des vieux peintres verriers, il est impossible de ne pas convenir que, dans leurs plus belles vitres, la fonte des ombres, la vérité des tons, la coloration des fruits et des fleurs, et les teintes de leurs carnations, ordinairement sombres, roussâtres et presque monochromes, sont en général plus ou moins éloignées de la nature et de la vérité. Dès 1825, on put voir combien la palette et la peinture sur verre avaient conquis de richesses, par l'exposition d'un bouquet de fleurs peint par M. Schilt, sous la direction de M. Robert. Outre que de semblables sujets sortaient véritablement des genres communément cultivés par les anciens, il est hors de doute que ces derniers sentaient que leurs procédés n'étaient pas de nature à traiter, avec succès et d'une manière spéciale, des sujets anthologiques. Débuter heureusement dans ces mêmes sujets qui réclament tant de chaleur, de pureté, de finesse et de variété dans les tons, c'est, lorsque l'incontestable fixité des couleurs sur le verre se trouve réunie à ces premières conditions, avoir atteint en quelque sorte le *nec plus ultra* de l'art.

» Dès le commencement de 1826, M. Leclair fit paraître quelques peintures confectionnées par le procédé des verres émaillés, et, dans la même année, on vit au Luxembourg quatre tableaux sur verre, dont le premier, représentant le mariage de la Vierge, était destiné pour la vitrerie de la chapelle de Notre-Dame, dans l'église de Saint-Étienne du Mont ; les trois autres devaient décorer

(1) *O. d. c.*, p. 195 et suiv.

(2) Ce vitrail, d'un ton bistreux et désagréable, existe encore, il se trouve à gauche en entrant ; il est en assez mauvais état, l'émail brun n'était pas assez cuit et s'est détaché par endroits.

la chapelle de la Vierge, dans l'église de Sainte-Élisabeth de Paris, et représentaient la Foi, l'Espérance et la Charité. Tous ces tableaux avaient été peints en 1826, en Angleterre, par M. W. Collins, de Londres, sous la direction de M. le comte de Noé, pair de France (1).

» Malgré beaucoup de parties recommandables, et leur supériorité dans quelques points sur les anciennes peintures, on jugea cependant que, excepté leurs dimensions considérables, ils n'offraient aucun mérite qu'on ne pût atteindre dans nos fabriques françaises, spécialement dans la manufacture de Sèvres, qui, sous le rapport de la peinture sur verre, a pris une haute importance depuis l'école spéciale de cet art établie dans son sein. Cette institution, confiée à la direction de MM. Constantin et Robert, méritera toujours à juste titre, à M. le vicomte de la Rochefoucault qui l'a fait surgir de la puissance royale, la vive approbation des amis des arts.

» Aux trois derniers tableaux que nous venons de citer, on ajouta, dans l'église qu'ils décorent, un même nombre de sujets également exécutés sur verre par M. Páris, d'après les cartons de M. Abel Pujol. Ces derniers, remarquables par leur beau caractère, représentent saint Joseph, saint Jean-Baptiste et un saint Jean l'Évangéliste, qui, par-dessus tout, emporta les suffrages des connaisseurs. Pour compléter la preuve qu'il était facile d'obtenir à Sèvres les mêmes résultats qu'à l'étranger, M. Pierre Robert fit vers le même temps paraître quelques produits du même genre, dont le plus remarquable fut une copie de la Vierge de Solario, connue sous le nom de la *Madone au coussin vert.*

» Cet ouvrage, qui rappelait les plus beaux vitraux du xvie siècle, attestait hautement, en outre, que les procédés des habiles verriers de cette époque célèbre étaient loin d'être inconnus aux peintres modernes; mais une autre entreprise, dont l'heureuse exécution offrit la preuve non moins frappante que les prétendus secrets des anciens n'étaient pas perdus, ou que ceux qui auraient pu véritablement l'être étaient remplacés par des procédés équivalents, ce furent les copies de deux panneaux des vitres de la Sainte-Chapelle, également dues à M. Robert.

» Cet habile artiste déploya dans ce travail un rare talent d'imitation, auquel il ne manque peut-être qu'un seul auxiliaire pour atteindre complétement son but; c'est qu'il ne connaissait pas encore le secret du beau rouge purpurin qu'il fit fabriquer depuis, d'une manière très-satisfaisante, à la verrerie de Choisy. Privé de cette ressource, il fut obligé de remplacer par une teinte un peu moins belle cette couleur prestigieuse qui, dans nos anciens vitraux, domine par son brillant éclat toutes celles qui l'environnent.

» En 1828, M. Robert exécuta, d'après les cartons de M. Delorme et les dessins de M. Lebas, pour les ornements, plusieurs grandes fenêtres pour la sacristie de la nouvelle église de Notre-Dame de Lorette de Paris. « M. Robert, disait M. Brongniart, dans un mémoire écrit à cette époque, ne pourra être définitivement jugé que d'après cette grande entreprise; mais nous n'avons pas besoin

____

(1) Ces vitraux avaient été exécutés d'après les ordres de M. de Chabrol, préfet de la Seine; et peu de temps après M. le comte de Noé, pair de France, qui s'était épris d'amour pour cet art, établissait un atelier et confiait à un Anglais, M. Jhones, venu exprès de Londres, l'exécution de trois vitraux pour la même église. Nous devons faire remarquer que pour ces vitres on avait suivi les errements des xviie et xviiie siècles en les peignant sur de grands carreaux entièrement teints au moufle.

de dire que nos vœux et nos espérances sont pour lui. » Ces prévisions ont été pleinement justifiées : deux tableaux magnifiques, résultats de cette importante opération, furent exposés, en janvier 1829, dans une des salles du Louvre, l'un représentant l'*évangéliste saint Luc*, et l'autre l'*Assomption de la Vierge*. Ces peintures, exécutées au moyen de verres teints dans la masse et d'autres superficiellement peints, offrent un éclat de couleurs et des carnations dont la perfection les place au rang des morceaux les plus remarquables de notre moderne peinture sur verre. »

VI

La Manufacture impériale de Sèvres venait de rendre d'immenses services à l'art de la peinture sur verre, mais elle n'était pas appelée à le relever entièrement, le genre de ses travaux y mettait obstacle. La peinture sur verre n'y était regardée que comme un corollaire de la peinture sur porcelaine, on y employait les mêmes peintres et les mêmes procédés, et on se laissait dès lors guider par les enseignements de celle-ci pour accomplir celle-là, malgré les divergences très-grandes que présentent ces deux genres de peinture. Il en résultait qu'on tournait dans un cercle et qu'on luttait sans cesse contre les mêmes difficultés sans parvenir à les vaincre.

On remarque dans les vitraux de Sèvres, une grande richesse de coloris, une touche habile; mais à côté de ces qualités d'immenses défauts, tels que le manque complet d'entente du vitrail, le rapprochement désagréable de quelques tons, et une maladroite disposition des plombs.

VII

M. Bontemps, directeur de la verrerie de Choisy-le-Roi, près de Paris, livra au commerce des verres teints de toutes les couleurs, et surtout de beau verre rouge; c'est à cela qu'on dut le développement heureux et rapide de la peinture sur verre en France. En 1830 parurent des vitraux exécutés par les deux procédés réunis, des verres teintés dans la masse et des verres peints; ils étaient destinés aux chapelles des châteaux d'Eu et de Randan; ils avaient été peints par MM. VATINEL et BÉRANGER, de la Manufacture impériale de Sèvres, d'après un tableau de M. Delaroche et les cartons de M. Chenavart; mais on eut encore le tort de conserver, comme dans le système anglais, le châssis à petits carreaux rectangulaires.

Un seul homme, un artiste, un véritable peintre verrier, eût pu tirer la Manufacture impériale de la fausse route où elle s'était engagée, il aurait, en séparant les deux genres de travaux, sur verre et sur porcelaine, donné à la peinture sur verre sa direction véritable; cet artiste, c'était CHENAVART, à qui la Manufacture doit le vitrail du pavillon de l'Horloge au Louvre, qui est une de ses meilleures productions. Le sujet de cette verrière est l'apothéose allégorique de la Renaissance; plusieurs riches médaillons sont encadrés dans un vaste portique et réunis ensemble par des ornements de très-bon goût. Chenavart comprenait la peinture sur verre, il pouvait concevoir un vitrail dans son ensemble, il reconnaissait que des compositions d'un genre spécial convenaient seules aux vitraux, et que l'on ne pouvait, au hasard, transporter sur une fenêtre d'église un tableau quelconque de quelque maître qu'il fût, parce que ce qui convenait pour la peinture à l'huile était bien loin de répondre aux nécessités de la peinture sur verre. Malheureusement Chenavart quitta brusquement la Manufacture impériale qui persista longtemps encore dans ses errements et se laissa distancer par les ateliers des peintres particuliers.

Ceux-ci furent puissamment secondés par la publication du grand et bel ouvrage de M. Dumas. Ce savant, qui apporta tant de clarté, d'ordre et de méthode dans la chimie, qui sut masquer l'aridité de la science sous le charme du style et fit un ouvrage aussi intéressant qu'instructif, consacra un chapitre entier au verre, aux différentes manières de le travailler et de le peindre (1); il y publia les procédés de la Manufacture de Sèvres, en indiqua les défauts et les qualités, et après avoir jeté un rapide coup d'œil sur l'histoire du verre, termina en faisant justice de tous les préjugés et en éclairant d'une vive lumière les points qu'on s'obstinait à regarder comme douteux ou obscurs.

M. Dumas ne pouvait cependant s'écarter de la chimie pour traiter à fond la peinture sur verre, il ne fait qu'en indiquer brièvement les deux procédés des émaux et des verres teintés; il y joint la manière de M. Dihl qui peignait sur deux glaces et les rapprochait en mettant les surfaces peintes en contact. M. Dumas se contente de faire remarquer que par cette disposition on évitait les effets de la parallaxe; mais nous nous hâterons d'ajouter que ce moyen fut bientôt abandonné, par M. Dihl lui-même, à cause de ses difficultés et de son haut prix de revient.

Telle était la marche incertaine et encore vacillante de la peinture sur verre en France; voyons ce qui se passait pendant ce temps en Allemagne.

VIII

Jamais en Allemagne les beaux-arts n'avaient eu d'époque plus florissante que celle du commencement de notre siècle; ce développement rapide et presque magique fut dû à plusieurs causes. D'abord l'Académie de Dusseldorf, fondée en 1767 par l'électeur palatin de Bavière, Charles-Théodore, avait donné et propagé le goût de la peinture; mais comme cette académie avait été un peu négligée pendant les guerres de l'Empire et qu'elle avait fléchi, Cornélius la réorganisa en 1821, et Schadow, en 1827, la porta au point élevé qu'elle a atteint.

On vit en même temps surgir un concours exceptionnel d'artistes. Un des plus grands peintres d'Allemagne, peut-être le plus grand, protestant dans sa religion, mais catholique dans ses tendances, son goût, son caractère, Overbeck avait quitté l'Allemagne pour l'Italie et adopté définitivement la patrie de Raphaël et de Michel-Ange; mais bientôt, en 1811, on vit réunis autour de lui, venus pour lui demander des conseils et des inspirations, Cornélius, Schadow, Veit, Schnorr, Hess, Koch, Wach et d'autres encore parmi les fondateurs de la nouvelle école allemande.

____

(1) *Traité de chimie appliquée aux arts*, 8 vol. in-8º, Paris, 1850; t. II, p. 554 et suiv.

Trois archéologues contribuèrent en outre puissamment aux progrès des arts en Allemagne et surtout à leur direction. Ce furent les frères Boisserée et leur fidèle ami, Jean Bertram, tous les trois de Cologne. Étudier, approfondir la période ignorée du moyen âge, en rechercher et en collectionner les œuvres, porter le flambeau dans ces temps obscurs, en retrouver la gloire méconnue et fournir aux artistes les modèles tracés par leurs prédécesseurs, voilà quel fut le but constant des efforts des trois amis, efforts soutenus et secondés par tout ce qu'il y avait alors en Allemagne de plus distingué dans la littérature, la science et les arts, Goethe, Frédéric Schlegel, Thorwaldsen,..... etc.

Les frères Boisserée s'étaient trouvés à Paris en 1805; ils avaient passé de longues heures à admirer la collection des antiquités enlevées par Napoléon dans les pays qu'il parcourait en vainqueur, et classées avec une rare intelligence par Denon. Pendant ces longues heures de contemplation, ils se prirent d'amour pour les arts et se mirent à collectionner. Le moment était favorable; l'éveil n'était pas encore donné sur la valeur des œuvres du moyen âge, et malgré les Anglais qui achetaient beaucoup, mais ne pouvaient être partout, MM. Boisserée et Bertram eurent bien vite une galerie importante, dans laquelle les artistes furent généreusement conviés à l'étude, et qui plus tard forma le fond du musée fondé par le roi Louis de Bavière. En 1827, cette galerie fut vendue presque entière pour la somme de 575,000 florins.

C'est aux frères Boisserée et à leur ami Bertram que l'Allemagne doit la réhabilitation du moyen âge, et la majeure partie des œuvres de cette époque qui se trouvent dans ses galeries, notamment dans la Pinacothèque de Munich.

Il faut aussi hautement reconnaître que s'il faut attribuer la propagation des arts à l'Académie de Dusseldorf, la direction des tendances et l'apurement du goût, pour une grande part, aux frères Boisserée, c'est à S. M. le roi Louis de Bavière, aux immenses travaux que ce prince fit exécuter, à son goût éclairé, à son intelligence rare, que revient l'honneur du prodigieux développement des arts en Allemagne; cependant trois villes s'en partagèrent en quelque sorte le monopole : Munich eut la peinture à fresque, Dusseldorf la peinture à l'huile, et Berlin l'architecture.

Une fois lancé dans l'étude du passé pour la restauration des édifices de style ogival, aussi bien que dans les voies véritables pour la décoration des monuments nouveaux, l'esprit calme et observateur des Allemands devait comprendre facilement les différents genres de travaux à accomplir. Au milieu de ce mouvement général, la peinture sur verre ne pouvait manquer de trouver sa place; mais c'est à Munich que cette branche de l'art devait refleurir; la gloire en revint à un artiste d'une haute intelligence et d'un grand talent, à Franck, dont nous devons nous occuper spécialement, car son histoire est celle de la renaissance de la peinture sur verre en Allemagne.

IX

Sigismond Franck naquit à Nuremberg en 1770, il s'adonna de bonne heure à la peinture et travailla jusqu'à l'âge de 24 ans dans une manufacture de porcelaine dont il décorait les produits. La guerre vint apporter le trouble dans les travaux paisibles de notre jeune peintre qui se mit alors à voyager et vécut assez misérablement pendant plusieurs années. De retour à Nuremberg, il voit un jour un Anglais donner à un marchand de curiosités un prix élevé de quelques fragments de vitraux anciens, et causant ensuite avec le marchand, celui-ci lui dit que l'artiste qui retrouverait les procédés de la peinture sur verre et restaurerait d'anciens vitraux gagnerait des sommes considérables.

Franck, déjà initié en partie aux couleurs métalliques par ses premiers travaux sur porcelaine, se mit courageusement à chercher celles qui pouvaient convenir au verre. Comme jadis Bernard de Palissy, il perdit plusieurs années dans des essais infructueux, mais enfin il parvint à composer sa palette. Notre artiste avait eu sous les yeux et avait pris pour se guider des débris de verrières de différentes époques ; il ne pouvait choisir de meilleurs modèles, car ces fragments lui donnaient les tons, la manière de les appliquer, et la disposition générale. On comprendra facilement que ces études préparatoires devaient le rendre plus apte que d'autres à restaurer les beaux vitraux des églises, ou à en recomposer de nouveaux.

Franck fut obligé de sacrifier à l'idole du jour, d'obéir à la mode, il s'écarta du genre de la peinture ancienne pour se lancer comme ses confrères dans la peinture sur glace ; il fit d'abord des armoiries pour un président de chambre, puis quelques portraits, entre autres ceux de Napoléon et de Nelson, qui furent vendus pour l'Amérique.

En 1808, le roi Maximilien, auquel il avait présenté les armoiries royales peintes sur verre, lui donna un bâtiment de l'État pour l'exécution de travaux plus considérables. C'est là qu'il fit une copie sur verre de la Circoncision, œuvre de Goltzius. En 1814, il quitta ce genre de travail pour se livrer, sur l'invitation du prince Louis de Wallerstein, à la restauration de vitraux anciens et à la création de nouveaux pour les compléter. Ses rapports cessèrent brusquement avec ce prince en 1818, et il se rendit alors à Munich avec un grand tableau sur verre représentant la sainte Cène d'après Dürer. Cette composition était faite sur une seule table de verre, et tout autour, de petits médaillons représentaient les différents actes de Notre-Seigneur souffrant pour le salut des hommes.

Le roi de Bavière fit l'acquisition de cette œuvre et plaça Franck comme peintre à la Manufacture royale de porcelaine après lui avoir fait déposer par écrit, au profit de l'établissement, tous ses procédés. Notre artiste se livra alors exclusivement à la peinture sur glace et parvint à réunir toutes les couleurs sur la même lame de verre ; il fit une série de copies de tableaux de grands maîtres, que le roi envoya en présent aux princes étrangers (1).

X

Le roi Louis fit donner à la Manufacture, en 1826, l'ordre d'exécuter pour la cathédrale de

(1) On peut consulter au sujet du peintre Franck, le *Die bildende kunst in München von D* Soltl*, *professor*. München, 1842, 1 vol. in-12, et les différents dictionnaires de conversation français et allemands.

Ratisbonne des vitraux dans le style de l'édifice. La Manufacture venait de faire en artistes d'importantes acquisitions, c'est à eux qu'elle confia le soin de ces nouveaux travaux.

GARTNER, qui dirigeait la partie des arts, fut chargé de tracer les cartons. Il fit ses compositions à l'aquarelle.

En même temps une verrerie était établie à Benedicktbeuern, Franck en eut la direction et on y fit fabriquer des couleurs vitrifiables et des verres de différentes nuances.

On procéda activement à l'exécution des vitraux qui furent achevés vers la fin de l'année 1828. On y remarque une habile mise en plomb que l'on doit aux études antérieures de Franck, et quelques belles couleurs, surtout celle de chair; les tons cependant n'ont pas assez de vigueur et sont encore loin de ceux du moyen âge.

De nouvelles commandes arrivèrent bientôt pour la cathédrale de Ratisbonne et l'église du faubourg de l'Au, à Munich. Henri Hess, le digne élève d'Overbeck, le peintre vraiment religieux, fut chargé des cartons, et la peinture sur verre entra dans sa voie véritable, on comprit qu'elle devait être uniquement décorative et on la traita comme telle. Alors on se ressouvint du passé, on l'étudia, on le mit à profit, et bientôt parurent les magnifiques vitraux de la cathédrale de Ratisbonne dont nous allons donner une sommaire description. Quant à ceux de l'église du faubourg de Munich, comme ils sont postérieurs, nous n'en parlerons qu'au chapitre suivant.

CATHÉDRALE DE RATISBONNE.

Les vitraux ont 56 pieds sur 24.

La première fenêtre comprend des évangélistes et des bustes de saints. Elle est de 1828, et a été faite en partie par l'établissement royal de Munich, et en partie par le peintre verrier SCHWARTZ, de Nuremberg.

La deuxième fenêtre présente dans trois compartiments, l'Adoration des Mages, et sur les deux compartiments latéraux, la Présentation au Temple et la Salutation angélique; on y voit aussi les quatre grands prophètes et les rois Salomon et David. Cette fenêtre a été exécutée à Munich en 1829; les cartons des sujets historiques ont été faits par RUBEN, et les ornements par AINMILLER.

La troisième fenêtre se compose entièrement d'ornements.

La quatrième fenêtre est comme la précédente, toute d'ornements, sauf, en plus, quelques armoiries et une inscription.

La cinquième fenêtre comporte une scène religieuse et quatre grands personnages : saint Jean prêchant dans le désert, et quatre pères de l'Église, saint Ambroise, saint Grégoire, saint Jérôme et saint Augustin. Les cartons sont de Ruben et les ornements de Ainmiller.

La sixième fenêtre, du même genre que la précédente, représente la Conversion des Slaves par saint Beno, puis saint Louis, saint Wolfgang, saint Heimeran et sainte Thérèse. Les cartons sont de SCHORNE et les ornements de Ainmiller.

La septième fenêtre offre en deux compartiments la vie de saint Étienne. Les cartons sont de Ruben et les ornements de Ainmiller.

Les sixième et septième fenêtres ont été exposées à Munich en 1852.

XI

Contrairement à ce qui se passait en France, c'était la Manufacture royale qui, à Munich, ouvrait les bonnes voies de la renaissance de la peinture sur verre, tandis que les artistes particuliers s'obstinaient à faire de la peinture sur glace.

Les frères Boisserée eux-mêmes contribuèrent à maintenir la fausse impulsion en faisant copier inutilement sur verre des tableaux anciens. Tantôt ils s'adressaient à la Manufacture royale, tantôt à des artistes libres, tels que VORTEL, KELLNER, LANTERLEUTE. On remarquait dans leur collection un certain nombre de copies de grands maîtres faites sur verre, l'Annonciation et la Présentation au Temple d'après Van Eyck (18° sur 20°). — Saint Christophe d'après Hemling (20° sur 10°). — Saint Luc d'après Van Eyck (18° sur 15°), etc.

A propos de ces peintures sur verre qui se trouvaient dans la collection des frères Boisserée, M. Raczinski fait les observations suivantes, qui sont pleines de justesse :

« Dans les vitraux destinés à orner un bâtiment d'une architecture gothique, on doit également craindre de s'écarter du caractère qui domine dans le bâtiment, et l'on ne doit pas chercher à faire oublier que les vitraux sont du verre. Quant aux petits tableaux qui, comme ceux des frères Boisserée, forment des objets d'art isolés, ce n'est plus la même chose; je ne pense pas qu'on doive se laisser arrêter par des considérations pareilles. Ce sont des objets de fantaisie. L'effet qu'ils produisent est indépendant de tout ce qui les entoure. Ils ont une existence isolée. Dans ce genre, tous les essais sont bons. Cependant, même parmi ceux-ci, excepté le *saint Christophe* qui forme un petit tableau délicieux, j'aime mieux les figures des apôtres, qui ne présentent pas d'actions et qu'entourent des ornements architectoniques d'un style gothique, que les compositions formées de beaucoup de figures, imitant des tableaux à l'huile (1). »

XII

A Nuremberg, la peinture sur verre était également cultivée, mais on ne s'y occupait guère que de peinture sur glace. Un des peintres verriers les plus en renom de cette ville, M. Lanterleute, exécuta pour la collection de M. Hertel une longue suite de petits vitraux sur lesquels il peignit des sujets tirés de la vie de la sainte Vierge, d'après les gravures sur bois d'Alber Dürer.

M. Schweighauser, en 1802, fit à Strasbourg, avec un peintre verrier, des expériences pour

(1) *L'art moderne en Allemagne*, par le comte A. Raczinski. 5 vol. in-4°. Paris, 1834-1839. T. II, page 425.

obtenir du verre rouge. La guerre interrompit les travaux, le peintre mourut. Plus tard, en 1827, l'Académie de Berlin mit au concours le procédé de cette vitrification, et le lauréat fut M. Engelhard, à qui M. Schweighauser en avait communiqué le secret. Ce procédé est celui-ci : Silice, six livres; potasse pure, *id.*; oxyde de cuivre rouge, deux onces; oxyde d'étain, *id.*; chaux, trois onces (1).

En Angleterre, on continuait à faire des verrières dans le style des deux derniers siècles, avec les vitres assemblées carrément par les plombs. C'est ce pays qui fournit à la France MM. Collins et Jones, qui vinrent, sous la direction du comte de Noé, rallumer les fourneaux éteints de la France.

On vit à Londres une collection de copies des cartons de Raphaël peintes sur verre; l'annonce de M. Pearson portait que ces peintures étaient en couleurs vitrifiées. Un M. Backler montrait une autre collection du même genre; ces œuvres sortaient sans doute des ateliers de MM. Waud, Martins ou Muys, peintres verriers de cette époque.

XIII

Le salon de peinture qui s'ouvrit à Paris, en 1831, présenta le résumé le plus complet des progrès accomplis dans la peinture sur verre. Langlois nous en a conservé les détails, et nous devons les consigner ici pour constater nettement l'état des choses à ce moment. Voici quelles étaient les principales œuvres du salon :

1° Deux grandes verrières cintrées, d'à peu près quinze à dix-huit pieds de haut sur une largeur proportionnée, exécutées à la Manufacture royale de Sèvres, par M. Vatinelle, d'après les dessins de M. Béranger pour les figures, et ceux de M. Pereier pour les ornements; elles représentent, l'une la Foi, l'autre l'Espérance. Ces figures sont encadrées dans de très-larges bordures en grisaille rehaussée de jaune et de rouge, représentant des attributs religieux. Ces peintures, commandées par S. A. R. Madame Adélaïde d'Orléans, doivent décorer la chapelle de son château de Randan. L'emploi des plombs qui contournent et réunissent les diverses parties de ces vitraux, est très-habilement ménagé, comme dans plusieurs autres grandes verrières modernes où l'artifice consiste à faire toujours couler ces plombs entre une partie obscure ou vivement colorée et une partie claire; ils se trouvent alors comme tellement perdus dans la partie vivement teintée, qu'il est presque impossible de soupçonner leur présence lorsque le vitrail occupe la place pour laquelle il est destiné. Pour obtenir cet avantage, il faut que l'artiste soit maître de l'effet de son sujet, car, s'il copie, il peut arriver qu'il soit forcé de réunir deux parties claires au moyen de ces plombs, qui deviendraient visibles alors comme dans le sujet suivant.

2° Une copie de la Vierge au coussin vert du Solario. L'enfant Jésus, couché sur un coussin, se tient le pied avec la main. Ce tableau, peint, comme les deux précédents, par M. Vatinelle, est rond et porte à peu près deux pieds de diamètre; il est d'un fort bel effet, quoique malheureusement les plombs qui les divisent n'y soient pas entièrement dissimulés. Cette même composition avait été déjà peinte sur verre, par M. Constantin, sous la direction de M. Robert.

(1) *Kunstblatt*, septembre et octobre 1830, et Langlois, ouvrage déjà cité, page 175.

3° Un tableau peint sur glace, à la Manufacture de Sèvres, par M. Béranger, avec la date de 1829, et portant environ vingt pouces de hauteur sur une largeur relative. Le sujet, d'un ton suave et d'une parfaite exécution, représente une allocution de sainte Thérèse à son père. Ces deux personnages, dans le costume du xviᵉ siècle, occupent un intérieur meublé dans le goût de la même époque. La sainte, dans un costume riche et splendide, une main élevée vers le ciel, son livre d'heures dans l'autre, se tient debout devant son père qui paraît l'écouter avec respect; ce dernier est assis sur un siége, au dossier duquel pend son épée; un portrait du Christ, une statue de la Vierge, une table chargée d'une espèce de petit clavecin forment l'ameublement de l'oratoire où se passe la scène. Dans ce charmant tableau, le peintre a exagéré l'effet de la lumière sur les figures, ce qui, joint à l'obscurité du fond, éclaire ces personnages d'une manière un peu fantastique; mais, après tout, ce parti produit un effet piquant, qui convient parfaitement à la peinture sur verre.

4° Sujet à la manière des vitraux suisses et allemands, également peint par M. Vatinelle d'après le dessin de M. Fragonard, portant environ quinze pouces de haut sur dix de large. C'est un hommage à la mémoire de Bernard Palissy. Cette pièce se compose d'un petit cadre accolé des deux génies de la peinture et de la chimie, et surmonté de l'effigie de Bernard de Palissy; il renferme un trait de la vie de cet illustre artiste; c'est une scène de laboratoire : plusieurs hommes entretiennent un grand feu en y jetant des objets utiles, étrangers aux combustibles ordinaires, et, dans un petit écusson au-dessous, on lit cette phrase empruntée au héros du sujet lui-même : « *Je fus contraint de brûler les tables et planchers de la maison. B. Palissy.* » Sacrifice qui fut accompli par la crainte de manquer le coup de feu. La composition principale est exécutée sur un seul morceau de glace de la grandeur de la main, et l'entourage est divisé par des plombs aussi nombreux que l'exigent les contours des figures, guirlandes, etc. On regrette que dans cette pièce, charmante du reste, on n'ait pu produire qu'un portrait idéal. M. Villemin en possède un authentique, exécuté d'après Palissy même, qu'il se propose de publier incessamment dans ses *Monuments français inédits.*

5° Un joli bouquet de fleurs peint sur glace, à la Manufacture de Sèvres, par M. Schilt; dix-huit pouces de haut sur une largeur un peu moindre.

6° Enfin un portrait sur verre de Henri II, empereur d'Allemagne, par MM. Vigné et Hess.

XIV

Dans cette exposition, la fantaisie coudoie de bien près le sérieux. La peinture sur glace cède cependant peu à peu la place à la grande peinture décorative des églises, mais celle-ci n'est encore ni appréciée ni mise en usage; que fallait-il donc pour arriver à la comprendre et à en sentir le besoin? Il fallait que les édifices du moyen âge fussent étudiés, remis en honneur, restaurés et imités. Les esprits observateurs le voyaient et le demandaient, mais en 1852 l'heure de la réhabilitation du moyen âge n'avait pas encore sonné, le lecteur en jugera par ces éloquentes paroles de Langlois qui termineront ce chapitre.

« Voilà donc la peinture sur verre cultivée de nouveau, non-seulement en France, mais encore dans la plupart des États voisins : devons-nous espérer pour cela de la voir recouvrer un jour son importance et sa dignité primitives? Rien de plus douteux. Pendant au moins six siècles, active, enthousiaste et puissante comme les croyances d'où jaillirent les immenses produits dont elle inonda l'Europe chrétienne, le sceptre du monarque, la crosse du pontife, la lance du banneret, le bourdon même du modeste pèlerin lui servirent simultanément d'appuis jusqu'à l'époque où les grandes perturbations politiques et religieuses lui portèrent les premières atteintes. Ce fut en ce moment où l'avenir allait se fermer devant elle que, par une double fatalité, ses créations passées commencèrent à subir les ravages d'une aveugle proscription. Bientôt enfin on refusa de l'admettre dans les nouvelles conceptions monumentales; alors intruse, dédaignée, elle s'endormit d'un sommeil léthargique. On prétendit, il est vrai, que la peinture sur verre, escortée de ses légendes, de ses histoires, de ses blasons et du luxe oriental et romantique de ses couleurs ardentes, s'harmoniserait peu avec les jours rétrécis, les formes classiques et la simplicité antique que le xviie et le xviiie siècles affectèrent de rendre à leurs édifices, pâles copies ou caricatures pour la plupart des chefs-d'œuvre d'Athènes et de Rome; peut-être doit-on néanmoins convenir qu'il y avait quelque raison en cela, quand, au contraire, l'architecture gothique et la peinture sur verre s'invoquaient l'une et l'autre et sympathisaient étroitement ensemble par d'incontestables convenances. Le second de ces arts renaît aujourd'hui de ses cendres, entouré de ressources nouvelles; mais dans le tombeau du premier, reste enseveli son véritable principe de vie; son existence, aujourd'hui, n'est en quelque sorte que factice et dépendante d'une impulsion mal assurée qui ne peut durer si l'on ne retrempe fortement le ressort qui l'a produite. Que feront cependant les émules actuels des Jean Cousin et des Pinaigrier? Doivent-ils se borner à ne miniaturer que de jolies bagatelles, ou si leur habileté se développe sur de vastes surfaces, n'est-il pas d'autre asile pour ces nobles productions de leurs pinceaux que les baies à pleins jours de nos rotondes religieuses, les fenêtres des hôtels de la Chaussée-d'Antin, ou celles de ces châteaux sans style et sans caractère que, si souvent d'ailleurs, la pauvreté du talent élève pour demeure à la pauvreté du goût? Insuffisantes et misérables ressources!

» Pour que la peinture sur verre redevienne un art spécial, pour qu'elle recouvre son premier grandiose, il lui faudrait ouvrir une carrière large et solennelle, où, rassurant son allure indécise, elle puisse s'élancer hors du cercle étroit où nous la voyons renfermée depuis sa renaissance. Or, la restauration et le complément de la vitrerie historiée de nos antiques basiliques peuvent seuls offrir à nos modernes verriers les moyens de répandre un nouvel éclat sur les arts français, en restituant aux chefs-d'œuvre de nos ancêtres un des traits les plus caractéristiques de leur beauté.

.....Puisse un jour un gouvernement ami de toutes les gloires nationales adopter cette idée, espèce d'utopie dont la réalisation est d'autant plus ardemment désirable, qu'elle ne peut surgir que du sein d'une paix profonde et de la haute prospérité du pays! » (1).

(1) *Histoire de la peinture sur verre*, par E. H. Langlois déjà cité, 1852, p. 205 et suiv.

CHAPITRE X.

1832-1856.

———

I

ɪʟ semblait que le monde eût entendu les plaintes éloquentes de Langlois qui ne vécut pas assez pour assister au réveil complet de la peinture sur verre et comprendre que le retour vers le moyen âge, regardé par lui comme une utopie, était bien proche. Dans nos pays de l'Occident et du Nord, de nobles intelligences avaient pris la défense des arts issus au moyen âge de l'alliance de l'esprit de nationalité avec la foi chrétienne. Victor Hugo venait d'écrire un sévère article contre les démolisseurs; MM. de Caumont, Didron, de Montalembert en France; Whittington, Milner, Willis, Pugin, Britton en Angleterre; Reichensperger, Lelewel, Boisserée en Allemagne, éclairaient les nations par leurs savants écrits. Ils étaient partout, créant des comités, des revues, des congrès, et faisant surgir autour d'eux une jeune et ardente pléiade dans laquelle on vit avec bonheur se ranger de nombreux ecclésiastiques comme MM. les abbés Texier, Bourassé, Crosnier, Bulteau, Cochet, etc. C'est qu'il s'agissait de l'art religieux par excellence, du style ogival consacré aux églises; il s'agissait de conserver et de restaurer ces immenses basiliques, si longtemps méconnues et cependant d'un effet si saisissant que l'empereur Napoléon Iᵉʳ, en entrant dans l'église de Chartres, ne put s'empêcher de prononcer ces paroles remarquables : *Un athée doit se sentir mal à l'aise ici.* Or, comme il n'y a pas de restauration complète des basiliques du moyen âge sans la vitrerie historiée, le réveil de la peinture sur verre suivit rapidement celui de l'architecture gothique.

II

Nous avons déjà assisté aux premiers efforts tentés par les peintres verriers du commencement du XIXᵉ siècle, et nous avons constaté que les essais les plus sérieux s'étaient accomplis en Allemagne, à l'établissement royal de Munich pour la cathédrale de Ratisbonne. Les artistes bavarois reçurent la commande des verrières d'une église bâtie, en style ogival du XVᵉ siècle, dans le faubourg de l'Au à Munich; ils s'en acquittèrent avec un rare mérite. C'est une œuvre en quelque sorte isolée, qui précède le tourbillon parfois nuageux qui va s'élever tout d'un coup. Nous lui devons à ce titre une attention particulière.

III

L'église de Sainte-Marie du Secours au faubourg de l'Au, à Munich, bâtie, il y a une vingtaine d'années par Ohlmüller, architecte de Bamberg, en style du XVᵉ siècle, sur les ordres de S. M. le roi Louis, fut complétée par des vitraux de couleurs exécutés à la Manufacture royale de Munich.

Les vitraux du chœur sont entièrement consacrés à l'histoire de la sainte Vierge. Les deux premières compositions, le Couronnement de la Vierge et la Passion ont été faits par Ruben, les cartons furent mis en couleur à l'aquarelle.

La Mort de la sainte Vierge fut étudiée de la même manière par SCHRAUDOLPH.

Sur ces entrefaites Ruben tomba en désaccord avec Henri Hess, le directeur supérieur, et quitta l'établissement. Schraudolph se fit alors aider par le peintre FISCHER.

Les sujets historiques furent copiés sur verre par les peintres ROECKEL et HEMMERLE. Les ornements gothiques et les arabesques restèrent confiés à AINMULLER.

Les verrières du chœur de cette église sont au nombre de 7 ; elles ont 52 pieds sur 13, on mit huit mois à en exécuter une. La dépense fut de 7,000 florins (14,000 francs) par verrière; ce qui porte le pied carré à 20 francs, somme bien peu considérable quand on pense à la valeur des artistes qu'employait la Manufacture royale.

La nef contient douze fenêtres terminées depuis peu de temps. Voici le détail sommaire des sujets traités sur toutes les verrières, avec leur date :

CHOEUR. — 1 (1836), la *Mort de la sainte Vierge et son enterrement*. Dans la première composition, la sainte Vierge est sur son lit vue de face, et en raccourci; elle semble être sur un trône. L'idée était assez heureuse, mais bien difficile, sinon impossible, à rendre sur une verrière ; aussi cette peinture n'est pas d'un effet satisfaisant. Dans un médaillon complémentaire on voit N.-S. Jésus-Christ venant recevoir l'âme de sa sainte mère. 2 (1837), l'*Ensevelissement de N.-S. Jésus-Christ et sa Résurrection*. 3 (1834), le *Crucifiement*. 4 (1837), la *Visitation de la sainte Vierge*. 5 (1837), la *Naissance de N.-S. Jésus-Christ*. 6 (1837), le *Portement de Croix*. 7 (1834), l'*Assomption :* cette verrière, qui occupe le centre de l'abside du chœur, est la plus importante, et celle qui a été l'objet des plus grands soins de la part des artistes. La sainte Vierge au milieu d'une gloire formée de rayons dorés et soutenue par des anges s'élance vers le séjour céleste. Ce n'est plus la simple femme bénie, c'est déjà la reine des cieux, tout éclatante de lumière.

NEF. — 1 (1838), la *Salutation de la sainte Vierge*. 2 (1839), le *Mariage de la sainte Vierge*. 3 (1838,) *N.-S. Jésus-Christ se séparant de ses disciples*. 4 (1838), les *Noces de Cana*. 5 (1842), la *Fuite en Égypte*. 6 (1840), la *Purification*. 7 (1843), l'*Adoration des Rois*. 8 (1839), l'*Enfant Jésus prêchant dans le temple*. 9 (1842), la *Naissance de Marie*. 10 (1844), la *Salutation de Joachim et de sainte Anne devant la porte dorée*. 11 (1842), la *Prophétie de Siméon*. 12 (1843), la *Prédiction de Joachim*.

Les peintures de ces verrières manquent d'harmonie dans les tons qui sont souvent trop vifs et peu heureusement rapprochés. Toute la partie architecturale est d'un jaune d'or criard et désagréable. Les mosaïques, au contraire, inspirées par les beaux modèles de Cologne sont très-remarquables.

Les verrières de l'église de l'Au ont été publiées en un grand ouvrage par L. Eggert, peintre attaché à l'établissement royal de Munich (1).

Nous terminerons ce qui concerne l'église de l'Au par l'appréciation que donne de ses verrières un juge bien compétent, le directeur de la fabrique de verres et vitraux de Choisy-le-Roi, M. Bontemps, qui joue un rôle important dans l'histoire de la renaissance de la peinture sur verre en France et dont nous allons nous occuper dans un instant. « Nous serions injustes, dit M. Bontemps (2), si, dans ces quelques pages consacrées à la peinture sur verre, nous ne parlions pas des vitraux exécutés à la Manufacture royale de Munich. Le roi de Bavière, qui a su donner dans ses États une si grande impulsion à la peinture, à la sculpture, a voulu aussi que son règne fût marqué par la renaissance de la peinture sur verre. Des artistes du premier mérite sont entrés dans ses vues, les uns pour composer les dessins des sujets, les autres pour l'ornementation. Les plus belles nuances de couleur ont été fabriquées; non-seulement on a doublé du verre blanc avec des verres de couleur, mais on a doublé couleur sur couleur, et disposé ainsi la palette la plus riche dont jamais peintre sur verre ait pu faire usage, et l'on peut dire après avoir vu l'église d'Au, faubourg de Munich, que de nos jours aucuns vitraux n'ont été aussi bien exécutés par des mains plus habiles. A notre avis toutefois, ce sont là des vitraux dont l'exécution fait la plus grande partie du mérite, ce sont des vitraux analogues, sous ce rapport, à ceux du XVIᵉ siècle; la composition en est sage, religieuse; le beau dessin de l'école de Munich s'y fait remarquer, mais l'ornementation est sans charmes, l'ensemble vous laisse froid et ne rappelle pas encore la magie des anciennes verrières; et cependant il y a là des moyens d'exécution bien supérieurs à ceux des siècles passés et avec lesquels un artiste de ces époques eût créé des merveilles! »

IV

La France ne devait pas rester dans la voie incertaine où l'avaient conduite les artistes de la Manufacture royale de Sèvres. Un homme positif dans ses idées, intelligent et juste dans ses aperçus, entièrement voué à son état, qu'il voulait affranchir de toute routine et élever à la hauteur des arts, un homme dont la valeur égalait la conscience, et dont nous faisons en ce moment l'éloge avec

(1) *Les peintures sur verre de la nouvelle église de Notre-Dame du Secours, située faubourg de l'Au, à Munich, don de S. M. le roi de Bavière* Louis Iᵉʳ, *exécutées par l'Ordre de Sa Majesté, dans l'établissement royal de peinture sur verre à Munich, sous la direction du professeur* Henri Hess, *publiées en tableaux lithographiés par* F. L. Eggert, peintre près l'établissement de peinture sur verre à Munich, 1 vol. in-folio. Munich, 1845.

(2) *Peinture sur verre au* XIXᵉ *siècle. Les secrets de cet art sont-ils retrouvés? Quelques réflexions sur ce sujet adressées aux savants et aux artistes*, par G. Bontemps, chevalier de la Légion d'honneur, directeur de la fabrique de verres et vitraux de Choisy-le-Roi, 1 vol. in-8ᵒ de 45 pages. Paris, 1845, p. 42.

autant de bonheur que d'indépendance, car nous ne le connaissons que par ses travaux, M. Bontemps, était appelé à rétablir l'art véritable de la peinture sur verre, à éclairer les artistes et à former leur goût.

Rien de plus intéressant que de suivre les luttes de M. Bontemps avec les hommes et les idées enracinées de son temps.

Un jour on demande au gouvernement de lever la prohibition qui pesait sur les vitres de couleur rouge, parce qu'il était impossible de s'en procurer dans les fabriques françaises. Écoutons M. Bontemps raconter lui-même cet incident :

« .... En 1826, un architecte voulant faire exécuter un vitrail, ne pouvant se procurer des verres rouges dans le commerce, et ayant appris qu'on venait d'en fabriquer en Suisse et en Allemagne, demanda au gouvernement l'autorisation de faire entrer ces verres qui, comme tous les autres verres, étaient prohibés. Avant de donner cette autorisation, le gouvernement, sur l'avis du Comité consultatif des arts et manufactures, voulut faire un appel à la fabrication française. La Société d'encouragement en donna avis aux maîtres de verreries, et dès la même année je fabriquai du verre rouge que je soumis à la Société d'encouragement. M. d'Arcet fut nommé rapporteur, et conclut ainsi son rapport inséré dans le bulletin d'août 1826 :

..... « Il résulte de ce qui précède que M. Bontemps, ayant fabriqué à la verrerie de Choisy-le-
» Roi des verres rouges de bonne qualité colorés sur une de leurs faces, imitant parfaitement les plus
» beaux verres rouges des anciens vitraux peints, nous paraît avoir atteint le but, et avoir décidé
» favorablement pour notre industrie, la question de l'introduction en France des verres rouges fa-
» briqués à l'étranger; car la verrerie de Choisy-le-Roi est maintenant en état de fournir au com-
» merce le beau verre rouge pareil à celui des anciens vitraux peints, et en aussi grande quantité
» que ce produit pourra être demandé.

» Nous pensons en conséquence que M. Bontemps, directeur de la verrerie de Choisy-le-Roi, a
» fait une chose utile à l'industrie française en rétablissant chez nous la branche d'industrie dont il
» est question, et nous proposons à la Société, en approuvant ses travaux, de lui témoigner tout
» l'intérêt qu'elle y prend » (1).

V

Il ne suffisait pas au directeur de Choisy-le-Roi de produire dans ses ateliers des verres de diverses couleurs, l'art faisait fausse route, il voulait l'en retirer; de là de vives discussions avec les artistes, et notamment avec le directeur de la Manufacture de Sèvres, M. Brongniart, qui, par sa haute position, avait une influence prépondérante sur les tendances du goût ou plutôt de la mode. L'activité intellectuelle de M. Brongniart était tournée vers les sciences de la chimie et de l'histoire naturelle. Dans la peinture sur verre, le directeur de Sèvres ne voyait qu'une question d'émaux et de couleurs vitrifiables; l'iconographie et l'archéologie chrétiennes lui étaient inconnues; il n'en comprenait pas la valeur et persévérait dans ses stériles peintures sur glace.

(1) *O. d. c.*, p. 25.

Du reste, il ne refusait pas de faire des essais, mais avec quelle mauvaise grâce il s'y prêtait. Voici ce qu'il écrivait, en 1859, à M. Bontemps :

« J'ai dit aux archéologues vingt fois : donnez-nous tels dessins que vous voudrez, *aussi mauvais que ceux de la Sainte-Chapelle,* aussi kaléidoscopes que les vitraux de ce temps, et comme nous avons en France, grâce aux verreries, tous les verres teints dans la masse qu'avaient les anciens, que nous avons des couleurs de moufle aussi simples, *aussi laides* que celles de cette époque, et en outre une infinité d'autres, nous exécuterons tous ces dessins et bien d'autres. . . . . . . ,

. . . . . » Je désire que l'art de la peinture sur verre ne tombe pas entre les mains des simples enlumineurs; cela pouvait être suffisant au XIV⁴ siècle, mais je ne vois pas pourquoi on ne ferait pas de peinture sur verre au niveau du XIX⁴ siècle : il faut empêcher cette décadence ou plutôt cette reculade. »

Malgré cette mauvaise volonté et cette ignorance de principes que M. Bontemps rencontre partout, il persévère dans ses études, il étudie avec soin ce qui se passe chez les Anglais, il a recours à la publicité pour donner plus de force à ses observations, et porter à ses adversaires des coups plus sûrs.

« La peinture sur verre, écrivait M. Bontemps en 1845, fut aussi pratiquée, au XVIII⁴ siècle, en Angleterre, mais ce n'est plus celle des temps passés; c'est une espèce d'imitation sur verre de la peinture sur toile. A cause du manque de verres de couleur, que suivant Levieil, on ne peut plus se procurer même en Allemagne, les Anglais font leurs vitraux entièrement avec des couleurs d'émail appliquées sur verre blanc; c'est une sorte de peinture dont les procédés sont plus difficiles sans doute que ceux de la peinture sur verre des anciens, mais dont les effets sont incomparablement moins beaux. Ce n'est pas sans des recherches multipliées qu'on arrive à produire toutes les couleurs d'application sur verre, car il ne suffit pas de savoir que le cobalt donne du bleu, l'or le pourpre, etc., il faut encore que les émaux que l'on fait avec les oxydes s'incorporent convenablement avec le verre sur lequel on veut les fixer, qu'ils ne se fendillent pas, qu'ils ne soient pas susceptibles de s'altérer à l'air; sous le rapport des procédés d'exécution, nous dirons en passant que des vitraux de cette espèce, représentant saint Joseph, saint Jean-Baptiste et saint Jean l'Évangéliste, placés à l'église de Sainte-Élisabeth, à Paris, et exécutés par un artiste anglais il y a dix-neuf ans, ont un mérite réel. Quelles que soient les critiques que ne se sont pas épargnées tant de gens qui auraient été bien embarrassés de produire œuvres semblables, ces vitraux ont toutes les qualités matérielles qu'on peut désirer dans ce genre de peinture; et l'on a pu voir, quand on a essayé en France de faire des vitraux de ce genre sans mettre à profit les procédés de tradition qui existaient en Angleterre, que les vitraux s'altéraient à l'air, et qu'il fallait faire de nouvelles recherches pour arriver à des couleurs plus fixes.

» Si nous avons constaté ce mérite des vitraux de Sainte-Élisabeth, ce n'est pas que nous voulions nous établir champion de cette sorte de peinture. Nous avons professé une admiration trop vive pour les vitraux des siècles passés pour qu'on puisse nous soupçonner de leur préférer des vitraux entièrement peints; mais on ne peut s'empêcher de reconnaître que ces derniers impliquent la connaissance positive de tous les procédés de peinture sur verre. Assurément celui qui a pu faire les vitraux de Sainte-Élisabeth ne devra rencontrer, sous le rapport technique, aucune espèce de difficultés dans l'exécution de verrières de quelque époque que ce soit. Nous ajouterons qu'au moment où ont été faits ces vitraux de Sainte-Élisabeth, on était encore loin de s'entendre sur ce que devait être la peinture sur verre et de quel siècle de l'art on devait chercher à s'inspirer. Il y avait bien longtemps que les bonnes traditions avaient été mises de côté; la renaissance de l'art chrétien ne s'était pas encore prononcée; on professait généralement le mépris des constructions gothiques et des arts qui s'y rattachaient; la réaction qui avait commencé il y a trois siècles avait porté ses fruits; il y avait longtemps que l'art chrétien n'était plus compris, même parmi les ministres des autels, qui avaient contribué presque autant que les révolutions aux altérations des monuments religieux (1). »

<h1 style="text-align:center">VI</h1>

M. Bontemps fit plus encore, il ouvrit dans son établissement de Choisy-le-Roi des ateliers de peinture sur verre, et c'est là que se sont formés les premiers de nos peintres verriers modernes. Laissons M. le directeur de Choisy-le-Roi nous raconter lui-même comment il a été amené, dans l'intérêt de l'art et des artistes, à faire exécuter des verrières d'églises :

« De divers côtés on voulut faire des vitraux. Cette nouvelle impulsion commença en France; la Manufacture de porcelaine de Sèvres fit quelques essais qui ne furent pas très-heureux, par l'excellente raison que M. Brongniart, alors directeur, ne pouvait voir dans les anciens vitraux de la Sainte-Chapelle, par exemple, que de l'ornementation barbare, des effets kaléidoscopiques. C'est alors que M. le comte de Noë, qui avait résidé en Angleterre, pensa que si l'on voulait faire renaître l'art de la peinture sur verre, il n'était pas nécessaire de chercher à retrouver les anciens procédés, mais seulement d'aller chercher ces procédés là où ils étaient exécutés; il engagea M. Jones, peintre sur verre anglais, à se rendre en France et à exécuter des travaux pour le compte de la ville de Paris, administrée alors par M. le comte de Chabrol; c'est ainsi que furent exécutés les vitraux peints de l'église de Sainte-Élisabeth, à Paris, et l'une des fenêtres de Saint-Étienne du Mont. Ces vitraux, aussi bien exécutés qu'ils pouvaient l'être dans cette manière, ne pouvaient que confirmer la pensée que *les secrets de l'art de la peinture sur verre des anciens étaient perdus*, ce que l'on comprend d'après nos explications précédentes; mais il était clair que les moyens employés par M. Jones, dans une autre direction, pouvaient être ramenés dans la bonne voie. C'est alors que M. Jones fut attaché à la verrerie de Choisy, dont j'avais la direction et où nous formâmes un atelier d'où sont sortis une partie des peintres sur verre, metteurs en plomb, etc., qui se sont ensuite répandus dans les divers ateliers de vitraux qui, très-peu de temps après les commencements de l'atelier de Choisy-le-Roi, s'étaient élevés sur plusieurs points de la France (1). »

C'est la Manufacture de vitraux peints de Choisy-le-Roi qui donna l'élan, et les verrières qui y furent exécutées pour diverses églises de Paris, sont encore placées aujourd'hui au rang des meilleures de notre époque. M. Bontemps eut la satisfaction de voir ses efforts couronnés d'un plein

(1) *O. d. c.*, p. 32.

succès : les ateliers de peinture sur verre de Metz et du Mans vinrent se former sur son exemple, et les artistes de Sèvres, eux-mêmes, finirent par entrer aussi dans cette voie sérieuse qu'ils auraient dû tracer les premiers.

Dès ce moment nous arrivons aux œuvres imitées du moyen âge, et si nous avions encore un reproche à faire, ce serait peut-être de pousser trop loin une imitation qui finit par devenir servile.

VII

Sèvres s'élança avec ardeur dans la grande peinture décorative et, tout en conservant l'éclat de ses couleurs, produisit des œuvres supérieures à toutes celles qu'elle avait jusqu'alors exécutées. Elle fut appelée à décorer la chapelle funéraire de Saint-Ferdinand, élevée aux Champs-Élysées, sur l'emplacement où, le 15 juillet 1842, le duc d'Orléans, prince héréditaire de France, trouva si tristement la mort. La construction de cette chapelle fut confiée à l'architecte le plus classique de France, à l'ancien collaborateur de Percier, à l'ami du roi, à M. Fontaine. Les cartons des vitraux sortirent de l'atelier d'un des chefs de l'école française, de l'artiste qui regarde la pureté des formes comme la première des qualités, du grand peintre Ingres, qui reçut le programme le plus touchant et le plus religieux de notre époque.

La famille royale de France voulait se faire représenter sur les vitraux du temple, entourant encore celui qui n'était plus et priant pour lui. Si elle avait suivi les errements des xvi° et xvii° siècles, nous eussions vu les portraits, en pied et plus grands que nature, du roi Louis-Philippe et des membres de sa famille. Certes, personne n'eût trouvé à critiquer cette disposition dans une chapelle privée et exclusivement réservée au deuil d'une famille. La pensée fut plus haute, plus religieuse ; chaque membre de la famille n'est représenté, dans la chapelle, que par son patron. Ainsi, sous le voile transparent, sous la figure chaste et religieuse de sainte Amélie, qui ne reconnaîtra la pieuse reine pleurant son fils, avec cette douloureuse résignation inspirée de l'exemple de la Vierge mère au pied de la croix ? Les trois roses des frontons reçurent les figures symboliques des trois vertus théologales (1).

Sèvres sortit avec honneur de cette épreuve. Les peintures furent finement et délicatement traitées ; le seul reproche qu'on puisse leur faire, c'est de manquer un peu d'harmonie dans les tons. La chapelle de Saint-Ferdinand fut plus heureuse sous ce rapport que l'abbatiale de Saint-Denis, dont les verrières sont, pour la plupart, tellement médiocres, que nous nous abstiendrons d'en parler. Nous nous en rapportons d'ailleurs et d'avance au jugement qui en sera porté par un homme compétent et dont la sévérité égale le goût, par M. de Lasteyrie, le savant auteur du remarquable ouvrage sur l'histoire de la peinture sur verre en France, malheureusement encore inachevé.

(1) La *Monographie de la chapelle de Saint-Ferdinand* a été publiée avec planches en couleur.

VIII

Plusieurs peintres verriers surgirent à la fois à Metz, à Paris et au Mans. Parmi eux nous remarquons tout d'abord M. Maréchal. Cet artiste fut chargé de plusieurs restaurations dont il s'acquitta avec un talent et une science qu'il eut occasion de déployer, surtout dans les vitraux de la nouvelle église de Saint-Vincent de Paul à Paris. Ces vitraux, qui représentent une série de saints plus grands que nature, indiquent des études sérieuses de l'art du moyen âge. Mais un défaut dans lequel M. Maréchal tombe constamment, c'est la couleur lourde et basanée des tons de chair. Depuis la pose de ces vitraux on a cru devoir, pour donner plus de jour dans l'église, en supprimer les bordures, et on a ainsi détruit en partie la douce harmonie de ces verrières et leur accord avec le monument.

Vers le même temps, le gouvernement songea à faire restaurer les vitraux de la Sainte-Chapelle de Paris. Un concours fut ouvert et le travail accordé à un jeune artiste que la mort vint frapper soudain et arrêter au début d'une carrière qui n'eût pas été sans gloire.

M. Lusson, peintre verrier au Mans, qui avait obtenu le second rang au concours, resta chargé de la restauration de la vitrerie de la Sainte-Chapelle; il se fit aider par un de ses élèves, M. Bourdon, aujourd'hui établi à Rouen, et ce choix fut approuvé de tous. Le meilleur éloge que l'on puisse faire de cette restauration, c'est de dire qu'il est absolument impossible de distinguer les vitraux anciens d'avec les parties neuves.

IX

M. Lusson eut bientôt à entreprendre, de concert avec M. Maréchal, un des plus vastes travaux de notre époque : la vitrerie entière d'une église gothique nouvellement construite. Il y avait là tout un poëme à écrire sur les pages transparentes de ce grand livre de pierre. Mais, hélas! la même indécision qui régna dans le style de l'église fut apportée dans le choix des sujets des verrières. L'ordonnateur, qui fut peut-être l'architecte lui-même, M. Gau, se contenta de quelques données générales. Les actes de la vie de N.-S. Jésus-Christ et de la Vierge furent réservés pour le chœur, les transsepts reçurent à droite (en regardant le chœur) les rois et les prophètes de l'Ancien Testament, à gauche les grands personnages de l'Église moderne; dans la haute nef, les fenêtres furent décorées d'une grisaille trop claire et dans laquelle on cherche vainement la figure de la croix; enfin, dans les bas côtés vinrent se placer, en les alternant, les saints et les saintes qui appartiennent pour la plupart au diocèse de Paris ou aux contrées limitrophes : saint Denis, sainte Geneviève, saint Germain... etc.

Les cartons ont été dessinés par MM. Galimard et Jourdy. Ces artistes de mérite n'ont pas eu à s'occuper de l'ensemble et se sont attachés avec assez de succès aux sujets isolés, pour lesquels, dit-on, de hauts personnages, notamment de grandes dames, ont voulu poser. Il n'y avait aucun inconvénient à satisfaire un pareil désir, qui provenait sans doute d'un mouvement de piété, et à emprunter à des vivants une ressemblance que les morts ne pouvaient plus donner; seulement, en demandant à autrui la forme des traits, il eut au moins fallu donner à ces soldats de Jésus-

Christ l'expression du caractère qui les distinguait; c'est en cela que MM. Galimard et Jourdy ont montré un peu de faiblesse.

En général, les personnages sont bien drapés, leur pose est calme et digne; le style, correct et pur, tient de l'école d'Ingres, et la transposition sur le verre a été exécutée avec toute l'habileté qui distingue MM. Maréchal et Lusson. Les vitraux, en style du xiiie siècle, qui décorent les collatéraux du chœur et dont les ornements sont copiés sur des vitres de la même époque, sont plus énergiques et beaucoup plus satisfaisants que les grisailles de la haute nef. Ils sortent des ateliers de MM. Lorenzel et Thibaud, que l'on appela de concert avec les peintres verriers précédents pour activer la vitrerie de Sainte-Clotilde. Ce fut la même raison qui fit confier, en outre, à MM. Lamothe et Chancel l'exécution des vitraux du transsept dont ils se sont acquittés à leur honneur.

X

Le moment est venu d'indiquer les principaux peintres verriers actuels; nous les énumérerons rapidement, en les jugeant principalement d'après les verrières qu'ils ont soumises au public dans les grandes expositions de Londres (1851) et de Paris (1855). Quant aux œuvres exposées à Londres, nous donnerons, en tant qu'elles coïncideront avec les nôtres, les observations critiques de M. Bontemps, heureux de nous appuyer sur un tel juge. Nous classerons les artistes par pays, et nous suivrons pour les noms l'ordre alphabétique.

FRANCE.

Audoynaud, H., (à Périgueux, Dordogne) a exposé (1855) plusieurs vitraux-tableaux, entre autres un intérieur d'église d'un assez brillant effet. Ces vitres, de dimension moyenne, ne peuvent être utilisées que pour des oratoires ou des appartements; ce n'est nullement de la grande peinture.

Barrelan, Veyrat et Bessac (à Grigny, Rhône) (1).

Baudouin (à Rouen).

Baudry (à Paris).

Bazin (Établissements industriels et agricoles de Metz, au Mesnil-Saint-Firmin, Oise). — *Qui trop embrasse, mal étreint.* Jamais cette maxime ne fut plus vraie que pour l'établissement industriel et agricole de Mesnil-Saint-Firmin.

Bernard (à Rouen, Seine-Inférieure) est chargé de l'importante restauration de toute la vitrerie

---

(1) Notre ouvrage ayant pour but de transmettre au public le souvenir de belles œuvres et de servir d'instruction aux peintres verriers, nous ne descendrons pas jusqu'à une critique stérile et nous garderons le silence devant les noms qui ne nous sembleront pas mériter un intérêt suffisant.

de l'abbatiale de Saint-Ouen, à Rouen, et s'en acquitte de la manière la plus heureuse et la plus intelligente.

Les fabriques des autres paroisses de la ville de Rouen devraient imiter l'exemple d'activité que leur donne celle de Saint-Ouen. Nous verrions alors reparaître, dans leur ancienne splendeur, les beaux et nombreux vitraux disséminés dans toutes les églises de la ville, notamment à la cathédrale, à Saint-Vincent, Saint-Patrice, Saint-Maclou, Saint-Godard, Saint-Vivien.... etc.

M. Bernard a exécuté, en style du XIIIe siècle, quelques bons vitraux pour la charmante église de Bon-Secours (près de Rouen), une des plus suaves et des plus jolies créations de notre époque (1).

BOURGEOIE-VILLETTE (à Paris).

BOUVIÈRES, Em. (à Paris), a montré une assez bonne entente de la couleur et surtout beaucoup de réserve dans un vitrail, en style du XVIe siècle, représentant la sainte Vierge et l'enfant Jésus (Exp. de 1855).

BRUIN aîné, N.-AD. (à Paris), a répandu des tons tellement chauds, dans son grand tableau de la Religion secourant les malades, que sa verrière demanderait à être mise en place pour être jugée. Cet artiste a choisi les dernières époques de la peinture sur verre, et aurait dû, précisément à cause de la richesse de sa palette, user d'une grande modération (Exp. de 1855).

CARTISSIER et MEYER (à Paris).

CHANCEL et LAMOTHE (à Paris) ont travaillé avec succès aux vitraux de l'église Sainte-Clotilde à Paris.

CHATEL (au Mans).

COFFETIER, N., (à Paris).

CORNUEL (à Paris).

CORNUT (à Paris) nous semble avoir fait preuve d'un bien beau talent dans son grand vitrail renaissance (Exp. de 1855), représentant la sainte Vierge debout dans une niche. Caractère religieux, noblesse d'expression, harmonie dans les tons, voilà les qualités que nous y avons trouvées.

La figure de la Foi (même exposition) était loin de valoir l'œuvre précédente.

Cet artiste avait complété son exposition par quelques jolis vitraux d'appartements en camaïeu.

DAMES CARMÉLITES et MM. HUCKELDECKER (au Mans, Sarthe) ont exposé un vitrail peu important et peu remarquable.

---

(1) La coquette église de Bon-Secours, entièrement peinte à l'intérieur, est un but de pèlerinage pour le département. On y vient de très-loin demander la protection de la sainte Vierge, et de nombreux *ex voto* témoignent des grâces obtenues par l'intercession de la mère du divin Rédempteur. Des fonds, recueillis par souscription, ont suffi pour élever et orner cette église. Un des architectes dont s'honore le département de la Seine-Inférieure, et sous la direction duquel nous avons eu le bonheur de faire nos premières études, M. Barthélemy, décoré de l'ordre de Saint-Sylvestre par notre S. P. le Pape, en a donné les plans, et en a dirigé ensuite l'exécution avec un désintéressement et une abnégation dignes des pieux artistes du moyen âge.

Didron *aîné* (à Paris). Si nous n'avions pas adopté l'ordre alphabétique, nous nous serions occupé d'abord du savant archéologue qui a ouvert récemment un atelier de peinture sur verre et dont les travaux offrent le résumé de tous les progrès accomplis par les modernes; nous lui ferons du moins la place aussi large que possible, et nous saisissons avec joie cette occasion de lui témoigner notre admiration pour son érudition profonde et son goût sûr et délicat.

M. Didron n'est pas artiste, mais il est savant et il possède à fond toutes les connaissances théoriques nécessaires aux peintres verriers; quant à la mise en pratique, il sait trouver dans sa famille des mains assez habiles pour rendre parfaitement sa pensée.

Nous avons déjà décrit (page 77 note 1) un beau vitrail symbolique, sorti des ateliers de M. Didron.

En ce moment, nous avons devant les yeux un autre vitrail symbolique, grisaille et or, style du xvie siècle, représentant les vertus cardinales soutenant un médaillon sur lequel est figuré l'agneau pascal, symbole de N. S. Jésus-Christ et résumé de toutes les vertus. Deux inscriptions complètent le sens de la pieuse allégorie : 1° *Misericordia et veritas obviaverunt sibi*; 2° *Justitia et pax osculatæ sunt.* Les quatre vertus, sous la forme de figures de femmes, se soutiennent et s'embrassent. Les traits des jeunes femmes sont pleins d'une expression de grâce et de majesté qui touche et pénètre; la Miséricorde, qui s'incline et dont la figure respire la douce compassion, contraste avec la Vérité, dont l'œil limpide est levé, dont la tête se dresse, sans orgueil, sans vanité, mais aussi sans faiblesse. Voici la Paix, qui aime ses enfants; c'est la tendre mère dont la bonté se trahit dans chacun de ses gestes; mais, à côté se tient, droite et sévère, la Justice, qui ne transige pas. Cette opposition de la force et de la grâce, de la sévérité et de la tendresse, est rendue de la manière la plus heureuse. Le style des personnages participe de celui de l'école italienne, et la légèreté de la touche est en parfaite harmonie avec la délicatesse et les fins détails de l'architecture du commencement de la Renaissance. La verrière se complète par les figures symboliques des vertus théologales. La verrière en couleur a été exécutée pour le Vatican, où elle témoigne de la pieuse ardeur et du talent des enfants de la France qui s'enorgueillit du titre de *Fille aînée de l'Eglise.*

M. Didron aîné avait exposé aussi quelques belles imitations des siècles anciens.

Voici l'indication des principaux vitraux sortis depuis quelques années des ateliers de ce grand maître; nous ne saurions trop engager les jeunes artistes à s'inspirer de ces œuvres :

1° Vitrail de l'Incarnation, placé à Saint-Wulfran, d'Abbeville (style du xvie siècle).

2° Trois vitraux du Sacré-Cœur, à Saint-Éloi, de Dunkerque (style du xvie siècle).

3° Trois vitraux de la Généalogie de la sainte Vierge, à Notre-Dame de Châlons-sur-Marne (style du xiiie siècle).

4° Trois vitraux pour Mgr. l'évêque de Périgueux (style moderne).

5° Deux vitraux légendaires (Vie de saint Martin), à Tartres (Landes).

6° Dix vitraux en style du xvie siècle, à l'église abbatiale de Saint-Sauveur-le-Vicomte (Manche).

7° Deux verrières en style du xviiie siècle, à l'église de Villersexel (Haute-Saône), données par MM. Félix et Werner de Mérode.

8° Un médaillon en style de la Renaissance, pour Mgr. l'évêque d'Autun.

Nous nous rappelons, en outre, avoir admiré, dans les ateliers de M. Didron aîné, diverses grisailles en style des XIIIe, XIVe et XVe siècles; nous en ignorons la destination.

EVOLDERS H. (à Lille, Nord). Vitraux peu remarquables (Exp. de 1855).

FIALEIX (à Mayet, Sarthe) peint sur le verre comme sur la toile. La composition qu'il a exposée (1855), Notre-Seigneur prêchant dans le désert, est un véritable tableau et s'éloigne des qualités requises pour une vitre peinte. Cet artiste s'inspire des œuvres du XVIIe siècle.

GALIMARD, N. A. (à Paris) a exposé (1855) des cartons de vitraux exécutés au crayon de sanguine et rehaussés de blanc. Nous avons déjà apprécié le talent de cet artiste à propos des vitraux de Sainte-Clotilde de Paris.

GÉRENTE Alfred (à Paris), le frère de Henri de si regrettable mémoire, a exposé (1855) des imitations aussi vives que fidèles des vitraux du XIIIe siècle. M. Alfred Gérente est appelé à occuper un rang distingué parmi les peintres verriers.

M. A. Gérente avait exposé à Londres (1851), et M. Bontemps écrivait à ce sujet les lignes suivantes où il apprécie le talent des deux frères :

« ..... En parlant du concours de la Sainte-Chapelle, nous disions que M. H. Gérente avait été placé au premier rang par le jury. M. H. Gérente n'a pu exécuter les travaux qui lui avaient été adjugés : la mort l'a enlevé fort jeune à l'art de la peinture sur verre, qu'il exerçait avec une grande distinction. Nul autre ne s'était assimilé plus complétement les dessins et la composition du XIIIe siècle; nous ajouterons même que, dans les derniers temps, il s'éloignait du style outré des figures contournées pour se renfermer dans un dessin de figures simples, mais exempt de grimaces. M. Alfred Gérente qui lui a succédé était précédemment sculpteur. Il suivra sans doute les traces de son frère; toutefois sa verrière contenant des médaillons à sujets de la vie de Samson ne permet pas encore de le juger en dernier ressort; les médaillons sont faits avec soin, mais le vitrail manque généralement de vigueur. Il a exposé aussi un vitrail en ornementation à *entrelacs*, qui est d'un bon effet; les blancs sont d'un nacré qui rend bien l'harmonie des anciens vitraux » (1).

HAWKE et A. JUBINAL (à Dinan, Côtes-du-Nord), ont exposé (1855) une série de petits sujets peints sur verre, entre autres une suite de scènes tirées de Rabelais. Ces peintures, qui ne manquent ni de vivacité ni d'esprit, ne peuvent convenir qu'à des fenêtres d'appartements et sont complétement en dehors du genre sérieux dont nous nous occupons.

HERBST et GELLIN (à Paris) sont tombés dans les mêmes défauts que beaucoup de leurs confrères, en confondant la peinture d'émail avec celle à l'huile; leurs verrières sont de véritables tableaux, dans lesquels on laisse trop souvent de côté les grandes ressources de l'ornementation et de la mise en plomb, pour se jeter dans des effets maniérés et adoucis qui doivent pâlir et disparaître dans les nefs d'une vaste église. En outre, l'expression de leurs personnages manque parfois de noblesse et

(1) *O. d. c.*, p. 57.

de style. Leurs œuvres ne sont pas cependant sans qualités ; nous citerons notamment la vitre où est peinte le mariage de la sainte Vierge.

HESSE, AUG. (à Paris).

LAFAYE, P. (à Montmartre, Paris) a exposé (1855) des verrières de différents styles. Cet artiste réussit parfaitement les petits vitraux d'appartements ; nous avons surtout admiré de lui une petite vitre émaillée représentant *Un seigneur chevauchant à cheval.* Les tons en étaient aussi brillants que la touche hardie et légère. A chacun son genre ; M. Lafaye sera toujours à la tête des plus habiles peintres lorsqu'il s'agira de la décoration des fenêtres de châteaux et de palais, et peut-être ferait-il bien de s'en tenir à ce genre, car son talent semble se prêter difficilement à la grande et sévère peinture religieuse des églises.

Cet artiste avait déjà exposé à Londres en 1851, et voici le jugement qu'en avait porté M. Bontemps : « M. Lafaye a exposé un vitrail pouvant se rapporter au xiiie siècle ; il est d'un bon effet, la bordure est bonne. On pourrait reprocher aux figures d'être trop finies ; mais M. Lafaye est un peintre de talent, il ne peut se résigner à un simple trait. Nous voyons aussi, dans son exposition, des essais de vitraux suisses, bien touchés et harmonieux ; l'habileté de main s'y fait bien sentir. Enfin, son grand vitrail avec des échantillons mêlés de différents styles contient des parties dignes d'éloges ; d'autres toutefois, quand il a voulu produire des effets de vétusté, manquent leur but. Disons ici que nous ne comprenons pas la prétention qu'a eue et que conserve encore M. Lafaye d'être seul en possession du *secret* de la peinture des anciens. S'il entend par-là leur mode d'opérer, nous dirons qu'à cet égard nous ne pouvons juger que par les résultats. M. Lafaye ne sait pas d'ailleurs quels sont tous les procédés, les tours de main employés par tous ses confrères en peinture sur verre, et ne peut même pas savoir si les procédés qu'il emploie ne sont point aussi pratiqués par d'autres : et, quant à en juger par les résultats, nous dirons que lorsqu'il s'est agi de faire des *fac-simile* de vitraux anciens, un assez grand nombre de peintres sur verre y sont parvenus de manière à pouvoir s'y tromper ; mais M. Lafaye n'a pas mieux fait que d'autres » (1).

LARCHER, Vincent (à Troyes).

LAURENT, GSELL et Cie (à Paris) ont exposé (1855) des vitraux peints pour église, pour appartements et des émaux sur glace. Ces peintres ont une tendance bien marquée vers le genre des vitraux suisses et leurs œuvres s'en ressentent, même celles qui, en style du xive siècle, devraient s'en écarter le plus. Les mêmes irrégularités se remarquaient dans leur exposition de Londres ; ils y avaient placé un vitrail pseudo-chinois, aussi bizarre que disgracieux.

LECLERCQ, J. (au Mesnil-Saint-Firmin, Oise), ne nous a offert rien de remarquable dans son exposition. Cet artiste appartient ou a appartenu sans doute à l'établissement de Saint-Firmin dont nous avons déjà parlé.

LEDOUX (à Paris).

(1) *O. d. c.,* p. 56.

LOBIN, L. et Cᵢᵉ (à Tours, Indre-et-Loire). Vitraux divers peu remarquables.

LUSSON, A. (à Paris, Rouen et le Mans). Nous avons déjà parlé, à propos de la restauration des vitres de la Sainte-Chapelle, de M. Lusson, dont la fabrique de vitraux est une des plus importantes de France. L'exposition de Londres avait reçu plusieurs de ses œuvres sur lesquelles M. Bontemps portait le jugement suivant:

« M. Lusson est un de ceux qui ont le mieux réussi dans l'imitation de l'ancien dont nous parlions à l'instant; il avait produit en même temps des vitraux nouveaux se rapprochant le plus de ceux du XIIIᵉ siècle, et avait été classé par le jury le deuxième, c'est-à-dire après M. H. Gérente, dans le concours pour la Sainte-Chapelle à Paris. M. Lusson a exposé un vitrail en style XIIIᵉ siècle, dont les figures pourront plaire à certains amateurs quand même, mais qui, pour nous, ne sont que d'un mauvais dessin avec l'absence du sentiment ancien; nous préférons les vitraux en style XVᵉ et XVIᵉ siècle qu'il a exposés, où la couleur verte domine peut-être un peu trop, mais qui sont bien composés, bien touchés. M. Lusson a exposé aussi des vitraux en entrelacs, auxquels on peut reprocher un peu de sécheresse. En somme, l'exposition de M. Lusson maintient sa bonne réputation. »

Notre conclusion sera la même pour les vitraux exposés au salon de Paris (1855) par M. Lusson. Les imitations du XIIIᵉ siècle sont bonnes, celles du XIVᵉ siècle, malgré leur exactitude, laissent quelque chose à désirer. La *sainte Catherine* est sèche et pâle de tons; faut-il donc accepter jusque dans leurs défauts les œuvres des temps écoulés? Le vitrail du XVᵉ siècle est plus relevé de ton et d'énergie. Les quatre sujets, l'*Annonciation*, la *Visitation*, la *Nativité* et l'*Adoration*, sont largement traités et heureusement rendus, mais les anges qui couronnent les sujets n'ont pas assez de calme et de retenue; en outre, dans certaines parties de la vitre le rouge domine trop. Au reste, les quelques imperfections que nous signalons sont rachetées par un grand nombre de qualités sérieuses.

La maison de M. Lusson, à Rouen, est habilement dirigée par M. Bourdon, qui a prêté à M. Lusson sa précieuse coopération dans la restauration des vitraux de la Sainte-Chapelle.

MARCHAND et Cᵢᵉ (à Paris) dirige un des plus importants établissements de peinture sur verre; il fut chargé de peindre la vitre allégorique placée au-dessus de la principale porte d'entrée du Palais de l'Industrie à Paris, et s'en tira à son honneur. Les vitraux qu'il avait exposés (1855) en style du XIVᵉ siècle manquaient un peu de style et frisaient de trop près la fantaisie.

MARÉCHAL et GUGNON (à Metz). M. Maréchal est un des artistes qui a le plus fait pour la peinture sur verre moderne; il s'est élancé hardiment dans les voies de la réforme, et, malgré certains défauts, il est le premier qui soit arrivé à exécuter des œuvres d'ordre supérieur.

Nous avons déjà parlé de cet artiste à propos des verrières de l'église de Saint-Vincent de Paul, à Paris; depuis il s'est attaché M. Gugnon et a envoyé, sous son nom et celui de son nouvel associé, à l'exposition de Londres (1851) des vitraux que M. Bontemps juge ainsi : « Il n'y a qu'une voix pour admirer les œuvres qu'ils ont exposées : le fameux portrait du bourgmestre est une des plus belles peintures sur verre qui aient jamais été produites; le tableau de saint Charles Borromée donnant la communion aux pestiférés est certes une œuvre magistrale, et nous pensons que la section du jury des beaux-arts devra donner à M. Maréchal une de ses plus hautes récompenses; mais pour nous, ses œuvres ne sont pas suffisamment du vitrail; c'est la peinture que nous admirons, mais nous ne trouvons pas qu'il se soit assez préoccupé des conditions inhérentes à la peinture sur verre proprement dite; enfin, suivant nous, il n'est permis qu'à des maîtres tels que lui d'être peintre verrier dans ces conditions dont il faut s'efforcer de détourner les jeunes adeptes, et il serait dangereux, en conséquence, que M. Maréchal fît école.

» MM. Maréchal et Gugnon ont aussi exposé une rose en style du XIIIe siècle, dont les figures nous semblent manquer du caractère qui convient à cette époque, et dont l'ornementation est généralement trop plate. Ces Messieurs ne réussissent pas aussi bien dans ce genre; un artiste comme M. Maréchal ne doit pouvoir se livrer qu'à sa propre inspiration. »

Les observations de M. Bontemps sont pleines de justesse et peuvent être faites à propos de toutes les œuvres de M. Maréchal, qui a été un réformiste, mais qui n'a pas su se mettre en garde contre les défauts de l'époque antérieure. Ses vitraux sont encore des tableaux; on y remarque la manière de la peinture à l'huile à laquelle cet artiste n'a pu renoncer entièrement, et qui vient contrarier singulièrement les grands effets de la peinture sur verre.

Nous aurions voulu passer sous silence les deux grandes impostes exécutées par M. Maréchal pour le Palais de l'Industrie à Paris; leur importance nous en empêche. D'ailleurs, nulle part on ne pourrait rencontrer de plus grands défauts unis à de plus éminentes qualités, nulle part M. Maréchal ne peut être mieux jugé.

Deux allégories en forment le sujet : à l'Est, *la France convie les nations à l'Exposition universelle*; à l'Ouest, *l'Équité préside à l'accroissement des échanges*. Nous ne nous arrêterons pas à discuter la disposition des groupes; les compositions ont été traitées comme des bas-reliefs antiques, et sont parfaitement entendues pour la peinture sur verre (1). Nous blâmons toutefois dans la fenêtre de l'ouest, le laboureur et le berger qui ne semblent pas seulement fléchir sous le poids de la corne d'abondance, mais qui en sont *écrasés*. Il y a là purement et simplement un contre-sens.

En considérant le désaccord qui règne entre la construction et la verrière, nous nous sommes demandé, un instant, qui avait tort du Palais ou de la peinture sur verre, et nous avons fini par condamner la peinture, non pas que nous entendions faire l'éloge de ce triste palais, indigne de sa destination, mais le peintre verrier arrivait après l'architecte, et pour une construction mesquine il eût dû exécuter sa composition dans des proportions presque aussi restreintes que pour des vitraux d'appartements.

Figures trop grandes, sans rapports avec les dimensions de la nef du Palais qu'elle tend à rapetisser encore, tons discordants et criards, fond bleu lourd, taché et disgracieux, tels sont les défauts qui doivent faire condamner ces verrières d'une manière absolue, et qui ont failli, sans une indulgence peut-être trop grande, les faire disparaître du Palais. Ces défauts sont si choquants qu'ils l'emportent sur les qualités qu'on n'est plus tenté d'analyser; cependant il faut reconnaître des

(1) Au lecteur qui voudrait avoir une description raisonnée et intéressante de ces deux allégories, nous indiquerons l'*Illustration* de 1855, p. 315.

détails heureux, un dessin large et correct, une entente admirable dans la disposition générale. Si M. Maréchal eût réduit ses figures de moitié, adouci et finement nuancé l'azur de son fond, peut-être eût-il remporté un succès éclatant.

MARETTE père et fils (à Évreux, Eure).

MARQUIS (à Paris).

MARTEL, A. (à Saint-Quentin, Aisne).

MARTIN HERMANOWSKA (à Troyes, Aube) a encouru le jugement suivant pour son exposition à Londres (1851) : « Cet artiste a exposé un vitrail à médaillons qui ne manque pas de certaines qualités; mais il nous semble qu'il s'est trop efforcé d'éteindre le brillant du verre, en sorte qu'il ne produit guère que l'effet d'un store (*blind*). Il nous semble aussi que le jaune domine trop dans ce vitrail, c'est une couleur qui doit être employée très-sobrement. »

L'exposition de 1855 nous a montré que cet artiste était resté dans les mêmes errements.

MARTIN, F. (à Avignon, Vaucluse).

MAUVERNEY, Al. (à Gumières, Loire).

MOREAU, II. (à Paris).

NICOD, P. (à Paris), a exposé (1855) de petits vitraux d'appartements qui n'étaient pas sans mérite.

OUDINOT, Ach. (à Passy, Paris), réussit assez bien dans les vitraux d'appartements.

OUDINOT, E. et HARPIGNIES, II. (à Paris).

PAILLIEUX-SALATS, N.-A. (à Chatou, Seine-et-Oise).

PETIT-GÉRARD, J.-B. (à Strasbourg, Bas-Rhin).

REMY (à Nancy, Meurthe).

RETTEN (à Strasbourg, Bas-Rhin).

SAINT-AMANS (DE) II. (à Lamarque, Lot-et-Garonne).

SAMSON, L. (à Paris), a exposé (1855) des vitraux photographiques (œuvres de pure fantaisie).

SÉGUIN, P. (à Paris).

SOULIER et CLAUSARD (à Paris) ont exposé des daguerréotypes sur verre.

STEINHEIL (à Paris), peintre sur verre. Cet artiste, d'un rare mérite, s'est entièrement consacré à l'étude de la peinture sur verre. Déjà son talent avait été mis à contribution pour l'achèvement de la vitrerie de la Sainte-Chapelle à Paris. Maintenant il dessine et peint des cartons pour un grand nombre de peintres verriers, et il est en ce moment chargé de diriger la restauration des vitraux de la cathédrale de Bourges.

Thévenot, E. (à Clermont-Ferrand, Puy-de-Dôme), a été l'émule de M. Thibaud. Comme lui peintre verrier et historien, il doit être rangé au nombre de ceux qui ont le plus contribué, de nos jours, par leurs écrits et leurs œuvres, à replacer la peinture sur verre dans sa voie véritable. M. Thévenot a été chargé avec M. Steinheil, de la restauration des vitraux de la cathédrale de Bourges.

Thibaud, Em. (à Clermont-Ferrand, Puy-de-Dôme), a joué un rôle important dans la réhabilitation de la peinture sur verre. Cet artiste a prêché d'exemple. Son talent se révèle par de nombreuses verrières, et son livre, dont nous avons eu déjà occasion de parler (1), a été plus d'une fois utile aux artistes. Les verrières que M. Thibaud a exposées à Paris (1855) étaient des meilleures, on y remarquait principalement les sujets qui avaient trait à la vie de la sainte Vierge; œuvres sérieuses, dont l'étude a dû être profitable aux jeunes peintres sur verre.

Thierry père et fils (à Angers, Maine-et-Loire).

Ullman, Ach. et Ant. (à Paris) ont exposé de charmants vitraux gravés pour appartements.

Veissière père et fils (à Seignelay, Yonne), avaient exposé à Paris (1855) des imitations du xiiiᵉ siècle qui ne manquaient pas d'un certain mérite, mais dans leurs verrières en style du xviᵉ siècle il régnait une confusion qu'ils feront bien d'éviter à l'avenir.

Vigné (à Paris).

BELGIQUE.

Béthune (à Gand) a ouvert récemment un atelier de peinture sur verre. Cet établissement a été fondé dans un but philanthropique.

Capronnier, J.-B. (à Bruxelles), est déjà connu de nos lecteurs. Nous avons eu plusieurs fois l'occasion de juger les œuvres de l'habile peintre verrier auquel nous devons les planches de notre ouvrage. M. Capronnier avait envoyé à l'Exposition de Paris (1855) plusieurs verrières en style du commencement de la Renaissance, et il a eu l'honneur de remporter une médaille de seconde classe, *la seule qui ait été accordée aux peintres verriers.*

Nous avons suivi les travaux de cet artiste; nous avons pu juger par nous-même des études sérieuses auxquelles il se livre sans relâche, et du soin qu'il apporte jusque dans les plus petits détails; il a poussé aussi loin que possible la délicatesse et l'habileté de la mise en plomb; très-peu partisan des émaux, il ne se permet que bien rarement des touches d'émail, et emploie de préférence les verres teintés dans la masse ou doublés. On ne peut nier qu'on n'arrive ainsi à la peinture sur verre la plus solide et la plus durable.

Les importantes restaurations exécutées aux verrières de Liége, Tournai, Anvers, Hoogstraeten, et le grand vitrail de la chapelle du Saint-Sacrement des Miracles dans la collégiale bruxelloise, placent cet artiste au rang des Didron, des Maréchal, des Thibaud, des Thévenot et des Hardman, c'est-à-dire au rang des plus habiles et des plus savants peintres verriers de notre époque.

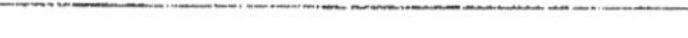

(1) *Histoire de la peinture sur verre*, par E. Thibaud, 1 vol. in-8°. Clermont-Ferrand, 1855.

Nous compléterons cette trop courte biographie par la liste des principales œuvres de M. Capronnier, dont la simple indication sera plus éloquente que tout ce que nous pourrions ajouter.

XIIme Siècle.

Cathédrale de Tournai : La belle rose du portail occidental.
Chapelle de Saint-Joseph, à Bauffe : Un vitrail.
Église d'Esquermes, près de Lille : Les deux roses du transsept.

XIIIme Siècle.

Cathédrale de Tournai : Dix-sept grands vitraux au haut chœur.
     »   »   Trois grands vitraux dans la chapelle absidale.
Chapelle du château de Mercy, à Argenteau : Plusieurs vitraux.
Cathédrale de Glascow, Écosse :   Id.

XIVme Siècle.

Chapelle du Saint-Sang, à Bruges : Un grand vitrail.
Église de Doncastre, Angleterre : Deux vitraux.
Église de Sainte-Croix, à Liége : Un vitrail à l'abside du chœur.
Église de Skipton, Angleterre : Deux vitraux.
Église d'Ophem, près de Bruges : Deux vitraux.

XVme Siècle.

Église paroissiale de Bauffe : Neuf vitraux.
Église de Gargrave, Angleterre : Cinq vitraux.
Église de Saint-Denis, à Liége : Neuf vitraux.
Église de Borgerhout : Cinq vitraux.
Chapelle de la nouvelle prison à Liége : Un vitrail
Chapelle du château de Beauchamps, appartenant au prince Alph. de Chimay : Plusieurs vitraux.
Église de Vedrin, près de Namur : Deux vitraux.

XVIme Siècle.

Collégiale de Sainte-Gudule, à Bruxelles : Le grand vitrail du Saint-Sacrement.
Église de Saint-Jacques, à Anvers : Deux vitraux.
Église de Saint-Nicolas, à Gand : Un vitrail.
Église de Waillet : Un vitrail.
Église d'Uccle, près de Bruxelles : Deux vitraux.
Église de Saint-Julien, à Rome : Un vitrail.
Église de Saint-Servais, à Liége : Les neuf vitraux du chœur.
Chapelle du couvent de Wez, près de Tournai : Huit vitraux.

Église des Carmélites, à Courtrai : Six vitraux.

Chapelle du château d'Ochain, près de Huy (appartenant au comte de Mercy-d'Argenteau): Quatre vitraux.

Cette liste, que nous avons dû abréger et dans laquelle nous n'avons pas fait entrer les nombreuses et importantes restaurations faites par M. Capronnier, prouve la large part de cet artiste dans le mouvement de renaissance de la peinture sur verre; elle prouve aussi que la réputation de M. Capronnier a franchi la frontière en nous montrant l'Angleterre et l'Italie heureuses de profiter du talent de l'artiste belge.

J.-F. Pluys (à Malines), l'émule de M. Capronnier en Belgique se recommande par des œuvres sérieuses et d'habiles restaurations. M. Bontemps a porté sur lui le jugement suivant, à propos de l'Exposition de Londres (1851) : « Un artiste belge, M. Pluys, de Malines, a exposé des médaillons dans le style suisse et dans le style de Lucas, de Leyde, avec figures ou armoiries, qui le recommandent d'une manière toute particulière; ces médaillons sont touchés très-finement, sont très-harmonieux, et peuvent très-bien figurer dans les collections des amateurs les plus difficiles. » Cet artiste avait également exposé à Paris (1855) quelques grandes verrières destinées à l'église de Saint-Rombaut, à Malines; elles se distinguaient par de belles qualités.

M. Pluys possède une foule de recettes pour les couleurs émaillées; il manie les émaux avec une habileté bien rare. Nous avons pu les voir de près, et nous avons reconnu qu'ils étaient solides et translucides. M. Pluys a trop de talent cependant pour se jeter dans la peinture émaillée pour ses grandes verrières, et nous avons vu avec plaisir qu'il usait, dans ce cas, des verres teintés dans leur masse qui offrent toujours, pour de grandes surfaces, des tons plus purs et plus nourris.

Cet artiste, plein de mérite, d'ardeur et d'intelligence, exécute de nombreux vitraux pour la Belgique et le Nord de la France. Parmi ses œuvres principales, nous citerons la belle suite de vitraux qui ornent les fenêtres de la chapelle du Saint-Sang à Bruges, les grandes verrières de la cathédrale de Malines, celles de l'église du Finisterre, à Bruxelles (1), et les fenêtres du château de Melderd, qui appartient à Mme la princesse douairière de Ligne.

M. Pluys est le plus ancien peintre verrier belge de notre siècle; il a renoué en Belgique la chaîne interrompue de la peinture sur verre; plus habile et plus intelligent que les peintres du commencement du XIXe siècle, il a promptement compris que l'étude des temps du moyen âge était la condition essentielle du progrès. Un des premiers il a rétabli l'usage des verres teintés et des plombs, mettant tour à tour à profit, pour le besoin des restaurations ou des créations modernes, les procédés perfectionnés des verres colorés et les émaux translucides qu'il fond lui-même avec tant de succès.

On jugera facilement du rang élevé qu'occupe M. Pluys parmi les peintres verriers modernes et de l'importance de ses remarquables travaux, par la liste, abrégée cependant, des verrières qu'il a exécutées pour la Belgique.

____

(1) On trouvera la description de ces vitraux dans la seconde partie de notre ouvrage.

XIIme Siècle.

Église paroissiale de Gheluwe : Deux vitraux.
Église d'Aldeneyck, près de Maeseyck : Un vitrail.

XIVme Siècle.

Église de Bauvechain, près de Jodoigne : Trois vitraux.

XVme Siècle.

Chapelle du Saint-Sang, à Bruges : Neuf vitraux.
Église de l'hôpital de la Poterie, à Bruges : Un vitrail légendaire.
Église de Thourout : Trois vitraux.
Château de la princesse douairière de Ligne, à Melderd : Quatre vitraux.
Église métropolitaine de Malines : Un vitrail à la chapelle de N.-D. du Rosaire.
    »   »   »   Cinq vitraux à l'abside du chœur.
Église de Malsluys, près de Tongres : Un vitrail.
Église de Boussu en Fagne : Six vitraux.
Château de la douairière van Tieghem, à Zwynaerde, près de Gand : Deux vitraux.
Église Saint-André, à Anvers : Un vitrail.
Chapelle de Saint-Antoine, au Béguinage, à Gand : Un vitrail.

XVIme Siècle.

Église de Tourcoing : Un vitrail.
Église de Pousmagne : Un vitrail.
Église de Saint-Gommaire, à Lierre : Deux vitraux.

XVIIme Siècle.

Église du Finisterre, à Bruxelles : Deux vitraux.
Château de M. le comte de Theux, à Meyland : Un vitrail.
Église de Saint-Sulpice, à Diest : Importante restauration des vitraux.

ANGLETERRE.

Les peintres verriers anglais sont nombreux, et cependant deux seulement ont pris part à l'Exposition de Paris : MM. Hardman et Chance-Brosch. Nous allons donner la liste des principaux d'entre eux, en y joignant les observations que l'Exposition de Londres avait inspirées à M. Bontemps, auquel nous empruntons les lignes suivantes, pleines d'intérêt pour l'histoire de l'art :

« En Angleterre, le peintre verrier, en quittant l'église, n'abandonna pas entièrement les pratiques de son art et se consacra à l'ornement des habitations : ce fut alors, à la vérité, du métier plutôt que de l'art; mais les principaux procédés techniques se conservèrent. On continua l'usage des couleurs d'application, et les verres de couleur venant même à manquer, le peintre sur verre les suppléa entièrement au moyen des émaux. Cet art consistait alors presque uniquement dans la peinture de quelques bordures et rosettes et de quelques sujets d'ornements dans le centre des carreaux. On orna ainsi des fenêtres d'escalier, des impostes (*fan lights*), des fenêtres de bibliothèque et de salle à manger; c'est ce qui est compris dans le titre anglais de la section B sous le nom de :

ENAMELLED, EMBOSSED, ETCHED, PAINTED WHITE OR COLOURED WINDOW GLASS.

» Quelques artistes se lancèrent même dans des travaux plus compliqués et crurent pouvoir, par la peinture d'application, produire des effets égaux, sinon supérieurs, à ceux des anciens vitraux; nous disons supérieurs, parce que ces peintres, pensant que par la peinture sur verre blanc ils imiteraient complétement l'effet d'une peinture sur toile et produiraient ainsi le *fac-simile* d'un chef-d'œuvre, s'imaginaient que cette œuvre serait ainsi supérieure aux anciens vitraux; mais le but de leurs efforts en était en quelque sorte la critique, car ils méconnaissaient le principal mérite d'un vitrail, qui est l'heureux emploi de couleurs vives et transparentes.

» L'un des vitraux, je dirai plutôt l'un des tableaux sur verre les plus connus, résultant de cette manière de procéder, est la grande fenêtre de Saint-George, à Windsor, peinte par West; cette fenêtre est la meilleure preuve de l'infériorité de cette sorte de peinture, même exécutée par une main habile. Plusieurs vitraux exécutés de la même manière, dans le commencement de ce siècle, par des artistes habiles, tels que MM. Muss, Martins, Ward, Jones, ont conservé la tradition des procédés. » (C'est là leur plus grand mérite.)

L'Angleterre, à l'imitation de la France, est rentrée dans des voies meilleures que celles qu'elle suivait encore au commencement de notre siècle. Les artistes anglais ne le cèdent pas pour la science à leurs confrères étrangers, mais on peut leur reprocher un défaut général de sécheresse dans les tons, et dans la disposition générale une raideur hautaine, qui trahit assez bien le caractère national. Du reste, nous allons avoir occasion d'analyser leurs défauts comme leurs qualités, dans l'examen rapide de leurs principales œuvres.

BAILLIE, E. (à Londres), avait exposé à Londres (1851) plusieurs verrières, et on y remarquait comme œuvre principale, un vitrail tableau représentant Shakspeare lisant une tragédie devant la reine Élisabeth, d'après un tableau de J. Wood. Cette vitre possédait plusieurs mérites réels, tels qu'une harmonie d'ensemble, des effets d'étoffe bien rendus; mais il y avait aussi des défauts d'exécution inhérents au genre lui-même. Pour faire un tel vitrail, il ne faut pas seulement être capable de copier un tableau de grand maître, il faut encore être soi-même peintre habile.

M. E. Baillie avait aussi exposé d'autres vitraux dans le style ancien, mais sans importance et moins bien réussis que son œuvre capitale, à laquelle il était évident qu'il avait consacré tous ses soins.

BALLENTYNE et ALLEN (à Édimbourg), dont l'un, M. Ballentyne, a écrit un petit ouvrage sur la peinture en émail, ont envoyé à l'Exposition (1851) deux vitraux, l'un, pour habitation particulière, représentant un sujet historique, et l'autre un Christ en style décoratif. Il nous a semblé que ce dernier vitrail surtout était au-dessous d'autres œuvres que nous connaissons de ces auteurs; ils ont exposé, à Paris (1855), une verrière, en style de la renaissance, d'une assez belle facture.

BLAND, S.-K. (à Londres), a réuni la peinture sur verre à la gravure, par l'acide fluorhydrique.

CHANCE frères et Cie, de Birmingham, fabriquent les verres de couleur, et en emploient eux-mêmes une partie dans la confection de leurs vitraux; ils ont exposé (1851) plusieurs sortes de verres peints. Nous citerons pour les usages domestiques les verres émaillés à dessin, dits *verre mousseline*, des verres semblables sur un fond d'émail légèrement teinté, d'autres verres avec les ornements enlevés à l'acide fluorhydrique, ce qui leur donne une apparence argentée; enfin des carreaux avec des parties d'ornements peints en jaune, bleu, etc. Une fenêtre d'escalier avec un paysage au centre, et une autre fenêtre avec des fleurs, donnent une idée de tout ce qu'on peut exécuter en ce genre; cette dernière fenêtre à bouquet porte une bordure formée de glaces coulées de 8 pieds sur 18 pouces anglais (2^m,44 sur 0^m,45), les fabricants n'éprouveraient même aucune difficulté à en peindre et cuire de 8 pieds carrés.

MM. Chance ont en outre exposé des vitraux de plusieurs styles, parmi lesquels on remarquait diverses travées ornées de médaillons, qui étaient destinées à l'église de Leamington, et se rapprochaient du xiiie siècle par le style. Toutefois ils n'ont pas voulu faire de serviles copies de cette époque, et ils ont cherché à s'affranchir des imperfections qui se rencontrent dans les œuvres du commencement du moyen âge. Leur exposition comprend encore une travée d'ornementation avec les armoiries de S. A. R. le prince Albert, du duc de Wellington et du premier ministre lord J. Russell; une travée en style décoratif avec les figures de saint Pierre et de saint Paul, et enfin une travée en style Renaissance avec les figures de saint George et Britannia. Nous ne pouvons oublier de mentionner ici M. F. GINIEZ, qui a dessiné les cartons de la plupart de ces vitraux.

CLAUDET et HOUGHTON (à Londres) ont exposé (1851) un vitrail en trois parties, avec les figures du Christ, de saint Pierre et de saint Paul, qui sont d'un beau dessin, mais d'une exécution trop légère : le peintre a généralement laissé beaucoup trop de transparence à ses verres.

FOREST et BROMLEY (à Liverpool), auteurs d'un vitrail de Saint-Winifield.

GIBBS, de Londres, est certainement l'un des peintres verriers qui traite le mieux les divers styles de vitraux; tous ceux qu'il a exposés, sans avoir la même valeur, sont en général très-satisfaisants; son vitrail du xiie siècle, quoique les traits en soient un peu maigres, est d'un bon effet; le *saint Jean*, en style décoratif, la *Cène*, même style, une *Adoration*, style perpendiculaire, et des vitraux du xvie siècle, ont tous un mérite réel.

GIBSON (à Newcastle, Upon-Tyne). Outre des vitraux en style ancien, avait envoyé à l'Exposition (1851) une sainte Vierge d'après Van Eyck; l'exécution en était assez bonne.

HALL et fils (à Bristol), sans se poser comme peintres sur verre, composent de très-jolis vitraux d'habitation avec des verres de couleur doublés et gravés, et d'élégantes combinaisons de verres entrelacés; ils ont obtenu aussi de riches effets par l'emploi de l'acide fluorhydrique.

HARDMAN et Cie (à Birmingham) sont chargés des grands travaux du palais de Westminster; on reconnaît dans leurs œuvres de la science et de l'habileté, mais comme nous le disions plus haut, il y a dans leur manière une sécheresse qui nuit à l'effet général. Ils avaient exposé à Paris de grandes verrières d'armoiries d'une importance secondaire. M. Bontemps a porté sur leur exposition à Londres un jugement sévère, mais juste : « Les vitraux, exécutés par MM. Hardman et Cie, dit-il, ne se trouvent pas placés sous un jour favorable; mais toutefois ce n'est pas à cela que tiennent quelques-unes des imperfections que nous avons remarquées : les couleurs ne nous ont pas paru généralement bien assorties de nuances, c'est-à-dire que certaines couleurs trop intenses sont placées près de couleurs trop claires; les verres ne nous semblent pas assez travaillés, c'est-à-dire qu'ils présentent de trop grandes surfaces unies et brillantes qui laissent passer trop directement la lumière. »

HARTLEY, J. et Cie ont exposé (1851) quelques vitraux, dans le but principal, sans doute, *d'illustrer* leur fabrication de *Rolled plate glass;* cette sorte de verre produit un bel effet; mais les vitraux de MM. Hartley ne semblent pas exécutés sous une direction suffisamment artistique.

HEDGELAND, G. (à Londres) a exposé (1851) un Christ bénissant, en style xve siècle. Il est assez bien exécuté. On sait toute la difficulté que présente ce style.

HETLEY, J. et Cie (à Londres) ont exposé (1851) une Ascension en style italien, des bordures de fleurs et des médaillons en style du xiiie siècle.

HOADLEY, George (à Hampstead), a exposé (1851) un vitrail dans lequel il fait un mélange de style italien et de style occidental que nous ne saurions approuver.

HOLLAND et fils (à Warwick) ont exposé (1851) des vitraux dans les styles *décoratif, perpendiculaire* et d'*Élisabeth,* (suivant le catalogue). Un de leurs vitraux appartient au style du xiie au xiiie siècle : la bordure est une copie exacte d'une bordure du xiie siècle qui se retrouve encore à Saint-Denis, près de Paris. Elle est, du reste, ainsi que tout le vitrail, exécutée d'une manière qui fait beaucoup d'honneur à MM. Holland. Ces artistes comprennent très-bien l'ancien vitrail; ils ont exposé trois travées en style perpendiculaire, et trois travées en style décoratif d'un mérite réel. Toutefois, les figures nous semblent peintes en traits trop fins; nous convenons, du reste, que la difficulté d'exécution augmente à mesure qu'on se rapproche de notre temps : aussi la figure, en style plus récent, qu'ont exécutée ces Messieurs, nous paraît-elle leur œuvre la plus faible. En somme, MM. Holland occupent un rang élevé parmi les peintres sur verre.

HOWE (à Londres), a exposé (1851) des imitations du xiiie siècle.

JACKSON, E. et W. (à Londres) ont montré une grande habileté dans un vitrail des armes d'Angleterre.

MAYER, G. (à Londres) a exposé (1851) un assez beau vitrail de saint George et le Dragon.

O'CONNOR, M. et A. (à Londres) ont exposé (1851) un vitrail représentant Notre-Seigneur J. C. opérant un miracle; cette composition est dans le style italien et entourée d'une bordure gothique. Nous avons déjà exprimé notre désapprobation au sujet de ces mélanges. Les œuvres de MM. O'Connor ont un mérite réel et sont d'un effet général très-satisfaisant. Ces artistes ont pu encourir le reproche de n'être pas suffisamment archéologiques : ainsi dans des parties de vitraux appartenant au style du XIIIᵉ siècle, ils introduisent des enlevages de couleur pour produire, par exemple, des broderies jaunes sur verre rouge; quant à nous, nous ne saurions blâmer ces tentatives, qui ne nous choquent pas autant que des mélanges de styles dissemblables.

Le vitrail triptique du Christ, saint George et saint Patrick; celui de saint George et le Dragon; un autre vitrail à trois médaillons, dont l'un représente la résurrection de Lazare; le deuxième, le Christ consolateur des affligés, et le troisième le Christ prêchant dans la barque, offrent tous des qualités de détail et des effets d'ensemble très-satisfaisants.

POWELL, J., et fils ont exposé des vitraux composés de pièces blanches et de couleur, obtenues par le moulage à la presse, qui imprime sur ces losanges ou autres formes les traits du dessin, de sorte qu'il n'y a plus qu'à y mettre la couleur et à les cuire. Ce moulage produit un effet nacré agréable à l'œil; la lumière filtre aussi bien qu'à travers des surfaces corrodées. Nous pensons toutefois que ce procédé limite trop les ressources du peintre sur verre, et produit des vitraux trop coûteux. Qu'on examine dans les anciens vitraux la variété des formes de l'ornementation, et l'on aura une idée de la quantité immense de moules qu'il faudrait pour varier les dessins et les grandeurs.

ROYAL PATENT DECORATIVE WORKS. Cette compagnie a exposé (1851) des verres mousseline émaillés d'après un procédé qui fut primitivement breveté en France en 1839. Les verres obtenus par ce procédé sont d'un effet assez agréable; sur quelques-uns se trouve une riche et large ornementation avec le chiffre de la Reine, et une couronne au centre, d'un bel effet.

SPENCE, J.-C. (à Montréal, Canada, colonie anglaise), a exposé à Paris (1855) quelques vitres peintes. Nous félicitons cet artiste (probablement Anglais) de n'avoir pas craint d'aller au loin répandre le goût des arts; son envoi nous a prouvé que ses ateliers étaient en activité, et nous ne doutons pas que ses œuvres ne soient, en Amérique, appréciées comme elles le méritent.

ST.-HELEN'S PLATE SHEETGLASS et Cⁱᵉ ont exposé des peintures sur glace brute de 7 à 8 pieds de hauteur sur 4 pieds au moins de largeur. Au point de vue artistique, nous ne saurions faire l'éloge de ces peintures, mais nous les regardons comme dignes d'intérêt à cause du parti que l'on peut en tirer pour la décoration des maisons.

TALBOT-BURY (à Londres).

TOBEY (à Londres) a exposé (1851) un vitrail aux armes d'Angleterre.

TOMS, J. (à Wellington).

WAILES, W. (à Newcastle-sur-Tyne) est un fabricant habile. Nous savons qu'il exécute une grande quantité de vitraux; mais il serait à désirer que, sans négliger la partie industrielle, il se préoccupât davantage du côté artistique. Ses vitraux en style décoratif imitent assez bien les anciens, mais les figures sont trop négligées, et d'une exécution heurtée; les détails, en outre, ne sont pas suffisamment compris.

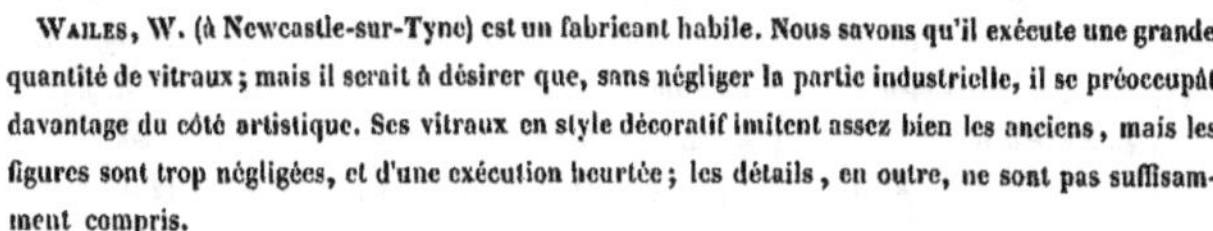

BAVIÈRE.

EGERT, F., et SONNERT, A. (à Munich) ont exposé à Paris (1855) quelques belles verrières; on y remarquait, entre autres, une représentation de N.-S. Jésus-Christ triomphant, placé dans une niche en style flamboyant; les tons en étaient chauds et harmonieux, et la composition d'un bon style religieux.

KELLNER, S. (à Nuremberg) a exposé à Londres (1851) un petit vitrail miniature, copie d'un des beaux vitraux de Nuremberg, représentant l'arbre de Jessé. « Cette copie, dit M. Bontemps, que nous avions vue l'année dernière à Leipsick, est bien faite et donne assez bien une idée du beau vitrail original; mais nous n'approuvons pas l'emploi du temps et du talent à de telles reproductions sur une échelle aussi réduite. » M. Kellner est de ces artistes qui ont de la peine à abandonner la peinture sur glace. Le vitrail qu'il a exécuté pour l'église Saint-Martin, à Liége, et dont nous donnons la description dans la seconde partie de cet ouvrage, renferme de grandes qualités et prouve que l'artiste de Nuremberg a assez de talent pour aborder la grande peinture décorative.

OFFENBACH, J. (à Furth).

SIEVERS, Auguste (à Munich), a exposé à Paris (1855) des verrières de différents styles. Celle du xve siècle avait le défaut que présentent généralement les vitraux qui sortent de Munich; la couleur d'or y dominait trop et les tons manquaient d'harmonie; en outre, la sainte Vierge assise péchait par le style.

AUTRICHE.

BAGATTI (à Milan?) avait envoyé à Londres (1851) un portrait de femme qui charmait tous les yeux. Cette jolie peinture eût été mieux placée sur toile; ce n'était même pas de la peinture sur verre proprement dite, car les couleurs n'étaient ni émaillées ni cuites; c'était de la peinture à l'encaustique qui sort de nos études.

BERTINI (à Milan) a exposé à Londres (1851) quelques-unes de ses œuvres, entre autres un vitrail représentant le Dante, et que M. Bontemps juge en ces termes : « Certes, ce vitrail présente de grandes qualités, il est d'une belle exécution; cependant on conviendra que le plus grand effet résulte de l'obscurité complète qui l'entoure. Bien que cette œuvre soit exécutée par les procédés de la mise en plomb, elle appartient à cet ordre de travaux qui tendent plus à se rapprocher des

qualités de la peinture sur toile que de la peinture sur verre proprement dite, et dont l'un des défauts est de ne pas présenter assez de solidité, parce qu'ils exigent l'emploi de très-grands morceaux de verre; aussi peut-on remarquer que plusieurs des figures sont brisées; les fragments ont été retenus par le plomb, mais on peut voir les fractures qui traversent d'un côté à l'autre. »

Le même Bertini, de Milan, a exposé dans la galerie du Nord une petite peinture sur verre sans importance et représentant une Sainte-Famille, qui manque complétement de style.

Geyling, Karl (à Vienne) a exposé à Londres (1851) de petits vitraux, entre autres une Annonciation et des grisailles d'une exécution assez belle. Mais le style des sujets laissait à désirer. Les mêmes errements se remarquaient dans les vitres peintes envoyées à Paris (1855) par cet artiste.

Quast, J. (à Prague, Bohême).

PRUSSE.

Burkhardt (à Eisfeld, Prusse) a exposé (1851) un cercle de couleurs dégradées de teintes qui donnent une idée favorable de sa fabrication de verres de couleur; il a exposé aussi des peintures sur verre blanc assez bien touchées.

Geissler, Fr. (à Ehrenbreitsten).

Schmitz, M.-H. (à Aix-la-Chapelle), a envoyé à Paris (1855) des vitres peintes dans la manière du XVIIe siècle; les cartons en avaient été dessinés par Louis Schleiden. Le style des compositions était bon et d'un caractère convenable, mais le coloris criard et discordant nuisait singulièrement à l'effet de la verrière. Le XVIIe siècle est peut-être l'époque la plus difficile à imiter, parce qu'en se servant des émaux, il faut une hardiesse et une énergie de touche bien grande pour ne pas tomber dans la peinture molle et maniérée.

WURTEMBERG.

Wetzel, C.-D. (à Stuttgardt), a exposé à Londres (1851) de petits tableaux sur glace de 0^m,40 sur 30, soigneusement peints, mais sans importance comme sans utilité.

BRUNSWICK.

Boennig, Karl (près de Brunswick), a exposé à Londres (1851) des verres émaillés blancs, ornés de paysages et de divers sujets. Ces peintures ne peuvent servir que pour appartements.

PAYS-BAS.

Coquenet P.-J. (à Amsterdam). La Hollande, si riche en vitraux et qui voyait encore, au siècle dernier, la peinture sur verre en pleine activité chez elle, n'a été représentée à Paris (1855) que par M. Coquenet, dont les œuvres, sans être dépourvues de mérite, n'avaient pas assez d'importance pour fixer l'attention du public.

XI

Cette nomenclature des peintres verriers du xixe siècle est incomplète, mais nous avons cherché bien plus à faire apprécier le point où en est arrivée la peinture sur verre à notre époque, qu'à donner une liste entière des artistes vivants; nous pensons, du reste, n'avoir oublié aucun nom important et avoir rendu justice à tous.

S'il nous fallait maintenant passer en revue tous les écrivains modernes qui se sont occupés de la peinture sur verre et analyser leurs travaux, nous dépasserions de beaucoup les limites de cet ouvrage.

Déjà, dans l'introduction, nous avons fait une première étude bibliographique; nous avons eu ensuite l'occasion fréquente de citer des œuvres utiles aux artistes; nous nous contenterons d'une seule observation :

Les écrivains de notre siècle sont nombreux, c'est à leurs efforts que l'on doit la renaissance et la vulgarisation des arts du moyen âge et principalement de l'art national religieux. Il leur a fallu combattre des tendances exclusivement classiques et par trop païennes Quel magnifique tournoi! Voyez les de Caumont, les Didron, les de Montalembert lutter contre les Raoul-Rochette, les Lebas, les Burnouf; des deux côtés, c'est un remarquable déploiement de science et de talent. Le succès ne pouvait pas être douteux, le bon droit devait triompher. Voici venir les Lenormant, les Martin, les Cahier, les Milner, les Texier, les Bourassé; un nouveau *Labarum* apparaît sur le drapeau des artistes chrétiens, et la victoire, laissant enfin tomber ses ailes, restera pour toujours dans le camp religieux.

Nous aussi nous nous sommes rangés du côté des arts religieux, et quelque faibles que soient nos efforts, nous nous sentons heureux de travailler à l'œuvre commune.

Notre tâche ne nous semblerait pas accomplie, si nous ne présentions pas un résumé de nos études, avec les conséquences et les enseignements qu'elles renferment.

Nous allons passer successivement en revue toutes les parties de la technique et de l'art que le peintre verrier doit connaître à fond.

XII

Verres. — Nous avons expliqué la fabrication du verre à différentes époques; on ne lira pas sans intérêt les détails de la fabrication actuelle, que nous empruntons à M. Bontemps. Les peintres verriers pourront y puiser quelques bons renseignements, surtout pour le verre anglais connu sous le nom de *Rolled plate glass.*

« Les vitres peuvent être fabriquées par deux procédés distincts. Par l'un de ces procédés, le verrier souffle le verre de manière à lui donner la forme d'un cylindre qu'on fend dans la longueur et qu'on développe de manière à en faire une surface plane. L'autre procédé consiste à souffler le verre en forme de boule ; celle-ci est attachée au *pontil* par l'extrémité opposée à la canne ; elle est ensuite réchauffée et développée à l'aide de la chaleur et de la force centrifuge résultant d'un mouvement rapide de rotation sur lui-même imprimé au *pontil*, de manière à produire un plateau rond et plat.

» Quoi qu'il en soit, et bien que nous regardions comme établi que ces deux procédés de fabrication des vitres furent simultanément employés, il parait toutefois que les Vénitiens pratiquaient presque exclusivement le procédé de fabrication au moyen des cylindres, que ce procédé tomba peu à peu en désuétude en France et en Angleterre, à mesure que l'art des vitraux de couleur tendit à disparaître, et qu'ainsi les vitres, dans ces deux pays et dans le nord de l'Allemagne, furent fabriquées en plateaux. Le procédé des cylindres, pratiqué, ainsi que nous l'avons dit, à Venise, s'était conservé aussi dans la Bohême, qui paraît avoir été initiée par Venise à tous les procédés des diverses espèces de verreries, de telle sorte que lorsqu'on voulait se procurer des vitres blanches d'une épaisseur égale et d'une grande dimension en France, on les tirait de la Bohême. En effet, les plateaux ne portaient guère alors que 50 pouces de diamètre, étaient beaucoup plus épais vers le centre que vers la circonférence, et l'on n'aurait guère pu y couper un carreau de 16 pouces sur 12, d'une épaisseur à peu près égale. Tel était l'état de la fabrication des vitres au commencement du xviiie siècle, lorsqu'un savant français, M. Drolinvaux, frappé de la supériorité des vitres allemandes qu'il avait vu fabriquer en Bohême, entreprit d'introduire ce mode de fabrication en France. Il forma une compagnie avec laquelle il exploita une verrerie située à Lettenbach, sur les frontières de la Lorraine et de l'Alsace, dans laquelle il amena des verriers de Bohême, qui ne durent pas trop se trouver dépaysés, car on y parlait et on y parle encore de nos jours la langue allemande. Cette exploitation fut conduite avec beaucoup de succès. La compagnie ne pouvant acheter cette verrerie, qui appartenait aux moines de Saint-Quirin, la loua, en 1740, par bail emphytéotique qui a cessé en 1840 : cette verrerie a été connue depuis sous le nom de Saint-Quirin. Elle fut le berceau, pour ainsi dire, de toutes les verreries qui depuis ont fabriqué des verres à vitres en cylindres dans le Lyonnais, dans le nord de la France, en Belgique et, de nos jours, en Angleterre.

» Les premiers souffleurs de verres à vitres en cylindres qui avaient été amenés à la verrerie de Saint-Quirin par l'appât de salaires élevés, prévoyant que ces salaires subiraient une grande baisse s'ils formaient des élèves, s'étaient engagés entre eux à n'enseigner leur état qu'à leurs enfants, et à s'opposer même à ce que des ouvriers verriers étrangers à leurs familles essayassent ce genre de travail ; cette convention s'est parfaitement maintenue pendant près d'un siècle, et encore même aujourd'hui il existe un bien grand nombre de verreries dont les maîtres ne pourraient pas former des élèves étrangers sans être à l'instant abandonnés par tous les verriers *pur sang*, dont les noms tels que Schmidt, Zeller, Theber, Hug, Walker, etc., attestent l'origine allemande.

» Les avantages du procédé des cylindres sur le mode des plateaux étaient la plus grande dimension des carreaux obtenus, et l'absence de perte à l'équarrissage et à la division des feuilles ; ces avantages devaient être surtout appréciés en France et en Belgique, où les architectes tendaient constamment à augmenter la dimension des carreaux de vitres, et amenèrent peu à peu dans ces deux pays l'extinction totale des verreries fabriquant les plateaux ; la dernière qui en ait fait, était une verrerie en Normandie près d'Abbeville, où les cylindres se substituèrent enfin aux plateaux dans les dernières années du xviiie siècle. Dans le nord de l'Allemagne, la fabrication des plateaux a disparu aussi presque complétement; il ne reste que deux verreries, l'une dans le Hanovre, l'autre près de Wurtzbourg en Bavière, qui en fabriquent sur une échelle très-restreinte.

» En Angleterre, au contraire, la fabrication des vitres en plateaux, qui y a pris le nom de *crown-glass*, s'était tellement perfectionnée sous le rapport de la qualité de la matière, de l'égalité de l'épaisseur et des grandes dimensions, que ce verre était le seul employé pour les vitrages soignés, tandis que les carreaux obtenus de cylindres, connus sous le nom de *spread-glass* ou *broad-glass*, n'étaient vendus que pour les maisons des pauvres laboureurs et ouvriers. Il est vrai que ce *spread-glass* était fabriqué par des procédés bien inférieurs à ceux des Allemands; au lieu de diviser cette fabrication en deux opérations, le soufflage et l'étendage, le verrier anglais, après avoir soufflé le cylindre, le coupait ou le fendait dans la longueur pendant qu'il était encore chaud, et l'ouvrait immédiatement sur une plaque de fer recouverte de sable : ce verre avait une épaisseur assez irrégulière, et surtout une surface très-grossière, tandis que le *crown-glass* développé (flashed) par l'action du feu et sans contact, avait une surface brillante à laquelle la glace seule pouvait être comparée. Le verre à vitres en cylindre, quelque bien fabriqué qu'il soit, donne à la vérité des carreaux plus grands; mais d'une part la nécessité de le développer sur une aire, même la plus unie possible, enlève à la surface qui est en contact avec cette aire, une partie de son brillant; d'autre part, la surface intérieure d'un cylindre étant d'une étendue moindre que la surface extérieure, il résulte de l'opération de l'étendage qui les amène à l'égalité, tiraillement de l'une et contraction de l'autre, ce qui produit une sorte d'ondulation qui se remarque sur les feuilles, surtout quand on les voit extérieurement et d'une manière inclinée: c'est ce qui rend ce verre bien inférieur au *crown-glass* pour les Anglais, qui se préoccupent davantage de l'apparence extérieure des maisons.

» Toutefois, les avantages résultant de la dimension des carreaux obtenus et de l'absence du déchet qui a lieu dans le *crown-glass*, au centre et à la circonférence, ces avantages frappants, surtout au point de vue économique et commercial, attirèrent l'attention de MM. Chance, et les déterminèrent à introduire en Angleterre la fabrication du verre à vitre soufflé en cylindre, mais suivant le procédé de Bohème et de France et non comme le *spread-glass*.

» Décidés par toutes ces considérations, MM. Chance commencèrent en 1832 la fabrication des verres en cylindres. J'avais depuis quelques années, de concert avec M. Claudet, exporté des feuilles de verre et des cylindres (*glass-shades*) en Angleterre : j'avais donc ainsi contribué à attirer l'attention de MM. Chance sur ce point; je concourus aussi à l'exécution de leur projet, pour lequel ils crurent que mon expérience dans cette fabrication pourrait leur être utile. J'amenai donc, au mois de septembre 1832, chez MM. Chance, les ouvriers souffleurs et étendeurs pour la fabrication d'un four, et je dois dire qu'il a fallu toute leur persistance et leur énergie, pour résister à toutes les difficultés que cette nouvelle fabrication a rencontrées dans le principe..... Lorsqu'on veut un vitrage plus parfait, on aplanit dans un four spécial, chauffé à une température modérée, les beaux plateaux de *crown-glass*, de manière à éviter complétement l'inconvénient des surfaces concaves et convexes; et arrivé à ce point de perfectionnement, il n'y a plus que la glace polie qui puisse être comparée à ce verre. Aussi MM. Chance, ne voulant pas laisser leur importation inférieure sous aucun rapport, établirent des ateliers pour le dégrossissage et le polissage des verres en cylindres; et par un procédé habilement perfectionné par l'un d'eux, M. James Chance, ils sont arrivés à polir d'une manière très-économique, une partie notable de leur grande fabrication de verre en manchons, de telle sorte que, non-seulement elle n'a plus rien à envier à celle du *crown-glass*, mais qu'au contraire, elle arrive à des produits plus parfaits et d'une plus grande dimension.

» M. Jonet, fabricant de verres à Couillet, près de Charleroi, a exposé à Londres (1851) une série de verres à vitres de couleur, entre autres de très-beaux jaunes et de très-beaux verts, principalement les verts *chrome*; les bleus et les violets ne sont pas tout à fait aussi purs; le violet est un peu brun, et le bleu n'est pas assez céleste, c'est-à-dire d'une couleur un peu laqueuse; le rouge est un peu trop foncé. En somme, ces échantillons dénotent une belle fabrication de verres de couleur.

» MM. Chance ont exposé à Londres (1851) des verres de couleur soufflés en masse (*pot-metal*) et des verres doublés (*flashed*). Comme il est difficile de mettre en vue des verres de couleur en feuilles d'une grande variété de teintes, à moins de couvrir une immense surface, MM. Chance ont fait un cadre en forme de rosace dans lequel ils ont exposé toutes les diverses teintes de verre en masse ou doublés; et afin de distinguer les verres doublés, ils les ont fait graver à l'acide fluorhydrique (*embossed*), ce qui indique qu'ils sont composés d'une couche mince colorée et d'une couche plus épaisse de verre blanc. Toutes ces nuances variées, rouge, rose, orange, jaune, vert, bleu, violet, sont bien réussies; les bleues et les violettes surtout, sont de nuances très-fines. Parmi les couleurs en masse, on remarque différentes teintes employées principalement pour les vitraux imitant les anciens, et diverses nuances de blanc teinté verdâtre ou jaunâtre, appelées, dans le commerce en Angleterre, *verres cathédrale*.

» MM. J. HARTLEY et Cie ont aussi exposé quelques verres soufflés de couleur, entre autres des verres rouges de très-grande dimension, d'une belle nuance; mais en raison de cette très-grande dimension, la couleur n'est pas également répartie sur toute la surface : on y aperçoit quelques veines et une plus grande intensité de couleur dans les extrémités des feuilles. Une partie des verres de couleur exposés par ces Messieurs, sont des verres coulés et laminés (*rolled*), fabrication qui leur est spéciale.

» Ces Messieurs les recommandent pour la confection des vitraux. Ces verres ont la propriété d'être translucides sans être transparents, ce qui produit un effet analogue à celui de la vétusté. MM. Hartley font du *rolled plate glass* de toutes les couleurs; un certain nombre de fabricants de vitraux en ont déjà employé, surtout comme *verre cathédrale*, c'est-à-dire blanc légèrement teinté. L'effet de ce verre a quelque analogie avec celui du verre moulé par MM. Powel et fils.

» L'Allemagne, qui s'est laissé déborder dans la fabrication de verres à vitres, par la France et surtout par la Belgique, est restée supérieure pour la blancheur du verre, et a, seule, presque conservé jusqu'à présent le monopole de la petite miroiterie; la Belgique a dû l'accroissement très-considérable de sa fabrication, à la bonne qualité moyenne de ses verres et à la production à bon marché; la France, inférieure à la Belgique pour la qualité moyenne du vitrage, lui est restée supérieure pour les beaux vitrages doubles et les verres de gravures; enfin les plus beaux verres, les mieux affinés, sont fabriqués en Angleterre, mais d'une teinte trop foncée. En résumé, la fabrication du verre à vitre s'est beaucoup améliorée depuis environ vingt-cinq ans, mais il lui reste encore bien des progrès à accomplir. »

Le choix du verre est pour le peintre verrier un point important auquel il ne porte généralement pas une assez grande attention, sous le prétexte assez spécieux qu'avec la couleur on arrive aux résultats qu'on désire. Nous pensons qu'un verre vert, épais, rugueux et strié dans certains cas, produit des effets naturels très-puissants. Le temps donne aux vitres un ton nacré qu'on s'efforcerait en vain d'obtenir pour des vitraux modernes, mais tout en tenant compte de l'adoucissement et de la fusion des couleurs que le temps seul peut amener, nous croyons que l'aspect des verrières modernes serait bien meilleur si les peintres verriers faisaient fabriquer expressément du verre à leur usage. Nous nous joignons complétement à M. Bontemps dans les observations suivantes :

« Des personnes d'une autorité respectable pensent qu'une partie de l'effet produit par les anciens vitraux, résulte de l'épaisseur des verres, des irrégularités de fabrication et des bulles multipliées dont ces verres sont criblés : jusqu'à un certain point ce résultat ne peut être révoqué en doute; les bulles nombreuses surtout empêchent le passage direct des rayons de la lumière, et produisent un effet analogue à celui qui résulte de l'altération de la surface antérieure du verre par le temps; toutefois il ne faudrait pas chercher là le secret de la perfection des vitraux des XIIe et XIIIe siècles, car on trouverait bien des panneaux de verrières de cette époque où le verre était d'une fabrication assez régulière et presque exempt de bulles; quant à l'harmonie particulière qui résulte de l'altération de la surface extérieure, il est bien clair qu'elle ne devait pas exister à l'époque où ces verrières furent exécutées et mises en place, et nous pensons que c'est tout à fait un tort de chercher pour les vitraux modernes l'opacité que plusieurs siècles ont donnée aux anciens vitraux; cela ne doit se faire que quand il s'agit de réparations dans un vitrail : on obtient ce résultat en faisant une application de grisaille tamponnée sur la surface du verre. Cependant il ne faut user que très-modérément de ce moyen, car on risque ainsi de faire des vitraux qui, après un petit nombre d'années, seront devenus tout à fait obscurs, c'est ce qui ne manquera pas d'arriver à des vitraux anglais récemment placés au temple, à Londres, et qui n'ont des anciens vitraux que l'apparence, sans en avoir le charme. »

XIII

COULEURS. — L'artiste doit obéir à une double règle : respecter les traditions religieuses et donner l'harmonie à l'ensemble de son travail; il ne peut oublier que le bleu, le violet et le pourpre sont les couleurs adoptées pour les vêtements de N.-S. Jésus-Christ, tandis que le bleu, le rouge et le blanc le sont pour ceux de la sainte Vierge, l'azur pour le ciel, etc. Quelques ouvrages peuvent être consultés avec fruit: MM. Portal (1), Chevreul (2) et de Lasteyrie (3) guideront sûrement les artistes.

(1) PORTAL, FRÉD., *Des couleurs symboliques*, in-8°, 1857.

(2) CHEVREUL, *Loi du contraste simultané des couleurs*, in-8°. Paris, 1839.

(3) LASTEYRIE (DE, F.), *Quelques mots sur la théorie de la peinture sur verre*, in-12. Paris, 1852. (Ce petit volume qui, sous un titre modeste, cache une si profonde étude, est indispensable à tous ceux qui s'occupent de peinture sur verre).

Nous avons déjà indiqué dans le chapitre III comment la lumière du jour devait être répandue dans l'église; légèrement voilée dans les nefs, vivement teintée autour du chœur, éclatante de blancheur dans le sanctuaire, elle doit nous envelopper de ses nuances ascendantes, nous guider vers le tabernacle du Saint des Saints et pous y ramener sans cesse par un effet naturel et persistant. Arriver à produire cette puissante harmonie qui, des vitraux du xiiie siècle, malgré leurs défauts, a fait des chefs-d'œuvre, et cependant n'y pas sacrifier le ton naturel des objets (on ne permettrait pas aujourd'hui des chevaux verts ou des arbres bleus), tel est le but que doivent se proposer, nous dirons plus, que doivent atteindre nos peintres modernes.

Comme question subsidiaire, quoique d'une haute importance, à propos des couleurs, nous demanderons si l'on doit ajouter à la peinture des vitraux celle de la fresque sur les murs voisins, et si l'on ne nuit pas à l'effet général au lieu de le compléter.

Pendant la durée de l'époque romano-byzantine, les fresques étaient prédominantes. Les édifices religieux, percés d'étroites fenêtres aux vitres pâles, offraient de larges parois à la décoration intérieure. Au xiiie siècle, les croisées s'allongent, elles se garnissent de vitraux peints, mais elles laissent encore de vastes surfaces unies que la peinture vient orner de riches feuillages. Quelques églises de proportion restreinte, comme la Sainte-Chapelle, ne forment en quelque sorte qu'un seul tableau puissant d'effet et d'harmonie; mais la dépense arrête les travaux analogues dans les monuments bâtis sur une grande échelle.

A mesure que l'architecture ogivale se développe et marche vers le xve siècle, époque de son complet développement et du commencement de sa décadence, les fenêtres deviennent démesurément grandes, les murs se découpent en mille colonnettes ou moulures; il n'y a plus de place pour la fresque et les vitraux deviennent tellement éblouissants qu'ils suffisent à la décoration du temple.

La renaissance arrive, elle encombre les églises de tableaux et de monuments en pierre, en marbre, en bois doré et en stuc; mais les vives couleurs de la vitre font pâlir les œuvres modernes, en faussent les tons, en dénaturent l'effet. Le goût n'est plus aux vitraux, la mode les condamne, et ils finissent par disparaître ou par être gravement mutilés dans beaucoup de localités. Voilà ce que l'histoire nous apprend.

Au milieu de ce conflit des arts, que doit faire l'architecte chargé de coordonner toutes les parties de l'édifice et d'y établir l'harmonie générale? Question délicate, dans laquelle, cependant, nous ne craindrons pas de nous prononcer, avec un savant qui y a consacré une longue étude. M. Chevreul a résumé ses observations en quelques lignes qui reproduisent trop fidèlement notre pensée pour que nous ne regardions pas comme indispensable de les faire connaître aux artistes :

« ..... Si la peinture a réellement concouru dès l'origine avec l'architecture et même la sculpture peinte à la décoration intérieure des églises gothiques, cela n'a pu être que très-secondairement et d'après le système des teintes plates, du moment où l'on s'est décidé à mettre aux fenêtres des vitraux colorés; car aucune peinture appliquée sur un corps opaque, tel que la pierre, le bois, etc., ne pouvait se soutenir à côté des brillantes lumières colorées transmises par les vitraux; et si cette peinture eût été dégradée suivant les règles du clair-obscur, tout son mérite disparaissait aux yeux des spectateurs, faute d'une lumière claire et blanche, la seule convenable pour l'éclairer.

» Serait-il vrai que le voisinage des vitraux colorés exigerait nécessairement, comme effet d'harmonie, la peinture des murs qui y sont contigus? Sans me prononcer d'une manière absolue en faveur de l'opinion contraire, j'avouerai, après avoir longtemps réfléchi aux impressions profondes que j'ai reçues dans de grandes églises gothiques où les murs ne m'offraient que les simples effets de la lumière et de l'ombre sur la surface unie de la pierre, où il n'y avait pas d'autres couleurs qui frappaient mes yeux que celles transmises par les vitraux; j'avouerai, dis-je, que le spectacle d'effets plus variés m'aurait semblé une faute contre le principe de la convenance du lieu avec sa destination, et cette opinion s'est surtout fortifiée lorsque voyant, après le sacre de Charles X, la belle voûte de l'antique cathédrale de Reims, qu'on avait peinte à cette occasion en bleu semé de fleurs de lis, je me suis rappelé l'impression qu'elle m'avait faite quelques années auparavant, lorsqu'elle n'offrait aux regards que la couleur unie de la pierre.

» ..... Si l'on veut des peintures près des vitraux colorés, il les faudra unies, ou présentant les sujets les plus simples possible, puisque leurs effets sont absolument sacrifiés à ceux des vitraux.

» ..... On peut à la rigueur voir des tableaux dans une église où la lumière est transmise par des verres colorés; mais pour que la vision soit satisfaisante, il y a un tel ensemble de conditions nécessaires à rencontrer, que l'on est fondé à dire qu'ils y seront presque toujours mal placés, ou, ce qui est la même chose, on sera hors d'état d'apprécier le mérite qu'ils pourraient avoir d'ailleurs. En effet, si les tableaux ne sont pas à une certaine distance des vitraux, si les lumières colorées qui émanent de ceux-ci ne sont pas, par leur mélange mutuel, en proportion convenable pour reproduire de la lumière blanche, ou du moins une lumière très-faiblement colorée; enfin, si cette lumière blanche ou très-faiblement colorée est insuffisante pour éclairer l'intérieur de l'église convenablement, comme le ferait la lumière diffuse transmise au travers de verres incolores, les tableaux perdront de leur coloris, à moins toutefois qu'ils n'aient été exécutés conformément à la nature de la lumière transmise dans un lieu donné par des vitraux de couleurs également données; mais ce cas, à ma connaissance, ne s'est jamais réalisé. C'est donc parce que les conditions précédentes ne se rencontrent pas, que je n'ai parlé, en traitant des vitraux des églises gothiques, que de tapisseries et non de tableaux qui peuvent en orner les murs.

» La cathédrale de Cologne, pour les églises à vitraux colorés, et Saint-Pierre de Rome, pour les églises à verres incolores, sont deux types qu'il suffit de citer lorsqu'on veut démontrer que le beau est compatible avec des systèmes différents. En effet, y a-t-il un de ces types que l'on doive préférer à l'autre? C'est une de ces questions que je considère comme oiseuse, si on a la prétention de la résoudre d'une manière absolue, afin de n'accorder son admiration à l'un qu'à la condition de proscrire l'autre. Mais si, au contraire, on l'élève avec l'intention d'examiner ce qui donne des admirateurs à chacun d'eux, on parviendra ainsi à se rendre un compte satisfaisant de ces œuvres de l'art.

» En partant du principe de la convenance des édifices avec leur destination, j'ai admis que l'église gothique avec ses ornements architectoniques et ses vitraux colorés, ne laisse rien à désirer au sentiment religieux, tant la lumière qu'elle présente à l'intérieur est propre au recueillement, tant les objets qu'on y rencontre, loin de distraire l'attention par quelque image terrestre, ont été bien choisis pour exciter l'ardeur à élever la prière jusqu'au ciel.

» Tout en admirant les merveilles que les arts ont accumulées dans les églises où la lumière blanche pénètre librement, tout en reconnaissant les effets que certaines peintures de premier ordre sont capables de produire sur l'esprit du chrétien, cependant je ne puis m'empêcher de remarquer que les églises où l'on voit ces décorations ressemblent plus à un musée d'arts qu'à un temple consacré à la prière, et que sous ce rapport elles ne me paraissent point remplir au même degré que les églises gothiques à vitraux colorés, la condition imposée par le principe de la convenance des édifices avec leur destination (1). »

XIV

Mise en plomb. — Les procédés mécaniques, auxquels la science a donné de si grands développements, permettent d'obtenir des plombs de toutes les dimensions et de toutes les forces, depuis les plus petits arrondis sur les flancs jusqu'aux plus épais avec leurs parois aplatis. Le réseau métallique est le trait obligé du peintre verrier; sans lui la verrière n'a plus d'énergie, les contours sont mous et l'ensemble diffus; nous verrons toujours avec la plus grande satisfaction les peintres verriers pousser la mise en plomb jusque dans ses plus petits détails; nous pensons que c'est la voie véritable, par laquelle on arrive à des effets certains et durables.

XV

Restaurations. —La connaissance des procédés et des styles dans les différents siècles est nécessaire pour parvenir à exécuter une bonne restauration. L'artiste doit sacrifier d'une manière absolue, dans ce travail, son goût et ses tendances, et sa réussite ne sera complète qu'autant que l'œil le plus exercé ne pourra que difficilement distinguer les parties nouvelles des anciennes. En général, nos artistes ont acquis une grande habileté dans ce genre, et nous citerons parmi les meilleures restaurations modernes, celles de la Sainte-Chapelle à Paris, par MM. Lusson et Bourdon, et de la cathédrale de Tournai, par M. Capronnier.

XVI

Style ornemental de la verrière. — Les peintres ont été plusieurs fois en désaccord avec les architectes et les sculpteurs. Au XIIIe siècle, l'ogive est déjà adoptée pour les monuments, tandis que les formes romanes persistent dans les peintures et sur les vitraux; au XVIe siècle, le contraire a lieu, les architectes soutiennent l'ogive contre le plein-cintre gréco-romain, mais les peintres,

(1) Chevreul, *Loi du contraste simultané des couleurs*, pages 346, 363 et suiv.

entraînés par les Italiens, usent franchement et hardiment des ordres classiques. En Belgique, par exemple, où les formes ogivales se maintinrent jusque vers le milieu du xviie siècle, les verrières portèrent depuis le commencement du xvie siècle, un système décoratif complétement classique, et l'on vit apparaître les portiques grecs et romains, les guirlandes de fleurs, les fins entrelacs et les délicates arabesques des plus purs temps de l'art antique.

Devons-nous aujourd'hui persister dans ce désaccord qui a déjà froissé des personnes même étrangères à l'art? Nous pensons qu'il est préférable d'établir une complète harmonie entre toutes les parties de nos basiliques et de se préoccuper des styles plutôt que des époques. Ce qui est moins choquant au commencement du xiiie siècle, le devient davantage au xvie siècle; il y a là un écueil que les artistes éviteront en adoptant pour leurs verrières le style des églises; au lieu de se préoccuper de la peinture à l'époque indiquée, ils ne devront consulter que le caractère de l'édifice.

XVII

Costumes. — Une réforme nécessaire, indispensable, réclamée par le bon sens, doit être apportée, en peinture sur verre, dans le costume des personnages. Les artistes du moyen âge ne se sont jamais inquiétés de l'époque où vivaient les saints et les rois dont ils retraçaient la vie, aussi nous voyons, dans nos contrées, les saints qui sont venus évangéliser nos aïeux du ive au xiie siècle, revêtir successivement, suivant les époques, les costumes du xiie au xviiie siècle.

Nos peintres ont compris qu'en suivant ces errements, et en donnant aux saints personnages des premiers siècles du christianisme le costume de nos jours, par exemple l'habit noir et le chapeau rond, ou l'habit militaire du garde citoyen, ils tomberaient dans le ridicule; mais comme ils étaient dans l'ignorance du costume véritable, ils ont cru devoir adopter toutes les erreurs de leurs devanciers. Ont-ils à peindre une verrière du xiiie siècle, ils adoptent les costumes de ce temps, parce que, disent-ils, les artistes d'alors le faisaient ainsi; il en est de même pour les autres siècles. On allègue pour raison qu'en changeant les costumes de l'époque de la vitre peinte, on ferait perdre à celle-ci son caractère; jusqu'à un certain point cela est vrai, mais devons-nous tourner sans cesse dans le même cercle? il serait parfaitement inutile à l'humanité de progresser et aux sciences de grandir si nous devions être fatalement condamnés à répéter les fautes passées et à rester dans l'immobilité. Reportons-nous en arrière; les artistes n'avaient pas l'instruction nécessaire pour comprendre l'anachronisme qu'ils commettaient, et de plus ils manquaient de documents; ils ont travaillé dans la limite de leur talent et de ce qui était possible alors. Nous devons les imiter dans leurs efforts et non dans leurs défauts. La science archéologique a fait assez de progrès pour qu'avec de la réserve et de la prudence, les peintres modernes ne se permettent plus d'aussi grossières erreurs. Hé quoi! cette réforme que l'on a apportée dans les théâtres mondains, où les acteurs du commencement de notre siècle jouaient en costumes modernes les pièces de l'école classique, on la repousserait pour l'art religieux qui doit avoir le pas sur les autres, pour l'art religieux, qui demande tant de soins, tant d'étude, tant de dévouement! Non, nous n'admettrons jamais les prétentions qu'on alléguera pour ne pas se livrer à une étude sévère du costume ; notre conscience, notre piété s'y refuse, et nous conjurons tous ceux qui s'occupent des beaux-arts, de joindre leurs efforts aux nôtres, pour faire cesser des anachronismes aussi choquants.

XVIII

Modelé. — Si nous nous sommes élevé tout à l'heure contre les erreurs de costumes dans lesquelles nos peintres modernes persistent avec entêtement, nous critiquerons et nous condamnerons plus énergiquement encore leur déplorable imitation des époques écoulées. Est-il possible qu'on ose, en plein xixe siècle, dire que pour ne pas faire perdre aux verrières leur caractère : *il faut imiter les artistes du moyen âge jusque dans leurs défauts.* Cela nous ne le contestons pas pour les restaurations, mais pour les créations nouvelles c'est une absurdité. C'est renier tous les progrès et fermer les yeux à la lumière. Parce que les artistes des xiiie et xive siècles ignoraient la science de l'anatomie et du modelé, parce qu'ils ne savaient pas attacher un bras à une épaule, placer une tête sur un col et donner le mouvement, la grâce et la vie à leurs personnages, les artistes modernes vont à leur tour habiller des mannequins de bois, leur casser, ou pour le moins leur tordre les membres, en faire des momies, des fantômes et non des vivants; quel but poursuivent-ils? Où veulent-ils en venir? A une imitation si servile qu'on ne puisse distinguer leurs œuvres de celles des âges écoulés? Qui donc espèrent-ils tromper? Ou bien rougissent-ils de leur travail? Auraient-ils honte d'embellir la maison du Seigneur? Oh! s'il en était ainsi, je les prendrais en pitié. Mais non, ce n'est pas fausse honte, car ils signent leur travail; ce n'est qu'une erreur dans laquelle ils persistent par défaut de réflexion, et, nous ne craignons pas de le dire, par routine. Ah! qu'ils ne cherchent pas à confondre leurs œuvres avec celles des anciens âges, qu'ils s'inspirent des beaux modèles, qu'ils imitent les formes ornementales, le genre des compositions, et qu'ils y ajoutent la science moderne; que ces magnifiques restaurations de nos églises soient la gloire de notre époque; elles rappelleront à nos petits-neveux que nous aussi nous possédions une foi vive, que nous aussi nous savions offrir à Dieu la dîme de nos talents; nos descendants reconnaîtront facilement nos œuvres d'avec celles de nos devanciers, quoiqu'elles soient de même style, parce que les nôtres porteront le cachet d'une science que les premiers ne possédaient pas.

XIX

Ensemble et proportion. — Quelquefois les peintres verriers ne se rendent pas un compte suffisant des proportions qu'ils doivent donner à leurs compositions. C'est là une question de goût et d'intelligence. Cependant il y a quelques observations, fruit d'études architectoniques, qui peuvent être utiles aux peintres et que nous leur soumettons. Les monuments classiques diffèrent essentiellement, dans leurs parties constitutives, de ceux qui appartiennent au style ogival. Dans les monuments classiques, les ordres décoratifs et leurs moulures varient suivant la grandeur du vaisseau :

depuis la colonnette qui orne la chapelle ou l'autel, jusqu'aux grands pilastres du chœur ou de la nef, depuis le simple oratoire jusqu'à la vaste basilique, on parcourt une échelle différentielle presque infinie; il en résulte même que les détails d'ordre varient sans cesse et grandissent avec l'édifice dont une personne peu exercée saisit difficilement la grandeur, parce qu'elle n'a pas d'objet fixe et connu au moyen duquel elle puisse juger de l'ensemble, à moins de se prendre elle-même comme point de comparaison. Aussi, à l'exception de Saint-Pierre, de Rome (cette église à laquelle le génie de Michel-Ange a su donner une majesté impossible à nier, car elle agit même sur l'esprit des incrédules), une église classique paraîtra ordinairement petite et au-dessous de sa grandeur réelle.

Les églises gothiques présentent une disposition et un effet tout différents. L'édifice peut varier de grandeur, il peut s'élever de la chapelle jusqu'à l'immensité des cathédrales, mais les détails ne changent pas. La colonnette deviendra multiple, elle s'élancera plus haut, mais son diamètre restera le même; les choux frisés, les étoiles, les palmettes courront plus nombreuses et, comme leur proportion est fixe, plus elles seront dans un vaisseau vaste et élevé, plus elles paraîtront petites; elles réagiront en sens contraire sur l'effet général, comme elles constituent l'objet déterminé et invariable de la comparaison, plus elles paraîtront petites, plus l'édifice paraîtra grand. Or, il faut y prendre garde, toutes les parties de ces admirables églises du moyen âge sont si bien combinées, que si elles se confondent en s'harmonisant dans l'ensemble, et si elles sont parfois difficiles à saisir d'un peu loin, elles se laissent, d'un peu plus près, parfaitement apercevoir et comprendre; elles sont là dans leur proportion juste, on ne peut ni les augmenter ni les diminuer.

Cette dernière observation est particulièrement importante pour les verrières du XIIIe siècle. Les médaillons ont la dimension qu'il faut pour ne pas rompre l'harmonie de l'ensemble et pour être cependant parfaitement vus et compris. Si donc vous avez à peindre de petites fenêtres, ne réduisez pas l'échelle des proportions pour les dispositions de la peinture, parce que vous tomberiez dans des détails microscopiques et invisibles, faute que les peintres verriers du XIIIe siècle ont toujours évitée avec le plus rare bonheur; diminuez le nombre des médaillons, n'en mettez qu'un seul s'il le faut, mais ne les réduisez pas d'échelle. Les proportions des détails, personnages ou ornements, ne varient réellement qu'à partir du XVe siècle.

XX

Choix du sujet, symbolisme. — Où les artistes trouveront-ils une mine plus riche et plus féconde que la religion chrétienne; où pourront-ils trouver de plus nobles inspirations? Nous l'avons déjà dit dans notre introduction, toutes les tendances pourront être satisfaites. Que de scènes touchantes, admirables ou terribles, depuis la vierge agenouillée aux pieds de la statue de la Reine des cieux jusqu'au martyr qui oublie dans l'extase les douleurs du corps, en apercevant dans le ciel entr'ouvert les anges prêts à lui remettre la couronne de gloire! Quant aux sujets symboliques, ils ne peuvent être créés que par un esprit éclairé et profondément versé dans la science théologique; c'est aujourd'hui peut-être une affaire de savant plutôt que d'artiste. Nous sommes heureux de pouvoir ici rendre un hommage public au directeur des *Annales archéologiques*, M. Didron, pour les divers sujets symboliques qu'il a si heureusement traités et dont nous avons parlé dans le courant de cet ouvrage.

Les peintres doivent connaître et observer quelques règles hiératiques pour la disposition générale des sujets dans l'église : l'Occident et le Septentrion sont regardés comme les régions des ténèbres, tandis que l'Orient et le Midi désignent celles de la lumière; telles sont les deux grandes divisions. Le Septentrion ne doit cependant pas être confondu avec l'Occident. Le premier, avec ses neiges éternelles, sa température rigoureuse, indique la contrée ténébreuse, celle du vice et du péché; aussi, au portail du Nord doivent se placer les scènes qui peuvent frapper de crainte le pécheur; il faut y peindre le Jugement dernier, la Roue de la Fortune, la Révolte de l'Ange punie sans retour; on peut encore consacrer cette place à l'Espérance, à la Mère de miséricorde, au refuge du pécheur, à des saints qui ont eu besoin du repentir pour être proposés comme modèles, au pécheur racheté par la pénitence, grâce à l'expiation de la grande victime; là peut se placer le fanal du retour, la vie de rappel, l'invitation à se jeter dans le port.

La face de l'Occident était destinée autrefois, par les scènes où les figures mystiques qui s'y trouvaient représentées, à éclairer ceux qui n'avaient pas encore le bonheur d'être convertis, et à instruire les catéchumènes; on y voyait celui qui disait : *Je suis la voie, la vérité et la vie; je suis la porte, celui qui entrera par moi sera sauvé; je suis l'alpha et l'oméga*; on y voyait le Christ législateur dans une ellipse, tenant un livre et bénissant ou annonçant qu'il va parler; c'est là qu'étaient placées les tours et les cloches. Aujourd'hui le paganisme n'existe plus dans nos contrées, mais l'ignorance y règne encore, et nous croyons qu'on doit continuer à observer pour la face occidentale les règles hiératiques du moyen âge. Nous ne saurions trop approuver les lignes suivantes, empruntées au révérend père Cahier : « Cette face de l'église (Occident) doit donc rappeler les notions fondamentales de l'art chrétien et surtout présenter à nos regards celui qui est la voie, la vérité et la vie; celui qui est l'unique entrée à la science divine et à la gloire qui en est le terme; celui qui est l'auteur et le consommateur de notre foi, le souverain médiateur entre l'homme et le ciel. Quant aux déviations qui plus tard ont percé çà et là, je ne balance pas à les déclarer nouvelles et de mauvais aloi, quelque grâce que le sculpteur et l'architecte aient su mettre au service de cet abaissement. Ainsi, lorsqu'à la cathédrale de Sens, le tympan de la porte centrale a été remanié, vers la fin du xiiie siècle, pour recevoir le patron de l'église, l'habileté de l'artiste ne saurait faire oublier que son talent s'est mis au service d'une véritable altération. Ce que le dogme a de plus grave ne devait point être déplacé par une simple dévotion locale; le centre du portail occidental n'admet rien d'inférieur à N.-S. Jésus-Christ. Cette pensée dogmatique, qui doit dominer toute autre, n'est pas seulement grande et de parfaite convenance, on peut dire qu'elle est de rigueur, et les époques vraiment inspirées n'y dérogent point (1). »

(1) *Mélanges archéol.*, t. 1, p. 81.

La porte méridionale, comme celle du temple d'Ézéchiel, désigne les hommes avancés en vertu et en science divine. C'est ordinairement de ce côté, indiquant la contrée des lumières et des bienheureux, que les évéchés et les cloîtres étaient placés. Les sculptures et les peintures en doivent être consacrées aux saints, aux martyrs, aux docteurs, aux prédicateurs de la foi, ou bien représenter de larges compositions où Notre-Seigneur apparaît comme sujet principal et le centre de la civilisation. Le Christ législateur y viendra, non plus comme une simple initiation à la foi, mais comme une introduction aux profondeurs de la science théologique; il s'entourera des hommes inspirés, par qui l'Esprit saint a proclamé le mystère de l'alliance. On voit qu'il s'agit ici d'un enseignement supérieur, qui s'adresse moins au peuple qu'au clergé.

Le peintre verrier doit observer ces règles symboliques, qu'une étude approfondie lui fera connaître à fond; il ne doit pas cependant chercher à copier servilement les œuvres du moyen âge, et nous l'engageons à méditer les paroles suivantes du révérend père Cahier : « Il est bon de remarquer que le symbolisme a su suivre les besoins des âmes et se modifier avec eux. Si donc nous pénétrons dans son esprit, nous saurons le faire revivre sans le calquer; il y a plus : se borner au calque de ses formes, ce serait bien réellement le tuer. Le moulage ne reproduit pas la vie, et la momification est incompatible avec elle. Dans les constructions nouvelles, il nous faut des formes parlantes et non pas de mortes copies de l'art vivant, et non pas de l'archéologie toute pure (1). »

XXI

Caractère religieux. — Nous ne pouvons pas demander que tous les peintres verriers soient de grands maîtres et que leur plus petit tableau soit un chef-d'œuvre; mais ce que nous avons le droit d'exiger et ce que nous exigeons, c'est que les artistes qui veulent être admis à l'honneur de travailler pour la maison du Seigneur se livrent à des études sérieuses, et qu'en certains cas ils ne cherchent leurs modèles que dans leur esprit et leur cœur. Grand est le nombre de peintures soi-disant religieuses, traitées de la façon la plus inconvenante. Un artiste s'imagine pouvoir travailler en même temps pour le monde et pour Dieu; il se permettra de peindre, nous rougissons de le dire, une fille d'Ève décolletée et provoquante, et dans le même temps, sur le chevalet voisin, il cherchera à ébaucher les traits divins de celle qui fut bénie entre toutes les femmes, la reine de toute pureté. Qu'arrivera-t-il ? C'est que cet artiste s'inspire, à son insu, de ses compositions profanes pour ses tableaux religieux. Jamais un artiste, s'il ne porte dans son cœur la foi qui vivifie, ne pourra travailler pour l'Église; jamais il ne comprendra les grandeurs imposantes de la religion, jamais il n'exécutera de peintures essentiellement religieuses et parlant avec ardeur au cœur du peuple. Nous ne connaissons qu'un seul peintre véritablement chrétien, c'est Fra Angelico.

Si nous rencontrions sur notre route un de ces artistes à qui Dieu ait dévolu le génie et la foi,

____

(1) *Mélanges archéol.*, t. 1, p. 87.

et qui voulût, dans sa reconnaissance pour le Créateur, consacrer son talent à l'Église, nous lui dirions : soyez suave comme Fra Angelico, doux comme Raphaël dans sa première manière, énergique comme Michel Ange, et surtout gardez-vous de la licence de la renaissance, que vos œuvres soient comme ces hymnes sacrées que tous peuvent chanter, les vieillards, les hommes mûrs, les femmes, les jeunes gens et les enfants; que tout y respire la candeur et la vertu, que tout y soit enfin *ad majorem Dei gloriam.*

AMORTISSEMENT D'UNE FENÊTRE PEINTE AU CHATEAU DE BOUCHOUT.

Cette fenêtre porte les armes de M. le comte A. de Beauffort, propriétaire du château, celles de la famille de Roose, alliée à la maison de Beauffort, et celles des anciens seigneurs de Bouchout. — 1° Rose supérieure, les armes de Bouchout, qui sont d'*argent à la croix de gueules ;* 2° au-dessous, à dextre, celles de la famille de Roose, qui sont de *gueules au chevron et aux trois roses d'argent;* 3° à senestre , celles de M. le comte A. de Beauffort, qui sont d'*azur à trois jumelles d'or.* La branche belge des de Beauffort, représentée par M. le comte A. de Beauffort, porte ses armes entourées d'un manteau de gueules, sommé de la couronne ducale du saint-empire, en vertu d'un diplôme du roi des Belges, du 17 décembre 1856. Le cimier est formé d'une tête et d'un col de licorne entre deux demi-vols. La devise est : *In bello fortis.*

ANALYSE DESCRIPTIVE

DES

VITRAUX DE BELGIQUE.

—

> Si les fureurs des iconoclastes n'avaient pas détruit une foule de chefs-d'œuvre de cette espèce, il est probable que la plupart de nos cathédrales, de nos plus simples églises même, présenteraient encore aujourd'hui à nos regards ces magnifiques compositions qui répandaient dans l'intérieur de ces édifices une teinte à la fois si grave et si mystérieuse.
>
> JULES DE SAINT-GÉNOIS, *Messag. des sciences hist.* Gand, 1836, page 328.

NOTRE tâche se trouve singulièrement facilitée par les travaux de MM. de Reiffenberg, Lemaistre d'Anstaing, Henne et Wauters, Ad. Mathieu et Devillers. Quelques amis nous ont, en outre, fourni de précieux documents, et nous utiliserons, dans l'intérêt de tous et avec la permission de leurs auteurs, les œuvres au mérite desquelles nous sommes le premier à rendre justice.

CATHÉDRALE DE TOURNAI.

La basilique tournaisienne est certes le monument religieux le plus remarquable de la Belgique. Elle offre une mine inépuisable de richesses et, malgré les vives lumières répandues sur les routes archéologiques, elle jette les savants dans des contradictions très-piquantes.

La nef et les transsepts, bâtis en style roman, sont du XIe siècle, d'après MM. Schayes (2) et

---

(1) ARMOIRIES DE MARGUERITE D'AUTRICHE, *tirées d'un album de musique religieuse composée par ordre de cette princesse.* Man. de la Bibliothèque de Bourgogne, n° 228.

(2) *Hist. de l'archit.*, O. d. c.

Lemaistre d'Anstaing (1). L'église, disent ces deux archéologues, a été rasée par les Normands jusque dans ses fondements, et entièrement rebâtie après le retour des habitants chassés de leur ville par les farouches hommes du Nord.

Pourquoi, s'écrie M. J. B. Dumortier, voulez-vous que la cathédrale ait été rasée par les Normands, qui avaient bien autre chose à faire que de perdre leur temps à arracher les pierres des fondations de l'église, dont toutes les parties basses datent certainement de saint Piat et de saint Éleuthère, des IIIe et IVe siècles (2)?

Prenez garde, mon savant confrère, reprend à son tour M. l'architecte Renard, dont les raisons ne manquent pas de solidité, n'allez-vous pas un peu loin? il me semble que nous pourrions placer la construction des absides au VIIe siècle, à l'époque de saint Éloi (3).

De MM. Schayes et Lemaistre d'Anstaing à M. l'architecte Renard, quatre siècles; de M. l'architecte Renard à l'honorable représentant de Tournai, trois siècles; total : sept siècles de distance et de désaccord.

Qui a tort? qui a raison? Question très-intéressante, que nous nous proposons de traiter dès que le temps nous le permettra. Un seul mot pour aujourd'hui : si nous admettons, en fait, que les églises de Jérusalem et de Bethléem, que pas un archéologue avant M. J. B. Dumortier n'a sérieusement étudiées, ont, dès le Xe siècle, servi de modèle aux pieux pèlerins pour bâtir des temples à leur retour de la Terre-Sainte, nous serons très-porté à croire que la cathédrale primitive de Tournai a été tracée sur de larges proportions et d'après les souvenirs de pèlerinages. Plus tard, les maîtres maçons, n'ayant qu'à donner l'élévation à ce qui avait déjà l'étendue, ont créé, sans effort, la plus belle basilique romane qui existe. Il serait donc possible de retrouver les traces des constructions du IVe siècle, et de se rapprocher ainsi beaucoup des idées de M. Dumortier.

La cathédrale de Tournai a, quant à la peinture sur verre, le rare avantage de nous offrir, à partir du XIIIe siècle, des débris de verrière de tous les âges, monuments précieux, qui attestent son ancienne splendeur, et dont nous avons fait un ample usage pour notre histoire générale.

Les sujets de nos planches 8, 14, 15, 19, 19 *bis*, 20 ont été empruntés aux anciennes verrières de cette église; c'est à peu près tout ce qui reste d'une vitrerie qui a dû être très-complète et très-belle dès les premiers temps du moyen âge.

Nous arrivons de suite à la belle série des quatorze verrières historiques qui, jadis, ornaient les collatéraux du chœur et a été, depuis peu de temps, placée dans les transsepts; nous laisserons M. Lemaistre d'Anstaing justifier cette nouvelle disposition, tout en reconnaissant qu'il était difficile de leur trouver une meilleure place.

La cathédrale aux cinq tours a toujours eu après ses désastres, et ils ont été nombreux, le bonheur d'être confiée à des fidèles intelligents et enthousiastes; ses malheurs n'ont servi qu'à augmenter sa prospérité, et aujourd'hui elle apparait plus grande et plus belle qu'elle ne le fut jamais. Mais aussi, il faut le dire bien haut, où trouverait-on une commission de restauration plus ardente, plus zélée

(1) *Hist. de la cathédrale de Tournai*, 2 vol. in-8°. Tournai, 1842.
(2) *Fascicules*, études tournaisiennes.
(3) *Monographie de la cathédrale de Tournai*, gr. in-fol. Tournai, 1854.

et plus savante? où trouverait-on plus de dévouement éclairé que chez MM. Lemaistre d'Anstaing, J.-B. Dumortier, et les chanoines Descamps et Voisin (1)?

Le plus infatigable est M. Lemaistre d'Anstaing; riche et noble, il aurait pu briguer les plus hauts emplois; il a préféré consacrer ses loisirs à l'étude et à l'achèvement de la cathédrale chère aux Tournaisiens. Sa persévérance nous a valu une excellente histoire de l'église et des évêques de Tournai, dont nous avons eu déjà l'occasion de parler et dans laquelle nous avons souvent puisé ; elle nous a valu encore quelques petits opuscules sur les anciennes et les nouvelles verrières , pleins d'observations judicieuses, profondes, et d'autant plus intéressantes pour nous, qu'elles suivent pas à pas l'habile restauration opérée par M. Capronnier.

Nous avons obtenu de son auteur la permission de les publier; le lecteur y trouvera la meilleure description que nous puissions donner des vitraux de Tournai. Nous prions ici M. Lemaistre d'Anstaing de recevoir tous nos remerciments pour la gracieuse obligeance qu'il a mise à nous accorder l'autorisation de reproduire son beau travail. Nous nous contenterons d'y intercaler, en dehors du texte, quelques notes nécessaires au but général de notre ouvrage.

Une question est cependant à traiter préalablement : *Quel artiste a dessiné et peint la suite des quatorze verrières de la cathédrale de Tournai?* M. Lemaistre d'Anstaing dit seulement qu'on pourrait les attribuer à Lucas Adriaens, peintre anversois , qui vivait au xve siècle, et dont on voyait autrefois quelques peintures dans l'église Saint-Brice : ce qui peut faire présumer qu'il a aussi peint à la cathédrale (2). Ayant vainement cherché quelques œuvres de ce maître pour les étudier, nous en restons sur son compte aux simples hypothèses.

Un fait, d'une haute importance, pourra nous mettre sur la trace du trop modeste auteur des vitraux. Nous avons trouvé une grande analogie de faire et de composition entre les tapisseries flamandes, connues en France sous le nom de tapisseries de Nancy (elles furent prises, après la bataille de Nancy, dans la tente de Charles le Téméraire) (3), et les verrières de Tournai; aussi sommes-nous intimement convaincu que les dessins de ces deux ouvrages proviennent des mêmes maîtres.

Nous avons découvert une chose plus curieuse encore : c'est que deux peintres, peut-être le maître et l'élève, ont travaillé aux vitraux de Tournai, et que les deux mêmes artistes ont certainement dessiné les cartons des tapisseries de Nancy. Les dissemblances dans les types et les détails se reproduisent des deux côtés.

(1) Il est regrettable qu'à la suite de discussions archéologiques , M. l'architecte Renard ait cru devoir se retirer de la commission.

(2) *Recherches sur l'histoire de l'architecture de la cathédrale de Tournai* , par J. LEMAISTRE D'ANSTAING, *O. d. c.*, 1852, p. 323.

(3) Ces tapisseries sont conservées à la cour impériale de Nancy; elles sont en assez mauvais état. On peut, à leur sujet, consulter MM. Achille Jubinal, A. du Sommerard, Francisque Michel et le *Magasin pittoresque*, 1856-1857. Les dessins en ont paru dans les ouvrages de ces auteurs, excepté dans celui de Francisque Michel, qui n'en parle qu'incidemment; ils ont été, en outre, publiés séparément en neuf feuilles gr. in-fol.

Nous avons été mis sur la voie de cette ressemblance par un de nos amis, M. Th. Joly, professeur à l'Athénée royal de Bruxelles, amateur passionné de tout ce qui se rattache aux beaux-arts et avec lequel nous avons toujours trouvé bonheur et profit à étudier les âges écoulés.

Trois sujets, dans les verrières, ne proviennent pas du maître qui en a peint la généralité. Ces sujets sont : *Frédégonde remettant les scramasax aux assassins;* — *l'investiture du nouvel évêque;* — *la prestation du serment du magistrat.* Les plis des étoffes sont plus largement dessinés, les figures des personnages plus allongées et moins nobles, les tons enfin sont plus bistreux. Le baptême de Cérénus, que nous avons représenté pl. 19 *bis,* doit être du peintre qui a fait ces trois sujets.

Dans les tapisseries de Nancy (1), la scène du banquet et celle du jugement présentent des différences semblables avec les autres compositions.

Outre ces points de rapprochement, nous ferons remarquer la même finesse de touche, les mêmes poses, quelques scènes exactement semblables : celle du meurtre d'un jeune homme par *la fièvre,* est trop originale pour être une copie, et n'a pu être dessinée que par le peintre du meurtre de Sigebert. Dans le combat de *Banquet et des maladies contre Friandise, Gourmandise et tous les autres convives,* les détails et les costumes rappellent ceux de la lutte entre les deux frères couronnés. Plus vous poussez loin votre examen, plus vous reconnaissez le lien intime qui rattache les tapisseries aux vitraux.

Mais, hélas! nous ne connaissons pas les peintres qui ont tracé les cartons de ces tapisseries.

Les comptes de la maison de Bourgogne, que de laborieux archivistes étudient tous les jours, ne sont pas explicites ; ils indiquent à quels marchands les princes se sont adressés et le prix qu'ils leur en ont donné; mais comme les artistes étaient payés par les tapissiers, leurs noms ne paraissent pas dans ces registres.

Il faut donc porter les investigations ailleurs. Nos recherches nous permettent d'émettre une opinion, sans pourtant la vouloir rendre aussi affirmative que la précédente. Nous pensons que les vitraux peuvent être dus à Thierry Stuerbout, connu sous le nom de Dierik ou Thierry de Harlem (Dirk van Harlem), peintre appartenant à l'ancienne école des Pays-Bas.

Cet artiste avait été signalé une première fois par Karel Van Mander (2), qui avait vu, dans la ville de Leyde, un tableau portant une inscription en lettres d'or, indiquant qu'il avait été fait, en 1462, dans la ville de Louvain, par Thierry de Harlem.

M. Louis de Bast découvrit deux nouveaux tableaux de cet artiste, qui avait fondé une école à Louvain. Écoutons-le raconter sa découverte et apprécier ces deux tableaux, ceux-là mêmes qui nous portent à attribuer à ce maître les vitraux de Tournai (3).

« De nos jours, on a fait vainement des recherches en Hollande, en Flandre et en Allemagne, pour découvrir un tableau authentique de ce peintre. M. le docteur Waagen, de Berlin, dans une lettre du 8 janvier 1825, insérée au *Messager,* t. II, p. 438, nous engagea à faire de nouvelles inves-

(1) Le sujet représenté sur ces tapisseries est une moralité, dont le but est de faire voir les inconvénients de la bonne chère et de l'intempérance. Son titre, d'après un vieux manuscrit découvert par M. Achille Jubinal, serait : *La condamnation des* bancquectz, *à la louange de* Diepte *et de* Sobriété, *pour le prouffit du corps humain.*

(2) *Het leven der schilders,* door Karel Van Mander, door wylen Jacobus de Jongh. Amsterdam, 1764, 2 vol. in-8°.

Karel Van Mander fut peintre et écrivain ; né à Meulebeke, près de Courtrai, en 1518, il mourut, à Amsterdam, en 1606.

(3) *Messager des sciences et des arts de la Belgique.* Gand, 1833, tome Ier, pages 17 à 22.

tigations pour découvrir quelques tableaux de l'ancienne école de Harlem, qui eussent pu nous mettre en état de déterminer leur rapport avec les ouvrages de Van Eyck.

» Le hasard nous a fait découvrir tout récemment un manuscrit inédit, intitulé : *Annales et antiquités de Louvain*, dans lequel un passage nous apprend qu'en 1468, maître Dierik Stuerbout peignit, pour la somme de 250 couronnes de 72 pls. (Philippus) la pièce (1), deux tableaux pour la salle du conseil de la ville de Louvain, l'un représentant l'Empereur ordonnant le supplice d'un comte faussement accusé par l'impératrice son épouse; l'autre, ce souverain, ayant reconnu son erreur, condamnant l'impératrice aux flammes.

» A la suite de cet article on lit que, le 20 du mois de mai de la même année, la ville de Louvain a fait un nouvel accord avec maître Dierik Stuerbout, pour un tableau de 26 pieds de long sur 16 pieds de haut, et de plus pour un autre tableau représentant le Jugement dernier, de 6 pieds de haut sur 4 de large, le tout pour la somme de 500 couronnes. Il y ajoute que cette dernière composition est placée dans la salle des séances des échevins, à la maison de ville (2).

» D'après cette description, il est évident que les deux premiers tableaux sont les mêmes que ceux que M. le baron de Keverberg attribue à Hemling, et qu'il a décrits de la manière suivante (3) :

« *Ces tableaux représentent une histoire tragique, dont une ancienne chronique de la ville de*
» *Louvain, ayant pour titre :* Gulde Legende (*légende dorée*), *fait mention à l'an 985.*

» *Elle nous dit que l'empereur Othon avait fait décapiter un comte illustre. L'impératrice*
» *avait conçu le plus violent amour pour lui, et l'avait faussement accusé du même crime, parce*
» *qu'il ne répondait pas à sa flamme adultère; la fin tragique du comte est le sujet du premier*
» *tableau.*

» *Dans le deuxième tableau (celui dont nous donnons ici la gravure), sa veuve éplorée et à ge-*
» *noux se présente devant l'empereur.*

» *Tenant d'une main la tête sanglante de son époux, et de l'autre un fer ardent, elle justifie la*
» *mémoire du défunt. Othon, indigné, condamne l'impératrice aux flammes, dans lesquelles elle*
» *expie son crime.*

» *En effet, dans le lointain, on aperçoit cette victime d'une passion exaltée subir le supplice*
» *que lui fait souffrir son époux justement irrité.*

» *L'un et l'autre ont 3 mètres 25 centimètres de hauteur, sur une largeur de 1 mètre 82 centim.* »

» M. Eugène Verboeckhoven, peintre distingué à Bruxelles, a bien voulu se charger du dessin de cette composition, et c'est au burin de M. Ch. Onghena que nous en avons confié la gravure.

» Les objets représentés dans ces tableaux sont rendus avec une vérité étonnante. Le dessin en est un peu raide, mais les figures ont beaucoup d'expression, les mains sont bien dessinées, la perspective est observée, enfin, on y remarque de grandes beautés à côté de quelques défauts qui tiennent à l'école et au siècle.

(1) Petite pièce de monnaie frappée sous le règne de *Philippe le Bon*, duc de Bourgogne.
(2) Ces tableaux sont aujourd'hui au musée de la Haye.
Les gravures s'en trouvent dans le *Messager de Gand*, années 1833 et 1834.
(3) *Ursula, princesse britannique, d'après la légende et les peintures d'Hemling*, par le baron DE KEVERBERG. Gand, 1818, in-8°, p. 163 et suiv.

» Quand on examine avec attention les ouvrages de ce maître, on est tenté de croire que le célèbre Hemling y a puisé les premières notions de son art; en effet on y remarque, même dans la physionomie des figures, une ressemblance assez forte avec les anciennes productions de ce peintre, pour ne laisser aucun doute.

» La découverte de l'auteur de ces tableaux remplit en partie la lacune qui existait entre l'école des Van Eyck et celle des Hemling. On ne doit maintenant plus faire de conjectures, trop hasardées, sur les lieux où ce dernier peintre pourrait avoir pris le goût et suivi le style qui distinguent ses premiers ouvrages.

» D'autres peintres encore paraissent avoir étudié avec fruit les ouvrages de Thierry Stuerbout, entre autres Roger Van der Weyden, dont les tableaux aussi se confondent quelquefois avec ceux de Hemling; c'est sous le nom de ce dernier, que j'ai vu, au cabinet de la Haye, sous le n° 361, un tableau représentant *le Christ descendu de la croix*, ouvrage qui semble bien mieux appartenir au pinceau de Roger Van der Weyden.

» Louvain, alors une des capitales de la province et une des villes les plus florissantes des Pays-Bas, devait naturellement attirer dans son sein les artistes les plus renommés. On venait d'y terminer le superbe hôtel de ville, élevé à grands frais et avec un luxe étonnant, lorsque Thierry Stuerbout fut chargé de l'enrichir de ses belles peintures, dont seulement deux sont parvenues jusqu'à nous.

» Il ne serait pas étonnant que cette cité, où les arts et les sciences se trouvaient réunis par l'érection d'une université qui commençait à fleurir, eût eu, vers cette époque, son école de peinture, comme d'autres villes de la Belgique. La date certaine du décès de ce peintre nous est inconnue ; toutefois, il paraît qu'il a fait, à Louvain, un séjour assez long (1) pour y former des élèves, dont peut-être les productions nous restent, sans que nous connaissions leurs noms; tandis qu'il peut s'en trouver d'autres parmi les peintres dont les noms seuls nous sont parvenus. »

Maintenant que le lecteur connaît le peintre dont nous voulons parler et ses œuvres principales, revenons à notre sujet.

En comparant avec soin les deux tableaux de Thierry Stuerbout (Dirk van Harlem) avec les tapisseries de Nancy et les vitraux de Tournai, on y trouvera, au premier degré, l'expression de bonhomie et de sérénité dans les figures dont le type est le même, la manière prétentieuse des draperies, la finesse des extrémités, le soin excessif des costumes, la pose maladroite des personnages, mais au-dessus de tout cela, l'entente et l'habileté de l'agencement et le même esprit supérieur dans la composition.

Thierry, comme les autres peintres du même temps, a dû voyager souvent, tantôt chassé par les troubles civils, tantôt appelé par les princes ou les villes, à la décoration des fêtes. Rien ne s'oppose donc à ce que Thierry ait été demandé par le chapitre tournaisien pour les vitraux de la cathédrale (car tons les artistes connaissaient alors la peinture sur verre), et qu'il soit venu y tra-

---

(1) Descamps, dans la *Vie des peintres flamands, allemands et hollandais*, émet un avis contraire et dit que Thierry, de Harlem, ne demeura que quelque temps à Louvain.

vailler avec l'artiste qui déjà l'avait aidé dans le dessin des cartons des tapisseries qui peuvent très-bien avoir été fabriquées à Tournai ou à Audenarde (1); elles sont certainement antérieures aux vitraux et aux tableaux. On peut ranger ces œuvres dans l'ordre suivant : tapisseries, tableaux, vitraux.

Deux monogrammes, très-soignés, sont placés sur les ballots de marchandises dans un des sujets des verrières de la cathédrale, *le droit de pesage.* Ne serait-ce pas simplement la marque de fabrique de quelques riches marchands de l'époque que le peintre aurait reproduite? Cette hypothèse est admissible; mais, ce qui est important, c'est que nous avons observé déjà que deux mains avaient travaillé aux vitraux, et nous trouvons maintenant deux monogrammes bien distincts : l'un donne les lettres **P. G. W.**, l'autre **J. Z**, combinées avec un quatre en chiffre croiseté, marque familière aux artisans et aux artistes de cette époque, tailleurs de pierres, peintres, sculpteurs et architectes.

Les registres de comptes connus, entre autres ceux de dépenses faites à Bourges, par Charles le Téméraire, pour la décoration de ses noces, et les différents auteurs, tels que Karel Van Mander, Descamps et Michiels, pas plus que Christ et Brulliot, dans leurs *Dictionnaires de monogrammes,* ne nous ont fourni de renseignements satisfaisants pour l'explication de ces monogrammes. De ce côté il y a donc obscurité.

Nous ne regardons pas la question comme épuisée; nous avons ouvert une nouvelle série de recherches à MM. les archéologues tournaisiens. Nous les engageons vivement à la suivre, soit pour confirmer nos assertions, soit pour les combattre.

Passons à la description des vitraux; nous nous effaçons complétement pour céder la place à M. Lemaistre d'Anstaing.

—

Vitraux placés à l'abside méridionale du transsept (2).

Les vitraux nouvellement placés à l'abside méridionale sont anciens. On ignore l'époque précise à laquelle ils ont été faits; mais la finesse du dessin, la disposition des diverses scènes, et l'expression des nombreuses figures qui les composent, ne permettent pas de douter qu'ils n'appartiennent à l'école de Van Eyck. On y reconnaît l'habile composition et la touche délicate des peintres fla-

(1) Ces fabriques eurent une grande renommée dès le commencement du moyen âge ; M. Lemaistre d'Anstaing nous apprend que la cathédrale de Tournai possédait de belles tentures provenant de ces villes :

« Derrière le dossier des formes, à partir de la stalle du grand archidiacre et faisant le tour du chœur jusqu'à celle du doyen, étaient appendues, contre la muraille ou cloison qui sépare les ailes du chœur, d'antiques tapisseries représentant la vie et la mort de saint Piat et de saint Éleuthère, les fondateurs de Notre-Dame, dont les images, comme le souvenir, se retrouvent partout dans l'église. Elles avaient été données, en 1402, par Toussaint Prier, chanoine ; ces tapisseries, curieuses par leurs dessins, l'étaient encore par leurs inscriptions, qui les expliquaient. Elles avaient été faites à Audenarde, sur les cartons de Pierre de Cortonne, peintre célèbre d'Italie. Elles furent dépendues vers 1742, et remplacées par d'autres, qu'on déployait autrefois aux jours de fête, en haut du chœur, au-dessus de la galerie. Celles-ci, moins anciennes, avaient été données à l'église par l'évêque Charles de Croy, en 1559; elles représentaient, en dix tableaux, l'histoire de Jacob et d'Ésaü, et à chaque tableau, sur la bordure d'en bas, on voyait les armoiries du donateur et l'explication du sujet en vers latins. »    *O. d. c.,* p. 167.

(2) Écrit en 1845.

mands du xvᵉ siècle, qui ont porté si haut l'art de la peinture. C'est à cette époque que remontent nos vitraux, et l'on peut avancer, sans crainte de se tromper beaucoup, qu'ils sont de la dernière partie du xvᵉ siècle, de 1475 à 1500, du règne de Marie de Bourgogne ou de Philippe le Beau. Le nom de leur auteur est resté inconnu, mais on sait que les artistes de cette époque signaient rarement leurs ouvrages (1).

Ces verrières étaient autrefois placées à l'abside du chœur, dans les fenêtres des collatéraux. Elles n'en occupaient que les panneaux du bas, et formaient ainsi une bande qui allait de l'une à l'autre croisée. Tout le reste était en verres blancs. Les rétablir à la place qu'elles occupaient, c'était faire une chose incomplète, puisque ces petits vitraux ne prennent guère que le dixième de la fenêtre totale ; les y agencer sur un fond de mosaïque, c'était les noyer dans des détails d'ornements ; de cette manière l'accessoire écrasait le principal, le cadre étouffait la figure. Force fut donc de leur chercher dans l'église une place plus convenable, et il n'y en avait pas de mieux appropriée que l'abside du transsept. Une heureuse coïncidence de mesures et de nombres a déterminé ce choix : d'abord le transsept présente deux absides, chacune avec sept fenêtres au rez-de-chaussée, et par une bonne fortune, les anciens vitraux contiennent deux histoires, chacune pouvant fournir justement sept verrières. Ainsi en face de l'histoire de la donation de Chilpéric placée aujourd'hui en sept tableaux à l'abside méridionale, se trouvera au côté opposé, également en sept verrières, la représentation du rétablissement de l'évêché. C'était déjà un accord singulièrement heureux entre le nombre des fenêtres et celui des tableaux. De plus, la largeur des baies coïncidait à merveille avec celle des verrières, de manière qu'il semblait qu'elles avaient eu tout d'abord cette destination.

On a cru devoir entrer dans ces détails pour répondre à quelques personnes qui blâment le choix qui a été fait du transsept pour le placement des anciens vitraux. Selon elles, les formes sévères des constructions à plein-cintre, souvent obscures et surbaissées, ne réclament pas ce genre de décoration. Tout en convenant que la peinture sur verre s'harmonise mieux avec les édifices ogivaux, remarquables par leur clarté et leur élévation, nous ferons observer cependant qu'elle a été aussi employée pour embellir l'architecture romane. Nous en citerons pour preuve les beaux vitraux de Saint-Cunibert à Cologne. On sait d'ailleurs, d'après le témoignage de Grégoire de Tours, que la peinture sur verre fut en honneur dès le vıᵉ siècle. Le poëte Fortunat a laissé une brillante description des vitraux qui ornaient les fenêtres d'une église de Paris dès le vııᵉ siècle. Nous pourrions citer d'autres exemples, mais nous n'avons pas besoin d'aller les chercher si loin, puisque notre église elle-même nous fournit la preuve de ce qui est avancé. Nous la trouvons dans la chapelle de Saint-Vincent, qui sert de passage entre l'évêché et la cathédrale. Ce petit édifice, bâti par l'évêque Étienne, en 1198, dans le style de transition, fut orné par lui de vitraux représentant saint Éverte et sainte Geneviève.

On voit donc que la peinture sur verre n'est pas d'hier, et que si elle a reçu son développement complet dans les constructions ogivales, elle les a précédées de longtemps.

(1) Nous sommes parfaitement d'accord avec M. Lemaistre d'Anstaing sur l'âge des vitraux, et nous venons d'indiquer à quel peintre on peut les attribuer.

Nous ajouterons, au surplus, qu'en plaçant des verrières dans le transsept, la commission de restauration n'a même pas le mérite de l'invention. Elle ne fait que ce qui a déjà été fait avant elle. On voyait jadis en effet aux fenêtres de l'abside du nord le portrait de l'évêque Malpiglia, représenté à genoux, en habits de cardinal, avec la mitre et ses douze quartiers. Or, comme ce prélat célèbre est mort en 1543, on voit que dès le xive siècle les fenêtres romanes du transsept étaient ornées de vitraux comme elles le sont aujourd'hui. D'ailleurs, autre chose est d'exécuter des vitraux neufs, qu'on destine à la place la plus convenable, à la lumière la mieux répandue, à l'ogive la plus favorable; autre chose est d'approprier des vitraux anciens, d'un style différent de celui du monument; alors on n'est plus maître de son choix, et on se contente d'en tirer le meilleur parti possible. C'est ce qui est arrivé pour les verrières nouvellement placées.

Quoi qu'on ait pu faire, le style en eût toujours été en désaccord avec celui du monument; le chœur étant du xiiie siècle et les vitraux du xve, là non plus ils n'eussent pas été en harmonie avec l'architecture. Fallait-il pour cette raison priver l'église de vitraux aussi précieux?

En les plaçant à l'abside du transsept, ils ont aussi le mérite de cacher les laides toitures qui entourent l'église de ce côté. Leur lumière affaiblie semble donner du calme aux formes architectoniques, et rend plus grave et plus imposante cette belle partie de l'édifice.

Ces réflexions mises en avant, nous allons nous occuper du sujet représenté dans les verrières, sujet qui ne concerne pas seulement l'église, mais qui se rapporte aussi à la ville et même au pays. Il n'est autre que l'histoire de la donation que fit Chilpéric à l'évêque Chrasmer pour le récompenser de la fidélité qu'il lui avait conservée dans le malheur. On sait en effet qu'en l'année 578, Chilpéric, roi de Soissons, vaincu par son frère Sigebert, roi d'Austrasie, fuyant et abandonné par son armée, fut reçu par l'évêque Chrasmer, dans les murs de Tournai, la seule ville qui lui fût restée fidèle. Sa perte paraissait certaine, sans la hardiesse de sa femme, la fameuse Frédégonde. Cette princesse astucieuse gagna par ses paroles et ses présents deux assassins de Térouanne, qui allèrent trouver Sigebert dans son camp, au village de Vitry, et le tuèrent par surprise. La mort de son rival délivra Chilpéric du danger imminent où il se trouvait, et pour témoigner toute sa reconnaissance à l'évêque Chrasmer, au clergé et au peuple qui l'avaient accueilli dans sa mauvaise fortune, il leur fit de grandes largesses et leur accorda plusieurs droits et priviléges.

Telle est l'histoire peinte dans les sept verrières, et racontée d'ailleurs par plusieurs chroniqueurs, par Philippe Mouskès, par Hériman, par Grégoire de Tours, et tout dernièrement par le savant historien Augustin Thierry. La reproduction de nos vitraux servirait d'images fidèles à la narration intéressante qu'il vient de publier dans ses *Récits Mérovingiens*.

Nous allons donner la description de chaque fenêtre, en nous aidant du texte de nos vieux chroniqueurs. Leur longage s'illustrera par nos peintures, comme elles-mêmes s'expliqueront par leurs récits. C'est ainsi qu'une simple description pourra s'élever à l'intérêt de l'histoire.

Première fenêtre à gauche, du côté de l'autel de la Sainte Vierge.

Le premier tableau représente le combat entre les deux frères Sigebert et Chilpéric; la lutte est violente, et la terre est jonchée de corps morts. Plusieurs cavaliers sont armés de lances ; parmi eux on distingue le roi Sigebert lançant son cheval dans la mêlée, et poursuivant son frère. Son armure est plus riche que celle des guerriers qui l'entourent (1), et il porte sur la tête la couronne, marque de la dignité royale. A ses pieds sont étendus un homme (2) et son cheval expirants.

Le combat est ainsi décrit par le poëte tournaisien, Philippe Mouskés, dans les vers suivants :

> Celpris, si com lui fu mestiers,
> Pourkaça gens et cevaliers ;
> Sigebert ala guerroyant,
> Et il ala apriés kaçant,
> Tant qu'une fois l'a consui (3).
> Au roi Celpri se combati,
> Ses gens prist et son fils tua. (824. 831.)

Cette fenêtre n'a qu'un seul tableau, comme la première du côté opposé. Les cinq autres en contiennent chacune deux. L'histoire de Chilpéric se continue dans ceux du bas, au nombre de sept. Les cinq du haut offrent la représentation des droits que l'évêque et le chapitre tenaient de la libéralité du roi, et qui étaient la conséquence heureuse du secours qu'il avait trouvé dans Tournai. Ainsi d'un coup d'œil on voit l'unité du sujet. Les sujets du haut se lient à ceux du bas, comme l'effet à la cause. Les droits que possédaient l'évêque et le chapitre, et qui n'étaient que la conséquence de leur fidélité envers Chilpéric, sont ici représentés au nombre de cinq : 1° droits de pontenage; 2° de balance; 3° sur le vin ; 4° sur le marché; 5° sur la bière. Autant de droits, autant de tableaux. Nous en ferons la description suivant l'ordre indiqué par les verrières.

Il est à remarquer, pour les première et septième fenêtres, que le fond bleu de mosaïque, comme la bordure rouge qui l'encadre, comme les fleurs de lis, ne sont pas de l'invention du peintre restaurateur de ces tableaux, mais ont été copiés fidèlement sur les antiques.

Deuxième fenêtre.

Le tableau du haut représente le droit de pontenage. Le fleuve, qui est l'Escaut, est traversée par un large pont de trois arches. Plusieurs petites barques voguent sur l'eau. Un clerc en surplis se tient à l'entrée du pont ; un paysan acquitte le droit et porte la main à son chapeau en signe de salut. Plus loin une jeune fille, à cheval, passe aussi le pont, ainsi que des chartiers avec des ânes chargés de sacs, des porcs et des vaches, tous animaux soumis au droit. Dans le fond s'élèvent une suite de maisons, devant lesquelles coule le fleuve, bordé de quais et terminé par un pont d'une seule arche, qui figure probablement celui que nous avons vu démolir si malheureusement pour la beauté et l'honneur de notre vieille cité.

(1) L'armure du roi est très-remarquable, elle est en plaques de fer battu, très-riche dans ses articulations et toute dorée.

(2) Ce soldat porte un gambison piqué, et rembourré de crin dont les houppes flottantes aux épaules lui servent d'ornement.

(3) *L'a consui*, l'a atteint (*consecutus est*).

Ce droit est rappelé dans les deux vers suivants :

> Qui pontem servat, pontis naulum coacervat ,
> Bos vel equus magnus dat idem quod parvulus agnus.

Et selon notre vieux poëte Philippe Mouskès :

> Si leur donna le wiénage
> Des nés et tout le pontenage ,
> Qu'autant i doit uns agnelés ,
> Uns kaurois ou uns pourcelés ,
> Que vake, ne ronks , ne hues ,
> Karaite u kars ki s'en va lues (1137).

Dans la verrière précédente, nous venons de voir Sigebert vainqueur et poursuivant son frère ; celle-ci nous montre Chilpéric vaincu, fuyant sur son coursier ; il est revêtu de sa cotte d'armes, la tête couverte d'un casque et l'épée à la main. Quelques-uns de ses guerriers l'accompagnent dans sa fuite, au milieu des morts et des blessés qu'ils foulent aux pieds de leurs chevaux (1).

Philippe Mouskès raconte ainsi la défaite et la fuite de Chilpéric :

> Quand Celpris fut desbarctés (2) ,
> Vers Flandres s'en ala fuiant ,
> Ki done estoit commant ,
> Premiers est à Tournai venus ,
> Dolans et courreciés et mus (849).

Troisième fenêtre.

Au premier tableau se voit l'exercice d'un droit appartenant aussi au chapitre , le droit sur les poids et balances. Philippe Mouskès en fait ainsi mention :

> Et si ont les pois quitement
> Et des balances , sans trécier ,
> La signorie et le dangier.

En effet, une balance est chargée de marchandises et de poids. Un porteur a un sac sur les épaules. Un clerc en surplis perçoit le droit, tandis qu'un commis en costume assez riche surveille la recette. Dans le fond, plusieurs personnes sont occupées à charger des ballots (3).

Plus bas, à la même fenêtre, se continue l'histoire mérovingienne.

Chilpéric, à pied, revêtu du costume, décrit plus haut (4), portant l'épée nue , entouré de ses

---

(1) Le costume militaire du roi est curieux à étudier. Chilpéric porte un surcot rembourré avec jupe plissée en tuyaux cylindriques et droits. La ceinture est ornée de grelots dorés qui étaient alors de mode ; on en voit également au gambison du guerrier placé en avant ; l'arbalétrier renversé est couvert d'un gambison écarlate avec gorgerin et jupe de maille.

(2) *Desbarctés, desbaraté*, renversé , vaincu.

(3) Ce sont ces ballots qui portent les monogrammes dont nous avons parlé plus haut.

(4) La seule différence consiste en ce que le surcot et les manches, bleus et unis dans le sujet précédent, sont ici fleurdelisés.

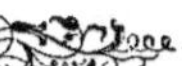

guerriers, dont deux sont à cheval, se présente devant l'évêque Chrasmer. Le prélat fidèle le reçoit dans les murs de la ville. Il est revêtu de ses ornements pontificaux et suivi de ses prêtres, dont l'un porte la crosse, l'autre la croix, et un troisième la masse. Des gonfanons rouges apparaissent dans le fond.

Tel est le tableau ; voici maintenant le texte de Philippe Mouskès qui l'explique :

> Defors la cité s'avanci ,
> Et li roi li cria mierchi
> Et dist , comment k'il fust mesnés
> K'il estoit drois rois coronnés
> Et bénéoit en plain concille
> Le vesques l'oi , pitiés l'en prist ,
> Les bourgois apiela et dist :
> « Signor, vesci no droit signor,
> » Et li portons foi et ounour,
> » Rendons li toute la cité
> » Qu'ele est soie d'antiquité. (866) »

Quatrième fenêtre.

C'est ici le droit du chapitre sur le vin. Il est perçu par deux clercs en surplis, dont l'un porte un trousseau de tailles et l'autre une baguette, pour jauger les tonneaux. A leurs pieds un homme tire du vin d'un baril. Plus loin une jeune femme, d'un costume gracieux, est dans un comptoir et fait une marque à une taille. Un chalant debout devant le comptoir compte l'argent qu'on vient de lui rendre. Dans le fond des buveurs sont attablés; quelques personnages vont et viennent, et d'autres sondent des pièces de vin.

Plus bas.

La reine Frédégonde est sur un trône, la couronne sur la tête (1) ; elle remet aux deux assassins les scramasax destinées à tuer Sigebert. L'un des deux reçoit le poignard à genoux, tandis que le second le tient à la main et semble promettre de s'en servir avec courage. Ses traits respirent la férocité. Une des suivantes de la reine tient de la main droite une bourse pour payer le meurtre (2).

Voyons maintenant le texte de Philippe Mouskès; je ne sais si je me trompe, mais il me semble qu'il n'est pas sans intérêt de commenter nos vieux vitraux par une narration plus vieille encore, et cet intérêt augmente quand on se rappelle que narration, vitraux et événement se rattachent à l'histoire de Tournai. Ainsi ce tableau nous montre comment se vêtissaient nos pères au xvᵉ siècle, et comment au vıᵉ, ils étaient braves et fidèles. Intérêt assez piquant pour leurs descendants du xıxᵉ siècle.

> Il Siers avait piéça nourris :
> En sa cambre les apiela,
> Tant leur promist, tant i parla,

____

(1) La coiffure de la reine et celle des dames d'honneur offrent des types variés et curieux.

(2) Ce sujet est un des trois qui appartiennent à un peintre autre que celui qui a dessiné la généralité des tableaux.

Qu'andoi li orent en couvent
Que Sigebiers tout voirement
Li ociront pour jestre franc (1) ;
Et puis si leur a esramment (2)
Il Coustiaus à pointe bailliés (936).

Grégoire de Tours entre dans les mêmes détails; il peint Frédégonde s'efforçant de gagner les deux esclaves de Tnérouane en leur promettant la liberté; elle va même jusqu'à les enivrer avec des liqueurs fortes, et leur remet de longs couteaux infectés de poison (3).

Cinquième fenêtre.

La peinture du haut représente le droit du chapitre sur le marché. Des paysannes, vêtues de longues jupes ou robes, étalent des œufs et du beurre dans de larges paniers; l'une d'elles arrive avec des poulets sur la tête : une dame, en robe violette et la tête couverte d'un béguin gris, fait ses achats. Le costume de ces femmes ne manque pas d'élégance; plusieurs ont la tête découverte et ornée de belles tresses de cheveux. Un villageois, à la mine un peu simple, tient dans ses bras un gros coq. Au milieu de tout ce monde fort affairé, un clerc en surplis est debout, percevant quelques monnaies d'une jeune fille assise et vendant son beurre au marché.

Ce petit tableau est plein de variété et d'intérêt. Il est curieux de comparer les costumes et les usages du xve siècle avec ceux de notre époque. On peut remarquer la finesse des figures et le bon goût des vêtements, et on sera convaincu du talent du peintre, qui a su mettre tant de vérité dans ces naïves peintures.

Le privilége dépeint ici est rappelé dans les vers suivants de Philippe Monskès :

Et l'estalage des mierciers
Et de quan c'on vent à deniers
Ont-ils le touniu plainuement (1140).

Dans le tableau du bas, le roi Sigebert est poignardé dans sa tente par les deux assassins payés par Frédégonde. L'un d'eux lui perce la gorge de son poignard, tandis que l'autre en brandissant son arme lutte d'efforts pour terrasser le malheureux prince qui tombe de son trône. On remarquera son costume royal plein d'élégance et de goût. — Derrière la tente, on voit les deux assassins qui prennent la fuite, au milieu des soldats qui les poursuivent avec leurs armes.

Cette scène est ainsi décrite dans un vieux manuscrit de la bibliothèque de Bourgogne, cité par le spirituel et savant baron de Reiffenberg :

« Si s'en alèrent (les deux hardis sierjans) là où Sigebert estoit, et fissent semblant de parler à
» luy en conseil; si l'en meinèrent à une part, et puis si lor férirent de lor miséricorde (dague)
» parmi les chostes, si l'ocisent illuec. Les gens Sigebiert sallirent avant et occisent les deus sier-
» geans. »

(1) *Pour estre franc*, pour devenir libres.
(2) *Esramment*, à l'instant.
(3) *Fredegundis memor artium suarum imbriavit duos pueros Tarwannenses.*
Grég. Turon., lib. IV.

Voici maintenant le récit de Philippe Mouskès, qui diffère un peu de celui qui précède :

> Biaus fut li jors , vint à la nuit ,
> Conça li rois , concièrent tuit (1).
> Li sierf ne s'oblièrent pas ,
> A tapine sont ès le pas ,
> Vinrent au roi , sans nule atente ,
> Dormant le truevent en sa tente ;
> Les coutiaux li boutent el cors ,
> Qar homme qui dort est de nien (2) mors (932).

Comme on le voit, Philippe Mouskès dit que Sigebert fut attaqué la nuit, tandis que, selon le vieux manuscrit, il fut assassiné le jour et par surprise. Cette dernière version, qui est aussi celle de Grégoire de Tours, a été adoptée par le peintre de nos verrières (3). Le roi est attaqué le jour, dans sa tente, par les deux assassins qui l'abordent sous le prétexte de quelque affaire. Le poignard que chacun d'eux portait à sa ceinture n'excita pas le soupçon du prince, car il était une partie du costume germanique, selon la remarque de M. Augustin Thierry.

Sixième fenêtre.

Parmi les droits que l'évêque tenait de la libéralité de Chilpéric, était celui sur la cervoise ou la bière.

> Et les forages leur guerpi ,
> De vin , de ciervoise et de miés ,
> Quel k'il soient , nouvel u viés (1129).

Le vitrail du haut nous offre la représentation de ce droit. La fabrication de la bière est en pleine activité ; plusieurs cuves sont remplies ; le maître, un instrument à main, surveille les travaux ; un ouvrier remplit une tonne, tandis qu'un autre porte un baril sur une brouette, le costume de ce dernier est remarquable, sa veste est mi-partie rouge et bleue. Le préposé du chapitre est debout, surveillant la distribution et le remplissage des tonneaux. C'est ici un commis aux recettes, peut-être même un magistrat subalterne, suppôt du chapitre, à en juger par son costume élégant. Un ample manteau doublé de fourrures lui couvre les épaules, et sa tête est ornée d'un riche bonnet.

Primitivement l'impôt sur la bière se payait en nature, comme la dîme. Le receveur du chapitre se rendait chez les brasseurs. Ensuite, par un arrangement fait entre les fabricants et le chapitre, ils transportèrent dans les celliers de l'église la bière qu'ils devaient fournir. Plus tard, la commune se libéra de ce tribut qui lui paraissait onéreux et dont la perception donnait lieu à de continuelles contestations. En 1286, pour mettre fin à ces débats et pour en prévenir le retour, le chapitre donna, à ferme à la ville, tous les droits, revenus, profits et fruits qu'il avait dans l'étendue de la

---

(1) *Tuit,* tous.

(2) *De nient,* de rien. Homme qui dort est presque mort.

(3) Cum aliam causam se gerere simulârunt, utraque ei latera feriunt. At ille vociferans, atque corruens, non post multo spatio emisit spiritum.   Grég. Turon., *Hist. franc.,* lib. IV.

juridiction de Tournai, moyennant une redevance annuelle de trois cents livres parisis. (Archives de la ville.)

De nouvelles difficultés s'élevèrent, puisqu'en 1585 la ville prit à bail, pour dix-huit ans, tous les droits de forages que le chapitre possédait à titre de donation de Chilpéric, sur les cervoises, le miel, les gondales et autres liqueurs et breuvages de grains et d'eau vendus dans Tournai, moyennant une somme annuelle de quatre cents livres tournois. Ce droit sur le vin et la bière, ainsi que tous les autres que l'évêque et le chapitre tenaient de la munificence royale, finirent par appartenir à la commune. En l'année 1585, elle fut autorisée, par le roi de France Charles VI, à lever *un denier* sur chaque lot de vin, et *une maille* sur chaque lot de cervoise vendu en ville; ce qui prouve en outre que cet impôt resta définitivement à la ville, et qu'elle l'exerça avec rigueur, même à l'égard du clergé, c'est la réclamation qu'elle éleva, en 1445, contre l'évêque Jean d'Harcourt, dont les voituriers avaient introduit onze pièces de vin de Bourgogne, sans payer l'accise; mais c'est assez et peut-être trop nous étendre sur ce droit d'afforage, dont nos verrières nous rappellent l'origine.

Le second tableau est la continuation de l'histoire peinte dans nos verrières. Le roi Chilpéric, délivré de son ennemi, et reçu dans la ville de Tournai, qui lui était restée fidèle, témoigne toute sa reconnaissance à l'évêque Chrasmer, dont l'influence lui avait été si utile.

Nous le voyons ici conférant à l'évêque les priviléges et droits royaux qu'il possédait à Tournai. Le roi est debout, ayant la couronne sur la tête et le sceptre à la main; il est couvert d'une cotte d'armes, plus ornée que celle qu'il porte dans la troisième fenêtre; c'est qu'il est vainqueur et roi, tandis que devant l'évêque il était fugitif et suppliant. Les rôles sont ainsi changés. Mais la victoire ne l'a pas rendu ingrat; il reconnaît à qui il est redevable de la couronne qu'il porte. Il va au devant de l'évêque à l'entrée d'un palais, dont on voit les colonnes, et il paraît entouré de ses guerriers. Le prélat, fléchissant le genou, reçoit les clefs de la ville, en signe d'allégeance et de fidélité. Il porte une chape en or damassé d'une forme semblable à celle usitée de nos jours. Il est suivi de ses prêtres au nombre de huit, qui portent la crosse, la croix et les chandeliers.

Voici maintenant le texte de Philippe Mouskès, qui pourrait servir d'explication à la scène ici représentée :

> Ci rois Colpris vint en la vile
> Le vesque en ki n'ot point de gille (1),
>
> Pour çou qu'il l'ot rahirctet,
> Rendi les clés de la citet,
> Et tous ses droits moult docement
> Li a donés entirement,
> Qar la vile iert soie (2) en demainne (1072, 1079).

Cette donation de Chilpéric fut la source du pouvoir et des richesses du clergé dans Tournai. Aussi sa mémoire y fut toujours honorée par le chapitre, qui célébrait tous les ans son anniversaire avec vigiles et offices solennels pour le repos de son âme, comme dit Cousin. Ce même auteur rapporte l'acte de donation faite par le roi, ainsi que le texte d'Hériman qui l'explique, et qu'il est inu-

----

(1) *Gille*, tromperie.
(2) *Iert soie*, était sienne.

tile de citer ici, pour ne pas amplifier une simple description de vitraux. L'authenticité de cet acte a été suspectée, mais le fait de la donation n'a jamais été mis en doute, car il est rapporté par tous les historiens. Elle fut l'origine de la puissance épiscopale, ainsi que des richesses du chapitre; origine pure et légitime, puisqu'elle venait d'une action noble et courageuse, puisqu'elle avait pour cause l'obéissance au souverain et la fidélité au malheur.

Septième fenêtre.

Dans les verrières précédentes, nous avons vu la représentation des droits de l'évêque et du chapitre; celle-ci nous montre la reconnaissance des mêmes droits et priviléges par le magistrat de la ville. Elle forme donc le complément de l'histoire peinte aux six fenêtres. Car un droit n'a de valeur qu'autant qu'il est admis et consenti par l'autorité. C'est là sa sanction; nous la trouvons figurée dans le tableau que nous avons sous les yeux.

L'évêque y reçoit le serment des magistrats de la ville. Il est revêtu de ses ornements épiscopaux, et couvert d'une chape bleue semée de fleurs de lis avec une bordure à dessins. Il est suivi de ses chapelains et de ses clercs au nombre de sept. Le magistrat, probablement le prévôt, se tient debout, tête nue, devant le prélat. Il porte une robe violette, bordée de fourrures; un riche collier pend à son col. Il est suivi de deux autres magistrats, également en costume.

L'évêque, la crosse en main, les reçoit dans sa chapelle épiscopale. Dans le fond s'élève un autel orné d'un crucifix et aux deux côtés des statues et des chandeliers. Le livre des évangiles est ouvert devant le prévôt, qui y pose la main pour faire le serment. Les rideaux qui protégent l'autel où se passe cette scène,' servent d'encadrement au tableau.

Philippe Mouskès la rappelle dans les vers suivants :

> Et si leur douna la justice
> Dont la siguorie est moult rice ,
> Li castelains , li avoués ,
> En dont lor oumages voés ,
> Et s'éut la voerie ausi (1124 , 1128).

D'après le chroniqueur tournaisien, le serment était prêté par le châtelain et l'avoué, qui étaient les hommes-liges de l'évêque. Il est possible qu'ils soient représentés dans ce tableau. Cependant l'opinion qui y voit les magistrats de la ville est aussi fondée, puisque l'on sait que les prévôts faisaient le serment à l'évêque chaque année, avant d'entrer en fonctions; comme ils y avaient été contraints par arrêt du parlement de Paris du 26 novembre de l'année 1362. Cette cérémonie du serment, qui fut observée jusqu'à la suppression du chapitre, se passait dans la chapelle épiscopale de Saint-Vincent, représentée sans doute dans la septième verrière. Les prévôts juraient de garder *scurté, fidélité ou loyauté au Signeur l'Évesque* (1) de ne pas enfreindre les immunités de la grande église et de toutes les églises de Tournai, et de n'extraire ni faire extraire par force aucune personne quelle qu'elle soit, des églises, cimetières et saints lieux.

(1) Serment des prévôts.

Le sujet représenté dans ces verrières est presque national, puisqu'il touche à l'histoire du pays par le grand nom de Chilpéric; à l'histoire de notre ville, par le souvenir du courage et de la fidélité de ses habitants; enfin à l'histoire de notre antique basilique, par la donation faite à son clergé dans la personne de l'évêque Chrasmer. Le même sujet est sculpté dans les bas-reliefs du grand portail, et l'on comprend que le chapitre se soit plu à perpétuer la mémoire d'un fait glorieux pour l'église, qui était le fondement de sa puissance, et comme son titre de noblesse.

Cet intérêt a disparu aujourd'hui avec le pouvoir qu'il était chargé de rappeler. Des verrières fragiles sont tout ce qui a survécu à une fortune de plusieurs siècles, le souvenir seul en est resté; ce n'est plus qu'une lettre morte, dont le sens est incompris, un titre dont le bien a disparu; mais ce titre a gardé une autre valeur : il nous a conservé la peinture fidèle des usages d'autrefois, et en outre il se recommande comme objet d'art. Si l'on recherche avec soin et avec curiosité les tableaux de l'ancienne école flamande, pourrait-on négliger ces peintures transparentes, qui révèlent un pinceau si délicat et si gracieux? Ne sont-elles pas une étude précieuse de l'art du xve siècle? Quels renseignements n'offrent-elles pas pour la connaissance des costumes et des mœurs de cette époque? A l'aide des scènes et des personnages variés qu'elles contiennent, on referait tout un monde oublié et inconnu, depuis le monarque couronné jusqu'à la jeune paysanne au modeste maintien, depuis le guerrier bardé de fer jusqu'à l'homme du peuple vêtu de la blouse; on retrouve les modes et les usages d'une époque éloignée; on apprend comment étaient faites les armes des chevaliers, comment les vêtements des pontifes et des prêtres, comment la robe des dames et le pourpoint des bourgeois, et non-seulement on voit leurs costumes, mais encore leurs usages, leur manière d'être dans les camps, dans les marchés, dans les cérémonies publiques.

VITRAUX PLACÉS A L'ABSIDE SEPTENTRIONALE DU TRANSSEPT (1).

Le sujet représenté dans les vitraux nouvellement replacés à l'abside septentrionale est l'histoire du rétablissement de l'évêché de Tournai en 1146; histoire intéressante pour la ville et le clergé; plus ecclésiastique que sacrée, c'est-à-dire se rapportant plutôt à l'histoire de l'évêché qu'à celle de la religion, rappelant, ainsi que le sujet représenté au côté opposé, des faits relatifs à la fortune et à la prospérité du chapitre et non des scènes et des allégories hiératiques.

Toutefois, pour être moins religieux, ces sujets n'en présentent pas moins d'intérêt pour nous hommes de la cité, puisqu'ils nous rappellent des faits liés à l'histoire de notre ville, puisqu'ils nous représentent des scènes où nous voyons figurer nos ancêtres.

En effet, le rétablissement de l'évêché de Tournai était le vœu non-seulement du chapitre, mais aussi des habitants, qui se voyaient privés de la présence de leur premier pasteur. Depuis la réunion des deux évêchés de Noyon et de Tournai, vers la fin du ve siècle, le peuple et le clergé avaient toujours supporté avec peine cette réunion, qui leur était nuisible. A diverses époques de vains efforts avaient été tentés pour la faire cesser; tant il est difficile de vaincre un abus qui s'est fortifié

(1) Écrit en 1846.

par le temps! Sous l'épiscopat de Bauduin, vers l'année 1040, de sérieuses démarches furent faites à Rome pour obtenir la séparation. L'évêque lui-même avec quelques chanoines se rendit auprès du pape Alexandre II, qui lui donna gain de cause et ordonna expressément que les deux évêchés resteraient unis, et même que l'élection aurait lieu à Noyon. L'affaire fut reprise avec vigueur par le chapitre de Tournai sous son successeur Baldéric, qui, pour la faire échouer, alla jusqu'à jeter un interdit sur l'église de Tournai; mais l'opposition de l'évêque ne put empêcher le chapitre de recourir au pouvoir papal, et il députa à Rome deux chanoines qui plaidèrent cette cause auprès du Pape Pascal II. Le Pape fit droit à leurs réclamations, et autorisa le chapitre de Tournai à élire un évêque particulier. C'est ce qu'il fit avec l'autorisation du roi de France, et l'archidiacre de Térouanne Héribert, fut nommé. Mais l'archevêque de Reims, gagné par le clergé de Noyon, refusa de le sacrer, malgré la bulle du Pape. Dans l'intervalle moururent l'évêque Baldéric et aussi le Pape Pascal II, favorable au clergé de Tournai. Son successeur, Calixte II, lui fut contraire, et un abbé riche et puissant, du nom de Lambert, soutenu par la France et l'archevêque de Reims, devint évêque de Tournai et de Noyon.

Comme on le voit, c'était là une affaire grave, que tout le zèle des Tournaisiens ne pouvait parvenir à terminer. La cour de France y mettait souvent obstacle; l'archevêque de Reims était opposé à la séparation, et quant à l'évêque de Noyon, elle était trop contraire à ses intérêts, pour qu'il ne cherchât pas tous les moyens possibles de l'empêcher. Alors, comme aujourd'hui, l'or et l'intrigue avaient leur force; les plus riches et les plus puissants l'emportaient souvent et la cause juste des Tournaisiens ne pouvait triompher. Un Pape était-il pour eux, son successeur était contre eux. Il fallait alors recommencer les négociations, et plaider de nouveau une cause qu'on avait crue gagnée. Le courage ne faillit point cependant au chapitre de Tournai, qui députa encore à Rome deux de ses membres, pour réclamer contre la nomination de l'évêque Lambert. Mais le roi de France y envoya de son côté les évêques de Paris et d'Orléans; l'évêque de Noyon fit aussi le voyage, pour faire approuver son élection par le pape, et dans ce but il ne négligea pas, dit expressément l'abbé Hériman, *le puissant ressort qui fait jouer toutes les machines* (1) L'or du prélat opulent eut plus de force que les bonnes raisons des députés Tournaisiens, et l'affaire fut encore remise.

Quelques années plus tard, l'évêque Lambert étant mort, le clergé de Noyon employa un moyen adroit pour empêcher la séparation des deux évêchés, ce fut d'élire un jeune prince de la famille royale, dans l'espoir d'empêcher par son crédit le rétablissement du siège de Tournai, sollicité depuis si longtemps par le clergé de cette ville. L'évêque Simon fut donc choisi, quoique mineur encore, à cause de l'appui qu'on espérait trouver auprès du roi de France, son proche parent. Dans le fait, sa haute naissance paralysa pour un temps les tentatives du chapitre de Tournai. Mais ce prélat, ayant eu la faiblesse d'approuver le divorce de son frère le comte de Vermandois,

---

(1) *De restauratione ecclesiæ abbatialis Sancti Martini, etc.*, du rétablissement de l'église abbatiale de Saint-Martin, par l'abbé Hériman. Ce prélat, contemporain des faits qu'il raconte, et qui prit même une grande part dans l'affaire du rétablissement de l'évêché, nous a laissé, dans son intéressante chronique, une narration fidèle de tout ce qui s'est passé à ce sujet (Manuscrit de la bibliothèque de Tournai).

encourut la disgrâce du souverain pontife et fut même interdit de ses fonctions épiscopales.

Cette circonstance parut opportune au clergé de Tournai, pour réclamer de nouveau le rétablissement de l'évêché, annoncé d'ailleurs, au dire d'Hériman, par les visions et les prophéties du chanoine Henri, et ce même Hériman, abbé de Saint-Martin, fut député à Rome pour exposer au Pape Innocent II la nécessité de séparer les deux évêchés de Tournai et de Noyon. Il réussit dans sa négociation, et le Pape, convaincu par ses raisons, autorisa, par une bulle, le chapitre de Tournai à procéder à l'élection d'un évêque. Elle eut lieu à l'arrivée d'Hériman, et le choix du clergé tomba sur Absalon, abbé de Saint-Amand. Mais l'archevêque de Reims refusa de le consacrer, sous prétexte qu'il déplairait par là au roi de France. L'évêque Simon alla lui-même à Rome plaider le maintien de ses droits, et ayant gagné à force d'argent plusieurs conseillers du pape, dit l'abbé Hériman qui lui aussi était retourné à Rome, il obtint la révocation de la bulle accordée à l'abbé Absalon, et le puissant prélat Simon continua à régir les deux évêchés.

Ainsi tant d'efforts et de démarches devenaient encore inutiles ; en vain Héribert et Absalon avaient-ils été élus, ils ne pouvaient obtenir la consécration ; une force presque invincible s'opposait toujours au succès de cette affaire. Il y avait de quoi abattre le courage du clergé de Tournai. Sa cause était aussitôt perdue que gagnée, et devenait interminable.

Cependant elle était sur le point de triompher. L'avénement d'Eugène III au trône pontifical, et sa réputation de justice réveillèrent l'espoir des Tournaisiens. Le chanoine Letbert, dit le Blond, fut alors député à Rome pour porter au Pape les lettres de saint Bernard, et le souverain pontife, déterminé par l'opinion du saint abbé de Clervaux, ordonna la séparation définitive des deux évêchés, laquelle eut lieu en l'année 1146, après une réunion qui avait duré six siècles. L'abbé Anselme, nommé et sacré à Rome par le pape lui-même, fut le premier évêque de Tournai depuis le rétablissement du siége épiscopal. Le Pape à ce sujet adressa plusieurs bulles : d'abord à l'évêque Anselme, pour lui conférer son droit ; à l'évêque Simon, pour l'avertir de la décision ; au peuple de Tournai, pour le délier de l'obéissance à l'évêque de Noyon ; au roi de France et au comte de Flandre, pour qu'ils voulussent reconnaître le nouvel élu et lui donner l'investiture (1).

Telle fut la solution donnée à cette importante affaire, qui occupait l'église de Tournai depuis plus de cent ans, qui s'était déroulée avec tant de difficultés sous l'épiscopat de six évêques, qui avait été portée au tribunal de cinq Papes, qui avait exigé tant de voyages à Rome, tant de démarches et de zèle à Tournai, et pour le succès de laquelle il fallut tout le crédit de saint Bernard et l'équité du Pape Eugène III.

La décision du pontife rendit à la ville de Tournai l'influence dont elle était privée depuis saint Médard ; ce siége, un des plus anciens de la Gaule belgique, occupé au vi[e] siècle par saint Eleuthère, reprit dès lors son importance et eut des évêques résidants. Son rétablissement causa une grande joie au peuple et au clergé, et à vrai dire, il était devenu nécessaire, tant à cause de l'éloignement du siège de Noyon que de la population qui allait toujours croissant. En effet, le diocèse de

____

(1) La première de ces bulles, adressée à l'évêque Anselme, se trouve publiée dans l'*Histoire de Tournai*, par Cousin, 2 vol., p. 256. Les autres sont conservées dans le cartulaire de l'évêché, et ne sont pas ajoutées ici, pour ne pas allonger démesurément une simple description de vitraux.

Tournai était alors comme un petit royaume ; il comprenait les territoires de Bruges, de Gand, de Thourout, et s'étendait sur tout le pays situé entre l'Escaut et la mer. Quoique la ville épiscopale, Tournai, fût sous la domination française, la plus grande partie du diocèse appartenait au comte de Flandre. On connaît la richesse de ces provinces au moyen âge, et même au XIIe siècle la population y était considérable. L'abbé de Saint-Martin, Hériman, en exposant au Saint-Père les raisons qui militaient pour la division des deux évêchés, avançait que le diocèse de Tournai contenait plus de neuf cent mille hommes, et que, par suite de l'éloignement de l'évêque de Noyon, plus de cent mille étaient morts, en dix ans, sans avoir reçu le sacrement de la confirmation.

Ce préambule fera mieux comprendre l'importance du rétablissement de l'évêché et l'intérêt qui se rattache à ce fait historique qui est représenté sur les vitraux.

Ce fait y est développé en dix tableaux, dont les sept premiers sont placés dans le bas des sept fenêtres, situées à gauche de l'autel de Saint-André, et les trois derniers dans le haut de trois de ces fenêtres. Cette disposition a paru la plus convenable en ce qu'elle montre le mieux l'ordonnance du sujet. Le spectateur placé dans le milieu du transsept, embrasse d'un coup d'œil les sept verrières de l'abside, et saisit toute la suite de cette histoire si brillamment figurée.

Premier tableau.

Le chanoine Letbert devant l'évêque Simon.

La première verrière, en commençant à la gauche du spectateur, lui montre le chanoine Letbert le Blond aux pieds de l'évêque de Noyon. Avant toute autre démarche, il croit devoir s'adresser à son évêque, pour le prier de consentir au rétablissement de l'évêché de Tournai. Mais cette demande n'est guère bien reçue par le prélat. Alors, comme aujourd'hui, deux revenus valaient mieux qu'un seul, et qui en avait deux les gardait.

L'évêque est sur son trône, la mitre sur la tête, et vêtu d'une chape d'or damassée. Le chanoine Letbert, à genoux, lui présente son humble requête, *libellus supplex.* Derrière le chanoine est un personnage debout, couvert d'un riche costume. C'est un des magistrats de la ville, le grand prévôt qui vient joindre ses sollicitations à celles du député du chapitre. Une tunique bleue est serrée autour de son corps ; au-dessus est jeté un manteau écarlate avec des manches vertes ; un élégant bonnet lui couvre la tête, et un collier d'or est pendu à son col. Aux côtés du siége de l'évêque, deux clercs en surplis sont debout ; l'un d'eux porte la crosse. Dans le fond du tableau on distingue plusieurs chevaux sellés, qui ont amené le chanoine Letbert et son compagnon.

Deuxième tableau.

Entrevue avec saint Bernard.

Le chanoine Letbert, voyant sa demande rejetée par l'évêque de Noyon, alla trouver saint Bernard, dont la réputation de savoir et de sainteté remplissait le monde, et il lui exposa la situation du diocèse de Tournai, en le priant d'intervenir auprès du Pape Eugène III, pour qu'un évêque particulier fût nommé.

Ici, en effet, paraît saint Bernard, sur un siége élevé, en costume de religieux, portant la crosse abbatiale qui devrait être tournée vers le dedans, pour marquer la juridiction intérieure de l'abbé, à la différence de la crosse épiscopale tournée vers le dehors, pour signifier la juridiction extérieure de l'évêque. C'est une légère erreur, facile d'ailleurs à corriger. L'abbé de Clervaux a la tête ornée d'un nimbe d'or, marque de sa sainteté. Il est entouré de quelques religieux et remet à Letbert des lettres pour le Pape Eugène, autrefois son disciple. Le chanoine est à genoux, tenant à la main son bonnet; il est accompagné d'un autre chanoine debout et la tête couverte. Leur costume est à remarquer, comme d'ailleurs tous les costumes de ces curieuses peintures; il se compose d'une longue robe bleue, au-dessous de laquelle se voit une soutane rouge, et d'une aumusse écarlate qui se portait tantôt sur l'épaule et tantôt sur le bras. En outre, Letbert tient une bourse de voyage, dont on distingue les franges pendantes. Dans le fond, les chevaux des deux chanoines sont tenus par des palefreniers, et les bâtiments de l'abbaye terminent le tableau.

Troisième tableau.

Voyage à Rome.

Letbert, encouragé par la protection de saint Bernard, entreprend le voyage de Rome. Il est ici représenté à cheval, dans son costume ordinaire. Le personnage qui l'accompagne, en manteau gris et avec un large chapeau, serait l'abbé de Clervaux lui-même, selon un ancien manuscrit, mais Hériman dit expressément qu'il n'alla pas à Rome, et qu'il se contenta de remettre à Letbert une lettre pour le Pape Eugène III. D'autres veulent voir dans ce personnage l'abbé Anselme, le futur évêque, quoiqu'il ne soit dit nulle part qu'il ait fait le voyage avec le chanoine de Tournai. Pour nous, nous ne pouvons voir ici ni saint Bernard ni l'abbé Anselme (1), et nous ne croyons pas que le peintre de ces verrières ait ainsi faussé la vérité historique, en reproduisant les faits autrement qu'ils se sont passés. Ce qui nous confirme dans cette opinion, ce sont ces vieux vers latins destinés à expliquer ces peintures, et qui mentionnent la lettre remise à Letbert par saint Bernard.

Charta tibi, Letberte, datur munita sigillo.

Le compagnon de Letbert est peut-être quelque autre chanoine, dont le costume est caché sous un manteau de voyage.

Les deux envoyés sont à cheval. C'est ainsi qu'on voyageait au xve siècle, et à bien plus forte raison au xiie.

Les voyageurs sont accompagnés de deux jeunes hommes, en costume extrêmement brillant, et portant de longs bâtons; ce sont probablement des coureurs, comme c'était la mode au xve siècle d'en avoir; on voit en outre plusieurs cavaliers qui servent d'escorte.

(1) Nous serions, contrairement à l'avis de M. Lemaistre d'Anstaing, assez porté à croire que ce personnage est l'abbé Anselme, car celui-ci porte le même costume dans les tableaux suivants.

Quatrième tableau (A la fenêtre du milieu).

Réception de Letbert par le Pape.

Cette scène est vraiment pleine de dignité. Le souverain pontife est sur son trône, revêtu d'un manteau d'or avec ciselures, et porte la tiare sur la tête; il est entouré de cardinaux et d'évêques en costume et portant de longues crosses. Le chanoine Letbert lui remet la lettre de saint Bernard, et sans doute lui explique les motifs qui militaient pour la séparation des deux évêchés; derrière lui, sont à genoux trois prêtres et plusieurs personnes laïques.

A côté du siége pontifical, un diacre porte une crosse d'or fort ouvragée et surmontée d'une triple croix, emblème du pouvoir papal. Je compte en tout treize personnages.

Cinquième tableau.

Présentation au Pape de l'abbé Anselme.

Letbert, que nous venons de voir aux pieds du Saint-Père, réussit dans ses efforts; il obtint le rétablissement du siége de Tournai; le Pape l'autorisa à faire procéder à l'élection d'un évêque. Mais l'habile chanoine, se souvenant des difficultés suscitées aux élus Héribert et Absalon, sut profiter des heureuses dispositions du souverain pontife, et le supplia de choisir lui-même le prélat. C'est ce qu'il fit, et son choix se porta sur dom Anselme, abbé de Laon, prélat d'un rare mérite, qui était venu à Rome pour les affaires de son monastère.

C'est ce personnage que Letbert présente ici au Pape. Le chanoine est en robe violette et en camail rouge, et l'abbé en costume de religieux. Eugène III est assis sur un siége élevé, différent du trône que nous venons de voir. Il donne de la main droite sa bénédiction à Anselme, et de la gauche il tient la crosse qui figure au tableau précédent. Il est entouré de six cardinaux, dont l'un porte un livre, et les autres des crosses surmontées de croix d'or. Les évêques ont la mitre sur la tête et sont reconnaissables au milieu des cardinaux qui portent la barrette rouge.

Sixième tableau.

Sacre de l'évêque Anselme (1).

L'abbé Anselme, malgré sa répugnance et son humilité, dut obéir aux ordres du Pape, qui l'avait nommé évêque, et qui voulait le sacrer lui-même. Nous assistons à cette cérémonie imposante. Le pape est sur son trône, couvert de riches vêtements, et portant, comme à la scène précédente, la crosse pontificale, ornée d'un ostensoir dans lequel brille l'image d'une hostie. Il est assisté de plusieurs cardinaux et évêques en costume. Devant le siége pontifical est Anselme en chape d'or et de damas. Deux évêques lui placent la mitre sur la tête. A ses côtés un prêtre porte une chasse carrée et couverte de ciselures.

(1) Ce tableau appartient à la série de trois sujets qui ont été peints par un même artiste, et dont nous avons déjà parlé page 4.

Septième tableau.
Retour de Rome.

Deux personnages sont à cheval. C'est Letbert et le nouvel évêque Anselme ; le chanoine a la tête couverte d'un bonnet et le prélat porte un chapeau à larges bords ; il est vêtu d'un ample manteau gris, et l'on peut remarquer que son coursier (une mule) est très-richement caparaçonné. Deux hommes d'armes à cheval les précèdent, et deux coureurs avec de longs bâtons les accompagnent, comme au premier voyage ; un groupe d'individus forme l'escorte. Trois chiens blancs courent en suivant le cortége. Tout ce tableau forme un ensemble plein de grâce et de vérité. Il contient onze personnes.

Pour la septième fois, nous retrouvons Letbert le Blond, à qui est dû le rétablissement de l'évêché ; avant de le quitter, il n'est peut-être pas hors de propos de donner quelques renseignements sur ce zélé chanoine.

Letbert, dit le Blond, naquit à Tournai d'une famille noble. Il fut d'abord chantre, puis chancelier du chapitre et enfin doyen, en récompense des services qu'il avait rendus. A sa mort, arrivée en l'année 1168, de grands honneurs lui furent décernés. Le chapitre ordonna qu'il serait enterré dans le chœur, comme les évêques, et que son anniversaire se célébrerait chaque année avec autant de solennité que celui des chefs du diocèse. Sa pierre sépulcrale s'y voyait encore devant la stalle du doyen, en 1566, avant les actes barbares des iconoclastes ; on y lisait cette épitaphe, alors en partie effacée :

LETBERTUS, DECANUS TORNACENSIS, QUI CURAVIT

PROPRIUM EPISCOPUM RESTITUI CIVITATI ANNO DOMINI

MCXXXXVI°.

Il était représenté sur la pierre, couché et les mains jointes, la tête couverte d'une mitre, privilége qu'on lui avait sans doute conféré à Rome en récompense du zèle qu'il montra pour le rétablissement de l'évêché. Il fit en outre de grands biens à l'église de Tournai.

Huitième tableau.
Entrée de l'évêque Anselme à Tournai.

L'arrivée du nouvel évêque fut pour Tournai un jour de fête ; depuis six cents ans cette antique cité était privée de son premier pasteur ; aussi fut-il reçu avec une pompe inusitée. Le chapitre alla à sa rencontre ; la noblesse du pays s'empressa de lui faire cortége, et même des princes honorèrent cette fête de leur présence. Pour s'en faire une juste idée, il est nécessaire de se rappeler ce qu'était un évêque au moyen âge. Dans ces temps de croyance, où le clergé conduisait en partie la société civile et la dominait par le droit que lui donnaient ses vertus et ses lumières, l'évêque possédait souvent la double influence du pouvoir et de la religion ; placé au haut de la hiérarchie ecclésiastique, il en résumait la force et l'action ; il avait le glaive et la parole, la puissance du prince et l'autorité du prêtre.

Aussi ne devons-nous pas nous étonner de la scène imposante que nous avons devant les yeux. L'évêque Anselme paraît revêtu de ses ornements pontificaux; il a à sa droite un prince qu'on reconnaît à la couronne d'or qui ceint sa tête; c'est sans doute le roi de France, à qui la ville de Tournai appartenait. Il porte à la main un sceptre royal; un large manteau violet lui couvre les épaules, et un collier d'or est suspendu à son col (1). Le clergé le précède; les prêtres en chapes de velours doré, les diacres en dalmatiques, forment une longue procession que l'on voit s'avancer avec ordre et entrer dans la ville, dont on voit apparaître les tours et les maisons; les étendards flottent dans les airs, les magistrats viennent au devant du prélat, le peuple l'entoure et le reçoit avec acclamation.

Neuvième tableau.

Serment du châtelain et de l'avoué.

Au xIIe siècle , époque à laquelle nous reportent les verrières, le châtelain et l'avoué de Tournai devaient obéissance à l'évêque, comme à leur seigneur suzerain , ainsi qu'il est prouvé par plusieurs actes cités par l'historien Cousin. Le châtelain occupait le fief du château situé à l'île de Saint-Pancrace vers l'endroit où est aujourd'hui l'abreuvoir. L'avoué tenait de l'évêque le droit de justice, et était son homme-lige, *homo ligius episcopi,* comme le prouvent ces vieux vers latins qui expliquaient les sujets figurés :

Signifer ecclesiæ vexilli munere grato ,
Et castellanus feudum capit a cathedrata.

Or, dans cette verrière, ces deux vassaux de l'évêque lui prêtent serment, selon la loi féodale. Le prélat est sur son siége , la mitre sur la tête, et entouré de son clergé. Il est vêtu d'une chasuble antique, fermée sur les côtés, et telle qu'on la portait au xIIe siècle. La chasuble de saint Thomas de Cantorbéry, conservée précieusement parmi les ornements de la cathédrale, présente cette forme inusitée de nos jours. On comprend parfaitement la nécessité de la relever à la consécration, pour donner plus de liberté à l'officiant, et de là est venue cette coutume, qui est restée quoique maintenant le vêtement ait changé de forme.

Aux pieds du prélat sont deux personnages laïques à genoux, l'avoué et le châtelain, l'un en robe écarlate , l'autre en manteau brun, ils reçoivent l'anneau et l'étendard de la Cité.

Dixième tableau.

Serment du magistrat (2).

On sait que l'évêque de Tournai possédait de grands priviléges qu'il tenait de la libéralité des rois de France et notamment de Chilpéric. Ils sont rappelés dans les anciennes verrières de

(1) La description nous semble devoir être complétée : L'évêque est entre deux personnages ; à droite, un prince français (peut-être le roi de France) , il tient un sceptre à la main, sa tête est couverte d'un bonnet à couronne fleurdelisée , et à son cou brille le collier de Saint-Michel , que porte également François Ier sur les vitraux de l'église de Sainte-Gudule , à Bruxelles ; à gauche est un prince de la maison de Bourgogne ceint des insignes de l'ordre de la Toison d'or.

(2) Ce tableau est le troisième dû à l'artiste qui a dessiné Frédégonde soudoyant les assassins , et le sujet de l'investiture (Voir page 4).

l'abside opposée ainsi qu'aux sculptures du grand portail. Le magistrat de la ville était tenu, chaque année avant d'entrer en charge, d'en jurer le maintien, ainsi que de prêter serment de fidélité à l'évêque. Cette prestation du serment fait suite aux donations du roi Chilpéric, et nous la retrouvons aussi dans les vitraux nouvellement placés. C'est donc le même sujet deux fois représenté, et sans grandes variantes. Il n'est pas sans intérêt cependant de comparer les deux tableaux et de voir comment la même idée y a été rendue.

Dans celui que nous avons sous les yeux, le prélat est sur son trône, vêtu d'un manteau broché d'or et entouré de son clergé; il a sur les genoux un livre ouvert, sans doute celui des évangiles.

Devant lui se présentent les magistrats de la ville, debout et tête nue; leur chef, probablement le grand prévôt, est vêtu d'un ample manteau rouge; il tient son chapeau d'une main et lève l'autre pour prêter serment. Un prêtre à genoux et en chape porte le livre des évangiles ouvert devant les magistrats.

Cette scène est pleine de dignité, et ces deux groupes de personnages, d'un côté l'évêque et ses prêtres, de l'autre le grand prévôt et les magistrats, sont représentés avec noblesse et vérité. C'est, à peu de chose près, la même action qu'aux vitraux opposés; seulement là elle se passe dans une chapelle et devant l'autel, tandis qu'ici elle semble avoir lieu dans le palais épiscopal.

—

Les sujets de ces dix tableaux étaient rappelés dans de vieux vers latins écrits jadis auprès des verrières, cités et traduits dans les *Recherches sur la Cathédrale*, vol. I, p. 542; nous ne les reproduisons pas ici pour ne pas étendre une notice déjà trop longue peut-être.

Nous ne la terminerons pas cependant sans ajouter quelques lignes sur le mérite de ces charmants tableaux et sur l'art avec lequel M. Capronnier les a restaurés. La composition des sujets et leur habile exécution prouvent qu'ils appartiennent à la meilleure époque de la peinture flamande. Sous le rapport artistique, comme au point de vue des usages et des costumes du xvᵉ siècle, il en est peu qui puissent les surpasser. Ces antiques verrières sont tout à la fois de gracieuses peintures et de curieuses pages d'histoire.

M. Capronnier a su conserver cet intérêt de nos verrières par la fidélité qu'il a mise à les réparer. Cette fidélité, nous la retrouvons dans la physionomie naïve des diverses scènes, comme dans les mosaïques du fond et les ornements architectoniques. Chaque tableau est placé sous des frontons de style ogival fleuri, ornés de crochets et surmontés de clochetons et de pinacles. Des colonnettes simples ou cannelées leur servent de supports; de légères guirlandes de fleurs et de feuilles serpentent autour des cintres et leur forment un encadrement plein de grâce et d'élégance. Enfin cette décoration se détache sur des fonds ornés de rinceaux et de lis multipliés. Tous ces ornements sont variés avec grâce, afin d'éviter l'uniformité, et assez ressemblants cependant pour ne présenter aucune disparate. Puisés au même style et inspirés par la même école, ils réunissent le rare mérite de l'unité dans la variété. Là, quelque chose, il est vrai, a été laissé au choix de l'artiste moderne qui s'en est tiré en homme de goût. Les lignes architecturales qu'il a introduites dans les verrières, témoignent de l'étude consciencieuse qu'il a faite de l'ancienne peinture sur verre; il a su les approprier aux sujets représentés et donner à tout son travail un caractère d'ensemble et d'harmonie. Partout ailleurs, son mérite, et il est grand encore, est d'avoir reproduit avec exactitude l'ancien dessin, et de l'avoir continué avec bonheur.

Aussi, plusieurs personnes admirant ces vitraux si vifs et si étincelants, ne peuvent se persuader qu'ils sont du xve siècle, et en font honneur au peintre moderne, qui les a rétablis. C'est là une grande erreur. Nous ne voudrions pas diminuer le mérite de M. Capronnier; loin de là, nous aimons à rendre pleine justice à son talent; il a parfaitement réussi dans la restauration de nos anciennes verrières, mais il sait mieux que nous qu'il ne les a pas créées; il est tout le premier à le proclamer. Sa part est assez belle pour n'être pas exagérée. D'abord tous les dessins sont anciens, et il n'a fallu que les continuer et les compléter. Or, cette invention des sujets est la chose importante et capitale; là est le souffle créateur, l'idée première, et elle appartient tout entière aux premiers artistes. Il y a plus: des parties considérables sont anciennes; je pourrais citer tel vitrail, le cinquième et le sixième par exemple, où toutes les figures sont antiques; ailleurs, il est vrai, des lacunes assez grandes existaient, mais on avait assez d'indices pour les remplir avec certitude et fidélité. Nous aimons à le répéter, ce travail a été accompli avec bonheur par M. Capronnier. Son plus grand éloge est la difficulté qu'on éprouve à distinguer les parties nouvelles des anciennes; l'œil le plus exercé s'y trompe; tant les teintes et les couleurs sont imitées avec art! tant le trait commencé il y a trois siècles a été continué avec une habileté scrupuleuse! tant sont imperceptibles les points de soudure et de raccordement!

Imiter de cette manière, c'est presque créer, et d'ailleurs, M. Capronnier a déjà prouvé qu'il savait s'élever à des compositions originales.

VITRAUX DE LA NEF (1).

A l'entrée, au-dessus du grand portail, était une verrière aussi large et aussi haute que la nef elle-même. On y voyait représentée, en peinture assez belle, l'antienne à la sainte Vierge : « *Sancta Maria, succurre miseris, juva pusillos.* » Chacun des versets de cette prière était rendu d'une manière allégorique et sensible, de telle sorte que le fidèle, en entrant dans la chapelle et en levant les yeux, y lisait, comme dans un livre, cette oraison adressée à la reine du Ciel, qui était aussi la patronne de la cathédrale. C'était comme un avertissement de la saluer à l'entrée de son temple (2).

Du reste, dans la nef ainsi que dans la chapelle Saint-Louis, et même dans le transsept, il n'y avait rien, sous le rapport des vitraux, qui méritât une attention particulière.

Cependant, dans la croisée à côté de la chapelle de Saint-André, on voyait, en douze compartiments, les quartiers de noblesse de l'évêque André Malpiglia, de Florence, mort cardinal en 1543.

---

(1) Extrait de l'ouvrage déjà cité de M. Le Maistre d'Angstaing, *sur la cathédrale de Tournai*, publié en 1842, p. 517 et suiv.

(2) Pour aultre chose ne sont faictes les ymages, fors seulement pour monstrer aux simples gens, qui ne scavent pas l'escripture, ce qu'ilz doivent croire. Et pourtant on se doit bien garder de paindre faulsement une histoire de la sainte Escripture, tant que bonnement se peult faire.

            (*Sermons du chancelier Gerson.*)

L'une de ces verrières antiques le représentait à genoux, en habit de cardinal, aux côtés de saint André, son patron, avec la mitre et ses armes.

En d'autres compartiments, on voyait deux chanoines portant l'aumusse sur l'épaule ; c'étaient sans doute les deux neveux de l'évêque. L'un, Hugon Malpiglia, reçu chanoine en 1536, et l'autre, André, nommé aussi chanoine, la même année, à la fête de Saint-Pierre. Ces verrières, curieuses pour leur date, auront sans doute été détruites, au xvie siècle, par les réformés, lors de la dévastation de l'église.

D'ailleurs, les peintures sur verre étaient rares dans la nef et la croisée ; à peine y avait-il, à quelques fenêtres, une rosace ou une figurine. Les édifices lombards, moins élevés et moins éclairés, comportent peu ce genre d'ornement, si bien approprié aux larges et hautes verrières des églises ogivales.

Dans la chapelle-paroisse, au contraire, construction moderne du xvie siècle, toutes les fenêtres étaient ornées de peintures, comme c'était encore l'usage à cette époque. Ces vitraux ont presque tous été brisés par la terrible explosion du magasin à poudre de la citadelle, pendant le siége de 1745 ; les deux verrières qui nous restent, incomplètes et mutilées, peuvent à peine donner une idée de celles qui existaient autrefois, et que nous allons rétablir dans l'état et le lieu où elles étaient. Elles appartiennent à la seconde manière de la peinture sur verre, qui consistait surtout à représenter des scènes entières en de larges tableaux.

1° La première verrière, à partir de l'orgue, avait été donnée par Simon Du Courouble, chanoine de l'église Notre-Dame. Tout dans le haut, on voyait ses armes soutenues par des anges, avec la date 1569 ; les armes étaient une croix de Saint-André, en argent, avec une merlette, sans pattes ni bec, sur fond d'azur.

Sur ces armoiries étaient représentés l'Annonciation à la sainte Vierge par l'ange Raphaël, puis, à droite, son mariage avec saint Joseph. Au côté opposé, on voyait la Visitation de la Vierge à sainte Élisabeth, toutes deux peintes selon la tradition. Plus bas, le chanoine Du Courouble ayant derrière lui son patron, saint Simon, apôtre, était à genoux en adoration devant la Sainte-Trinité représentée par le Père éternel, supportant son Fils sur la croix, tandis que le Saint-Esprit plane au-dessus.

Au-dessus de la tête dudit chanoine, on lisait cette inscription, copiée exactement lettre pour lettre :

« *Ceste verrière a fait ferre et ici poser mons^r le Me Simo Du Courouble, chanoine de Tour-*
» *nay, natif de Linselles. Priez Dieu pour luy,* 1569. »

2° La deuxième fenêtre, portant la date de 1535, présentait, au sommet, comme figure de Jésus-Christ en croix, le serpent d'airain dressé par Moïse dans le désert. Dessous se voyait le portement de la croix et Simon le Cyrénéen aidant le Seigneur à la porter. Plus bas étaient quatre saints, tant apôtres que prophètes, dont on lisait des sentences écrites sur des banderolles. L'inscription en était presque toute effacée, et on n'en voyait plus que ces mots :

« *Ceste verrière .... m'at donné Ysabel de Forge, priez Dieu pour leurs âmes.* »

3° Dans la troisième verrière, à moitié conservée, on voyait, tout en haut, le couronnement de la vierge Marie dans le Ciel et, plus bas, son assomption glorieuse. Ces deux derniers tableaux sont restés comme des fragments de ces peintures du XVIᵉ siècle et des spécimens de la manière dont elles étaient exécutées. Quoique en partie effacées et détruites, on peut y remarquer plus d'art dans la composition, plus de régularité et de fini dans le dessin que dans les antiques verrières du chœur. On y distingue les progrès déjà très-marquants de la peinture.

Plus bas un autre petit tableau représentait l'ouverture du tombeau de la Sainte-Vierge, en présence des disciples; et puis on voyait aussi sa mort heureuse et tranquille au milieu des apôtres. Aux côtés étaient deux personnages agenouillés sur des prie-Dieu, tournés vers la Vierge mourante. A droite était écrit *Sanderte*, et à gauche *Heripiépe*; probablement les fondateurs, qui n'étaient point nobles sans doute, puisqu'ils n'avaient point d'armes comme les donateurs des autres vitraux, selon la remarque du manuscrit qui nous sert de guide.

4° La quatrième verrière était au-dessus de la chapelle de Notre-Dame de Lorette et, soit qu'elle ait été brisée lors de la construction de cette chapelle, soit par toute autre cause, elle avait presque entièrement disparu dans le temps où se faisait la description citée, c'est-à-dire vers l'année 1745. On ne voyait plus, vers le bas, que la sainte famille : Marie, Joseph et le divin enfant; le reste avait été supprimé par les travaux exigés pour la nouvelle chapelle.

Au-dessous, on lisait cette inscription :

> *Dieu te console, Guillaume li le Grave,*
> *Tresorir de l'artillerye du Roi*
> *D'Engletere, fit ceste varire ferre*
> *L'an mil sin cens et ventesis.*
> 1526.

Cette inscription rappelle la construction de la chapelle Notre-Dame par le roi d'Angleterre, Henri VIII. Aussi ne doit-on pas s'étonner de voir Guillaume Legrave parler si incorrectement en français; *trésorir* et *varir* sentent bien leur breton. *Dieu te console* était probablement la devise du chevalier (1).

5° En haut de la cinquième verrière était un calice, au-dessous duquel étaient entrelacées ces lettres P. C., qui sont les initiales du nom de Pierre Cottrel, donateur de cette verrière; de chaque côté étaient deux anges portant une banderolle qui montrait l'année, mais les chiffres en étaient effacés. Un peu plus bas se voyaient les armes de Pierre Cottrel avec sa devise : *Bon espoir*.

Ensuite est représentée la Cène de Jésus-Christ avec ses douze apôtres assis autour d'une table (2). Cette peinture, qui existe encore, est d'une belle composition, et les figures, bien dessinées, indiquent le pinceau d'un peintre habile. En bas de cette table est représenté à genoux le donateur Pierre Cottrel, en costume de chanoine, portant surplis et fourrure.

Sous la sainte Cène, on voyait la manne qui tombait du ciel, et qu'on recueillait sur la terre;

(1) Nous pensons que *Dieu te console* peut être, au lieu de la devise du chevalier, l'expression de la bénédiction appelée sur *Guillaume li le Grave*, pour avoir donné la verrière.

(2) Ce tableau de la Cène est exactement le même que celui qui se trouve sur les vitraux d'Hoogstraeten et dont nous avons donné la reproduction planche 24. Il est évident que ces deux peintures exécutées d'après les mêmes cartons, avec cette seule différence que Tournai ne présente qu'une réduction de la grande verrière d'Hoogstraeten, sont dues au même artiste.

figure de cette manne céleste que Jésus-Christ distribue à ses disciples, dans le sacrement de l'Eucharistie dont cette verrière représentait les symboles et les saints attributs: le calice, la manne et le divin banquet.

6° La sixième fenêtre montrait, dans le haut, les armoiries de l'évêque de Croy, avec sa mitre et cette devise : *En espérant Croy.*

Au-dessous était Jésus-Christ en croix, ayant à droite sa sainte mère, et à gauche son disciple bien-aimé. A chaque côté se voyaient, en trois médaillons, trois scènes de la passion du Sauveur.

Plus bas, l'évêque de Croy était peint dans le milieu de la vitrine, en chape, agenouillé sur un prie-Dieu et tourné vers l'autel; il était entouré des divers quartiers et blasons de sa famille, au nombre de seize, huit de chaque côté. L'évêque, donateur de cette verrière, était Charles de Croy, abbé d'Afflighem, qui prit possession du siége de Tournai en 1559, et mourut en 1564, à l'abbaye de Saint-Ghislain où il fut enterré.

7° La septième fenêtre n'avait pas conservé ses anciennes peintures, et nous n'avons pu en trouver la description dans aucun manuscrit. Elles avaient disparu très-anciennement, et avaient été remplacées par de simples verres blancs.

L'auteur de ces vitraux ne nous est pas connu. On les a attribués à Jacques De Vriendt, peintre verrier, célèbre dans le XVIᵉ siècle; mais nous sommes porté à croire qu'il serait plutôt l'auteur des verrières de la chapelle-paroisse décrites plus haut. Ce qui nous confirme dans notre opinion, c'est que son père, Corneille Floris, architecte et sculpteur distingué, éleva le jubé d'un style si gracieux, vers 1566, date qui coïncide avec celles de plusieurs vitraux de la chapelle de Notre-Dame. Il est probable que les deux Floris, le peintre et l'architecte, seront venus ensemble d'Anvers travailler tous deux, l'un au jubé, et l'autre aux vitraux. C'est le même Jacques De Vriendt qui peignit sur verre l'*Adoration des Bergers,* dans l'église de Notre-Dame d'Anvers, à la chapelle des Aumôniers.

L'historien Cousin, qui avait vu tous ces vitraux dans leur beauté, vante ainsi leur rare perfection : « La plupart des verrières ont deux singularités, dit-il, à scavoir, qu'elles sont excellemment
» damassées en diverses manières, et qu'elles ne sont pas transparentes ny en couleurs à la lueur
» du soleil, c'est-à-dire que, quelque soleil brillant qu'il puisse faire, les rayons du soleil n'éblouis-
» sent aucunement ceux qui les regardent directement; et les couleurs des verrières ne paraissent
» pas sur le pavé ny sur autre chose à l'opposite d'icelles : qui sont deux grandes et rares commo-
» dités pour tous ceux qui se trouvent en prières dans ladite église. Il y a audit circuit douze
» verrières principales, esquelles on voit un merveilleux artifice tant en la peinture diversement
» et fort ingénieusement damassée, qu'ès pourtraicts des personnages tirés en toute perfec-
» tion. »

ROSES ET VERRIÈRES NOUVELLES (1).

Le modèle de la rose a été emprunté à des édifices contemporains de notre église. Elle est divisée en seize compartiments et en autant de colonnettes octogones qui y sont déposées comme les rayons d'une roue autour de leur moyeu. Les bases et tous les chapiteaux sont copiés sur ceux du monument.

(1) Extrait de la *Renaissance,* 1852, t. XIV, p. 61.

Les moulures sont également empruntées à la nef; les pointes de diamant qui ornent l'encadrement de la petite rose centrale ne sont que la reproduction de celles qu'on voit aux voûtes du transsept. Aucun ornement étranger n'a été admis dans la restauration de la façade; l'imitation de ce qui est et la recherche de ce qui était ont été la règle qu'on s'est invariablement tracée; en la suivant avec discernement, on était plus assuré de résoudre le problème proposé, c'est-à-dire le rétablissement de la façade romane. La solution en est due en partie à M. l'architecte Bruyenne, qui a fait preuve en cette circonstance d'un zèle consciencieux et d'une remarquable habileté. Nous sommes heureux de lui rendre cette justice. Son plan de restauration, basé sur une étude approfondie du monument, a reçu l'approbation générale, et cette approbation méritée est la meilleure récompense pour les soins qu'il a donnés : un semblable travail, heureusement terminé, promet de nouveaux succès à une carrière qui n'est d'ailleurs déjà plus à son début.

La rose architecturale suffisamment expliquée, nous parlerons de son ornementation intérieure. Là encore le passé seul a été notre guide et notre lumière, c'est lui que nous avons interrogé, non-seulement dans les belles églises du xiie siècle, mais encore et surtout dans l'histoire descriptive de notre basilique (1). De même que pour la façade nous nous sommes efforcé de la rétablir telle qu'elle existait jadis, de même pour le vitrail nous avons surtout recherché quel sujet y était autrefois représenté, persuadé que nous étions qu'il valait mieux le reproduire que d'en imaginer un nouveau. Or, ce sujet ancien, objet de nos recherches, nous croyons l'avoir retrouvé par une bonne fortune inespérée; et dès lors notre tâche devenait facile, car elle se bornait à l'indiquer à l'artiste habile et intelligent qui l'a exécuté avec tant de bonheur.

C'était une règle généralement admise, aux xiie et xiiie siècles, de peindre dans la verrière le sujet sculpté dans les voussoirs du portail occidental. On en trouve surtout une application dans la belle et curieuse façade de la cathédrale de Chartres, où l'on voit célébrée la gloire du Sauveur du monde. Ainsi, la peinture redisait sur les vitraux ce que la sculpture avait déjà expliqué par les bas-reliefs du porche. C'était comme un chant sacré qu'on aimait à répéter aux chrétiens.

Or, pendant les restaurations faites au vieux portail, nous avons eu le bonheur de retrouver autour de l'ellipse deux signes du zodiaque, le Verseau et le Bélier, formant voussoirs au-dessus des vieilles portes; les autres pierres étaient mutilées et méconnaissables, mais nul doute qu'elles ne représentassent les autres signes. De plus, une pierre d'un voussoir inférieur nous a montré un homme cueillant une grappe de raisin, et sans beaucoup d'efforts de logique, nous en avons conclu que les travaux de l'année figuraient à côté des douze signes zodiacaux. Nous avions donc reconnu sur le portail les sculptures du xiie siècle, et tout en nous réjouissant de cette heureuse découverte, nous nous en étonnions peu, parce que nous savions qu'il n'était pas de sujet plus communément adopté à cette époque, qu'on le voit sculpté ou peint dans la plupart des grandes églises de ce siècle : ce sujet se trouve à Paris, à Saint-Denis, à Chartres, à Bourges, à Reims; j'oserai presque avancer qu'il n'est pas d'église ancienne qui ne le renferme.

Dès lors toute incertitude disparaissait et le sujet de la rose était facile à composer. Les éléments

____

(1) Il ne faut pas oublier que c'est M. Le Maistre d'Anstaing qui parle.

en étaient fournis par l'église elle-même, et nous arrivions d'une manière certaine à la solution de la question proposée.

Voici maintenant la description du vitrail de la rose. Dans le milieu, la Vierge-mère, portant sur son genou l'enfant Jésus; le Sauveur bénit à la manière des Grecs, et de la main gauche il porte le monde. (*Salvator mundi*).

Autour de la Vierge et du Sauveur, dans le compartiment le plus rapproché, seize anges et séraphins, représentés comme ils l'étaient souvent au XIIIe siècle, dans leur forme la plus immatérialisée, n'ayant que la tête, siége de l'intelligence, et deux ailes déployées, emblème de la légèreté et de l'agilité. Les anges sont les messagers de la volonté du Très-Haut, et les ailes qu'ils portent montrent la promptitude avec laquelle ils exécutent ses ordres. Ici, ils sont en adoration devant sa majesté : *Benedicite Domino, omnes angeli ejus, facientes verbum illius.*

Dans la zone du milieu, divisée également en seize compartiments, sont représentés les douze signes du zodiaque, précédés de trois en trois par la saison à laquelle ils président.

> *Sunt aries, taurus, gemini, — cancer, leo, virgo,*
> *Libraque, scorpius, arcitenens, — caper, amphora, pisces.*

Le printemps, qui précède les trois premiers signes et qui commence l'année, est figuré par un jeune homme tenant des fleurs à la main; l'été, par un moissonneur qui fauche les blés dorés; l'automne, par un vendangeur qui cueille avec sa serpe une grappe de raisin; enfin le triste hiver, par l'image d'un vieillard qui, assis auprès d'un feu flamboyant, réchauffe ses membres refroidis par la glace des années. La vieillesse est l'hiver de la vie, comme la jeunesse en est le printemps; c'est, comme on le voit, un double emblème emprunté aux images de la nature et aux divers âges de la vie humaine : il nous rappelle ainsi, sous une double face, le triste mais philosophique avertissement de la rapidité de notre passage ici-bas: *Sicut umbra.*

Nous ferons remarquer, en passant, que le vendangeur de l'automne et le verseau ont été reproduits d'après les sculptures retrouvées. Les autres signes et figures sont trop connus pour demander une explication.

Enfin, dans la dernière zone se voient les prophètes portant sur un phylactère ou rouleau le texte des prophéties principales par lesquelles ils ont annoncé la venue du Messie.

Le choix des prophètes a été inspiré par les sculptures du porche où ils sont aussi représentés, avec des banderolles. On les voit également dans la plupart des grandes églises des XIIe et XIIIe siècles, notamment à Reims et à Chartres. Le guide du moine Théophile (1) apporte un grand soin à indiquer comment ils doivent être reproduits, et les excellentes notes de cet ouvrage, traduites par M. Di-

---

(1) M. Le Maistre d'Anstaing a confondu l'ouvrage du moine Théophile avec le manuscrit byzantin, acheté par M. Didron dans un couvent du mont Athos et publié avec de nombreuses notes par ce savant sous le titre suivant : MANUEL D'ICONOGRAPHIE CHRÉTIENNE , GRECQUE ET LATINE, *avec une introduction et des notes par* M. DIDRON, *traduit du manuscrit byzantin par le Dr P.* DURAND, 1 vol. in-8°, Paris, 1845.

Ce manuscrit était intitulé : Ἑρμηνεία τῆς ζωγραφικῆς, *Guide de la peinture sur verre*, par DENYS, moine de Fourna d'Agrapha, il ne portait pas de date, mais il paraît remonter au premier temps du bas-Empire.

dron, nous apprennent que ces seize prophètes sont peints dans un des monastères de la Grèce : le célèbre couvent de Saint-Luc (1).

Cette fréquente reproduction des prophètes n'a rien que de légitime, car ils sont les précurseurs du Messie ; ce sont eux qui l'ont annoncé aux nations ; leurs aspirations et leurs prédictions sont le lien qui unit la religion ancienne à la foi nouvelle, la loi de Moïse au dogme de Jésus, le judaïsme au christianisme. Celui qui descend de la race royale de David, dont Daniel avait précisé la venue, que Michée voyait sortir de Bethléem comme une étoile miraculeuse, dont Isaïe avait raconté le futur martyre avec la précision d'un fait accompli, celui-là est le Dieu que nous adorons ; là est l'accord des deux religions, et tout à la fois la concordance et l'harmonie du sujet représenté.

Voici l'ordre que nous avons adopté pour les seize prophètes, et les textes qu'ils offrent aux regards.

En commençant par le haut :

1. DAVID. — *Filius meus est tu, ego hodie genui te.*

2. SALOMON. — *Quod nomen filii ejus, si nosti ?*

3. MICHEAS. — *Bethleem, ex te exiet dux.*

4. JOHEL. — *Dedi vobis doctorem justitiæ.*

5. ZACHARIAS. — *Rex tuus veniet tibi justus et salvator.*

6. AGGEUS. — *Modicum... et veniet desideratus cunctis gentibus.*

7. JONAS. — *Erat Jonas in ventre piscis tribus diebus et tribus noctibus.*

8. HABACUC. — *Veniens veniet et non tardabit.*

9. HIEZECHIEL. — *Suscitabo super eas pastorem.*

10. OSEE. — *Ex Ægypto vocavi filium meum.*

11. MALACHIAS. — *Ecce ego mitto angelum meum.*

12. MOYSES. — *Prophetam suscitabit tibi Dominus.*

13. SOPHONIAS. — *Filia Sion... Rex Israel in medio tui.*

14. HIEREMIAS. — *Suscitabo David germen justum.*

15. DANIEL. — *Post hebdomadas LXXII occidetur Christus.*

16. ISAÏAS. — *Ecce virgo concipiet et pariet filium.*

Tous les prophètes sont nimbés. David et Salomon, comme rois, portent la couronne sur la tête ; d'autres, le bonnet phrygien, comme ils l'ont aux sculptures du portail ; quelques-uns ont la tête nue. Moïse est reconnaissable par les tables de la loi ; on y lit : *dilectio D^i — dilectio P^xi.*

Sous les diverses images figurées dans la rose se cache un sens profond, une pensée éminemment théologique, dont nous devons donner l'explication.

Celui que les textes rappelés ici prédisaient, celui dont Isaïe et Jonas n'étaient que des symboles, le Dieu fait homme, le Désiré des nations, est né de la sainte Vierge ; nous le voyons entre ses bras. Les anges sont en contemplation devant sa grandeur, cachée encore sous la faiblesse d'un enfant,

(1) Le couvent de Saint-Luc, situé en Livadie, au pied de l'Hélicon, sur le penchant d'un mamelon, qui regarde au sud le golfe de Lépante, possède une église bâtie à peu près sur le même plan que l'église de Sainte-Sophie à Constantinople, et complétement revêtue de mosaïques à fond d'or d'un travail remarquable.

mais déjà manifestée, puisqu'il porte d'une main le monde qu'il doit sauver et qu'il le bénit de l'autre; le ciel, figuré par les douze signes du zodiaque, l'adore comme le maître de la création, et la nature, symbolisée par les saisons de l'année, reconnaît en lui son créateur (*Cœli enarrant gloriam Dei, et opera ejus annuntiat firmamentum*).

Telles sont l'unité et la grandeur du sujet de la rose, la glorification de Jésus et de sa divine mère, célébrée dans le ciel par le chœur des archanges et des séraphins, et annoncée par les prophètes de l'ancienne loi; c'est l'hosanna chanté devant le trône du Très-Haut par les vertus du ciel et par les voix de la nature. La terre et le firmament s'associent à ce concert de louanges et d'adorations adressées au maître du monde, comme dans le magnifique cantique de Daniel : *Benedicite, omnia opera Domino.*

Cette magnifique verrière est due à la munificence du digne et vénérable prélat qui occupe actuellement le siége épiscopal de Tournai.

VERRIÈRES DE L'ABSIDE ET DU HAUT CHOEUR.

Trois nouvelles verrières sont venues s'ajouter aux deux premièrement placées dans le chœur de la cathédrale. Ces cinq verrières complètent l'ornementation des fenêtres de l'abside.

La première en date, qui est celle du milieu, représente le Sauveur et sa sainte Mère, la Vierge Marie. Elle a été donnée à l'église par le Roi, protecteur éclairé des arts, qui, par ce don généreux, a prouvé tout l'intérèt qu'il porte à notre cité tournaisienne, ainsi qu'à la restauration de nos monuments religieux.

Le vitrail à gauche du Sauveur nous montre saint Pierre et saint André, le premier avec les clefs du ciel, le second avec la croix sur laquelle il a subi le martyre. Les armes de la maison de Ligne, inscrites dans le quatre-feuilles, indiquent assez que ce vitrail est dû à la munificence du prince qui, par ses traditions comme par ses domaines de Belœil et d'Antoing, appartient au diocèse de Tournai, et qui représente si dignement le Hainaut dans le premier corps de l'Etat. L'illustre maison de Ligne a donné des membres au chapitre de Tournai, entre autres messire Antoine de Ligne, mort chanoine en 1449, et enterré dans la nef.

La verrière suivante représente saint Jean, le disciple bien-aimé, reconnaissable à sa jeunesse, et saint Jacques le Mineur, portant une massue, en souvenir de son supplice. Elle a été donnée par M. le comte George de Nédonchel, dont la noble famille avait déjà signalé sa pieuse libéralité envers la cathédrale, notamment par la décoration de la chapelle de tous les Saints, faite aux frais du chanoine Robert de Nédonchel, mort en 1599.

Au côté opposé, c'est-à-dire à la droite de la sainte Vierge, se présentent saint Paul avec son épée et saint Jacques le Majeur, portant un phylactère.

Cette verrière a été donnée par l'illustre famille des Croy, laquelle a fourni à Tournai plusieurs gouverneurs, et au siége épiscopal un célèbre prélat, Charles de Croy. Il assista avec son parent Eustache de Croy, évêque d'Arras, au chapitre de la Toison d'or, qui se tint, en 1531, dans le chœur de notre cathédrale, sous la présidence de l'empereur Charles-Quint.

Le deuxième vitrail du même côté, représentant saint Philippe et saint Thomas, l'un avec un glaive et l'autre avec un livre ouvert, est dû à la générosité de M. le marquis de Beauffort et de ses fils, MM. les comtes Alfred, Amédée et Charles, qui tous les trois ont passé leur enfance à l'ombre des vieilles tours de Notre-Dame.

Le sujet adopté pour les fenêtres du chœur est la série des apôtres, des prophètes, des évangélistes, et, à vrai dire, pour rester fidèle aux traditions hiératiques, on n'en pouvait choisir un autre.

Le Christ et sa divine Mère, entourés de ses disciples, fondateurs de la religion ; les évangélistes, qui en ont écrit l'histoire ; les premiers martyrs, qui, comme saint Etienne, l'ont scellée de leur sang, sont toujours et partout représentés dans les églises des xii⁰ et xiii⁰ siècles ; on les retrouve sculptés et peints à Reims, à Paris, à Chartres, à Cologne, à Aix ; sulptés aux portails, peints dans les verrières. Nous les retrouvons représentés dans la curieuse châsse de saint Éleuthère, qui date de 1247. C'était donc, à cette époque de foi profonde, le sujet obligé et consacré par la tradition, et on l'avait choisi à cause du sens mystique qu'il renferme ; car on n'a pas voulu séparer dans le temple ceux que le Christ avaient unis autour de lui ; ils sont figurés dans le sanctuaire auprès de l'autel du sacrifice, dont ils ont été les premiers prêtres et les pontifes. Cette place privilégiée leur appartenait de droit, et on ne s'avisait pas alors de la donner à des princes ou même à des dignitaires ecclésiastiques. Quand on peignait ceux-ci, ce qui arrivait souvent, c'était dans toute autre partie de l'église. Le chœur était spécialement réservé pour les sujets religieux.

La tradition et les prescriptions liturgiques indiquaient donc le choix qui a été fait. Elles ont aussi servi de guide dans la représentation des apôtres, dont les types sont suffisamment connus. Souvent, j'en conviens, aux xii⁰ et xiii⁰ siècles ils sont peints sans attributs distincts, excepté saint Pierre, qui porte déjà une ou deux clefs. Les autres apôtres, à Reims et à Chartres, n'ont dans les mains que des phylactères ou des livres. Aucun signe particulier ne les distingue entre eux. Mais ailleurs et notamment dans la châsse de saint Éleuthère, qui est du xiii⁰ siècle, c'est-à-dire de l'époque du chœur, les apôtres ont chacun leur signe distinctif, et il a paru préférable de suivre cet exemple contemporain de l'église.

En fait de restauration, le mieux sera longtemps encore de s'appuyer sur les précédents, d'imiter l'art chrétien, tel qu'il se développe sous l'empire du christianisme, et de l'imiter avec exactitude, mais avec intelligence, jusqu'à ce que nous soyons assez forts pour créer des œuvres grandes et originales ; or, le moment n'en paraît pas encore venu : le plus sûr est donc de s'inspirer du passé et de le reproduire avec fidélité.

Sous ce rapport, il est peut-être à regretter que le peintre habile de nos verrières n'ait pu les exécuter comme il le voulait et qu'il ait dû faire des concessions à l'esprit du temps et au désir d'avoir des vitraux clairs. Mieux eût valu, selon nous, et c'eût été le vœu de M. Capronnier, imiter l'art sévère du xiii⁰ siècle, tel qu'il s'était produit à Bourges et à Chartres. Les verrières fortement teintées de ces églises imposantes nous ont paru plus en harmonie avec leur noble architecture que les brillantes peintures des époques suivantes, qui penchent déjà vers la décadence. Le vitrail du Roi est dans cette première et grave manière ; quoiqu'il offre à certaines heures du jour et sous le rayonnement de la lumière solaire un miroitement peu agréable des couleurs bleue et verte (1), il faut convenir qu'à distance il produit un bien autre effet que les verrières lucides qui l'avoisinent. Celles-ci, malgré leur mérite, n'ont pas la puissance des fonds à mosaïques. Elles ont la prétention, d'ailleurs bien méritée, de s'étaler comme des tableaux, au lieu de se confondre, comme les peintures anciennes, avec le monument et d'en rehausser les formes architecturales. Elles visent à être plus gracieuses que sévères, et je conviens qu'elles ont atteint ce but.

SUITE DES FENÊTRES DU HAUT-CHOEUR.

5ᵉ VITRAIL.

La première des quatre verrières placées cette année se trouve du côté méridional ; c'est la troisième à partir du vitrail du milieu. Elle représente saint Barthelémi et saint Simon, apôtres. Saint Barthelémi est figuré avec un couteau dans la main droite, signe de son martyre, et un livre dans la main gauche, marque de son apostolat. Saint Simon porte seulement un livre.

Avant le xiiiᵉ siècle, le plus souvent les apôtres portaient des livres ou des rouleaux. *Apostoli cum libris et quidam cum rotulis depinguntur*, comme l'écrit Guillaume Durand au xiiiᵉ siècle; plus tard, au xivᵉ siècle, et surtout au xvᵉ, chaque apôtre a son signe caractéristique, rappelant le plus souvent l'instrument de son martyre.

Saint Pierre a les clefs ;

Saint Paul le glaive ;

Saint André la croix en sautoir ;

Saint Jacques le Mineur la massue ;

Saint Jacques le Majeur un glaive ou un bâton de pèlerin ;

Saint Thomas une équerre ;

(1) Nous ne pouvons admettre la critique de M. Lemaistre d'Anstaing , à propos du miroitement des couleurs sous les rayons solaires, parce que ce n'est pas lorsque le soleil frappe sur un vitrail qu'on peut étudier celui-ci. Voici quelques réflexions fort justes que M. Thibaut émet à ce sujet :

« On s'extasie généralement, dit-il, sur l'effet des vitraux au soleil ; c'est une erreur complète, surtout pour les vitraux que le temps et la poussière n'ont pas rendus d'une opacité telle qu'elle résiste aux rayons lumineux les plus vifs. Le soleil, en dardant sur un vitrail, a pour résultat de confondre toutes les teintes en un faisceau éblouissant, qui ne permet plus de distinguer le dessin, à moins que, pour obvier à cet inconvénient, on n'ait imité artificiellement l'opacité produite par les siècles ; alors on court le risque de voir le vitrail rentrer dans l'ombre lorsque le soleil a disparu et, de plus, à le voir s'obscurcir encore à la longue par le travail du temps. Il y a là un moyen terme que la sagacité de l'artiste doit saisir. L'heure la plus favorable au vitrail, le moment où il y a vraiment quelque chose de surnaturel dans les figures qui le composent, c'est immédiatement au coucher du soleil. Les vitraux restent alors, mais peu de temps, éclairés d'un reflet chaud et vigoureux, qui prête vraiment à l'illusion.

» Lorsqu'on a voulu juger un vitrail moderne par comparaison avec un vitrail ancien, on n'a jamais tenu compte de ce que j'appelle le *dépoli du temps*, qui jette sur tous les vitraux anciens une douce harmonie qu'on obtient difficilement, par des procédés artificiels, dans les vitraux modernes.

» Des verres blancs *imparfaits*, que l'on fabriquait encore il y a soixante ans, étaient aussi bien plus harmonieux que les verres blancs *perfectionnés* de notre époque. La teinte légèrement colorée des anciennes vitres donnait, aux grisailles surtout, une apparence nacrée, qu'on ne peut obtenir avec les beaux verres incolores fournis par nos verreries. C'est au point qu'il a fallu, à grand'peine, en faire fabriquer exprès pour les restaurations ou les imitations exactes des anciennes grisailles. »

Saint Jean un calice ou une chaudière (comme dans la châsse de saint Éleuthère);

Saint Philippe une croix de roseaux;

Saint Simon une scie;

Saint Barthélemi un couteau;

Saint Mathias une hache;

Saint Mathieu un livre d'évangile.

Ces signes ne furent pas d'abord uniformément adoptés; les vitraux de Reims et de Chartres montrent les apôtres avec des livres ou des rouleaux. La châsse de saint Éleuthère, que nous avons eu l'occasion d'étudier dans une monographie, introduit quelques changements à la règle généralement suivie jusqu'à cette époque. Saint Pierre y porte les clefs et saint Paul le glaive; mais d'autres apôtres tiennent seulement un livre. A Aix-la-Chapelle, les statues des apôtres du xve siècle ont toutes un signe distinctif; aux xvie et xviie siècles, la tradition est établie et on la suit généralement.

Cette verrière a été donnée par M. le marquis d'Ennetières, le chef de la noble famille, qui tient un rang si élevé dans la noblesse du Tournaisis, et qui a donné au pays des capitaines valeureux, à la ville des magistrats vigilants, au chapitre de pieux et savants chanoines. Le docte Catulle (1), archidiacre et vicaire général, l'une des lumières du chapitre au xvie siècle, consacre plusieurs pages à la gloire de cette ancienne famille tournaisienne, dont il rappelle les illustrations : Jérôme d'Ennetières, grand prévôt de Tournai au xvie siècle; Jean d'Ennetières, seigneur de Beaumez, grand prévôt en 1629, poëte et historien, qui mit en vers les exploits de Jacques de Lalaing, comte d'Hoogstraeten; Marie d'Ennetières, née en 1500, femme distinguée par son savoir, *Mulier docta*, comme l'appelle Valère-André, etc.

4e VITRAIL.

Le vitrail suivant, c'est-à-dire le quatrième, représente saint Mathias, apôtre, et saint Étienne, le premier martyr.

Tout le monde sait que saint Mathias ne fut pas nommé avec les douze disciples du Christ et qu'il remplaça le traître Judas après la mort du divin Maître. Aucun des évangélistes ne le cite parmi les apôtres. L'histoire de son élection est ainsi racontée dans les Actes des Apôtres :

« Aussitôt ils tirèrent au sort, et le sort tomba sur Mathias, qui fut associé aux onze » Apôtres » (2).

Dans le Canon de la Messe, le plus ancien document et surtout le plus respectable, saint Mathias n'est pas nommé avec les autres apôtres, mais seulement après la consécration; il est aussi invoqué dans les litanies.

Quant au nombre des apôtres, outre les onze nommés par les évangélistes, on en voit encore deux autres peints dans nos verrières: ce sont saint Paul et saint Mathias; de plus saint Marc et saint

____

(1) *Tornacum Nerviorum*, fil. 104.
(2) *Actes des Apôtres*, ch. 1, v. 26.

Luc, évangélistes, sont souvent compris parmi les apôtres et représentés avec eux, ce qui en porte le nombre à quinze. La châsse de saint Éleuthère n'en contient que onze. Le nombre douze est un nombre mystique, mais il n'est pas partout fidèlement suivi, et il a paru convenable de figurer autour du Sauveur tous les apôtres et les coopérateurs de ses travaux évangéliques. Ils accompagnent le Christ, dont ils furent les témoins par leur parole et leur action jusqu'à l'extrémité de la terre ; *Qui fuerunt testes ejus verbo et opere usque ad ultimum terræ*, comme dit Guillaume Durand. C'est ainsi qu'ils sont représentés dans les peintures et les sculptures des monuments religieux du XIᵉ au XVᵉ siècle, à Chartres, à Amiens, à Aix, à Trèves et partout. C'est une règle invariable et l'on ne pouvait se dispenser de la suivre dans le beau chœur de notre cathédrale.

Après saint Mathias, l'apôtre, vient saint Étienne, portant la palme du martyre. Ce choix était indiqué par les autorités déjà citées. Saint Étienne est placé à la tête des martyrs, comme leur chef. Son histoire racontée dans les Actes des Apôtres est trop connue pour que nous la rappelions ici.

Cette verrière est due à la générosité de M. le baron Godefroi de Joigny de Pamèle, dont les ancêtres furent les Beers de Flandre, du chef de la terre seigneuriale qu'ils ont possédée.

5ᵉ VITRAIL.

Le cinquième vitrail représente saint Grégoire et saint Ambroise, et se trouve en face de saint Augustin et de saint Jérôme ; ce sont là les quatre pères de l'Église latine. Après les apôtres, les disciples du Sauveur, après les évangélistes, qui ont écrit son histoire et les martyrs qui l'ont scellée de leur sang, viennent les saints docteurs, qui ont conservé le dépôt des vérités orthodoxes. Leur place était donc marquée dans le sanctuaire de l'Église après les apôtres et les martyrs.

Notre intention n'est pas d'écrire la vie des quatre docteurs de l'Église latine; nous ne pourrions que répéter ce qu'on lit dans l'histoire des saints. Nous voulons seulement faire remarquer la colombe, qui se trouve perchée sur l'épaule droite de saint Grégoire. On lit en effet, dans la *Légende dorée,* que la perfection des ouvrages du saint docteur provenait de ce qu'il était inspiré par le Saint-Esprit caché sous la forme d'une colombe.

Saint Grégoire fut un grand pape, et il est peint dans la verrière avec les vêtements pontificaux du XIIIᵉ siècle. Il porte la chasuble ample du moyen âge, la dalmatique, la tunique et l'aube ornée ; le pallium s'étend sur ces riches vêtements ; le manipule est suspendu à son bras, et la mitre grave et noble du XIIIᵉ siècle couvre sa tête ; car, à cette époque, la tiare n'était pas encore adoptée. Sa main gauche tient une crosse légère et élégante, qui ne ressemble pas aux pesants bâtons dont on charge aujourd'hui le bras de nos évêques.

Saint Ambroise, évêque de Milan, est à ses côtés, en costume épiscopal. Ce fut un prélat d'une rare éloquence. La *Légende dorée,* ce livre curieux des merveilles chrétiennes, raconte de lui un fait déjà attribué au suave Platon, à qui notre saint docteur a été parfois comparé. Un jour, étant enfant, il s'était endormi, des mouches à miel vinrent soudain se poser sur sa bouche, et s'envolèrent ensuite si loin qu'on ne put les apercevoir. Son père, émerveillé, s'écria : « Si cet enfant vit, il sera appelé à de hautes destinées. » Cette histoire merveilleuse prouve du moins l'idée qu'on se faisait de l'éloquence du saint évêque.

Cette verrière a été donnée par M. le comte Albéric Du Chastel de la Howardries, dont l'antique maison possède, depuis plusieurs siècles, la terre de ce nom, qui lui est advenue par le mariage de Jacques Du Chastel avec Péronne de Lalaing.

Le comte Albéric a élevé son fier blason *au lion d'or sur fond de gueules* au plus haut de notre antique cathédrale, et par là il a inscrit son nom parmi les noms illustres des Croy, des De Ligne et des De Lannoy.

6e VITRAIL.

Le sixième vitrail représente saint Piat et saint Éleuthère, les deux patrons de la cathédrale.

L'abside du chœur a été réservée au Sauveur, à sa sainte mère, aux apôtres, aux évangélistes, aux martyrs et aux docteurs ; ce sont les disciples du Christ et les zélés propagateurs de la bonne nouvelle ; ce sont les saints fondateurs du christianisme annoncé par eux aux quatre coins du monde ; là se trouvent le berceau de la religion, ses premiers témoins et ses chefs vénérés. Mais cette histoire générale devait se rattacher à l'histoire particulière de notre pays, et tout spécialement à celle de notre diocèse et de notre église. C'est ce qui a été observé dans le choix des personnages à placer dans le haut chœur. Après les saints, qui appartiennent au christianisme en général, viennent ceux que revendique tout particulièrement l'église de Tournay. Aux premiers est réservée la place d'honneur, autour du Sauveur, qui les domine ; les seconds se placent à la suite, selon leur rang et la date de leur vie. Tel est l'ordre adopté dans le choix des sujets ; telle est la liaison entre les uns et les autres, liaison naturelle et logique, puisqu'elle montre les rapports existants entre le Sauveur et ses apôtres, comme entre ceux-ci et les premiers missionnaires de notre pays ; par là se découvre le lien qui nous unit à la chaire de saint Pierre ; par là aussi s'explique et se développe la chaîne mystérieuse qui, de nos premiers évêques, remonte aux apôtres, et d'eux au Sauveur, la source de toute vérité révélée.

La série des saints du diocèse devait commencer par saint Piat, le premier apôtre, et par saint Éleuthère, le premier évêque ; tous deux sont les patrons de la cathédrale et y ont toujours été tenus en singulier honneur. Leurs images vénérées y sont exposées au respect des fidèles, peintes dans les verrières du transsept, sculptées au portail et au jubé. De curieuses tapisseries, données en 1400 par le chanoine Toussaint Priez et placées dans le chœur, retraçaient la légende de ces deux saints. En outre, des chapelles spéciales leur sont dédiées, et leur office se célèbre chaque année avec pompe et solennité. Tout prouve donc la dévotion spéciale dont ils n'ont cessé d'être l'objet de la part du clergé et du peuple ; ce qui justifie suffisamment la place d'honneur qui leur est assignée.

L'historien Cousin entre dans de grands détails sur la vie et la mort de saint Piat. Il avance que le saint eut la moitié de la tête tranchée à Tournay, qu'ainsi décapité, il marcha jusqu'à Séclin, où il expira ; c'est là qu'il fut enterré. En mémoire de ce miracle, saint Piat est représenté portant sa tête dans les mains : c'est ainsi qu'il est figuré sur la pierre tumulaire du XIIIe siècle, qui existe encore à Séclin. Le dessin en a été relevé avec la plus grande exactitude par M. le vicaire-général Voisin, qui a eu l'heureuse idée de la faire reproduire dans la verrière du chœur. Elle montre, en effet, le saint martyr portant le sommet de sa tête, selon la tradition; au-dessus, la main divine, sortant d'un nuage, le bénit à la manière latine. Les ornements d'architecture, comme le costume, sont également copiés sur la pierre de Séclin, dont l'image, par une habile imitation, se trouve ainsi reportée et comme transfigurée dans nos verrières. Le saint est revêtu des ornements sacerdotaux, mais sans la crosse ni la mitre, parce qu'il n'est pas regardé comme évêque.

A côté de saint Piat est saint Éleuthère, portant la cathédrale dans une main, selon la représentation traditionnelle. C'est ainsi qu'il est sculpté sur la châsse qui contient ses reliques; châsse qui date de 1247, époque de la construction du chœur. Ici donc encore nous nous trouvons guidés par un modèle contemporain, et l'habile peintre des vitraux a eu le bon esprit de copier scrupuleusement ces types précieux de l'art chrétien. C'est là une bonne fortune, dont M. Capronnier a su profiter; car, avec des renseignements aussi sûrs, on ne peut craindre de s'égarer.

Saint Éleuthère, sur le vitrail comme dans la châsse, est revêtu du costume épiscopal et porte le pallium, la crosse et la mitre. Il est regardé, en effet, comme le premier évêque de Tournay et le fondateur de la cathédrale; non pas cependant qu'il ait construit le temple magnifique que nous admirons aujourd'hui, mais du moins il en a le premier jeté les fondements avec l'aide et les largesses du roi Clovis.

On doit remarquer que les évêques ont les pieds chaussés, comme saint Étienne le Martyr, et même comme la sainte Vierge; le Sauveur et ses apôtres ayant seuls le privilége d'avoir les pieds nus. Mais tous ont le nimbe, marque de la sainteté. M. Capronnier, archéologue instruit autant qu'habile artiste, connaît trop bien les règles de l'iconographie chrétienne pour ne pas s'y conformer.

Cette belle et curieuse verrière montre le double écusson des Vignacourt et des Carnin, et indique assez clairement par là ses nobles donatrices, madame la comtesse de Vignacourt, née de Carnin, et mademoiselle la comtesse Césarine de Vignacourt.

L'appel que nous avons fait à diverses reprises aux familles opulentes et religieuses a été entendu, et, grâce à leurs pieuses libéralités, la décoration du beau chœur ogival de notre cathédrale est aujourd'hui assurée. Ce qui a été déjà obtenu nous présage ce que nous pouvons espérer; nos espérances sont devenues en partie des réalités; car, à moins d'obstacle imprévu, à la fin de l'année prochaine, il ne restera plus que quatre verrières à placer dans le haut du chœur.

Honneur donc et reconnaissance profonde aux personnes généreuses qui ont bien voulu nous venir en aide. Que leur noble exemple trouve de nombreux imitateurs, et qu'à l'envi, chacun selon nos moyens, nous contribuions à la décoration du beau temple dont notre ville s'enorgueillit.

DONATEURS JUSQU'A CE JOUR :

SA MAJESTÉ,
Prince DE LIGNE,
Duc DE CROY,
Comte GEORGE DE NÉDONCHEL,
Marquis DE BEAUFFORT,

Comte d'Oultremont,
Mgr. de Montpellier, évêque de Liége et chanoine de Tournay,
Marquis d'Ennetières,
Baron Geoffroi de Joigny,
Comte Aldéric du Chastel,
Comtesse de Vignacourt.

LE MAISTRE D'ANSTAING,

Chevalier de l'Ordre de Léopold, membre de la Commission directrice.

Tournay, 24 décembre 1854.

Les années 1855 et 1856 ont vu poser de nouvelles verrières. Les familles de Mérode, Vilain XIIII, de La Croix, Crombez et Haccart, sont venues apporter chacune leur offrande à l'église.

I. La verrière donnée par la respectable famille de Mérode est placée à la gauche du fidèle qui regarde l'autel ; elle fait face à celle qui a été donnée par M. le comte du Chastel de La Howardries. Toutes les deux sont consacrées aux quatre pères de l'Église latine. Sur la première de ces fenêtres nous avons vu saint Grégoire et saint Ambroise ; sur la nouvelle se dressent le saint évêque d'Hippone, et le savant auteur de l'édition *Vulgate* de la Bible, saint Augustin et saint Jérôme.

II. A côté de cette verrière s'élève celle qu'a offerte la famille Vilain XIIII. Suivant l'ordre établi par la commission directrice des travaux de restauration de la cathédrale, les évêques de Tournai devaient venir après les pères de l'Église. Aussi nous voyons apparaître saint Hubert et saint Chrysole qui, avec saint Piat, prêchèrent l'évangile dans la Belgique et cueillirent la palme du martyre, après avoir converti au christianisme un grand nombre d'habitants.

III. La famille de La Croix s'est chargée de conserver dans la cathédrale le culte voué à saint Amand, le saint évêque de Maestricht, un des apôtres des Flandres, et à Saint-Médard, le grand défricheur et le vénérable prélat, dont la piété attira sous son administration, suivant le vœu des fidèles, le diocèse de Tournai, qui s'était ainsi réuni à celui de Noyon ; réunion amenée, dit M. Le Maistre d'Anstaing, par le zèle et la piété, mais continuée trop longtemps par l'avidité et l'amour des honneurs.

IV et V. Deux fenêtres du côté gauche restaient à orner de peintures, les familles Crombez et Haccart se sont empressées d'apporter leur contingent à cette œuvre pieuse. Saint Achaire ou Aichaires, saint Éloi, saint Bernard et le bienheureux Odon ont été choisis pour exciter les fidèles à la vertu par le souvenir de leur vie toute de dévouement et de piété ; mais de plus, n'ont-ils pas droit au culte particulier des Tournaisiens par les services qu'ils ont rendus au pays. — Saint Achaire, cet évêque de Noyon et de Tournai, qui loin d'être jaloux de son autorité, appela saint Amand dans le diocèse de Tournai où le courageux martyr répandit les bienfaits de la religion. — Saint Éloi, l'habile orfèvre, devenu malgré lui évêque de Noyon et de Tournai, le conseiller et l'ami de Dagobert, le continuateur zélé des conquêtes évangéliques de ses prédécesseurs dans les Flandres, le Brabant et jusque chez les Frisons. — Saint Bernard, l'éloquent prédicateur des croisades, le défenseur des vrais principes et des bonnes causes, le premier abbé de Clervaux, dont la haute influence amena la décision favorable du Pape au sujet du rétablissement de l'évêché de Tournai. — Le bienheureux Odon, le chanoine et savant écolâtre de Tournai, dont les leçons attiraient, dit Cousin, « des escholiers non-seulement de Flandres, de Normandie et de Bourgogne, mais encore d'Italie et de Saxe, en nombre presque de deux cents, » et dont le zèle fut récompensé par l'évêché de Cambrai.

Trois fenêtres ne sont pas encore garnies de vitraux peints; nous avons appris qu'elles ne tarderaient pas à l'être et qu'ainsi la vitrerie du chœur serait complétée.

Les bas-côtés du chœur ont aussi commencé à recevoir leur vitrerie peinte.

Une première verrière, placée à droite, est un don de madame la baronne Lefêbvre; trois grandes figures y sont dessinées : saint Joseph, tenant une branche de lis à la main; saint Paul, ermite, auquel une colombe apporte un demi-pain pour sa nourriture, et saint Léopold, marquis d'Autriche, facile à distinguer par ses armoiries d'azur aux cinq alérions d'or. Dans l'amortissement de la fenêtre un petit médaillon nous montre saint Antoine visitant saint Paul dans son ermitage et la colombe apportant ce jour-là un pain tout entier.

Cette verrière, pour le style et l'entente des couleurs, ne le cède en rien à celles du chœur.

Nous ne saurions trop applaudir au zèle éclairé de la commission chargée de la restauration de l'église, à l'idée éminemment pieuse qui a présidé au choix des sujets, et enfin à l'empressement des vénérables familles dont les offrandes doivent être d'autant plus agréables à Dieu qu'il ne s'y est mêlé aucun sentiment de vanité. Là en effet, il ne s'agissait pas de se faire peindre dans des proportions gigantesques, et de se présenter orgueilleusement aux yeux des fidèles comme un modèle de vertu. Le plan était tracé, les sujets choisis, la règle posée invariablement, les donateurs devaient s'y conformer, et ils sont arrivés en foule guidés par le respectable chef de l'état. Les armoiries seules apparaissent comme signature, il était impossible de faire moins pour les donateurs. Par son exemple le clergé de la cathédrale de Tournai a ému celui des autres églises du royaume, et dans quelque vingt ans on pourra voir toutes les vieilles basiliques du moyen âge, en Belgique, resplendir encore aux feux du soleil levant des brillantes couleurs de l'arc-en-ciel, et s'entourer dans une auréole lumineuse des portraits de leurs saints patrons, martyrs et confesseurs de la foi.

ERRATUM. — Page 2, ligne 16; au lieu de : *dès le xe siècle*, lisez : *dès le ive siècle*.

VILLE DE LIÉGE.

—

Aucune ville de Belgique n'aurait dû nous fournir une plus ample moisson de vitraux que celle des princes-évêques; et cependant elle n'en contient pas d'antérieurs au xvie siècle. Pour en avoir la raison, il n'y a qu'à parcourir l'histoire trop souvent terrible de cette cité; saint Monulphe lui avait prédit un heureux avenir, qu'il entrevoyait dans le lointain, mais les habitants n'ont pu l'obtenir qu'après de longs siècles de vicissitudes.

Saint Lambert, évêque de Maestricht, ayant, à l'endroit où s'élève Liége, payé de sa vie son zèle pour la religion, saint Hubert, son successeur, voulut consacrer les lieux arrosés du sang du martyr et transporta son siège épiscopal de Maestricht à Liége, qui grandit rapidement, eut à supporter, comme tant d'autres villes, les ravages des Normands, mais se releva plus énergique et plus belle sous des prélats du plus rare mérite, Éracle et Notger.

Tout fut bientôt florissant, les lettres aussi bien que le commerce. Baldric, Réginard, Wazon étaient les dignes héritiers des évêques Éracle et Notger. Les puissants voisins de la province liégeoise, les ducs de Bouillon, d'Ardennes et de Limbourg, les comtes de Luxembourg, de Gueldre, de Namur, de Hainaut et beaucoup d'autres princes venaient se soumettre aux décisions du tribunal des évêques.

Les incendies, qui à plusieurs reprises ravagèrent la ville, ne servirent qu'à contribuer à son développement, en fournissant l'occasion de l'embellir. La découverte de la houille vint ajouter un élément de plus à la fortune publique et aida puissamment au développement de différentes branches d'industrie.

Certes, si cet état de prospérité et de grandeur eût duré, nous en posséderions encore les preuves dans les vitraux qui, sans aucun doute, à cette époque, ornaient les églises. Mais voici venir les luttes et les révoltes. D'un côté, des princes turbulents et dissolus, de l'autre, la noblesse irritée, et, entre les deux, le peuple soulevé, chassant d'un même coup les uns et les autres, et finissant par payer pour tous.

Sous le règne de la maison de Bourgogne, la ville de Liége faillit disparaître tout entière. Le lecteur se rappelle comment les Liégeois, perfidement excités par Louis XI, furent cruellement châtiés par Charles le Téméraire : quarante mille hommes massacrés, douze mille femmes noyées, la ville entière brûlée, voilà quels furent les tristes résultats de la dernière expédition des hommes d'armes de Bourgogne contre la cité de saint Lambert (1).

La mort imprévue de Charles le Téméraire et la clémence de Marie de Bourgogne ramenèrent le calme et l'espérance dans Liége. Les dissensions sanglantes survenues entre les maisons de Horn

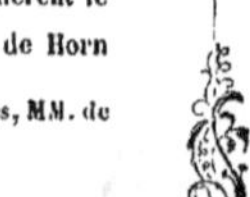

(1) *Voyez* les nombreuses histoires de la ville de Liége et notamment, parmi les auteurs modernes, MM. de Gerlache et Polain.

et de la Marck s'apaisèrent par la réconciliation de Jean de Horn, avec Éverard de la Marck, et nous arrivons enfin à l'épiscopat réparateur d'Érard de la Marck. Ce prélat, comme l'observe très-judicieusement M. Polain (1), fut pour la ville de Liége, au xvie siècle, ce qu'avait été Notger au xe.

De tous côtés les maisons et les églises se relevèrent comme par enchantement; bientôt aussi on vit surgir le nouveau palais épiscopal, chef-d'œuvre de ces temps de renaissance que M. l'architecte Delsaux restaure aujourd'hui avec tant d'intelligence et de talent.

C'est donc du commencement du xvie siècle que datent et la restauration des églises et les verrières encore existantes qui passèrent saines et sauves à travers les troubles de la réforme religieuse, grâce à l'habile et sage neutralité dans laquelle l'évêque Gérard de Groisbeck parvint à maintenir la ville de Liége. Les désordres qui survinrent ensuite, si terribles surtout sous le règne de Ferdinand de Bavière, et plus tard à l'époque de la révolution française, occasionnèrent aux verrières des églises de graves dommages, que M. Capronnier a savamment réparés depuis peu d'années.

Nous avons suivi, pour la description des vitraux de Liége, l'ordre naturel du classement par église. La description des verrières et le relevé des armoiries ont été fournis par un de nos amis, jeune Liégeois plein de talent, M. Eugène Dognée, docteur en droit de l'Université de Liége. Notre travail personnel s'est borné à compléter les détails archéologiques et à indiquer les travaux modernes de M. Capronnier.

ÉGLISE COLLÉGIALE DE SAINT-MARTIN.

L'église collégiale de Saint-Martin (autrefois Saint-Martin en Mont pour la distinguer de Saint-Martin en Ile, brûlé par les Français) fut construite par l'évêque Éracle, en 962. Une belle tour carrée, presque entièrement reconstruite au xvie siècle, lui sert de clocher et domine la ville de sa masse imposante. Éracle éleva cette basilique en l'honneur de saint Martin, qu'il avait invoqué pendant une maladie réputée incurable, et à l'intercession duquel il dut sa guérison.

La fête du Saint-Sacrement, instituée pour la première fois dans cette église sur les révélations de sainte Julienne, l'avait rendue chère aux Liégeois. Mais une affreuse catastrophe, connue sous le nom de *Mal-Saint-Martin*, faillit ruiner à jamais cet édifice au commencement du xvie siècle. La noblesse, poursuivie par les gens des métiers qui avaient pris parti pour l'évêque, s'y barricada. Comme les portes massives résistaient aux coups des assiégeants, le peuple y lança des matières incendiaires; le feu gagna les combles, l'église et la tour ne formèrent bientôt plus qu'un immense brasier, s'écroulèrent avec un grand fracas et enveloppèrent avec elles, comme par vengeance, dans cet horrible incendie, les vaincus et une partie des vainqueurs.

Peu de temps après, Adolphe de la Marck en ordonna la reconstruction aux frais du trésor public; mais les travaux traînèrent en longueur et ne furent achevés qu'en 1542, époque à laquelle se rapporte une partie des vitraux. Un auteur estimable, Saumery (*Délices du pays de Liége*), retarde encore, il est vrai, la date de cette reconstruction, et la place un peu plus tard; mais il a voulu probablement parler de l'achèvement complet de cet important ouvrage, et cela s'explique par un extrait

____

(1) *Liége pittoresque*, 1 vol. in-8°. Brux. 1842, p. 74.

d'un manuscrit (1) sur l'histoire de Liége où il est dit : « Ce fut sous Georges d'Autriche que fut » reconstruite et embellie l'avant-porte de l'église Saint-Martin en Mont. » Or , le règne de ce prince commença l'an 1544 et finit à sa mort en 1557.

Les vitraux viennent au reste confirmer notre assertion, car l'un d'eux porte le millésime 1527 ; un autre se place nécessairement avant 1539, date de la mort du donateur. En outre, les trois vitraux du fond du sanctuaire sont un don du premier évêque, Évrard de la Marck, mort l'an 1538.

Ce point éclairci, revenons à la peinture sur verre.

L'église de Saint-Martin possède de belles verrières. Malheureusement la plupart d'entre elles ont, par suite du temps ou peut-être du vandalisme révolutionnaire, éprouvé de nombreuses altérations, et, ce qui est bien plus regrettable encore, elles ont été réparées au commencement de notre siècle avec une négligence des plus blâmables. C'est ainsi qu'on retrouve au milieu d'une fenêtre des fragments arrachés au vitrail voisin, parfois à une autre partie de la verrière elle-même, et cela sans nulle régularité et sans le moindre égard pour le sujet. Du milieu d'une draperie se détache une tête d'ange, un astre sort d'un dessin architectural , dans divers endroits des losanges de verre teint dans la masse remplacent quelques parties du vitrail détruites ou dispersées et replacées çà et là.

Faire complétement l'histoire des vitraux liégeois est devenu chose impossible ; la bande noire ayant livré aux flammes toutes les archives de l'Église. D'un autre côté les ouvrages sur Liége parlent peu ou point de la peinture sur verre, nous ne pouvons donc procéder que par inductions.

Les verrières de Saint-Martin sont au nombre de treize : sept sont les lancettes qui éclairent le chœur ; les six autres sont dans le transsept. Parmi ces dernières, quatre dominent les deux autels secondaires et les deux autres sont placées, l'une au-dessus de la porte latérale de l'église, l'autre en face au-dessus de la porte qui conduit au cloître.

Décrivons d'abord les vitraux du chœur. Leur architecture est des plus simples, deux légers meneaux divisent la fenêtre en trois baies composées chacune de deux parties superposées, tréflées au sommet et séparées par un meneau horizontal. Le haut de la fenêtre est rempli par une petite rose formée de quatre ogives resserrées à la base , séparées entre elles par quatre trèfles.

En commençant du côté de l'Évangile : la *première* verrière est dans un état de délabrement tel qu'on distingue à peine les personnages que le verrier y avait représentés. Au reste, cette fenêtre offre déjà cet abus de tons incolores et de lourds détails d'architecture qu'on chercherait vainement dans les verrières des précédents siècles. Le verre blanc encadre le sujet et fait regretter ces frettes si légères, ces arabesques si riches qui formaient les bordures des anciens vitraux.

Dans la partie inférieure est représenté l'épisode populaire de la vie de saint Martin. Le guerrier catéchumène sortant des portes d'Amiens, partage son manteau avec un mendiant. Le saint est représenté à cheval au moment où, de son glaive, il divise le vêtement que Dieu lui demande par la bouche d'un de ses pauvres. Au-dessus est la Vierge sous un dais. La madone est nimbée et porte

(1) *Recueil de tous les évêques, princes de Tongres et de Liége,* avec un abrégé de leurs vies et vertus, leurs armes, comme aussi celles de tous les comtés, marquisats et villes du pays de Liége.

l'enfant Jésus qui tient dans la main un cœur d'or, symbole de la charité chrétienne. Des deux côtés sont, à droite, un saint ayant la robe de bure, une tête rasée, et portant dans la main un crucifix ; à gauche, un cardinal revêtu de la pourpre romaine et de la barette, tenant le livre saint de l'Évangile. Ce sont probablement les patrons du donateur.

Passant les détails d'architecture où la manie du remplissage a intercalé les débris les plus curieux, nous arrivons à la partie supérieure de la fenêtre. Au milieu de verres blancs, la Vierge et saint Martin, revêtus d'ornements épiscopaux, entourent le Christ, qui, debout, bénit un pauvre agenouillé à ses pieds. C'est encore la reproduction de cette loi sublime de la charité chrétienne si souvent répétée dans l'Évangile et qui fit la gloire de saint Martin. Au-dessous, l'on voit six adolescents agenouillés au pied d'un autel, le peintre a voulu mettre en regard de la charité du patron de l'Église la bonté du Dieu qui se donne sous l'hostie de la communion.

Dans la partie inférieure, nous trouvons un cartouche où sont indiqués dans une phrase chronogrammatique et le donateur et l'année où le vitrail fut exécuté.

F. SORORE NEPOS,
BARTOLOMEVS
BRASSINES, DONO
SACRABAT.

BARTHÉLEMI BRASSINES, 1656.

Le *second* vitrail est un don de Philippe de Clèves et de la Marck, qui vint dérouler son illustre origine sur la fenêtre du temple de Dieu. Ce seigneur était fils unique d'Adolphe de Clèves, sire de Ravenstein, Herpen, Winendael, Thourout, etc., nommé premier gouverneur général des Pays-Bas par Marie de Bourgogne (1) ; et de Béatrix de Portugal, fille du duc de Coïmbre. Philippe de Clèves, héritier des titres de son père, épousa, en 1487, Françoise de Luxembourg, dame d'Enghien ; mais il mourut sans postérité l'an 1528 (2).

Tout au bas du vitrail sont à droite les armes du donateur, à gauche celles de son épouse, au milieu, un cartouche brisé, où se lit : Phle. Sg^r de T.u. — En caractères gothiques ;

« 1527. »

La date du vitrail est donc d'un an seulement antérieure à la mort du donateur.

Ce vitrail n'offre qu'un arbre généalogique. Les nobles donateurs n'ont voulu que rendre en quelque sorte sacrés leurs titres héraldiques en les énumérant longuement dans les Églises. Les deux baies latérales du haut de la fenêtre relatent les quartiers de Philippe de Clèves, la baie du milieu représente un ange jouant du théorbe, puis au-dessous la Vierge avec l'enfant Jésus, tous deux nimbés. Viennent alors le blason du donateur avec sa devise et les deux cimiers de Clèves et de la Marck, puis un ange et, enfin, un guerrier soutenant les armoiries de Françoise de Luxembourg. Les donateurs sont tous au bas de cette partie du vitrail.

La partie inférieure représente le donateur et sa femme invoquant la sainte Vierge. Philippe de

---

(1) MARCHAL, *Fastes historiques, généalogiques et chronologiques.*
(2) BUTKENS, *Trophées sacrés et profanes du Brabant.*

Clèves est revêtu de ses armes et de la cotte blasonnée de ses armoiries, le heaume est à côté, derrière lui est saint Philippe. Sur le dais qui ombrage la tête de la mère de Dieu, sont les mots : MARIA, BEIT VOR ONS.

Les armoiries sont :

Martelé aux 1 et 4 de gueules à l'écu d'argent qui est de *Clèves* primitif; chargé d'une ray d'escarboucle pommelé et fleurdelisé d'or et percé d'un point de sinople, qui est *Ravenstein* devenu fief des de Clèves depuis que cette seigneurie, avec celle de Herpen, fut donnée en rançon à Adolphe de Clèves, par le comte Jean de Salme le 7 juin 1397 ; aux 2 et 3 d'or à une fasce échiquetée d'argent et de gueules de 3 traits et de 24 points, qui est *la Marck,* car en 1322, Adolphe II de la Marck épousa Marguerite de Clèves, enfant unique ; et son fils, Adolphe III, obtint de l'empereur le titre de comte de Clèves; dès lors Clèves et la Marck furent réunis; chargé en cœur d'un écu martelé de France et de Bourgogne que prit Adolphe V à l'imitation de son frère aîné; et surchargé du lion de Flandre en son écu d'or (1). Bourgogne et France ; par un écu semé de fleurs de lis d'or sur champ d'azur avec une bordure componnée d'argent et de gueules, et au second bandé de six pièces d'or et d'azur. Flandre, par un lion de sable armé et lampassé de gueules en champ d'or.

L'écu timbré d'un évêque surmonté de couronne ducale, car le bisaïeul de Philippe fut créé duc par l'empereur Charles IV en 1417 (2), archements, lambrequins et les deux cimiers de Clèves et de la Marck issant du casque. Pour Clèves, un agneau d'or aux narines et couronne de même à deux cornes d'argent au-dessus; et pour la Marck, une tête de basilic de gueules.

Au-dessous la devise de Clèves : A. JAMAIS.

Les quartiers sont indiqués dans l'ordre suivant :

1. *Duc de Clèves.*— Parti de Clèves et de la Marck.

Clèves par un écu de gueules à l'écusson d'argent chargé d'une ray d'escarboucle pommelé et fleurdelisé d'or, percé en abysme d'un point de sinople.

La Marèk, par un écu d'or à une fasce échiquetée d'argent et de gueules de trois traits et 24 points.

2. *Duc de Bourgogne.* — Par l'écu écartelé au 1 et 4 des armes que prit, du vivant de son père, Jean de Névus, fils aîné de Philippe le Hardi, et qui n'ont jamais été de Bourgogne, mais bien de France à la bordure componnée d'argent et de gueules, France par des fleurs de lis d'or sans nombre en champ d'azur ; et aux 2 et 3 de Bourgogne, c'est-à-dire de six pièces d'or et d'azur en bandes bordées de gueules.

3. *Duc les Monts.* — Écartelé aux 1 et 4 d'or au lion de gueules aux 2 et 3 d'argent au lion de gueules armé et lampassé de même; chargé en abysme d'un écusson d'argent aux 3 chevrons de gueules.

4. *Duc de Bavière.* — Écartelé aux 1 et 4 de Bavière qui est d'un losangé d'argent et d'azur, et les 2 et 3 contre écartelés aux 1 et 4 d'or au lion de sable armé et lampassé de gueules, aux 2 et 3 d'or au lion de gueules aussi armé et lampassé de même.

(1) *Manuscrit des chevaliers de la Toison d'or* (Cabinet de M. Hagemans).
(2) *Nobiliaire des Pays-Bas,* t. IV.

5. *Duc de Portugal.* — D'argent aux 5 écussons d'azur posés en croix, chargés chacun de 5 besants d'or aussi posés en croix, le tout orné d'une bordure de gueules meublée de 7 châteaux d'or crénelés et ajourés.

6. *Duc de Coïmbre.* — Écartelé aux 1 et 4 d'un fasce d'or et de gueules, aux 2 et 3 d'un échiqueté d'or et de gueules.

7. *Royaume de Lancastre.* — Écartelé de France et d'Angleterre, par armes de prétention, France d'azur semé de fleurs de lis d'or ; Angleterre de gueules aux trois léopards d'or passant armés et lampassés de même, tout l'écu.

8. (Nom brisé) de sinople à la bande de gueules coticée d'or.

9. *Duc de Clèves.* — De Clèves seul.

10. *Duc les Monts.* — Comme 3.

11. *Duc de Luxembourg.* — D'argent au lion de gueules.

12. *Comte de Flandre.* — D'or au lion de sable armé et lampassé de gueules.

13. (Mutilé)?...

14. *Royaume de Portugal.* — Écartelé aux 1 et 4 de gueules à la tour d'or ajourée d'azur, aux 1 et 5 à l'écu actuel de Portugal, d'azur aux cinq écus en croix d'argent, à cinq besants, chacun, aussi en croix d'or, orné de gueules.

15. *Clément de Galles.* — De gueules aux 3 léopards d'or passant armés et lampassés de même.

16. Duchesse (illisible).

Les armoiries de Françoise de Luxembourg font partie de celles de son mari et de Luxembourg. Pour celles de son mari (voir plus haut), pour Luxembourg d'argent à un lion de gueules armé et lampassé de gueules.

Les mots MARIA BEIT VON ONS sont inscrits sur le dais qui abrite la Vierge.

On ne peut décrire ce vitrail que par une suite de descriptions héraldiques ainsi que nous l'avons fait, et c'est le plus grave reproche qu'on soit en droit d'adresser à l'artiste ; jugeant inutile de consulter son imagination, il s'est contenté de compulser un recueil généalogique et un armorial local.

———

Les trois vitraux du fond du chœur sont dus à ce prince-évêque si dévoué à son peuple et si jaloux d'orner splendidement la ville de Liége. Les armes d'Évrard de la Marck se retrouvent dans chacune des trois verrières ; en outre, les initiales de ce digne prélat E. M., se rencontrent en divers endroits. Ce prince, à son avénement, brisa l'écu de la Marck et porta d'or à la fasce échiquetée d'argent et de gueules de trois traits et vingt-quatre points, avec un lion de gueules armé et lampassé de même issant de la fasce en chef.

La date de ces vitraux est donc, nous l'avons déjà dit, intermédiaire entre 1505 et 1538, années du couronnement et de la mort d'Évrard de la Marck. Ils sont de plus, postérieurs à 1522, car les armoiries du donateur sont timbrées du chapeau de pourpre et entourées des houppes du cardinalat ; or, l'évêque de Liége ne fut élevé à cette dignité qu'en 1522. Il faut probablement reculer l'époque

de leur confection après 1524 , car les historiens liégeois (1) disent : « Que quand Évrard de la Marck
» eut été promu à l'archevêché de Valence et à l'évêché de Chartres (1524), les gros revenus de ces
» bénéfices le mirent en état d'entreprendre une infinité de belles choses pour la ville de Liége, qui
» rendent encore aujourd'hui sa mémoire recommandable. »

Le *premier* de ces trois vitraux offre quatre scènes de la vie du patron de l'église. Ce sont, en
commençant par le haut : Le partage du manteau, puis le baptême du saint, sa mort et enfin la
fuite d'une horde de barbares chassés par son intervention miraculeuse.

Sur le baudrier d'un soldat dans le dernier tableau on lit les mots : REICHANT. SON (2). Indication
probable du peintre verrier auquel on doit ce tableau, et qui aura voulu se parer de la célébrité de
son père, peut-être peintre verrier comme lui, ou offrir à l'auteur de ses jours un hommage public
de respect filial.

Le saint est toujours représenté nimbé. Dans le premier tableau, il est à cheval. Dans le second ,
deux évêques le baptisent ; le baptême a lieu par immersion, le néophyte est plongé jusqu'à mi-corps
dans une cuve posée sur un piédestal. Au troisième tableau, ses disciples réunis autour de sa couche
funèbre écoutent ses dernières paroles. Dans le quatrième, des morceaux intercalés, endommagent
considérablement le dessin et empêchent de le distinguer.

Le *deuxième* (au fond) est consacré à la Vierge ; en haut, dans une auréole d'or, est la mère de
Dieu, des anges et des saints l'entourent. Des banderolles portant des louanges en son honneur,
flottent au-dessus. Plus bas, sont représentées diverses époques de sa vie : le temple où elle fut élevée; l'Annonciation, et enfin l'Adoration des Mages. Au-dessous enfin on voit Évrard de la Marck
revêtu de la pourpre romaine offrant le vitrail à la mère de Dieu. Mais les intercalations innombrables et maladroites gâtent totalement cette verrière et ne permettent guère d'en apprécier la valeur
au point de vue de l'art.

Le *troisième* n'est pas dans un meilleur état, il représentait, selon toute apparence, la vie de
saint Denis dans la partie supérieure, et dans la moitié inférieure, douze petits médaillons répé-
taient les épisodes les plus saillants de la vie de saint Martin, la représentation de ses funérailles et
le transport sur la Loire de ses dépouilles mortelles. A peine peut-on aujourd'hui être certain du
sujet, tellement les débris étrangers et les morceaux de verre teint dans la masse ont remplacé
des parties de la verrière.

Le vitrail suivant, bien qu'assez mutilé, est cependant plus lisible ; mais l'intérêt y est bien
moindre, car pendant du vitrail de Philippe de Clèves, il n'est comme lui qu'une page héraldique.
Il fut donné par *Florent d'Egmont*, comte de Buren, Leerdam, seigneur d'Ynclestein, Cranendonck,
Gavre et du pays de Cuyck, chevalier de la Toison d'or et capitaine général pour l'empereur en ses
Pays-Bas. Cette famille formait le lien de parenté qui réunissait les deux nobles comtes belges que
le duc d'Albe fit périr sur l'échafaud, d'Egmont et de Horn. Les armoiries de Florent d'Egmont que
l'on retrouve dans le milieu de la partie supérieure et au bas de la fenêtre sont : Écartelé aux 1 et 4

(1) LOVENS, ouvrage cité plus haut. — BOUILLE, *Histoire de Liége.*
(2) Il est difficile d'expliquer ce mot *son*, écrit ici en langue anglaise, à moins d'admettre que le peintre
verrier fût anglais, ce que la désinence du nom ne semble cependant pas indiquer.

d'un chevronné d'or et de gueules, qui est d'Egmont primitif; aux 2 et 3 de gueules à une fasce tretissée d'argent qui est de Buren (érigé en comté en 1492 en faveur de son père), avec casque,
bourrelet, aulsements, lambrequins et cimier, collier de la Toison d'or, et au-dessous la fière
devise des d'Egmont : SANS FAULTE.

L'écu est timbré du casque et de la couronne, sommé du cimier avec aulsements et lambrequins
et le collier de la Toison d'or. A la partie supérieure du vitrail se trouvent un saint André et un
guerrier soutenant les armes de Marguerite de Berghes, épouse de Florent d'Egmont. Cette dame
était fille de Corneille de Berghes, seigneur de Grevenbroeck, chevalier de la Toison d'or et échan-
son de l'empereur Maximilien Ier. L'écu de Berghes est : Mi-parti de Brabant et de Malines, coupé de
Bautershem. Brabant par un écu de sable au lion d'or armé et lampassé de gueules; Malines par
un écu d'or à 3 pals de gueules et Bautershem de sinople à trois macles d'argent. Berghes porte
Bautershem par naissance, Malines par alliance exprimée par le chef des Berthout, et Brabant par
le canton des de Glimes. Les deux baies extérieures indiquent les quartiers de Florent d'Egmont.
Les voici dans leur ordre, mais plusieurs sont brisés et illisibles.

1. Comte de? — Écartelé aux 1 et 4 d'or à 3 anilles de gueules; aux 2 et 3 d'argent au lion de
sable.

2. *Comte d'Egmont.* — D'or aux 4 chevrons de gueules.

3. *Comte de Beutem.*

4. *Duc de Juliers.* — Écartelé aux 1 et 4 d'or au lion de sable armé et lampassé de même aux
2 et 3 d'argent au lion de gueules aussi armé et lampassé de même, à l'écu d'argent à 3 chevrons
de gueules.

5. *Comte de Gavre.* — D'argent à une fasce tretissée de gueules. La banderolle portant le nom de
Gavre a été probablement intercalée ici mal à propos; car Gavre porte d'or au lion de gueules armé,
lampassé et couronné d'azur; avec une bordure engreslée de onze points de sable, un cartouche
d'or à l'entour et deux lions pour tenants aussi de gueules armés, lampassés et couronnés d'azur,
couronne de cinq grands fleurons sur un cercle enrichi de pierreries, et dans le milieu une espèce de
bonnet de gueules fourré d'hermine, cimier de cette maison depuis que Louis de Gavre fut duc
d'Athènes, ayant épousé Ζαδονη, duchesse héréditaire dudit Athènes, ou Gavre au Chapelet (1).

6. *Seigneur de Borselle.* — De sable à une fasce d'argent.

7. *Seigneur de Blecot.* — De gueules au lion d'argent armé et lampassé de même.

8. *Comte de Berghes.* — (Voir plus haut).

1. *Comte d'Egmont.* —   (Ibid.)

2....? (Probablement baron d'Oudenhove. De sable à l'aigle d'or au vol esployé, becqué et armé
de même).

3. *Comte d'Arckel.* — D'argent à deux fasces tretissées de gueules.

4....? (Kanden. De gueules à fasce d'argent).

5. *Comte de Meurs.* — D'or à une fasce de sable.

(1) BUTKENS, ouvrage cité. Supplément, II, XXVII.

6. *Comte de Perwez.* — De sable à l'aigle d'argent armé et becqué d'or.

7. *Duc de Clèves.* — Parti de Clèves et de la Marck (Voir plus haut).

8. *Duc de Juliers.* — (Voir plus haut).

Le bas du vitrail représente l'offre de la verrière par Florent d'Egmont. Saint Christophe est derrière le donateur, portant l'enfant Jésus sur ses épaules et s'appuyant sur un palmier. Au bas, entre les armoiries de Florent et de Margarete, est un cartouche brisé contenant ce qui suit :

On y lit aisément : *Florentius de Egmót comes de Buren.*

La dernière lancette du chœur est exactement analogue à celle qui lui correspond et que nous avons décrite en premier lieu. Même abus de tons ternes et de verres incolores. La partie supérieure représente l'Annonciation, et la partie inférieure une Vierge debout. Au bas de la fenètre, deux écussons, soutenus par un ange, indiquent des armoiries de bourgeois, car il n'y a ni casque ni couronne, et les meubles de l'écu de gauche sont des outils de métier, non reçus ordinairement dans les monuments héraldiques. Ce sont probablement les armoiries d'un bourgeois de Liége et de son épouse, car les écussons sont accolés ; peut-être un cartouche égaré dans le vitrail de la Vierge trouve-t-il ici sa place. On y lit :

> *Pierre Binon*
> *Marchant Bourgeois (de)*
> *Liége et Philipine*
> *Iranne son epeus*
> 165 (?)

Peut-être faut-il aussi rapporter ici un autre cartouche inséré à faux dans le vitrail de Florent d'Egmont :

> *Thomas Vuo*
> *Corbesier et*
> *Bourgeois de (Liege?)*

Si c'est une inscription chronogrammatique, ce qui est assez douteux, les lettres numériques étant de la dimension de leurs voisines, il indique en replaçant le mot Liége, effacé ou brisé, 1652.

Corbesier signifie savetier et désigne un des 52 bons métiers de la ville de Liége ; beaucoup de fonctions, et entre autres celle de bourgmestre, nécessitaient l'inscription dans l'une de ces puissantes corporations. Qu'on ne s'étonne donc pas de voir un corbesier doter l'église de Saint-Martin d'une riche verrière, et à la même époque un de Mérode inscrit comme tescheur (tisserand).

Quant au transsept, la verrière qui domine la porte latérale de l'église est l'expression la plus complète de la décadence de la peinture sur verre. On a rejeté ces idées religieuses brillant sous le voile d'un naïf et pieux symbolisme ; on a banni ces splendides représentations des scènes de l'Ancien Testament et des légendes des saints. Le vitrail n'est plus la bible du peuple , les rayons du soleil qui le traversent ne semblent plus peupler le sanctuaire de saints aux nimbes éclatants, de saintes aux longs manteaux soyeux. Loin d'élever les idées vers Dieu et de ramener l'imagination aux idées chrétiennes, le vitrail ne parle plus que de la terre et vient mêler aux prières des fidèles le cri mal étouffé d'un orgueil triomphant. La foi s'éteignant, les peintres verriers ne mirent plus dans leurs œuvres ces conceptions heureuses, colorées de toute la splendeur des pierres précieuses. Désormais un coloris terne remplira le vitrail; en outre, les idées honorées du nom de renaissance exigent impérieusement que les figures soient disposées au milieu d'un portique emprunté à l'architecture antique; cet autre cadre que l'architecte de la fenêtre a déjà taillé dans la pierre est complétement oublié et, sans prendre garde aux meneaux qui traversent et défigurent son œuvre, le peintre verrier étale son pâle tableau au milieu de verres laissés en blanc.

Ces défauts sont poussés à leur paroxysme dans les vitraux qui éclairent le transsept de Saint-Martin. Le vitrail qui domine la porte latérale représente un seigneur offrant à la Vierge une église; les deux personnages sont enserrés dans un portique ionique; et les formes grecques s'alliant mal à l'ogive de la fenêtre, les deux baies extérieures et le bas du vitrail sont en blanc. Selon toute apparence, ce vitrail rappelait l'achèvement de l'avant-porte de Saint-Martin par le prince-évêque Georges d'Autriche. Le costume mi-religieux, mi-guerrier, correspond, du reste, parfaitement à ces élus de Liége, qui croisaient derrière leur écu l'épée, symbole du pouvoir séculier, et la crosse, marque de la puissance spirituelle.

Parmi les innombrables fragments d'inscriptions et d'armoiries intercalés dans la verrière comme remplissage et rappelant, par leur maladroite juxtaposition, les effets du kaléidoscope, le donateur semble être indiqué par les mots suivants, égarés çà et là :

GE. RARDUS.
DECANUS
LEODIENSIS. 156-8.

Ce qui porterait à dire que ce don était dû à un doyen de Saint-Martin, nommé Gérard, et qu'il fut fait en 1568. Au reste, les doyens de Saint-Martin avaient assez coutume de dépenser leurs revenus au profit des églises, car un historien rapporte que l'un d'eux fit bâtir, à ses frais, l'église de Saint-Remacle au Pont (1).

Le vitrail opposé reproduit un portique classique; un abbé avec la crosse, indice de sa dignité, offre au Christ la verrière. Derrière le donateur est saint Laurent, portant le gril, instrument de son martyre. Dans une ouverture tout au haut de la fenêtre étaient représentées les armoiries du donateur, mais les briseurs d'insignes nobiliaires n'ont laissé que la mitre qui timbrait l'écu. Il y a ici même abondance de fragments d'inscriptions que dans le vitrail correspondant. Comme dans celui-ci nous ferons un choix :

NATA. BAS. MON.
LEOD. U. ANNO. 1.5.7.5.
Natalis abbas monasterii. Leodii, anno 1575.

(1) Foullon, *Histoire de Liége.*

Cet abbé Natalis portait apparemment le prénom de Laurent et est peut-être de la famille du peintre liégeois Natalis.

Les quatre autres vitraux du transsept méritent les mêmes critiques. Voici leurs sujets : 1. L'Offre du vitrail; 2. la même idée reproduite; 3. un Saint en habits pontificaux, donnant un pain à un pauvre; 4. une Vierge couronnée de roses.

Dans le premier, l'offre se fait à une vierge qui repose dans une auréole crucifère, fait assez remarquable en iconographie, le nimbe et l'auréole crucifère étant l'attribut exclusif des trois personnes divines.

Au bas sont quatre écus :

De sinople à 3 besants d'argent;

D'azur au sautoir d'or accompagné de douze croix au pied fiché de même métal ;

De sinople au chef d'hermines à 7 mouchetures;

De sinople au chef d'hermines à 12 mouchetures.

Dans le second vitrail, l'offre se fait à un *Ecce Homo*, c'est-à-dire le Christ, portant le sceptre de roseau et le manteau de pourpre jeté par dérision sur ses épaules meurtries.

Au bas sont des armoiries : deux écus accolés : le premier d'argent au lion de gueules armé et lampassé de même.

Le second, d'argent à neuf tourteaux de gueules posés 3,3,3.

Le 1er écu est de Limbourg, le 2e de Haegdael.

L'origine de ces armoiries accolées pour désigner une seule famille, celle de Schoenvorst, dite Mayheri ou de Feyho, est assez singulière. Cette famille, qui a occupé à Liége de nombreuses et brillantes charges, portait originairement de Limbourg brisé de tourteaux de Haegdael, branche de son arbre généalogique; mais quand, après le triomphe de Woeringen, le duc Jean de Brabant, désormais maître du Limbourg, mit dans son écusson les armoiries du comté conquis, les seigneurs du parti contraire, qui portaient les armes du Limbourg, les quittèrent. Les Schoenvorst ne gardèrent donc que les tourteaux de Haegdael, mais ils les émaillèrent de Limbourg; plus tard, ils accolèrent les deux blasons réunis à l'origine de leur blason héréditaire.

ÉGLISE DE SAINT-SERVAIS.

L'église de Saint-Servais fondée, s'il faut s'en rapporter aux chroniques, par saint Ricaire, au xe siècle, possède six vitraux fort bien conservés et qui, jadis, jouissaient déjà d'une certaine célébrité, car on lit dans les *Délices du pays de Liége :* « Les ailes de la nef de Saint-Servais ne sont pas » voûtées, mais ce défaut est réparé par la beauté de la peinture gothique des vitraux très-esti- » més par les amateurs de cette sorte d'antique (1). »

Hâtons-nous de dire que ces vitraux ne sont pas aussi anciens que le ferait croire ce passage, car

______

(1) *Délices*, etc. T. 1, p. 157.

l'église de Saint-Servais fut détruite, l'an 1584, par un ouragan, et la façade tout entière dut être reconstruite après ce sinistre; or, les vitraux de la façade et ceux qui leur correspondent sont de la même époque et de la même facture. Ce fut Jean Curtius, curé de Saint-Servais l'an 1584, qui fit reconstruire la partie de l'église renversée par la tourmente.

Les six vitraux de Saint-Servais ont été récemment démontés et des artistes intelligents, habilement dirigés, les ont rendus à l'église après avoir adroitement déguisé ou fait disparaître les outrages du temps. Les armoiries qu'on y retrouve sont celles des personnes qui ont supporté les frais de cette restauration. Les anciens blasons des donateurs qui encadraient les sujets ont été mis en pièces lors de l'invasion française et n'ont pu être replacés, tant la haine pour les signes nobiliaires les avoit fait mutiler.

Ces verrières, dont le riche et chaud coloris rappelle les traditions de l'école flamande (1), représentent :

1. La Naissance de N. S.
2. L'Adoration des Rois.
3. La Présentation de N. S.
4. La Résurrection.
5. L'Ascension.
6. L'Assomption.

La restauration de ces vitraux provoquée par le vénérable et distingué pasteur de cette paroisse, a été accomplie au moyen de fonds versés par les souscripteurs, dont voici les noms en suivant l'ordre des verrières. M. et Mme de Stembert de Fisenne, Mme veuve Raymond-Bouverye et Mlle Albertine de Kenor, M. Wafflard, curé, et sa sœur Rosalie, M. Sauveur-Nicolay et Mlle Ida Renier, M. Wathour-Van Spauwen et Mlle Moltart, M. V. Lamarche et sa fille Élisabeth.

Le premier et le cinquième vitrail portent les blasons, les autres les noms des souscripteurs.

M. le curé de Saint-Servais est un des premiers qui ait compris l'importance du vitrail peint et la bienfaisante influence que peuvent avoir sur la foule des fidèles les sublimes pages du christianisme développées en grands tableaux. Les neuf fenêtres du chœur ont déjà leur vitrerie historiée.

Les sujets choisis ont été les différents actes de la vie de saint Servais, le patron de la paroisse. Chaque verrière ne comporte qu'un tableau.

Voici les scènes qui se déroulent des deux côtés du chœur en commençant par la gauche.

1° Saint Servais, à l'âge de 30 ans, reçoit l'anneau et la crosse, l'an 535.

2° A l'âge de 45 ans, il est envoyé par l'empereur Magnence à Constance, empereur de Constantinople.

3° A l'âge de 80 ans, chassé par les Tongrois, il apprend par révélation la ruine de Tongres.

4° Arrivé à Rome, devant le tombeau des apôtres, il prie Dieu pour son peuple.

5° Il reçoit de saint Pierre la clef d'argent à trois croix.

6° Emprisonné par les Huns, il est vu par les geôliers entouré d'une éclatante lumière.

_____

(1) Voyez ce que nous avons déjà dit de ces vitraux dans la première partie, p. 125; voyez aussi la pl. 28.

7° Il baptise le roi de ce peuple païen.

8° Il fiche son bâton en terre, en fait jaillir une source, et un ange lui donne une coquille.

9° Le prince-évêque Ricaire bâtit près de cette source l'église en l'honneur de saint Servais, en 953.

Les verrières, exécutées en style du XVI° siècle, sortent des ateliers de M. Capronnier. Les donateurs sont :

> S. M. Léopold I°° et Louise-Marie.
>
> Baron de Selys de Ganson.
>
> Wathour-Van Spauwen.
>
> Schepers-Machler.
>
> Veuve baronne de Macar de Limont et M°° Moltart.
>
> Dumont-Lamarche et M°° Bouverye.
>
> Wafflard, curé de la paroisse.

Les cinq premiers vitraux portent les blasons, les quatre derniers les noms des donateurs.

Les compositions de ces vitraux ont été réunies en une seule gravure. Neuf médaillons, rappelant les neuf verrières, s'enroulent autour de la grave figure de saint Servais, qui, debout, tenant en main la crosse et la clef d'argent, semble veiller sur son église et rappeler aux fidèles, par l'exemple de sa vie, les vérités éternelles de la religion. Une légende explique les tableaux. Cette gravure, faite avec beaucoup d'intelligence, par M. Labargé, graveur à Bruxelles (1), complète la vitrerie en permettant aux paroissiens d'en comprendre les détails ; il serait à désirer que cette innovation devint une règle générale.

M. le curé Wafflard, qui est le donateur de trois verrières du chœur, nous faisait, cette année, l'honneur de nous écrire ces paroles qui sont assez éloquentes pour pouvoir se passer de tout commentaire. « Il ne reste plus qu'un vitrail à faire, l'exécution en est également confiée à M. Capronnier ; ce sera un souvenir de *toute la paroisse* en l'honneur de l'*immaculée conception de Marie*. Ceci fait, notre petite église formera un petit musée de vitraux. » Nous ne pouvons répondre que par un juste hommage à la haute intelligence et au pieux dévouement du pasteur de Saint-Servais.

ÉGLISE DE LA SAINTE-CROIX.

La fondation de l'église de la Sainte-Croix est due à l'évêque Notger, celui qu'on a surnommé le créateur de la ville de Liége. Voici comment M. Polain en raconte les détails (2) : « A cette époque, vivait à Liége un chevalier du nom de Radus des Prez. Ce puissant personnage occupait sur la hauteur de la ville de Liége, entre les églises de Saint-Pierre et de Saint-Martin, un château appelé Sylvestre, d'où l'on dominait la ville entière. Dans les mains d'un vassal ambitieux et

----

(1) C'est au burin habile de M. Labargé que nous devons les belles planches gravées de cet ouvrage.

(2) *Liége pittoresque*, 1 vol. in-8°. Bruxelles, 1842, p. 7.

rebelle, une position aussi importante pouvait devenir fatale à l'évêque; il lui déplaisait donc fort de voir ces sombres tourelles planer au-dessus de la bonne ville, et il ne pensait qu'aux moyens à employer pour les faire disparaître.

» Un jour qu'il devait se rendre en Allemagne, Notger engagea Radus, qui était *voué* de Liége, à l'y accompagner, et celui-ci y consentit de grand cœur. Mais pendant leur absence, qui ne dura pas moins de deux années, Robert, neveu de l'évêque, et qui avait reçu ses instructions, fit aussitôt démolir la forteresse du Sire des Prez, et y jeta les fondements d'une nouvelle église, celle qu'on appela plus tard la Sainte-Croix.

» Quand l'évêque revint avec Radus le voué, celui-ci, qui, du haut de la montagne Cornillon cherchait des yeux son château dans le lointain et ne l'apercevait pas, s'écria tout à coup : « Par ma foi, Sire-évêque, ne sais si je rêve ou si je veille, mais j'avais accoutumance de voir d'ici ma maison Sylvestre, et ne l'aperçois pourtant point aujourd'hui; m'est avis qu'il y a là bas un moustier à sa place. — Or, ne vous courroucez pas, mon bon Radus, répliqua doucement Notger, de votre château ai fait faire en effet un moustier, mais rien n'y perdrez. Robert, mon cousin, prévôt de Saint-Lambert, possède de nobles héritages Outre-Meuse, de même que les grands prés qui s'étendent depuis les Écoliers jusqu'à la Boverie; ils seront dorénavant tous vôtres, et je donnerai au prévôt la Souvenière, *la petite ville*. Il fallait bien que Radus se contentât de ce que lui offrait l'évêque (1). »

Notger fit activement travailler à cette église et dut la voir terminée; on en trouve presque la preuve dans un diplôme de l'empereur Henri II, inséré avec d'autres pièces justificatives dans le septième livre de l'*Histoire de Liége*, publiée par Fisen.

Il reste aujourd'hui bien peu de traces de cette construction primitive; on ne pourrait les rencontrer que dans le plan de la magnifique tour absidale qui remplace le porche comme dans les églises des bords du Rhin; nous devons cependant reconnaître que la date d'édification de cette tour appartient à un siècle postérieur (2).

A part la tour absidale, la collégiale a été entièrement reconstruite au xive siècle; elle offre cette particularité qu'elle est la seule de cette époque en Belgique qui présente trois nefs de la même hauteur. Le vaisseau est d'une hardiesse inouïe. Des colonnes très-sveltes s'élancent jusqu'aux voûtes dont les nervures retombent sur les chapiteaux et se posent en encorbellement sur les fûts mêmes. « Ce tour de force, peut-être unique en son genre, dit M. Delsaux (3), explique la conduite de l'architecte qui s'enfuit, dit-on, laissant à d'autres le soin de décintrer les voûtes. » Les chapelles des bas côtés sont éclairées par de grandes et belles fenêtres à meneaux rayonnants, au-dessous desquelles les murs sont ornés de panneaux autrefois peints en détrempe et dont l'extrados des arcs trilobés présente une série de bas-reliefs fort curieux, retrouvés depuis quelques années

(1) Jean d'Outremeuse. — Chronique inédite conservée dans la bibliothèque de l'Université de Liége. — Anselme, apud Chapeauville, p. 204.

(2) Voyez Schayes, *Hist. de l'architecture*, déjà cité, t. II, p. 30 et 188. La tour de cette église est reproduite p. 30.

(3) L'*Architecture et les monuments du moyen âge à Liége*, 1 vol. in-8º. Liége, 1847.

sous l'épais badigeon qui les recouvrait ; le chœur, grand et noble vaisseau, de l'aspect le plus gracieux, a son chevet pentagonal percé de longues verrières lancéolées.

Cette église, a-t-elle comme Saint-Martin et Saint-Servais possédé des vitres peintes? à en juger par les dépenses si largement faites pour sa reconstruction, on n'en saurait douter. Mais ces vitres auront probablement disparu en même temps que les peintures murales et les fines sculptures qui les encadraient s'effaçaient sous un affreux badigeon ; et on ne saurait aujourd'hui en retrouver le moindre fragment.

Le digne curé a compris qu'un pareil édifice ne pouvait être à jamais privé d'un de ses plus beaux ornements, et il a commencé à remplacer les vitres incolores par de grandes et religieuses peintures.

Le *premier* vitrail, placé dans le chœur, derrière le maître-autel, a été offert par madame la baronne de Favereau ; il est dû au talent de M. Capronnier ; trois zones le partagent dans sa hauteur ; chacune d'elles comporte une scène qui tient toute la largeur de la fenêtre. Dans la première, en partant d'en bas, sainte Hélène, poussée par une inspiration divine, fait abattre un autel, dédié à Vénus, sous lequel doit se trouver la sainte croix. — Dans la deuxième, les fouilles sont faites en présence de l'impératrice et de saint Makaire, évêque de Jérusalem ; on trouve trois croix, un écriteau et trois clous. — Dans la troisième, les croix sont portées chez une dame malade qui, en présence de l'évêque, se trouve miraculeusement guérie en touchant l'instrument du supplice du divin rédempteur.

Dans la partie supérieure les trois figures de la Sainte-Trinité, entourées du nimbe crucifère, couronnent dignement le vitrail, dont la décoration architecturale et la placidité des tons règnent en parfaite harmonie avec le monument.

Le *deuxième* vitrail de l'église de la Sainte-Croix est dû à un peintre verrier allemand, M. Kellner. Il est à regretter que cet artiste n'ait pu, lors de la confection de sa verrière, quitter Munich, où il réside, et venir étudier l'église où devait être placée son œuvre ; les reproches que nous allons être forcé de lui adresser eussent été prévus et, nous n'en doutons pas, évités. Le style des ornements architecturaux figurés sur le vitrail est d'un siècle postérieur à celui de l'intérieur de l'église, et la disposition des trois sujets de la verrière ne s'accorde pas avec les divisions architecturales de la fenêtre, des meneaux et de la vitre voisine. Hors ces défauts, le vitrail de M. Kellner est une œuvre excessivement remarquable ; le coloris surtout a une vivacité et une splendeur qu'on rencontre rarement dans les verrières modernes ; les draperies sont d'une richesse vraiment admirable, et le dessin des sujets est fait de main de maître. La fenêtre est, nous l'avons dit, divisée en trois parties superposées : tout au haut, l'Apparition de la croix à Constantin, alors que, sortant des portes de Trèves, il vit le symbole de la Rédemption entouré d'un cortége céleste et d'une banderolle portant les mots : « *Hoc signo vinces.* » Plus bas, le Christ se présente au même empereur reposant sur sa couche, et, lui montrant l'arbre de salut, lui ordonne d'en faire le *palladium* de ses armées ; au bas enfin, Constantin, dans l'armée duquel brille le *labarum*, étendard sacré, où est brodé le monogramme du Christ et la croix de son martyre, réalise la prophétie en mettant en fuite l'armée du tyran Maxence.

Cette épopée chrétienne, représentée en trois scènes, est tout à la fois un hommage à la sainte croix, à laquelle l'Eglise est consacrée, et une apologie du christianisme qui, relégué d'abord dans les catacombes, s'assit avec Constantin sur le trône des Césars, d'où Néron avait cru le foudroyer. Le choix du sujet et la manière dont le peintre l'a traité sont donc dignes l'un de l'autre ; dans la première scène, une lueur céleste environne la croix que soutiennent les anges et les saints; dans la seconde, du Christ émane une auréole qui éclaire tout le tableau; dans la troisième règne le plus grand mouvement, et l'on y admire un rare talent de grouper les figures.

M. Kellner, s'écartant des usages du moyen âge et du XV⁰ siècle auquel son vitrail appartient par le style, a adopté les costumes romains du temps de Constantin. C'est là une innovation que nous approuvons et dont nous avons donné les raisons à la fin de la première partie.

Ce vitrail a été donné par M. Richard Lamarche, de Liége, et les blasons des châteaux qui lui appartiennent sont au-dessous d'une inscription indiquant le nom du donateur.

CATHÉDRALE.

La collégiale de Saint-Paul, devenue cathédrale après la démolition de l'église cathédrale de Saint-Lambert, rasée en 1792, fut érigée par Éracle. La place en fut miraculeusement indiquée à cet évêque (1) qui n'eut pas la joie de voir son œuvre achevée. A la mort d'Éracle l'édifice n'était élevé que jusqu'aux fenêtres, il fut achevé par les évêques successeurs.

La construction d'Éracle a disparu ; on ne pourrait en retrouver la trace que dans les fondations de l'église actuelle, dont le chœur absidale, qui est la partie la plus ancienne, ne date que de la fin du XIII⁰ siècle. Les autres parties ne furent continuées que lentement et ne s'achevèrent que dans le courant du XV⁰ siècle. Toutefois, comme le fait très-bien observer M. l'architecte Delsaux, cette église, quoique construite à différentes époques, présente un des plus magnifiques vaisseaux et à coup sûr le mieux proportionné de Liége, elle nous offre en outre un des types élégants de l'architecture religieuse propre à la Belgique, et dont l'église Saint-Jacques de la même ville est le type par excellence.

L'aile droite du transsept est ornée d'une maîtresse-vitre très-remarquable, quoiqu'elle ne soit pas exempte de toute critique.

Ce vitrail porte la date de 1530. Il est dû au doyen Houten, qui occupa le décanat de Saint-Paul de 1519 à 1559. Les armoiries de ce donateur, deux fois répétées dans des ouvertures circulaires correspondantes, sont « d'hermine au chevron de gueules chargé de trois vannets d'or. » Le nom de ce doyen et la date de son entrée en charge sont mentionnés dans un manuscrit conservé à la cathédrale.

L'architecture de cette fenêtre est assez simple, et d'un effet grandiose ; elle est composée de six baies réunies, trois à trois, par deux arcades ogivales enserrées elles-mêmes dans un arc plus grand

(1) *Mane autem facto, cum universa circumquaque loco nix operuisset, futuræ ecclesiæ omnino non tetigit.* ANSELME apud CHAPEAUVILLE, vol. 1, p. 195. Bouille, Fisen et autres.

qui forme le contour extérieur de la fenêtre; chacune des baies est composée de deux parties égales superposées et trilobées au sommet; l'amortissement est rempli par les nervures flamboyantes des meneaux qui forment des trèfles dans lesquels on voit des anges chantant le cantique du saint des saints en s'accompagnant de divers instruments; au milieu sont les armes de l'Empire et de France.

On remarque dans ce vitrail l'abus de tous grisâtres, bruns et incolores, et on doit le ranger parmi les vitraux de la mauvaise époque de l'art de peindre sur verre. En outre, le peintre n'a eu aucun égard aux lignes architecturales ni à l'armature de la fenêtre; enfin, les restaurateurs qui ont voulu cacher les bris occasionnés soit par le temps, soit par les Vandales du siècle dernier, ont remplacé les morceaux brisés par des débris d'autres vitraux, sans la moindre circonspection et sans nulle attention au dessin.

Au point de vue de la peinture, ce vitrail se divise en trois parties bien distinctes : la moitié supérieure de la fenêtre, puis les deux parties droite et gauche de la moitié inférieure. La partie supérieure représente le Couronnement de la Vierge : d'abord le ciel, c'est-à-dire un fond d'azur semé d'étoiles d'argent; puis un cercle dans lequel se pressent les saints de l'Ancienne et de la Nouvelle Loi; Marie agenouillée entre Dieu le père et Dieu le fils, qui lui posent une couronne d'or sur la tête; au-dessus plane le Saint-Esprit sous la forme d'une colombe. Le globe terrestre, surmonté d'une croix, est aux pieds du Père éternel. Ces innombrables bustes de saints, formant une auréole autour des personnes divines et de la mère de Dieu, semblent, tant est grande la variété des figures et des costumes, rappeler les expressions des litanies de la Vierge : *Regina patriarcharum, prophetarum, confessorum, martyrum* . . . .

Les personnes divines se détachent sur un fond d'or chaudement coloré, mais l'abus du jaune et du brun est choquant. Les figures ont perdu leur suave expression ; le Rédempteur ne semble être qu'un simple mortel; la Vierge n'a rien de cette douce sérénité qu'on aime à retrouver sur ses traits; peut-être la cause de ce défaut gît-elle dans l'emploi exclusif du gris pour colorer les figures. Quant au Père éternel, les erreurs des gnostiques ont probablement influencé le peintre de la verrière, car il l'a représenté sous les traits d'un vieillard décrépit, écrasé par le poids de la pourpre papale qui lui couvre les épaules; la tiare aux trois couronnes semble trop lourde pour ce front qu'on eût pu, tout simplement, nous montrer calme et digne, ainsi qu'il sied à la splendeur du Créateur universel.

Au-dessus sont deux anges tenant une banderolle flottante où sont inscrites des paroles de l'Écriture sainte exaltant la mère de Dieu. Des deux côtés du cercle céleste sont saint Paul, appuyé sur le glaive de son martyre, et sans doute saint Pierre, remplacé aujourd'hui par une foule de débris multicolores de vitraux brisés. La figure de saint Paul est grave, son attitude est traitée avec hardiesse, mais les couleurs mortes, le gris et le brun gâtent encore l'effet. Les symboles des évangélistes : l'ange de saint Mathieu, l'aigle de saint Jean, le lion de saint Marc et le bœuf de saint Luc ne sont pas oubliés et se détachent dans quatre médaillons blancs.

La partie inférieure du vitrail est remplie de détails d'architecture où le gris domine et qui rendent la lumière diffuse en empêchant la vue de se fixer sur quelque point saillant. Les figures de l'Ancienne et de la Nouvelle Loi s'y retrouvent comme dans tant de verrières, mais en petit, comme

remplissage A droite une reine, les yeux bandés, laisse tomber son sceptre et les tables de la Loi
données à Moïse sur le Sinaï ; à gauche, une femme jeune et belle, le front ceint d'une couronne,
les épaules couvertes d'un manteau royal, tient d'une main le calice de la Cène entouré d'un nimbe
comme représentant le Dieu de l'Eucharistie, et de l'autre la bannière victorieuse du Christ ressuscité. Deux pontifes, l'un de l'ancienne, l'autre de la nouvelle Eglise, les accompagnent. C'est le
christianisme remplaçant le culte hébraïque et l'accomplissement de cette parole des livres saints :
« Il est venu parmi les siens et les siens ne l'ont pas reconnu. »

Au bas est représentée la conversion de saint Paul ; le persécuteur des chrétiens tombe de son
cheval et, à la voix de Dieu, va se relever l'apôtre martyr. De l'autre côté, le donateur de la verrière
offre à saint Paul ce témoignage de sa foi ; le doyen, en aube et surplis, est agenouillé devant un
autel sur lequel est le patron de l'Église sous un dais. Derrière le donateur est le patron de Liége,
saint Lambert, revêtu des vêtements épiscopaux et assis sous un dais de velours cramoisi. Au fond
apparaît l'ancienne ville de Liége, fièrement assise sur le beau fleuve de la Meuse et entourée d'une
ceinture de murailles aux fortes tours circulaires.

Les lancettes du chœur de l'église renferment aussi des verrières, mais sans nul intérêt. Elles ne
représentent que le don du vitrail, les armes et noms des donateurs, le tout renfermé dans un dessin
architectural et perdu au milieu de verres blancs.

Dans la nouvelle chapelle du chapitre on a placé dernièrement une *Annonciation,* charmant petit
vitrail, en style du XVe siècle, exécuté par M. Capronnier.

M. le chanoine Devroy, qui s'occupe avec tant de zèle de la restauration de la cathédrale, songe
à compléter le transsept par la création d'une seconde maîtresse-vitre. Nous comprenons très-bien
qu'une œuvre de cette importance exige une longue étude, mais nous ne doutons pas que la composition moderne ne soit, comme pensée et comme style, digne de la cathédrale et de notre époque.

Le comte Becdelièvre indique le nom d'un peintre verrier à propos des vitraux de Saint-Paul.
« Ce peintre (Guillaume Flemalle), dit-il, excella dans la peinture sur verre ; on voyait de lui, tant
à Liége que dans plusieurs autres villes, des morceaux admirables de peinture sur verre. Les connaisseurs allaient encore examiner dans le XVIIe siècle, l'Adoration des Rois, que l'on voit à
Saint-Paul, à Liége, et que fit faire, pour cette église, en 1552, Jean Houten qui en était doyen :
c'était, prétendait-on, un chef-d'œuvre pour le temps, d'un dessin assez correct, d'une grandeur et
d'une harmonie de couleur tout à fait charmantes (1). »

Il doit y avoir dans cette assertion une erreur de nom parce que Guillaume Flemalle, le frère du
fameux peintre liégeois, Bertholet Flemalle, appartient au XVIIe siècle ; il ne peut s'agir ici non plus
de leur père dont le prénom était Rénier, quoiqu'il fût également peintre sur verre. Peut-être alors
est-ce un frère ou un parent de Rénier ; dans cette hypothèse tous les désaccords cesseraient.

ÉGLISE SAINT-JACQUES.

L'évêque Baldric venait d'être battu, près de Hougarde, en l'année 1015, par le comte de Lou-

(1) *Biographie liégeoise,* par le comte de Becdelièvre, 2 vol. in-8º, Liége, 1856. T. II, p. 270.

vain, Lambert le Barbu ; le sentiment pénible de sa défaite avait fait entrer dans son âme le regret du sang versé, et pour apaiser les remords de sa conscience, il résolut de bâtir une église où l'on prierait pour les victimes du combat. Il choisit l'extrémité de l'*île*, lieu alors inhabité et tellement peuplé d'animaux sauvages que les ouvriers craignaient de s'y rendre pour travailler et ne s'y hasardaient qu'en nombre (1).

Baldric mourut le 29 août de l'an 1017, laissant son ouvrage bien loin d'être achevé, puisqu'on n'était pas arrivé aux premières fenêtres de l'édifice ; ses successeurs, Wolbodon, Durand, et Reginard surtout, poussèrent les travaux avec activité ; la dédicace du temple eut lieu sous ce dernier évêque, le 25 août de l'année 1030, et les bâtiments de l'abbaye, construits en même temps, furent habités par vingt-cinq religieux qui embrassèrent la règle de Saint-Benoît (2).

Cette église, dédiée à saint Jacques, fut entièrement remaniée au commencement du xvie siècle ; les travaux de restauration, commencés au xve siècle, furent repris avec activité en 1513 et achevés vers 1538 pendant l'administration de l'abbé Nicolas Balis (3). La renaissance y a ajouté un charmant portail exécuté sur les dessins de Lombard, mais dont le style est malheureusement en complet désaccord avec celui de l'édifice.

La restauration, opérée au xvie siècle, a fait de ce monument un des types les plus parfaits de l'architecture flamboyante toute particulière à la Belgique. Grâce, légèreté, délicatesse, bon goût, tout se réunit pour charmer les yeux et élever l'âme. M. Nisard, dans ses *Impressions de voyage*, a donné une gracieuse description de l'intérieur de cette église : « La voûte, dérobée sous un réseau de fines arêtes qui se croisent avec symétrie, ressemble, dit cet écrivain, à un immense berceau dont le treillis de pierre offre à chacun de ses points d'intersection un camée antique et dont les ouvertures laissent voir l'azur du ciel, figuré par les fresques bleues qui remplissent les parties vides de la voûte. »

Nous regrettons de ne pouvoir nous arrêter plus longtemps sur la discussion du style de cette église, véritable type qui jusqu'alors n'a pas été suffisamment mis en lumière (4).

De toutes les verrières que l'invasion française a laissé subsister à Liége, celles de l'église Saint-Jacques sont sans contredit les plus intéressantes et les plus remarquables. Leur parfait état de conservation, ou du moins le talent avec lequel on les a restaurées, permet d'en apprécier le magnifique coloris et la correction du dessin.

Les verrières de Saint-Jacques sont au nombre de six ; cinq d'entre elles sont de simples lancettes ouvertes dans le chœur, la sixième est un grand vitrail éclairant la droite du sanctuaire.

Ce grand vitrail, qu'on appelle du nom de son donateur, vitrail de Jacques de Horn, est celui par lequel nous aborderons les verrières de Saint-Jacques. Quant au donateur, nul doute ne peut se présenter. Sans parler des preuves héraldiques des quartiers nobiliaires, des deux femmes,

(1) *Erat autem locus huic operi destinatus, situ horridus et incultus, tantum ferarum gregi cognitus, ut nihil differre videretur à deserto, multosque deterreret ab hoc negotio.* ANSELME, apud CHAPEAUVILLE, vol. 1, p. 233.

(2) ANSELME, *ibid.*, p. 233.

(3) SAUMERY, *Délices du pays de Liége*, vol. 1.

(4) Voir pour plus de détails, les ouvrages de MM. Schayes, Éd. Lavalleye, Delsaux et Polain.

du collier de l'ordre de la Toison d'or; les initiales J. H. — J. C. D. H., et le nom entier « Jacques de Horn, comte, » indiquent clairement à qui l'ancien monastère de Saint-Jacques fut redevable de ce splendide don. Probablement le noble comte a-t-il voulu faire œuvre pie en ornant richement l'église d'une abbaye placée sous l'invocation de son patron. Peut-être aussi expiait-il par là quelque péché d'ivrognerie, car ce vice était chez lui si puissant, qu'au chapitre de la Toison d'or, tenu en 1516, le chancelier de l'ordre l'en réprimanda sévèrement (1).

La date du vitrail doit se placer entre 1514 et 1529, ce qui, du reste, correspond parfaitement au caractère de la peinture. Ce qui nous fait préciser cette époque, est la nécessité de fixer la confection de cette verrière postérieurement au second mariage de Jacques de Horn, et antérieurement à sa troisième union. En effet, ses deux premières épouses, Marguerite de Croy et Claude de Savoie, figurent seules sur le vitrail. Or, Claude de Savoie n'épousa Jacques de Horn qu'en 1514. Elle mourut en 1528, et un an plus tard, Jacques épousa en troisièmes noces Anne de Bourgogne, qui devint veuve l'année suivante par la mort de Jacques de Horn, tué devant Vercelli (7 juin 1531).

L'architecture de cette fenêtre se compose de deux ogives géniculées que sépare un meneau en forme de colonnette et auquel est adossé un cul-de-lampe supportant une statue de saint Jacques, le tout en pierre de sable. Ces deux ogives sont enserrées dans une grande arcade ogivale formant le contour extérieur de la fenêtre. Dans chacune des ogives sont quatre baies tréflées au sommet et surmontées de treize ouvertures quadrilobées que forment les croisements des meneaux. L'écartement produit par la séparation des deux ogives est lui-même séparé en deux par le meneau principal.

Le peintre verrier a su tirer de cette disposition un merveilleux parti, et son principal mérite est peut-être cette conformation si exacte de la peinture aux lignes architecturales. L'union si intime du dessin sculpté dans la pierre par l'architecte et des figures que le peintre y a enfermées, nous rappelle les époques les plus brillantes de la peinture sur verre, tandis qu'un peu plus tard l'architecte est oublié, et sans égard pour son œuvre, le peintre se contente d'appendre à la fenêtre un tableau transparent, et l'on peut dire alors avec raison que l'art de la peinture sur verre est en pleine décadence.

Le vitrail de Saint-Jacques mérite cependant un grave reproche; mais il faut l'adresser moins à l'artiste qu'au noble donateur de la verrière, et peut-être est-ce à l'époque tout entière qu'il faut en demander raison. Une seule idée semble régner dans la partie principale de la verrière : Ceci est un don de noble et puissant seigneur Jacques, comte de Horn, sire d'Altena et autres lieux, chevalier du très-illustre ordre de la Toison d'or, etc., etc...

Et en effet, pour que nul n'ignore à qui l'on doit ce splendide don, le blason héréditaire de Jacques de Horn resplendit au milieu de la verrière, la cotte d'armes dont il est revêtu reproduit les huchets de sa noble maison, deux baies de la fenêtre ne redisent que ses quartiers. Le nom entier est inscrit sur un dais au-dessus du seigneur agenouillé et les initiales J. H. — J. C. D. H., sont répétées çà et là.

(1) Gérard, *Législation nobiliaire en Belgique.*

Heureusement, si l'artiste a dû faire des baies de sa fenêtre un monument héraldique, la partie supérieure est restée à sa disposition, et une poésie toute chrétienne a pu s'y montrer ouvertement.

La droite de la verrière semble consacrée à la Vierge, c'est la partie où sont représentées au bas les deux épouses de Jacques de Horn et les quartiers maternels de celui-ci. La partie gauche nous montre Dieu maître et créateur du monde.

L'angle de l'ogive représente un arc-en-ciel symbolique, c'est d'abord une voûte de nuages, puis au-dessous un arc azuré dans lequel se pressent d'innombrables têtes ailées de chérubins, un second arc orangé et un troisième rose où des anges se dessinent aussi lui succèdent. Enfin, vient une zone éclatante de lumière et les figures de Dieu et de la Vierge au milieu d'une gloire splendide.

Cette succession de tons de plus en plus chaudement colorés, ces têtes ailées de chérubins qu'on trouve dans la zone la plus rapprochée de la Divinité et déjà resplendissante du reflet céleste, a quelque chose de poétique et de mystique à la fois.

La représentation du ciel par le symbole de l'alliance divine avec l'humanité est fort remarquable, car dans l'iconographie du moyen âge, l'arc-en-ciel signifie ordinairement la terre, séjour des hommes, et non la demeure du Très-Haut. Aussi l'arc-en-ciel sert-il, le plus souvent, de piédestal à la figure de la Divinité (1). L'idée inscrite au vitrail de Saint-Jacques est douce, c'est Dieu le père et non Dieu le juge, aussi de sa main droite bénit-il ses enfants.

La forme dont l'artiste s'est servi pour représenter la Divinité est celle de son représentant sur terre. Dieu est un vénérable vieillard couvert de la pourpre papale et le front ceint de la tiare aux trois couronnes, symbole de la Trinité selon les uns, d'une triple puissance selon les autres. Dieu a revêtu la forme humaine, ses pieds sont donc chaussés de sandales, de la main droite il bénit, selon le rite latin, avec l'index et le doigt du milieu. A ses pieds resplendit le soleil. Le monde représenté par une sphère de cercles entrelacés, que surmonte une croix, repose sur le bras gauche de Dieu.

C'est la figure du Créateur qui donne, selon l'Écriture, la splendeur aux soleils et régit le monde qu'il a créé.

Dans l'autre moitié du vitrail, la figure de la Vierge tient la place de celle du Père éternel. Marie est peinte sous les traits d'une jeune femme, les yeux baissés, les mains jointes pour recevoir la bénédiction que donne Dieu. L'expression du visage de la madone est à la fois douce, calme et religieuse, ses cheveux blonds flottent sur sa robe bleue, et une gloire complète l'environne, c'est-à-dire qu'une auréole l'entoure tout entière, tandis que sa tête se dessine au milieu d'un nimbe lumineux.

Aux pieds de la Vierge brille la lune comme le soleil aux pieds de Dieu, et cette double représentation symbolique, si souvent reproduite par les pieux artistes du moyen âge, est sur le vitrail de Saint-Jacques rendue plus saisissante par l'expression donnée aux figures. Dieu est le splendide roi du ciel, et les traits de la Vierge rappellent la douce et suave clarté de l'astre des nuits.

Les quadrilobes du milieu du vitrail sont consacrés au Christ rédempteur : à droite, sont

(1) Didron, *Histoire de Dieu.*

dix anges jouant de la viole, de la tuba, et d'autres instruments de musique ou chantant les louanges de Dieu trois fois saint. La Rédemption, qu'ils glorifient, est figurée au point central par une croix à laquelle sont joints les instruments de la Passion. Sur une banderolle flottante on lit ces mots : *Laudate Dominum pueri*, qui se complètent dans l'autre moitié du vitrail par ceux-ci : *Laudate eum in excelsis.*

Les quadrilobes de gauche représentent aussi dix anges; mais ils portent les instruments du supplice de l'homme-Dieu, la croix, les fouets, la lance, les clous, la couronne d'épines....Le médaillon central figure le voile de sainte Véronique sur lequel la face ensanglantée du Christ a laissé son image.

Les anges de la droite du vitrail sont peints sur fond pourpre, ceux de la partie gauche sur fond d'azur ; les couleurs s'affaiblissent à mesure que les quadrilobes se rapprochent et, lorsqu'ils se rejoignent des deux côtés, les anges sont sur fond blanc. Tous ces personnages célestes sont représentés sous les traits d'adolescents ailés vêtus de longues et amples tuniques, les cheveux flottants.

Le plus grand mouvement règne dans cette partie du vitrail, dont la signification symbolique s'exprime par un mot, la Rédemption. Le père avait créé, le fils a du prix de son sang effacé la faute de l'homme prévaricateur.

Nous arrivons aux baies du vitrail; les deux qui touchent à l'ogive-mère de la fenêtre, indiquent à droite les quartiers maternels de Jacques de Horn ; à gauche, ses quartiers paternels. Les voici dans l'ordre où ils sont cités sur le vitrail.

I. MATERNELS.

1. *Gruthuys.* — Écartelé aux 1 et 4 d'or à la croix pleine de sable; aux 2 et 3 de gueules au sautoir d'argent.

2. *De la Héere.* — De sable à une fasce d'argent.

3. *Steenhuyse.* — Barré d'argent et d'or, au lion occidé brochant sur le tout, avec . . . . .

4. *Halewyn.* — D'argent aux 3 lions de sinople armés, lampassés et couronnés d'or.

5. *Mortagne.* — De gueules à la croix pleine d'argent.

6. *Borselle.* — De sable à une fasce d'argent, cartonné d'une molette d'or à dextre du chef.

7. *Stavele.* — D'hermine à une bande de gueules.

8. *Guistelles.* — De gueules à.un chevron d'hermine.

II. PATERNELS.

1. *Horn.* — D'or à 5 huchets de gueules embouchés et virolés d'argent , les embouchures à sénestre.

2. *Meurs.* — D'or à une fasce de sable.

3. *Mamduy.* — De sinople au lion d'argent armé et lampassé de même.

4. *Clèves.* — Parti de Clèves et de la Marck. Clèves par un écu de gueules à un écusson d'argent, chargé d'un ray d'escarboucle pommeté et fleurdelisé d'or percé d'un point de sinople; la

Marck par un écu d'or à une fasce échiquetée d'argent et de gueules de trois traits et vingt-quatre points.

5. *Meurs*. — Écartelé au 1 et 4 de Meurs comme ci-dessus, et au 2 et 3 de sable à l'aigle à deux têtes au vol esployé d'argent, becqué et armé d'or qui est Saeweerden.

6. *Saeweeerden*. — De sable à l'aigle impérial au vol esployé d'argent armé et becqué d'or.

7. *Akenys*. — D'argent à la croix de gueules frettée d'or.

8. *Juliers*. — Écartelé au 1 et 4 d'or au lion de sable armé et lampassé de même; au 2 et 3 d'argent au lion de gueules aussi armé et lampassé de même; avec un écusson d'argent à trois chevrons de gueules brochant en abysme sur le tout.

Le centre du vitrail représente, dans la partie de droite, sous un riche portique d'architecture, un autel sur lequel est une *Mater dolorosa*, c'est-à-dire la Vierge le cœur percé d'un glaive : au pied de l'autel sont deux femmes vêtues de longs manteaux armoriés des de Horn. L'une a, derrière elle, saint Lambert, l'autre la Vierge; ce sont les deux patrons de la cité liégeoise. Près d'elle est la levrette, ce symbole de fidélité des chatelaines du moyen âge, et qu'on représentait jusque sur leur tombeau. Au-dessous de Marguerite de Croy et de Claude de Savoye, sont leurs armoiries propres accolées à celles de leur mari. Voici ces armoiries blasonnées :

Claude de Savoye étant légitimée, porte l'écu de Savoye, de gueules à la croix pleine d'argent. Marguerite de Croy porte l'écu de son père, écartelé aux 1 et 4 d'argent à 3 fasces de gueules, qui est de Croy; et aux 2 et 3 d'argent à trois douloires de gueules, les deux du chef adossées, qui est de Renty, titre patrimonial de la famille de Croy.

Au-dessus de la tête de Jacques de Horn est un blason, d'or aux trois huchets de gueules, embouchés et virolés d'argent, les embouchures à sénestre. L'écu entouré du collier de la Toison d'or, timbré du casque et de la couronne de comte, sommé du cimier de Horn, le tout avec archements et lambrequins, sans supports.

Après le vitrail de Jacques de Horn viennent les lancettes du chœur. La première verrière du côté du vitrail que nous venons de décrire est la fenêtre des Métiers.

Les « 52 bons métiers de la ville de Liége, » comme la plupart des jurandes, serments, corporations du moyen âge, comptaient dans leur sein les citoyens les plus riches et les plus puissants. Des familles nobles se faisaient même inscrire dans ces associations, car c'était une condition *sine qua non* de l'éligibilité à certaines fonctions. Ainsi, à Liége, nul ne pouvait être bourgmestre sans être inscrit dans un des 52 métiers. Plusieurs fois les magistrats élus du peuple, soit pour rivaliser avec le pouvoir princier jusque dans le sanctuaire, soit par reconnaissance pour le corps qui les avait revêtus de leurs fonctions, firent écrire en pages brillantes les noms ou les emblèmes de la corporation dans les églises de la Cité. Ainsi un vitrail, anéanti aujourd'hui, relatait les armes des métiers dans le chœur de l'église des Frères-Augustins. C'était un don des bourgmestres de 1599, Henri d'Oupie et Louis de Massilion.

Le vitrail de Saint-Jacques, bien que plus ancien, est parvenu jusqu'à nous. Il fut offert par Richard de Mérode et Arnould le Blavier, élus bourgmestres de la noble Cité l'an 1531. La date du vitrail se trouve donc par là fixée.

L'architecture du vitrail est celle de toutes les lancettes du chœur : deux légers meneaux divisent la fenêtre en trois baies qu'un meneau horizontal subdivise ensuite en deux parties tréflées au sommet et à la base. Le haut de la fenêtre couronnant les baies est rempli par une rose de style flamboyant.

L'idée dominante du peintre verrier a été l'indépendance et les franchises de la cité de Liége. D'abord, dans la rose du dessus, est trois fois représenté le Perron. Des deux côtés sont les lettres C. L., initiales des mots *Civitas Leodiensis.*

Le Perron, appelé souvent le Palladium des libertés liégeoises, est une colonne posée sur un piédestal carré que supportent quatre lions couchés. Une pomme de pin, surmontée d'une croix, domine la colonne et en orne le faîte. Cette pomme de pin a été, sur la fontaine du Marché de Liége, supportée successivement par « des paillards des deux sexes, » trois vestales, et aujourd'hui trois figures, soit des Grâces, soit des Vertus théologales, dues au ciseau du sculpteur liégeois Delcour.

C'est au Perron, originairement « Pierre de Justice, » qu'on proclamait les décisions des magistrats communaux au peuple assemblé sur le Marché, forum liégeois; aussi les mots : « Cri de Perron, » remplaçaient-ils souvent celui de « Loi. »

L'emblème des libertés liégeoises dut quitter la cité quand elle fut conquise. Le 18 octobre 1467, Charles le Téméraire, ayant écrasé les Liégeois à la journée de Brustheim et étant entré en vainqueur dans Liége démantelé, fit démonter le Perron, et la colonne si chère aux Liégeois, dressée sur la place de la Bourse de Bruges, devint un objet de raillerie. Lorsque le fougueux duc de Bourgogne eut trouvé la mort devant Nancy, Marie, sa fille, rendit aux Liégeois leur emblème outragé, et l'humiliation soufferte pendant dix ans fut oubliée devant la joie générale qui éclata le 10 juillet 1478, quand le Perron fut redressé sur son piédestal.

Inutile de dire que le sceau de Liége représente le Perron, que, dès le xiiie siècle, les monnaies le reproduisirent continuellement, jusqu'à la mort du prince-évêque Thibaut de Bar (1).

Les armes de Liége se blasonnent de « gueules au Perron d'or; » au moins c'est ainsi qu'elles sont au vitrail de Saint-Jacques. Depuis l'époque où cette verrière fut peinte, on a accosté le Perron des lettres C. L., aussi d'or (*Civitas Leodiensis*).

Quant aux blasons ou plutôt les emblèmes des métiers, il n'y en a pas qui, comme dans certaines autres cités et surtout à Tours (2), reproduisent des figures de saintes ou de la Vierge.

Les uns ont des armes toutes féodales, c'est-à-dire conformes aux règles héraldiques; d'autres des armes de profession figurant des outils ou des occupations du métier qu'ils indiquent. Enfin, il en est qui sont la combinaison des espèces précédentes et il faut surtout mentionner ceux qui unissent à un outil de profession le blason de la cité.

Au reste, la plupart de ces 52 blasons sont émaillés de Liége, c'est-à-dire meublés d'or en champ de gueules.

L'ordre dans lequel les métiers sont indiqués dans le vitrail de Saint-Jacques varie un peu de celui

____

(1) *De l'imitation des sceaux des communes sur les monnaies du moyen âge.*
(2) S. Bellanger. *La Touraine illustrée.*

dans lequel le recueil officiel (1) les mentionne. Énumérons-les cependant dans l'ordre où le peintre verrier les a rangés, et indiquons leurs patrons spéciaux :

1. *Moulniers* (meuniers). — Sainte Catherine.

2. *Cheruriers.* — Saint Isidore.

3. *Pêxheurs.* — Saint Pierre.

4. *Houilleurs.* — Saint Léonard.

5. *Tanneurs.* — Notre-Dame de l'Assomption et saint Jean-Baptiste.

6. *Merchiers.*

7. *Vieux-Wariers* (vitriers). — Sainte Anne (16e métier).

8. *Pelletiers.*

9. *Charpentiers.* — Saint Joseph.

10. *Mariniers.*

11. *Corbesiers* (savetiers). — Saint Crespinien.

12. *Cordonniers.* — Saint Crespin.

13. *Munguons* (fripiers).

14. *Fruitiers et harangiers.*

15. *Orfèvres.* — Saint Éloi.

16. *Cureurs et toiliers.* — Saint Paul.

17. *Charliers.* — Notre-Dame des Patteniers.

18. *Févres* (fondeurs).

19. *Vingnerons.* — Saint Vincent.

20. *Bollengiers* (boulangers).

21. *Porteurs aux sacs.* — Saint Lambert.

22. *Cuveliers-sclaideurs* (tonneliers). — La vierge Marie.

23. *Retondeurs.* — Saint Maurice.

24. *Entretailleurs.* — Saint Martin.

25. *Soyeurs* (scieurs de long). — Notre-Dame de la Visitation.

26. *Naiveurs* (pilotes). — Saint Nicolas.

27. *Couvreurs.* — Sainte Barbe.

28. *Massons.* — Sainte Barbe.

29. *Brasseurs.* — Saint Arnould.

30. *Texheurs* (tisserands).

31. *Flokeniers.*

32. *Drapiers.* — Saint Séverin.

Les blasons des métiers deux à deux remplissent les deux baies extérieures du haut de la fenêtre ; dans la baie du centre sont les armes des deux donateurs Richard de Mérode et Blavier, et entre les deux on voit saint Jean, le précurseur tenant l'agneau pascal, emblème du Christ.

(1) *Chartres et priviléges des trente-deux bons métiers de la ville de Liége,* 1678.

Richard de Mérode porte : Écartelé aux 1 et 4 de Mérode; aux 2 et 3 de Van der Aa. Mérode par un écu d'or à 4 pals de gueules avec une bordure engreslée d'azur.

Van der Aa, du chef de sa mère, Jeanne Van der Aa, dame de Pologne, fille de Jean et d'Ode de Montfort.

Blavier porte : Fasce d'argent et de gueules, de six pièces.

La partie inférieure du vitrail représente un ange jouant du théorbe, puis sous un portique d'architecture, un ange tenant l'écu de Liége, au-dessous on lit : *Leodium* (Liége). Des deux côtés sont à droite saint Lambert revêtu des ornements épiscopaux et nimbé, à gauche la Vierge aussi nimbée. Ce sont les deux patrons de la cité dont le cri de guerre était *Liége et saint Lambert!*

—

La lancette qui suit a été donnée par Jean de Horn, mais cette verrière n'est qu'une simple page d'un splendide armorial. La partie supérieure de la fenêtre est remplie par les quartiers des de Horn; et la figure de saint Jacques le Mineur, qui occupe la baie du milieu. Cette figure fait regretter vivement que le peintre n'ait pu, comme aux époques de foi, peupler son vitrail de ces saints de la nouvelle loi, si propres à inspirer l'artiste. En effet, dans la figure de saint Jacques, tête, pose, draperies, tout est réussi.

Plus bas on lit l'inscription suivante :

> Joha, graff tys Hoern, heer tys Altena na Weerdt
> Cortzthem, Auelghem, Bocholt un tys Breghel.

En rendant aux seigneuries leur nom moderne, cela signifie :

> Jean, comte de Horn, duc d'Altena, de la Dure.
> Cortusem, Audergem, Bouchout et Breughel.

Jean de Horn fut prévôt de Liége, et c'est probablement à l'occasion de sa nomination à cette magistrature, qu'il fit présent aux moines de St.-Jacques de la verrière où son nom s'étale pompeusement, et dont on peut fixer la date à 1529. Ce de Horn est le père adoptif de la victime du duc d'Albe (1).

(1) M. F. J. Goethals, dans son *Histoire généalogique de la maison de Hornes*, explique ce vitrail, dont il reproduit le sujet comme suit : « Jacques Iᵉʳ, comte de Hornes et d'Altena, célébrant sa première messe, » assisté de son fils, Jean, évêque de Liége » (jour de Saint-Lambert, 1486). Cette explication est évidemment erronée :

1° Le surcot armorié qui couvre l'armure, le glaive et le casque, tout ce costume de guerrier enfin, qui est indiqué avec beaucoup de précision sur la gravure que M. Goethals joint à son ouvrage, indique peu un célébrant.

2° Jacques de Horn, franciscain, lorsqu'il célébra sa première messe, ne portait ni l'épaisse barbe, ni l'abondante chevelure, ni la couronne, comme le guerrier du vitrail de Saint-Jacques.

3° L'autel, au lieu d'être totalement occupé par la statue de la Vierge, laisserait place pour la célébration du saint sacrifice, et on verrait probablement le calice et l'Évangile.

4° L'évêque qui, selon M. Goethals, assiste le célébrant, ne serait pas revêtu des ornements épiscopaux y compris la mitre et la crosse, et surtout sa tête ne serait pas entourée du nimbe si scrupuleusement réservé aux saints par les artistes du moyen âge.

5° La date de 1486 coïnciderait peu avec celle des autres vitraux.

6° Enfin les quartiers de Jean de Hornes peuvent être les mêmes que ceux de Jacques III son frère; mais M. Goethals expliquerait difficilement la ressemblance exacte des quartiers de Jacques III avec ceux de son

Le bas du vitrail représente sous les détails d'architecture que la Renaissance imposait aux artistes, trois anges soulevant une riche draperie. En-dessous saint Lambert est debout derrière le donateur qui s'agenouille au pied d'un autel où, au milieu d'un nimbe doré, la Vierge, portant l'enfant Jésus, semble accueillir son offre; sur les dégrés de l'autel est le casque de Jacques de Horn : c'est là cette représentation si prodiguée du don de la verrière. Le donateur gardant ses insignes de noblesse et de chevalier vient, protégé par son patron ou celui de la cité, s'agenouiller devant Dieu, la Vierge ou quelque saint, pour faire son offrande.

Tout au haut de la fenêtre sont les armes des de Horn deux fois répétées, et, sur une banderolle roulée, les mots : *Laus Domino… pax*, fragment de quelque verset ou d'un passage des livres saints.

Les quartiers de Jean de Horn ont déjà été blasonnés à propos du premier vitrail.

La verrière qui remplit la lancette du centre du chœur est peut-être la plus intéressante de toutes, tant au point de vue de la perfection du dessin et de la richesse du coloris, qu'à celui de la poésie des idées et du symbolisme chrétien. Ce n'est pas le don d'un noble et puissant seigneur qui ait voulu inscrire dans le temple de Dieu les sources généalogiques de son illustre blason, mais bien celui d'un abbé du monastère de Saint-Jacques qui n'a eu qu'un but : glorifier Dieu et le patron de l'Église en rendant plus splendide le sanctuaire sacré. La date de cette verrière est antérieure à 1522, année de l'élection de Nicolas Balis comme abbé de Saint-Jacques en remplacement de Jean de Cromois, donateur du vitrail; elle s'accorderait ainsi avec celles que nous avons assignées aux verrières adjacentes.

L'architecture est celle des vitraux de Jean de Horn et des 32 métiers. L'ouverture circulaire qui domine les baies, est divisée en trois parties égales par deux lignes. Dans chacun de ces compartiments est représentée l'une des personnes de la sainte Trinité : le Père, par une vénérable tête de vieillard portant la tiare aux trois couronnes, symbole de la triple unité selon les uns, d'une triple puissance selon les autres; le Fils par une tête d'homme dans la force de l'âge exprimant la suavité et l'amour; le Saint-Esprit, sous la forme d'une colombe. Chacune des trois figures est entourée du nimbe crucifié, attribut exclusif de la Divinité. La position des trois figures dans les espaces laissées par les lignes architecturales, correspond parfaitement à la notion chrétienne d'une Divinité une et multiple à la fois.

Des têtes ailées de chérubins sont aux deux côtés de la rose; au-dessous on lit : JÉSUS, MARIA.

La moitié supérieure du vitrail représente Jésus en croix entre la Vierge et saint Jean, l'apôtre bien-aimé. Les archanges Michel, Raphaël et Gabriel recueillent dans des vases le sang qui coule des plaies des mains et des pieds du Rédempteur. L'archange Gabriel, placé derrière la croix qu'il entoure de ses bras, recueille le sang qui s'échappe des pieds du Christ. Suivant le symbo-

---

grand-père, et aurait peine à établir le motif qui a fait insérer dans les quartiers de Jacques Ier les armes de *Meurs* et celles de *Gruthuyse*, armoiries de la grand'mère et de la mère de Jean de Horn, l'une épouse, l'autre bru de Jacques Ier.

7° L'inscription qui est dans la partie du vitrail, dit positivement Johan. M. Goethals s'est probablement laissé induire en erreur par la figure de saint Jacques le Mineur représentée au haut du vitrail; mais le patron de l'abbaye, à l'église de laquelle on destinait une verrière, pouvait fort bien y être représenté sans devoir être forcément le patron du donateur.

lisme ordinaire, c'est une figure de l'Église catholique héritière du précieux sang qui sanctifie les âmes. Les vases dans lesquels est recueilli le sang divin sont une triple représentation du mystérieux saint Gréal ou saint Graal. Suivant les légendaires, ce vase servit au Christ pour célébrer la Cène; puis à Joseph d'Arimathie, pour y recevoir le sang qui coula au Calvaire; ce dernier l'enfouit pour le sauver des profanations en un lieu ignoré de tous, et mourut avec son secret.

C'est à la recherche de cette précieuse relique que les chevaliers de la Table Ronde et le roi Arthur avaient consacré leur épée, et cette entreprise était le lien qui les unissait et les ramenait tous les ans autour de cette fameuse Table du roi Arthur de Bretagne, pour narrer leurs aventures et les indices recueillis sur la fameuse coupe. Les romans du cycle chevaleresque énumèrent longuement les vertus requises du vaillant chevalier qui tenterait cette sainte conquête et les dons inestimables que le saint Graal apporterait à son heureux possesseur.

Le lecteur connaît sans doute la coupe conservée à Gènes, sous le nom de saint Graal. Ce vase, que, par une métaphore fréquente dans l'antiquité et au moyen âge, on disait taillée dans une seule et gigantesque émeraude, est en verre coloré. Le *Santo Graccho* vint à Paris à la suite des armées victorieuses de Napoléon Ier, et à son retour en Italie se fêla. Je doute fort qu'on exige des voyageurs, qui vont la visiter au Musée de Gènes, les qualités que devaient posséder les chevaliers du moyen âge.

Au bas de la croix est un écusson, une mitre et une crosse jetés çà et là; le donateur du vitrail n'a pas osé timbrer ses armes des insignes honorifiques aux pieds du Dieu fait homme et crucifié.

L'écu, reproduit deux fois dans la partie inférieure du vitrail, mais alors timbré de la mitre et de la crosse est : Écartelé aux 1 et 4 de sinople à l'étrier d'argent, attaché de sable; aux 2 et 3 d'or à la bande de gueules chargée de trois vannets d'or.

La partie inférieure du vitrail représente deux scènes de l'Ancien Testament. Au premier plan : le sacrifice d'Abraham ; Isaac lié sur le bûcher est en prière, déjà son père lève le glaive quand un ange arrête son bras. Tout dans cette peinture, disposition, attitudes, figures, coloris, est de la plus grande beauté. Au second plan, Moïse montre aux Hébreux fidèles, rassemblés sur une colline, le serpent d'airain dressé sur le *Tau*, idée mère de la croix. Au bas de la colline où le troupeau fidèle est réuni, les autres Hébreux se tordent dans les douleurs causées par la morsure d'innombrables serpents vengeurs.

L'idée toute chrétienne et toute symbolique de cette verrière est aisée à saisir. Abraham sacrifiant son fils chéri, indique le sacrifice du Golgotha, et on reconnaît la touchante résignation d'Isaac dans l'amour du Dieu qui s'immola pour le salut des hommes. Le serpent d'airain a toujours été considéré comme le symbole précurseur du sacrifice divin de l'Homme-Dieu, comme le symbole de *la Croix* qui sauvera ceux qui tourneront vers elle leurs regards et laissera ceux qui la dédaignent en proie à la justice céleste du souverain maître.

Cette page, religieuse et poétique à la fois, contraste singulièrement avec les fastueux arbres généalogiques des vitraux adjacents et ramène l'idée chrétienne à l'autel du sacrifice sacré.

Le quatrième vitrail correspondant à celui de Jean de Horn reproduit un dessin tout à fait ana-

logue et mérite les mêmes reproches. Un comte de la Marck offre à la Vierge son vitrail ; derrière
lui est saint Christophe, et au-dessus une banderolle portant : ANO DNI XV.XXV (1525) ; puis les
écus accolés des époux dont l'un a donné ce vitrail, et plus haut encore deux initiales, E. M., surmontées d'une couronne comtale. Dans les baies supérieures, l'écu d'Érard de la Marck, donateur ;
celui de Marguerite d'Aremberg, son épouse ; un saint André supportant la croix à laquelle son martyre fit donner le nom du généreux confesseur qui y rendit le dernier soupir, et enfin les quartiers
de noblesse du donateur. Dans le couronnement des baies, les écus de la Marck et d'Aremberg,
puis celui de Bouchout, qui appartient à la mère du donateur : la Marck, d'or à la fasce échiquetée
d'argent et de gueules de trois traits et 24 points, avec double cimier de Marck et de Clèves. D'Aremberg, de gueules à trois quintefeuilles d'or. Bouchout d'argent à la croix pleine de gueules.

C'est donc exactement le vitrail de Jean de Horn, les noms seuls sont changés, et cette monotonie
de conception n'est pas une des suites les moins funestes des idées de l'époque. Les donateurs sont :
Érard de la Marck, comte d'Aremberg, seigneur de Neufchâtel, neveu de ce Sanglier des Ardennes,
de si sanglante mémoire dans les fastes liégeois, et son épouse, Marguerite, dame de Bouchout,
née de Horn et sœur des deux seigneurs de ce nom, dont nous avons décrit les splendides dons :
Jean et Jacques III. Remarquons seulement que la Vierge représentée sur l'autel a la gloire complète,
c'est-à-dire nimbe et auréole ; que le saint Christophe a, selon la poétique légende, l'Enfant-Dieu
sur les épaules ; sous le poids du maître du monde, le corps herculéen du saint semble s'affaisser
et ses mains se cramponnent au palmier dont il s'est fait un soutien. Ces remarques faites, il ne
nous reste plus qu'à blasonner les armoiries des quartiers.

I

1. *Clèves et Marck.* — D'or à la fasce échiquetée d'argent et de gueules de trois traits et 24 points.

2. *Loen.* — Fasce de gueules et d'or de neuf pièces (Loen-Heinsberg, plus tard Looz).

3. *Vraenhorn.* — De gueules à sept losanges d'or accolées par 4,3.

4. *Flandre.* — D'or au lion de sable.

5. (*Nom effacé.*) — De gueules orlé de sable au chevron de même, accompagné de trois vannets
d'argent.

6. *Bréderode.* — Échiqueté de gueules et d'or de 7 traits.

7. *Solms.* — D'or au lion d'azur.

8. *Velckgaern.* — Écartelé aux 1 et 4 d'azur au cep d'argent, aux 2 et 3 d'un coupé de gueules
et d'or.

II

1. *Bouchout.* — D'argent à la croix pleine de gueules.

2. *Walecourt.* — D'argent à l'aigle au vol esployé de gueules.

3. *Kengenart.* — D'azur à la croix pleine d'argent.

4. *Bracquernont.* — De sable au chevron d'argent.

5. *Cléremont.* — De gueules.

6. *Foshens.* — Fascé de gueules et d'argent de huit traits.

7. *Borselle.* — De sable à la fasce d'argent.

8. *Boutershem.* — De sinople aux trois macles d'argent abaissé sous le chef de Berthout.

La dernière lancette redit encore ce sujet de l'offre du vitrail. La seule différence est qu'il s'agit d'une donatrice et non d'un donateur. Au reste, nonobstant la douceur du caractère féminin, même faste héraldique, même énumération pompeuse de quartiers de noblesse. Cette donatrice est Marguerite de Horn, et derrière sa figure se dresse sa patronne; sur l'autel est la Vierge entourée d'une gloire complète; dans la baie du milieu, un ange soutient l'écu de Marguerite de Horn. Les quartiers sont par Horn et Gruthuyse; nous les avons déjà blasonnés à propos du vitrail de Jacques de Horn.

ÉGLISE DE SAINT-LAMBERT (ancienne cathédrale).

Personne ne nous pardonnerait de passer sous silence, dans cette revue des églises de Liége, l'ancienne cathédrale de Saint-Lambert, ce monument, rival de la Violette (l'hôtel de ville), et civil presque autant que religieux. Son nom fut toujours le mot de ralliement et d'invocation des gens de la commune; il rappelle peut-être, hélas! autant de cris de détresse que de cris de victoire. Bâtie par saint Hubert en l'honneur de saint Lambert après que ce courageux confesseur eut versé son sang pour le christianisme, à l'endroit où l'évêque saint Monulphe avait élevé une chapelle dédiée à saint Cosme et à saint Damien, cette église, la première de quelque importance construite à Liége, fut entièrement réédifiée par Notger, en 988, et achevée en 1015.

C'est sur les degrés de la cathédrale, ce lieu d'asile si cher aux vaincus des guerres civiles, que saint Bernard fit entendre sa puissante parole. C'est aussi dans cette basilique, dont il annonçait la ruine, que Lambert le Bègue vint tonner contre les déréglements de son époque. La prédiction de ce nouvel Isaïe ne tarda pas à s'accomplir, le 26 avril 1185 un violent incendie détruisit de fond en comble la cathédrale (1). On ne parvint à arracher aux flammes que la châsse de saint Lambert et une partie du grand autel. Pendant plus de soixante ans les ruines noircies restèrent désertes et abandonnées. Vers le milieu du XIIIᵉ siècle, les Liégeois se décidèrent enfin à relever leur cathédrale. Ce nouvel édifice, embelli par Érard de la Marck, qui y avait placé son mausolée, fut démoli en 1790, par l'ordre de l'administration républicaine. Pour le connaître il faut donc avoir recours aux historiens, et ils sont nombreux; les bénédictins dans leur *Voyage littéraire*, Saumery, Fisen, Foullon, Chapeauville, et dans les temps récents, MM. Schayes, Delsaux et Polain, en ont publié diverses descriptions.

Déjà nous avons donné les noms et indiqué les travaux de Jean de Cologne, Jean Nivar, Nicolas Pironnet et Guillaume Flemael (2), que nous avions empruntés à l'*Essai historique sur l'ancienne cathédrale de Saint-Lambert*, par MM. le baron Xavier Van den Steen, de Jehay. Nous savons que

(1) Voir GILLES D'ORVAL dans les *Gesta* de CHAPEAUVILLE, vol. II, p. 129.
(2) Première partie de notre ouvrage, p. 152.

le chœur de la cathédrale liégeoise offrait un magnifique coup d'œil dû surtout à ses vitraux, qui font aujourd'hui l'objet de tous nos regrets.

Une église paroissiale était annexée à la cathédrale de Saint-Lambert, c'était celle de Notre-Dame aux Fonts ; elle possédait aussi des verrières sur lesquelles nous trouvons les renseignements suivants : « Les sept fenêtres bigéminées qui éclairaient la nef étaient remplies par des vitraux peints dont le prince de Berghes fit présent vers le milieu du xvie siècle. Ces vitraux représentaient pour la plupart des scènes du Nouveau Testament; la peinture était harmonieuse mais les couleurs un peu endommagées (1). La cinquième et dernière chapelle était à l'usage des échevins de la ville et principauté de Liége ; on considérait les vitraux de cette chapelle comme étant le dernier ouvrage de peinture sur verre fait à Liége, ils devaient dater de 1693, et étaient dus à N. Groulard. (Ce dont quittance délivrée aux donateurs de cette verrière, parmi lesquels un grand nombre d'échevins). On y voyait représenté saint Hubert, revêtu de ses habits épiscopaux ; à ses côtés, étaient les 14 échevins de Liége agenouillés; le grand mayeur, aussi les genoux en terre, était en face du saint et lui faisait hommage de deux clefs (Souvenir de la puissance consulaire que les échevins avaient exercée longtemps); ces personnages vêtus de longues robes ou simarres pourpres, à fraises et manchettes empesées, ayant sur l'épaule gauche l'hermine en forme d'aumusse, tenaient chacun le bâton échevinal sommé de leurs armoiries (2).

A quelques lieues de Liége, en se dirigeant vers Maestricht, on rencontre dans l'église de Visé quelques vitraux du xvie siècle. Ils sont placés dans l'abside du chœur et en partie masqués par le maître-autel. Celui du milieu représente le crucifiement; sur les autres les donateurs se sont fait peindre avec leurs quartiers de noblesse. Ces verrières sont négligées et en fort mauvais état.

(1) *Essai historique sur l'ancienne cathédrale de Saint-Lambert*, déjà cité, p. 75.
(2) *Ibid.*, p. 86.

HOOGSTRAETEN.

(Province d'Anvers.)

—

C'était en 1514, la seigneurie d'Hoogstraeten venait d'être érigée en comté, par Charles-Quint, en faveur d'Antoine de Lalaing, dont l'illustre famille s'était toujours montrée fidèle, dévouée et utile. Le comté d'Hoogstraeten devenait le premier et le plus important des titres de noblesse d'Antoine, car son frère, Charles Ier, chevalier de la Toison d'or et successivement chambellan de Maximilien Ier, de Philippe le Beau et de Charles-Quint, occupait la baronnie de Lalaing, domaine patrimonial qui allait bientôt aussi être érigée en comté.

Antoine de Lalaing, premier comte d'Hoogstraeten, résolut de consacrer son nouveau titre par la construction d'une splendide église, sûr de plaire à son noble maître en l'imitant dans le développement des beaux-arts.

Cette église, dont la flèche imposante domine tout le pays, dont les nefs égales et majestueuses abritent le mausolée du fondateur, est surtout remarquable par ses verrières, que l'on doit placer au nombre des monuments les plus précieux de la Belgique, et à la description desquelles nous allons procéder.

Les vitraux d'Hoogstraeten, exécutés au commencement du XVIe siècle, présentent dans leur ornementation architecturale les gracieux détails de la Renaissance, alors que l'architecture classique s'était faite toute mignonne et toute svelte pour être acceptée par les artistes habitués aux fines nervures du style ogival. Les feuillages, les guirlandes, les dentelures des archivoltes n'y ont pas encore dépouillé entièrement leur caractère gothique, quoiqu'ils laissent déjà percer la feuille d'acanthe, le rinceau grec et le balustre romain.

Les couleurs vives des verres teintés, l'agencement heureux et savant des personnages, la fermeté des contours, la perspective bien entendue et la hardiesse de touche de l'artiste anonyme font de ces vitraux les meilleures pages des premiers temps de la Renaissance.

Sept verrières règnent dans le chœur, deux dans les transsepts. Commençons par le chœur et suivons l'ordre naturel des fenêtres en partant de la gauche.

PREMIER VITRAIL, *partie supérieure :* LE BAPTÈME. — Sous une arcade richement décorée, un évêque baptise un enfant qu'entourent le parrain, la marraine et les parents; *le baptême* a lieu par immersion. Les personnages sont bien groupés; la finesse du dessin, la coquetterie des draperies et la suavité de l'ensemble indiquent un peintre qui, s'il n'est italien, se sera du moins, comme Bernard Van Orley, inspiré des idées et du goût de l'Italie. Au-dessous du sujet religieux, si magistralement traité, on voit l'évêque donateur, à genoux, tourné vers le crucifix qui remplit le vitrail du fond de l'abside.

Lors de la restauration, en 1845, M. le comte A. de Beauffort chercha à reconnaître quel était le donateur, sur lequel les armoiries brisées laissaient planer des doutes. Nous nous rangeons de l'avis du savant comte, en désignant Guillaume van Enckevoort (Enchevortius), 59ᵐᵉ évêque d'Utrecht, prévôt de Malines, mort en 1536. Ce prince de l'Eglise, dont l'attitude est des plus convenables, est accompagné de son patron, probablement saint Guillaume de Malavalle ou Maleval; le costume romain du guerrier pourrait faire hésiter entre ce saint et saint Guillaume d'Aquitaine, mais la lance chargée de la flamme fleurdelisée doit lever les doutes, ainsi que le culte général que l'on vouait à cette époque au fondateur des Guillemites.

Le fond du tableau est rempli par un paysage aussi embarrassant à définir que la scène qui l'anime. On pourrait y voir le souvenir du pèlerinage de saint Guillaume et son arrivée à Jérusalem en 1152.

Les armoiries de l'évêque donateur ont été placées dans le soubassement : elles sont de gueules à la croix d'argent pour l'évêché, chargées en abysme de l'écu des Enchevoort, qui est d'or à trois alérions de sable.

Cette verrière porte la date de 1553; on ne peut que lui reprocher la nudité des figures qui interviennent dans l'ornementation; c'est le commencement, ici comme ailleurs, de cette licence de pinceau impossible à admettre dans une église et que nous ne cesserons de combattre avec la plus vive énergie partout où nous la rencontrerons.

Les mêmes observations générales sont à faire pour la peinture des autres fenêtres; aussi nous contenterons-nous d'en indiquer les sujets avec leurs détails particuliers.

DEUXIÈME VITRAIL, *partie supérieure : la Confirmation*. — Ce sacrement est administré par un évêque à un enfant au milieu d'un groupe de personnes richement habillées; le vêtement de la mère du jeune confirmé est plein d'élégance et nous offre un des plus gracieux types du costume des dames de cette époque; le personnage placé à droite, probablement le père, est fièrement campé; sa robe est drapée de main de maître. Au-dessous se trouve l'inscription suivante : *Tulit autem Samuel lenticulam olei et effudit sup. caput ejus et deosculatus est eum. Regum* (1) *cap. decimo.* — *Tunc imponebant manus sup. illos et accipiebant spiritum sanctum. Actorum aposto.* 8.

Partie inférieure : Ferdinand Iᵉʳ, empereur d'Allemagne, frère de Charles-Quint, et sa femme Anne, fille de Ladislas II, roi de Bohême, et sœur de Louis, également roi de Bohême; au-dessous, on voit les armes de l'Empire et celles de Bohême, qui sont de gueules au lion d'argent couronné, la queue fourchée passée en sautoir.

TROISIÈME VITRAIL, *partie supérieure : l'Ordre*. — Placé sur son siége (cathedra), au pied de l'autel, un évêque ORDONNE deux prêtres agenouillés à ses côtés; différents personnages assistent à la cérémonie : l'un tient le livre des saints Évangiles qu'il élève, un autre porte la crosse du prélat officiant. Au-dessous, on lit cette inscription : *Aaron et filios ejus unges, sanctificabisque eos, ut sacerdotio fungantur mihi.* Exodi XXX. ..... *Insufflavit, et dixit eis : Accipite spiritum sanctum :*

---

(1) Cette indication de la source du texte placé sur le vitrail est inexacte : le paysage est tiré non pas du livre des Rois, mais de celui de Samuel., lib. I, cap. X, v. I.

quorum remiseritis peccata, remittuntur eis, et quorum retinueritis, retenta sunt. Johannis XX.

Partie inférieure : Charles-Quint, revêtu du manteau impérial, la couronne sur la tête, l'épée dans une main, un globe surmonté d'une croix d'or dans l'autre, est agenouillé sous un riche dais qui porte, dans sa frise, la devise orgueilleuse du maître de toutes les Espagnes : *Nec plus ultrà.* A gauche le saint patron, Charlemagne, avec le manteau impérial, la couronne et l'épée, semble implorer le Christ pour son royal protégé. Dans le soubassement sont dessinées les armes de l'Empire entourées du collier de la Toison d'or et sommées de la couronne impériale.

QUATRIÈME VITRAIL (placé au milieu de l'abside du chœur, il est entièrement religieux; tous les autres convergent vers lui), *partie supérieure :* LA PÉNITENCE. — Un évêque, assis sur son trône, reçoit un grave pécheur au tribunal de la pénitence; deux groupes de personnages assistent à la confession ou s'y préparent. Au-dessous est l'inscription suivante : *Plaga lepræ, si fuerit in homine, adducetur ad sacerdotem, et videbit eum.* LEV. 13. *Confitemini ergo alterata peccata vestra et orate pro invice ut salvemini.* JACOBI ULTIMO, 1531.

Partie inférieure : Jésus-Christ expire sur la croix pour racheter les péchés des hommes. Des anges recueillent dans des calices le sang précieux qui ruisselle des plaies de Notre-Seigneur, symbole bien expressif des grâces qui découlent pour nous du sacrifice de la rédemption, si nous les méritons et si nous nous efforçons de les recueillir. Au pied de la croix, la sainte Vierge (1) et saint Jean, le disciple bienaimé, semblent, au milieu de leur douleur, intercéder encore pour l'humanité; et dans le soubassement, les saintes femmes s'inclinent et adorent. Le fond du tableau est rempli par un paysage qui, sans aucun doute, a la prétention de rappeler la ville sainte, et qui a beaucoup d'analogie avec celui de la première verrière, ce qui tendrait à confirmer nos observations précédentes.

(1) L'artiste a bien compris qu'il fallait donner à la sainte Vierge une attitude grave et quelque peu austère, et il s'est gardé de ces poses exagérées dans lesquelles se sont égarés les plus grands artistes. Nous engageons les peintres modernes à méditer les réflexions suivantes que nous empruntons aux *Mélanges archéologiques* des savants jésuites CH. CAHIER et A. MARTIN, Paris, 1851, 2ᵐᵒ vol., p. 70 :

« L'évangile dit en propres termes (Joann. XIX, 25) : que la mère de Dieu se tenait debout près de la croix ; et jusqu'au XIVᵉ siècle l'art prit ces paroles à la lettre, sans s'écarter en rien d'une attitude si mâle dont l'austérité semble même avoir été un peu exagérée par saint Ambroise (*De obitu Valentin.* 59, t. II, p. 1185 : « *Stantem illam lego, flentem non lego.* » Cf. *De institut. virg.* 7, t. II, p. 261, etc.). Il faut bien convenir du reste que les Pères et les grands théologiens, sans entendre adoucir en rien l'expression et la pensée des cruelles angoisses éprouvées par cette *reine des martyrs,* repoussent unanimement tout ce qui pourrait faire croire que tant de souffrance dans une telle mère ait été suspendue par la faiblesse des sens ou soulagée par quelqu'une de ces effusions qui trahiraient bien plutôt la délicatesse de la complexion que la profondeur de l'atteinte. Que si l'Église romaine, dans la personne du grand Innocent III (à ce qu'il semble), offre aux méditations des fidèles, avec le *stabat mater dolorosa,* une mère baignée de larmes et frémissant de douleur, il y a loin de là à ces exclamations que lui prête l'Église grecque dans des chants presque quotidiens ; et l'office de la *compassion* dans le bréviaire romain prend quelque chose du langage de saint Ambroise, quand la très-sainte Vierge nous y est montrée comme goûtant en quelque sorte dans le spectacle du calvaire l'amère consolation de voir le monde réconcilié avec Dieu.

.... » La simplicité sobre et sévère que les artistes s'étaient imposée dans les représentations de Marie près de la croix, jusque vers la fin du XIIIᵉ siècle, parut sans doute trop sèche à leurs successeurs; l'on vit alors paraître ces peintures de la pamoison (*spasmus*) de la sainte Vierge, qui prirent faveur dans plusieurs contrées malgré l'opposition (un peu tardive du reste) des plus grands théologiens.......... En fait de

Au haut de la fenêtre s'épanouissent les armes de l'Empereur avec la devise: *Plus oultre*. En bas, on a ajouté à ces armes celles de Portugal, qui sont d'argent à cinq écussons d'azur posés en croix, chacun chargé de cinq besants d'argent; à la bordure de gueules chargée de sept châteaux d'or, et de plus les deux initiales C. I., entourées de guirlandes.

Ce vitrail nous offre une des plus belles pages de peinture sur verre de la Belgique; on y remarque le sentiment religieux, la profondeur de pensée et la prudence d'exécution; l'ornementation architecturale est d'une richesse qui dépasse celle des autres verrières. Pourquoi faut-il encore que la licence qui y règne dans les figures humaines vienne rompre la chaste harmonie de la composition?

CINQUIÈME VITRAIL, *partie supérieure :* L'EUCHARISTIE. — Agenouillés à la sainte table, plusieurs dames et seigneurs, en costume de cérémonie, reçoivent des mains de l'évêque la nourriture spirituelle. D'autres personnages en grand nombre se présentent pour participer au même sacrement. Au-dessous, on lit dans un cartouche : *At vero Melchisedech rex salem proferens panem et vinum, erat enim sacerdos Dei altissimi.* GENES. XIIIJ †. *Caro enim mea vere est cibus et sanguis meus vere est potus.* JOHANNIS SEXTO. † 1531.

Partie inférieure : Isabelle de Portugal, en grand costume impérial, avec manteau et couronne, accompagnée de sa patronne, est agenouillée sous un dais sur lequel est écrit: *Isabella. imp. Caroli.* Dans le soubassement sont les armes de l'Impératrice accolées de celles de l'Empire.

SIXIÈME VITRAIL, *partie supérieure :* LE MARIAGE. — Deux époux s'unissent en présence de témoins et devant l'évêque, dans une église dont l'abside et le chœur se détachent en perspective et sont d'un bel effet. Au-dessous est l'inscription suivante : *Masculum et feminum creavit eos. Benedixitque illis Deus et ait : Crescite et multiplicamini.* GEN. 1. — *Itaque jam non sunt duo, sed una caro. Quod ergo Deus conjunxit homo non separet.* MATH. 19.

secours malencontreux apportés par l'art au christianisme, il en est assurément qui sont quasi des insultes ou dont l'inintelligence saute aux yeux. Ce n'est pas de ceux-là qu'il s'agit, puisqu'ils se classent trop manifestement parmi les œuvres à rejeter dès la première inspection ; il est donc en quelque sorte plus urgent d'appeler particulièrement une censure attentive sur les compositions qui s'offrent d'abord comme inspirées par une piété tendre, mais qui tiennent peu compte des faits exposés par l'Écriture sainte et des formes longtemps admises par des âges de foi. Une certaine tendance à tourner les faits évangéliques en des scènes d'apitoiement sentimental, ou en de saintes gentillesses qui confinent plus ou moins à la fadeur, peuvent être plus fâcheuses qu'une peinture conçue sans foi et d'où l'œil d'un chrétien se détournera presque infailliblement............ Ces considérations ne doivent pas sembler hors de propos quand il s'agit de la mère de Dieu, qui fut sans doute sur la terre quelque chose comme la femme forte de l'Écriture, et qui valait bien au moins la mère des sept Machabées, dont nul sculpteur ou peintre, que je sache, n'a songé à faire une sorte de Madeleine éplorée. »

Le T. R. Père ajoute en note cette observation : « On n'en vint que pas à pas au dernier point de ce renchérissement sur l'évangile. Il semble que l'on commença d'abord par peindre la très-sainte Vierge assise à terre près de la croix, ainsi que l'a fait Giotto ; comme si, brisée par la douleur, elle n'eût pu tenir aux longues tortures de l'agonie qu'elle partageait avec son divin fils. Rien n'autorise à traiter d'inconvenance cette invention ; mais enfin c'est une déviation, parce qu'on ne s'en tient plus à la grandeur simple de la narration évangélique, qui avait seule défrayé les œuvres anciennes. Je laisserai donc passer cela dans un appartement, et tout au plus dans un oratoire, non pas volontiers dans une église. »

Partie inférieure : Philippe le Beau, de Savoie, Marguerite d'Autriche, accompagnés de leurs patrons, sont agenouillés et prient. Au haut et au bas de la fenêtre sont les armes du duché de Savoie, de gueules à la croix d'argent, et celles de Bourgogne. Quelques inscriptions accompagnent les blasons. Sur des banderoles qui courent à travers les nervures croisées des meneaux, on lit cette devise si connue de Marguerite d'Autriche : *Fortune. Infortune. Fort une* (1); on y voit aussi la devise de la maison de Savoie : F. E. R. T., placée sur le dais.

Septième vitrail, *partie supérieure :* l'Extrême Onction. — Un évêque administre les derniers sacrements à une mourante étendue sur son lit. La douleur est répandue sur les traits des assistants. Sur un cartouche est écrit : *Infirmatur quis in vobis? Inducat presbyteros ecclesiæ; et orent super eum, cingentes eum oleo in nomine domini.* S. Jacobi, cap. 5, v. 14.

Partie inférieure : Antoine de Lalaing et Élisabeth de Culembourg, veuve en premières noces de Jean de Luxembourg, accompagnés de leurs patrons, sont agenouillés et en prière. Sur sa riche armure, Antoine de Lalaing porte la cotte d'armes armoriée et le collier de l'ordre de la Toison d'or. Ses gantelets et son casque sont déposés à ses côtés, tandis que sur sa tête brille la couronne de comte. Sa femme porte le riche costume des dames nobles de cette époque.

Dans le soubassement, sur deux écussons, sont tracées les lettres A. L. et E. C., enlacées deux à deux. On y voit aussi les armes des Lalaing, qui sont de gueules à dix losanges d'argent, et celles de Culembourg, qui sont écartelées aux 1 et 4 d'or à trois briquets doublés de gueules; aux 2 et 3 d'argent au lion de sable. Au bas de la fenêtre, on lit : *Cura R. D. Cauwenbergh, et opera Joannis Capronnier restauratum, anno* 1844 (2).

(1) Voyez l'explication de cette devise par M. le baron de Reiffenberg, dans ses *Notices et extraits des manuscrits de la Bibliothèque de Bourgogne*..... 1 vol. in-4°, Brux., 1820, p. 17.

Voici quelques détails sur les différentes devises adoptées par Marguerite d'Autriche :

Après son renvoi de la cour de France et sa répudiation par Charles VIII, Marguerite avait pris pour devise une haute montagne dont la cime est battue par les vents en furie. Au bas de cette figure on lisait : *Perflant altissima venti,* devise qui s'explique d'elle-même.

Lorsque cette princesse eut perdu Jean de Castille et l'enfant fruit de cette union, elle adopta une autre devise, dont la figure ou le corps était un arbre chargé de fruits, que la foudre venait de partager en deux, avec cette légende : *Spoliat mors munera nostra.* L'invention de cette devise est attribuée à Strada.

Enfin, devenue veuve de Philibert, elle composa elle-même la fameuse devise que l'on trouve répandue partout à profusion : *Fortune. Infortune. Fort Une,* et qui est la modification ou l'altération de ce vers latin de Cornelius Grapheus :

Fortis fortuna infortunat fortiter unam.

La pièce de vers d'où elle est tirée porte pour titre : *Fata variæ fortunæ clarissimæ optimæque principis divæ Margaritæ....,* etc. Elle fut écrite en 1532, et le manuscrit appartient à la Bibliothèque royale de la Haye.

La devise F. E. R. T., de la maison de Savoie, a mis bien des savants à la torture. Quelques-uns ont voulu l'expliquer par ces mots : *Fortitudo ejus Rhodum tenuit* ou *tuetur;* d'autres y voient la devise d'un ancien lai d'amour, qui signifierait : *Frappez, Entrez, Rompez Tout.*

On peut consulter, pour plus de détails, les *Recherches historiques et archéologiques sur l'église de Brou,* par J. Baux, archiviste du département de l'Ain. 1 vol. in-8°. Paris, 1844.

(2) On trouvera les époques de restauration dans l'*Exposé de la situation administrative de la province d'Anvers,* sessions de 1840 et suiv.

TRANSSEPT.

Premier vitrail, *côté nord :* L'amortissement de la fenêtre renferme un poëme complet, c'est la grande et sublime scène de la Passion, rappelée par les figures des personnages qui y ont participé et les instruments du supplice. La belle tête du Christ est là à gauche ; en face se trouve le vase de parfum ; puis voici Anne, Caïphe, Hérode avec la couronne en tête, Ponce-Pilate, Pierre, la servante et le coq qui marqua en même temps l'heure de la faute et celle du repentir ; voici les soldats, voici même le traître Judas, rien n'y manque ; et puisqu'on mettait les instruments de la Passion, puisqu'on rappelait par des symboles et des figures le grand acte de Notre-Seigneur, puisqu'on plaçait dans les nervures flamboyantes des meneaux, les fouets, le roseau, la couronne d'épines, la robe et les dés, l'échelle, la croix, les clous, pourquoi aurait-on soustrait à tout cet appareil de torture la tête du traître qui vendit son Dieu et prêta les mains au forfait qui pèse encore sur la postérité des coupables ?

Le grand sujet religieux qui touche à l'amortissement de la fenêtre est la Cène. Notre-Seigneur distribue à ses disciples les mets qu'il vient de bénir et les prépare au banquet mystique qu'ils devront plus tard présider. Au moment où Notre-Seigneur donne sa bénédiction, Judas se détourne et baisse les yeux, comme s'il ne pouvait soutenir la vue de son divin maître. La même composition se trouve reproduite à Tournai, et nous en avons parlé dans la deuxième partie de notre ouvrage. Il est bien regrettable que l'on ne puisse connaître l'auteur de cette verrerie qui renferme de grandes beautés.

La partie inférieure du vitrail est remplie par la suite des principaux comtes de Hollande ; c'est un des morceaux de peinture sur verre les plus intéressants pour la Belgique, au point de vue historique. Le peintre a embrassé les cinq dynasties qui ont successivement gouverné le comté de Hollande, depuis Thierry Ier jusqu'à Charles-Quint, et il a placé en regard les huit comtes qui lui ont paru les plus importants. Suivant l'habitude du temps, l'artiste ne s'est pas préoccupé de l'époque où vivaient ses personnages, il les a tous revêtus du costume guerrier du xvie siècle ; il a mis à leur main, même à celle de Thierry Ier, l'écu du comté de Hollande, qui est d'azur au lion d'or, lampassé de gueules. Un cartouche, placé sous chacun d'eux, indique leur nom et leurs qualités.

Suivons-les dans l'ordre où ils sont rangés à partir de la gauche.

Thierry Ier, en faveur duquel, en 863, Charles le Chauve constitua en comté cette partie des Frises qui, au xie siècle, prit définitivement le nom de Hollande. Sur sa cotte d'armes, le chef de la dynastie d'Alsace porte les armoiries du comté, sur la tête la couronne de comte, sa main est sur l'épée restée au fourreau, et ses épaules sont couvertes du manteau de cérémonie. On lit dans le soubassement : *Theodorius primus comes hollandie.*

Guillaume III, de la dynastie de Hainaut, qui gouverna le comté de Hollande de 1304 à 1337 ; il porte le même costume que le précédent, avec cette seule différence que la couronne est un peu plus riche et que la cotte d'armes est armoriée de Hainaut, qui est écartelé aux 1 et 4 d'or au lion de sable lampassé de gueules, aux 2 et 3 d'or au lion de gueules. Sur l'inscription on lit : *Guilielmus tercius hollandie. comes.*

Guillaume II, de la dynastie d'Alsace; il est revêtu du manteau et de la couronne impériale. On peut dire de ce prince qu'il faillit être empereur. Nommé, en 1247, par le pape Innocent IV, en opposition avec Frédéric II, mais ne pouvant parvenir à se faire reconnaître, il renonça de lui-même au titre d'empereur d'Allemagne et retourna dans son comté de Hollande. L'artiste aurait pu se dispenser de donner à Guillaume II les insignes impériaux et d'armorier sa cotte d'armes d'empire et de Hollande ; il aurait dû aussi respecter l'ordre chronologique, en plaçant ce comte avant Guillaume III. Il a été porté à ce changement par un motif d'une médiocre valeur, celui de mettre, pour la symétrie de la composition, deux empereurs en parallèle, Guillaume II et Maximilien. Le cartouche du soubassement laisse lire : *Guilielmus secundus, rom. imp. hollandic. comes.*

Guillaume V, de la dynastie de Bavière. Le comté de Hollande était passé, en 1357, à la mort de Guillaume IV, dans la maison de Bavière, dont le prince Louis avait épousé Marguerite, sœur du comte régnant. A la mort de Louis de Bavière, 25e comte de Hollande, son fils, Guillaume V, lutta contre sa mère, qui voulait usurper ses droits, et la chassa du pays. Dix ans après il devint fou, et son frère Albert fut nommé ruward ou protecteur de la Hollande. Guillaume V porte la couronne de duc et le manteau; les armoiries qui ornent sa cotte d'armes sont écartelées de Hainaut et de Bavière qui est losangé en bande d'argent et d'azur; de la main droite, il tient une hallebarde. L'inscription donne : *Guilielmus quintus hollandic. comes.*

Philippe le Bon, le fondateur de la puissance de la maison de Bourgogne. Philippe, surnommé *le Bon* par une raison assez inexplicable, est en grand costume ducal, sa cotte d'armes est écartelée de tous les quartiers de Bourgogne, et de la main droite il tient une hallebarde. Sur l'inscription on lit : *Philippus, dux Burgondic. hollandic. comes.* Nous regrettons de ne pas voir figurer ici la fille de Guillaume VI, Jacqueline de Bavière, à laquelle on pourrait adresser ce vers de V. Hugo : *Faible cœur, mais grande âme.* On sait avec quelle énergie cette princesse défendit ses États et comment elle fut obligée d'y renoncer définitivement pour sauver son quatrième mari, Borselen le stathouder, tombé dans les mains du duc de Bourgogne.

Maximilien, empereur d'Allemagne, duc de Bourgogne par son mariage avec Marie, fille de Charles le Téméraire. Costume impérial; sur la cotte d'armes, le collier de l'ordre de la Toison d'or et les armoiries de l'Empire chargées de Bourgogne en abysme; l'écu qu'il tient à la main est partie de Hollande et de Bourgogne. Au-dessous: *Maximilianus, rom. imp. uxoris causa hollandic. comes* (1).

Philippe le Beau, fils de Maximilien et de Marie de Bourgogne. Couronne de prince, sceptre, manteau ducal, collier de l'ordre de la Toison d'or; la cotte d'armes écartelée des quartiers de Bourgogne et d'Aragon. Au-dessous: *Philippus archidux austric. hollandic. comes.*

Charles-Quint. Costume impérial, cotte d'armes armoriée de l'Empire chargé en abysme des quartiers de Bourgogne. Sur l'inscription on lit : *Karolus, Romanorum imperator, hollandic. comes.*

(1) Nous ne croyons pas nécessaire de nous étendre sur Maximilien et les deux souverains qui suivent parce que nous avons eu déjà et que nous aurons encore de fréquentes occasions d'en parler.

Si nous considérons tous ces personnages au point de vue de l'art, nous reconnaîtrons qu'une parfaite harmonie en même temps qu'une grande variété règnent dans les poses, que le dessin est ferme et correct, et que la grâce chez les uns forme un heureux contraste avec la majesté grave chez les autres.

Un long cartouche règne dans le dernier compartiment inférieur de la fenêtre dont il occupe toute la largeur, sauf deux panneaux qui sont remplis par les armoiries de Lalaing et de Culembourg. Sur le cartouche est tracée l'inscription suivante : *Cette vitre a par les estats du pays et comté de Hollande esté donnée et mise en l'honneur de très noble et puissant Sr messire Antoine de Lalaing premier comte d'Hoochstraeten, chever de l'ordre de la Toison d'or, lieunt geneal, gouverneur de Hollande, et en l'honneur de très noble dame, Elisabeth de Culembourg son épouse, l'an de grâce mil cinq cent trente cinq.*

Le don de cette verrière s'explique aisément. Quand la seigneurie de Hoogstraeten fut érigée en duché en faveur d'Antoine de Lalaing, les états de Hollande voulurent donner un témoignage de leur joie au noble comte dont la famille leur avait fourni deux stathouders, Guillaume de Lalaing, grand bailli du Hainaut, élu stathouder en 1440, et Josse de Lalaing, nommé en 1480 stathouder de Hollande, de Zélande et de Frise, charge dont il ne jouit pas longtemps, car il fut tué au siége d'Utrecht en 1483.

La restauration moderne est indiquée dans un petit médaillon placé en bordure sous la fenêtre, on y lit : *Cura L. L. A. ctis de Beauffort A° M D CCCXLIX restauratum.*

Le *second vitrail* du transsept, côté sud, est de la même dimension que le précédent, il porte la date de 1533 et fut sans doute un don de la province d'Anvers dont on voit les armes plusieurs fois répétées.

Une double arcade très-riche de détails et splendidement décorée forme le cadre général dans lequel se développent deux grandes compositions religieuses, la Circoncision et l'Adoration des Mages. Les nervures flamboyantes qui se croisent au-dessus de la partie architecturale sont remplies par les armes de l'empire sommées de la couronne impériale, les flammes et les briquets de l'ordre de la Toison d'or, les colonnes d'Hercule avec la devise *Plus oultre*, les armoiries des Lalaing et celles de la province d'Anvers.

Les deux sujets religieux sont moins heureusement traités que la Cène du vitrail précédent. La pose des personnages y est forcée, les draperies plus tourmentées; il faut cependant faire une exception pour la figure de la Vierge qui, dans ces deux sujets, est pleine de modestie et de douceur. On voit que l'artiste s'y est particulièrement attaché et en a fait le point le plus saillant et le plus important de sa composition.

Le soubassement renferme le même dessin deux fois reproduit. Deux génies, l'un sous la figure d'un guerrier romain, l'épée nue à la main, l'autre sous celle d'une femme tenant une branche d'olivier, représentent la force et la paix et supportent les armoiries du marquisat et de la province d'Anvers. Les armes de la ville d'Anvers sont d'argent à trois tours de gueules entretenues par trois murs de même, les deux du chef surmontées par deux mains appaumées de carnation, posées l'une en bande, et l'autre en barre : celles de la province sont de même avec cette seule adjonction qu'elles portent au chef de l'Empire. Plus bas on voit les blasons des Lalaing et des Culembourg.

Cette verrière est destinée à rappeler les services rendus à la province d'Anvers par la famille de Lalaing dont plusieurs membres en ont été gouverneurs. Il nous est difficile d'admettre qu'elle soit de l'artiste qui a dessiné la Cène et les comtes de Hollande.

Les vitraux d'Hoogstraeten étaient oubliés et comme perdus au fond de la Campine; leur état de dégradation, les réparations maladroites qui y avaient été opérées à diverses reprises et dont tout le secret avait été de prendre des morceaux d'un côté pour boucher les trous d'un autre, en avaient fait un assemblage presque informe de débris multicolores. Il ne fallait rien moins que l'œil exercé de M. le comte de Beauffort pour distinguer l'importance de ces œuvres sous leur étrange et bizarre apparence. La Belgique doit être pleine de reconnaissance pour le savant président de la Commission des beaux-arts, qui a su retrouver ces richesses presque perdues et les confier à un artiste (M. Capronnier) assez habile pour les remettre au jour dans tout l'éclat primitif.

VILLE DE MONS.

Les ducs de Bourgogne venaient de réunir en un seul royaume les divers États qui, jusqu'alors régis séparément, formaient la Belgique. Le comté de Hainaut n'était plus qu'un des fleurons de la couronne ducale. Les comtes de Hainaut, de Flandre et de Hollande, les ducs de Brabant et de Luxembourg, presque tous les princes, barons et marquis de la contrée étaient entrés dans la puissante famille de Bourgogne. Les maisons princières s'étaient écroulées, et avec elles avait disparu la division des ressources qui entravaient les grands travaux.

L'éclat du souverain rejaillissait sur le territoire entier, partout ce n'étaient que restaurations et reconstructions. Mons ne fut pas oubliée, et l'église dédiée à sainte Waudru, bâtie à l'endroit où s'élevait le modeste oratoire de la fille de Walbert, l'église, deux fois incendiée et deux fois reconstruite, devint l'objet de l'attention de Philippe le Bon, qui, par son titre de comte de Hainaut, était abbé séculier du monastère des chanoinesses de Mons, propriétaires de l'église.

La réédification de cette basilique fut résolue et commencée en 1450. Il est probable qu'une partie fut rasée pour permettre de commencer les travaux, et que ce fut dans l'autre moitié que Philippe le Bon tint l'année suivante, le 2 mai 1451, le sixième chapitre de l'ordre de la Toison d'or.

La cérémonie de la pose de la première pierre de la nouvelle église n'eut lieu que le 15 mars 1460 (1). Les archéologues montois en attribuent les plans à *Mathieu de Layens*, l'architecte de l'hôtel de ville et de l'église Saint-Pierre à Louvain.

Les travaux n'allèrent pas aussi vite qu'on l'avait espéré, et la nouvelle construction traina en longueur. Les plans furent soigneusement conservés et pendant plus de deux siècles, on les suivit avec fidélité. Il en résulta un fait unique, une église dont les travaux se sont poursuivis pendant deux siècles, bâtie d'après un même plan et formant un tout plein d'ensemble et d'harmonie. La tour seule est restée inachevée. Il appartenait aux architectes modernes de Mons de rompre cette harmonie par l'adjonction d'un escalier principal qui fut adopté, malgré les sages avis de quelques habitants, par une de ces erreurs inexplicables qui semblent ne surgir que pour montrer la faiblesse de l'esprit humain. La ville de Mons, un jour, effacera cette tache de son monument, achèvera la tour dont les plans ont été retrouvés par le savant rédacteur de la *Revue numismatique belge*, M. R. Chalon (2), et complétera la parure de sa coquette église par un porche digne d'elle.

L'église de Sainte-Waudru semble sortir des mains de l'ouvrier; pas un coup de pinceau n'est venu lui enlever la virginité de sa couleur primitive, nuancée par la pierre bleue des nervures et les

(1) *Voir* les documents officiels inédits sur l'*Histoire monumentale et administrative des églises de Sainte-Waudru et de Saint-Germain, à Mons*, fournis par MM. A. Lacroix et Ad. Mathieu, N° 15 des *Publ. de la Soc. des Bibl. de Mons*, p. 47.

(2) Ce plan n'a pas moins de 65 centimètres de largeur sur 3 mètres 45 centimètres de longueur. M. Chalon en a fait faire des *fac-simile* qu'il a accompagnés d'une notice historique, pleine de cette verve fine et caustique qui le distingue (1 vol. in-8°, Bruxelles, 1844).

briques rouges des voûtes; les architectes de la renaissance en ont respecté le style et l'ordonnance;
elle est un modèle parfait donné par les artistes du xv° siècle à ceux de nos jours, et nous ne craignons pas de dire qu'un architecte qui ne l'a pas vue ne peut pas regarder ses études comme complètes et achevées; il est aussi nécessaire de voir l'église de Sainte-Waudru que les églises romanes
des bords du Rhin, ou que Notre-Dame de Paris, Chartres, Saint-Ouen, Reims, etc. (1).

Pour nous, cette église a une importance toute particulière: parce que ses fenêtres sont ornées de
vitraux peints, échappés presque intacts aux suites désastreuses des nombreux siéges soutenus par
la ville de Mons, et aux ravages de la révolution française. Habilement restaurés par M. Capronnier,
ces vitraux nous offrent une page intéressante de la peinture sur verre. Ils ont été décrits par MM.
Ad. Mathieu et Léopold de Villers (2). Le second de ces écrivains a bien voulu nous communiquer
des renseignements excessivement importants, qu'il a puisés dans les archives de Mons, notamment
en ce qui concerne toute une famille de peintres verriers dont nous avons déjà parlé dans notre
première partie, page 155; nous en ferons usage en temps et lieu.

VITRAUX DU CHOEUR.

Les cinq fenêtres de l'abside du chœur sont ornées de vitraux divisés verticalement, par les
meneaux de l'ordonnance architecturale, en trois parties égales. L'une est réservée au sujet religieux, les deux autres au donateur, au patron et aux quartiers de noblesse; nous avons (page 130,
1re partie) fait ressortir la moralité de ce partage inégal de la fenêtre. Les autres croisées
du chœur, au nombre de dix, sont plus larges; les meneaux plus nombreux ont multiplié les panneaux et permis de donner plus d'importance au sujet religieux.

Procédons à la description de ces vitraux :

ABSIDE DU CHOEUR. — *Premier vitrail* en partant de la gauche. — Donatrice : MARIE DE BOURGOGNE.
— Sujet religieux : la *Fuite en Égypte,* composition tronquée, parce que la place était insuffisante
et que l'on ne voulait pas occuper une partie de celle qui était réservée à la donatrice, que nous
voyons agenouillée à côté de sainte Marie-Madeleine sa patronne; derrière Marie de Bourgogne
viennent Marguerite sa fille et sainte Marguerite. Sur le dais qui couvre l'impératrice, on lit la devise
de son père, Charles le Téméraire: *je l'ay empris.* Dans les nervures flamboyantes de la croisée sont
dessinées la croix de Bourgogne avec briquets et toison d'or, et des banderolles portant la devise
de Maximilien, son époux: *Halt mas in allen Dingen.* Un ange, placé dans la partie supérieure de

---

(1) On peut consulter pour l'histoire de l'église de Sainte-Waudru : *Hist. de l'archit.,* par A.-G.-B. SCHAYES,
déjà cité. — *Notice sur les tombeaux des comtes de Hainaut inhumés dans l'église de Sainte-Waudru, à Mons,*
par R. CHALON, 1850, 1 vol. in-8° de 50 pages, tiré à 50 exemplaires numérotés. — *Mons, Histoire monumentale,* 1842; *Sainte-Waudru,* par AD. MATHIEU, 8 pages in-8°. — Documents officiels inédits, publiés
d'après les originaux des archives publiques, sur l'*Histoire monumentale et administrative des églises de Sainte-
Waudru et de Saint-Germain, à Mons,* avec planches et notes; Mons, in-8°, 1843 (15° publication de la Société
des Bibliophiles, due aux soins de MM. LACROIX et AD. MATHIEU). — *Recherches sur l'histoire et l'architecture
de l'église de Sainte-Waudru, à Mons,* par LÉOPOLD DEVILLERS. Mons, 1 vol. in-8°, 1854.

(2) *O. d. c.*

la fenêtre, supporte l'écu losangé de Marie de Bourgogne, parti de l'Empire et de Bourgogne. Les quartiers de noblesse de la riche héritière occupent tout le reste du vitrail tant au-dessus qu'au-dessous. On y voit les blasons suivants :

ANCIENNE AUTRICHE.	UNDISMARCH.
GRENADE.	ORTENBURG.
CARNIOLE.	KYBURCH.
CARINTHIE.	. . . . . . (1).
SCHLEI ELINGEN.	MORAVIE.

Deuxième vitrail, donateur MAXIMILIEN, empereur d'Allemagne. — Sujet religieux : *Jésus au milieu des docteurs*. Le donateur est agenouillé, les mains jointes, près de lui son patron, et derrière ses deux fils, Philippe le Beau et François, accompagnés de leurs saints patrons. Sur le dais on lit : *Halt mas* et *Qui vouldra*; au-dessus de Maximilien, son blason qui est de l'Empire seul, avec cimier, devise et initiales ; dans les nervures, la croix de Bourgogne, les briquets, les initiales M. M., la date de 1511 et la devise *Halt mas in allen Dingen* (Garde mesure en toute chose); les blasons suivants complètent la fenêtre :

DALMATIE.	CHIKT.
HONGRIE.	CORTNAER.
STYRIE.	CHILI.
AUTRICHE.	. . . . . . (2).
AQUITAINE.	ALSACE.

Troisième vitrail, milieu de l'abside. — Donateur MAXIMILIEN, empereur. — Cette verrière est disposée d'une manière particulière. Le sujet religieux en occupe toute la largeur et, suivant l'usage, il représente le *Crucifiement*. A droite, on voit la sainte Vierge, saint Jean et les saintes femmes ; à gauche, les cavaliers de l'escorte, et au pied de la croix qu'elle embrasse, se trouve sainte Marie-Madeleine; une vue de Jérusalem forme le fond du tableau. Au-dessus de la croix, un lion tient d'une patte les armoiries du Hainaut moderne et, de l'autre, un étendard au Hainaut ancien. Des deux côtés, Maximilien et Philippe le Beau sont en pied, revêtus de leur riche costume de souverain; le premier porte le globe impérial et l'épée nue, le second tient d'une main le sceptre et s'appuie de l'autre sur la garde de son épée. Le dais qui les abrite porte leur devise; ils sont là comme les chefs de la famille et comme les défenseurs de la foi. Cette double pensée a dû nécessairement guider l'artiste. Sans doute il eût été préférable de faire occuper aux princes, avec leurs splendides armoiries, la partie inférieure du vitrail; mais nous devons reconnaître qu'il eût été difficile de les grouper avec les saints personnages qui entourent la croix, et que si, au point de vue religieux, la place élevée que l'artiste leur a réservée est sujette à critique, la disposition générale de la verrière, au point de vue de l'art, est remarquable par son harmonieux ensemble.

L'amortissement de la fenêtre est remplie par les armes d'Autriche entourées du collier de la

---

(1) Ce blason est d'azur à la fasce ondée d'argent abaissée, surmontée de deux cornets d'or affrontés.
(2) Ce blason est parti d'or à l'aigle simple de sable et un palé de gueules et d'argent de quatre pièces.

Toison d'or, sommées de la couronne impériale et par des banderolles aux devises des deux princes.

La partie inférieure du vitrail porte les armes de Maximilien et de Philippe et les blasons de Tyrol, Castille, Bourgogne et Luxembourg.

Quatrième vitrail. — Donateur, PHILIPPE LE BEAU. — Sujet religieux : L'APPARITION DE NOTRE-SEIGNEUR. — A côté, Philippe le Beau agenouillé et son saint patron, puis les deux fils de ce prince : Charles de Luxembourg, plus tard Charles-Quint, et Ferdinand son frère. Le premier a déjà la couronne impériale sur la tête et de plus il est accompagné de son patron. Sur le dais qui tient toute la largeur de la verrière, on lit : IHS. MARIA, et deux fois QUI VOULDRA. Plus haut se voient les armes de Philippe avec collier de la Toison d'or, cimier, devise et chiffre.

L'amortissement de la fenêtre est remplie par les briquets, les bâtons flambants, les lettres P I, la devise de Philippe le Beau : QUI VOULDRA JE LE VEIL, et la date de 1511. Dix blasons garnissent les autres compartiments du vitrail, ce sont :

ZUTPHANIE.	FLANDRE.
LÉON.	ARTOIS.
AUTRICHE.	GUELDRE.
BOURGOGNE.	BRABANT.
ANVERS.	NAMUR.

Cette verrière, simplement et largement composée, est particulièrement remarquable par la beauté des figures des personnages, elle se trouve reproduite dans notre ouvrage, pl. 21e.

Cinquième vitrail. — Donatrice, JEANNE D'ARAGON, épouse de Philippe le Beau. — Sujet religieux : L'ASCENSION DE NOTRE-SEIGNEUR. — La donatrice est agenouillée, son saint patron, saint Jean-Baptiste l'accompagne, et derrière elle sont ses quatre filles, Éléonore, Isabelle, Marie et Catherine, et deux de leurs saintes patronnes, sainte Isabelle et sainte Catherine. Le dais porte la devise : QUI VOULDRA. Dans la partie supérieure, un ange porte le blason losangé de Jeanne, et le reste de la verrière présente les armoiries des provinces suivantes :

CROATIE.	NEVERS.
AUTRICHE.	HOLLANDE.
BRABANT.	CARINTHIE.
LIMBOURG.	LUXEMBOURG.
LÉON.	ZÉLANDE.

NEF DU CHŒUR. — Les verrières en sont plus larges que celles de l'abside. Les meneaux plus nombreux partagent les deux fenêtres les plus rapprochées du chœur, celles de J. de Croy et de J. Carondelet, en quatre parties, et les autres en six. Les panneaux du milieu furent réservés au sujet religieux ; le donateur n'en occupa plus qu'un à gauche, le saint patron lui faisant face de l'autre côté. Le vitrail devint ainsi beaucoup plus religieux et on en compléta le caractère en plaçant dans les nervures supérieures les docteurs de l'Église et des anges. De plus les blasons, quoique aussi et même parfois plus nombreux, furent réduits de grandeur et resserrés dans un plus petit espace.

On jugera facilement de la différence de caractères des vitraux de l'abside et de la nef par nos planches 24ᵉ et 22ᵉ qui en offrent une reproduction.

Premier vitrail (on s'occupe en ce moment de sa restauration). — Donateur : Philibert Preudhomme, prévôt d'Utrecht, chancelier de l'ordre de la Toison d'or; il s'y trouve représenté en pied. Cette verrière, comme œuvre d'art, doit être mise au rang des meilleures, elle date de 1524.

Deuxième vitrail. — Sujet religieux : La Visitation. — Donateurs : Martin de Horn, seigneur de Gaesbeck et de Hess, grand veneur héréditaire de l'Empire; et sa femme Anne de Croy, dame de l'Escluse et Crombecq, vicomtesse de Furnes. Ils sont représentés agenouillés, accompagnés de leurs saints patrons et entourés de leurs blasons. Cette verrière date de 1542.

Troisième vitrail. — Sujet religieux : La Naissance du Sauveur. — Donateur : Pierre-Ernest de Mansfeld, chevalier de la Toison d'or, gouverneur du duché de Luxembourg. — Mêmes observations que pour les verrières précédentes, rien n'y manque, ni le saint patron, ni les armoiries.

Par une véritable exception, ce vitrail porte le nom de l'artiste qui l'exécuta, avec sa légende et la date :

EN TOVT TEMPE

IONART 1587.

Cette inscription, peinte en caractères de très-petite dimension, se trouve dans un coin presque imperceptible du vitrail; elle a été découverte par M. Léopold Devillers.

Quatrième vitrail. — Sujet religieux : L'Adoration des Mages. — Donateurs : Philippe de Clèves, seigneur de Ravestein, et Françoise de Luxembourg, son épouse. Les hauts donateurs, agenouillés de chaque côté de la verrière et accompagnés de leurs saints patrons, semblent s'être réunis aux rois mages pour adorer Notre-Seigneur. Leurs armoiries occupent le centre du soubassement, et dans les autres compartiments on a placé les blasons suivants :

Clèves.	Limbourg.
Dandre.	Juliers.
Bourgogne.	Bar.
Bavière.	Béthune.
Portugal.	Savoie.
Lancastre.	Bourgogne.
Aragon.	Cuypre.
Castille.	Bourbon.

L'amortissement de la fenêtre est occupé par trois docteurs de l'Église en costume du XVIᵉ siècle, l'un d'eux porte un philactère sur lequel on a tracé la date de la verrière : Anᵒ XVᵉ XIIII. Des anges

---

(1) Les vitraux de la nef sont suivis en montant à gauche et en descendant ensuite à droite.

chantent des cantiques et jouent de divers instruments, d'autres sonnent de la trompette (*tuba œnea*) , quelques ogives renferment les initiales P. E. , et sur des banderolles on lit cette devise : *A james vous seul.* Le cul-de-lampe placé à la fin de notre ouvrage reproduit la partie supérieure de cette verrière.

Cinquième vitrail. — Sujet religieux : LA PURIFICATION. — Donateur : JACQUES DE CROY, évêque et duc de Cambrai (1). Cet évêque est agenouillé en costume temporel, la tête ornée d'une couronne, et portant une armure sous son manteau ducal. De l'autre côté figure son saint patron, l'apôtre saint Jacques, en costume de pèlerin et pieds nus. Au bas du vitrail à sénestre sont les armoiries personnelles du duc avec cimier et devise, à dextre ses armes écartelées de celles de l'évêché de Cambrai; elles sont portées par un ange et sommées à sénestre de la mitre et de la crosse, et à dextre de deux couronnes de comte et de duc superposées, le prélat étant tout à la fois comte par sa naissance et duc par sa dignité; ces armoiries le présentent donc comme évêque, duc, comte et guerrier. De plus, dans le haut on a répété les armes de Croy écartelées de Renty et celles de Lalaing. Seize quartiers de noblesse occupent les flancs de la verrière, en voici l'énumération :

LALAING.	CROY.
LALAING et DORVNE.	CROY et PEQUIGNY.
LIGNY.	RENTY.
LIGNY et..... (2).	RENTY et BRUYEUR.
BARBENÇON.	CHAON.
BARBENÇON et MORIAMEZ.	CHAON et CHATILLON.
ARAGON.	FLANDRE (3).
ARAGON et LORRAINE.	Id. et FLANDRE SIMPLE.

Sur des banderolles qui se déroulent autour des nervures remplies par Notre-Seigneur bénissant et deux docteurs sans signes distinctifs, on voit les quatre initiales S. M. R. T., que l'on peut traduire ainsi : *Sancta Maria regina tutrix.*

On comprend en voyant cette verrière, qui ne renferme pas moins de vingt armoiries, que l'artiste a dû éprouver une grande difficulté à satisfaire la vanité du prince, sans s'écarter de la disposition générale adoptée pour les verrières de la nef; et si la mitre avec la crosse ne sommaient pas un des blasons, qui donc pourrait y reconnaître un prélat dans le donateur, Jacques de Croy ?

Nous avons donné, planche 22ᵉ, le dessin de cette verrière. Plusieurs motifs nous y ont déterminé : d'abord la beauté de la composition et les obstacles surmontés pour répondre à toutes les exigences la mettent hors ligne; elle offre ensuite un type heureux de l'ornementation de l'époque transitoire entre les styles gothique et classique. Déjà sous le feuillage et sous l'apparence gothique percent les formes arrondies de la renaissance. Nous avons expliqué la marche de cette transformation dans notre première partie, p. 122, nous avons voulu éclaircir le fait par un exemple.

(1) Jacques de Croy était premier chanoine de Cologne, prévost de Liége, protonotaire apostolique ; il fut fait évêque de Cambrai en 1504 par Alexandre VI; Maximilien le nomma duc de Cambrai en 1510, prince du saint empire, et enfin ministre de ses Etats; il mourut en 1516.

(2) Armes d'azur semé de fleurs de lis d'or, au lion d'argent armé et lampassé d'or.

(3) Les armes de Flandre sont ici brisées d'une bande de gueules brochant sur le tout.

Sixième vitrail, sujet religieux : *la Pentecôte;* donateur : JEAN CARONDELET, archevêque de Palerme (1). — Cette verrière offre un contraste frappant avec celle de Jacques de Croy. Autant l'artiste, dans la précédente, avait cherché à flatter l'orgueil du prince, autant il s'est efforcé d'imprimer à celle-ci le cachet religieux. Jean Carondelet est en habits ecclésiastiques, agenouillé au bas du vitrail et accompagné de son saint patron, saint Jean-Baptiste. Il fallait, pour se conformer à la disposition de la verrière et aux usages du temps, ne pas oublier les quartiers de noblesse. Le prélat y consent, mais il fera atténuer de la manière la plus ingénieuse l'ostentation de ce déploiement de titres. Quatre grandes figures : la sainte Vierge, un évêque tenant un luminaire, saint Jean l'Évangéliste et saint Étienne remplissent les cadres de l'entourage du sujet religieux; ce sont les saints patrons des familles auxquelles Jean Carondelet est allié, et à leurs pieds un blason de très-petite dimension en donnera la désignation.

Dans l'amortissement de la fenêtre, on voit la Sainte-Trinité entourée d'anges chantant des cantiques et jouant des instruments. Le soubassement présente enfin, à dextre : les armoiries écartelées de l'archevêché de Palerme et de Carondelet, sommées du chapeau vert et de la croix ; à sénestre : celles de Carondelet simples, sommées de la croix épiscopale et d'une banderolle avec le mot : *Mathura :* (probablement pour *Maturé*). Plus bas, on lit l'inscription suivante : *Joannes Carondelet archiepisc. Panormitatus.*

Ce vitrail et celui de Jacques de Croy ont été exécutés vers 1512.

Septième vitrail. Sujet religieux : *l'Assomption.*—Donateurs : GUILLAUME DE CROY, duc de Soria, marquis d'Aerschot, seigneur de Chièvres, et MARIE-MADELEINE DE HAMAL, son épouse. — Cette verrière rentre dans le système général des autres; les donateurs sont représentés agenouillés, en grand costume, accompagnés de leurs saints patrons et entourés de leurs quartiers de noblesse, qui rappellent leurs alliances avec les familles suivantes :

CROY.	LIMBOURG.
RENTY.	ENGHIEN.
CRAON.	BRIENNE.
FLANDRE.	DANDRE.
LORRAINE.	URSINS.
AERSCHOT.	BAR.
ALENÇON.	ANGLETERRE.
BOURBON.	BÉTHUNE.

Dans le soubassement de la verrière se trouvent les armes de Guillaume de Croy, entourées de la toison d'or, et celles de sa femme, portées par un ange, parti Croy et Hamal. On voit en outre, dispersées çà et là dans les nervures, les initiales G. et M., et des banderolles portant la devise : *Ou que soye.*

(1) Ce personnage joua un rôle important dans l'histoire des Pays-Bas. Il fut nommé, par Charles-Quint, pour présider le conseil privé que ce souverain adjoignit à sa sœur Marie (veuve du roi de Hongrie Louis II), à laquelle il confia le gouvernement de ces pays en 1531. Jean Carondelet mourut en 1544 et fut inhumé dans l'église de Saint-Donat, à Bruges.

Huitième vitrail. — Plus de sujet religieux ; la vitre entière suffira à peine aux donateurs, qui vont maintenant en occuper le centre. Les voici agenouillés encore, mais reproduits dans de plus grandes dimensions ; ce sont : ANTOINE DE LALAING, seigneur d'Hoogstraeten, et ÉLISABETH CULEMBOURG, son épouse ; auprès d'eux veillent leurs saints patrons, saint Antoine, ermite, et sainte Élisabeth, reine de Hongrie ; près de cette sainte se trouve un mendiant qui l'implore, symbole de sa grande charité.

Au-dessus des donateurs planent les trois personnes de la Sainte-Trinité, *soutenues* des armes de Lalaing et de Culembourg. Les mêmes armoiries sont répétées au-dessous du tableau ; celles de Lalaing sont entourées de la toison d'or, et un ange porte celles d'Élisabeth Culembourg (parti Lalaing et Culembourg). Les compartiments qui encadrent les deux hauts personnages renferment les blasons suivants :

LAMARCK.	ESCORNAIX.
BERLAIMONT.	BARBENÇON.
LUXEMBOURG.	AUMONT.
BORSELLE.	LA NIEFVILLE.
LA VIEFVILLE.	CHILLY.
EGMONT.	CHASTEAUVILLAIN.
BOURGOGNE.	. . . . (1).

Les écussons de Lalaing et de Culembourg se retrouvent encore dans les nervures ogivales de la fenêtre ; ils sont surmontés d'un cartouche au millésime 1536, et entourés des initiales A. L. et de banderolles portant la devise : *Nulle plus ne moy autre.* Le reste est orné de figures d'anges.

Neuvième vitrail, donateur : FRANÇOIS BUISSERET, archevêque de Cambrai (2). — Cette verrière, qui date du XVIIe siècle, ne diffère des précédentes que par son ornementation architecturale lourde et disgracieuse. Voici la description qu'en donne M. Léopold de Villers (3) :

« On connaît la légende qui se rattache à cette verrière. Elle a pour origine la relation d'un exorcisme fait par Buisseret, dans l'église de Sainte-Waudru, sur la personne de Jeanne de la Croix, native du Hainaut. A la suite de cet exorcisme, le malin esprit fut forcé de sortir de l'église et s'échappa en brisant une vitre (*per vitri effractionem*). Tel est le récit que fait Nicolas de Guyse (4), qui, le premier, rapporta cette particularité. Après lui, de Boussu amplifia la narration ; d'après cet historien (5), le vitrail dont nous faisons la description fut donné, par Buisseret, « en mémoire » et remplacement de celui que le diable *fracaça*, lorsqu'il fut obligé de sortir du corps d'une

(1) Cette dernière armoirie, qui ne porte pas d'inscription, est d'argent à la croix chevronnée de gueules et or.

(2) Ce prélat naquit à Mons, de Georges Buisseret et de Catherine de la Barre. C'est à lui qu'on doit l'établissement de l'école dominicale de cette ville. (*V.* la *Biographie montoise,* par Ad. Mathieu, p. 41 et suiv.)

(3) *O. d. c.*, p. 43 et 44.

(4) *Illustrissimi ac reverendissimi Domini D. Francisci Buisseret, archiepiscopi, et ducis Cameracensis, vita et panegyris.* Cameraci, ex officinâ Joannis Riverii, 1616, in-4° (lib. II, cap. 9, p. 14 17).

(5) *Histoire de Mons*, p. 256.

» possédée, *et de l'église par cette vitre.* » Cette histoire fait le sujet d'un article très-spirituel, dû à la plume de Henri Delmotte (1).

» Malheureusement, notre verrière n'a aucun rapport avec la légende qu'on se plaît à raconter.

» Buisseret y est représenté, agenouillé près d'un prie-Dieu, en costume archiépiscopal. Derrière lui se trouve saint François, son patron, recevant les stigmates : aux pieds du saint est le globe du monde, et près de lui un religieux de son ordre, assis en contemplation.

» Ces personnages sont placés sous un grand portique en style pseudo-grec, qu'on rencontre fréquemment au xviiᵉ siècle.

» Sur le soubassement, au milieu, se trouve le millésime 1615, époque de la mort de Buisseret arrivée le 2 mai, à Valenciennes). A dextre, sont peintes les armes de l'archevêché de Cambrai, avec la croix; à senestre, celles de Buisseret, surmontées du chapeau vert et de la croix.

» La partie ogivale ne présente que quelques ornements sur un fond bleu. »

Dixième vitrail, donateurs : PHILIPPE DE STAVELO, baron de Haumont, seigneur de Glayon, chevalier de l'ordre de la Toison d'or, et sa femme ANNE DE PALANT. — Ce travail n'a pas encore été restauré; il n'offre, du reste, aucune particularité remarquable; il fut exécuté, en 1582, par Antoine Eve. (*Voir* ci-après la note du vitrail du porche nord du transsept.)

VITRAUX DES TRANSSEPTS (2).

Des dix verrières peintes qui furent inscrites dans les fenêtres des transsepts, cinq seulement subsistent aujourd'hui.

La grande fenêtre qui surmonte le porche du nord est décorée d'une verrière très-remarquable, monument de la piété de l'ancienne magistrature de Mons : elle a été restaurée en 1850.

L'Agonie de la sainte Vierge est représentée sur ce beau vitrail. Ce sujet prend toute l'étendue de la verrière. La Vierge est couchée sur son lit, qui est couronné d'un dais; elle tient dans la main droite un cierge allumé. Les apôtres l'entourent et prient; saint Pierre porte l'étole et tient un goupillon.

Dans la partie ogivale, on voit : Dieu le Père, la sainte Vierge et saint Jean-Baptiste, des anges exécutant un concert céleste et des docteurs de l'Église.

Sur le soubassement sont représentées deux fois les armoiries de la ville de Mons (de gueules, au château d'argent posé sur une terrasse de sinople), supportées par des anges.

D'après son style d'architecture, on reconnaît que cette vaste composition appartient au commencement du xviᵉ siècle ; mais le modelé des figures semble indiquer une époque plus reculée. C'est que l'artiste qui exécuta cette verrière, pratiquait les traditions des siècles précédents (3).

---

(1) *Archives du nord de la France et du midi de la Belgique.* (*Les hommes et les choses,* 1ᵉʳ volume).

(2) La description des vitraux des transsepts est empruntée à l'ouvrage déjà cité de M. Léopold de Villers sur l'église de Sainte-Waudru.

(3) M. Léopold de Villers nous a fait l'honneur de nous adresser, au sujet de cette verrière, la lettre suivante que nous transcrivons ici tout entière, parce qu'elle est pleine de renseignements importants :

« Je continue toujours mes recherches sur l'histoire monumentale de l'église de Sainte-Waudru. Une

Les quatre autres verrières peintes de la croisée représentent :

La première, *le Christ mort sur les genoux de sa mère et soutenu par saint Jean.* (Aux côtés de ce tableau se trouvent les donateurs de la verrière).

La deuxième, *saint Antoine* et un évêque portant un luminaire (*saint Hugues?*) ; au-dessous de ces patrons : le donateur du vitrail, HUGUES MATINÉE, *protonotaire apostolique*, avec ses armoiries entourées des attributs de sa dignité. Dans la partie ogivale, se trouvent des banderolles sur lesquelles on lit la devise : *Plus oultre* et le millésime *Anno 1552.* (Cette belle verrière est en bon état).

La troisième, *Jésus parmi les docteurs.* (C'est une peinture excellente).

La quatrième, un sujet sacré, qui en occupe le centre, mais qu'il est difficile de reconnaître ; il est entouré d'une profusion d'armoiries.

Nous avons lieu d'espérer que ces vitraux seront restaurés prochainement.

Nous possédons peu de renseignements sur les verrières peintes qui ont disparu.

Celle qui s'enchâssait dans la grande fenêtre du porche méridional, avait été offerte, au nom de la religion de saint Jehan de Jérusalem, par CHARLES DE PIPA, commandeur de l'ordre en Hainaut. Le sujet sacré représenté au centre de cette verrière, dont il reste de précieux fragments, était *le Baptème de Notre-Seigneur.*

heureuse trouvaille dans les archives communales de Mons, m'a fait connaître la date de la grande verrière au-dessus du porche nord, que M. Capronnier a restaurée en 1850. C'est par ordonnance du conseil de ville, du 30 novembre 1522, que cette verrière fut entreprise aux frais de la commune. Un patron de la peinture projetée, représentant le *Trépas de Notre-Dame*, avec les armes de Mons, fut examiné dans la séance du 2 mai 1523, et l'on chargea Claix (Claude) Eve, verrier, de l'exécuter « le plus authentiquement que faire se » polra. »

» D'autre part, j'ai trouvé que le vitrail coté N° 15, p. 44 de mon *Opuscule* (c'est notre N° 10), fut exécuté par Anthoine Eve, verrier, au compte de M. et Mme de Glayon, en 1582, et qu'on y voit les armoiries de Philippe de Stavelo, baron de Haumont, seigneur de Glayon, et celles de son épouse. Il paraît toutefois que Anthoine Eve employait un peintre à son service. C'est ce que je pense de ce qui suit :

« Extrait d'un registre intitulé : *Draps de morts* (archives de Sainte-Waudru réunies à celles de l'État, à Mons), année 1582. Pièce annexée : »

« Le distributeur aura à satisfaire à Anthoine Eve, vairier, la somme de 12 l. tournois dont 6 pour don à luy fait à cause de la vairière par lui faite et mise au chœur de l'église, portant les armoiries de M. de Glayon et par lui donnée, les quatre livres pour le vin de ses serviteurs, et 40 *sols tournois pour le vin du peintre* ; laquelle dite somme de 12 l. t., rapportant ceste, lui sera allouée ès mise de son prochain compte.

» Fait à Mons, par ordonnance de mesdemoiselles du chapitre, le 10° septembre 1582. Moy présent : Ansseau (greffier du chapitre), plus bas : Anthoine Eve (verrier dudit chapitre). »

» Et dans le compte, l'article est ainsi repris :

» A Anthoine Eve, verrier de l'église, par don gratuit pour luy et ses serviteurs, à cause de la fenestre donnée par Mme de Glaion. . . . . 12 l. t. »

» J'avais cru pouvoir obtenir tous les renseignements désirables sur nos vitraux peints, dans les documents, si précieux d'ailleurs, du célèbre chapitre noble de Sainte-Waudru. Mais mon espoir a été déçu, et je n'ai rencontré que ce que j'ai l'honneur de vous transmettre.

» Cela s'explique parce que les vitraux peints furent offerts en pur don par de grands personnages ou par des personnes du chapitre. La corporation n'avait rien à y voir. On ne saurait dire pourquoi les chanoinesses ont, à propos de la verrière de Glayon, accordé une indemnité à Anthoine Eve pour les petits frais faits à cette occasion.

» Ces détails semblent indiquer toutefois que le verrier du chapitre entreprenait l'œuvre et employait tels ouvriers qui lui convenaient pour la peinture. A ce titre, ils ne sont pas sans intérêt et ils fixent des dates jusqu'ici inconnues. »

Ce tableau était encadré dans un portique d'architecture gothique de transition, et entouré de cinq écussons rappelant *la religion* (1), Frère *Philippe Villiers de l'Isle-Adam*, grand-maître de l'ordre (2), *Charles de Pipa*, commandant de l'ordre en Hainaut, et deux autres commandeurs.

On voyait en outre, au bas de cette verrière, les inscriptions suivantes :

> *Frere Philippe*
> *Villers Lilladam*
> *grand mestre*
> *de l'hospital Monseur*
> *Saint Jan de Jerusalem*
> *et de Rhodes.*
> *Frere Charles de*
> *Pipa chevalier*
> *de l'ordre Monseur*
> *Saint Jan de Jerusalem*
> *Commandeur de Henault,*
> *Cambresis, Saulsoi,*
> *Baudelû, Barbonne,*
> *et de Waiseberghe.*

C'est à M. l'archiviste Lacroix que nous devons ces renseignements curieux sur cette belle verrière. Elle avait été donnée, vers le milieu du xvi⁰ siècle, par les chevaliers de Malte, comme un gage de leur reconnaissance envers le noble chapitre de Sainte-Waudru, les chanoinesses ayant accordé un cabinet, auprès du Saint-Sépulcre, en leur église, « pour y mettre en garde, comme en » trésorerie, le coffre et les escripts appartenant aux affaires de la religion de Saint-Iehan de Jéru-» salem ; » c'est ce qui résulte d'une pièce émanée du commandeur Charles de Pipa, en date du 7 octobre 1553 (3).

---

(1) On remarque encore aujourd'hui la croix de l'ordre de Malte, d'argent sur fond de gueules, répétée deux fois, au bas du sujet sacré.

(2) Nommé grand-maître en 1521, l'Isle-Adam mourut le 21 août 1534. On trouve ses armoiries au-dessous de son portrait, dans l'histoire des chevaliers de Malte par l'abbé de Vertot. Paris, 1726, in-4°, t. II, p. 423.

(3) A. Gacuard. — *Rapport sur les archives de l'État dans les provinces.* Bruxelles, 1854, p. 57. — Les archives de l'ordre de Malte en Hainaut furent déposées, lors de la suppression de cet ordre, chez feu M. Jean-Baptiste-Marie Chasselet (ancien échevin de Mons et marguillier de la paroisse de Sainte-Waudru), en sa qualité de neveu et héritier de Guillaume Drion, dernier agent général et régisseur en Belgique des commanderies du Piéton, de Vaillanpont et de Castres, décédé en 1785. En 1851, M. Chasselet remit ces archives précieuses entre les mains de M. Lacroix, qui les réunit au riche dépôt de l'État dont il est conservateur. Aujourd'hui qu'il s'occupe du dépouillement de ces archives, contenues dans six grandes caisses, M. Lacroix y a trouvé une farde bien intéressante sur la verrière que nous avons décrite. Il s'est empressé de nous la communiquer, avec une rare complaisance, et nous avons pu, à l'aide de ce document, non-seulement donner une description exacte de la verrière, mais encore son histoire, telle qu'elle est contenue dans la note suivante :

Note sur le grand vitrail du transsept méridional.

« C'est vers 1775, que l'on remplaça, par un châssis de fer, les meneaux de pierre de la grande fenêtre méridionale de la croisée.

» Avant de démolir ces meneaux, on avait retiré la verrière peinte qui s'y adaptait ; le chapitre de Sainte-Waudru la fit placer dans le nouveau châssis.

» Cette opération fut faite, en 1775, par le vitrier du chapitre. Cet artisan rejoignit les diverses parties du

Les donateurs des verrières des transsepts, outre ceux que nous avons cités, étaient :

Jean Dupret, *écuyer, seigneur de Ciply et de Lecourbe* (mort en 1500), et son épouse, Colle

sujet sacré (*le Baptême de Notre-Seigneur*), peint sur cette verrière; mais il ne replaça pas les armoiries et
les inscriptions qui entouraient ce tableau, il y substitua des vitres blanches et découpées en losanges.
» En 1777, l'avocat Drion, administrateur général de la commanderie de l'ordre de Malte en Hainaut,
» s'aperçut de la transformation de la verrière, qui avait eu lieu pendant qu'il se trouvait retenu chez lui par
» une maladie. « Dès la première fois qu'il s'est rendu dans l'église de Sainte-Waudru (nous laissons parler le
» document qui nous a été communiqué), il s'est aperçu de ce changement, il en a aussitôt demandé la raison.
» Le sieur Proust, maître vitrier de ce chapitre, est venu le trouver pour lui rendre compte de son travail, et
» lui faire connaître la cause pour laquelle la susdite inscription n'avoit pas été remise en place, alléguant pour
» motif que lorsqu'il avoit fallu démonter ce vitrage, on l'avoit fait avec la plus grande attention, pour en
» recueillir tous les morceaux; mais que, malgré ces soins, on n'avoit pu empêcher que plusieurs ne tombas-
» sent en miettes, et que nommément les lettres qui formoient la susdite inscription s'étoient tellement désunies
» qu'il ne lui avoit pas été possible de les rassembler et de leur rendre une conformation lisible, que les débris
» mêmes en étoient encore dans son atelier. Sur tout quoi M. Drion s'étant bien récrié, on lui a rendu con-
» stamment pour raison qu'il étoit impossible de satisfaire à sa demande de remplacer cette inscription telle
» qu'elle pouvoit être; les choses en sont restées là, jusques à ce qu'il seroit pourvu aux moyens de rectifier
» cet objet.
» La requête suivante fut présenté aux chanoinesses, en 1778 :

« A Mesdames
» Mesdames du très noble et
» très illustre, très illustre chapitre
» royal de Sainte-Waudru.

» L'avocat Drion, administrateur général de la commanderie magistrale du Hainau et Cambresis ditte du
» Piéton, a l'honneur de vous représenter très respectueusement, Mesdames, que le grand vitrage qui est au
» dessus du portail latéral de l'église de Sainte-Waudru, à Mons, donné par l'ordre de Malte, contenoit la
» représentation du *Baptême de Jésus-Christ* par saint Jean-Baptiste, avec cinq écussons de diverses armoi-
» ries et des inscriptions en verres peints de différentes couleurs ; que le vitrage ayant été démonté et remonté,
» il y a quelques années, sans y replacer lesdittes inscriptions, M. le chevalier De Fleury, titulaire actuel de
» ladite commanderie, s'en étant aperçu et ayant lui-même vu et fait tenir notte de ce que dessus et copier
» en sa présence les dittes inscriptions, reprises en l'acte certifié cy-joint, a cru qu'il étoit de son devoir de
» demander que les dittes inscriptions fussent replacées, à quel effet il a chargé le remontrant d'en faire la
» requisition en son nom.
» Pourquoi il a l'honneur de vous prier très humblement, Mesdames, de vouloir donner les ordres néces-
» saires, pour que les dittes inscriptions soient replacées, ainsi que la notte ci-jointe les représente; et
» comme il pourroit arriver que les morceaux anciens soient maintenant égarés, il se fait un devoir de pré-
» venir qu'on trouve ces sortes de vitres peintes à Paris, telles qu'on les souhaite.

» Étoit signé : Drion.
avec paraphe. »
(sans indication de lieu, ni date.)

A cette pièce était jointe la suivante, précédée d'une copie de l'inscription que nous avons donnée p. 92.
« Le soussigné déclare et affirme d'avoir, en sa qualité de greffier de la commanderie du Piéton, extrait et
» écrit, dans le courant de l'année 1766, l'inscription dont cy-dessus copie, étant contre et vis-à-vis de la
» vitre, et accompagné lors de Monsieur le commandeur De Fleury.
» Donné à Mons, ce 22 janvier 1778.

» Étoit signé : Perlau, bailly de a ditte commanderie. »

» M. le chevalier De Fleury, commandeur du Piéton, s'étoit beaucoup élevé contre les mutilations dont
avait été l'objet la verrière offerte par un de ses prédécesseurs, et, dans un voyage qu'il fit en notre ville, en
1777, n'ayant pu trouver madame de Montfort, première aînée du chapitre de Sainte-Waudru, il avait laissé
à M. Drion le soin de remettre à cette dame une lettre dont voici la teneur :
« Je me suis présenté chez vous, Madame, pour avoir l'honneur de vous voir, et j'aurois encore celui de
» vous aller chercher aujourd'hui, si je n'étois obligé de partir dans le moment pour Valenciennes, où des
» affaires très pressées m'appellent. Je me proposais de vous rendre compte d'une observation que j'ai faite
» sur le changement que j'ai trouvé au vitrage qui est au dessus de la porte latérale de votre église, repré-

VERDEAU, *dame de Beaumont et de Heries en Cambresis, grande aidante de Houdain* (morte en 1522).

» sentant le Baptême de Notre-Seigneur, et cinq écussons avec les armes de la Religion, du grand maître Vil-
» lers Lilladum, du commandeur Pipa, et de deux autres commandeurs, avec les souscriptions cy-après :

<table>
<tr><td>Frere Philip...</td><td>Frere Char....</td></tr>
<tr><td>Villers Lilladam.</td><td>Pipa chevalier.</td></tr>
<tr><td>grand mes..re</td><td>de l'ordre Monseur.</td></tr>
<tr><td>de l'hopital Monseur.</td><td>Saint Jean de Jérusalem.</td></tr>
<tr><td>Saint Jean de Jérusalem</td><td>commandeur de Henault,</td></tr>
<tr><td>et de Rhodes.</td><td>Cambresis, Saulsoi,</td></tr>
<tr><td></td><td>Baudelû, Barbonne,</td></tr>
<tr><td></td><td>et de Waiseberghe.</td></tr>
</table>

» J'ay remarqué, Madame, que ces souscriptions avoient été supprimées ; je ne puis penser que ce soit par
» vos ordres ; car je vous crois trop juste pour avoir permis ce préjudice à mon ordre. Je réclame donc vos
» bontés, pour que vous ayez celle de faire rétablir les inscriptions telles qu'elles étoient ; j'ai d'autant plus
» lieu de l'espérer, que je sais que personne au monde ne désire plus que vous, Madame, d'entretenir les
» conventions passées entre deux corps respectifs. Le mien sera toujours jaloux de conserver la plus grande
» harmonie avec un chapitre aussi respectable que le votre, et dont vous partagés les soins avec tant d'ap-
» plaudissements.

                              » J'ay l'honneur d'estre, avec un respect infini, Madame, etc.
                                              » *Signé :* Le Ch⁓ DE FLEURY.

» à Mons, le 11 octobre 1777.
» A Madame, Madame la comtesse de Montfort, chanoinesse du très-noble et très-illustre chapitre de Sainte-Waudru, à Mons. »

Voici qu'elle fut la réponse de Madame de Montfort à M. le chevalier De Fleury :

« Il est vray, Monsieur, que le chapitre a fait remonter en fer et en vitres, il y a environ deux ans, la
» fenêtre dont vous me parlés par la votre du 11 octobre ; mais avant cet ouvrage il étoit déjà très difficile de
» distinguer les armes et écussons qui s'y trouvoient dépeints, tant à cause des anciennes fractures que du
» délabrement dans lequel étoit cette fenêtre, et il étoit tout-à-fait impossible de lire les inscriptions qu'ils
» désignoient, puisqu'il n'en restoit plus qu'une lettre par cy par là, au point qu'on en auroit pu former une
» silabe, et lorsqu'on y a travaillé, on a ramassé soigneusement tous les morceaux qu'on a cru pouvoir servir
» et on les a employés avec toute l'attention possible, pour y marquer de nouveau ce peu de reste de l'an-
» cienneté ; après quoi, le chapitre a cru, Monsieur, avoir fait tout ce qu'il pouvoit en faveur des héritiers
» de ceux dont les écussons étoient là dépeints et vous donner tout lieu de contentement, ne pouvant forcer
» l'impossible. J'ay l'honneur d'estre, Monsieur, etc.

                                      » *Signée :* DE MONTFORT. »

» Quelque temps après la réception de cette lettre, M. le chevalier De Fleury écrivit à M. Drion, chanoine
de Saint-Germain, frère de l'avocat, les lignes suivantes :

                              Au Casteau près Cambray, le 21 octobre 1777.

« J'ai reçu, hier au soir, Monsieur, votre lettre du 17, avec les deux qui étoient jointes, dont je vous
» remercie. Vous trouverés cy inclus copie de la réponse que m'a faite madame de Montfort, dont je ne suis
» pas content du tout. Vous voudrés bien la remettre à M. votre frère, à son retour du Piéton, ou même la
» lui envoyer et le prier de me marquer ce qu'il en pense et ce qu'il me conseille de faire sur cette affaire. Je
» vous en seray obligé.

» Je suis très parfaitement, Monsieur, etc.
» A Monsieur, Monsieur Drion, chanoine de l'église collégiale de Saint-Germain, à Mons. »

» On voit, par cette dernière lettre, que M. le chevalier De Fleury avait à cœur de recouvrer toutes les
pièces de la verrière, qui avaient été dispersées. Nous ignorons quel fut l'avis de l'avocat Drion, mais il paraît
que cette affaire fut abandonnée. Nous ne trouvons plus, dans la liasse des pièces qui y sont relatives, que
la déclaration suivante, spécifiant l'emploi des fragments de la verrière qui ne furent pas replacés.

« Le soussigné, maître vitrier du chapitre de Sainte-Waudru, à Mons, déclare d'avoir démonté et remonté
» le grand vitrage qui est au dessus de la porte latérale de la ditte église, du côté de la place où est le puits
» du chapitre, et d'avoir déposé le restant des vitres qui n'ont pas été replacées, dans la serre de madame de

Jean dit *Griffon* de Masnuy (1), *seigneur de Lazende et Thirissart, bailli du chapitre de Ste-Waudru* (mort en 1554), et son épouse, Jeanne Bernard (2).

Philippe le Wettre, surnommé *Bourguignon*, conseiller, et Clara Resteau, sa femme.

Jean Samart, licencié ès droit, et Judith de Bouchault, sa femme.

Lis, dit *Eedon*, receveur du domaine de Mons pour le comte de Hainaut.

Michel Amand, seigneur de Petigny, pensionnaire des états de Hainaut, trésorier des chartes du prince, et Catherine Goubille, son épouse.

Voici maintenant les noms des personnages auxquels étaient dus les vitraux de la nef. La plupart s'y trouvaient représentés.

Jean de Fiévés, mayeur de Mons, receveur général du chapitre de Ste-Waudru, et sa femme N...... Ghorret, dame de Rampemont.

Henri Dessus-les-Moustier (3), et sa femme Michielle de Péchant, dame de Noirchin.

Jean de Buzignies, seigneur d'Athis, receveur général des aides de Hainaut, et Suzanne de Vanderhagen, sa seconde femme (4).

N..... Thaon, prêtre, distributeur du chapitre de Ste-Waudru.

Thomas de Trazegnies, doyen de chrétienté et curé de l'église de St-Germain (de 1604 à 1626).

Pierre Godemart, conseiller de l'empereur de Hainaut, et Anne de Corbaix, dite *Delcroix*, son épouse.

Guillaume le Bègue, conseiller du grand baillage de Hainaut (mort en 1570), et son épouse Marie-Anne de Glarge (morte en 1585).

Guillaume du mont (5), *seigneur d'Audignies et de Myrransart, premier clerc et conseiller ordinaire du souverain,* et Agnès de Buzignies, sa seconde épouse.

Jean Malapert, *seigneur de la Buissière*, et Marie de Guise, son épouse.

Charles d'Ardembourg, *seigneur de Vellercilles, Court-à-Ressay et Wagnonvil, conseiller de la cour à Mons* (décédée en 1630), et Jenne Leclercqz, dite *Chaufontaine*, son épouse (décédée en 1631).

» Montfort, première aînée dudit chapitre. Promettant de ratifier la présente déclaration par devant qui il » en sera requis.
» Fait à Mons, le 10 octobre 1777.   » *Signé:* Ignace Prous. 1777. »

» Ces détails, trop longs peut-être, offrent un intérêt tout particulier, d'abord parce qu'ils nous donnent une idée du peu de soin que le chapitre de Sainte-Waudru portait aux œuvres d'art qui embellissaient sa collégiale ; ensuite parce qu'ils renferment des renseignements, à l'aide desquels il sera facile de rétablir entièrement la verrière méridionale de la croisée, lorsque le triste châssis de fer, dans lequel ses débris se trouvent actuellement, aura été remplacé par de gracieux meneaux, semblables à ceux de la fenêtre opposée.
» Cette restauration est bien désirable. Elle rendra aux transsepts une partie notable de leur ancienne splendeur. »

(1) Il fut échevin de Mons, pendant les années 1538, 1539, 1541, 1544 et 1546, puis conseiller de la cour de Hainaut.

(2) Elle était fille d'Arnould, seigneur d'Esquelmes, prévôt de Tournay, etc.

(3) Il fut échevin de Mons, pendant les années 1543, 1545, 1552, 1555 et 1559.

(4) Il avait épousé en premières noces, en 1584, *Jeanne Mainsent.*

(5) Il mourut en 1623.

Salomon de Bruxelles, licencié ès droit, et Marie d'Ardembourg, son épouse.

André Adam, pensionnaire de la ville de Mons (1), et Catherine Buisseret, son épouse.

Guillaume de Vergnies, licencié ès droit, et Marie de Buzignies, sa femme.

Les vitraux de Mons ont suggéré à M. Léopold de Villers les réflexions suivantes (2) :

« ...... Ce n'est plus seulement le haut clergé, la haute noblesse qui dotent notre belle église de vitraux peints; des magistrats, des bourgeois, des prêtres viennent en offrir à leur tour.

» Et remarquons-le bien, chaque donateur place sa verrière dans la partie de l'église qui convient à son rang. Ainsi la famille souveraine occupe le sanctuaire, avec deux personnages du haut clergé. Les autres fenêtres du chœur sont réservées à la haute noblesse; nous y trouvons encore un illustre prélat, que la ville de Mons s'honore d'avoir vu naître.

» Aux fenêtres des transsepts et de la nef, on plaçait les verrières offertes par les magistrats, par les ecclésiastiques, par les bourgeois.

» Ainsi tandis que, dans le chœur, nos regards s'arrêtent sur les personnages qui ont joué un grand rôle dans notre histoire nationale, les verrières des transsepts nous apparaissent ensuite comme des monuments de la piété et de la magnificence de nos ancêtres, et, à ce titre, celles de la nef étaient du plus haut intérêt. Qu'il était beau de voir ces magistrats, ces prêtres, ces bourgeois vêtus de leurs habits les plus riches, à l'imitation des nobles et des prélats qui figurent avec tout leur appareil! »

Combien nous sommes loin de partager l'enthousiasme de l'écrivain montois, enthousiasme que nous comprenons, parce qu'il naît d'un sentiment naturel. M. de Villers, à la vue de ces personnages qui font la gloire de Mons, a senti grandir dans son cœur son amour pour sa ville natale, et, oubliant qu'il était dans l'église, il s'est mis à chanter les hauts faits de la patrie. Jamais cependant vitraux n'ont, à un plus haut degré, froissé notre esprit religieux; nous aussi nous avons oublié pendant un moment que nous étions dans la maison du Seigneur, tant nous avons été absorbé par l'étude des armoiries, titres et dignités.

Quelle immense distance nous sépare donc des premiers temps de notre civilisation? Par quels détestables chemins avons-nous passé pour arriver ainsi tout chargés de vaines idées? Jadis, avec quel respect, quelle crainte, quelle timidité les artistes, qui n'ont même pas voulu laisser leur nom à la postérité, ne travaillaient-ils pas pour l'église! Alors les souverains, tout-puissants cependant à cette époque, trouvaient leur place assez grande, quoiqu'on les reléguât, à peine visibles, tout au bas de la verrière. Alors, princes, grands seigneurs et artistes se plongeaient dans l'étude des livres sacrés; ils y puisaient une instruction irréprochable et une inspiration d'autant plus belle qu'elle était toute chrétienne. Autour du Sauveur, on rangeait dans le sanctuaire les apôtres et les martyrs, puis venaient les prophètes, les confesseurs de la foi et tout le cortège des saints; on mettait sous les yeux des fidèles les grandes scènes de la religion, avec les naïves mais touchantes légendes des saints, et le peuple édifié lisait dans ces pages transparentes l'histoire de son Dieu et celle des saints qu'on lui proposait comme modèle.

(1) Vers 1616.
(2) *O. d. c.*, p. 50 et 51.

Les temps sont bien changés; l'église est traitée en pays conquis. On y entre couvert d'armoiries et l'épée haute. *Chaque donateur place sa verrière dans la partie de l'église qui convient à son rang.* Écartez-vous donc, effacez-vous, apôtres, martyrs, vous tous, soldats de Jésus-Christ, qui avez répandu votre sang pour nous donner la foi; disparaissez de la maison de Dieu, car il n'y a plus de place pour vous sur les verrières; à peine suffisent-elles au donateur et à ses titres.

Quand l'homme commence à dévier des règles austères du devoir, il ne tarde pas à être entraîné irrésistiblement par ses passions. Où perçait d'abord un léger sentiment de vanité, l'orgueil vint bientôt tout faire plier sous lui. Dans les premières verrières du chœur, le sujet religieux est resserré dans un espace étroit pour donner plus de place au donateur; dans les autres la scène disparaît tout à fait. Voilà où on devait nécessairement arriver. M. Devillers lui-même l'a constaté : « Les autres verrières, dit-il, ne représentent que les donateurs, leurs saints patrons et les nombreuses armoiries de leurs illustres lignées. » Et comme il en comprend l'inconvenance, il ajoute : « Mais la partie supérieure de chaque verrière offre toujours aux regards des fidèles un enseignement divin. Ici, c'est la Trinité qui termine le tableau, là ce sont des anges exécutant un concert céleste, et partout l'on trouve les figures des docteurs de l'Église. Ces images translucides semblent nous convier au festin des élus! » Nous ne pouvons accepter cette défense. Les détails si peu visibles des nervures flamboyantes des fenêtres, mêlés de figures saintes et d'armoiries, ne peuvent racheter, ni même pallier la haute inconvenance des vitraux.

C'est ainsi que préludait le XVIᵉ siècle, et ces peintures n'étaient, hélas! que la reproduction trop fidèle des idées de l'époque.

Nous terminerons ce qui concerne l'église de Sainte-Waudru par les notes suivantes, qui ont été extraites des archives de Mons, et commentées par M. Léopold Devillers.

Verrière des Arbalétriers (XVIᵉ SIÈCLE.)

La chapelle de l'ancienne confrérie des arbalétriers de Mons était décorée d'une verrière peinte, qui représentait les membres de cette association : les uns vêtus d'une « robe verte, courte et ouverte par le devant, avec manches pendantes, sur lesquelles estoit un arc croiseté de virtons, » et portant « un chapeau blanc; » étaient les *confrères libres* (que nous appellerions aujourd'hui *honoraires*); les autres « vêtus aussi d'une robe verte, mais longue et serrée sans maurons pendans, » et cinglés parmy leur corps de quelque chaisne et signe de servitude, » et portant « un chapeau rouge; » étaient les *confrères sermentés (effectifs)*. Les confrères libres ou honoraires, représentés sur ce travail et qui furent les fondateurs de la chapelle, dédiée à Notre-Dame des Sept-Douleurs et construite en l'année 1500, étaient les personnages ci-après : Antoine Rolin, seigneur d'Aimeries, grand-bailli de Hainaut; Guillaume de Croy, seigneur de Chièvres, chevalier de l'ordre de la Toison d'or; Jacques de Luxembourg, seigneur de Fiennes, chevalier de la Toison d'or; Jacques de Gavre, seigneur de Fresin, d'Incy, etc.; Charles, baron de Lalaing; Jean, baron de Ligne, seigneur de Baillœul, chevalier de la Toison d'or.

Verrière accordée par le chapitre de Sainte-Waudru à la bonne maison des pauvres chartriers de Mons.
(XVIᵉ SIÈCLE.)

On lit dans le compte rendu au chapitre de Sainte-Waudru, de Mons, pour les années 1594-1595 :

« A Adam Eve, verrier, pour une verrière contenant dyx pieds de paincture et XX de blan, donnée par chapitre aux chartriers de cette ville, a esté payet le pied de paincture à XXVIII s. et le blan à VIII s. . . . . XXI liv. »

Le même Adam Eve figure, comme suit, dans le compte de la fabrique de cette église, pour 1626 :

« A Adam Eve, vairier, pour une grande verrière par luy faicte de voire blanc allendroit de celle de Monsieur Buisseret. »

Cette double verrière a été retirée, il y a quatre ans.

Il résulte d'un compte semblable pour 1562 et pour 1570, qu'un certain « *Jehan Jacquin*, ver-
» rier, fournit une verrière portant les armes du chapitre de Sainte-Waudru, pour le nouveau
» chœur de l'église de Marcq, » village de la juridiction de l'église collégiale de Sainte-Waudru. »

Dans un compte des travaux de l'église de Sainte-Waudru, pour 1452-1453, on trouve :

« A Henry le verier, pour lxiiij piés iij quars de veriere dont on a faicte la grande veriere dou moustier Saint-Pierre (1). . . . . XV liv.

» A lui, pour lxij piés j quart de fil d'arcault par lui livret et mis à la dite verière à ij s. le piet. . . . . VI liv. V s.

» Et quant est des ymages qui sont à le dite grande veriere, elles ont esté données, et pour ce non complet. »

Ceci explique le peu de renseignements que l'on possède sur les verrières peintes : les frais de peintures étaient supportés par des particuliers.

Encore un verrier de la famille *Eve*. On trouve dans le livre des résolutions capitulaires, séance du 14 octobre 1594 :

« Conclu de accepter Jean Eve au gaige de vairier de Sᵗᵉ Wauldru de Mons. »

Enfin, dans un compte général rendu au chapitre pour 1558-1559, on lit :

« Pour une verrière mise derrière l'autel de la chapelle de la paroiche en lad. eglize Sainte-Wauldrud, laquelle a estet donnée par chappittre, comprenant les ymaiges de Saint-Vinchyen et Sᵗᵉ Wauldrud, payé à Jacques Eve, par marchiet fait. . . . . . . xxxviij l. xix s. vj d.

La plupart des couvents et des hospices de Mons possédaient des vitraux peints, sur lesquels figuraient les bienfaiteurs de ces maisons avec leurs armoiries. Les maisons particulières appartenant au chapitre de Sainte-Waudru portaient, sur leurs vitres, les armes de cette célèbre corporation.

---

(1) Le moustier Saint-Pierre était une annexe de l'église de Sainte-Waudru. Il fut démoli en 1450.

VILLE DE BRUXELLES.

—

ÉGLISE COLLÉGIALE DES SS. MICHEL ET GUDULE.

Le professeur qui voudrait mettre, comme en un seul tableau, sous les yeux de ses élèves les diverses transformations de l'architecture ogivale du xiiie au xviie siècle, n'aurait qu'à conduire son auditoire dans l'église des SS. Michel et Gudule à Bruxelles. Là se trouvent réunies toutes les formes architecturales adoptées par les architectes pendant cette longue période de cinq siècles. Cependant, malgré la dissemblance et la variété des nervures, des arcs, des balustrades et des ornements, cette église semble sortir de la même main et conçue par le même esprit, tant les différentes parties en ont été habilement raccordées à l'intérieur.

L'histoire de sa lente construction est assez curieuse. La première église fut élevée vers 1046 par le comte de Louvain, Lambert Balderic, à la place de la chapelle primitive; elle fut dédiée à saint Michel et consacrée le 16 novembre 1047. Le corps de sainte Gudule, qui reposait dans la chapelle de l'île Saint-Géry, fut transporté processionnellement, en présence du noble comte Balderic et de sa femme, dans la nouvelle église qui depuis ce jour fut mise sous la double invocation des SS. Michel et Gudule. Ce ne fut pas sans éprouver une certaine résistance que le comte accomplit cette translation qui causa dans l'île Saint-Géry une émeute féminine.

L'église de Sainte-Gudule, à moitié détruite en 1072 par un incendie, fut d'abord restaurée et enfin rebâtie sur un plan plus vaste, vers 1220, par les ordres du duc de Brabant, Henri Ier le Victorieux. Les travaux marchèrent très-lentement, le chevet du chœur seul est de cette époque. M. Schayes, dans son *Histoire de l'architecture*, en a donné le dessin (1). Il serait difficile de trouver un spécimen plus net du style lourd de la transition, où l'on voit réunis sous les mêmes arceaux l'ogive et le plein cintre. Le reste du chœur et une partie des transsepts appartiennent au style ogival primaire et n'ont été édifiés que dans la seconde moitié du xiiie siècle, sous le duc Jean Ier. Les colonnes qui supportent les arceaux du haut chœur présentent des formes remarquables et quelques fenêtres ont encore conservé leurs lourds meneaux de style primaire.

Toute cette partie de l'église aurait été, suivant M. Schayes (2), achevée vers l'an 1280, au moyen de fonds que Jean Ier donna par une charte de l'année 1273 (3). Le transsept droit et la face du transsept gauche qui clot le chœur ont dû être élevés vers la même époque, et clos avec des vitraux de couleur dans le genre de ceux que M. Capronnier a retrouvés dans le triforium aujourd'hui bouché, et dont nous avons donné le dessin planche 8,

(1) *O. d. c.*, t. II, p. 52.
(2) *O. d. c.*, t. II, p. 143.
(3) HENNE et WAUTERS, *histoire de Bruxelles*, t. III, p. 72.

Le chœur une fois achevé, reçut une clôture provisoire, et l'office y eut lieu régulièrement pendant qu'on travaillait à la nef et à ses collatéraux. La lenteur de la construction est attestée par les nombreuses bulles ou brefs par lesquels les papes et leurs légats accordèrent, aux xive et xve siècles, des indulgences à ceux qui contribueraient de leurs frais à l'achèvement de l'église; plusieurs de ces actes existent encore dans les chartes du chapitre conservées au dépôt des archives du royaume.

La grande nef jusqu'à la hauteur des fenêtres, le collatéral droit et la partie du transsept y attenante, datent du xive siècle et rappellent le style du haut chœur; tandis que les voûtes de la nef et le collatéral gauche appartiennent au xve siècle dont ils présentent les gracieuses nervures prismatiques. Les imposantes tours du portail occidental et les deux porches latéraux sont également du xve siècle. Malgré ces différences de dates, l'édifice religieux, à la construction duquel les Bruxellois avaient apporté tant de persévérance, offrait le plus complet ensemble, lorsque deux immenses chapelles latérales, conception peu heureuse des architectes des xvie et xviie siècles, vint en rompre l'harmonie extérieure; très-heureusement, celle de l'intérieur n'eut pas à en souffrir. Nous aurons bientôt à nous occuper spécialement de ces deux chapelles qui sont ornées de magnifiques vitraux.

Si le vaisseau de la collégiale bruxelloise a gardé les traces de sa lente construction, il n'a conservé aucun des vitraux qui durent embellir les onze fenêtres du chœur, et, sauf les fragments que nous avons reproduits pl. 8, il ne reste rien des temps antérieurs au xve siècle.

MM. Henne et Wauters (1) ont constaté, par des documents retrouvés dans les archives de l'église, qu'à diverses époques on avait placé de riches verrières dans différentes parties de l'église.

En 1387, les sept lignages firent poser dans le chœur un vitrail portant leurs armoiries avec l'image de saint Michel, et il résulte de plusieurs documents que d'autres furent donnés par des princes et des seigneurs, ainsi que par des corporations.

Les bouchers, entre autres, contribuèrent en 1497 à la restauration d'un vitrail du grand chœur où se trouvaient leurs armoiries, et l'on voit, par un compte de 1575, que depuis longtemps les brasseurs avaient suivi cet exemple.

En 1436, la baronne de Heeze fut condamnée à payer une somme de 100 ryders d'or pour faire mettre un vitrail entre les deux nouvelles tours de Sainte-Gudule, vitrail qui fut remplacé, au xive siècle, par celui qu'on y voit actuellement (2).

Voilà pour ce qui n'est plus; quant aux vitraux encore existants, ils se rangent naturellement, d'après leur date et leur position, dans l'ordre suivant : Verrière du grand portail; — vitraux du transsept, de la chapelle du Saint-Sacrement des Miracles, du haut chœur, de la chapelle de Notre-Dame; — vitraux modernes.

GRAND PORTAIL.

Sur la maîtresse vitre de ce portail, la plus vaste de l'église, est peinte la grande scène du Jugement dernier. Entouré des saints apôtres, confesseurs et martyrs, Dieu apparaît sur une nuée

(1) *O. d. c.*, p. 258.
(2) *Id.*, p. 250.

resplendissante; le ciel s'entr'ouvre et laisse voir les cohortes célestes dont les longues files se prolongent dans une immensité lumineuse. La trompette sonne et les morts sortent de leurs tombes. Ce tableau est d'un saisissant effet. La grandeur, le calme, la majesté règnent dans la partie supérieure avec la richesse du coloris, la splendeur des tons, tandis qu'en bas les morts, sortant du tombeau, se pressent, se heurtent, se réjouissent ou se lamentent, suivant le jugement heureux ou terrible qui les récompense ou les frappe. Les tons froids et bistreux ajoutent à la tristesse de cette scène, dont l'œil s'écarte bien vite pour se reposer sur le resplendissant cortége de Dieu.

Cette remarquable page est attribuée à Jacques de Vriendt; le dessin en est ferme et plein de hardiesse, les contours bien accusés, les figures nobles et les personnages bien groupés; elle fut donnée par l'évêque de Liége, Évrard de la Marck, le grand bâtisseur; on y voit son portrait, ses armoiries et ses quartiers de noblesse assez maladroitement placés par rapport au sujet religieux. Le vitrage porte le millésime de 1528.

MM. Henne et Wauters (1) nous ont conservé le piquant détail suivant : « Le 17 décembre 1641, le trésorier écrivit au nom de la fabrique à la comtesse de Berlaimont, tutrice des enfants du duc d'Aerschot, prince d'Arenberg, pour lui représenter que la famille d'Arenberg avait toujours fait entretenir ce vitrail, et l'engager à agir de même *ou à y contribuer pour une somme digne de sa grandeur*. Nous n'avons pas trouvé la réponse de la comtesse, mais nous voyons que, le 18 janvier 1643, la fabrique chargea Van Broekhorst, le même qui avait restauré les vitraux de la chapelle du Saint-Sacrement, de restaurer également celui du frontispice. »

Une seconde restauration fut faite, en 1753, par Sempi, peintre verrier flamand (*Voir* 1re partie, p. 199 et 210).

Nous ne savons aujourd'hui qui est chargé de l'entretien, mais une nouvelle lettre du trésorier de la fabrique, adressée à qui de droit, serait assez nécessaire.

Cette maîtresse vitre, placée derrière le grand orgue qui jadis la masquait entièrement, fut, à l'époque de la révolution française, entièrement couverte de papier et assista sans encombre aux tristes profanations de la collégiale, qu'il fut un moment question de raser pour élever un théâtre.

CHAPELLE DU SAINT-SACREMENT DES MIRACLES.

La construction de la chapelle du Saint-Sacrement des Miracles, au xvie siècle, fut considérée comme une nouvelle et solennelle réparation du sacrilége commis deux siècles auparavant. Des juifs s'étaient procuré une sainte hostie et l'avaient lacérée de coups de poignards; une femme, leur complice, les avait dénoncés; on put retirer de leurs mains déicides les fragments de la sainte hostie, que l'on déposa dans une des chapelles du chœur de Sainte-Gudule; c'est là que les fidèles allaient demander pardon à Dieu du crime affreux qui avait consterné la ville.

Un jubilé fut établi; chaque année on promène encore dans les rues de la ville le Saint-Sacrement des Miracles, ainsi appelé parce qu'on affirme que le sang de Notre-Seigneur avait coulé sous les

(1) *O. d. c.*, t. III, p. 274.

couteaux des juifs; le jour du jubilé fut celui de l'expiation, des regrets et des prières. Les offrandes ayant afflué à la chapellenie, des dons de toute nature étant constamment venus l'enrichir, le chapitre de Sainte-Gudule, pour répondre au désir des habitants de Bruxelles, décida l'érection d'une vaste chapelle.

Le plan arrêté par l'architecte, maître tailleur de pierre, Wyenhoven, fut copié en double sur parchemin par le peintre Bernard Van Orley, et présenté à la gouvernante des Pays-Bas, Marie de Hongrie, qui l'approuva et chargea Philippe de Lannoy de poser, en son nom, la première pierre de la chapelle, cérémonie qui eut lieu le 18 février 1534 (1).

L'Empereur lui-même voulut, avec toute sa famille, contribuer à l'ornementation de la nouvelle chapelle et se chargea des vitraux. Les archives constatent qu'on en posa sept, mais il n'en reste plus que quatre.

La chapelle du Saint-Sacrement des Miracles longe le collatéral gauche du chœur dont elle occupe quatre arcades; les vitraux existants sont placés dans les larges fenêtres flamboyantes qui la ferment au nord, et forment un brillant contraste avec les vitraux plus sombres de la chapelle de Notre-Dame qui leur font vis-à-vis. Deux sujets occupent chaque vitrail : dans la partie supérieure est peinte une des tristes scènes du sacrilége; au-dessous, on voit agenouillés les donateurs accompagnés de leurs patrons.

Les divisions sont formées par une riche ornementation architecturale, qui rappelle les plus légères et les plus gracieuses conceptions de la renaissance; et quoique le style de la chapelle soit franchement ogival, la décoration des verrières est entièrement classique. Il est impossible de constater d'une manière plus complète et plus flagrante la séparation des deux arts, architecture et peinture, qui cependant auraient dû rester toujours unis, surtout dans les édifices religieux : la sculpture marche d'accord avec l'architecture; la peinture seule a dévié et rompu l'harmonie de l'ensemble.

PREMIER VITRAIL, à gauche en montant. — Donateurs : JEAN III, de Portugal, et CATHERINE, sa femme. — *Partie supérieure à double sujet :* 1º Jonathas remet à Jean de Louvain 60 moutons d'or pour le prix du sacrilége; 2º Jonathas s'éloigne avec l'hostie consacrée. Cette double scène est vive, animée et bien traitée. — Au-dessous on voit, à genoux et en prières, Jean III, roi de Portugal, et sa femme Catherine, sœur de Charles-Quint. Jean III devait être d'autant plus porté à concourir à l'acte de réparation qu'il témoigna toujours de grands sentiments de piété. Ce prince est représenté avec la reine, en grand costume, les saints patrons les accompagnent tous les deux ; leurs armoiries brillent dans les nervures des fenêtres; l'inscription suivante conserve le souvenir de leur donation :

> *Joannes Dei gratia Lusitaniæ et Portugal-*
> *liæ Rex et Catharina uxor ejus charissima,*
> *Caroli V Imperatoris soror, poni curaverunt,* 1547.

Les royaux époux donnèrent pour cette fenêtre 500 florins, qui furent remis à la fabrique par

<hr>

(1) Voir pour tous les détails relatifs à la construction de cette chapelle MM. HENNE et WAUTERS, *Hist. de Brux.*, les *Délices des Pays-Bas* et les nombreuses histoires locales.

Martin Lopez, négociant à Anvers. La verrière fut peinte par Jean Haecht, d'Anvers, peintre verrier établi à Bruxelles; les cartons en avaient été dessinés par Michel Van Coxie. Le premier reçut 305 florins pour son travail, et le second 70 (1). La fabrique fut obligée de payer le surplus de la dépense.

Jean Haecht, d'Anvers, dont nous avons déjà parlé (1re partie, p. 148 et 149), doit être rangé au nombre des véritables artistes, car c'est faire preuve d'un grand talent que de rendre avec autant d'énergie et de coloris les compositions d'un maître tel que Van Coxie; dans les comptes, il est cependant qualifié du simple titre de *glaesmaeker*. On voit, par le millésime de l'inscription que la verrière fut posée en 1547.

DEUXIÈME VITRAIL. — Donatrice : MARIE D'AUTRICHE, veuve de Louis II de Hongrie. — *Partie supérieure :* La première scène du sacrilège est reproduite avec une triste vérité. Les juifs sont assemblés autour d'une table, nouvel autel sur lequel la divine victime va être de nouveau sacrifiée. Les poignards brillent, dans un instant l'hostie sera frappée et le sang coulera. L'artiste n'a pas eu la force de reproduire le crime dans toute son horreur et nous lui en savons gré. Sur la verrière les coupables raillent l'hostie et semblent rappeler les paroles de leurs aïeux au divin rédempteur, alors qu'après l'avoir attaché à la croix, ils l'engageaient à appeler à son secours les puissances célestes (2).

Partie inférieure : La sœur de Charles-Quint s'est fait peindre avec son défunt époux; elle a revêtu son costume d'apparat pour figurer sur la verrière, et n'a pas oublié d'y faire placer les saints patrons. Les armoiries et l'inscription suivante complètent la fenêtre :

Maria Caroli V Cæsaris semper Augusti soror, vidua Ludovici Dalmatiæ, Croatiæ, Bohemiæ, Hungariæ Regis, qui pro fidei catholicæ defensione in bello contra barbaros fortiter pugnando occubuit, poni jussit 1547.

Cette verrière, comme la précédente, fut composée et exécutée par Michel Van Coxie et Jean Haecht, qui reçurent l'un 72 florins et l'autre 270. La reine de Hongrie y contribua pour 500 florins.

TROISIÈME VITRAIL. — Donateurs : FRANÇOIS Ier, roi de France, et LÉONORE, sa femme, sœur de Charles-Quint, et veuve en premières noces d'Emmanuel le Grand, roi de Portugal. — Partie supérieure : Jonathas, le principal coupable, expie le premier son crime, il succombe assassiné dans son jardin par des inconnus sur lesquels on ne put jamais avoir le moindre indice. — Au-dessous les royaux donateurs sont représentés agenouillés et protégés par leur patron saint François qui

<hr>

(1) Les détails particuliers relatifs aux noms des artistes et aux sommes dépensées pour l'exécution des verrières, ont été puisés dans les archives de l'église, par MM. Henno et Wauters, et consignés dans leur *Histoire de Bruxelles*.

On peut consulter aussi M. DE REIFFENBERG, *Nouv. Mém. de l'Acad. royale de Belgique*, t. VII, 1831, 1832, 1833; — *Le grand Théâtre sacré du Brabant*, La Haye, 1734, 2 vol. in-4°; — *Les délices des Pays-Bas*, etc.

(2) Un fait semblable était déjà venu attrister Paris à la fin du xiiie siècle (Voyez FLEURY, *Hist. ecclés.*, t. XVIII, liv. LXXXIX, num. XI).

reçoit les stygmates et sainte Léonore. L'écusson de France brille au sommet de la fenêtre qui se trouve complétée par l'inscription suivante :

Franciscus Christianissimus I^{us}, Francorum rex et Leonora Caroli V, Rom. Imp. Regis Germaniæ soror, ejus conjux, sacro-sancto eucharistiæ sacramento mandaverunt poni 1540.

Cette verrière (1), la plus belle des quatre, est due au talent de Bernard Van Orley (2), qui était chargé d'exécuter tous les vitraux de la chapelle, mais que la mort vint subitement enlever à ses travaux. La fabrique regretta vivement ce peintre distingué, elle acheta à son fils Jérôme quelques esquisses qu'il avait préparées pour les autres fenêtres, et au peintre Gilles Willems un modèle qu'il avait fait pour la verrière du roi de Portugal. François Ier et Léonore payèrent pour leur vitrail 222 couronnes d'or ou 400 florins. L'ambassadeur de France qui résidait alors à Malines, remit cette somme au trésorier de la fabrique.

La verrière de François Ier et de Léonore se distingue des autres par des qualités supérieures : la touche en est plus légère, la pose des personnages plus gracieuse, et la décoration architecturale plus élégante.

QUATRIÈME VITRAIL. — Donateurs : FERDINAND Ier, roi de Hongrie (3), frère de Charles Quint, et sa femme ANNE de Pologne, fille de Ladislas VI, roi de Hongrie. — Partie supérieure : deux groupes la remplissent; d'un côté, la veuve et le fils de Jonathas, venus de Louvain, remettent à leurs coréligionnaires de Bruxelles le vase sacré qui contient la sainte hostie ; de l'autre côté on voit les Juifs plaçant le vase sacré dans un sac pour l'emporter. — Dans la partie inférieure sont dessinés les donateurs et leurs saints patrons. De brillantes armoiries indiquent leurs titres dont l'explication est complétée par l'inscription suivante :

Ferdinandus Dei gratia Romanorum imperator Dalmatiæ, Croatiæ rex, Hispaniarum infans, archidux Austriæ, Caroli V, imperatoris frater, poni jussit, 1546.

Cette inscription fut tracée par un nommé Jean Dox qui fit aussi celle de la deuxième fenêtre et reçut un florin pour chacune d'elles. Ferdinand Ier donna 500 florins pour la verrière qui en coûta 400 à la fabrique, y compris les dessins. La peinture est de Jean Haecht, qui confia l'exécution des cartons à un peintre dont on n'a pas retrouvé le nom.

Les cinquième, sixième et septième verrières du xvie siècle n'existent plus ; une verrière moderne, due à M. Capronnier, remplace la cinquième. Avant d'en donner la description, disons un mot des œuvres disparues, dans lesquelles se continuait sans doute l'histoire des saintes hosties.

La cinquième verrière, placée derrière l'autel, fut donnée par l'empereur Charles-Quint et par Isabelle son épouse, qui y étaient peints, elle portait l'inscription suivante :

Carolus Quintus Romanorum imperator semper Augustus, Hispaniarum rex, Asiæ et Africæ dominus, Belgii princeps clementissimus et Isabella ejus uxor P. C.

---

(1) Nous avons donné. pl. 27, le dessin de la zone inférieure de cette vitre.

(2) Voir ce que nous avons dit de ce peintre dans notre première partie, page 149.

(3) Ferdinand fut élu roi de Hongrie en 1527, roi des Romains en 1531 et Empereur en 1558.

Les comptes ne disent rien de cette verrière, sans doute parce que Charles-Quint en supporta seul la dépense.

La sixième verrière était placée du côté de l'église; elle représentait les donateurs, Philippe II et sa deuxième femme Marie, fille de Jean III, roi de Portugal, et l'on pouvait y lire l'inscription suivante :

Philippus Dei gratia, archidux Austriæ, Caroli V imperatoris semper augusti filius, 1549.

Jean Haecht avait exécuté cette fenêtre d'après les dessins de Michel Van Coxie et il avait reçu, suivant les comptes, la somme de 124 florins *pour 298 pieds à 9 sous le pied*; Coxie toucha 40 florins pour ses cartons. Philippe envoya à la fabrique une somme de 227 florins, et à cette occasion le chantre Jean Cools donna chez lui, aux frais de la fabrique, un dîner au trésorier du prince, à quelques Espagnols et aux marguilliers, dîner qui coûta 11 florins, 5 escalins, 5 sous, 6 deniers. On voit par ces détails que la fabrique reçut plus qu'elle ne dépensa.

La septième verrière eut pour donateur MAXIMILIEN, roi de Bohême et Marie d'Autriche, son épouse, dont elle représentait les portraits en pied. Elle portait l'inscription suivante :

Maximilianus Dei gratia rex Bohemiæ, archidux Austriæ, Ferdinandi Cæsaris semper augusti filius et Maria Austriaca, Caroli V, imperatoris filia, ejus uxor, 1549.

Cette verrière fut exécutée d'après les dessins de Coxie par PELGRIM ROESEN, qui l'avait entreprise à raison de 9 sous le pied; le carton qui avait 161 pieds fut payé à Coxie à raison de 5 sous le pied. Maximilien contribua à la dépense pour 120 florins.

Quelques détails intéressants ont été puisés par MM. Henne et Wauters dans les archives au sujet des sept verrières dont nous venons de parler; c'est ainsi que nous savons qu'elles furent considérablement endommagées lors des troubles du XVIe siècle; les frais de réparation s'élevèrent dans les comptes de 1579-1585 à 815 florins 8 sous. Depuis elles ont été encore restaurées à diverses reprises. Les marguilliers exposèrent à Philippe IV, roi d'Espagne, que le gouvernement avait depuis longtemps manifesté l'intention de se charger de leur entretien, qu'Albert et Isabelle avaient même donné à cet effet un subside de 750 florins. Le 23 mai 1659, le roi remit aux marguilliers 750 livres de 40 gros monnaie de Flandre, pour les restaurer et refondre la cloche du Saint-Sacrement récemment fêlée. En 1658, la fabrique chargea de la restauration des verrières Jean Van Bronchorst qui, dans le livre aux résolutions, est qualifié de *gelaesmaeker en schryver dezer kerk* (vitrier et faiseur de dessins pour vitraux de cette église). En 1718 Sempi, peintre sur verre dont nous avons déjà parlé, offrit de restaurer les mêmes vitraux ainsi que ceux placés au-dessus des portes latérales de l'église. On voit dans sa requête qu'il n'y avait plus alors dans la chapelle du Saint-Sacrement que *quatre fenêtres et demie*. Ce même Sempi avait été appelé par le roi Louis XIV pour peindre les vitraux de la chapelle royale de Versailles; il venait de réparer la fenêtre de Charles-Quint placée sur le grand portail de l'église de Saint-Rombaud à Malines. Nous avons déjà vu un peu plus haut qu'il fut aussi chargé de restaurer la fenêtre du grand portail de l'église de Sainte-Gudule.

Il ne nous reste, pour terminer ce qui concerne la chapelle du Saint Sacrement des Miracles, qu'à

décrire et apprécier la verrière moderne qui remplace, derrière l'autel, celle qui fut donnée par Charles-Quint :

Verrière moderne de la chapelle du Saint-Sacrement des Miracles (1). — La pensée traduite dans cette verrière est la même que trois siècles auparavant les frères Van Eyck ont exprimée d'une manière si admirable dans leur magnifique tableau de l'Agneau mystique; c'est l'adoration de la divine victime par les puissances de la terre. La composition moderne est une et complète, elle répond à tout ce qu'on pouvait demander à un pareil sujet. La zone inférieure de la vitre est remplie par les puissances de ce monde; à droite, la puissance spirituelle représentée par le pape Adrien VI (2), le cardinal Guillaume de Croy (3), l'évêque Jacques de Croy (4) et le doyen de la collégiale de Bruxelles (5); à gauche, la puissance temporelle est résumée dans Charles-Quint, sa femme Isabelle et leurs enfants Philippe, Marie (6) et Jeanne (7). Tous ces personnages sont agenouillés et ont auprès d'eux leurs saints patrons. Voici d'un côté saint Adrien portant son enclume, saint Guillaume à l'oriflamme fleurdelisée, saint Jacques le pèlerin et saint Philippe de Néri; voilà en face, saint Charlemagne avec sa couronne impériale, le globe et l'épée, saint Philippe qui tient la croix, sainte Élisabeth et sainte Marie-Madeleine. Les princes temporels ont déposé au pied de l'autel leurs insignes de souverain et, les mains croisés sur la poitrine, ils s'inclinent et prient.

M. Capronnier a bien saisi le haut sentiment religieux qui devait présider à l'acte universel d'adoration, il a su éviter l'écueil dans lequel sont tombés la plus grande partie des peintres du xvie siècle. Loin de donner à ses personnages une pose théâtrale, il a concentré toute leur action vers l'hostie miraculeuse et leur a fait prendre la pose la plus recueillie, la plus pénétrée, la plus propre à inspirer le respect et la piété.

Le milieu du tableau est occupé par un autel sur le devant duquel, dans un riche médaillon, est figuré le crucifiement. Le retable d'autel nous offre le sacrifice précurseur d'Abraham. Isaac est sur le bûcher, Abraham va frapper, mais l'ange arrête son bras et lui montre le bouc dont les cornes sont embarrassées dans un buisson. Ce retable, orné de riches écoinçons, supporte le livre aux sept sceaux sur lequel repose l'agneau mystique portant la croix; de chaque côté, deux longues files

(1) Cette verrière, qui présente près de soixante mètres carrés en superficie, a été payée dix mille francs à M. Capronnier, ce qui porte le prix du mètre superficiel, déduction faite de l'épaisseur des moneaux, à peu près à deux cents francs. Nous avons donné dans notre ouvrage, planche 35me, le dessin de cette fenêtre.

(2) Adrien Florent, fils d'un ouvrier d'Utrecht, fut nommé docteur à Louvain en 1491, précepteur de l'archiduc Charles (plus tard Charles-Quint) en 1512, ambassadeur en Espagne et évêque de Tortose en 1515, co-régent avec le cardinal Ximenès en 1516, vice-roi et cardinal en 1517, et enfin pape en 1522; il mourut en 1523.

(3) Le cardinal Guillaume de Croy fut nommé par Maximilien gouverneur de Charles-Quint en même temps qu'Adrien en devenait le précepteur.

(4) Nous avons déjà parlé assez longuement de l'évêque de Cambrai, Jacques de Croy, pour ne pas être obligé d'y revenir.

(5) Sous les traits respectables du doyen de la collégiale, l'artiste a placé ceux de son père, touchant souvenir filial que personne ne songera bien certainement à blâmer.

(6) Marie, née en 1528, morte en 1603, épousa Maximilien d'Autriche et plus tard Mathias d'Autriche.

(7) Jeanne, femme de Jean IV, roi de Portugal, morte en 1578.

d'anges aux ailes de feu sont à genoux et en adoration, ce sont les puissances du ciel qui viennent se réunir à celles de la terre pour adorer la divine hostie. Les deux cohortes d'anges vont se perdant dans un lointain lumineux du plus heureux effet.

Vient enfin, au milieu du ciel embrasé et se détachant en un feu plus vif encore, le Saint-Sacrement, soutenu par deux anges aux ailes d'argent fin, aux longues robes d'azur. Nous sommes au point central de la verrière; voici la divine hostie, celle qu'on a arrachée des mains sacriléges qui la martyrisaient, la voici qui s'élève radieuse vers le ciel; c'est Jésus-Christ lui-même, qui a conservé tout son amour pour nous, qui nous appelle à lui toujours prêt à pardonner les outrages et à nous bénir pourvu que notre repentir soit sincère.

L'artiste a bien rendu l'importance de la scène; toutes les parties de la verrière s'effacent devant l'image miraculeuse vers laquelle elles convergent; les yeux des fidèles sont forcément attirés vers le Dieu qui meurt et qui pardonne.

Le succès de l'artiste dans l'exécution de cette œuvre est complet, tout s'y lie, s'y place et s'y traduit nettement et clairement.

La décoration architecturale est digne de la composition; plus brillante et plus nourrie encore que celle des vitraux voisins, elle soutient la comparaison de la façon la plus heureuse et donne à l'ensemble de la verrière une harmonie et un caractère d'unité et de grandeur vraiment remarquables.

Si belle que soit cette œuvre, elle n'est pas cependant irréprochable.

L'artiste a cru devoir se conformer à la disposition des autres verrières et placer dans la partie supérieure, au fronton du temple, et dans les nervures de la fenêtre, les armoiries de Charles-Quint, donateur de la verrière disparue. A notre avis, c'est une faute; en voici la raison : le fidèle qui considère la verrière en saisit parfaitement le sens, et suit la gradation clairement établie de la pensée créatrice; il voit d'abord, au bas de la verrière, les grands de la terre à genoux et en prières; les insignes de leur puissance, vains hochets pour l'autre monde, gisent au pied de l'autel : au-dessus le spectacle devient plus imposant; les anges descendent du ciel pour participer à l'acte unanime d'adoration, la pensée grandit, l'esprit s'élance vers Dieu et les yeux aperçoivent, dominant les différents groupes bien étagés, l'ostensoir tout ruisselant d'or et de diamants au milieu duquel brille et rayonne l'hostie sainte. La pensée s'est donc élevée graduellement jusqu'à Dieu lui-même et satisfaite alors, ne cherchant plus rien (que peut-il y avoir au-dessus de Dieu?), elle se recueille dans la méditation et la prière.

Après le premier moment donné au pieux sentiment que fait naître en lui cette édifiante peinture, et toujours sous une impression forcément religieuse, le fidèle lève les yeux vers le couronnement de la fenêtre. Or, qu'y va-t-il trouver? La représentation symbolique d'un concert céleste comme aux vitraux de Liége, ou bien quelque bel ange attardé accourant en hâte rejoindre ses compagnons, ou bien encore le grand poëme de la passion représentée par les instruments du supplice et les figures des différents personnages qui y ont assisté, comme en l'église de Saint-Vincent à Rouen; ou bien enfin, et tout au moins, quelque scène pieuse en rapport avec le sujet principal : hélas! rien de tout cela. L'esprit arraché à sa douce contemplation est ramené brusquement sur cette terre par les armoiries de Charles-Quint, qui, plusieurs fois répétées, remplissent tout l'amortissement de la fenêtre et dominent la verrière. Après Dieu, on revient à Charles-Quint, quelle chute! Pourquoi faire ainsi naufrage au port ? Pourquoi si tristement couronner un édifice du reste si bien ordonné? Et dans la crainte que la dernière pensée qui vous ramène à Charles-Quint ne soit pas suffisamment comprise, l'inscription, placée dans le soubassement du vitrail, se charge de vous l'expliquer. Au lieu de ce seul mot DEO, ou de ces trois lettres gravées au portail de nos églises D. O. M. (*Deo Optimo, Maximo*), on s'est cru obligé de consacrer l'inscription tout entière, sauf le premier mot, à la plus petite des puissances représentées sur le vitrail, à la puissance temporelle. La voici :

> *Deo et Sanctæ Memoriæ*
> *Serenissimi et Invictissimi*
> *Caroli V, Rom. Imp. Hisp^{um} R. Belgii Principis*
> *Uxorisque Isabellæ Lusit. eorum lib. ac nepotum,*
> *Hujus Ecclesiæ benefactorum.*

Le couronnement du vitrail et l'inscription, qui se complètent l'un par l'autre, nous paraissent malheureusement choisis et font tache à cette œuvre où la composition religieuse est aussi hautement rendue que savamment et pieusement exécutée.

Une seconde inscription, tracée tout modestement, en petits caractères, dans le stylobate de la verrière, indique comme il suit les hauts et respectables personnages qui ont contribué à l'exécution de la fenêtre : WYNS DE RAUCOURT, *eques fab. preses;* P. DE CONNINCK, *dec. et past.;* A. LEFEBVRE, *thes.* COMES; A. DE BEAUFFORT; M. BOSQUET, *Baro,* F. DE FIERLANT; A. CLERY, C. VAN HOOGHTEN; P. BARBANSON, *Fab. piæp. poni curaver.* MDCCC XLVIII *cal. dec.,* C. DE BROUCKER, *urbis Brux. consule,* LEOPOLDO I, *Belgarum rege.* J.-B. CAPRONNIER, *delineavit et pinxit.*

TRANSSEPT.

Les deux vitraux du transsept précédèrent de quelques années seulement ceux de la chapelle du Saint-Sacrement; on y remarque le même faire et la même touche ; ils sont attribués généralement à Bernard Van Orley. On pense que le premier a été donné par Charles-Quint, et que le deuxième a été exécuté aux frais de la fabrique.

PREMIER VITRAIL, au-dessus du porche septentrional. Au milieu d'un temple, orné de guirlandes de fleurs comme en un jour de fête, Charles-Quint et Isabelle son épouse, tous les deux en grand costume de cérémonie, sont agenouillés aux pieds de Dieu le père, portant la croix sur laquelle sont figurées les saintes hosties. Les saints patrons sont auprès des hauts donateurs. Sur le couronnement du temple des hérauts portent des oriflammes armoriées, et sur le soubassement on lit l'inscription suivante :

> CAROLUS V, *Romanorum imperator*
> *semper augustus*

Hispaniarum et Indiarum rex,
Asiæ et Africæ dominator
Belgii princeps clementissimus,
et Isabella ejus uxor. P. C.

Dans les nervures flamboyantes de la fenêtre brillent quelques blasons. Nous avons donné pl. 26, une reproduction en couleur de cette verrière qui offre un des plus gracieux types du commencement du xvi⁰ siècle, surtout pour l'ordonnance de l'ornementation architecturale. Elle a également une grande importance historique, puisqu'elle nous conserve les traits du grand empereur et de celle qui partagea sa haute destinée.

Second vitrail, au-dessus du porche méridional. Ce vitrail, qui fait face au précédent, présente la même disposition et les mêmes détails. Louis de Hongrie et Marie sa femme, sœur de Charles-Quint, sont agenouillés devant Dieu le père qui porte le Christ en croix et est accompagné du Saint-Esprit, c'est-à-dire devant la Sainte-Trinité. Marie de Hongrie est auprès de sa patronne, la Vierge, qui tient l'enfant Jésus sur ses genoux. La tête de la sainte Vierge est une des plus belles que nous connaissions et ne serait pas désavouée par Raphaël; c'est un de ces rares portraits échappés à l'artiste dans un moment d'inspiration poétique et religieuse. Derrière le roi se tient saint Louis son saint patron; enfin sur le soubassement on lit cette inscription :

Ludovico *Dalmatiæ, Croatiæ, Bohemiæ et Hungariæ regis qui pro fidei catholicæ defensione in bello contra barbaros fortiter pugnando occubuit, et Maria ejus uxori, Cæsaris semper augusti sorori,* 1558.

La vitre porte, comme la précédente, les blasons des princes dans sa partie supérieure.

VITRAUX DU HAUT CHŒUR.

Cinq verrières garnissent les fenêtres absidales du haut chœur; elles représentent les principaux membres de la famille de Charles-Quint : — L'archiduc Maximilien et Marie de Bourgogne; Philippe le Beau et Jeanne de Castille; Charles-Quint et Ferdinand, son frère; Philippe II et Marie de Portugal; Philibert de Savoie et Marguerite d'Autriche (avec sa devise : *Fortune, Infortune, Fort une*). Tous ces personnages occupent agenouillés les verrières entières, et au-dessous d'eux brillent leurs armoiries sur trois rangs de hauteur. Comme on n'a trouvé dans les comptes aucune indication sur ces peintures, il est probable qu'elles furent données par Marguerite d'Autriche, qui s'y réserva une place; le coloris en est vif, la touche légère et hardie; elles sont certainement dues à un artiste de haut mérite. Ces vitraux en remplacèrent de plus anciens dont nous avons déjà parlé.

CHAPELLE DE NOTRE-DAME.

La chapelle de Notre-Dame offre dans son style un type curieux de la transition architectonique du xvii⁰ siècle en Belgique. L'architecte, dont le nom est resté ignoré, commence la construction,

dans la pensée d'élever une chapelle gothique en parallèle avec celle du Saint-Sacrement des Miracles. Les murs se dressent et se garnissent de fenêtres flamboyantes, puis tout à coup l'architecte est pris d'un remords de conscience; il craint sans doute les reproches, il veut se plier au goût du jour, et il abandonne le gothique flamboyant pour couvrir la chapelle d'une voûte du style classique le plus pur. Là où l'on s'attendait à voir paraître les nervures prismatiques des ogives, vinrent se placer les arceaux plats du plein cintre. Grâce aux vastes fenêtres ogivales conservées par l'architecte, nous avons quelques belles peintures sur verre de plus à enregistrer.

La chapelle fut achevée en 1655; on voit dans une requête adressée au magistrat, en 1660, par les prévôts de la confrérie de Notre-Dame de la Délivrance, que la construction de cette chapelle avait pour but de remplir les dernières intentions de l'infante Isabelle (1); on la nomma d'abord *Chapelle de l'Assomption*, puis *Chapelle de la Délivrance*, et enfin *Chapelle de Notre-Dame*. On fit chez les bourgeois, de 1649 à 1658, des collectes qui produisirent 56,825 florins, 5 sous et 1 liard (2). Le comte Ernest d'Isembourg, général des armées du roi et trésorier général des finances, fit don d'un superbe autel en marbre blanc et noir, dû au talent de Voorspoel, élève de Duquesnoy. La fabrique fit compléter l'ornementation de la chapelle par la pose des vitraux, que les uns attribuaient à Rubens et d'autres à Abraham Van Diepenbeeck, lorsque, en 1771, on trouva dans les greniers de la chapelle les cartons originaux avec les noms des artistes et la date de 1650. Si même on avait bien examiné les vitraux, on aurait découvert dans l'amortissement de la verrière de Ferdinand III, la signature même de Van Thulden, dont nous donnons ici le fac simile réduit à moitié de sa grandeur.

Les cartons des trois verrières les plus rapprochées du chœur sont seuls de Van Thulden; le carton de la quatrième fut tracé par Jean de la Baer, d'Anvers, qui exécuta sur verre les quatre fenêtres. Derrière le maître-autel on voyait, dans le principe, une verrière qui était un don de Philippe IV. On l'enleva, peu de temps après sa pose, pour placer le maître-autel, et on aveugla la fenêtre. Arrivons aux vitraux existants.

Premier vitrail (en partant de l'autel) (3) : — Partie supérieure : *La présentation de la sainte Vierge*. — Au-dessous, Ferdinand III, agenouillé, et sa femme Éléonore, accompagnés de leurs saints patrons; les armoiries brillent sur leur tête. Dans le haut de la vitre, le soleil éclaire de ses

(1) Archives de la ville.
(2) Comptes de la fabrique et de la confrérie de Notre-Dame de la Délivrance.
(3) Ce vitrail est reproduit dans notre ouvrage, pl. 50.

rayons ardents cette orgueilleuse devise : *Orbi sufficit unus*; tandis qu'en bas se lit l'inscription suivante :

FERDINANDUS III D. G.

ROMANORUM IMPERATOR

PIUS, FELIX, AUG.

REX GERMANIÆ, HUNGARIÆ, BOHEMIÆ,

SCLAVONIÆ, ETC.

ARCHIDUX AUSTRIÆ,

DUX BURGONDIÆ, BRABANTIÆ, STIRIÆ,

CARINTHIÆ, CARNIOLÆ,

MARCHIO MORAVIÆ,

DUX LUXEMBURGIÆ,

AC SUPERIORIS ET INFERIORIS SILESIÆ,

WITTEMBERGÆ ET TECKÆ,

PRINCEPS SUEVIÆ,

LANTGRAVIUS ALSATIÆ,

MARCHIO SACRI ROMANI IMPERII, BURGOVIÆ

AC SUPERIORIS MARCHIÆ SCLAVONIÆ

PORTUS NAONIS ET SALINARUM,

PACATA GERMANIA, ASSERTO IMPERIO,

AVITA RELIGIONE PROPAGATA,

PERPETUUM AUGUSTÆ DOMUS SUÆ

IN DEIPARÆ CULTUM

PRAGUÆ ET VIENNÆ NUPER ERECTIS ORBI NOTUM,

ETIAM GERMANIÆ INFERIORIS URBE PRINCIPE

..... SACRÆ EJUS PRÆSENTATIONIS MONIMENTUM

TESTATUM ESSE VOLUIT,

ANNO SALUTIS 1650.

La lourde ordonnance architecturale du xviie siècle encadre les sujets, le temple où la sainte Vierge est présentée s'ouvre obliquement, et pour arriver à des effets de perspective aérienne, impossibles à obtenir sur des vitraux de cette dimension, l'artiste a répandu à profusion des tons bistreux qui, au lieu de faire fuir les parties éloignées de l'édifice, ne font qu'assombrir et déflorer toute la composition. Nous sommes en plein dans la peinture en émail; toutes les couleurs, toutes les nuances sont appliquées au pinceau sur les vitres assemblées carrément. Quelques nuances sont remarquables. Nous citerons pour exemple le velours pourpre-orangé qui couvre les prie-Dieu; mais en général les tons, lourds et ternes, ne sont pas à la hauteur du dessin vigoureux et hardi de la composition tracée par Van Thulden et reportée avec la même énergie et d'une manière bien remarquable par Jean de la Baer (1). Nous verrons tout à l'heure que Jean de la Baer finit par com-

(1) Voir pour les détails sur Jean de la Baer la première Partie page 176.

prendre combien sa manière était défectueuse et qu'il la changea pour le vitrail qu'il exécuta entiè-rement.

DEUXIÈME VITRAIL. Partie supérieure : le *Mariage de la Vierge*. — Plus bas, l'empereur *Léopold I*er, accompagné de son saint patron et couvert de ses plus riches insignes, prie agenouillé. La verrière porte les armoiries de l'empereur et l'inscription qui suit :

LEOPOLDUS D. G.
ROMANORUM IMPERATOR
PIUS, FELIX, AUGUSTUS,
REX GERMANIÆ, HUNGARIÆ, BOHEMIÆ,
SCLAVONIÆ, ETC.
ARCHIDUX AUSTRIÆ,
DUX BURGUNDIÆ, BRABANTIÆ, STYRIÆ,
CORINTHIÆ,
MARCHIO MORAVIÆ,
DUX LUXEMBURGIÆ AC SUPERIORIS ET
INFERIORIS
SILESIÆ, WITTEMBERGÆ ET TECKÆ,
PRINCEPS SUEVIÆ,
COMES HABSBURGI, TIROLIS, FERRETIS,
KIBURGI ET GORITIÆ,
LANTGRAVIUS ALSATIÆ,
MARCHIO SACRI ROMANI IMPERII,
BURGOVIÆ,
AC SUPERIORIS ET INFERIORIS LUSATIÆ,
DOMINUS MARCHIÆ SCLAVONIÆ
PORTUS NAONIS ET SALINARUM,
HONORI AUGUSTÆ COELORUM REGINÆ.
UT ROMANI IMPERII
ITA REGNORUM SUORUM ET PROVINCIARUM
DIVÆ TUTELARIS,
SED PECULIARI NUNCUPATIONE
PANNONIÆ ADVERSUS BARBARORUM IRRUP-
TIONES, PROAVITÆ PIETATIS SUÆ
IN SACRA EJUS SPONSALIA
MONIMENTUM,
SUSCEPTIS IMPERII SUI AUSPICIIS,
DEDICAT, ANNO SALUTIS 1658.

Nous pourrions présenter, au sujet de ce vitrail, les mêmes observations que nous avons faites pour le précédent.

Troisième vitrail. Partie supérieure : l'*Annonciation*. — Ce vitrail, qui se trouve identiquement reproduit dans la cathédrale d'Anvers, est magnifiquement traité. Le ciel entr'ouvert laisse échapper des rayons lumineux au milieu desquels descend l'ange Gabriel; il vient annoncer à la Vierge immaculée qu'elle enfantera par la grâce du Saint-Esprit et que l'enfant qu'elle portera dans son sein sera le Sauveur du monde. — Plus bas sont deux princes chers à la Belgique, deux princes qui firent succéder un gouvernement paternel aux désordres de l'anarchie ou à l'administration parfois trop sévère d'un maître éloigné et qui ne connaissait pas l'esprit des provinces : la collégiale bruxelloise reçut d'Albert et Isabelle des marques toutes particulières de bienveillance; ces deux princes sont là agenouillés, accompagnés de leurs saints patrons; ils prient pour le peuple qu'ils ont aimé. Leurs riches armoiries brillent sur leur tête et au-dessous d'eux on peut lire :

SERENISSIMIS PRINCIPIBUS

ALBERTO ET ISABELLÆ, AUSTRIÆ ARCHIDUCIBUS,

BURGUNDIÆ, LOTHARINGIÆ, BRABANTIÆ, LIMBURGI,

LUCEMBURGI, GELDRIÆ DUCIBUS,

HABSBURGIÆ, FLANDRIÆ, ARTESIÆ, BURGUNDIÆ, TIROLIS, HANNONIÆ,

HOLLANDIÆ, ZELANDIÆ, NAMURCI, ZUTPHANIÆ COMITIBUS,

SACRI ROM. IMPERII MARCHIONIBUS,

FRISIÆ, MECHLINIÆ, ULTRAJECTI, TRANSISALINIÆ, GRONINGÆ,

SALINARUM ET ALIARUM DITIONUM DOMINO ET DOMINÆ,

BENEFICENTISSIMIS ET INDULGENTISSIMIS PATRIÆ PARENTIBUS,

ISTA SACRÆ ANNUNCIATIONIS DEIPARÆ ICON,

GRATITUDINIS ET MEMORIÆ ERGO, DICATA EST,

ANNO CIƆ.IƆC.LXIII.

Quatrième vitrail. — Partie supérieure : *La Visitation*. — Les deux cousines se reconnaissent et s'embrassent. La gravité et une douce majesté règnent dans ce tableau aussi bien que dans les précédents. — Au-dessous est représenté l'archiduc Léopold, alors gouverneur de la Belgique; ce prince avait présidé à la pose de la première pierre de la chapelle, comme le rappelle l'inscription suivante qu'on lit au bas de la verrière :

SERENISSIMUS PRINCEPS LEOPOLDUS GUILLIELMUS,

IMPERATORIS CÆSARIS FERDINANDI III AUGUSTI FRATER UNICUS,

ARCHIDUX AUSTRIÆ, DUX BURGUNDIÆ,

BELGARUM ET BURGUNDIORUM PRO PHILIPPO IIII,

HISPANIARUM INDIARUMQUE REGE, GUBERNATOR,

SACELLO HUIC, PRIDEM A SERENISSIMA ISABELLA

CLARA EUGENIA HISPANIARUM INFANTE,

BELGII ET BURGUNDIÆ PRINCIPE, AD DEIPARÆ

CULTUM DESIGNATO, PRIMUM LAPIDEM POSUIT,

ANNO SALUTIS CIƆ.IƆC.XLIX, KALENDIS JUNII,

ILLUSTRI PIETATIS AUSPICIO, EODEM CUM ANNO

PRÆSENTISSIMAM DIVÆ LIBERATRICIS OPEM SENSIT,

CAMERACO A FRANCORUM OBSIDIONE LIBERATO,

SERVATA BELGICA.

La verrière, complétée par les armoiries de l'archiduc, présente une certaine particularité : les verres doublés, dont Jean de la Baer n'avait pas fait usage pour les autres fenêtres, ont été employés ici ; il en résulte plus de vivacité dans les tons, plus de brillant dans l'ensemble. La différence est surtout sensible pour le velours rouge qui couvre le prie-Dieu. C'est en cherchant à nous rendre compte de cette différence d'exécution que nous avons été amené à découvrir que cette verrière était entièrement due à Jean de la Baer. Le carton est, en effet, dessiné d'une autre main que les trois premiers, et il porte la signature de Jean de la Baer.

Les quatre verrières de la chapelle de Notre-Dame sont précieuses à plus d'un titre ; elles doivent être classées, malgré leurs défauts d'exécution, au nombre des plus belles pages de la peinture sur verre au XVIIe siècle ; elles conservent les traits de princes dont s'enorgueillit la Belgique, et elles attestent en outre le talent de Van Thulden et de Jean de la Baer, artistes éminents et cependant assez modestes pour se contenter, comme prix de leur travail, l'un de 190 florins et l'autre de 400. La fenêtre de l'archiduc Léopold, tout entière de Jean de la Baer, est quelque peu inférieure aux autres pour la pureté des contours et la hardiesse du dessin. Sous ce rapport, ce peintre doit être placé après son collaborateur. Les cartons de Van Thulden, que nous avons vus et étudiés, sont dessinés par un trait vigoureux. Sur une teinte de fond lavée au pinceau, le modelé est indiqué par des hachures noires rehaussées de blanc ; en outre, les plombs sont tracés à la craie rouge ; de la Baer a donc eu tout le mérite du coloris, qui est très-remarquable si l'on fait abstraction des défauts survenus à la cuisson pour les tons bistreux. Les compositions sont reproduites sur le verre et dessinées au moyen de hachures dont la vigueur et l'énergie attestent une sûreté de main extraordinaire. Nous en avons déjà parlé dans notre première partie, page 176.

Nous ne pouvons nous décider à abandonner ces vitraux sans les recommander une dernière fois à l'attention des artistes et aux soins intelligents de MM. les marguilliers.

COLLATÉRAUX DU CHOEUR (vitraux modernes).

Les vitraux des collatéraux du chœur furent le premier essai de restauration de la peinture sur verre en Belgique ; ils sont exécutés depuis une vingtaine d'années. Déjà la France et l'Allemagne avaient produit des œuvres sérieuses, la Belgique ne pouvait rester en dehors du mouvement. La fabrique de la collégiale bruxelloise, aidée par le gouvernement, appela auprès d'elle un des premiers peintres belges, le chef de l'École des beaux-arts de Bruxelles, M. Navez, et un jeune peintre verrier qui déjà promettait d'être ce qu'il fut plus tard, M. Capronnier ; elle leur confia l'exécution de quatre verrières, qui n'ont aujourd'hui quelque importance qu'au point de vue de l'histoire de l'art. Ce premier essai de renaissance de la peinture sur verre ne fut pas heureux et, disons-le de suite, cet insuccès tint à des causes étrangères au talent des deux artistes appelés à travailler en collaboration.

Le style du XVIe siècle fut adopté pour les nouvelles verrières ; on voulut ainsi les mettre en rapport avec celles des grandes chapelles latérales ; ce fut une première faute, puisqu'elles étaient destinées à une abside du XIIIe siècle dont le caractère lourd, mais sévère, ne s'accorde guère avec la peinture éclatante, je dirais presque désordonnée, de la renaissance.

M. Navez, qui par son genre appartient à l'école française de David, fut chargé des cartons ; il eut à composer les figures symboliques des vertus théologales, les portraits des évangélistes et quelques scènes du Nouveau Testament. Les cartons, au simple trait, furent bientôt achevés ; on y remarquait, à part une certaine exagération qui tient à la manière de l'école, la pureté des contours, la sûreté des traits et la noblesse des figures. Mais ces cartons, si remplis de qualités, et qui eussent été à l'abri de la critique s'il se fût agi de fresques, ne remplissaient aucune des conditions exigées pour la peinture sur verre. L'ornementation architecturale y était complétement négligée ; les personnes trop isolées, et de grandes surfaces unies de roches et de pierres, devaient produire un effet désastreux pour l'ensemble ; si l'on ajoute à cela la timidité d'un peintre verrier à son début, n'osant pas faire d'observations trop vives à un maître tel que M. Navez, dont le seul tort était de n'être pas sorti de son atelier et de n'avoir pas cherché à se rendre compte des exigences d'un travail nouveau pour lui, on comprendra aisément pourquoi le réveil de la peinture sur verre à Bruxelles ne fut pas marqué par une œuvre irréprochable.

Nous nous contenterons d'indiquer sommairement les sujets représentés sur ces quatre verrières, qui sont divisées en trois zones horizontales et portent chacune trois sujets distincts. — Première verrière : *l'Espérance, saint Luc, la Naissance de N. S.* — Deuxième verrière : *la Charité, saint Jean, le Baptême de N. S.* — Troisième verrière : *la Foi, saint Marc, la Mise au tombeau de N. S.* — Quatrième verrière : *la Religion, saint Mathieu, la Tradition des clefs.*

CHAPELLE ABSIDALE DU CHOEUR.

Trois vitraux décorent cette chapelle du XVIIe siècle, placée sous le vocable de sainte Madeleine ; quoique voisins de ceux que nous venons d'étudier, ils en sont bien loin pour le genre et la beauté. C'est qu'ils ne sont plus dus à l'élève timide qui n'osait pas remanier les cartons de son collaborateur, mais au maître consommé, dont les titres de gloire reposent déjà dans la chapelle du Saint Sacrement des Miracles; au maître qui n'a plus besoin et qui ne veut plus de collaborateur, parce qu'il lui faut maintenant l'air et l'espace libre pour déployer ses ailes.

Le style léger et gracieux des premiers temps de la renaissance, tel que Van Orley l'a compris, a été adopté par M. Capronnier pour les vitres de cette chapelle classique. Le vitrail du centre a été réservé aux trois personnes de la Sainte-Trinité, celui de droite à saint Michel, qui terrasse l'archange révolté, et celui de gauche à sainte Gudule, dont le diable souffle la lanterne; aux deux côtés de saint Michel et de sainte Gudule on voit saint Henri, saint Félix, saint Werner et sainte Françoise, patrons et patronne des membres de la respectable famille de Mérode, donatrice des vitraux. Les impostes sont remplies par des anges tenant les instruments de la passion.

La plus grande harmonie règne dans ces vitraux, où l'on remarque avec la finesse du dessin le sentiment religieux et la richesse du coloris. Nous ne pouvons blâmer que la place peu heureusement choisie pour les blasons des donateurs. Au lieu de les dessiner à la partie supérieure des fenêtres, nous eussions préféré que l'artiste les eût mis tout au bas de la vitre, comme la signature du vitrail; ainsi, nous en sommes convaincu, il eût mieux compris le sentiment des pieux donateurs qui n'ont pas même désiré être représentés en portraits sur le soubassement de la vitre, comme l'usage cependant les autorisait grandement à le faire.

On trouve, dans divers ouvrages, les traces de quelques verrières disparues. Nous les donnons ici :

Autrefois les fenêtres de la nef étaient peintes; sur celle qui est vis-à-vis de la chaire à prêcher, on vit longtemps le portrait du chancelier Goswin Vanderryt, mort en 1465 (1).

La chapelle de Saint-Servais, dans l'église de Sainte-Gudule, était ornée d'un vitrage donné par la famille Van der Vorst et où étaient peints, avec leurs armoiries, les fils de Jean Van der Vorst, écuyer, seigneur de Loombeke, chancelier de Brabant, et de Jeanne Van Thielt, savoir :

Ange, écuyer, seigneur de Loombeke, avec son épouse Van Ophem;

Gautier, protonotaire apostolique et chanoine de Cambrai, décédé à Rome en 1555 ;

Jacques, écuyer, conseiller au conseil de Brabant, avec son épouse Marie Van Halmale;

Jean, prévôt de Cambrai, doyen d'Utrecht et chanoine de Saint-Lambert à Liége, décédé en 1540;

Enfin Pierre, auditeur de la Rote à Rome, évêque d'Aquino, en Italie, depuis 1554, et internonce aux Pays Bas en 1557, décédé en 1549 (2).

Leroy, dans le *Grand théâtre sacré du Brabant* (3), a conservé le souvenir de ce vitrail et de la famille qui l'avait offert.

En résumé, malgré ses nombreuses pertes, la collégiale bruxelloise possède encore des peintures sur verre de premier ordre et occupe une large place dans l'histoire de l'art religieux (4).

(1) Rombaut, t. II, p. 539. Henne et Wauters, t. III, p. 265.
(2) Rombaut, Brux., t. I, p. 59; de Reiffenberg, *Hist. de la peint. sur verre* (notes).
(3) *Le grand théâtre sacré du Brabant,* La Haye, 2 vol. in-4°, 1734, t. I, p. 218.
(4) Nous apprenons avec le plus grand plaisir que M. Capronnier est chargé de l'exécution de nouvelles verrières pour les bas-côtés de cette église.

ÉGLISE DE NOTRE-DAME DES VICTOIRES.

Cette église, érigée dans le principe par le duc Jean Iᵉʳ, pour perpétuer le souvenir de la bataille de Woeringen, fut reconstruite à la fin du xvᵉ siècle; on y travaillait encore au commencement du xvıᵉ; son magnifique vaisseau fut orné de vitraux dont les débris assemblés pêle-mêle dans les fenêtres de la haute nef font vivement regretter la perte. Peut-être pourra-t-on, en les démontant avec soin, en recomposer quelques-uns. Il serait possible de reconstruire un crucifiement épars en divers endroits, mais dont les fragments ne sont pas sans mérite. De nombreuses armoiries, déplacées pour la plupart, viennent attester encore la générosité des princes de la famille de Bourgogne et d'un certain nombre de familles distinguées, telles que les de Lalaing, les de Hornes, les de la Marck, les de Croy..., etc.

Puisque les verrières sont si mutilées qu'il faut renoncer à les décrire sur place, cherchons-en les traces dans les écrivains qui en ont parlé.

Leroy (1) nous donne les renseignements suivants :

« N.-D. du Sablon. — 1ʳᵉ chapelle à droite en entrant. Tombe de marbre noir. Claude Bouton, chevalier, seigneur de Corberon et de Beurry, et chambellan de l'empereur Charles-Quint, grand et premier maître d'hôtel de monseigneur l'archiduc son frère, roi de Bohême, et Jacqueline de Lannoy, son espouse, qui trespassèrent, à scavoir, ledit Claude le XXX jour de juing l'an MVᶜLVI, et Jacqueline dessus dite le XXVII de juing MVᶜXVII. — La chapelle fut construite par Claude Bouton et achevée en 1555. Aux fenêtres de ladite chapelle était une belle vitre où était peint le Jugement universel; au bas, d'un côté, y était représenté C. Bouton priant à genoux, armé et revêtu de sa cotte d'armes; derrière lui ses deux fils habillés de même et les quatre quartiers paternels et maternels (2) : Bouton, de Salins, Dedio, Neuville. A droite sa femme avec un marteau orné de ses armes, et les quatre quartiers : Lannoy, Berlaimont, Esne, Neuville, et au-dessous : *Souvenir tue.* »

M. de Reiffenberg rappelle trois donations pareilles (3) :

« Le fameux comte d'Egmont donna à l'église du Sablon un vitrage représentant son portrait et celui de sa femme, avec leurs quartiers.

» Philippe de Montmorency, comte de Hornes, mort en 1568, chevalier de l'ordre de la Toison d'or, fit un présent de cette espèce à l'église du Sablon.

» Guillaume Iᵉʳ, prince d'Orange, fit placer dans la même église un vitrage où il était figuré avec sa femme, Anne d'Egmont, et leurs quartiers. »

---

(1) *Grand Théâtre sacré du Brab.*, déjà cité.

(2) Lorsque Leroy décrivait cette tombe, en 1744, on ne voyait plus aux fenêtres que quelques quartiers de noblesse, et au-dessous une plaque fixée à la muraille indiquant la sépulture ; il a puisé les détails de la chapelle et de la tombe dans l'*Histoire généalogique des comtes de Chamilly, de l'illustre maison de Bouton, au duché de Bourgogne...*, etc., par Pierre Palliot, parisien historiographe du Roy et généalogiste dudit duché de Bourgogne. Imprimé à Dijon, l'an 1671. Cet ouvrage contient le dessin de la tombe et des verrières.

(3) *Hist. de la peint. sur verre*, déjà citée (notes).

M. de Laborde (1) donne l'extrait suivant du registre n° F 200, de la chambre des comptes aux archives du département du Nord, à Lille :

« Aux marguilliers et receveur de l'esglise de Nostre-Dame du Sablon, à Bruxelles, la somme de VijXXX livres que Messeigneurs, par lettres patentes données à Bruxelles ce XXiiij janvier XV^eXiij, leur ont accordé pour convertir et employer à la fachon de iij verrières que Messeigneurs ont ordonné estre mises au cœur de la dicte esglise, et au lieu de celles qui ont été rompues par la tempeste et oraige qui fut en la saison d'été lors passé (2), assavoir : l'une au nom et armoyée des armes de monseigneur l'empereur ; la ij^e au nom et armoyée des armes de feu le roy de Castille ; et la iij^e du nom de monseigneur l'archiduc et de Madame Lyénor, Ysabeau et Marie d'Autriche, ses sœurs, et aussi armoyée de leurs armes. »

Ces trois verrières, indiquées d'une manière si précise, n'existent plus.

ÉGLISE DE NOTRE-DAME DE FINISTERRE (3).

Cette église, commencée en 1618, ne fut achevée qu'en 1712. Son vaisseau, assez gracieux, ne manque pas de majesté, mais les détails architectoniques ne sont pas heureux et rappellent le mauvais goût de la plupart des architectes du xviiie siècle.

La fabrique a commencé tout récemment à en faire peindre les fenêtres. Deux verrières ornent déjà le chœur. Elles représentent l'Adoration des Bergers et celle des Mages, compositions bien rendues, dues à M. Pluys, de Malines, peintre verrier belge dont nous aurons encore occasion de parler.

ÉGLISE DE SAINT-JACQUES SUR CAUDENBERG.

Le riche portique corinthien de l'église Saint-Jacques remonte à l'année 1776, et entrait dans les plans de la Place Royale tracés par l'architecte Guymard ; mais le corps de l'église ne fut érigé qu'en 1787 par l'architecte Montoyer. Malgré un peu de sécheresse dans l'ornementation intérieure, ce monument est des plus remarquables par la pureté du style, et passe avec raison pour un des plus beaux édifices du xviiie siècle en Belgique.

M. le curé et MM. les marguilliers de cette paroisse ont suivi l'exemple donné par leurs confrères du Finisterre, en faisant orner de peintures l'imposte qui domine l'autel de la sainte Vierge. On y voit le chiffre de la mère du divin Rédempteur, entouré de guirlandes de fleurs et soutenu par des anges thuriféraires. Cette verrière, légèrement touchée, s'harmonise bien avec le style de l'église ;

(1) Les ducs de Bourgogne, *études sur les lettres, les arts et l'industrie pendant le XVe siècle, et plus particulièrement dans les Pays-Bas et le duché de Bourgogne*, par le comte de Laborde, membre de l'Institut, 5 vol. in-8°, Paris, 1849.

(2) C'est peut-être un événement semblable qui amena la destruction de la verrière offerte par la famille de Boulon.

(3) Le mot de Finisterre est la concrétion et l'altération des deux mots Fines Terræ qui se trouvent dans l'inscription suivante placée au portique de l'église : *Laudabunt eum fines terræ*.

elle augmente l'éclat de l'autel sans l'écraser. N'est-ce pas d'ailleurs en faire suffisamment l'éloge que d'ajouter qu'elle est due à M. Capronnier?

MUSÉE ROYAL D'ARMURES, D'ANTIQUITÉS ET D'ETHNOLOGIE.

Le Musée royal d'armures et d'antiquités est installé depuis 1847 dans la tour de l'ancienne porte de Hal, dont les salles gothiques ne pourront bientôt plus, quelque spacieuses qu'elles soient, en contenir toutes les richesses. La création et même la pensée en est due à M. le comte Amédée de Beauffort (1), qui consentit à en accepter la haute direction, et qui bientôt après, quand il eut vu le succès de l'œuvre assuré, choisit, avec ce tact et cette sûreté de coup d'œil qui lui font reconnaître tout ce qui a de la valeur, un des savants les plus distingués de la Belgique, M. Schayes, et le fit nommer conservateur. Grâce au concours intelligent et dévoué de ces Messieurs, le Musée prit un développement tel qu'il doit être aujourd'hui placé au rang des plus importants; il renferme une jolie collection de petits vitraux, la plupart en médaillons et dont quelques-uns appartiennent au genre des vitraux suisses. Nous allons en donner le détail sommaire d'après le catalogue (2) rédigé par M. Schayes, avec leurs numéros d'ordre.

VITRAUX PEINTS.

657 (3). — Verre rond, couleur gris-bistre, manière hollandaise (commencement du XVIᵉ siècle). Le sujet représente probablement une vengeance maritale.

658. — Verre de la même forme et couleur (fin du XVᵉ siècle). La sainte Famille.

659. — *Idem :* Le Couronnement de la Vierge.

660. — *Idem :* Gris-bistre, vert et brun (XVIᵉ siècle). Le Martyre de saint Laurent.

661. *Idem :* Gris-bistre et noir. Un gentilhomme en costume du XVIᵉ siècle, à cheval, accompagné d'un chien, et une dame sur une mule, précédés d'un page, se dirigeant vers un château.

662. — Manière du Bas-Rhin (vers 1450). La Foi assise sous un dais, sur lequel on lit le mot *fides*, et foulant aux pieds l'hérésie; dans le fond un paysage avec une église et un château.

663. — Ovale, couleurs diverses, XVIIᵉ siècle. Les stigmates de saint François.

664. — Rond, bistre, brun et gris, XVIᵉ siècle. Sujet allégorique; le cheval Pégase portant l'Amour, foulant aux pieds un roi et deux autres personnages.

665. — *Idem :* Gris, bistre et noir, XVIᵉ siècle. La guérison de Tobie.

666, 667. — Deux *idem*, pendants, représentant Jésus-Christ prêchant sur la montagne et le miracle des cinq pains.

(1) M. le comte Amédée de Beauffort ne s'est pas contenté d'être le créateur de ce Musée, il l'a en outre enrichi par de nombreux dons, et doit être mis en tête des donateurs.

M. le comte Amédée de Beauffort s'occupe en ce moment de la fondation d'un musée historique de tableaux, et déjà le succès couronne ses généreux efforts.

(2) *Catalogue et description du Musée royal d'armures, d'antiquités et d'ethnologie;* par A. G. B. Schayes, conservateur du Musée, 1 vol. in-8º. Bruxelles, 1854.

(3) Première fenêtre.

668. — Rond, gris-bistre. Manière flamande du xvie siècle, *ex voto*.

669. — *Idem* : Gris-bistre et noir, xvie siècle. Un Festin (sujet inconnu).

670. — *Idem* : Gris et bistre, xvie siècle. Grand médaillon à sujet inconnu.

670² — 670³. — Deux ronds, gris-bistre, xvie siècle. Tobie et le bon riche.

671. — Rond, gris-bistre, même époque. Loth allant au-devant des deux anges.

672. — Rond, gris-bistre, rehaussé de noir. Entrée publique d'un prince; même époque.

673. — *Idem* : Un chevalier ou prince à cheval, accompagné d'un page et d'un chien, est reçu à la porte d'une maison par un homme et sa femme ; même époque.

674. — *Idem* : Gris-bistre, rehaussé de brun. La mort de Jacob; même époque.

675 (1). — Petit carré long, couleurs diverses, xvie siècle. Saint Antoine, ermite.

676. — *Idem* : Grisaille rehaussée de brun. Seigneur dans le costume de la première moitié du xviie siècle.

677. — *Idem* : Couleurs naturelles, même époque. Saint Philippe.

678. — Ovale, gris-bistre, xvie siècle. Saint Martin (2) distribuant du pain aux pauvres. Au-dessous on lit ce distique :

Estant de faim pressé
Vous m'avez relevé.

679. — Carré long, grisaille. Cavalier du xviie siècle, pendant du N° 606.

680. — Rond, grisaille, xviie siècle. Tête de femme.

681. — Carré long, couleurs diverses, xvie siècle. Des paysans venant offrir des vivres à un ermite.

682. — Petit carré long, couleurs naturelles, xviie siècle. Un saltimbanque.

683. — *Idem* : Saint Jacques le Mineur.

684. — Carré long, gris et bistre, xve siècle. La sainte Vierge avec l'enfant Jésus.

685. — Petit carré long, grisaille. Dame dans le costume du commencement du xviie siècle.

686. — Carré long, gris-bistre et brun, xviie siècle. Écusson ovale, représentant un loup.

687 (3). — Carré long, couleurs diverses, xviie siècle. Quatre châssis, représentant dans quatre grands médaillons ovales, les évangélistes, entourés de figures d'anges, d'oiseaux, de fruits, de fleurs, etc., sur des vitres découpées et rapportées dans la manière du xvie et xviie siècle.

688. — Rond, gris-bistre et brun, xvie siècle. *Ex voto* : La donatrice agenouillée devant sainte Catherine.

689. — *Idem* : Le Christ au jardin des Olives.

690. — *Idem* : Manière allemande de la fin du xve siècle. L'empereur Charlemagne (?).

691. — *Idem* : xvie siècle. Un guerrier en costume romain, tenant un écusson qui porte pour armes un ours.

(1) Encadrement de gauche.
(2) Encadrement de droite.
(3) Deuxième fenêtre.

692. — *Idem :* Saint Hubert.

693. — *Idem :* Le Christ au jardin des Olives.

694. — *Idem :* Samson terrassant les Philistins.

695. — *Idem :* La Transfiguration.

696. — *Idem :* xv° siècle. Le Jugement dernier.

697. — *Idem :* xvi° siècle. Le mauvais riche.

698. — Carré long, cintré par le haut, mêmes couleurs. *Ex voto.*

699. — *Idem :* xv° siècle. Saint Victor.

700. — Grand carré long, commencement du xvi° siècle. Le Christ entre les deux larrons, grande et belle composition.

701. — Rond, manière allemande du xvi° siècle. La justice, scène burlesque.

702. — *Idem :* xvi° siècle. Retour des enfants de Jacob de l'Égypte : la coupe de Joseph retirée du sac de Benjamin.

703. — *Idem :* xvii° siècle. Saint Nicolas.

704. — *Idem :* xv° siècle. Figure emblématique, avec l'inscription : *Temperancia (sic).*

705 (1). — Rond, gris-bistre et brun, commencement du xvi° siècle. Figure emblématique de la Charité avec l'inscription : *Caritas.*

706. — Rond, sujet pareil à celui du N° 602.

707. — Carré long, gris-bistre, brun. xvi° siècle. La Justice (pièce satirique). Un roi assis sur son trône, tient l'épée de justice. Devant lui un lion plaide sa cause et un ours dévore un lièvre. Dans le fond, on voit à gauche une prison, avec deux hommes, ayant les jambes dans des entraves, et à droite un homme mis à la torture.

708. — Ovale, gris-bistre, xvii° siècle. Les frères de Joseph envoyant à Jacob son manteau, comme preuve de sa mort.

709. — Ovale, couleurs diverses, xvii° siècle. L'Étable de Bethléem.

710. — Carré long, grisaille; xvii° siècle : L'Offrande au temple.

711. — Rond, gris-bistre; manière allemande du xvi° siècle : Saint Charlemagne (?).

712. — *Idem :* Le bon Pasteur.

713. — Carré long, gris-bistre, brun; xvii° siècle : Sainte Barbe.

714. — Rond, gris-bistre relevé de brun : Une Sainte se promenant dans un champ et tenant un vase dans la main droite.

715. — Rond, gris-bistre; xv° siècle : L'Annonciation.

716. — Ovale, couleurs diverses; xvii° siècle : Un Ange tenant un écusson armorié.

717. — *Idem :* Saint Dominique en adoration.

718. — Carrés longs, grisailles; xvii° siècle : La Présentation au temple, la Pêche miraculeuse et le Martyr de saint Pierre.

719-719². — Ovales (pendants), couleurs diverses; xvii° siècle : Sainte Catherine.

---

(1) Troisième fenêtre.

720. — *Idem :* Saint Jean l'Évangéliste.

721. — *Idem :* Saint Bruno.

722. — *Idem :* Saint Augustin.

723-725. — Trois grands médaillons ronds, du xviie siècle, à couleurs diverses et représentant : celui de gauche, un saint en contemplation; celui du milieu, un écusson armorié avec la devise : *Patria mea, domina mea, Deus meus;* celui de droite, un saint évêque guérissant un malade.

Le Musée s'est encore enrichi, dans ces derniers temps, de plusieurs vitraux hollandais, dont nous avons donné un spécimen, planche 55.

Nous terminerons ce qui concerne la ville de Bruxelles par l'indication de quelques noms de peintres verriers de cette ville, extraits de l'ouvrage de M. le comte Léon de Laborde, intitulé : *Les ducs de Bourgogne,* preuves, t. 1er.

Compte de 1457. — « A JORIS (Georges) VAN PURSE, voirier, demourant à Bruxelles, la somme de XLII francs de XL gros, à lui deüe pour une grande voirière, laquelle monseigneur de Charrolois a ordonné estre faite et icelle a donné pour estre mise et assise en l'église Notre-Dame-de-Grâce emprès Brouxelles (Chartreuse de Scheut), et dont par marchié fait le dit Joris doit avoir VII livres de gros qui font XXXV écus d'or et valent . . . . XLII francs.

Compte de 1468. — « A GEORGES POURS, voirier demourant Bruxelles, la somme de cent livres, en prest à luy fait, sur les veyrières que du commandement de Monseigneur, il fait présentement, pour mettre en l'église Nostre-Dame de Bouloingne. . . . . C. l.

« 4 septembre 1475. — Nous JEHAN CLOET, painctre, Henry Bouem, charpentier et huchier, et Jehan Loutresse, cordier, tous demourans à Brouxelles, confessons avoir receu la somme de trente sept livres quatre sols, qui deue nous estoit pour plusieurs parties par nous faictes, vendues et livrées, en ce présent mois de septembre, assavoir : à moy, ledit JEHAN CLOET, pour la paincture de vingt-six pans de paveillons, ou a, en chacun pant, deux fenestres atraillé de rubans que icellui a fait faire par ung Italien, assavoir : pour la paincture desdites fenestres, painctes à deux lez dedans et dehors, et chacun pan une creste de fin or et deux ymaiges de sains armoyés aux armes de Monseigneur, de ses pays et de plusieurs aultres ses alyés, au pris de vingt-quatre sols chaque fenêtre, par marchié fait avec moy par le dit receveur de l'artillerie, en la présence de Jehan Hannekart, painctre de Monseigneur, qui a veu et visité l'ouvrage; ensemble une teste dorée à quatre fusils d'or montés, et qu'il m'a esté payé comptant XXXI liv. III sols. — Le IVe jour de septembre, l'an mil CCCCLXXV (1). »

Nous devons les extraits des comptes qui suivent, à la complaisance de M. Alexandre Pinchart, attaché aux Archives du royaume et auteur de plusieurs ouvrages sur les arts et les artistes en Belgique; ces extraits seront publiés par lui dans le *Messager des sciences et des arts de Gand.*

Janvier 1504. — « A CLAIS ROMBOUTS, voirier, demourant à Bruxelles, LX livres de XL gros, tant pour ses journées et celles de huit compaignons ses serviteurs, comme pour l'estoffe et fachon de plusieurs verrières par lui faictes, tant en la trésorie comme en la grant salle de l'hostel de Monsei-

____

(1) Le comte DE LABORDE, *Les ducs de Bourgogne,* extraits des comptes de la recette générale des finances.

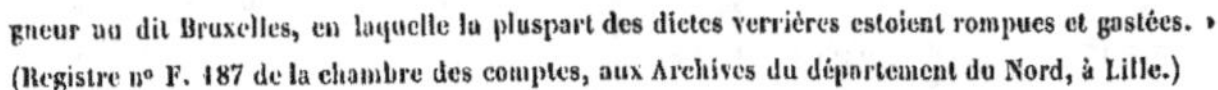

gneur au dit Bruxelles, en laquelle la pluspart des dictes verrières estoient rompues et gastées. » (Registre n° F. 187 de la chambre des comptes, aux Archives du département du Nord, à Lille.)

Août 1502. — « A Claes Rombouts, demourant à Bruxelles, verrier LX ₰ pour trois verrières ésquelles sont les représentations et les armoiries, assavoir, en la première de Monseigneur, en la deuxiesme de madame l'archiducesse, et en la troisiesme les enffans, par lui faictes et mises au pan des Frères prescheurs de la ville de Bruxelles. » (Registre n° F. 188 de la chambre des comptes, aux Archives du département du Nord, à Lille.)

« A Clays Rombouts, verrier, demourant à Bruxelles, C livres que le Roy, par lettres patentes du XX° de juing XV°XVI, luy a accordé par appointement fait avecq luy pour deux grandes verrières qu'il avoit faictez, lesquelles il a ordonné estre mises aux églises des cloistres de Grunendalle et les Chartreux-lez-Bruxelles, pour don que luy et mademoiselle sa seur en ont fait. » (*Ibid.* Registre n° F. 201.)

« Je, Clays Rombouts, verrier, demourant à Bruxelles, confesse avoir reçu la somme de C livres de XL gros, que le roy de Castille, par ses lettres patentes du XX° jour de juing, m'a ordonné avoir pour deux grandes verrières que j'ay faites, lesquelles il a ordonnées estre mises aux esglises des cloistres de Grunendale et les Chartreux-lez-Bruxelles pour don que lui et Madame Léonor, sa seur, en ont fait. Le XXIX° jour de juillet l'an MV° et XVI. » (Acquits des comptes de la recette générale des finances, aux Archives du royaume.)

« A Corneille Rambuicht, verrier, résidant à Bruxelles, la somme de LX philippus d'or de L gros, monnoye de Flandre, que Madame, par ses lettres patentes du XIIII° jour de septembre XV°XXI, luy a ordonné avoir d'elle en payement d'une verrière qu'elle luy a fait faire et mectre en l'église Saincte-Élisabeth en la ville de Grave, par marché fait avec luy. » (Registre n° 1797 de la chambre des comptes. *Ibid.*)

Dans les registres de la chambre des comptes, n°ˢ 2403 et 4201, octobre et septembre 1509, aux Archives du royaume, on voit que Claes Rombouts travaillait aussi pour Philippe le Beau comme vitrier.

On trouve encore divers renseignemeuts sur ces verriers dans les comptes de l'abbaye de Grand-Bigard, 1507-1508, aux Archives du royaume, fol. 58, et, *ibid.*, dans les n°ˢ 4204 et 4207 de la chambre des comptes (comptes de 1514-1515 et 1518-1519).

1601. — « A Nicolas Meertens demourant à Bruxelles 134 ₰ pour voirières armoyées en l'église du Béguignage. » (Registre n° 2843 de la chambre des comptes, aux Archives du royaume.)

1603. — « A Nicolas Mertens ou Meertens, m^tre voirier, pour deux verrières au cloitre d'Auderghem, avec écusson aux armoiries des archiducs, VI° LXXXV ₰ XI s. dont CCCLIV pour une grande verrière portant la représentation des personnes de Leurs Altesses armoyées des armes d'icelles, mise en l'église de Notre-Dame en la ville de Vilvoirde, contenant CCLXXXV p. à XXIV sols. » (Registre n° F. 286 de la chambre des comptes, aux Archives du département du Nord, à Lille.)

On voit, par les mêmes comptes, que Mertens fut en outre chargé de diverses réparations.

Enfin, nous ne pouvons nous dispenser de donner sur Jean Oshuys, peintre verrier de Bruxelles, les très-intéressants détails publiés par M. Alex. Pinchart dans ses *Archives des arts, des sciences e^t des lettres*, t. Ier, § 59. (Voyez *Messager des sciences et des arts de Gand*, année 1856.)

« Jean Oshuys est un artiste verrier de Bruxelles, qui jouit, à juste titre, de beaucoup de réputation. C'est à lui que Marguerite d'Autriche confia, en 1521, l'exécution d'un grand vitrail qui avait pour sujet Notre-Seigneur au sépulcre, et dont elle gratifia le couvent des récollets ou frères mineurs de Bruxelles ; ce travail lui fut payé 40 livres de Flandre. Vers la fin de l'année précédente, ils avaient adressé à la princesse une longue requête rédigée avec beaucoup d'adresse pour arriver à leur but. Ils y rappellent que le roi Charles, son neveu, leur avait déjà donné trois verrières sur lesquelles il s'était fait représenter, ainsi que Maximilien, son père, et Jean Ier, duc de Brabant, qui était enterré dans cette même église ; et qu'une quatrième leur avait été promise par Ferdinand, son autre neveu. Les bons religieux terminent leur supplique, en disant à Marguerite qu'il n'y a guères qu'elle dont la mémoire puisse être consacrée sur le cinquième vitrail, et que tels sont les motifs qui les ont engagés à avoir recours à sa libéralité. Marguerite apostilla favorablement cette requête, le 24 décembre 1520.

» En 1513, la nouvelle église, sous l'invocation de saint Paul, du prieuré de Rouge-Cloître, était en voie de construction : Marguerite d'Autriche, à laquelle tout le monde s'adressait afin d'en obtenir quelque subside, gratifia le couvent au nom de l'empereur, son père, et de l'archiduc Charles, son neveu, par lettres patentes datées du 24 janvier 1514, d'une somme de 25 livres de Flandre, pour l'aider à acheter des matériaux. Lorsque l'édifice fut entièrement achevé, les religieux de Rouge-Cloître eurent encore recours à la générosité inépuisable de la gouvernante générale, et lui demandèrent de leur accorder 300 livres pour les frais de trois vitraux qui devaient, disaient-ils, rappeler la mémoire de Charles-Quint, de Ferdinand, son frère, et la sienne propre. Marguerite trouva probablement qu'ils étaient par trop exigeants et se contenta de leur faire donner le tiers de cette somme, par lettres patentes du 24 février 1525, et ce pour une verrière aux armes de l'empereur. Peu satisfaits du résultat de leur démarche, ils tentèrent de nouveau, l'année suivante, d'arracher 100 livres à la libéralité de la princesse. Ils réussirent cette fois à obtenir quelque argent de ses revenus à elle : elle apostilla leur requête le 1er août 1526. C'est à ce propos que nous avons encore à parler de Jean Oshuys. Marguerite fit accord avec lui, en 1527, moyennant 60 livres de Flandre, pour la livraison d'un magnifique vitrail avec la représentation du crucifiement de Notre-Seigneur et de ses armoiries, qu'elle destinait à orner le chœur de l'église du monastère.

» A Jehan Oshuys, verrier, demeurant à Bruxelles, la somme de xl livres, de xl gros de Flandre, que due luy estoit pour une belle-grande verrière, en laquelle est figuré la remembrance Nostre-Seigneur, quant il fut mis au saint sépulcre, et laquelle Madame a fait faire et asseoir en l'église des frères mineurs de la ville de Bruxelles, auxquelx elle en a fait don pour Dieu et en aulmosne, par marché fait avec luy par madicte dame, sondict trésorier et son maistre d'hostel Allart (1).

» A très-haulte et très-puissante dame madame la duchesse de Savoye, supplient humblement les gardien et couvent des frères mineurs de ceste ville de Bruxelles, comme pour avoir perpétuelle

(1) Registre n° 1707 de la chambre des comptes, aux Archives du royaume. Nous avions déjà (1re partie, p. 151), rappelé ce compte ; mais nous avions donné, d'après M. Alex. Henne, au nom du peintre verrier, une orthographe que M. Alex. Pinchart regarde comme fautive. Le nom de Oshuys était celui d'une ancienne famille bruxelloise.

mémoire d'aucuns princes enterrez en leur cucur et aussi de bonne mémoire vostre père, le feu très-noble empereur, et du roy nostre sire, et aussi contrainetz par nécessité, lesdicts supplians avoient requis au roy nostredict sire aucunes voirrires pour les mectre au-devant la tombe de son prédécesseur le feu duc Jehan premier de ce nom (auquel Dieu pardoint), car les voirrires qui y estoient paravant par succession de temps estoient gastées et devenues moult noires, ce qui fust grant empeschement ausdicts supplians quant ilz disoient le divin office, et aussi que c'estoit au plus beau de leur esglise, lesquelles voirrires le roy nostredict seigneur pour Dieu leur a octroyées, et a fait cnfigurer en icelles son ymage et celle de son père grant, vostre père dessusdict, feu très-puissant empereur, et l'ymage de sondict prédécesseur enterré au-devant dicelles voirrires; mais à cause qu'il y a auprès lesdictes voirrires encores deux aultres vielles, et sont ensemble petites, du temps passé, lesdicts supplians ont semblablement requis une monsieur dont Fernando, vostre nepveu, frère du roy nostredict sire, laquelle, de bonne grâce et affection qu'il a envers lesdicts supplians, leur a octroyée : et pour ce qu'il n'y a plus noble mémoire que la vostre et convenable pour y mectre, lesdicts supplians sont ausez requérir et humblement demander à ta (*sic*) libéralité l'aultre voirrire, pour la mectre auprès celles du roy nostredict sire et des princes dessusdicts, au lieu de ladicte vielle. Ce considéré, cher dame, et la bonne affection d'iceulx supplians, plaise à la libéralité et clémence octroyer leur requeste et faire ceste aulmosne pour Dieu, et ils priront Nostre-Seigneur pour vous. »

(Apostille marginale). « Madame a accordé aux supplians pour Dieu et en aulmosne faire payer la somme de xl livres, de xl gros monnoye de Flandres, la livre, pour la verrière mentionnée en ceste requeste, ordonnant à Jehan de Marnix , son trésorier, de payer ladicte somme au verrier qui fera ladicte verrière, et en rapportant ceste ordonnance et quictance dudict verrier, etc. Fait à Malines, le xxiiij^e de décembre anno xve et vingt. MARGUERITE (1). »

« Nous prycur, religieulx et couvent de Saint-Pol en Rouge-Cloistre, ou bois de Soignie, confessons avoir receu de Jehan Micault, etc., la somme de c livres, de xl gros, pour don que l'empereur nous en a fait de grâce espéciale pour une fois, par ses lettres patentes données en la ville de Bruxelles, le xxiiij^e jour de février derrenier passé, pour convertir et employer en une verrière armoyée de ses armes qui sera mise et assise au chief-lieu de cueur que nous avons nouvellement fait faire en nostredicte cloistre, etc. Le xxviij^e jour de mars l'an mil cincq cent vingt-quatre, avant Pasques (2).

» A Jehan Ofhuus (*sic*), verrier, résidant à Bruxelles, la somme de x livres, à quoy Madame a faict convenir et appoincté avec lui pour une belle et grand verrière qu'il a faicte et posée au cueur de l'église du couvent et monastère du Rougo-Cloistre, au bois de Soigne-lez-Bruxelles, ystoriée du crucifiement de Nostre-Seigneur, et armoyée des armes de madicte dame (5).

(1) Collection des acquits des comptes de l'hôtel de Marguerite d'Autriche, aux Archives du royaume.

(2) Collection des acquits des comptes de la recette générale des finances, aux Archives du royaume. Cette dépense est portée dans le registre n° F. 210, de la chambre des comptes , aux Archives du département du Nord , à Lille.

(5) Registre n° 1805 de la chambre des comptes, aux Archives du royaume.

» A Madame, remonstrent en toutte humilité voz très-humbles orateurs les prieur et couvent du monastère de Sainct-Pol au Rouge-Cloistre, ou bois de Soingne, comme lesdits supplians vous ayent nagaires par aultre leur requeste requis que vostre noble plaisir fust leur octroyer la somme de trois cens livres de xl gros la livre, monnoye de Flandres, pour icelle somme estre employé en trois verrières en l'esglise dudit Rouge-Cloistre, armoyées des armes de l'empereur, monsieur son frère et de vous, Madame, de laquelle somme de trois cens livres, il vous a pleu et à messieurs des finances de l'empereur voluntairement octroyer et accorder ausdits supplians cent desdites livres pour la verrière de l'empereur, à prendre icelle somme par les mains du recepveur général. Ce considéré, ilz requirent en toutte humilité que vostre noble plaisir soit leur octroyer en aulmosne pareille somme de cent livres pour icelle estre employée en une verrière armoyée de voz armes auprès de celle de l'empereur, et ordonner à vostre trésorier de faire délivrer ausdits supplians ladite somme de cent livres. Ce faisant, etc. (1). »

ENVIRONS DE BRUXELLES.

ANDERLECHT. — L'église paroissiale d'Anderlecht date du xve siècle, époque à laquelle elle fut rasée et rebâtie; on ne conserva que la belle crypte du xiie siècle, et bientôt, sous la forme d'une croix latine, la nouvelle basilique apparut ornée d'une tour et de vastes portails. Les nombreuses offrandes qu'apportaient les pèlerins venus pour réclamer la protection de saint Guidon (2), permirent au chapitre de développer dans le chœur la somptueuse ornementation du style ogival tertiaire, rehaussé encore par de brillantes verrières dues à la munificence de divers personnages.

(1) Collection des acquits des comptes de l'hôtel de Marguerite, aux Archives du royaume.

(2) Saint Guidon est particulièrement vénéré à Anderlecht où, suivant une croyance assez générale, il prit naissance. Les lignes suivantes, empruntées à l'*Histoire des environs de Bruxelles* par M. Wauters, feront connaître la coutume de la localité : « Les paysans belges rendent encore aujourd'hui un culte fervent à saint Guidon, qu'ils implorent contre la dyssenterie, les maladies contagieuses, et les maladies du bétail et des chevaux. Le dimanche après le 12 septembre, jour de l'ancienne kermesse, et le lundi de la Pentecôte, époque actuelle de la grande kermesse, ils partent en foule pour Anderlecht, les uns à pied, les autres sur des chevaux ornés de rubans et de bouquets. Arrivés au cimetière, ils font le tour de l'église, puis, après avoir entendu la messe, ils circulent autour du maître-autel et de la statue du saint, dont ils touchent le manteau. Les jeunes gens de la paroisse accompagnaient autrefois la procession, à cheval et armés de pistolets qu'ils déchargeaient à chaque instant. Ces détonations occasionnaient très-souvent une panique subite, et au milieu du bruit les chanoines devaient cesser leurs chants. Pour abolir une coutume qui devenait de plus en plus intolérable, le magistrat de Bruxelles, à la prière du chapitre, défendit de tirer ce jour-là des coups de feu, sous peine d'une amende de 25 florins (ordonnance en date du 11 septembre 1781). Le même jour, à midi, suivant un usage qui occasionna fréquemment des malheurs, et qui cessa il y a environ cent ans, tous les paysans à cheval couraient bride abattue autour de l'église. Au troisième tour, celui qui arrivait le premier devant le portail, y était introduit sur sa monture, le chapeau sur la tête, par tout le chapitre. Placé au milieu de l'église, il recevait un chapeau orné de roses, puis on le reconduisait en cérémonie jusqu'à la porte. »

Déjà l'ancienne église avait été décorée de vitres peintes. Nous savons qu'au xive siècle, Jean Gravia, doyen d'Hilvarenbeke, avait fait placer dans l'église un autel et un vitrail (1).

Il reste peu de verrières dans l'église actuelle; elles sont en assez mauvais état et la plupart très-incomplètes. Dans l'abside du chœur, nous voyons une verrière du xviie siècle, d'un style médiocre, portant les armoiries de la famille de Hornes. La fenêtre voisine ne contient plus que deux fragments du commencement du xvie siècle, qui représentent des figures de saints; la troisième fenêtre, également donnée par un membre de la famille de Hornes (2), offre, dans un assez vaste fragment du commencement du xvie siècle, un *Ecce homo*, composition qui n'est pas sans mérite. Deux verrières complètent le système décoratif du chœur : l'une, au nord, appartient par son style à la fin du xve siècle; elle est assez bien conservée; la sainte Vierge occupe le centre; à sa droite, on voit saint Jérôme, patron du donateur, agenouillé à ses pieds; à gauche saint Germain avec la clef et le dragon. Le vitrail du midi est plus important par la composition religieuse qu'il renferme : dans la zone supérieure, Dieu le père, assis sur un trône, bénit le monde; N. S. Jésus-Christ est à sa droite, la sainte Vierge à sa gauche, et au-dessus le Saint-Esprit sous la forme habituelle d'une colombe aux ailes étendues. Dans la zone inférieure, on voit le donateur agenouillé et escorté de deux figures de saints : l'une est celle de saint Pierre, l'autre a été brisée. Cette vitre peinte date du milieu du xvie siècle et a une assez grande valeur.

De Wael (3) nous apprend qu'en 1577, Maximilien Morillon, vicaire général du cardinal Granvelle fit poser dans l'église paroissiale d'Anderlecht, au nom du prélat son maître, de beaux vitraux représentant des sujets tirés de l'Apocalypse.

Nous savons aussi qu'en 1563, Adrien Potter plaça pour la somme de 2 florins, un vitrail aux armes de Gaesbeck, dans le chœur où l'on en voyait alors un autre appelé la fenêtre de saint Guidon (4).

CHARTREUSE DE SCHEUT, près de l'église d'Anderlecht. La chapelle de cette chartreuse, dont Charles le Téméraire avait posé la première pierre, était dédiée à Notre-Dame qui avait apparu miraculeusement à une femme du pays. Il n'en reste guère que le chœur, mais on y fait en ce moment d'importantes réparations.

Les vitraux ne manquaient pas à Scheut; le passage suivant, extrait de l'*Histoire des environs de Bruxelles*, par M. Wauters (5), en fera connaître le nombre et l'importance. « Les fenêtres qui éclairaient la chapelle étaient garnies de vitraux peints, donnés : le premier, celui situé derrière

(1) De Vaddere, *Notes sur les antiquités de divers villages des environs de Bruxelles et du Brabant*, manuscrit de la Bibliothèque de Bourgogne.

(2) La note suivante, extraite du *Mausolée de la Toison d'or*, p. 125, fera connaître quels furent, dans la famille de Hornes, les membres qui donnèrent des verrières à l'église d'Anderlecht : « La devise de Maximilien de Hornes, seigneur de Gaesbeck, Hontschote, Heze, etc., chevalier de la Toison d'or : *Je le varray*, et celle de sa femme Barbe de Montfort : *S'il plaît à Dieu*, se voyaient avec leur portrait et leurs armes sur un vitrage du chœur de l'église d'Anderlecht, vis-à-vis d'un autre vitrage représentant Arnould de Hornes, père de Maximilien, et son épouse Marguerite de Montmorency, avec leurs quartiers. »

(3) Tome Ier, p. 40.

(4) A. Wauters, *Environs de Bruxelles*, Ire partie, p. 64.

(5)   *Id.*,   id.   id.,   id.,   p. 40.

l'autel, par Charles le Téméraire, qui le paya 42 francs au verrier Georges Van Purse (1), les sept autres, par Jean d'Enghien, le sire de Harchies, conseiller et chambellan du duc; une dame portugaise de la suite de la duchesse, le Piémontais Pierre de Villa, Monfrand Alaert, procureur général du duc; Jean de Pape, Jean Blancaert et Jean Cambier, maître de la fabrique.

Le cloître de la Chartreuse était regardé comme le plus beau du Brabant. Dès l'année 1472, on en avait entrepris la construction, à la sollicitude du chancelier de Brabant, Charles de Groote, qui y fut enterré, ainsi que plusieurs personnes de sa famille. Il était de forme quadrangulaire, décoré extérieurement de contreforts destinés à soutenir la poussée des voûtes et orné de 43 vitraux peints. Les donateurs furent l'empereur Maximilien, l'archiduc Philippe le Beau, Charles-Quint, son frère Ferdinand, sa sœur Léonore reine de France (2); Marguerite d'Autriche, les seigneurs de Chièvres et de Hoogstraeten, Jean Ruffault, trésorier général, le seigneur de Crubeke et sa sœur, Jean Cuerens, Charles le Clercq, trésorier à Naples; le receveur général Jean Micault, Pierre Boisot, conseiller de la chambre des comptes; le chancelier de Brabant, Jérôme Van der Noot; Antoine de Mastaing, l'évêque de Liége, Évrard de la Marck; les seigneurs de Bueren et de Zevenberghe, Antoine d'Assche, Philippe Coutereau, Jacques Grinet, trésorier des guerres; Josse de Leenere, chirurgien du roi; la mère de Firmin, confesseur du couvent; Jean Zuene, prince de Piémont, Jacques Van der Meeren, abbé de Saint-Bernard; le sire de Sassaul, Mercurin Gattinaria, Antoine, vice-chancelier d'Aragon; les prieurs des chartreuses de Gand, d'Amsterdam, d'Utrecht et de Hollande; le seigneur de Beveren, N. Sophie, le maître des postes Taxis, le trésorier d'Espagne, le sire de Mingoval, l'abbé de Villers, le sire de Fiennes et un Anglais, nommé Charles; et, enfin, l'évêque de Cambrai, Jacques de Croy, en donna deux (3). »

Vers la fin du XVe siècle, la chapelle de la Chartreuse étant devenue insuffisante, les chartreux se décidèrent à construire une église nouvelle, dont le seigneur de Ravestein, Adolphe de Clèves, au nom du duc Charles, posa la première pierre vers les Pâques de l'année 1469. Cette église, qui fut consacrée, le 18 juillet 1551, par Adrien, évêque de Rasse et suffragant de Cambrai, était ornée de treize vitraux peints, dont voici le détail des sujets avec le nom des donateurs : *Notre-Seigneur priant à la montagne des Oliviers,* don de sire Antoine de Sempy ; *Jésus-Christ livré par Judas,* don de Philippe de Clèves ; *Jésus-Christ livré au pontife Anne,* don de l'archevêque de Palerme ; *Jésus-Christ lié à la colonne,* don d'Évrard de la Marck, évêque de Liége ; *le Couronnement d'épines,* don de Marie de Hongrie ; *le Portement de la croix* et *le Crucifiement,* dons de Charles-Quint ; *Jésus-Christ descendu de la croix,* don de Marguerite d'Autriche ; *la Descente aux enfers,* don de Jacques de Croy, seigneur d'Arschot ; *la Résurrection,* don de Mercurin Gattinaria ; *Jésus-Christ apparaissant à sa mère,* don de l'archidiacre d'Arras ; *la Descente du Saint-Esprit sur les apôtres,*

(1) *Voyez* les notes publiées plus haut.

(2) Le vitrail donné par Charles-Quint et la reine Léonore était l'œuvre de Nicolas Rombouts, verrier demeurant à Bruxelles. Le 29 juillet 1516, on lui paya 100 livres de 40 gros pour cet objet d'art et pour une autre fenêtre donnée au prieuré de Groenendael. (*Voyez* les notes publiées plus haut.)

(3) A. Walters, *Environs de Bruxelles,* Ire partie, p. 42.

don de Guillaume de Bruxelles, abbé de Saint-Trond et de Saint-Amand; et, enfin, *Jésus-Christ apparaissant pour juger les morts*, don de la ville de Bruxelles. L'avant-dernier de ces vitraux était magnifique, à en juger par un dessin qui existe encore (1).

LEEUW-SAINT-PIERRE.—L'église paroissiale de Leeuw-Saint-Pierre date de la fin du xv° siècle ; mais elle a subi une restauration complète durant le siècle dernier. Dans les fenêtres flamboyantes du chœur on aperçoit quelques fragments de vitraux peints qui annoncent une bonne école.

Au xviii° siècle on lisait encore sur une verrière l'inscription suivante : — Messire JEAN DE COT-TEREAU, en son temps chevalier, baron de Jauche, seigneur d'Assche, Releghem, Guideux, Hautt-voué héréditable de mont Saint-André et d'Attencourt, lieutenant des fiefs de sa M. C. en Brabant.

Et dame CATHERINE DE BRANDEBOURG, dame de Steynockersele, Gentines, Bomale... etc., sa compaigne.

QUARTIERS.

Puysseulx, Herding, Wyden, Jauche,
Balarte, Berchem, Hove, Assche,
Brandenbourg, Eve, Liedekercke, la Douve,
Longchamps, Crappet, Mourbeck, Berlette.

LENNICK-SAINT-QUENTIN. — L'église de Lennick, dont quelques parties remontent jusqu'au xii° siècle, avait jadis ses fenêtres garnies de vitraux peints. On voit dans les comptes de l'église que le chapitre de Nivelles résolut, le 25 mai 1609, de payer 68 florins pour leur restauration.

ABBAYE DE GRAND-BIGARD. — L'église de cette abbaye, aujourd'hui disparue, avait pour patrons la Vierge et saint Pierre. En 1515, on plaça dans le chœur nouvellement construit un grand vitrail, don de l'évêque Jacques de Croy, qui avait laissé par testament une somme de 80 florins à cette intention. Le couvent ajouta 18 florins qui servirent à payer le peintre verrier, Nicolas Rombouts. En 1548-1549, le suffragant et madame d'Arpyson donnèrent chacun un vitrail, qui furent placés dans le cloître de Sainte-Catherine et dans celui de Notre-Dame. Après les troubles du xvi° siècle, la ville de Bruxelles orna l'église de Bigard de vitraux peints, qui lui coûtè-rent 507 florins (année 1618 environ) (2).

ABBAYE D'AFFLIGHEM.—La riche abbaye d'Afflighem, dont il ne reste que des ruines, devait avoir de nombreuses et belles verrières, on n'en saurait douter; le seul souvenir qui nous en soit resté, c'est que sur les vitres du cloître de Notre-Dame était peinte l'histoire de la sainte Vierge.

ABBAYE DE GRIMBERGHE. — Nous ferons la même remarque pour cette abbaye que pour celle d'Afflighem. Tout ce que nous savons, c'est que le cloître était orné de vitraux représentant la

____

(1) A. WAUTERS, *Environs de Bruxelles*, 1° partie, p. 42.
(2) A. WAUTERS, *Environs de Bruxelles*, 1° partie, p. 372.

vie de la sainte Vierge, celles de saint Norbert et de saint Benoît, avec des inscriptions en vers latins de Benoît Van Haeften, prévôt du monastère, mort en 1648.

BOUCHOUT. — Le château de Bouchout, vaste et grandiose construction seigneuriale du moyen âge, appartient aujourd'hui à M. le comte de Beauffort, qui l'a restauré d'une manière remarquable; or, ce n'est pas chose facile que de restaurer dans leur style les châteaux féodaux tout en les disposant de manière à répondre aux besoins d'une habitation moderne. Nous devons reconnaître que le château de Bouchout a conservé, autant que cela était possible, l'aspect imposant que lui avaient donné ses anciens maîtres (1).

M. le comte de Beauffort a compris qu'il fallait restituer à la peinture sur verre le rôle qu'elle avait joué durant le moyen âge, il lui a fait reprendre sa place aux vitres du château; et il a voulu, en donnant le premier rang aux princes des maisons de Bourgogne, d'Autriche et d'Espagne, rendre ce patriotique hommage aux souverains de son pays auprès desquels ses aïeux ont toujours tenu une place si distinguée.

Rien de plus gracieux et de plus riche que les vitres peintes de ce château : ici ce sont de légères mosaïques rehaussées de pourpre et d'or, sur lesquelles se détachent les brillantes armoiries de la noble famille, là ce sont les figures des princes chers au pays. Les fenêtres sont comme autant de tableaux dont les vues animées des champs forment le fond et dont l'encadrement n'est autre que la vitre peinte aux riches et brillantes couleurs.

Nous donnons pl. 54 un spécimen des vitres peintes du château de Bouchout, on y remarquera l'heureux agencement des peintures, qui embellit la fenêtre sans masquer la vue de la campagne (2).

MEYSSE. — L'église gothique de Meysse renferme deux belles verrières dues au talent de M. Capronnier; elles sont placées de chaque côté du maître-autel; celle de droite, donnée par M. d'Hooghvorst, représente saint Martin; l'autre, sur laquelle est figurée saint George, est un don de M. le comte de Beauffort.

LAEKEN. — L'église de Laeken date du xiiie siècle; malgré l'élégance du chœur, et le respect que l'on porte aujourd'hui aux édifices anciens, elle est condamnée à disparaître incessamment, parce qu'elle n'est plus en rapport avec l'importance que lui donne la sépulture des membres de la dynastie nouvelle de Belgique.

Une nouvelle église va s'élever à Laeken; elle est destinée à devenir le Saint-Denis, le Westminster de la Belgique; les fondations sont déjà jetées, et l'on doit espérer voir dans un espace de quelques années s'achever cet édifice (3). Nous nous inclinons respectueusement devant la pensée d'amour et de reconnaissance qui porte le peuple belge à remplacer la modeste église du xiiie siècle par un monument qu'on s'efforcera de rendre digne de la haute famille à laquelle il sera

(1) *Voyez* le dessin du château dans Wauters, t. II, 2e partie, p. 292.
(2) C'est M. Capronnier qui a l'honneur d'être chargé de toute la vitrerie peinte du château de Bouchout.
(3) *Voyez* le dessin de l'église du xiiie siècle dans Wauters, t. I, 2e partie, p. 580.

affecté; quant à l'église actuelle, nous nous contenterons d'indiquer les vitraux qu'elle renferme en témoignant le désir de les voir replacés dans la nouvelle construction.

Derrière le jubé se trouve un vitrail qui fut donné par l'archiduc Albert; il fut exécuté sur les dessins de Gertrude, fille du peintre Othon Van Veen : le sujet de cette peinture est la sainte Vierge montrant le fil miraculeux à l'infante Isabelle (1). C'est probablement de ce vitrail qu'il s'agit dans le compte suivant conservé aux archives de Lille : « A Nicolas Mertens, voirier à Bruxelles, par lettres patentes du 20 août 1602, 583 livres 8 sous de gros, pour avoir faict et livré deux verrières, l'une de Notre-Dame et ses sept douleurs, et l'aultre portant la représentation des persounes de LL. Altesses, et armoyées de leurs armoiries, par luy faictes en l'église de Notre-Dame à Laeken, lez-Bruxelles, contenant ensemble 464 pieds, à 24 sols le pied. »

Dans la partie supérieure de la vitre où se trouvent les archiducs Albert et Isabelle, est représentée la consécration de l'église à laquelle assistent Notre-Seigneur J. C., la sainte Vierge, sainte Barbe et sainte Catherine.

Six fenêtres de l'église contiennent des panneaux mutilés et d'une importance secondaire. La sacristie a également quatre fenêtres ornées de panneaux peints dans le même état.

Voici, d'après le *Grand Théâtre Sacré* du Brabant, les inscriptions qui existaient au siècle dernier sur les verrières de Laeken et dont il ne reste aujourd'hui que des fragments :

1. — Pancrats Gallass von scholscamp und trent, des Heren obrister Tiesselingh, auch Hoogh und Wolgebornen Hern, Hern Ruprechen von Ligne, geburten Graven zu Arenberg, grave zu Aygremont und Freyherr zu Barbazon, ghewesener obrister Lieutenant und Hauptman uber ein Fendel Hoch deytser nation von 100 man.

2. — Messire JEAN FRANÇOIS HIACINTHE SCHOCKAERT, chevalier.....

3. — GONZALO GUERRA DE..... contador de los exercitos..... por su Magd. Cath. 1616. ANNA VARGAS Y VILLALABOS su Muger, de la camera de la ser^{ma} infante D. Isabelle..... etc.

4. — Candore fulget a seculis.

En mémoire de feu messire WAULTIER PIPENPOY, escuyer, premier qui fut créé bourguemaistre de la dite ville l'an 1421. Donna cette vitre Henry Pipenpoy, escuyer et aussy bourguemaistre de la dite ville, anno 1692.

(1) Voici comment M. Wauters rappelle l'histoire du fil miraculeux : « On songeait à rebâtir la chapelle sur de plus vastes proportions. De nouveaux prodiges se manifestèrent alors. A trois reprises, les ouvriers durent recommencer leurs travaux, trois fois ils trouvèrent renversés les murs qu'ils avaient élevés la veille. Des gardes chargés de découvrir la cause ou l'auteur de ces dégâts, virent la mère de Dieu, accompagnée de sainte Barbe et de sainte Catherine, descendre du ciel, et , d'un signe, renverser une quatrième fois les fondements de l'église. Elle leur indiqua ensuite la forme et la grandeur que devait avoir le nouveau temple, et ordonna de placer le maître-autel, non à l'est, mais au midi; en témoignage de son apparition, elle leur remit un fil qui traçait le plan de l'édifice. Ce fil, auquel on attribuait la faculté de faciliter les accouchements, est encore conservé à Laeken. Le 29 mai 1633, il fut volé par trois déserteurs qui, n'osant le garder, le cachèrent dans un lieu écarté, entre Assche et Afflighem ; le principal d'entre eux, George Volmaer, surnommé *Jean Quaedfaes*, ayant été arrêté et mis à la torture, avoua son sacrilége et indiqua l'endroit où se trouvait le fil, qui fut reporté à Laeken en grande cérémonie; quant au coupable, il fut fouetté devant l'église, puis ramené à Bruxelles, où on l'écartela , après lui avoir brûlé la main droite. Quand le temple fut achevé, continue la légende, N. S. Jésus-Christ descendit du ciel pour le bénir, le jour des Pâques fleuries (t. II, 2e partie, p. 349).

5. — Illustrissimus ac reverendissimus Dominus, D. HUMBERTUS GUILLIELMUS a precipiano e comitibus de Soye, archiepiscopus Mechliniensis, primus Belgii, ad exerci. reg. delegatus apostolicus suæ majestatis a consilio status..... etc. Ao. 1692.

6. — Reverendus admodum ac amplissimus dominus HENRICUS HUYS, prelatus dlligemensis... etc. Anno 1692.

7. — Illustrissimus ac reverendissimus Dominus, JOANNES à BEUGHEM, episcopus Antwerpiensis..... etc. Anno 1692.

8. — Illustrissimus ac reverendissimus Dominus, D GUILLIELMUS BUSSERY, Brugensis episcopus et perpetuus Flandriæ cancellarius..... etc. Anno 1692.

SEMPST. — La chapelle de Notre-Dame à la Petite Digue, ou de Saint-Laurent, possédait avant sa reconstruction, qui eut lieu en 1778, un vitrail offert par un marchand d'Anvers, qui avait été miraculeusement guéri d'une maladie par la mère du Sauveur; il s'y était fait représenter avec sa femme, agenouillé devant le Christ en croix (1).

NEDER-OCKERZEEL. — Dans l'église paroissiale, dédiée à saint Étienne, on voit deux petites verrières, datant de 1629, et représentant saint Étienne portant une pierre, emblème de sa lapidation.

QUERBS. — L'église paroissiale, placée sous le vocable de saint Pancrace, fut restaurée en 1644, et le comte d'Erps, Ferdinand Boisschot, y fit placer un vitrail orné de ses armoiries et de celles de sa femme.

ABBAYE DE LA CAMBRE. — Cette abbaye, fondée au XIIIᵉ siècle par une dame de Bruxelles, sous le nom de *Chambre de Notre-Dame, camera beatæ Mariæ*, ter-Kamerer, dont on a fait plus tard par corruption *la Cambre*, est aujourd'hui un refuge où les indigents sont admis sans condition et sans distinction, une sorte d'hospice ouvert à toutes les misères et à toutes les infortunes.

Il n'est resté des constructions élevées au moyen âge que l'église qui se compose d'une seule nef, que recouvre un plafond double, formé de sommiers décorés d'ornements du style de la renaissance. Les fenêtres du chœur étaient garnies de vitraux, donnés par les archiducs et par des personnages de leur cour. En 1578, l'empereur Charles-Quint fit placer dans l'abbaye une grande verrière, qui fut payée 150 livres à Gilles de Brule, verrier; en 1516, le même prince avait déjà donné aux religieux 60 livres pour une autre *grande verrière*, ornée de ses armes, qui fut placée dans le chœur.

AUDERGHEM. — A Auderghem existait le plus ancien couvent de dominicains de la Belgique. Il fut fondé par la duchesse de Brabant, Aleyde de Bourgogne, veuve du duc Henri III, et prit en mémoire de sa fondatrice, le nom de *Val-Duchesse* (S'Hertoginne dael, vallis ducissæ). A la suite des dégâts qui furent commis dans ce monastère pendant les troubles religieux du XVIᵉ siècle, le

(1) WICHMANS, *Brabantia Mariana*, t. II, p. 556.

gouvernement donna, le 22 mars 1564, 100 livres pour restaurer l'église et placer une fenêtre portant la représentation du roi et de ses armoiries.

ROUGE-CLOITRE. — Ce monastère fut fondé au xive siècle sous le règne de la duchesse Jeanne par un solitaire nommé Gilles Oliviers et le chapelain de l'église collégiale de Bruxelles, maître Guillaume Daneels, de Boondael, qui vint se joindre à lui.

Le couvent de Rouge-Cloître eut beaucoup à souffrir pendant les guerres de 1488 et de 1489; mais au xvie siècle, de grands travaux lui donnèrent une nouvelle splendeur. En 1512, on commença à reconstruire le chœur de l'église, pour lequel le jeune Charles d'Autriche donna 25 livres à la communauté (24 janvier 1513); il fut achevé en 1520. La famille royale et les principaux courtisans s'empressèrent de l'orner : Charles-Quint, son frère Ferdinand, Philibert de Savoie, le duc de Clèves, Philippe de Ravenstein, Henri de Nassau, l'évêque Évrard de la Marck, Guillaume de Croy, archevêque de Tolède, le comte d'Egmont, Jean de Berghes et son fils Antoine, y firent chacun placer un vitrail. Celui que donna l'empereur représentait LE CRUCIFIEMENT; *les comptes de l'hôtel*, de l'année 1527, attestent qu'il fut payé 60 livres à Jean Ofhuus, verrier résidant à Bruxelles. Charles-Quint en fit faire un autre orné de ses armes, pour le chevet du chœur et donna à cet effet 100 livres (24 février 1524). Antoine de Walhain ne borna pas ses libéralités à une offrande pareille; il gratifia les religieux d'une riche remontrance d'argent et de 100,000 ardoises. En 1555, le couvent fit bâtir le corps de logis qu'on appelle *la maison de Savoie*, parce qu'un duc de Savoie fut le premier qui y logea; cet édifice avait 500 pieds de long et était orné de vitraux peints.

En 1609, les archiducs firent restaurer à leurs frais les beaux vitraux du chœur. A la même époque, le réfectoire fut orné de vitraux peints. Les plus grands artistes, Rubens en tête, furent appelés pour combler les vides que les guerres civiles avaient faits dans les tableaux décoratifs de la communauté (1).

Ce couvent fut supprimé en 1784 par ordre de Joseph II, rétabli en 1790, fermé de nouveau en 1796. Aujourd'hui, de tous ces bâtiments si splendidement décorés il ne reste que des ruines informes.

TERVUEREN. — Le château actuel est une construction toute moderne, il appartient à S. A. R. le prince héréditaire de Belgique. Quelques rares souvenirs nous restent des vitraux de l'ancien château; on retrouve dans les comptes qu'en 1725 Woller Van Pede en exécuta trois pour la chambre du duc Jean IV, qui les lui paya 11 sols de gros.

YSSCHE. — L'église d'Yssche est sous le vocable de la Sainte-Trinité et de saint Martin. Parmi les peintures qui en ornaient les fenêtres, on remarquait une belle verrière donnée, en 1634, par Henri Stevens, maire d'Yssche, et par sa femme, Claire Ryckewaert (2).

(1) Cf. A. WAUTERS, *Histoire des environs de Bruxelles.*
(2) Cf. M. GOETHALS, *Miroir...* p. 277.

NOTRE-DAME-AU-BOIS. — La chapelle, dont l'archiduc Léopold posa la première pierre, le 20 avril 1650, a été, dans ces derniers temps, érigée en succursale vers 1840. Quatre vitraux, qui datent de 1679 et de 1688, offrent les armes de différents abbés de Parcq et de deux capitaines généraux des Pays-Bas : don Francisco Antonio de Agurto, marquis de Gastanaga, et don Carlos de Gurrea, duc de Villa-Hermosa.

GROENENDAEL. — Les religieux abandonnèrent le monastère de Groenendael pendant les troubles religieux du XVIᵉ siècle et n'y rentrèrent qu'en 1606. C'est à cette époque que les archidues Albert et Isabelle donnèrent à l'église les vitraux peints du chœur, pour remplacer ceux qu'elle tenait de la générosité de Charles-Quint et qui avaient été brisés.

RUYSBROECK. — Malgré de nombreuses restaurations, l'église de Ruysbroeck a conservé quelques traces de sa construction au XIIIᵉ siècle. Des vitraux y furent donnés à différentes époques; en 1589, on voyait encore dans l'église plusieurs vitraux représentant des personnages des familles Swaef et Taye. A la première de ces lignées appartenait un guerrier, qui était figuré, avec sa femme, sur une fenêtre du chœur, du côté du Nord; il portait des cuissarts, des jambières et, sur sa cotte d'armes, une tunique blanche; une épée pendait à sa ceinture; sur son écusson on voyait un lion d'argent dans un champ de gueules. Sa femme, agenouillée derrière lui, était vêtue d'une robe blanche et d'un manteau de drap rouge. Un autre vitrail, vers le sud, représentait un chevalier couvert de sa cotte d'armes, et priant à genoux devant saint Michel terrassant le démon avec sa lance; son écusson était écartelé aux 1 et 4, d'or à trois tours de gueules (Taye), et aux 2 et 3, d'azur aux trois cœurs d'argent. Ce personnage n'était autre, sans doute, que Jean Taye, mort en 1449, et qui fut enseveli devant le maître-autel de l'église de Ruysbroeck, ainsi que sa femme, Jeanne Vandemoortere, morte en 1455 (1).

SEPT-FONTAINES (2). — L'église du prieuré de Sept-Fontaines fut commencée en 1455, et consacrée en 1467 par l'évêque de Dania. Les religieux avaient d'abord employé à la construction même de l'édifice l'argent que le duc Philippe leur avait donné pour une verrière et en placèrent une très-simple; le duc, ayant été instruit de ce fait, ordonna de leur donner l'argent nécessaire pour en placer une autre plus digne de lui. Celle qui rappelait la mémoire du sire d'Ohain et qui se trouvait au-dessus de la porte d'entrée ayant été détruite par le vent, Marie de Hongrie la fit remplacer à ses frais. Un autre vitrail, donné par le sire de Nicolaï, embellissait le chœur de la Sainte-Trinité.

(1) *Généalogie de la famille Spyskens*, fᵒ 287.

(2) Le nom de Sept-Fontaines rappelle un épisode assez triste du règne de Philippe le Bon. Un jour, en 1457, pendant une querelle avec son fils, causée par l'influence funeste que les Croy exerçaient sur l'esprit du duc, celui-ci entra dans une telle colère qu'il chassa son fils de sa présence et le poursuivit, dit-on, l'épée à la main. « La duchesse se montra mère, dit M. de Barante; elle arrêta son mari, elle prit la défense de son fils. Enfin, il y eut entre tous les trois de telles paroles, de telles violences, que le vieux duc, tout égaré, ne sachant ce qu'il faisait, descendit, demanda un cheval, et s'en alla tout seul, fuyant sa maison et chevauchant à l'aventure dans la campagne. » Le soir comme on ne le vit pas revenir, l'inquiétude s'empara de tout le monde. Pendant la nuit on le chercha sans pouvoir le trouver. Enfin on sut qu'à la nuit tombante le duc, se voyant égaré, s'était approché du feu d'un pauvre charbonnier et que cet homme l'avait conduit à la maison d'un des gens de la vénerie où il avait couché tant bien que mal (à Sept-Fontaines). (Cf. A. Wauters).

Ce fut au XVIe siècle qu'on orna le cloître du prieuré de vitraux peints; ils furent donnés par les personnages suivants : ceux de l'aile occidentale (ainsi que ceux du réfectoire) par Évrard de la Marck; ceux de la partie méridionale, les deux premiers par ce prélat; les neuf autres, par Martin de Gurrea, noble Aragonais qui habita le couvent pendant les Pâques de l'année 1556 et qui devint ensuite duc de Villa-Hermosa; par des religieux, par Pierre Vanderhaegen, le prieur Jean Freniers, le sire de Pétershem, Jean Moittormont, receveur de Henri, seigneur de Beersel, le prieur Jean Opstal et Josse Fabri; ceux de la partie orientale par Jean de Nieuwenhove, seigneur de Koekelberg; Jérôme Vandernoot, chancelier de Brabant, Thierri de Heetvelde, grand forestier, le sire Jean Vanderaa, dont un des frères, nommé Antoine, avait pris l'habit religieux à Sept-Fontaines; le chevalier Jean de Cortenbach, le receveur Guillaume Pensaert, les parents du frère Égide Vanderhecken, Simon Tisnack, Henri, seigneur de Beersel; Marc Creticus, maître d'hôtel de l'évêque Évrard, Henri de Hornes, seigneur de Gaesbeck; Alard Bentinck, maître d'hôtel de Marguerite d'Autriche, et Philippe Vuesels, receveur au quartier de Bruxelles; ceux du nord par Walter de Carloo, grand forestier; par le maçon Gisbert, qui avait appris son art sous la direction du frère convers René de Bere, mais dont les armoiries (*insignia*) furent ensuite remplacées par celles du seigneur de Gaesbeck, bien que celui-ci n'eût pas donné d'argent pour ce vitrail; Philippe de Bourgogne, évêque d'Utrecht, le seigneur de la Vere et de Beveren, neveu du précédent, Jacques de Fienne, deux barons hennuyers, le marquis de Brandenbourg, le palatin du Rhin Frédéric, les parents du frère Michel de Campo, et Jean de Glymes, seigneur de Berghes. Les vitraux du cloître extérieur étaient un don du chambellan Taernier.

ALSEMBERGH. — L'église d'Alsembergh, si l'on s'en rapporte à la légende, aurait été commencée par sainte Élisabeth, de Hongrie (1), à laquelle le lieu et la dimension de l'édifice auraient été miraculeusement révélés. Trois vieux vitraux, qui échappèrent aux ravages des iconoclastes du XVIe siècle, reproduisaient les principaux épisodes de cette légende: l'apparition de la sainte Vierge à sainte Élisabeth, les trois vierges et le champ de lin, le prêtre sacrifiant dans le ciel et l'ange apportant le fil miraculeux. Sur l'un des vitraux, on avait placé cette date : ANNO Dⁱ XIIe XIX.

On commença la reconstruction du chœur en 1354. Une petite vitre peinte sur laquelle on lit ces mots : Brabantia a domo, anno 1395, en indique l'achèvement probable. Ailleurs, il est dit qu'on y posa le principal vitrail en l'année 1410, grâce à la munificence du duc Antoine. Nous savons en outre qu'en 1415 ce prince fit faire par Walter van Pede, verrier de Bruxelles, un vitrail qui coûta 50 couronnes de France (ou 10 livres, 8 sous, 4 deniers) et qu'il offrit à l'église d'Alsemberg (2).

Philippe le Bon donna, en 1465, un vitrail pour le chœur de la Sainte-Croix. Le jeune Charles de Luxembourg, qui n'était alors qu'archiduc, imita l'exemple de son trisaïeul, et, par lettres patentes datées de Malines, le 1er juillet 1512, il alloua 100 livres aux marguilliers de l'église d'Alsemberg, à la condition de les employer à la façon d'une verrière *armoyée* de ses armes (3). Le

(1) Cf. WAUTERS, *Hist. des environs de Bruxelles*, t. III, p. 704.
(2) *Comptes des fiefs*, apud Pinchart; *Mess. des sc. hist.* 1854, p. 454.
(3) Archives de Lille, registre N° 551.

donataire, voulant faciliter le placement des nouvelles fenêtres peintes dont on orna le temple à cette époque, fit don de 56 frênes et d'une certaine quantité de bouleaux (50 juin 1514).

TOURNEPPE. — L'église de Tourneppe date du siècle dernier. Les fenêtres voisines du maître-autel portent les inscriptions suivantes : 1° Messire Gérard de Vreven, conseiller du con-seil souverain de Bra-bant, juge de la cham-bre suprême de sa majesté — et dame..... de Can-tillon,... épouse, 1760. 2° Perillustris Dominus — Guillelmus Franciscus Josephus, Baro de — Hemptines et de Dworp, — Dominus de Jandrain, — Jandrenouille, Kesterbeke, anno 1760. 3° Perillustr.s Domina—Barbara Elisabeth — de Vreven, baro—nissa de Hemptines — et de Dworp. 4° Peril-lustris Do—micella Elisabeth — Maria Barbara, ba—ronissa de Hemp—tines et de — Dworp. Deux autres inscriptions ont disparu, il y a quelques années, lorsqu'on renouvela les verrières du chœur.

LOUVAIN.

Nous espérions faire à Louvain une ample récolte de documents. Cette ville, nous disions-nous, doit posséder de nombreuses verrières. Ne fut-elle pas le séjour habituel des enfants des ducs de Brabant, comtes de Louvain par droit de naissance? N'a-t-elle pas vu, en son château, s'écouler la jeunesse de Charles-Quint et de ses sœurs? Ne fut-elle pas autrefois une grande et riche cité? Depuis plus de trois cents ans ne possède-t-elle pas une université qui est encore une des gloires de la Belgique? N'a-t-elle pas prodigué l'argent pour ses monuments? La collégiale de Saint-Pierre n'est-elle pas une des plus imposantes églises du royaume et son hôtel de ville n'atteste-t-il pas encore aujourd'hui la richesse de la commune et le talent de ses artistes?

Jamais espoir ne fut plus complétement déçu, et cependant l'histoire de cette ville, ses nombreux artistes, les comptes des archives, tout se réunit pour prouver que ses églises ont possédé de très-belles verrières. Ailleurs, les guerres et les révolutions ont laissé quelques fragments de verrière comme trace de leur terrible passage; mais dans les églises de Louvain, sans exception, on a enlevé, sauf deux fragments, dont nous donnons le détail, jusqu'au plus petit morceau colorié, et la vitrerie, parfaitement incolore, est toute d'hier.

Voici les deux fragments, seuls restes de la vitrerie peinte des églises de Louvain :

Église de Saint-Pierre. — La chapelle de Saint-Charles Borromée est ornée d'une peinture sur verre, panneau isolé, donnée en 1630 par Jacques Boonen. Ce fragment représente une procession, au milieu de laquelle marche saint Charles Borromée portant le Saint-Sacrement. Cette peinture, exécutée suivant la manière de l'époque, avec des émaux, est en assez mauvais état.

Église de Saint-Jacques. — Il ne reste dans cette église qu'un seul fragment de peinture sur verre; il date de 1525; il représente deux personnages dont les cottes sont armoriées d'un pal de gueules et d'or. Auprès d'eux sont leurs patrons, saint Jean et sainte Anne. Le donateur fut un baron de Mérode dont on voit les armoiries écartelées d'un lion de sable sur champ d'argent et d'un losangé d'or. On y lit la devise : *Où sera-ce, Mérode ?*

M. Edward Van Even, dans son ouvrage sur les artistes de l'hôtel de ville de Louvain (1), nous fournit les précieux renseignements suivants sur JEAN DE CAUMONT, peintre sur verre de Louvain et sur les travaux de ce maître :

« Louvain possédait en 1628 un artiste qui valait à lui seul toute une école. C'était un peintre sur verre d'un talent merveilleux. Par malheur, nul détail ne nous révèle comment il passa son existence. Son nom ne se trouve pas une seule fois dans l'histoire de l'art ; ses glorieux travaux passaient pour être d'Abraham Van Diepenbeck, l'élève habile de Rubens. Le prieur actuel de l'abbaye de Parc, M. Ev. Raymaeckers, en demandant à des recherches intéressantes sur l'histoire de sa communauté un délassement à des études sérieuses, a retrouvé quelques détails sur l'artiste inconnu. Le respectable religieux a bien voulu nous communiquer le résultat de ses investigations et nous fournir ainsi les moyens de réhabiliter la mémoire du peintre oublié.

» Cet éminent artiste s'appelait JEAN DE CAUMONT. Son nom pourrait faire songer à une origine étrangère. Cependant il était Belge de naissance. Le flamand était sa langue maternelle ; de nombreux documents le prouvent. Il tenait, selon toute probabilité, à la famille de Caumont de Louvain, famille de vitriers qui habitait notre commune dès le commencement du XVIIe siècle.

» L'artiste exécuta en 1628 une miniature dans un missel de l'abbaye de Parc. Ce travail lui valut l'attention d'un connaisseur éclairé. L'abbaye de Parc comptait alors dans la personne de son chef un de ces hommes d'esprit et de cœur qui savent allier le goût délicat des arts au talent des affaires. Le prélat, qui portait le nom de Jean Maes, sut apprécier les dons merveilleux de l'artiste. Il le chargea en 1635 de l'exécution de 42 *grands vitraux* pour être placés dans les fenêtres du pourtour de son abbaye : c'était une entreprise très-considérable. L'artiste y travailla pendant neuf ans, son dernier vitrail porte le millésime 1644. Ces vitraux, pages diaphanes et radieuses auxquelles un jour serein semble communiquer le mouvement de la vie, nous déroulent l'histoire de saint Norbert et de plusieurs saints de l'ordre des Prémontrés ; ils figurent en outre les armoiries de tous les abbés de Parc depuis 1129 jusqu'en 1644.

» Ces travaux obtinrent un succès d'enthousiasme. Eustache de Pomreux du Sart, religieux de cette maison abbatiale, en composa une description en distiques latins. Cette description fut éditée à Louvain en 1643 ; elle a été répétée dans la *Chronologia Ecclesiæ Parchensis* de l'abbé LIBERT DE PAPE, pp. 440-47, et dans la *Brabantia sacra* de SANDERUS, tome I, pp. 270-73. Les éloges que le poëte accorde aux travaux du peintre ne sont nullement exagérés. Les vitraux de Caumont dénotent un talent nourri, facile et agréable. Trois choses les distinguent : la richesse de la composition, la vérité de l'expression, la fraîcheur et la variété du coloris. L'artiste en fut largement payé : il toucha 2,240 florins du Rhin. Les quittances écrites de la propre main du peintre existent encore ; elles se trouvent dans le mémorial de l'abbé Maes, manuscrit curieux qui repose aux

---

(1) *Les artistes de l'hôtel de ville de Louvain*, par EWARD VAN EVEN, 1 vol. in-12, 1852, pages 186 et suiv.

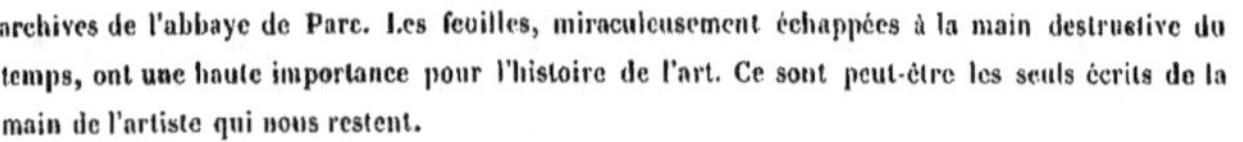

archives de l'abbaye de Parc. Les feuilles, miraculeusement échappées à la main destructive du temps, ont une haute importance pour l'histoire de l'art. Ce sont peut-être les seuls écrits de la main de l'artiste qui nous restent.

» Or, l'autographe est un peu le miroir du talent de l'individu. L'écriture de Jean de Caumont est correcte, ferme, facile ; c'est une image fidèle de son mérite.

» Les vitraux de Parc furent vendus en 1828 à M. Danszaert ; cet amateur les paya 18,000 florins des Pays-Bas. Il n'est pas superflu de remarquer ici que ces vitraux se trouvent actuellement dans la demeure de Mme veuve Danszaert à Bruxelles (1).

» Notre peintre travailla encore pour d'autres communautés religieuses. Il exécuta des vitraux pour l'église du Petit Béguinage à Louvain, ainsi que pour le couvent des Célestins de Héverlé. Ces derniers vitraux étaient fort remarquables. Le père NICOLAS DE LA VILLE, l'auteur de l'*Heverlea Celestina*, publia en 1667 des élégies sur ces productions. SANDERUS a répété ces élégies dans sa *Brabantia sacra*. Ces vitraux n'existent plus, ils ont été violemment brisés à l'époque de la révolution française, à cette époque de terreur et d'anarchie où l'on a détruit plus d'objets d'art qu'on n'en saurait produire en un siècle.

» Jean de Caumont dut être un artiste fort modeste. Il ne se piqua guère de la gloire du monde. Ce qui le prouve de toute évidence c'est qu'il ne signa aucun de ses travaux. Il doit nous être difficile de comprendre cette indifférence à une chose qui préoccupe tant les artistes, les savants et les littérateurs de ce temps-ci. Cela s'explique pourtant ; le peintre vivait à une époque bien différente de la nôtre : alors on louait encore l'humilité, la modestie, la véritable simplicité ; aujourd'hui on ne flatte que l'orgueil, l'ambition, la vanité (2).

» Nous inclinons à croire que l'artiste mourut à Louvain, dans la seconde moitié du XVIIe siècle. »

M. Van Even mentionne encore d'autres peintres-verriers. Voici les extraits de son ouvrage où il en parle :

« Notre commune comptait à cette époque (à la fin du XVe siècle), un peintre sur verre de grand talent, il s'appelait HENRI VAN SCHOONBERGEN et demeurait, en 1495, dans la rue de Tirlemont, à côté de l'auberge de LA BOURSE. L'artiste exécuta en 1506 des travaux pour l'abbaye de Parc. Cette communauté en possède encore quelques fragments, qui prouvent en faveur du verrier (*Archives de l'abbaye de Parc*). »

« On lit dans les comptes de la recette générale des finances de 1495, les lignes suivantes :

» A un verrier de Louvain pour deux verrières que l'archiduc (Philippe le Beau) donna aux

(1) Depuis que ces pages ont été écrites par M. Van Even, est survenue la mort de Mme Ve Danszaert ; les vitraux de l'arc, partagés en plusieurs lots, ont été vendus par les héritiers de cette dame, et sont aujourd'hui disséminés en plusieurs endroits.

(2) Sans vouloir diminuer, en quoi que ce soit, le mérite de Jean de Caumont, nous ne pouvons nous dispenser de dire ici que nous ne partageons nullement les idées du chaud panégyriste du peintre louvaniste. Nous nous contenterons de protester pour notre siècle, qui ne nous semble pas plus mauvais que le XVIIe siècle, et de renvoyer, à ce que nous avons écrit, 1re partie, page 161, au sujet de l'absence de signature sur le plus grand nombre des verrières anciennes.

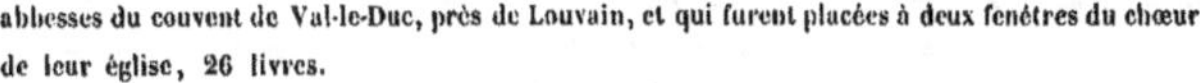

abbesses du couvent de Val-le-Duc, près de Louvain, et qui furent placées à deux fenêtres du chœur de leur église, 26 livres.

» Le verrier en question était probablement *Henri Van Schoonbergen* (1). »

« Louvain comptait encore vers le milieu du XVIe siècle un peintre distingué, du nom de PIERRE BOELS (2); il exécuta en 1551 plusieurs travaux pour l'abbaye de Parc et le monastère de l'île du Duc (*Shertoyen Eiland, by Gempe*). Cet artiste peignit en 1554 un vitrail figurant saint Jean dans l'île de Pathmos, pour le compte de la même abbaye. L'abbé de Parc, Louis Vanden Berghe, le fit placer dans l'église Sainte-Gertrude à Louvain. L'artiste en tira 28 florins du Rhin.

» SIMON BOELS, fils du précédent, s'exerça également dans l'art du verrier. Il exécuta en 1596 deux grands vitraux aux armes du roi et de la ville. Ces vitraux furent placés dans la maison nommée *l'Empereur*. La commune les lui paya 12 livres (comptes de la ville, 1596, fo 93). Le même artiste exécuta en 1607 divers travaux pour l'abbaye de Parc et travailla encore pour la même communauté en 1608 (3). Jean de Caumont appartenait à la famille Boels. »

Les archives du royaume, à Bruxelles, contiennent un document assez curieux : c'est un projet de verrière destinée à une des églises de Louvain à laquelle elle était donnée par Guillaume de Bruxelles, abbé des monastères de Saint-Amand et de Saint-Trond, au commencement du XVIe siècle.

Le dessin ne représente que la charpente de la vitre divisée en un certain nombre de comparti-ments dans chacun desquels on a écrit la désignation du sujet à peindre.

La partie supérieure devait être remplie par la grande figure d'un prophète, entourée d'anges et de symboles chrétiens, et par un médaillon central renfermant l'image de la Sainte-Trinité.

La zone inférieure était destinée à la sainte Vierge, ayant à droite le donateur avec son patron saint Guillaume, et à gauche l'ange Gabriel. Enfin, au-dessous devaient régner les figures de saint Amand, de saint Benoît et de saint Trond, soutenues des armoiries du donateur et de celles des deux abbayes de Saint-Amand et de Saint-Trond.

Un cartouche portait en outre la mention de la donation avec la date de 1525.

DIEST.

La ville de Diest prit, dès le commencement du moyen âge, une assez grande importance. Les seigneurs de Diest, auxquels même on donne quelquefois le titre de princes (4), étaient issus des familles de Lorraine et de Luxembourg. Au XIVe siècle ils prirent le titre de barons. Durant le XVe siècle, cette baronnie passa successivement dans les maisons de Heinsberghe, de Nassau, de Juliers, et rentra à la fin du même siècle dans la maison de Nassau, dont le chef prit le titre de

(1) L. GACHARD, *Rapport sur les archives de Lille*, Bruxelles, 1841, p. 291.
(2) *Les artistes de l'hôtel de ville de Louvain*, p. 223.
(3) Cf. archives de l'abbaye de Parc.
(4) Grammaye mentionne en 1200, *Arnold* par la grâce de Dieu, PRINCE DE DIEST.

prince de Nassau-Diest. Ce fut sous la puissante protection de ses seigneurs que la ville de Diest atteignit alors le plus haut degré de sa prospérité; elle rivalisait avec Louvain pour les draps; ses pannes, sa coutellerie et sa bière étaient déjà renommées.

A la même époque fut bâtie l'église dédiée à saint Sulpice et dans laquelle Louis de Bourbon fonda, en 1457, un collége de treize chanoines et d'un prévôt. Cette collégiale (1) fut, à diverses reprises, ornée de vitraux peints; ils ont en partie échappé aux ravages du temps et subi dernièrement une importante restauration (2). La vitrerie peinte de cette église est assez importante pour que nous ne la passions pas sous silence et que nous en donnions, au moins, une description succincte.

ÉGLISE COLLÉGIALE DE SAINT-SULPICE.

1er VITRAIL, en montant la basse nef à gauche. — Dans la partie supérieure, sur un fond rouge damassé, la sainte Vierge, nimbée d'argent, porte l'enfant Jésus nimbé d'or, auquel sainte Marie-Magdeleine, nimbée d'or, offre un fruit. Au-dessous sont agenouillés les donateurs accompagnés de leurs patrons. On lit le millésime 1521.

2me VITRAIL. — Au-dessus des donateurs agenouillés, se dressent la figure de la sainte Vierge et celle de saint Nicolas, ressuscitant les enfants qui sortent d'un tonneau. Un philactère porte les saints noms de *Jhs. Maria.* On voit en outre disséminés dans la vitre les instruments de métiers des cordonniers et le millésime 1524.

L'ornementation de ces deux verrières procède de la délicate architecture de la Renaissance; elle offre de légers et riches entablements supportés par de gracieuses colonnes ornées de médaillons.

3me VITRAIL. — Sur un fond damassé, pourpre et bleu, se détachent les quatre figures de saint André, de saint Jean, de la sainte Vierge et de sainte Marie-Magdeleine tenant le vase de parfums. De petits anges, et les initiales J. H. S. complètent la partie supérieure de la vitre. Au-dessous sont agenouillés les donateurs qui appartiennent à la famille des Vander Beyst. Auprès d'eux on voit leurs armoiries, avec la devise : *Tout en espoir.*

Cette verrière, qui porte le millésime 1524, a été restaurée par M. Pluys, de Malines, en 1847.

4me VITRAIL. — Au-dessous des figures de saint Nicolas et de saint Denis, sont agenouillés deux chanoines donateurs.

Cette vitre, qui est de la même époque que les précédentes, a été restaurée par M. Pluys en 1846.

5me VITRAIL. — Saint Crépin et saint Crispinien, patrons des cordonniers, forment le sujet de la vitre. Ils tiennent d'une main l'épée, instrument de leur martyr, et de l'autre un outil et un soulier.

Cette verrière, restaurée par M. Pluys, porte une ornementation gothique et date de la fin du XVe siècle.

(1) Dans notre première partie, p. 42, cette église est par erreur appelée cathédrale; on voit par les détails que nous venons de donner qu'elle est, ou du moins qu'elle fut collégiale.

(2) Elle a été confiée à M. Pluys, peintre verrier de Malines. (*Voir* 1re partie, p. 112.)

6me VITRAIL (très-important). — Dans la partie supérieure, règnent, en de très-petites proportions, les trois figures de saint Paul, de saint Pierre et de saint Jean. Le milieu de la vitre est occupé par une grande figure de l'Ascension. N.-S. J. C. monte au ciel entouré d'une gloire rayonnante; à droite apparaissent, dans les profondeurs célestes, Moïse et Aaron, portant les tables de la loi, et sur la montagne on voit trois apôtres que la frayeur a renversés.

La verrière est complétée, dans sa partie inférieure, par les donateurs agenouillés aux pieds de la sainte Vierge dont la figure est très-belle. Huit quartiers de noblesse se lisent dans les armoiries.

Cette vitre, qui date du xvie siècle, a été restaurée par M. Pluys en 1849.

7me VITRAIL. — Saint Crépin et saint Crispinien y sont représentés comme au 5me vitrail. Les nervures de l'amortissement de la fenêtre sont remplis par divers emblèmes, tels que la main bénissante, l'agneau couché sur le livre aux sept sceaux, le Saint-Esprit, sous la forme d'une colombe, et un cœur percé d'une flèche. Cette vitre date de la fin du xve siècle.

8me VITRAIL (1), donné par les corporations des épiciers, des mégissiers, des droguistes et des cordonniers. — Il porte dans les nervures de l'amortissement les différents articles qui font l'objet du commerce de ces métiers. On y voit des balances, des paquets de chandelles, des grelots, des aumônières, des ciseaux, des pilons, etc. Sur la vitre sont représentées, encadrées dans une riche ornementation gothique, les figures de saint Jean-Baptiste, de la sainte Vierge, de saint Nicolas et de saint Crépin.

Ce vitrail, où la piété des corporations donatrices fut mal comprise par l'artiste qui remplaça les symboles de la religion par de vulgaires détails, date de la fin du xve siècle.

9me VITRAIL. — Le sujet principal est la sainte Vierge dans une gloire rayonnante et flamboyante; on y voit aussi une figure de sainte Catherine. Cette vitre, qui date de la fin du xve siècle, fut donnée par des chanoines et des fabriciens qui y sont représentés agenouillés.

10me VITRAIL. — Donné par les boulangers et les meuniers. Dans les nervures de la fenêtre s'épanouissent les instruments de métier; on y voit l'âne, le moulin, les bâtons, les râteaux, les pelles, les balais, etc. La composition principale comporte les figures des saints patrons : saint Honoré portant la pelle et saint Martin portant le moulin; au bas de la vitre on voit des boulangers et des meuniers en travail. Cette vitre est de la même époque que la précédente.

Dans les autres fenêtres dont la vitrerie incolore appartient à la fin du xve siècle et au commencement du xvie siècle, on remarque de gracieux dessins formés par la combinaison des plombs.

Il existe une observation générale à faire pour les vitraux de la collégiale de Diest, surtout pour ceux qui datent du xve siècle, c'est que les personnages sont revêtus pour la plupart de manteaux blancs doublés d'une couleur éclatante. Cette particularité est un des traits caractéristiques des vitraux du xve siècle; nous en avons donné un exemple dans notre planche 17me (vitrail inédit provenant d'Allemagne).

(1) *Voir* nos observations au sujet de cette verrière, 1re partie, page 131.

GAND.

Nous pourrions pour la ville de Gand, avec plus de raison encore que pour la ville de Louvain, nous étonner de la disparition, presque complète, de toutes les verrières peintes qui, au moyen âge, attestaient la piété des comtes de Flandre et des puissantes corporations gantoises. Les révolutions et la guerre ont commencé l'œuvre dévastatrice que l'aveuglement et l'ignorance ont achevée pendant la paix; c'est à peine si quelques fragments illisibles, qui semblent se cacher tout honteux dans quelque angle obscur de chapelle, osent rappeler les anciens vitraux. On comprend aujourd'hui cependant l'importance de ces peintures sacrées, on reprend l'œuvre du moyen âge, et de nouveaux artistes travaillent pour de nouvelles verrières. Pour le présent, notre tâche historique ne sera pas longue à remplir.

CATHÉDRALE DE SAINT-BAVON.

Toutes les fenêtres sont aujourd'hui veuves de leur vitrerie peinte du moyen âge. Une seule, la troisième dans la nef gauche, a conservé les quartiers de noblesse d'un donateur dont la figure a disparu avec la plus grande partie de la verrière. Voici ces armoiries dans l'ordre où elles sont rangées : — *Vilein*..... de sable au chef d'argent; — *Crand* écartelé aux 1 et 4 d'argent, aux 8 billettes de gueules rangées en pal, 3, 3, 2 ; et aux 2 et 3 de gueules. — 11..... d'argent aux trois lions de sable couronnés et lampassés d'or; — SCC — AC, d'or aux trois pigeons de sable; — *Ethule*, de sable chargé en chef d'une étoile d'or; — *Diclant*, d'argent aux huit losanges d'azur rangés en pal, 3, 2, 3 ; — *Tecla*, d'argent au chevron de gueules la pointe en haut ; — *Moorbe*, d'azur à la fasce d'or.

ÉGLISE DE SAINT-NICOLAS.

Plusieurs vitraux furent placés en 1851 dans le collatéral gauche et dans l'abside; ils provenaient, comme l'indique l'inscription, de la fabrique de M. E. Lahoche, à Bruxelles. Cette fabrique qui a fonctionné pendant quelques années seulement n'a laissé aucune œuvre importante.

Ces verrières qui laissent à désirer sous tous les rapports représentent : l'une, saint Desiderius, accompagné de la sainte Vierge, de saint Joseph, de saint Pierre et de saint Paul ; l'inscription suivante semble indiquer le motif de la pieuse donation : *In diebus ipsius emanaverant putei aquarum et quasi mare adimpleti sunt supra modum. qui curavit gentem suam et liberavit eam a perditione.* ECCLS. CHAP. L, v. 3 et 4. L'autre verrière est dédiée à sainte Pharahilde qu'on y voit accompagnée de sainte Gertrude, de sainte Amelberge, de saint Jacques et de saint Jean.

Sur une autre fenêtre de l'abside se trouve une Ascension dont le dessin n'est guère satisfaisant.

L'église de Saint-Nicolas possède, dans une chapelle, un vitrail plus digne de fixer l'attention ; cette verrière, exécutée par M. J.-B. Capronnier dans le style élégant de la Renaissance, est consacrée à la sainte Vierge qui y est représentée escortée de saint Léonard, de saint Charles Borromée, de saint Ferdinand et de saint Augustin. Le pieux donateur fut M. Huytens van Tieghem ; la donation date de 1849.

Des notes extraites de différentes archives et insérées dans le *Messager des sciences historiques de Belgique*, nous font connaître quelques artistes de Gand ainsi que leurs œuvres et suppléent aux monuments absents.

« Nous croyons, dit M. J. de Saint-Génois (1), qu'il ne sera pas sans intérêt de donner ici quelques renseignements locaux qui prouveront combien ce genre de peinture était répandu chez nous. Nous les extrayons d'un compte détaillé des travaux exécutés par DANIEL LOUIS, vitrier, pour l'abbé de Saint-Bavon, en 1521 ; nous y voyons que non-seulement les églises de la ville avaient de semblables ornements, mais qu'on les rencontrait même dans les églises de village.

» 1° Fait une fenêtre de 8 pieds et demi dans la chapelle de Notre-Dame, sous l'orgue, avec les armes de saint Bavon.

» 2° Fait dans la maison de Saint-Georges, près des *vyfwintgaten*, six nouvelles fenêtres, dans la nouvelle grand'salle : deux sont en pierre et les quatre autres en châssis. Dans les premières se trouvent les armes de Saint-Bavon et de l'abbé de ce monastère ; dans les châssis on voit quatre ronds, où sont représentés saint Bavon, saint Liévin, saint Macaire et saint Londolf.

» 3° Fait à Papingloo, un grand rond où se trouvent un crucifix, les armes de saint Bavon, celles de l'abbé, un phénix et la devise de l'abbé.

» 4° Fait deux fenêtres chez Pierre de Hertoghe, dans sa nouvelle maison de la rue des Meuniers ; dans ces fenêtres se trouvent les armes de l'abbé et sa devise.

» 5° Fait chez Pots une fenêtre avec les armes de l'abbé.

» 6° Fait à Mendonck une fenêtre dans le chœur; on y voit représentés saint Bavon, saint Liévin, saint Macaire et les armes de saint Bavon et de l'abbé, ainsi que la devise de ce dernier.

» 7° Fait une fenêtre à Ackerghem, dans l'église; on y voit les sept douleurs de Marie et l'abbé donateur à genoux au-dessous; on y voit également les armes et la devise de ce dernier.

» 8° Fait une fenêtre dans l'église de Saint-Sauveur, à Gand, derrière le grand autel. La mort de la sainte Vierge, l'abbé agenouillé au-dessous, les armes et la devise de ce dernier y sont représentés.

» 9° Fait encore deux grandes nouvelles fenêtres, l'une portant la devise, l'autre les armes de l'abbé; ces fenêtres se trouvent chez Liéven Becricx, rue Haute-Porte, dans sa nouvelle maison appelée *le Dragon*.

» Nous extrayons encore ce qui suit d'un compte supplémentaire, annexé à celui que nous avons cité :

» 1° Fait dans le chœur de Jérusalem quatre nouvelles fenêtres où se trouvent les quatre évangélistes entourés d'une bordure.

» 2° Fait encore dans la même chapelle six nouvelles fenêtres, où sont représentés les douze Apôtres et six armoiries, le tout entouré de bordures.

» 3° Fait encore deux fenêtres en carreaux blancs, avec deux armoiries.

» 4° Refait deux vieilles fenêtres dans la grande écurie, avec deux armoiries.

(1) *Messager des sciences historiques*, année 1850, t. IV, p. 528; article de M. J. de Saint-Génois intitulé : *Peintures sur verre exécutées à Gand par* DANIEL LOUIS, en 1521 et 1522.

» 5° Fait encore une fenêtre dans l'église de Wondelghem, dans laquelle se trouvent un crucifix et l'abbé à genoux devant, plus deux armoiries.

» 6° Fait encore chez Nicolas d'Amman, derrière la Biloque, seize fenêtres avec seize ronds, représentant autant de sujets. »

Le *Messager des sciences* nous fournit encore les renseignements suivants (1) :

» JEAN DE CALOO, voirier, demeurant à Gand, fit, en 1410, pour le Conseil de Flandre, une des fenêtres de la grande salle. Il y peignit les armoiries de Charles VI, de Jean sans Peur, de Marguerite de Bavière son épouse, et l'écu de Flandre.

» Le verre peint coûtait 6 sols parisis, le double du verre blanc.

» WAUTIER VAN PÉDE exécuta, en 1414, deux vitraux, dont le duc Antoine de Bourbon fit don à l'église d'Alsembergh et à la chapelle de Loenbeke, près de Bruxelles. Il lui fut payé 10 l. 8 sols pour la première et 6 l. 3 sols pour l'autre.

» JEAN STOOP fit, en 1453, trois verrières pour l'église de Sainte-Pharaïlde, à Gand, données par Philippe le Bon. Il reçut 12 l. de gros, monnaie de Flandre, ou 144 livres parisis.

» On trouve encore dans un autre compte : A *Jehan de Caloo*, pour 48 pieds de verre tant blanc que peint, 14 l. 8 sols.

» AU COUVENT DES CHARTREUX LEZ-GAND, don de 50 livres, par lettres patentes du 29 décembre 1522, pour la fachon d'une verrière armoyée des armes de l'Empereur (2). »

BRUGES.

La ville de Bruges n'a guère été plus heureuse que les autres villes de Flandre; elle n'a conservé qu'une bien minime partie de la vitrerie peinte de ses églises et de ses chapelles. Nous n'avons pas ici à rechercher ce qu'a été Bruges dans sa splendeur, ni pourquoi le calme a remplacé le tourbillon des affaires; la raison de ces alternatives de prospérité et de décadence réside dans les secrets de la Providence. Mais, s'il ne nous est pas donné de retrouver la ville favorite des comtes de Flandre, brillant encore par le commerce et les arts, du moins pouvons-nous aujourd'hui constater, par les monuments et la tradition, combien Bruges avait raison de s'enorgueillir de ses artistes.

ANCIENNE CATHÉDRALE DE SAINT-DONAT.

On voyait dans cette église, aujourd'hui démolie, un vitrail, portant la date de 1541, donné par Monseigneur Jean Carondelet, prévôt de la cathédrale et archevêque de Palerme. La tradition a conservé le souvenir de trois autres vitraux : le premier représentait le jugement dernier; le

(1) Année 1854, p. 434; article de M. A. Pinchart.

(2) Ce dernier compte est consigné dans le *Messager* de 1855, p. 226, et tiré des acquits des comptes de la recette générale des finances.

second contenait les portraits de Jacques de Thiennes et de sa femme Catherine d'Ognies, avec seize quartiers; enfin le troisième portait les armes du chanoine Marc Laurin (1).

CATHÉDRALE DE SAINT-SAUVEUR.

Dans le chœur se trouvaient autrefois de magnifiques vitraux coloriés représentant les douze pairs de France en costume de cour. Montfaucon nous a conservé le dessin de ces vitraux (2). On y voyait, d'une part, les six pairs ecclésiastiques : l'archevêque de Reims, duc et pair; l'évêque de Noyon, comte et pair; l'évêque de Beauvais, comte et pair; l'évêque de Laon, duc et pair; l'évêque de Langres, duc et pair; l'évêque de Châlon, pair. Ils portaient tous l'épée à la main et sous leurs manteaux entr'ouverts on apercevait un costume guerrier. D'autre part, les pairs laïques étaient : le duc de Bourgogne, doyen des pairs; les ducs de Normandie et d'Aquitaine; les comtes de Flandre, de Champagne et de Tolose. Ils portaient leur costume de guerre avec la cotte armoriée, avaient l'épée à la main et auprès d'eux leur écusson.

Ces vitraux furent enlevés en 1759, lorsqu'on remplaça la voûte boisée du chœur par une construction en maçonnerie; ils cédèrent la place à d'inoffensifs et insignifiants vitraux incolores. Pour perpétuer le souvenir de cet acte de vandalisme, qui dut charmer toute la paroisse, tant on avait alors la vitrerie peinte en horreur, on inscrivit au sommet de la fenêtre centrale, en belles lettres de couleur, la date de 1759. On y plaça en même temps un globe d'azur surmonté d'une croix de feu.

La chapelle de Saint-Joseph, dans le collatéral gauche du chœur, a conservé la partie supérieure d'un vitrail du XVIᵉ siècle; on n'y aperçoit que des détails d'ornementation architecturale.

Cette église possède également un vitrail moderne, représentant la sainte Vierge; il est signé Laroche.

ÉGLISE DE NOTRE-DAME.

La chapelle dédiée à saint Fiacre, dans le bas côté septentrional de l'église, était, depuis l'année 1517, à l'usage spécial des grainiers; ils avaient, par compensation, la charge d'entretenir le vitrail qui donnait le jour sur cette chapelle.

La chapelle de Sainte-Marguerite, fondée en 1449 dans le collatéral du chœur, possède un magnifique vitrail en verre peint, représentant agenouillés devant la Vierge et l'Enfant Jésus, les donateurs Jean de Baenst et Marguerite Bladelyncx, avec les quartiers de la famille.

Près de la chapelle ou oratoire de Gruuthuyse, connu sous le nom de Tribune et qui date de 1471, on remarquait un superbe vitrail dont M. Van Huerne fit autrefois prendre une copie; ce vitrail fut brisé vers la fin du siècle dernier. Dans le centre, était le portrait de messire Jean de

(1) Une grande partie des détails historiques que nous donnons sur les églises de Saint-Donat, Saint-Sauveur, Notre-Dame, Sainte-Walburge et Saint-Jacques, est empruntée aux *Éphémérides brugeoises*, par J. GAILLIARD, 1 vol. in-8°, Bruges, 1847, pages 124, 148, 190, 198, 222 et 242.

(2) *Les monuments de la monarchie française*, Paris, 1854, t. III, p. 75, pl. XX.

Gruuthuyse, prince de Steenhuyse, représenté debout, revêtu d'un manteau d'écarlate doublé de satin blanc, bordé d'hermine, la couronne sur la tête, un bouclier entre les jambes et tenant en main un étendard aux armes de la maison de Gruuthuyse.

Ce portrait se trouvait reproduit dans la partie inférieure du vitrail; là, ce seigneur était représenté, armé de toutes pièces, agenouillé près de son épouse. Tous les écussons de la famille encadraient le vitrail dont la partie supérieure portait les armes du sceau, entourées du collier de la Toison d'or et soutenues de deux mortiers lançant leurs projectiles. En bas on voyait une inscription à demi effacée par le temps, où l'on déchiffrait encore le millésime 1452.

En 1788, ce vitrail fut enlevé et remplacé par une vitre blanche, à la suite d'une décision de la fabrique et du chapitre.

ANCIENNE ÉGLISE DE SAINTE-WALBURGE.

Jean d'Hamere avait fait don à la chapelle Sainte-Godelive d'un vitrail colorié d'une grande valeur. Cette vitre était divisée en trois compartiments. Sur celui du milieu on avait peint Jésus, Marie et sainte Anne; sur les deux autres, saint Jean et saint Louis. Les armes de la famille d'Hamere s'y trouvaient également.

Le vitrail fut, après déclaration d'experts, supprimé en 1760; la fabrique d'église eut soin de le faire renouveler, mais les armoiries n'y parurent plus.

Le vitrail de la chapelle de Saint-Martin avait été donné par la famille Van Damme; on y voyait ses armoiries coloriées.

ÉGLISE DE SAINT-JACQUES.

En 1691, les vitraux de la nef du sud furent déplacés pour les faire correspondre plus symétriquement avec ceux de la nef du nord.

Au-dessus du portail, qu'on désigne sous le nom de *Heindenre*, se trouvait jadis un riche vitrail colorié où était représenté l'empereur d'Allemagne, assis sur un trône au milieu des sept princes électeurs, armés de pied en cap.

CHAPELLE DES BOUCHERS. — La corporation des bouchers qui honorait pour patrons saint Liévin et saint Antoine ermite, avait fait peindre ses armes sur les vitres de la chapelle. L'une d'elles portait un étendard qui offrait, sur un fond bleu, les briquets, la croix de Bourgogne et l'écusson de Flandre.

AUTEL OU CHAPELLE DE SAINT-LÉONARD. — Les vitraux étaient un don de la famille Gros.

CHAPELLE DU SAINT-SANG.

VITRAUX MODERNES. — Le 7 août 1150, la ville de Bruges se réveilla tout émue. Les maisons se décorèrent de tentures et de drapeaux, des arcs de triomphe s'élevèrent à l'entrée de chaque rue, le pavé se couvrit de fleurs, et bientôt sur la Grand'Place se forma une procession où l'on vit se ranger et se confondre les chevaliers armés de pied-en-cap, les corps de métiers avec leurs bannières déployées, le clergé des différentes paroisses, les chapitres et les ordres monastiques. Cette procession sortit de la ville et se porta à la rencontre de Thierry d'Alsace, revenant de la croisade, et rapportant de Jérusalem, dans un riche reliquaire, une partie du sang de Notre-Seigneur, recueilli par Joseph d'Arimathie et par Nicodème (1), gardien du saint tombeau. Le patriarche avait fait cet inappréciable don au noble comte de Flandre en récompense de sa bravoure et des immenses services qu'il avait rendus aux croisés, aux pèlerins et aux habitants chrétiens de la Palestine (2).

La sainte relique fut déposée dans la chapelle du château, dédiée à saint Basile, chapelle antique qui aujourd'hui sert de crypte, et que Baudouin, Bras de fer, premier comte de Flandre, enclava dans le vaste château qu'il fit construire en 865. Thierry d'Alsace fit construire une nouvelle chapelle à côté de la précédente, fonda quatre prébendes, et y établit quatre chapelains.

Au XV° siècle, sous les princes de la maison de Bourgogne, on érigea une nouvelle chapelle, toute décorée de magnifiques vitraux, qui furent détruits en partie à l'époque des troubles religieux, et plus tard pendant la révolution française. Les cartons en avaient été conservés, et de nos jours la confrérie du Saint-Sang les a fait rétablir par M. Pluys, de Malines. Cet artiste distingué s'en est parfaitement acquitté, aussi faut-il savoir que ces vitraux sont de construction récente pour ne pas, à première vue, les croire réellement du XV° siècle.

Nous en emprunterons la description à M. J. Gaillard, qui a publié une très-remarquable histoire du Saint-Sang à Bruges (3).

« Nous avons vainement fouillé dans les archives du Saint-Sang pour y découvrir l'époque de la construction de la chapelle où se trouve renfermé le précieux dépôt. Il est bien entendu que nous parlons de la chapelle supérieure construite sur la crypte dont nous avons déjà parlé. Ce qu'il y a d'incontestable, c'est que la chapelle n'était pas achevée en 1482. Il en est question pour la pre-

(1) Deux autres villes possèdent également le sang de Notre-Seigneur, recueilli sur le lieu même du sacrifice.

Mantoue conserve celui que releva avec respect et repentir le centurion Longin, subitement éclairé et converti après avoir frappé d'un coup de lance le divin crucifié.

A Saint-Maximin (département du Var, France), on honore le Saint-Sang, dont sainte Madeleine remplit une fiole au pied même de la croix et qu'elle portait toujours avec elle ; on retrouva cette fiole lorsque le corps de sainte Madeleine fut exhumé en 1279 par ordre du prince de Salerne, comte de Provence.

(2) Nous croyons inutile de rapporter les exploits de Thierry d'Alsace. On sait que notre héros sauva l'armée des croisés abandonnée successivement par l'empereur Conrad III et Louis VII, qui se rendirent par mer à Jérusalem, et qu'il la conduisit par terre, à travers mille périls, jusque sous les murs de la ville sainte. Après s'être couvert de gloire au siège infructueux de Damas, sa santé délabrée le força de suivre l'exemple de l'empereur d'Allemagne et du roi de France ; il rentra dans ses États, porteur de la précieuse relique, conservée si heureusement et si miraculeusement, pendant tant de siècles, à la vénération des fidèles.

(3) *Recherches historiques sur la chapelle du Saint-Sang à Bruges*, avec une description détaillée de tous les monuments qu'on y admire ; par J. Gaillard, ouvrage orné de 35 planches dessinées avec le plus grand soin par le même, 1 vol. in-8°. Bruges, 1846.

Ce qui suit est extrait de cet ouvrage, p. 99 à 101, 138, 218 et 219.

M. J. Gaillard a dessiné les vitraux de Bruges et leur a consacré huit belles planches, où tous les détails sont minutieusement reproduits.

mière fois dans les registres des comptes, à propos du premier vitrail peint en 1483. Ce vitrail représente deux nobles personnages ; l'un est le duc de Bourgogne, Philippe de France, surnommé le Hardi, quatrième fils du roi de France, Jean de Valois, et de Jeanne, fille de Jean, roi de Bohême ; l'autre est celui de son épouse, Marguerite de Mâle, comtesse de Flandre, fille de Louis de Mâle, comte de Flandre, et de Marguerite de Brabant, fille de Jean III.

» Il est encore question d'un autre vitrail en 1496. Chaque confrère est tenu de contribuer aux frais de cette œuvre d'art pour la somme de 10 escalins de gros. Il est spécifié dans les pièces que nous avons sous la main, que ce vitrail doit être placé dans la nouvelle chapelle, c'est-à-dire sur celle dont le faîte est surmonté de tourelles. Voici, du reste, un texte dont on ne peut récuser l'authenticité : « Anno 1496 daer wort eenen venster ten Heylighen Bloede gemaeckt en geschildert, » om ghesteldt te worden in de nieuwe cappelle daer de thoorenkens op staen, waertoe yder » confrater gheft thien schellingen grooten. »

» Ce vitrail reproduit le portrait du comte de Flandre et du duc de Bourgogne, Jean de Valois, surnommé Jean sans Peur, fils de Philippe le Hardi, et celui de sa femme Marguerite de Bavière, fille aînée du duc de Bavière et de Marguerite de Sicile.

» Dans le registre des résolutions de 1519, il est constaté que, le 14 juillet de la même année, les membres de la confrérie du Saint-Sang se sont adressés par requête au magistrat de la ville à l'effet de pouvoir fixer dans les murs de l'hôtel de ville et de la prison (dite *het Steen*), les ancres des solives et des poutrelles servant à la construction du toit de la chapelle ; ce qui leur fut accordé le 24 du susdit mois.

» Cette même année, Jean Vanderstraeten fit don à la chapelle de la table qui sert d'autel, et proposa d'y faire représenter les portraits des confrères, proposition qui fut rejetée.

» Nous allons continuer de passer en revue les autres vitraux sans pouvoir cependant assigner de date précise à chacun d'eux. Le septième, qui est le dernier, fait exception : il porte la date de 1644. Ce que nous pouvons affirmer, sans crainte d'erreur, c'est qu'ils sont dus à la générosité de quelques pieux et illustres donateurs.

» Le troisième vitrail donne le portrait de Philippe le Bon, duc de Bourgogne, fils de Jean sans Peur, et de Marguerite de Bourgogne, et celui de sa troisième femme Élisabeth, fille de Jean Iᵉʳ, roi de Portugal, et de dame Philippe de Lancaster.

» Le quatrième représente Charles le Téméraire, quatrième duc de Bourgogne, fils de Philippe le Bon, et sa seconde femme, dame Isabelle, fille de Charles Iᵉʳ, duc de Bourbon, et d'Agnès de Bourgogne.

» Sur le cinquième, l'artiste a peint le portrait de Marie de Bourgogne, comtesse de Flandre, fille de Charles le Téméraire, et celui de son époux l'empereur Maximilien d'Autriche, fils de l'empereur des Romains, Frédéric II, et de dame Éléonore de Portugal.

» On voit sur le sixième vitrail, le roi d'Espagne, Philippe le Beau, qui était en même temps comte de Flandre : c'était le fils aîné de Maximilien. Près de lui se trouve sa femme, Jeanne d'Aragon, infante d'Espagne, fille de Ferdinand V, roi d'Espagne, et d'Élisabeth de Castille.

» Le septième représente l'empereur Charles-Quint, fils de Philippe d'Espagne, et celui de sa femme, dame Isabelle, qui était fille d'Emmanuel, roi de Portugal.

» Ces vitraux n'étaient pas les ornements les moins curieux de la chapelle. La pureté des lignes, la précision de dessin, la beauté du coloris, tout en faisait une œuvre d'art capitale. Ils n'existent plus aujourd'hui ; mais, d'après les dessins qui en sont restés, on a cru pouvoir entreprendre de les remplacer. M. Pluys de Malines a été chargé de ce travail. Nous nous ferons tout à l'heure un devoir de juger sa production et de lui décerner les éloges qu'il mérite à juste titre.

» Nous avons encore à décrire le superbe et magnifique vitrail placé à l'extrémité de la chapelle. Il est de 1541, et le sujet que le peintre a choisi est la *Descente de Croix*. Deux portraits décorent le haut de ce vitrail : l'un de Thierry d'Alsace, comte de Flandre, fils de Théodore, duc de Lotharingie, et de Gertrude, fille de Robert le Frison ; l'autre est celui de son épouse Sébille d'Anjou, fille de Foulouques, roi de Jérusalem. C'est une des plus belles peintures sur verre qui ornent la chapelle de Saint-Basile. Les frais se couvrirent au moyen de dons recueillis parmi les confrères dont les noms suivent :

» Henri Niculant, Corneille Fourlengiet, Adam Van Riebeke, Jacques De Boodt, Albin Vanvyve, Corneille Breydel , Jean Vanden Berghe, François Petyt, Jean de Vendeul, Jean de Boodt, Jacques Despars, Ferdinand De Merendre, Jacques Vanden Heede, Marc de la Flye, Pierre Vanvyve, François Vanden Roede, Pierre De Vooght, François Petyt, Pierre De Boodt , Corneille Breydel, Philippe Van Steelant, Guillaume Deleselusse, Jean Perez , Josse De Boodt, Jacques Van Stakenberg, Pierre Anchemont, Guillaume Van Messem et Jacques Niculant.

» Revenons maintenant aux travaux dont la restauration a eu lieu dans ces derniers temps (1844). A cette époque, les membres de la confrérie prirent une résolution qui fait autant d'honneur à leurs sentiments religieux qu'à leur générosité. Ils résolurent de faire rétablir à leurs propres frais les vitraux qui jadis avaient orné la chapelle. La difficulté consistait à reproduire fidèlement ces chefs-d'œuvre de l'art ; il fallait pour cela des modèles, et un homme intelligent, qui fut à la hauteur de sa mission. On rencontra fort heureusement ces deux conditions. Les dessins primitifs existaient encore dans les archives de la chapelle, et il était en même temps arrivé à la connaissance de la confrérie que M. Pluys, de Malines, venait de raviver l'art de colorier sur verre avec les procédés connus au moyen âge. Aussitôt une commission spéciale est nommée avec le soin d'aviser à cette affaire : elle se composait de MM. de Moerkerke de Bie, Vermeire, Van Caloen et De Schietere De Lophem Peesteen. M. Pluys fut bientôt chargé de cet important travail, et déjà en avril 1845 il avait fourni les premiers vitraux. C'est d'après ce premier essai qu'il faut le juger ici. Il y avait dans son entreprise, comme dans toute espèce de peinture sur verre, deux défauts à éviter : c'étaient les intonations trop ternes et les intonations trop criardes. Il a su trouver le milieu où est le juste et le vrai. Quant au dessin, il est d'une pureté de ligne fort remarquable, et l'artiste a su rencontrer partout le véritable caractère du genre.

» N'oublions pas d'ajouter ici que parmi ces vitraux, il en est un dont M. de Melgar-Coppieters couvre à lui seul tous les frais. La confrérie n'a pas voulu rester en arrière de bons procédés : elle a fait représenter sur ce vitrail même les armoiries de ce confrère.

» Le prix d'exécution et de placement de chaque vitrail s'élève à la somme de 1400 francs. »

A ces éloges si justement mérités donnés par M. J. Gaillard aux travaux de l'artiste malinois, nous ajouterons que M. Pluys a terminé la réfection de toute la vitrerie d'une manière très-heureuse.

La chapelle du Saint-Sang va bientôt recevoir un nouveau et splendide vitrail, don de Monseigneur l'évêque de Bourges. Ce vitrail, commandé à M. Capronnier, est exécuté dans le style du xivᵉ siècle; il rappelle les faits principaux de la pieuse donation faite par Thierry d'Alsace à la bonne ville de Bruges. Nous reproduisons cette œuvre moderne, pl. 15.

ÉGLISE DE JÉRUSALEM (1).

Animé d'une ardeur et d'un attachement tout particuliers pour les saints lieux, un rejeton des illustres doges de la république de Gènes, Opitius Adornes, visita Jérusalem pour la première fois au commencement du xiiiᵉ siècle. A son retour de la terre sainte, il vint à Bruges avec Robert de Béthune, fils du comte de Flandre, Gui de Dampierre, et sa famille s'y fixa vers l'an 1269.

On lit dans une bulle du pape Martin V, que les frères Pierre et Jacques Adornes firent connaître au souverain pontife que jadis leurs ancêtres, jaloux de faire valoir ici-bas des biens que la divine Providence leur avait prodigués, afin de recueillir pour le royaume des cieux une riche moisson de grâces, avaient fondé et suffisamment doté dans la ville de Bruges (diocèse de Tournai) une chapelle commémorative de la passion du Seigneur et de son divin tombeau, sous le nom d'église du Saint-Sépulcre à Jérusalem.

Les frères Pierre et Jacques avaient entrepris, au commencement du xvᵉ siècle, deux fois ce long et périlleux voyage, pour mettre plus d'exactitude et de fidélité dans le plan de l'ouvrage. Ils s'étaient même fait accompagner par des architectes. Pierre fut créé chevalier du Saint-Sépulcre.

On consacra une chapelle supérieure, appelée la chapelle de la Croix, parce qu'une assez grande partie de la vraie croix y repose dans l'autel de Sainte-Catherine. En 1628, le pape Urbain VIII autorisa par une bulle spéciale l'institution d'une confrérie sous le nom du *Saint-Sépulcre de Jérusalem à Bruges;* elle fut solennellement instituée par Denys Christophore, évêque de Bruges, la même année. Le 27 juillet 1709, elle fut élevée par le pape Clément XI au titre d'archiconfrérie.

Les constructeurs de la chapelle s'aidèrent de la tradition, pour les dispositions intérieures du Saint-Sépulcre.

De belles verrières vinrent orner les fenêtres. Comme elles sont remplies par la figure de divers membres de la famille Adornes, il est nécessaire de faire connaître celle-ci en quelques mots.

Opice Adornes, originaire de Gènes, accompagna Guy de Dampierre, comte de Flandre, en Afrique et en Syrie; il revint avec lui en 1269, et resta attaché à sa personne en qualité de cham-

---

(1) Les détails que nous donnons sur cette église sont tirés, pour la plupart, de l'ouvrage de M. J. Gaillard, intitulé : *Recherches sur l'église de Jérusalem à Bruges, suivies de données historiques sur la famille du fondateur,* 1 vol. in-4ᵒ. Bruges, 1843. Nous avons nous-même vérifié sur place l'exactitude de la description des vitraux.

bellan. Il épousa alors AGNÈS VAN ANPOELE, fille du chevalier Philippe. Il mourut en 1307, et fut enterré dans l'église de Saint-Pierre à Gand.

Du mariage de Opice Adornes avec Agnès Van Anpoele naquirent : OPICE II, JEAN et CATHERINE ADORNES.

Le petit-fils d'Opice II fut PIERRE ADORNES, qui épousa en secondes noces ÉLISABETH VAN DE WALLE, dont il eut JACQUES PIERRE ADORNES, les fondateurs de l'église de Jérusalem. Ce Pierre Adornes, qui fut bourgmestre de Bruges de 1387 à 1389, mourut en 1399 et fut enterré dans l'église de Sainte-Walburge.

1er VITRAIL. — Au septentrion, consacré par les fondateurs à leur père et mère. On y voit les figures agenouillées de Pierre Adornes et d'Élisabeth Van de Walle, ils sont accompagnés de leurs patrons : Saint Pierre et sainte Élisabeth. Les quartiers de noblesse qui encadrent les personnages sont : Adornes, Schinclair, Priem, Van de Walle et Bouchoutte. Les inscriptions sont presque entièrement détruites et tout à fait illisibles.

2me VITRAIL. — PIERRE ADORNES, un des fondateurs, forestier de l'Ours Blanc, bourgmestre de Bruges en 1441, est agenouillé avec sa femme, Élisabeth Brædieryckx, fille de Henri, seigneur de Vire. Les patrons sont auprès des pieux donateurs. Les quartiers de noblesse sont : Adornes, Van de Walle, Schinclair, Van Bouchoutte, Brædieryckx, Hoste, Bave, Uttenhove.

3me VITRAIL. — On y voit représenté ANSELME ADORNES, fils des précédents. Cet Anselme fut nommé forestier de l'Ours Blanc de Bruges en 1440, bourgmestre en 1475, seigneur de Gent-Brughe en 1476, et plus tard seigneur de Courtthuy, chevalier de Jérusalem, de Sainte-Catherine et du Mont-Sinaï. Il fut envoyé comme ambassadeur par Philippe le Bon, à la cour du roi d'Angleterre, Jacques II; nommé conseiller de Charles de Bourgogne; puis envoyé en Perse avec le patriarche d'Antioche en 1430. Il périt assassiné en Écosse par Alexandre Gardin, le 23 janvier 1483.

Anselme est représenté agenouillé, et auprès de lui se trouve sa femme MARGUERITE VAN DEN BANCK, fille d'Olivier et de Marguerite Brouckx. Les patrons accompagnent les époux. Les armoiries indiquent les quartiers suivants : Adornes Van de Walle, Brædieryckx, Hoste, Van der Banck, Brouckx, Baenst et Honin.

La tombe de ces deux personnages se trouve dans la chapelle.

4me VITRAIL. — AERNOUT ADORNES, fils des précédents, est agenouillé auprès de sa femme, AGNÈS VAN NIEUWENHOVE, qu'il avait épousée en 1476. Les patrons accompagnent les donateurs et, de plus, on lit les quartiers suivants : Adornes, Van der Banck, Brædieryckx, Brouckx, Nieuwenhove, Metteneye, Van der Banck et Canneel.

Ces personnages furent enterrés dans la chapelle; leur unique héritière épousa en secondes noces André de la Coste. Celui-ci mourut en 1542 et sa femme en 1527. Leur fils, JEAN DE LA COSTE, né à Bruges en 1494, fut autorisé, par l'archiduc d'Autriche, à porter les armes d'Ardennes; il épousa Catherine de Metteneye.

5ᵐᵉ VITRAIL. — JEAN D'ADORNES (DE LA COSTE) et CATHERINE DE METTENEYE sont agenouillés, accompagnés de leurs patrons. On voit, en outre, les quartiers suivants : Adornes, Nieuwenhove, Van der Banck, Metteneye, — Metteneye, Buenst, Watergange, Losschaert.

6ᵐᵉ ET 7ᵐᵉ VITRAUX. — JÉRÔME et JACQUES D'ADORNES, fils des précédents, les occupent avec leurs patrons. Leurs quartiers se présentent ainsi :

ADORNES,   ADORNES,
NIEUWENHOVE,   METTENEYE,
METTENEYE,   NIEUWENHOVE,
BAENST.   BAENST.

Tous ces vitraux sont en assez mauvais état. Une partie des vitres primitives a disparu pour faire place à d'autres plus modernes; de nouvelles armoiries y ont été placées sans ordre et sans mesure.

La chapelle appartient aujourd'hui à M. le comte DE THIENNES ET DE RUMBEKE, par son alliance avec dame ASTÉRIE DE DRAECK, descendante et héritière des Adornes.

Un compte de la maison de Bourgogne nous fournit des notes importantes sur quelques peintres verriers de Bruges et sur divers travaux opérés aux fenêtres de plusieurs églises. Ces notes se trouvent dans un article de M. OCTAVE DELEPIERRE, inséré dans les *Annales de la Société d'émulation de Bruges*, 1ʳᵉ série, t. II (1).

« Payé à Mᵉ CHRISTIAEN GHEEROLF et JEHAN GHEERAERTS maistres verritreurs à cause d'avoir prins de faire la grande verrière au quartier West, au bout de l'église de Nostre-Dame à Bruges, ensuyvant certain contraict avecq eulx fait le 5 février 1561, avec les conditions plus amplement contenues au dit contraict, la quelle par ordonnance de MM. des finances a été visité et aussi mesuré par ung mesureur assermenté, le 16 de décembre 1562, et est icelle trouvé en grandeur 986 pieds en quarrure comme apport par certification du dit mesureur sermenté, qui monte à neufz sols tournois le pied, la somme de soixante treize livres 19 sols gros, en suyvant le dit contraict par quittance la somme de . . . . IVᶜXLIII l. XIV s.

» Au dit JEHAN GHEERAERTS (2), la somme de quatre vingt livres, de 40 gros, à cause de semblable somme par MM. les commissaires et MM. des finances ordonné en forme de gratuité et récompense au regard du dit ouvraige comme apport par l'acte du 8 de novembre 1565 et par quittance, pour ce icy . . . . IVˣˣ liv. tourn.

» Au dit JEHAN GHEERAERTS à cause d'avoir reparé la dite grande verrière à Notre-Dame, la quelle était en plusieurs lieux cassé et rompu avant que la garde ou treilli estoit mise. Pour quittance la somme de . . . . VI liv .tourn.

» Au dit Mᵉ Macq (Marc Gheeraerts, probablement le frère du précédent) à cause d'avoir painct

(1) Compte de JEAN PEREZ DE MALVENDA de la tumbe de bonne mémoire le duc CHARLES DE BOURGOINGNE, en l'église de Nostre-Dame en Bruges, anno 1566.

(2) Cet artiste a dû travailler aux vitraux les moins anciens de la chapelle de Jérusalem. Nous avons trouvé, en signature dans un écusson de fantaisie, les lettres J. G. et la date de 1549.

la grande verrière de bois qui sert pour la garde de la grande fenestre au quartier West, au bout de la dite église de Notre-Dame, par quittance . . . . XVIII liv. tourn. »

Suivent les comptes qui se rapportent à la même verrière et qui ne manquent pas d'un certain intérêt :

« Payé à Jehan de Ceuninck, Jehan Lebys, Jacques Deschamps et Jacques le Vassal marchans de pierres, à cause d'avoir livré les pierres de la grande fenestre au bout de la dite église de Notre-Dame par marchié avecq eulx faict, la somme de 54 l. 8 s. 4 d.gr. comme appert par diverses quitances pour ce icy la somme de . . . . IIIᶜXXVI l. X s. t.

» A Josse Aerts à cause d'avoir taillé les pierres de la grande fenestre et d'avoir aydé à descharger et faire mener hors des bateaux les dites pierres en l'église de Notre-Dame, par quitance . . . . XLV liv. tourn.

» Payé à Jehan de Costre, Jehan Ecuwout et Haman Van Troostenberghe, serruriers à cause d'avoir livré tous les ferraiges duysant à la dite grande fenestre et aussi à la dite tumbe, comme il appert par six billetz contenant la spécification des partyes y servans, comme appert par diverses quitances montant à la somme de . . . . IIIIᶜLXX l. X s. t.

» Payé à la veſve du dit Jehan Ecuwout à cause de certaine reste deue à feu son dit mary, d'avoir délivré pour la dite grande fenestre cent et trois livres de fer comme appert par quitance la somme de. . . . . II liv. VI s. tourn.

» Payé à Fernande Heindricx, carpentier, Corneille Fopetin et Herman Van Troostenberghe, à cause d'avoir faict la grande fenestre et contregarde de fil d'arçal, de la grande verière en la dite église de Notre-Dame, ensuyvant certain contraict avec eux fait en date du 19 janvier 1562, par trois quitances des dits ouvriers, montans ensemble à la somme de 76 l. x s. gr. qui font . . . . IIIᶜLI Xl. tourn. »

C'est à Messire Josse de Damhoudere, chevalier, commis des finances, nommé directeur des travaux après la mort du maître maçon Pierre Aerts, que l'on dut le prompt achèvement de la tombe de Charles le Téméraire. Le compte fut clos et arrêté *le XIXᵉ jour de juing XVᵉ soixante six,* et monta, y compris les faux frais, à la somme totale de XIIIᶜXXXVIII l. XVII s. VI d. de 40 gros.

ANVERS.

La ville d'Anvers voit s'élever dans son sein de magnifiques églises où l'on conserve précieusement de belles œuvres produites par cette célèbre gilde qui, placée sous le patronage de saint Luc, a été illustrée par les Massys, les Van Noort, les Breughel, les Plantin, les Moretus, les Ortelius, les Rubens, les Jordaens, les Van Dyck et par tant d'autres. Ces basiliques possèdaient autrefois d'immenses richesses artistiques que les guerres politiques et religieuses ont tristement diminuées ; mais elles ont encore sauvé un assez grand nombre d'objets d'art pour que, sous ce rapport, la ville d'Anvers soit classée au premier rang parmi les villes modernes.

Nous allons parcourir les églises de cette cité essentiellement commerçante et cependant pleine d'amour pour les arts; nous en décrirons les verrières qui ont échappé à de formidables périls.

ÉGLISE PAROISSIALE DE SAINT-JACQUES.

Cette église ne fut d'abord qu'une chapelle élevée au commencement du XVe siècle par un mercier nommé Thomas Huyghman, et consacrée par le pieux fondateur à Saint-Jacques le Majeur. En 1479, Martin Blyleven, abbé de Saint-Bernard sur l'Escaut et commissaire *ad hoc* du pape Sixte IV, érigea cette chapelle en église paroissiale. Douze ans après, maître Herman de Waghemakere, le vieux, jeta les fondements de la tour actuelle, et quelques années plus tard le peintre Henri Van Weluwe exécutait sur panneau le projet d'après lequel l'église devait être réédifiée. Les travaux avancèrent rapidement jusqu'en 1533 : à cette époque la fabrique de Saint-Jacques se trouva dans des embarras financiers tellement grands, que l'empereur Charles-Quint, par ses lettres patentes du 2 mars 1535, donna l'autorisation de vendre une grande partie des biens de l'église pour désintéresser les créanciers.

Ces difficultés firent suspendre la construction. Le beffroi, qui venait d'être terminé, resta couronné d'une tour inachevée et d'où les cloches s'étaient fait entendre pour la première fois en 1526. L'œuvre reprise avant 1552 marchait, sinon rapidement, du moins d'une manière satisfaisante, et de nombreuses chapelles rayonnaient autour de la grande nef, lorsque, en 1566, les calvinistes vinrent causer de grands dommages dans l'intérieur de l'église et paralyser l'élan des travaux. Tout au commencement du XVIIe siècle, la fabrique se mit en mesure d'achever l'église dont la construction traînait depuis plus d'un siècle. La grande nef et le transsept furent continués et le grand chœur fondé, ainsi que les chapelles qui ornent son pourtour. Tous ces travaux étaient en majeure partie terminés dans la première moitié du XVIIe siècle, et en 1656 cette église avait pris une telle importance que l'évêque d'Anvers la dota d'un collége de chanoines, et qu'en 1705 le pape Clément XI lui accorda le titre d'*insigne collégiale*.

L'église de Saint-Jacques eut à subir de nouveaux désastres sous la république française, mais elle s'en est relevée, et aujourd'hui, sous le règne heureux du roi Léopold Ier, elle cicatrise ses plaies et s'embellit de nouveau.

Le marguillier-secrétaire, M. Th. Van Lerius, a publié une nomenclature détaillée des objets d'art que possède cette église. Cette nomenclature, qui porte le titre modeste de *Notice* (1), a été faite avec un soin et un scrupule bien rares de nos jours; c'est elle que nous prenons pour guide dans le détail suivant des verrières.

CHAPELLE DE SAINT-ANTOINE L'ERMITE.

Verrière moderne exécutée par M. Pluys, de Malines; elle est censée représenter Ambroise Tucher et Marie d'Ursel à genoux; elle se complète par les armoiries des nobles personnages donateurs de

---

(1) *Notice des œuvres d'art de l'église paroissiale et ci-devant insigne collégiale de Saint-Jacques à Anvers;* par Théodore Van Lerius, marguillier-secrétaire de cette église, 1 vol. in-12 Borgerhout, 1855.

l'ancienne vitre, dont le rétablissement est dû aux fondations de Robert-Hyacinthe Tuche et de sa sœur dame Marie-Ant.-Baltine Tucher, douairière de messire Jean-François de Santa-Crux.

CHAPELLE DE SAINT-ROCH.

Verrière moderne exécutée en style de la Renaissance par J.-B. Capronnier, peintre sur verre à Bruxelles; elle représente saint Roch guérissant miraculeusement un pestiféré par la vertu du signe de la croix. Autour du sujet principal et comme encadrement, on voit les figures de sainte Geneviève, de saint Bavon, de saint François d'Assise et de saint Fiacre qui, en 1563 étaient, comme saint Roch, patrons de l'autel de cette chapelle.

Cette verrière est ornée des armoiries d'Alexandre-Balthasar Roelants, dont une inscription rappelle le souvenir, ainsi que celui de l'évêque d'Anvers, Marius-Ambroise Capello, instituteur de la confrérie de Saint-Roch, et du révérend M. Philippe-Jacques-Corneille Van Ranst, chanoine et chantre de l'insigne chapitre collégial de cette église, directeur et bienfaiteur de ladite confrérie. La dépense de cette verrière a été couverte par les offrandes faites aux directeurs pendant les ravages du choléra en 1832 et 1849.

Voici l'inscription placée au bas de cette verrière :

CHRISTO JESU SUPREMO HUMANI GENERIS ARCHIATRO DIVOQUE ROCHO IN PESTIS CONTAGIONE OPIFERO S.

ET PIÆ MEMORIÆ TRIUM PRÆSTANTIUM HUJUS SACELLI FAUTORUM

R͟ᴹⁱ AC ILL͟ᴹⁱ D͟ⁱ FR. MARII AMBROSII CAPELLO EX ORD. PRÆD. VII ANTV. EPISCOPI

QUI ANNO M.DC.LVIII CONFRATERNITATEM IN HONOREM VENERANDI PATRONI HIC EREXIT

REV. D. PHILIPPI JACOBI CORNELII VAN RANST IN HAC ECCLESIA QUONDAM INSIGNI COLLEGIATA

CANONICI ET CANTORIS

DICTI SODALITII RECTORIS PRÆ CETERIS MUNIFICENTISSIMI

NEC NON N. V. ALEXANDRI BALTHASARIS ROELANTS D͟ⁿⁱ DE EYNTHOUT

QUI PRIORI ARA SS. MYSTERIORUM CULTUI MINUS CONGRUÆ

FORMOSIOREM E MARMORE ANNO M.DC.LVIII SUA PECUNIA AB INCHOATO SUBSTITUIT

OPERIBUSQUE ADDITIS LOCI REVERENTIAM AC CELEBRATI TEMPLI MAJESTATEM AMPLIAVIT

UT NOMINA EORUM PRO MERITIS AD POSTEROS TRANSEANT

MODERATORES CONFRATERNITATIS SCRIPTO COMMENDARI CC.

ANNO M.DCCC.LII.

Van giften geduerende den cholera ten jaere 1832 en 1849 ingezameld is dit glas door het Broederschap van den H. Rochus bekostigd.

CHAPELLE DE SAINT-JOB.

Cette chapelle, placée sous l'invocation des saints Job, Marie-Madeleine et Cécile, était réservée à la confrérie des musiciens (*Gilde der speellieden*) qui y faisait célébrer le divin office.

Dans la partie supérieure de la fenêtre de cette chapelle, se trouvait un *saint Job sur le fumier*, peint par un artiste inconnu du xviie siècle.

La confrérie de Saint-Roch a chargé M. J.-B. Capronnier d'exécuter pour cette fenêtre une verrière qui a été placée en 1855. Le sujet principal est la mort de saint Gui (Guido), d'Anderlecht, qu'on invoque contre les maladies des bestiaux. Au-dessous sont figurés : 1° saint Éloi, évêque de Noyon, apôtre d'Anvers, et patron avec saint Gui, de l'ancienne corporation des carrossiers, qui célébraient autrefois leur service religieux dans la chapelle de Saint-Roch ; 2° saint Roch ; 3° sainte Marie-Madeleine ; 4° sainte Cécile. Ces deux saintes étaient les protectrices de l'ancienne confrérie des musiciens. Saint Job, l'autre protecteur, continua d'occuper la même place ; mais, comme la petite composition dont il faisait partie avait beaucoup souffert, elle a été refaite à neuf.

Voici l'inscription placée au bas de cette verrière :

PRETIOSA IN CONSPECTU DOMINI MORS SANCTORUM EJUS. PS. CXV. V. XV.

DEO IMMORTALI UNI OMNIS GRATIA FONTI

EJUSQUE SANCTIS CONFESSORIBUS

GUIDONI ANDERLACENSI IN PECORIS RUINA DEPRECATORI

ELIGIO ANTISTITI INCLYTO ANTVERPIENSIUM APOSTOLO

AURIGARUM AC RHEDARIORUM CONFRATERNITATIS PROTECTORIBUS

AD VICINAM D. ROCHI ARAM QUONDAM PARITER INVOCATIS

NEC NON TRIBUS HUJUS SACELLI TUTELARIBUS

JOBO GENTIUM PATRIARCHÆ OPULENTI SPOLIATO SEMPER INVICTO

COECILIÆ MARTYRI VIRGINEÆ VOCIS ORGANO ALTISSIMI MIRABILIA DECANTANTI

MAGDALENÆ A SALVATORE AD POENITENTIUM DOCUMENTUM ELECTÆ

TIBICINUM ALIORUMQUE MUSICÆ ARTIFICUM PATRONIS

HANC FENESTRAM REDIVIVA IN VITRO PICTURA INSTAURATAM

NE RERUM NOTITIA SEROS NEPOTES LATEAT

DEDICAT SANCTI ROCHI SODALITAS

Van giften geduerende den cholera ten jaere 1832 en 1849 ingezameld is dit glas door het Broederschap van den H. Rochus bekostigd.

Cette belle verrière a été envoyée, à Paris, à l'Exposition universelle de 1855, et elle y a été l'objet d'une juste admiration.

TRANSSEPT.

Fenêtre au-dessus de la chapelle du Saint-Sacrement. — Belle verrière du commencement du xviie siècle. Le sujet de la composition est *la rencontre d'Abram, dont Dieu changea plus tard le nom en Abraham, et de Melchisédech, roi de Salem, prêtre du Très-Haut.* La peinture est de Pierre Van der Veken. La verrière a été exécutée en 1622 ; elle est due, pour la plus grande partie, à la pieuse générosité de Jérôme Caelheyt, sous-aumônier (*onder-aelmoessenier*) de cette église.

CHAPELLE DU SAINT-SACREMENT.

Fenêtre à l'Est : verrière du commencement du xvii° siècle. Voici le sujet principal. *Rodolphe, comte de Habsbourg, accompagné de son parent, Régulus de Kybourg, rencontre un prêtre et son clerc qui portent le saint viatique à un malade. Le comte leur offre son cheval et celui de son compagnon, pour pouvoir faire plus de diligence.*

Dans la partie inférieure on voit les portraits de Juan de Cachiopin et de Madeleine de Lange, sa femme, donateurs de la verrière. Une restauration a été faite par MM. A. CUNIER ET Cie en 1847. On a blâmé l'exécution de quelques mains, qu'il a fallu remplacer par suite de l'état de dégradation des anciennes. On a critiqué également, et avec raison, le fond sur lequel se détachent les portraits.

Aux détails qui précèdent, M. Van Lerius ajoute les observations suivantes :

« Descamps ne mentionne pas le sujet de cette belle verrière, non plus que l'anonyme de Berbie. M. Ferrier y a vu l'histoire de Rodolphe de Habsbourg; ce qui prouve en faveur sinon de ses connoissances, du moins de son imagination. M. Le Poittevin de Lacroix a, sans examen, nous en sommes convaincu, adopté l'opinion de M. Ferrier.

» Nous avons mentionné cette verrière comme l'œuvre d'un artiste inconnu, quoique Descamps, l'anonyme de Berbie, etc., nous disent qu'elle a été exécutée par Jean-Baptiste Van der Veken, d'après le dessin de Henri Van Balen. La verrière porte la date de 1626, et Jean-Baptiste Van der Veken était décédé en 1620-1621, ainsi que cela résulte d'un extrait du compte de la cathédrale de cette année, extrait dont nous sommes redevable à l'obligeance de notre concitoyen, M. Léon de Burbure. Quant à Henri Van Balen, nous engageons ceux qui seraient tentés d'admettre la version de Descamps, de vouloir bien comparer les anges qui ornent la partie supérieure de la verrière, avec ceux qui décorent les compositions que cette église possède de ce maître, et nous sommes persuadé que l'opinion de Descamps ne réunira guère de partisans. »

PETITE CHAPELLE DES MARIAGES.

PREMIÈRE FENÊTRE (à gauche de l'autel). — On y voyait autrefois les armoiries d'Édouard de Berti, secrétaire du conseil privé de S. M. Catholique, exécutées en 1670. Ces armoiries, dont la peinture était en mauvais état, furent inconsidérément remplacées, il y a quelques années, par celles des familles Anthoine et Stalins.

DEUXIÈME FENÊTRE. — Un artiste inconnu y avait peint les armoiries de Grégoire-Pierre Martens, fils de Grégoire, ancien bourgmestre de cette ville, et de Catherine Pansius. Cette vitre datait de 1669.

TROISIÈME FENÊTRE. — On y voit les armoiries de Guillaume Anthoine et de Barbe Stalins. M. J.-B. Capronnier a refait à neuf ces trois fenêtres, en 1855. L'artiste a reproduit partout les armoiries primitives et les a ornées d'un encadrement composé avec goût.

La sacristie de cette chapelle contient deux peintures sur verre d'une assez bonne exécution, renfermées dans deux cartouches ovales : la première, due au peintre Van der Meeren, représente Dieu le père et date de 1686-1687 ; la seconde a pour sujet la Résurrection du Sauveur ; elle date du xvie siècle. On ignore le nom du peintre qui l'exécuta.

Au-dessus de l'entrée du pourtour du chœur, du côté de la chapelle du Saint-Sacrement. — Belle verrière de la fin du xve ou du commencement du xvie siècle, représentant la sainte Vierge et l'enfant Jésus, accompagnés à droite de saint Jérôme, et à gauche de sainte Nothburge, servante tyrolienne, reconnaissable à sa faucille. L'auteur de cette verrière est inconnu.

Au-dessus de l'entrée du pourtour septentrional du chœur. — Verrière placée, en 1621, à la mémoire de Lucrèce Mennens, épouse de Henri Van der Stock, trésorier de la ville d'Anvers. Elle représente la sainte Vierge assise avec l'enfant Jésus dans une gloire. Au bas, les portraits de Van der Stock, de ses trois fils et d'une petite enfant, et ceux de Lucrèce Mennens et de ses filles. Cette verrière est d'une belle exécution. On ignore le nom de son auteur.

Au-dessus de l'entrée de la chapelle de Notre-Dame. — Verrière placée à la mémoire de Jean Van Peborch et de Barbe Gillis, sa femme. Elle a pour sujet le Sauveur en croix, entouré de la sainte Vierge et de saint Jean ; sainte Marie-Madeleine embrasse les pieds de Jésus. On voit, au bas de cette composition, les portraits des époux Van Peborch, dont les têtes ont malheureusement disparu. Ce vitrail, qui a beaucoup souffert, est dû au talent de Jean De Loose, et date de 1640.

A côté de la précédente. — Verrière due à un artiste inconnu, dédiée à la mémoire de Henri de Prince et Anne Jensema, son épouse. Cette vitre est entourée d'une bordure ornée entre autres d'une tête d'ange. L'inscription est devenue illisible ; elle rappelait sans doute que la verrière, qui devait dater de 1667, avait été placée par les soins des héritiers de la veuve de Henri de Prince.

CHAPELLE DE LA SAINTE-VIERGE.

A droite de l'autel. — Belle verrière placée, vers 1641, par Alexandre Vincx, à sa mémoire et à celle de Gertrude Wiegers, sa femme. La partie principale a pour sujet : *la Visitation de la sainte Vierge;* les personnages agenouillés de la partie inférieure sont censés représenter les portraits du donateur et de son épouse. Cette verrière, qui est de Jean de Labaer, a été faussement attribuée à Abraham Van Diepenbeeck, par Descamps et ses copistes. En 1847, elle a été assez mal restaurée par A. Cunier et Cie.

Une deuxième verrière, due aussi au talent de Jean de Labaer, a été placée, en 1629, à côté de la précédente, à la mémoire de Jean-Baptiste de Grassis, de sa femme Barbe Stalins et du second mari de celle-ci, Guillaume Anthony ou Anthoine. Descamps, avait encore attribué, par erreur, cette verrière à Abraham Van Diepenbeeck.

La fenêtre voisine a conservé les fragments d'une verrière, ornée autrefois des armoiries et des quartiers de Chrétien de Brouckhoven et de sa compagne, Dorothée de Berti. Il n'existe plus guère que l'inscription ; le reste a été enlevé en 1796, sur une injonction de la municipalité révolutionnaire.

Dans la fenêtre vis-à-vis de la porte de l'antichambre de la salle des Marguilliers, en face de la

chapelle de Sainte-Marie, se voient les figures de trois apôtres et au-dessous celles de Josse Draeck, de son patron et de sainte Barbe. Ces fragments proviennent d'une verrière restaurée en 1850 et, en général, ils sont en assez mauvais état.

La même fenêtre contient encore quatre têtes, qui proviennent de la verrière de la Visitation que nous venons de mentionner ; elles sont de Jean de Labaer qui les a bien réussies.

Dans la seconde fenêtre se trouvent enchâssées les têtes de la sainte Vierge et de saint Siméon, d'un serviteur de ce bienheureux et d'une quatrième figure qui ont fait partie de la verrière de la Circoncision dans la chapelle du saint nom de Jésus; elles sont fort endommagées.

Non loin de là dans l'église, à l'est du transsept, se voit une verrière peinte par Jean de Loose, en 1655 ; elle n'offre pas de sujet à personnages, mais un simple encadrement à inscription, décoré de deux têtes d'anges bien exécutées et de légers ornements.

CHAPELLE DES SS. PIERRE ET PAUL (AU POURTOUR SEPTENTRIONAL DU CHŒUR).

La fenêtre est ornée des armoiries de Jean Bollaert et de Susanne de San Estevan, sa femme. Cette peinture date du xviᵉ siècle ; son auteur est inconnu.

COLLATÉRAL NORD DE LA GRANDE NEF.

CHAPELLE DE TOUS LES SAINTS,

ANCIENNEMENT CONNUE SOUS LE NOM DE SAINT-CHRISTOPHE ET AUJOURD'HUI SOUS CELUI DE SAINT-HUBERT.

Magnifique verrière représentant la Cène. Au bas de ce vitrail, qui date du commencement du xviᵉ siècle, on voit les portraits de Josse Draeck, fils de Walcram, décédé le 28 novembre 1528, et de sa femme, Barbe Colibrant, morte le 27 septembre 1538, accompagnés de leurs patrons. Cette vitre, ornée en outre des armoiries et des quartiers des deux époux, a été restaurée, en 1850, par M. J.-B. Capronnier, partie aux frais de la famille Draeck, partie aux frais de la fabrique.

On lit sur cette vitre l'inscription suivante :

PANI VIVO QUI DE COELO DESCENDIT.
JUDOCUS DRAECK WAL. F. DEF. 28 NOV. 1528.
ET BARB. COLIBRANT. UXOR EJUS. DEP. 27 SEPT. 1538.
R. I. P.

Nous avons donné, pl. 27, la partie inférieure de cette vitre où se voient, agenouillés, les donateurs accompagnés de leurs patrons.

M. Van Lerius critique vivement M. Ferrier (1) d'avoir attribué cette verrière à Van Diepenbeeck, qui n'était pas encore né quand elle fut mise en place; il lui refuse aussi, avec raison, de reconnaître que la Cène, sujet principal de la composition, soit une copie du tableau de Léonard de Vinci.

CHAPELLE DU SAINT NOM DE JÉSUS.

Verrière donnée par Arnould ou Artus Van den Bemde, en mémoire de son père Gommaire, et d'Émerance Van Lier, sa mère; elle représente la *Circoncision* et date de 1677. On ignore à quel

(1) FERRIER, *Description histor. et topograph. d'Anvers.* Brux., 1840.

peintre elle est due. La restauration de cette composition, qui renferme de bonnes qualités, a été faite, en 1854, par M. J.-B. Capronnier qui a peint entièrement les douze panneaux inférieurs dont il ne restait plus de traces, et les emblèmes de la *Passion* qui se trouvent dans la partie supérieure de la fenêtre.

On lit au bas de cette vitre l'inscription suivante :

DEO OPTIMO MAXIMO
ARNOLDUS VAN DEN BEMDE DABAT
MEMORIÆ PARENTUM
GUMMARI ET EMERENTIANÆ VAN LIER
QUI HOC CONDUNTUR IN SACELLO
A° 1677.

GRANDE NEF (à droite).

Deux fenêtres renferment des fragments de peinture sur verre : 1° une *Assomption*, assez belle composition du xviie siècle, mais dont on ne connaît pas l'auteur; 2° une *Adoration des Mages* de la fin du xvie ou du commencement du xviie siècle. On ignore également quel peintre l'a exécutée.

Deux grandes verrières existent encore, mais en mauvais état et remplies de pièces multicolores arrachées à d'autres vitres et qui n'ont aucun rapport avec celles-ci : la première est de Jean de Labaer, et a été offerte, en 1625, par Martin Van Ginderdeuren ; elle représente *saint Martin donnant à un pauvre un pan de son manteau*. Le cheval du saint rappelle les vigoureux coursiers de Rubens, mais il n'est guère possible d'exprimer une opinion sur les autres parties de cette œuvre d'art, tant il s'y trouve de fragments qui y sont étrangers. La seconde verrière, qui est aussi de Jean de Labaer et qui date du xviie siècle, représente l'*Adoration des Mages*. C'est une belle page exécutée librement d'après le tableau que Rubens avait peint pour le maître-autel de l'église de l'abbaye de Saint-Michel en cette ville, et qui orne maintenant le Musée d'Anvers.

CHŒUR.

Les verrières de l'abside du chœur ont été peintes par Abraham Van Diepenbeeck et datent de 1644 : elles représentent le *Sauveur tenant sa croix et la Mère des douleurs*. L'expression de la figure de Jésus est digne de louanges, mais les proportions du corps sont outrées; on remarque également de la lourdeur dans le vêtement de la sainte Vierge.

Le donateur de cette verrière fut Son Excellence don François de Mello, gouverneur général des Pays-Bas catholiques, en qualité de représentant du roi d'Espagne, Philippe IV. Le portrait de ce souverain et celui de sa femme, Isabelle, fille de Henri IV, roi de France, ornaient autrefois les deux fenêtres les plus rapprochées de celles dont nous venons de parler; ils avaient été exécutés, en 1644, par le même Van Diepenbeeck.

Des fragments d'armoiries se trouvent dans deux fenêtres, à droite du maître-autel.

Dans la dernière fenêtre du même côté, on voit un cartouche orné d'une tête d'ange et renfermant une inscription qui rappelle la mémoire de François Schilders, marguillier de cette église, et de Mechtilde Garrebrants, sa femme. Ce cartouche, don de François Schilders, a été exécuté en 1652 par Jacques Gorremans.

A gauche, à l'entrée du chœur, une belle vitre représente la sainte Trinité; elle date du XVIIe siècle, mais elle est d'un artiste inconnu.

ÉGLISE DE NOTRE-DAME D'ANVERS.

L'église de Notre-Dame d'Anvers est une des plus splendides églises, non-seulement de la Belgique, mais du monde entier. Avant d'entrer dans le détail descriptif de ses nombreuses verrières, nous allons donner un aperçu rapide de son histoire d'après la notice intéressante et sérieuse que P. Génard a publiée dans le grand et bel ouvrage sur les inscriptions funéraires et monumentales de la province d'Anvers (1).

Cette église, aujourd'hui si vaste, n'était dans le principe qu'une simple chapelle élevée par la piété des habitants en l'honneur de Notre-Dame. Une image de la sainte mère du Sauveur avait été placée sur un arbre, le bruit se répandit que de fréquents miracles s'opéraient à cet endroit ; de nombreux pèlerins s'y rendirent, et bientôt on y érigea une chapelle.

En 1122, les chanoines de Saint-Michel, effrayés du schisme établi par Tankelm et qui grandissait malgré la mort de cet hérésiarque, s'adressèrent à Burchard, évêque de Cambrai. Le pieux prélat les envoya réclamer du secours auprès de saint Norbert, qui venait de fonder l'ordre des Prémontrés, et dont la réputation s'était étendue au loin. Saint Norbert arriva à Anvers avec douze religieux de son ordre et ses travaux apostoliques furent couronnés du succès le plus complet.

Sur la demande des chanoines de Saint-Michel, et avec l'autorisation de l'évêque de Cambrai, saint Norbert consentit à laisser à Anvers les douze religieux de son ordre. Les chanoines leur cédèrent la collégiale de Saint-Michel et allèrent s'établir près de la chapelle de Notre-Dame.

De cette époque date l'histoire de l'église de Notre-Dame. Les chanoines la bâtirent, et le maître-autel fut consacré, en 1124, par l'évêque Burchard. La sainte Vierge, à qui était dédiée la nouvelle collégiale, fut invoquée comme la patronne de la ville.

L'église, bâtie par les anciens chanoines de Saint-Michel, était assez spacieuse et précédée d'une tour élevée au-dessus du porche. Dans les bas côtés se dressaient de nombreux autels, dont les noms se retrouvent encore dans les archives de l'église. Ils étaient consacrés à sainte Catherine, la sainte Croix, saint Josse, sainte Agathe, saintes Cécile et Élisabeth, saints Laurent, Étienne, Vincent et Martin, saint André, saint Éloi, Notre-Dame, saint Jean-Baptiste et saint Jean l'Évangéliste; enfin, à sainte Barbe.

(1) *Inscriptions funéraires et monumentales de la province d'Anvers.* Comité central de publication, délégué par la Commission instituée par M. le gouverneur de la province. Ce comité se compose de MM. le comte GÉRARD LEGRELLE, président; P. GÉNARD, secrétaire; MOENS VANDER STRAELEN, trésorier; LÉON DE BURBURE, C. NÉLIS, TH. VAN LERIUS et P. VISSCHERS, membres.

La publication se fait par livraisons in-4° de quatre feuilles ; on y trouve le plan et la façade de l'église de Notre-Dame, dessinés avec beaucoup d'exactitude.

Les arts qui, à cette époque, étaient déjà cultivés à Anvers, contribuèrent beaucoup à la splendeur de cette église. Divers documents établissent que les autels étaient enrichis de tableaux et de statues et même que les fenêtres étaient ornées de vitraux peints, parmi lesquels on remarquait ceux de Guillaume de Berchem, des saints Jean-Baptiste et Jean l'Évangéliste, du marquisat du saint Empire et de la ville d'Anvers qui furent transférés plus tard dans l'église actuelle, ainsi que les verrières du roi d'Angleterre, Édouard III, celles d'un empereur des Romains, et enfin celles du comte de Flandre, Louis de Male, et de sa femme Marguerite de Brabant.

La population, toujours croissante à Anvers et l'importance que cette ville acquérait par son commerce exigèrent, au xive siècle, la construction d'une nouvelle église.

C'était l'époque des grandes créations monumentales des contrées de l'Occident. L'esprit communal, qui animait alors les populations, faisait ériger partout ces églises, ces beffrois, ces hôtels de ville, qui excitent encore aujourd'hui l'admiration générale. La ville d'Anvers ne pouvait rester étrangère à cette noble lutte artistique; elle voulut, à son tour, posséder un monument qui prouvât aux générations futures que, même dans ces temps reculés, les arts florissaient déjà dans son sein.

Sans se demander si le plan projeté pourrait jamais s'achever, on mit hardiment la main à l'œuvre.

Une chronique manuscrite rapporte que le chapitre avait pris depuis longtemps la résolution de construire une nouvelle église, et qu'en 1372 on avait jeté les fondements du chœur de l'église actuelle.

On ignore encore le nom de l'architecte, ou plutôt du maître de l'œuvre comme on disait alors; les travaux marchèrent bien lentement, car en 1406 le chœur n'était pas encore achevé; en 1419, le pavé en fut exhaussé pour mettre l'église à l'abri des inondations trop fréquentes de la ville.

Les renseignements positifs sur l'église ne datent que de l'année 1430. A cette époque, le célèbre Pierre Appelmans, chef tailleur de pierre, dirigeait les travaux de la tour. Ce serait même, d'après la tradition la plus probable, à ce grand artiste qu'il faudrait rapporter l'honneur de la conception de cette œuvre colossale.

Pierre Appelmans mourut en 1434 et fut remplacé, en 1449, par Jean Tac. La direction des travaux revint ensuite à Everard, qui en remplit la charge jusqu'au 17 novembre 1475. Il fut alors remplacé par maître Herman De Waghemakere le vieux, qui dirigea les travaux jusqu'en 1502; son fils Dominique De Waghemakere lui succéda et fut assisté, de 1521 à 1530, par le célèbre architecte Rombout Keldermans, de Malines.

Les ressources de l'église furent bientôt insuffisantes pour couvrir les dépenses qu'exigeait la construction de l'église. Une noble émulation s'établit alors entre les habitants de la ville. Patriciens, bourgeois, artisans, tous vinrent en aide à la fabrique. Un siècle et demi s'était écoulé depuis qu'on avait jeté les fondements de la nouvelle église de Notre-Dame; les travaux de la grande nef étaient poussés avec activité, les bas côtés allaient bientôt être achevés, lorsque le chapitre vit avec regret que l'exhaussement du sol en 1419 avait fait perdre aux piliers les belles proportions qu'on y admirait jadis et qu'ils n'étaient plus en harmonie avec les autres parties.

Dans cet état de choses, les chanoines formèrent le projet de démolir l'abside qui subsiste encore

aujourd'hui, de la remplacer par un chœur plus élevé et d'y ajouter une crypte ou église souterraine. Des fouilles ont fait retrouver la disposition de ces travaux inachevés. Le plan en a été dressé
par M. l'architecte Durlet, et se trouve dans la publication déjà citée des inscriptions monumentales
de la province d'Anvers.

Le plan de cette nouvelle construction, qui, à ce qu'on prétend, a été conservé jusqu'au XVIIᵉ siècle dans les archives de l'église de Notre-Dame, devait être très-remarquable si l'on en croit une
description du temps.

Deux rangées de fenêtres superposées (probablement un triforium, au-dessus duquel auraient été
construites les fenêtres proprement dites), s'y seraient montrées avec leurs formes élégantes;
quatre tours se seraient élevées aux portails; et le temple, dégagé par le toit à une hauteur plus considérable, aurait présenté ainsi ces profils élancés et sveltes qui lui manquent un peu aujourd'hui.

On commença à exécuter ce projet grandiose : le 14 juillet 1521, l'empereur Charles-Quint voulut
en poser la première pierre, en présence de son beau-frère, Christiern, roi de Danemark, de plusieurs chevaliers de la Toison d'or et des autorités civiles et religieuses d'Anvers.

Les travaux avançaient rapidement quand, le 6 octobre 1533, un incendie terrible vint détruire
une partie de l'église et faire renoncer aux derniers projets d'agrandissement.

« Telle qu'elle existe aujourd'hui, dit en terminant M. P. Génard, l'église de Notre-Dame est un
de ces monuments qui ont été ravagés par le temps et par les désastres et qui, entourés d'une
auréole de beaux et glorieux souvenirs, commandent le respect des générations présentes et
futures. Elle témoigne aussi d'une époque de grandeur et de puissance, et fut l'emblème de l'art
flamand. Dans son enceinte fut allumé ce flambeau de l'école de peinture, qui devait jeter un si vif
éclat sur la patrie. De son sein sortit cette brillante école musicale qui devait régner un jour dans
l'Europe entière. Son clergé était un des plus instruits du monde. Les noms des Miræus, des
Zypæus, des Beyerlinck appartiennent à l'histoire générale. Les évêques ne possédaient pas seulement le don de la parole, mais ils suivaient, d'après l'esprit de l'Évangile, le chemin tracé par le
Sauveur; enfin, pour comble de bonheur, l'église de Notre-Dame a vu un de ses doyens les plus
dignes, Adrien d'Utrecht, monter sur le trône de saint Pierre, et faire bénir le nom d'Adrien VI.

» De nos jours, un autre prince de l'Église, Monseigneur Engelbert Sterckx, a quitté les fonctions
de curé de Notre-Dame pour devenir archevêque de Malines, primat de Belgique et plus tard cardinal.

» Avec un passé aussi glorieux, l'église de Notre-Dame peut compter sur un brillant avenir. Celui
qui abaisse les grands et relève les humbles, rendra peut-être un jour à cette église le rang qu'elle
occupe déjà dans l'histoire. Alors, entourée de toute la splendeur que le catholicisme sait donner à
son culte, l'église de Notre-Dame redeviendra, comme jadis, l'emblème de l'art belge, une source
de grandeur et de gloire pour la patrie. »

L'église de Notre-Dame est encore riche en œuvres artistiques de tout genre, malgré les pertes
cruelles qu'elle a éprouvées à différentes époques. Nous n'avons à nous occuper ici que des verrières,
et ce ne sera pas pour l'histoire de la peinture sur verre une page des moins importantes.

Les inscriptions y sont très nombreuses, elles sont toujours étudiées et rédigées avec soin, et elles peuvent aujourd'hui servir de modèles à nos peintres verriers pour la place, la disposition, et la grandeur des inscriptions modernes qui sont quelquefois aussi maladroitement placées que malheureusement rédigées.

Nous allons commencer la description des verrières de Notre-Dame par le grand chœur.

GRAND CHOEUR.

ABSIDE. — Le vitrail de droite donne le portrait de Philippe II, roi d'Espagne; au-dessous les armoiries écartelées de Bourgogne, d'Espagne et d'Autriche, et de plus une couronne gracieusement entourée d'une gance supportant le faisceau symbolique des sept flèches réunies par un anneau.

Le vitrail du milieu porte les figures des apôtres saint André et saint Paul, les instruments de leur martyr. On y lit l'inscription suivante :

P. M.

Aº. M.D.L.V. PHILIPPO.

HIS. ANGL. ET FRANC.

REX ETC. DUX BURG.

BRABAN. ETC. PRIMIS SUI

ORDINIS COMITIIS HAC

IN ÆDE CELEBRATIS

TRES HAS FENESTRAS

CHRISTO SERVATORI

DICATAS FIERI JUSSIT.

Le vitrail de gauche représente la figure de Philippe II, comme roi de France et d'Angleterre, et au-dessous, d'un côté les armoiries du souverain écartelées de France et d'Angleterre, et de l'autre, dans une couronne formant médaillon, la couronne fermée et la rose des Tudor (1).

Dans le vitrail du sud, au-dessous des armoiries de Guillaume de Berchem et de sa femme, on lit l'inscription suivante :

D. WILHELMUS DE BERCHEM MILES

ET D. SAPIENTIA DE ROGGHEMANS DICTA

BYGAERDE CONJUGES POSUERUNT AN. M.C.C.C.XCI (2).

R. D. ANTONIUS DE BERCHEM CANONIC 9

H. E. ET OFFICIALIS PIETATIS ERGO

RESTAURAVIT ANNO 1655.

CHAPELLE, ANCIENNEMENT DE SAINT-BONIFACE, ACTUELLEMENT DU SACRÉ COEUR.

Au milieu du vitrail sont peintes les armoiries de monseigneur ENGELBERT STERCKX, cardinal, archevêque de Malines. Elles portent en face cette devise : PAX VOBIS.

(1) Ces vitraux avaient été placés en 1655 et en avaient remplacé d'autres, sur lesquels on voyait le lion de Brabant couvert du casque et portant les armes du marquisat du saint-empire; plus bas on avait placé les armes d'Anvers avec les anciens supports et les roses rouges et blanches.

(2) Al. MS. : M.C.C.C.XCIII.

Au-dessous, on lit l'inscription suivante :

Anno MDCCCXXV VI Aprilis, cura et opere Eminentissimi ac
Reverendissimi Domini ENGELBERTI S. R. E Presb : Cardinalis
STERCKX, Archiepiscopi Mechlin. tum vero temporis Pastoris
hujus Ecclesiæ, et Decanatus Antv. Archipresbyteri, canonicè
erecta fuit confraternitas SS: amantissimi Cordis Jesu.

J. F. PLUYS
ARTIFEX
Mechl. A° 1843

CHAPELLE DE SAINT-AMBROISE,
ANCIENNEMENT DÉDIÉE A LA SAINTE-CROIX.

Au xiv⁰ siècle, on y trouvait également la Sainte-Circoncision et saint Sébastien. Dans la verrière de cette chapelle se voyaient autrefois des armoiries renversées, peintes aux frais des frères Jehan et Nicolas de Wineghem et de Jehan Winken ; elles y avaient été placées, au xiv⁰ siècle, en expiation du meurtre commis par ces individus sur la personne de Jehan Bode. La disposition de l'écusson et du cimier est très-curieuse; on peut en voir le dessin dans les *Inscriptions funéraires et monumentales de la province d'Anvers*, 2⁰ livr., p. 58.

CHAPELLE DE SAINT-THOMAS OU DES PELLETIERS.

Les murs de cette chapelle étaient anciennement peints en rouge; sur ce fond se voyaient représentées, au milieu de divers ornements, les armoiries de la corporation des pelletiers; l'écusson lozangé portait, sur un fond de sinople, un manteau d'hermine sommé d'une couronne d'or.

Dans le vitrail se voient les mêmes armoiries, soutenues de deux léopards armés et lampassés de gueules.

CHAPELLE DE LA CONFRÉRIE DE SAINT-LUC.

Sur un cartouche architectural, élégamment et finement découpé, qui orne les verrières de cette chapelle, on voit la figure de saint Luc couronnée par deux anges. Au-dessous, une tête de bœuf supporte les armoiries de la confrérie. On y voit, en outre, l'inscription suivante :

WT IONSTEN VERSAEMT. 1648.

Les divers attributs de la peinture et de légères couronnes complètent la décoration de ce cartouche. L'artiste a signé cette charmante composition et a placé son nom, sous les armes de la confrérie, de la manière suivante :

JOA.ˢ DE LABARE Inv. et Fecit.

CHAPELLE DE SAINTE-URSULE.

Cette chapelle fut fondée, à la fin du xvi⁰ siècle, par le chanoine VAN DEN CRUYCE. Les murs étaient anciennement peints en couleur grise; sur ce fond on avait représenté, en plusieurs endroits, les armoiries de la famille Van den Cruyce, entourées d'ornements tels que fleurs, oiseaux, anges, avec des instruments de musique, etc. On voit encore ces armoiries dans le vitrail de la chapelle.

CHOEUR DE LA CIRCONCISION.

Deux magnifiques vitraux ornaient autrefois ce chœur; placés en 1503, ils furent mutilés en 1580; mais les magnifiques fragments qui ont échappé aux fureurs des iconoclastes modernes sont suffisants pour faire juger de l'ancienne splendeur de ces peintures.

L'un, dont il reste le couronnement et le contour, représentait Philippe le Beau, roi d'Espagne, archiduc d'Autriche, duc de Bourgogne, et sa femme, Jeanne de Castille. Ces princes, agenouillés sur un prie-Dieu, étaient accompagnés de leurs patrons. Dans la partie supérieure, on voyait les lettres P. I. couronnées, les armes de Bourgogne, d'Autriche et d'Espagne, les briquets et les cailloux emblèmes de l'ordre de la Toison d'or, et les devises : *Qui vouldra je le veule*, et *Celt ung amende*. Tout autour du vitrail se déroulent les quartiers du roi dans l'ordre suivant :

Autriche.	Bourgogne.
Milan.	Bavière.
Massovie.	Portugal.
Lithuanie.	Lancastre.
Portugal.	Bourbon.
Lancastre.	Berry.
Aragon.	Bourgogne.
Albuquerque.	Bavière.

L'autre vitrail, mieux conservé que le premier, du moins quant aux personnages, représente Henri VII, roi d'Angleterre, de la maison de Lancastre ou de la Rose Rouge, et sa femme Élisabeth d'York, fille d'Édouard IV, roi d'Angleterre, de la maison d'York ou de la Rose Blanche. Ces princes, agenouillés sur un prie-Dieu, sous un dais d'azur, sont accompagnés de saint George, patron de l'Angleterre, et de sainte Élisabeth de Hongrie. Près du roi se trouve la statue de saint Henri, empereur, et près de la reine celle de saint Louis, roi de France. Dans la partie supérieure sont placés saint Jean-Baptiste, Dieu le Père tenant le Christ en croix, la sainte Vierge avec l'enfant Jésus, et saint Jean l'Évangéliste.

Les nervures flamboyantes de la fenêtre sont ornées des lettres H. E. couronnées et réunies par un lien, des armes d'Angleterre et d'York, entourées de la Rose Rouge, de la Herse et du cri *Dieu et mon droit*. Des deux côtes du vitrail on voit alternativement, comme encadrement, la Rose et la Herse sommées de la couronne.

Dans la partie inférieure règnent les blasons du roi et de la reine, avec l'inscription suivante :

SEPTIMUS. ANGLORUM. REX.	ELISABETA FUIT CONIUX. ET
PRUDENS. REXQ. BENIGNUS	REGIA PROLES
HENRICUS. REGNUM. BELLI	NOBILIS. EDUARDI. REGIS
VIRTUTE. RECEPIT	PIA. FILIA. QUARTI
CRUDELI. BRITO. SUPERATO	FOEMINA. PROGENIE
MARTE TIRANNO	ILLUSTRIS. DECORAQ. FORMA
CONNUBIOQ. DOMV̄. CLARUS	PERPETUO IN MISEROS
CONIUNXIT. UTRAMQUE	CLEMENS. CUNCTISQ. BENIGNA.

TRANSSEPT.

Au-dessus du portail septentrional, le vitrail représente les archiducs Albert et Isabelle qui en furent les donateurs; les princes sont accompagnés de leurs patrons. Cette vitre, riche des tons de ses émaux, fut peinte en 1616 par CORNEILLE CUSSERS, *alias* CUSSENS, d'après les dessins de Jean-Baptiste Van de Vekene dit Vander Veken.

Au bas de la vitre on voit les armoiries des archiducs et l'inscription suivante :

ALBERTUS et ISABELLA
ARCHIDUCES AUSTRIÆ BELGARUM PRINCIPES
PRO SUO ERGA DEIPARAM ET HUIUS BASILICÆ ET URBIS TUTELAREM
AFFECTU ET CULTU MORE
PROGENITORUM POSUERUNT
ANNO DÑI M.DCXVI.

A gauche du portail, une verrière représente saint Jean l'Évangéliste, saint Jean-Baptiste et d'autres saints, avec les armoiries des donateurs.

Au-dessus du chœur de la Circoncision, le vitrail fut donné par le doyen du chapitre, Jean del Rio, qu'on y voit agenouillé devant le Sauveur en croix. Dans les nervures de l'amortissement, des anges portent les armoiries de la famille del Rio, et on lit la date de 1615.

Sur le prie-Dieu sont les armoiries du doyen avec la devise : *Concussa mane;* et quatre quartiers de noblesse qui sont : Del Rio, del Castillo, Ayala et de Witte.

On lit au bas de la vitre l'inscription suivante :

ADMODÙ REVER. AC NOB: D. D. JOAN.
DEL RIO J. V. L. S. R. E. PROTHON. HUIUS
ECCL. CATHED. DECANVS ET VICARIVS
EPISC. P. C.

Au-dessus du même chœur, le vitrail représentant la Circoncision de Notre-Seigneur a été donné par les membres de la confrérie. C'est ce qu'indique l'inscription suivante placée au bas de la vitre:

CONFRATERNITAS
CIRCONCISIONIS
POSUIT
1615.

A côté, un autre vitrail représente Notre-Dame dite *Op't Staeksken*, invoquée par un pèlerin et d'autres fidèles. L'inscription mutilée ne porte plus que ces mots :

. . . .

VIRG. POTETI
PEREGR. IN PATRIA.

. . . .

. . . .

Au-dessus du circuit, du côté nord, un vitrail représente Godefroid de Bouillon, accompagné du chapitre de Saint-Michel et de douze chevaliers.

On lit au bas l'inscription suivante :

> GODEF. BVLLONIVS A°. MXCVI Coll. Canonic.
> Antverp. instituvit et Eqvites XII creavit.

Au-dessus de l'autel des Arquebusiers, un vitrail (*ex-voto*) représentait la sainte Vierge avec l'enfant Jésus et un pèlerin en prière.

Au-dessous se trouvait l'inscription suivante :

> Matri divinæ gratiæ
> vovebat
> peregrinus in patria
> A°. 1619

Cette verrière fut enlevée en 1786.

Une autre verrière, voisine de la précédente, également enlevée en 1786, représentait l'image du Sauveur en croix, quelques anges et des personnages en prière.

On lisait en bas cette inscription :

> O crux ave
> spes unica.

Derrière la chapelle du Saint-Sacrement, sur une verrière, sont dessinées des lettres enlacées qui semblent les initiales des deux peintres, Jean-Baptiste Van der Veken et Thierry Van Balen, qui ont travaillé ensemble aux verrières de Notre-Dame. Ces initiales sont reproduites dans l'ouvrage déjà cité, relatif aux inscriptions funéraires et monumentales de la province d'Anvers, 6me fascicule, p. 174.

Sur une verrière voisine de la précédente, on voit le Saint-Esprit sous la forme d'une colombe, accompagné d'un groupe de têtes d'anges et encadré par quatre calices d'où s'élève la sainte hostie.

Le vitrail du côté sud a une plus grande importance : il représente, dans la partie supérieure, la sainte Vierge entourée d'anges, et, plus bas, un crucifix devant lequel est agenouillé Philippe III, roi d'Espagne. Cette vitre a été peinte en émail par Jean-Baptiste Van der Veken, d'après les dessins de Thierry Van Balen, de 1620 à 1621.

On y lit l'inscription suivante :

> PHILIPPI III. Hispaniarum Indiarum
> que monarchæ affectus
> sui in hanc Ædem et Urbem cultus
> que erga Divam Deiparam
> symbolum posuit Regis mandato
> **ALPHONSUS DE LA CUEVA** Marchio
> de Bedmar S. M. Consiliarius et Le
> gatus in Belgio M.DC.XXII.

Ce vitrail fut en partie enlevé en 1803, date qu'on y apposa à la même époque.

Au-dessus de l'autel de Sainte-Catherine règne le vitrail donné par la famille Dassa.

Les nervures flamboyantes de l'amortissement de la fenêtre sont remplies par les armoiries de Castille et de Léon, d'Aragon et de Sicile, de Tolède et de Grenade; plus bas on voit le blason de la famille Dassa. Le centre représente l'Adoration des mages, et la partie inférieure contient les portraits de Ferdinand Dassa, de sa femme Barbe Rockox et de leurs enfants. Ces époux sont agenouillés sur un prie-Dieu; leurs patrons, saint Ferdinand roi et sainte Barbe, occupent le second plan.

Près de là se voit la belle verrière donnée par la famille Fugger. Le sujet principal est une bataille qui a trait sans doute à quelque fait glorieux d'un membre de la famille. Cette vitre fut offerte, en 1557, par Antoine Fugger et son neveu Jean-Jacques Fugger. Antoine Fugger, né le 10 janvier 1493, fut un des principaux membres de son illustre maison. Il agrandit la précieuse bibliothèque fondée par son frère Raymond, laquelle fut acquise plus tard par la Bibliothèque Impériale de Vienne; il mourut le 14 septembre 1560.

Jean-Jacques Fugger, baron et seigneur de Kirchberg et Weisenhorn, était fils de Raymond et naquit le 22 décembre 1516; comme son oncle, il mit tous ses soins à agrandir la bibliothèque formée par son père et mourut le 14 juillet 1575.

Antoine et Jean-Jacques Fugger, qui avaient établi à Anvers une de leurs principales maisons de commerce, figurent dans ce vitrail avec leurs patrons : saint Antoine l'Ermite et saint Jean pape et martyr. Au-dessous, on a peint les armoiries avec les chiffres de ces deux membres de la famille Fugger. On lit aussi la date de 1557.

Au-dessus du grand portail est établie une verrière ornée des portraits de l'empereur Charles-Quint et de sa femme Isabelle de Portugal. Les deux souverains sont agenouillés sur un prie-Dieu et accompagnés de leurs patrons.

Dans la partie supérieure se voient les armoiries de l'empereur avec les colonnes, la couronne fermée, le collier de l'ordre de la Toison d'or et la devise : PLUS OULTRE.

Plus bas sont les armoiries d'Autriche, d'Espagne, de Bourgogne et de Brabant. Au-dessous, la croix de Bourgogne, les briquets, les cailloux et les mots suivants :

LATTENTE

TORMENTE

GOSMAR

1560

Sous les figures de l'empereur et de l'impératrice se trouvaient leurs armoiries. On avait, en outre, placé à gauche le blason du chevalier Lazare Tucher, qui assigna une rente à l'église de Notre-Dame pour l'entretien de ce vitrail, et à droite le blason de sa femme, Jacqueline Cocquiel.

On y lisait aussi l'inscription suivante, dont les deux parties étaient placées l'une entre les blasons de l'empereur et de Lazare Tucher, l'autre entre ceux de l'impératrice et de Jacqueline Cocquiel :

In Divi   ac Divæ
CAROLI QUINTI   ISABELLÆ
Imp. Cæs. Aug.   Augustæ Im.
Christiani   Incomparab.
Orbis Mona.   eius coniug
Archid. Austr.   Gratiam.

Au-dessus de la Chambre des Aumôniers existait autrefois une verrière exécutée par Abraham Van Diepenbeeke. Elle représentait les sept œuvres de miséricorde et les portraits des aumôniers en exercice en 1635.

On lit au-dessous : PETRUS DE HAZE GUIL. F. CAROLUS BATKIN, PHILIPPUS LE ROY, PETRUS JANSS. DE BISTHOVEN, huius Urbis Eleemosynarii pio affectu Poni curarunt Aº CIƆ IƆC XXXV.

Sous la principale armoirie se lit la devise : servire Deo Rengnare est.

Lorsque la partie supérieure eut été enlevée, sans doute pour donner un plus grand jour dans l'église, on y inscrivit la date de 1775.

Non loin de là se voit un vitrail représentant l'*Adoration des bergers*, qui fut donné en 1471 par Josse Butkens et Sophie Van Lynden, sa femme.

Il porte l'inscription suivante :

D. O. M.

Hanc fenestram a maioribus positam Restaurarunt
R. ADM. D. CRISTOPHORUS BUTKENS S.ᵗⁱ Salvatoris Prior Antverpiæ
et ALEXANDER BUTKENS D. Annoij Regiæ Suæ Ma.ᵗⁱˢ a Consiliis nec non
Liberæ Cohortis Capitaneus fratres filii JOACHIMI BUTKENS 1637.

Sur le vitrail placé près de la chapelle du Saint-Sacrement sont peintes, dans des dimensions gigantesques, les armoiries de la famille Verbiest.

Au-dessous on lit l'inscription suivante :

D. O. M.

et Piæ Memoriæ
Nobilis D. HENRICI· ULLENS· J· U· L: fil.
IOIS· BAPTISTÆ· et MARIÆ VERBIEST·
sororis· PETRI· in hac Æde. Cathedr
VI· Levitarum· et IV· Tubicinum
ad ægrorum Administrationem
fundatoris
Obijt· ille· 22· Januar· 1708

R. I. P.

Cette vitre est reproduite dans les *Inscriptions de la province d'Anvers.*

Dans le vitrail de la chapelle du Saint-Sacrement, près de l'orgue, on lit l'inscription suivante :

D D   D D
ABRAHM   IACOBUS
VAN   VAN
HEEMBEECQ   GRYSPERRE
16   57

Non loin du précédent, on voit une verrière d'une grande importance, donnée par le comte Engelbert II, de Nassau.

Le sujet principal est la Cène, dessinée sur une grande échelle. A droite, on voit à genoux le comte Engelbert II, de Nassau, burgrave d'Anvers, stathouder du Brabant, gouverneur général des Pays-Bas sous l'empereur Maximilien Ier. Cette grande composition a été faite, en 1503, par Nicolas Rombouts, et, pour le dessin comme pour l'exécution, elle peut être placée à côté des belles verrières exécutées par Bernard Van Orley, dans la collégiale des SS.-Michel-et-Gudule, à Bruxelles.

Autour du vitrail sont rangés les quartiers de noblesse du comte Engelbert, dans l'ordre suivant :

NASSAU   DAELENBROECK-HEINSBERG
DE LA MARCK   JULIERS
VIANDEN   VOERNE
CLÈVES   ANGLETERRE
POLANEN   SOLMS
SALM   FALCKENSTEIN-MUNZENBERG
HOORN   :   LIPPE
FAUQUEMONT   FALCKENSTEIN

En outre, dans la partie supérieure, on lit la devise adoptée par le comte Engelbert II, de Nassau :

SE SERA MOI NASSAV.

Cette remarquable verrière est reproduite dans les *Inscriptions monumentales et funéraires d'Anvers,* page 326.

Dans la troisième nef latérale du côté nord, on lit dans une fenêtre l'inscription suivante :

D. O. M.
D. D.
DEN EERW HEER
FRANCISCUS ENGELGRAVE
CHOORDEKEN EN THRESORIER
FERDINANDUS VAN PRUYSSEN
PHILIPPUS VERMOELEN
PETRUS PICK
EDMUNDUS CAMBIER
DIENENDE KERCKMEESTERS
ENDE ALLE VYF OUDE
AELMOESSENIERS 1768.

Dans la fenêtre voisine, on lit cette autre inscription :

D. O. M.

CORNELIS BOON

IAN STEVEN VAN PRUYSSEN

CHRISTIAEN PEDRO VERMOELEN

PEDRO MELYN

OUDE AELMOESSENIERS

ENDE DIENENDE

KERCKMEESTERS

1711.

Non loin de là se voyait autrefois une grande et belle verrière, peinte en 1481-1482 par Nicolas Rombouts et Henri Van Diependale, son beau-frère. Elle représentait le combat de saint Jacques, patron de l'Espagne, contre les Sarrasins ; et, plus haut, l'arbre de Jessé ou la généalogie de la sainte Vierge. La partie supérieure était ornée des armes pleines d'Espagne. A droite, brillaient les armes écartelées de Castille, Léon, Aragon et Sicile, et dans la partie inférieure, au-dessus de portraits de rois, se trouvaient deux flèches placées en sautoir.

Ce vitrail, donné par les magistrats espagnols, était placé, au XVIIe siècle, entre la chapelle du Saint-Sacrement et la tour méridionale de l'église.

En résumé, la plus grande partie des verrières de Notre-Dame d'Anvers date du XVIIe siècle. Quoiqu'elles soient en assez mauvais état, elles montrent encore, par de magnifiques fragments, la hardiesse de composition et la magnificence de coloris des artistes de cette époque. La peinture sur verre n'était plus alors un genre à part. Au moyen d'apprêts et d'émaux, les artistes peignaient sur le verre comme sur la toile, et il ne fallait rien moins que la puissance de leur talent pour que leurs œuvres ne tombassent pas au niveau de ce que nous appelons aujourd'hui des tableaux de genre. Nous sommes heureux de pouvoir dire, en terminant, que la fabrique de Notre-Dame fait de louables efforts pour restaurer et compléter toute la vitrerie peinte de la grande basilique anversoise.

ÉGLISE ABBATIALE DE SAINT-MICHEL, A ANVERS.

Cette église a dû, comme les précédentes, posséder de belles verrières ; mais elles ont disparu si complétement qu'à grand'peine on trouve dans la tradition le souvenir de quelques-unes de ces œuvres. Dans le vitrail, au-dessus de la porte de l'église, côté sud, se voyaient jadis l'image de sainte Catherine et les armoiries de la famille Van der Hagen.

Au pourtour du chœur, à droite, un vitrail portait les armoiries de l'abbaye de Saint-Michel avec cette devise : *Moderate ;* et à côté celle de MACAIRE SIMEOMO, 42e abbé, avec sa devise : *Vigila.*

Le vitrail de la chapelle de Saint-Martin, placé au-dessus de l'autel, portait les armoiries de l'abbaye de Saint-Michel avec cette inscription :

HOODT MAETE, 1596.

Deux fragments détachés et jetés au hasard dans les verrières de l'église, offrent dans des médaillons oblongs des peintures assez fixes du xviiᵉ siècle; l'une représente l'enfant Jésus debout sur une éminence et bénissant le monde. Des anges l'entourent et disparaissent en partie dans une auréole lumineuse; au pied de la montagne, d'autres anges jouent de divers instruments. On lit au-dessous l'inscription suivante :

D , PEETRVS ANCHE-
MANT, CANONC
S , MICHAELIS ORD
PRÆMONSTRAT
PERSONA IN DECERNE
Aᵒ 1611.

L'autre médaillon, disposé de la même manière, représente un ange portant les armoiries du chanoine François de Schott. On lit l'inscription suivante :

D , FRANCISCUS, DE
SCHOTT, CANONC
S. MICHAELIS ORD
PRÆMONST PASTOR
IN BORSBEECK
Aᵒ 1611.

ÉGLISE DU COUVENT DES NORBERTINES.

CHOEUR. — Les vitraux du chœur représentaient des scènes de la vie de saint Norbert, et dataient du milieu du xviiᵉ siècle. On y voyait diverses armoiries, notamment celles de SIBERT DE PAPE, 22ᵉ abbé de Parc, et celles des abbayes de Parc et de Saint-Michel. Le chœur des religieuses était également orné de belles verrières datant de la même époque, et continuant les actes de la vie de saint Norbert. Les cloîtres ont conservé de nombreux et intéressants fragments, parmi lesquels on remarque les armoiries des princesses Albertine et Marie de Nassau, avec de longues inscriptions contenant tous leurs titres et qualités.

ÉGLISE DE SAINT-AUGUSTIN.

On remarque dans cette église, au-dessus de la chapelle de l'Immaculée Conception, un beau vitrail moderne exécuté par J.-F. Pluys, peintre verrier de Malines, d'après les dessins de M. Bernard Weiser. Ce vitrail est orné de la figure de saint Jean l'Évangéliste, patron du donateur, dont on voit les armoiries placées au-dessous avec la devise : TUTE VIDE et l'inscription suivante :

DIVO TUTELARI SUO
PRÆN. D. JOANNES DE WITTE MECHL. P.
MDCCCXLVI.

Et plus bas :

DEIPARÆ SINE LABE CONCEPTÆ SACRUM.

COUVENT DE SAINT-AUGUSTIN.

Dans les cloîtres, le réfectoire et les pièces principales de ce couvent se trouvaient, à toutes les fenêtres, d'intéressantes verrières dont on possède encore de nombreux fragments. Ces verrières, données par des familles protectrices du couvent, par des abbés ou des étudiants, rappelaient des faits intéressants pour l'histoire de ce monastère.

On trouvera le détail complet de ces verrières, avec leurs armoiries et leurs inscriptions, dans l'important ouvrage, déjà cité : *Les Inscriptions funéraires et monumentales de la province d'Anvers.*

COUVENT DES ALEXIENS.

Dans la partie destinée aux étrangers et le cabinet de tableaux de ce couvent, se voient des verrières portant des armoiries avec inscriptions, qui furent données en 1548 et 1549 par diverses familles dont on trouvera le détail dans les *Inscriptions funéraires et monumentales de la province d'Anvers.*

Le même ouvrage contient également le détail des verrières de l'église et du couvent des chanoinesses régulières de Saint-Augustin.

Une des plus remarquables verrières de l'église était placée dans le grand chœur à côté du maître-autel. Elle avait été peinte par Déodat Delmonte, et représentait l'Adoration des Mages, avec les armoiries de la famille Van den Heeke et la date de 1690.

C'est encore dans le même ouvrage qu'on trouvera détaillées avec le plus grand soin les intéressantes verrières de la maison échevinale et de quelques autres, comme celles du Serment des Escrimeurs, des Arquebusiers, des Brasseurs, de la Monnaie, etc.

ÉGLISE DE SAINT-PAUL DES DOMINICAINS.

Nous avons indiqué, dans la première partie de cet ouvrage, p. 113, deux petits vitraux qui se trouvent dans l'ancien cloître. L'un représente saint Jean prêchant dans le désert; l'autre, l'intérieur d'un atelier d'orfèvre.

Une confusion de notes nous a fait placer ces vitraux dans le chapitre qui traite du XVe siècle. C'est dans le chapitre suivant qu'ils doivent se trouver, car ils ne datent que de la fin du XVIe siècle, et nous ajoutions que, par leur manière, ils appartiennent plutôt au siècle suivant, c'est-à-dire au XVIIe siècle.

CHAPELLE DU MARGRAVIAT.

Le margrave Jean Van Immersecl fit bâtir, vers la fin du XVe siècle, une chapelle dans la maison qu'il occupait Longue rue Neuve, s. 2, n° 1468. Cette élégante chapelle, qui fait aujourd'hui partie de la propriété de l'honorable famille Dhanis et qui est conservée avec soin, possède encore toute sa décoration intérieure; le margrave voulut qu'elle portât le double caractère de reconnaissance envers Dieu et de soumission aux souverains légitimes de ce monde. Aussi, pendant que les images de la sainte Vierge, de N.-S. J. C., de saint André et de saint Jacques resplendissaient aux vitraux, les nervures flamboyantes des fenêtres et des voûtes, les murailles mêmes étaient ornées des armoiries, des devises et des quartiers de noblesse des princes de Bourgogne, d'Autriche et de Castille. Dans le vitrail qui représente l'archiduc Philippe le Bel agenouillé sous un dais, on lit la date de MCCCXCVII, et plus bas sont dessinées les armes de la ville d'Anvers. Une monographie de cette chapelle a été faite, il y a quelques années, par M. le général Joly.

Comme on peut en juger maintenant, la ville d'Anvers est encore riche en vitraux qui datent, pour la plupart, du xviie siècle. A cette époque, où les écoles de peinture d'Anvers étaient si florissantes, il ne pouvait en être autrement. En outre, le désir de perpétuer le souvenir des noms par les armoiries, plus vif encore chez les familles enrichies par le commerce, donna à la peinture héraldique, dans la ville d'Anvers, un essor prodigieux dont nous venons de reconnaître et d'admirer les magnifiques restes.

MALINES [1].

ÉGLISE MÉTROPOLITAINE DE SAINT-ROMBAUT A MALINES.

Au viiie comme au xixe siècle, l'Irlande eut la gloire d'envoyer des missionnaires dars les régions lointaines pour y annoncer partout la bonne nouvelle. La Belgique ne fut pas la dernière à être visitée par ces ouvriers apostoliques, et le souvenir de ces hommes de Dieu qui vinrent évangéliser nos pères est encore toujours en bénédiction dans l'esprit de nos populations. Parmi ces nombreux Irlandais qui débarquèrent au viiie siècle sur les côtes de la Flandre, se trouvait un jeune homme nommé *Rumold*; il traversa la Gaule et l'Italie pour recevoir sa mission à Rome des mains du souverain pontife; puis, il vint établir son séjour dans le Brabant, où il convertit un grand nombre d'infidèles aux environs de Malines, Lierre et Anvers. La première de ces villes lui doit, en quelque sorte, son origine et la prospérité qu'elle obtint dans la suite. Le fils du comte Adon, qui gouvernait ce pays, s'étant noyé dans les eaux de la Dyle, Rumold, dit l'auteur de sa *Vie* écrite au xie siècle, ressuscita l'enfant et obtint du père une place plantée d'ormeaux pour y bâtir un couvent. En 775, l'apôtre de Malines y élevait une chapelle en l'honneur de saint Étienne, quand deux ouvriers, dont il avait dû reprendre la conduite criminelle, le massacrèrent le 24 juin. Les assassins jetèrent le cadavre dans la rivière; mais la nuit suivante, une lumière toute miraculeuse vint apprendre au

(1) Nous devons à l'obligeance d'un jeune et savant professeur du petit séminaire de Malines, M. l'abbé de Bléser, les détails qu'on va lire sur l'église métropolitaine de Saint-Rombaut à Malines et ses vitraux. Nous profitons avec bonheur de cette occasion pour lui offrir nos remercîments et l'expression de notre vive reconnaissance.

comte Adon l'endroit où gisait mutilé le saint prêtre qui avait sauvé l'enfant. On fit la levée du corps et on alla l'enterrer dans la chapelle même que le martyr était occupé à ériger.

Le monastère et la chapelle échappèrent aux ravagés des Normands (1); toutefois, il est évident qu'un si modeste édifice ne pouvait suffire aux besoins du culte. Au xe siècle, on le remplaça par une église plus grande que l'on mit sous le vocable de sainte Marie-Madeleine (2), et dans laquelle, en 992, l'évêque de Liége, Notger, établit douze prébendes. Le grand mouvement chrétien qui se manifesta dans toute l'Europe au xiiie siècle ne pouvait manquer de se faire sentir dans nos provinces; comme à Bruxelles, Tournai, Gand, Liége, on songea à bâtir une nouvelle église à Malines.

A en juger par ce qui nous en reste, nous croyons que si ce monument eût pu être achevé, le premier rang revenait incontestablement à la métropole de la Belgique après Notre-Dame de Tournai et Sainte-Gudule de Bruxelles. La grande nef et les bas-côtés, le transsept, une partie du chœur (mais qui a dû être transformée), appartiennent au xiiie siècle. On y travailla depuis 1250 jusqu'en 1312; du moins, la consécration se fit cette année-là, avec l'autorisation de l'évêque de Cambrai, par Guy, évêque d'Élène et suffragant de Liége. Le 29 mai 1342, un terrible incendie ravagea la ville de Malines; l'église de Saint-Rombaut ne put échapper à ce désastre et il fallut au moins vingt ans pour réparer les traces de l'élément destructeur. Entre temps l'art ogival avait parcouru une nouvelle phase, l'ogive à lancettes avait fait place à l'ogive rayonnante, et l'architecte, chargé des travaux d'agrandissement de l'église du xiiie siècle, devait combiner ses plans de manière à obtenir une harmonie parfaite entre les deux styles; ses efforts furent couronnés de succès. Nous sommes persuadés qu'il est peu de monuments religieux en Belgique dont l'intérieur offre un caractère plus grandiose que la métropole de Malines. En 1451, on put fermer la voûte du chœur, grâce aux aumônes du jubilé de l'année sainte accordé par le souverain pontife, Nicolas V; ce fut même vers cette époque qu'on songea à élever une tour monumentale qui n'aurait point eu sa rivale dans le monde entier (3); rêve audacieux qui s'évanouit sous le souffle des révolutions du xvie siècle. Les petites chapelles qui longent la nef latérale gauche ont été bâties de 1450 à 1550.

De nombreuses et splendides verrières décoraient autrefois les fenêtres de la métropole; en se dirigeant du grand portail vers le chœur on rencontrait d'abord à gauche, dans *la chapelle du Saint-Sacrement*, un vitrail historié, donné par A. de Lalaing, comte de Hoogstraeten (4).

La *chapelle de Notre-Dame du Rosaire* possédait un vitrail représentant l'entrée de Notre-Seigneur à Jérusalem, peint par B. Van Orley, offrande de Marguerite d'Autriche et de son époux Philibert de Savoie (5).

Vis-à-vis, les *Sept œuvres de Miséricorde*, avec les armoiries de la famille Hoots (6).

(1) *Chron. Camer. Balderici*, c. 47, lib. II.
(2) De Munck, *Gedenschriften van den H. Rumoldus*, p. 106.
(5) Voir le plan publié par Hunin; — *id.* Van Geestel. — *Hist. arch. Mechl*, p. 22.
(4) *Provincie, stad ende districht van Mechelen.* Brussel, Jorez, t. I, p. 70.
(5) *Provincie*, etc., t. I, p. 143.
(6) *Districht*, etc., t. I, p. 144.

Dans les fenêtres, au-dessus du triforium qui éclairaient la nef centrale, on remarquait un vitrail de Charles le Téméraire ayant à ses côtés son épouse Marguerite d'York (1).

La grande verrière du transsept (nord) renfermait une immense composition représentant Louis de Male, comte de Flandre et seigneur de Malines, et sa femme Marguerite de Brabant, fille de Jean III, avec leur fille unique Marguerite, qui épousa plus tard Philippe le Hardi, duc de Bourgogne (2).

Dans les fenêtres supérieures de l'abside, apparaissaient les ducs de Bourgogne, qui portaient une affection toute spéciale à la ville de Malines ; dans l'une, Charles le Téméraire et son épouse Élisabeth de Portugal (3) ; dans l'autre, au-dessus du maître-autel, Philippe le Bon et Charles le Téméraire (4) ; dans une troisième, Jean de Bourgogne, évêque de Cambrai ; dans une quatrième, Guillaume d'Egmond (5). Les autres vitraux avaient été offerts par la famille Colibrant et par les différents corps de métiers de la ville.

La grande fenêtre du transsept (sud), réservée à la famille d'Autriche et de Bourgogne, était divisée en deux compartiments. Celui de droite montrait d'abord l'empereur Maximilien, son épouse Marie de Bourgogne avec leur fils Philippe le Beau et François, leur fille Marguerite, qui devint plus tard gouvernante des Pays-Bas. Au-dessus d'eux, les ancêtres de Maximilien : Frédéric son père, Ernest son aïeul, etc., etc. A côté, Charles le Téméraire, Philippe le Beau, Jean sans Peur. Dans le compartiment gauche du bas se trouvaient Ferdinand le Catholique, Isabelle son épouse, leur fils Jean, qui épousa Marguerite d'Autriche, mais qui mourut la première année de son mariage. A côté, les quatre filles de Ferdinand et d'Isabelle : Isabelle, Marie, Jeanne et Catherine. Au-dessus des ancêtres de Ferdinand le Catholique, on apercevait Philippe le Beau ayant à ses côtés son épouse Jeanne la Folle, la troisième des filles de Ferdinand avec leurs enfants Charles-Quint, Ferdinand, Éléonore, reine de France, Marie, reine de Hongrie, Élisabeth, reine de Suède et Catherine, reine de Portugal (6). Enfin, dans une fenêtre des bas-côtés, on trouvait encore les armoiries de Calixte III, de Pie II, de Paul III et de Nicolas V qui accorda le jubilé de 1454 (7).

Tous ces vitraux disparurent au siècle passé. La ville de Malines, l'empereur d'Autriche même s'efforcèrent en vain d'en assurer la conservation par de nombreux subsides ; plusieurs étaient dans un état de délabrement extraordinaire, et les ressources de l'église métropolitaine n'étaient guère à la hauteur des besoins. De tout cela, il ne reste plus que deux fragments, l'un dans le sommet du tympan de la grande fenêtre du transsept (nord) représentant le *Père Éternel*, l'autre dans une des fenêtres du pourtour, qui nous offre l'image d'un duc de Bourgogne.

Aujourd'hui on a commencé à remplacer ce que l'incurie, les malheurs du temps et l'ignorance

(1) *Distright*, etc., p. 143.
(2)   *Id.*,   p. 142.
(3)   *Id.*,   p. 141.
(4)   *Id.*,   p. 141.
(5)   *Id.*,   p. 141.
(6)   *Id.*,   p. 142.
(7)   *Id.*,   p. 143.

avaient laissé tomber en ruine. C'est M. Pluys, l'habile et intelligent peintre verrier, dont **nous** avons déjà eu l'occasion de parler maintes fois, qui a été chargé de ce travail. De 1854 à 1856, il a orné l'abside du chœur, cinq fenêtres sont déjà achevées; on y voit les principaux apôtres de la Belgique; seulement dans les deux lancettes de la fenêtre centrale, le pape Étienne II forme pendant à saint Rombaut, patron de la métropole; celui-ci, dans une attitude humble et modeste, reçoit sa mission des mains du souverain pontife. Les autres personnages, dans les baies latérales, au nombre de huit, sont : saint Willebrord, saint Hubert, saint Lambert, saint Libert, saint Servais, saint Gommaire, saint Liévin et saint Amand. Tous sont revêtus de costumes somptueux et se détachent admirablement sur les splendides tentures damassées qui forment le fond; le couronnement qui consiste en un dais avec clochetons du xv° siècle, est de la plus grande richesse; les bases sont ornées d'anges supportant des blasons ou présentant simplement une légende en rapport avec le sujet. Les meneaux du tympan, disposés en fleurs de lis et en trèfles, sont ornés de fleurs et de feuillage gothique du xiv° et du xv° siècle, époque de la construction de cette partie du monument. Ces vitraux se trouvent à environ 80 pieds de hauteur; malgré cette élévation et la vigueur du coloris, ils reposent agréablement l'œil du spectateur : à quelque distance qu'on se place, on ne se sent fatigué ni par la confusion des couleurs ni par le papillonnage, qu'on aurait pu craindre dans des peintures placées à une telle hauteur.

Dans la chapelle de Notre-Dame, où l'on voyait autrefois l'Entrée de Notre-Seigneur à Jérusalem, la confrérie du Rosaire a fait placer, en 1852, un vitrail historié. Composé dans le style flamboyant, auquel appartient la chapelle, il figure une arcade dont la base, les supports et le couronnement sont ornés de petits tableaux représentant les douleurs de la Mère de Dieu. Le sujet principal, qui est l'institution du Saint-Rosaire, occupe la baie de l'arcade. Cette scène nous paraît admirablement rendue : la sainte Vierge, tenant l'enfant Jésus sur ses genoux, remet le chapelet à saint Dominique, agenouillé devant elle. Un ange, suspendu dans les airs, déploie une riche tenture de couleur cramoisi, qui forme fond derrière cette scène dans laquelle respire le sentiment religieux le plus pur. Une échappée de vue, ménagée à côté de la draperie du fond, découvre un paysage lointain dont l'effet aide admirablement à produire dans tout le tableau une parfaite perspective aérienne. Dans l'entourage, la première des scènes de la vie de la sainte Vierge représente l'Annonciation de Marie; elle domine le sujet principal et forme le couronnement de la composition, comme étant le principe et l'origine du grand acte de la rédemption du genre humain. Les autres scènes se succèdent ensuite en descendant par la droite, chacune dans un encadrement central. Le tympan de la verrière est divisé en trois parties par le meneau principal qui se bifurque avant de s'amortir dans l'ogive de la fenêtre. Dans le compartiment du milieu sont représentés les emblèmes de la Sainte-Trinité, sur un fond pourpre; dans les deux compartiments latéraux se trouvent, sur fond bleu, des anges portant des écussons avec des emblèmes de la litanie de la sainte Vierge. Comme composition, cette légende historiée est des plus heureuses ; sans éblouir le spectateur, elle l'attache par ses nombreux détails, qui tous attestent une connaissance profonde de l'art chrétien. Comme exécution, elle offre surtout ceci de remarquable, que son ornementation est faite en *émail*, avec une telle vigueur et une telle variété de coloris qu'il serait très-difficile de dire quelles sont les parties teintes dans la masse. En un mot, nous croyons que jusqu'ici rien de semblable n'a encore été produit en ce genre dans le pays depuis la renaissance de la peinture sur verre.

Ajoutons, en terminant, que M. Pluys est chargé de décorer les deux grandes fenêtres du transsept. Son Éminence le cardinal Sterckx a voulu laisser à sa métropole un monument qui rappelât la promulgation du dogme de l'Immaculée Conception à Rome. C'est cette scène grandiose que M. Pluys doit représenter dans l'une de ces deux fenêtres. Son dessin, qui a reçu l'approbation de la Commission royale des monuments, est en voie d'exécution et sera terminé en 1860.

Nous trouvons dans les archives quelques noms de peintres verriers de Malines et quelques indications de verrières disparues depuis longtemps. Nous les donnons ici comme documents aussi curieux qu'importants.

« HERMAN DU BOIS, ouvrier de Malines, refaict la verrière dite de Dordrecht appartenant à Monseigneur l'archiduc, en l'église de Saint-Rombaut. (*Archives du royaume*, n° 21436; compte des exploits des conseils de justice du grand conseil de Malines et du conseil privé.)

» ADRIEN VAN DEN HONT , voirier, demeurant à Malines, pour une verrière au palais de Malines... (*Archives du royaume*, Reg. n° 21458.)

» WOUTEREN VAN BATTELÉ, verrier à Malines, 1488. (Cité dans un compte, *Archives du royaume*, Reg. n° 17882.)

» PIERRE DE BOIS, verrier, résidant à Malines, la somme de 140 ₶ (de 40) qui deue luy estait pour une belle, grande et exquise verrière, contenant plus de trois cent pieds, historiée à grands personnaiges et représentant comme nostre Sgr entra le.............. avec ses apôtres en Jerusalem, en laquelle aussy y a faite après le vif Mgr le duc Philippe de Savoye, marry de madicte dame (que Dieu absoille) avec ses armes, et elle avec ses armes, les deux coustez avec plusieurs autres ouvraiges, laquelle verrière madicte dame a fait mestre et poser en la chapelle des chevaliers à Jerusalem qui est en l'église de Sainct Rombault en la ville de Malines, aux quels chevaliers madicte dame en a faict don pour certaines causes a ce la mouvant et pour la décoration de la dicte chapelle et ce comprins le patron de la dicte verrière (*Archives du royaume*, ch. des c^{tes}, n° 1805, n° 1529.)

» 1594. — HENRY, glase maker (c'est-à-dire le voirier) de Malines, est chargé par Philippe le Hardi en 1583-94 , de faire les vitraux pour la Chartreuse de Dijon (*Archives de Lille*). (LES DUCS DE BOURG, *Études sur les lettres, les arts et l'industrie*, etc., par le comte de la Borde, 3 vol. in-8°. Paris, 1849.) »

Voici enfin un extrait de compte mentionnant vingt-huit verrières qui ornaient une église de Malines :

« FRANÇOIS DE SANCIA, fem de garde-robe et lavandière de corps de M^e, la somme de 24 ₶ (de 40) que madicte dame par ses lettres pat. du iiij de janv. xve. vingt neuf luy a fait don pour avoir le nombre de vingt huit belles verrières armoyées de ses armes et icelles mettre aux fenestres d'une sienne maison par elle naguères acquis en la ville de Malines (*Archives du royaume*, Ch. des comptes, n° 1806, n° 1530.) »

HERENTHALS

(PROVINCE D'ANVERS).

—

Église de Sainte-Waudru. — Quelques vitraux finement peints décorent encore cette église.
Dans la chapelle de Saint-Antoine ou des Arquebusiers, placée derrière le grand chœur, on voit
saint Antoine ermite, tenant un livre de la main gauche. De chaque côté du saint se trouvent
les emblèmes de la confrérie, deux arquebuses réunies par un bouquet. Ce vitrail fut sans
doute donné par la famille Van Leefdale dont les armoiries décorent le bas de la fenêtre. On y lit
en outre la date 1588.

Le vitrail de la chapelle de Sainte-Anne, placée près de la précédente, porte les armoiries de la
confrérie de Saint-Georges.

Sur le vitrail de la chapelle de Saint-Sébastien, qui se trouve également dans le circuit du chœur,
on voit la figure du saint patron de cette chapelle, et comme, emblème des faisceaux de flèches,
instrument de martyre.

Grande nef. — Les verrières du côté droit ont conservé quelques chiffres, des monogrammes,
les dates 1519 et 1520, les blasons d'Herenthals et des familles Bruhese et Van den Bolcke, le
cinquième vitrail porte en outre Notre-Seigneur en croix. — Les vitraux du côté gauche laissent
encore voir les armoiries de la famille Van Halmale, de celles d'Espagne et de quelques autres. Sur
le quatrième vitrail sont peintes les figures d'un prince et d'une abbesse et les armoiries d'Espagne
avec la date 1528. — Sur le cinquième, se trouvent deux évêques mitrés et crossés. Enfin, le septième porte la figure de sainte Waudru et la date 1528. — Le second vitrail du bas-côté gauche
représente la Résurrection de Notre-Seigneur et porte la date 1602 avec l'inscription suivante :

PEETERS VAN YSSCHODT
DIE ALLE SONDER LETTEN
SYN IN VREDE MET GODT
DIT GHELAS HIER ZETTEN
MENSIS JUNG.

Le quatrième vitrail porte les armoiries d'un pieux donateur dont le nom est conservé par l'inscription suivante :

Dns CAROLVS GHEE
RINCX Pastor in
Thielen D. D. Aº Dni
1635.

Le sixième vitrail, orné d'une figure du crucifiement, fut donné par la corporation des boulangers
qui y fit peindre ses armoiries, avec la date 1620 et l'inscription suivante :

JASPER ALEN Deken
DER BACKERS, ENDE ALEY
DIS DIERICX SYNE HUYS
VROUWE Aº 1620.

Le septième vitrail fut donné par la corporation des drapiers qui y plaça ses armoiries.

Maison des novices du Béguinage (aujourd'hui l'infirmerie). — De nombreuses verrières du commencement du xviiie siècle ornent les fenêtres de cet asile. La date de ces vitres leur donne une assez grande importance.

La première porte au-dessous d'une armoirie le chronogramme et l'inscription suivante :

Met Wast Vrees emDe
sChICk.
MARIA VAN ETERTEGEM
Syne nichte
Begyntien alhier
A° 1716.

La deuxième verrière représente le retour d'Égypte et laisse lire cette inscription :

GERTRVDIS VERHAERT
Begyntien
van desen Hove
A° 1716.

La troisième verrière est consacrée à saint François qu'on y voit agenouillé devant un crucifix. L'inscription placée au-dessous rappelle la donation et la donatrice :

ELISABETH
MARIA CATARINA
VERSPREET gesusters
met haere nichte THERESIA
Begyntiens van desen
Hove A°. 1716.

La quatrième verrière, dédiée à sainte Catherine d'Alexandrie dont elle a reçu l'image, rappelle par son inscription qu'elle fut un don de plusieurs membres de la famille DIERKX, et porte la date 1716.

Six autres verrières ont été données dans le même siècle par des familles de novices dont l'inscription conserve les noms. On en trouvera le détail dans l'excellent ouvrage des *Inscriptions funéraires et monumentales de la province d'Anvers*.

La onzième verrière fut donnée par un prélat dont on voit les armoiries avec la devise et l'inscription suivantes :

INTREPIDE ET SAPIENTER.
[Illustrissimus
ac Reverendis : Dnus
D : PETRVS JOSEPHVS
XI Antverpiensium
Episcopus
A°. 1716.

La douzième vitre représente la Hegge ou ancienne chapelle de Poederlé. Sur l'avant-plan deux personnages, en costume espagnol, sont en adoration devant les cinq hosties. Au-dessous on lit :

JHS. MA. ANNA.

Hoc opus fieri fecit Lutenadus

ALFONSIVS DE CASTILLO DE SAUALOS

ad honorem Dei et Beate

MARIE Virginis ano 1614.

Dans le cloître du couvent des Récollets se trouvent encore quelques vitraux de la fin du XVIIe siècle, portant armoiries et inscriptions. Un des plus remarquables est celui qui représente l'Annonciation de la sainte Vierge. On lit au-dessous :

S. Spiritus superveniet in te et virtus Altissimi obumbrabit tibi. Anno 1689.

LIERRE

(PROVINCE D'ANVERS).

Église de Saint-Gommaire. — Cette église qui subit, au XVe siècle, une restauration complète, renferme de magnifiques vitraux dont quelques-uns peuvent rivaliser avec ceux de Bruxelles et de Liége.

L'abside du chœur est occupée par les membres de la maison de Bourgogne. Les verrières sont divisées dans leur hauteur en trois zones. La partie supérieure est réservée aux personnages saints. Le milieu est rempli par les figures des souverains. Le bas de la vitre contient quatre rangs d'armoiries.

1er vitrail, à gauche en regardant l'autel, consacré à Philippe de Savoie et à sa femme Marguerite. Au-dessus de ces princes, on voit leurs patrons, saint Philippe et sainte Marguerite, et au-dessous leurs quartiers de noblesse.

2me vitrail, dédié à Philippe le Beau et à sa femme Jeanne. Saint Philippe et saint Jean l'Évangéliste couvrent les hauts personnages de leur protection ; les armoiries complètent la verrière.

3me vitrail (derrière l'autel); consacré à l'empereur Maximilien et à Marie de Bourgogne. La sainte Vierge et sainte Anne patronnent les souverains; les armoiries complètent la verrière.

4me vitrail. — Charles-Quint encore enfant et son frère Ferdinand sont agenouillés au milieu de la verrière que remplissent les patrons et les armoiries.

5me vitrail, consacré aux quatre sœurs des princes précédents. Dans la partie supérieure sont représentés saint Jean-Baptiste et sainte Isabelle ; dans le bas se trouvent les armoiries.

Les autres verrières du chœur offertes par différents donateurs, sont en moins bon état et présentent moins d'intérêt ; nous mentionnerons cependant la première vitre, à gauche en entrant, qui contient de magnifiques fragments du xve siècle. Les donateurs y sont représentés en grand costume, avec leurs patrons et leurs armoiries.

Les vitraux des transsepts, qui datent du commencement du xvie siècle, renferment de belles peintures. Au nord, trois sujets principaux dominent dans les verrières ; ce sont la Flagellation, le Crucifiement et la Descente de Croix. Les donateurs furent des évêques qu'on voit agenouillés et accompagnés de leurs patrons. On n'a eu garde d'oublier les indispensables armoiries. Une de ces vitres porte la date 1534. Au sud, les sujets religieux dominent également. La première vitre représente la scène de la Résurrection, mais comme les panneaux ont été déplacés et replacés sans ordre, il en résulte une grande confusion qui rend le sujet difficile à distinguer. L'amortissement de la fenêtre est rempli par une trentaine de petites figures d'anges. Cette vitre, qui date du milieu du xvie siècle, demande une restauration.

La deuxième verrière, qui doit être rangée parmi les plus belles, date de 1523 ; elle représente comme sujet principal, la sainte Vierge debout, escortée de saint Pierre et de sainte Catherine.

La troisième verrière renferme une Pitié, c'est-à-dire la sainte Vierge portant le Christ mort sur ses genoux. Cette vitre est de la même époque et aussi belle que la précédente.

Grande nef. — Les verrières de la grande nef sont également curieuses, quoique en très-mauvais état. Suivons-les en montant à gauche pour redescendre à droite. La première vitre date du xve siècle, et malgré la calcination avancée des panneaux, on distingue encore la sainte Vierge à droite et saint Gommaire, qui est toujours représenté avec la toge de juge et en grand costume ; puis, au-dessous, le donateur, sa femme, quatre enfants, et les armoiries.

La deuxième vitre, qui date également du xve siècle, est fort belle ; elle représente au milieu la sainte Vierge escortée de sainte Catherine. Le mauvais état de la vitre ne permet pas de distinguer les autres sujets.

La troisième verrière semble copiée sur les précédentes par la disposition. Au centre se trouve la sainte Trinité escortée de sainte Catherine et de la sainte Vierge, puis viennent les donateurs avec leurs enfants et leurs armoiries.

Parmi les autres vitraux, le cinquième seul est hors ligne, il doit être regardé comme une des plus belles verrières du xve siècle que possède la Belgique. La sainte Vierge est le centre du tableau. Le Saint-Esprit, sous la forme d'une colombe, plane au-dessus, tandis que des anges se prosternent à ses pieds, et que d'autres anges la couronnent. Une brillante auréole détache ce sujet de la vitre, et aux quatre angles sont représentés les quatre animaux des évangélistes. De chaque côté sont agenouillés les donateurs sous le patronage de saint Jean-Baptiste et de sainte Barbe. Les armoiries et une riche ornementation viennent, avec leurs brillantes couleurs, rehausser ces sujets dont les principaux sont en grisaille.

CONCLUSION.

Nous sommes arrivé à la fin de la tâche que nous nous étions imposée. Certes, nous n'avons pas eu la prétention d'analyser, sans aucune exception, tous les vitraux répandus à profusion dans les églises de la Belgique, même dans les plus petites (1); les limites nécessairement restreintes de ce volume ne le permettaient pas : nous nous sommes attaché à décrire les plus importantes verrières et à mettre au jour de grandes richesses, ignorées ou méconnues. Nous n'avons fait, du reste, que suivre le noble exemple donné par un homme aussi distingué par le mérite que par la naissance, M. le comte A. de Beauffort, dont la Belgique pleure la perte toute récente.

La Belgique est sans contredit le pays où les vitraux sont, sinon en plus grand nombre, du moins les plus remarquables. Nulle part on ne trouvera de vitres dépassant en beauté celles d'Hoogstraeten et de Sainte-Gudule à Bruxelles, dont nous avons donné de magnifiques spécimens (2).

Au début de cet ouvrage, nous nous exprimions ainsi : « *Ce que nous voulons, et ce qui est un* » *des buts principaux de ce travail, c'est de sauver de l'oubli les chefs-d'œuvre des temps passés,* » *qui sont encore debout, en les reproduisant et en les analysant, afin que s'ils venaient à dispa-* » *raître aussi dans quelqu'une de ces catastrophes que l'homme ne peut ni prévoir ni empêcher,* » *cette histoire pût en atténuer la perte par la description qui en resterait et qui permettrait* » *même de les restituer* (3). » Dans tout notre travail nous avons poursuivi le même but et nous avons été fortement secondé par des hommes de cœur et de talent. M. Capronnier a apporté dans les dessins un soin et une exactitude qui donnent à notre ouvrage une haute valeur. MM. Simonau et Toovey, les habiles lithographes de Bruxelles, aidés du talent de MM. Labargé et Borremans, deux artistes de mérite, sont parvenus à exécuter, avec une réussite parfaite, les plus grandes cromo-lithographies qui aient encore paru.

Notre éditeur, M. Tircher, n'a reculé devant aucuns frais pour rendre notre ouvrage digne du haut patronage dont il a été honoré. N'oublions pas de citer les belles gravures sur bois de M. Deley et de remercier tous nos savants amis qui nous ont apporté, avec la plus grande bienveillance, de précieux renseignements.

Depuis quelques années la peinture sur verre a pris d'immenses développements, mais les artistes, encore peu sûrs d'eux-mêmes, se hâtent trop ; ils se laissent entraîner par le torrent industriel de nos jours et par le désir d'un gain rapide ; ils oublient que l'art et l'industrie ont été longtemps en désaccord et, ne prenant pas le temps de mûrir leur œuvre, ils commettent de graves erreurs. Nous n'en citerons qu'une entre des milliers. La nouvelle et pittoresque église de Saint-Eugène, à Paris, offrait un magnifique champ d'étude au peintre verrier ; mais celui-ci s'est si peu occupé de l'effet général des vitres, qu'il a produit en plein midi la nuit dans l'église, et que cette obscurité insupportable nécessitera, dans un temps prochain, de regrettables et coûteux remaniements de peintures.

Espérons que notre ouvrage aidera à régulariser le mouvement et à vulgariser les principes de la peinture sur verre.

(1) Presque toutes les églises de campagne renferment quelques panneaux de peinture sur verre parmi lesquels on en rencontre de très-remarquables ; par exemple, celui qui se trouve dans l'église de Sichem, qui représente un crucifiement et paraît dater de la fin du xive siècle ; nous l'avons mentionné dans notre première Partie, page 93. Dinant renferme quelques panneaux du xvie siècle, etc., etc.

(2) *Voir* les planches 24 et 26.

(3) Introduction, page xiv.

NOTES

ET CORRECTIONS.

PREMIÈRE PARTIE.

Introduction, page XXXIII. — Alassontes, *lisez :* allassontes.

Histoire de la Peinture sur verre, pages 1 et 2. — La pagination est fautive. On a continué par erreur, aux pages suivantes, la pagination de l'introduction ; les deux premières pages doivent donc porter 39 et 40 pour faire cesser l'interruption ; il n'y aura alors de changé que le chiffre romain de l'introduction qui devient arabe tout en conservant son ordre.

Page 48, § V, ligne 7. — Terre d'ambre, *lisez :* terre d'ombre.

Page 93. — Au § II, qui traite des artistes et des œuvres du XIVe siècle, nous devons ajouter quelques indications tirées des comptes des ducs de Bourgogne aux archives de Lille, de Dijon, de Bruxelles, etc., par M. le comte de Laborde (1) :

BIBLIOTHÈQUE IMPÉRIALE. *Inventaire*, nº 1,084 — 14 avril 1399.

A Pierre David, voirier, demourant à Paris, pour avoir fait de son mestier et livré pour la chappelle dudit seigneur, à saint Pol, une fourme de voirie à deux jours, de douze piez et demi de hault et huit piez de le, à un mesneau de pierre parmi, à IIIJ demi-compas au dessus et icelle ouvrée à ymages et tabernacle et rendue assise en laditte église, pour ce, par marchié à lui fait. . . . . LXVII l. XS.

A mestre Jehan, le verrier, de Vienne, pour XII piez de voirre, mis et assiz en l'estage dessouz de la meson neuve, costé la chartiencrie. . . . . XXVII s. VI d.

(*Archives municipales de Blois.* — 24 juin 1340.)

1372. — Perrin Girole, peintre verrier de Boigues ; il refait en 1572 les verrières de la chambre du duc.

1375. — Jehan de Beaumes, peintre verrier du duc ; est envoyé de Paris en Bourgogne, le 5 mai 1375, il peint 18 images mises aux verrières en 1584 ; il prend le titre de valet de chambre en 1380 ; il travaille, en 1390, à la décoration de la chapelle et du château d'Argilli, en Bourgogne ; il meurt en 1397.

1390. — Guillaume de Francheville, peintre verrier ; travaille en 1390 avec Jehan de Beaumes à la décoration du château d'Argilli en Bourgogne.

1390. — Girard de la Chapelle, peintre verrier ; travaille en 1390 avec Jehan de Beaumes, à Dijon.

1397. — Hennequin Moclone, peintre verrier ; il succède en 1397 à Jehan de Beaumes, peintre du duc.

Pro verreria juxta capellam sancti Fiacrici, relevanda et reparanda per filium Brisetoni, soluti per dominum Humbertum, XX S. (*Collection de M. Bonoien.* — 1580-1581.)

12 octobre 1596. — Cy ensuient pluseurs reparacions et ouvrages de voirrières, fais en pluiseurs chambres et autres édifices de l'ostel de la Court le Conte, à Arras, ès mois d'aoust et de septembre dernier passés, par Pierre le voirrier, demourant à Arras, lequel a fait et repparé ce qui s'enssuit : Audit Pierre, voirrier, lequel a ouvré de son mestier de voirrier, c'est assavoir : — Pour avoir mis trois pemaux de neuf voire en la chambre de Madame, contenant : XX piés. au pris de XXXII deniers chacun pié, armoié, de III escus de MS, de Madame, de MS le comte, pour chacun escu VI s., sont pour tout LXXI sols t.; à lui pour pièces paintes et escus, mis en la salle sur le piniol des galleries, III piés de voirre paint et recuit, pour chascun piet VI sols III deniers, valent XX sols III den. — Donné soubz nostre seel, le XIIe jour d'octobre, l'an mil CCC IIIIXX et seize. (*Archives de Lille.* De Laborde, t. II, Nº 5995.)

(1) Les ducs de Bourgogne : Études sur les lettres, les arts et l'industrie pendant le XVe siècle, et plus particulièrement dans les Pays-Bas et le duché de Bourgogne ; par le comte de Laborde, membre de l'Institut. 3 vol. in-8º. Paris, 1849-1852.

État des parties de verrerie fournies par CLAUX LE LOUP, verrier, pour l'hôtel du duc d'Orléans, en la rue de la Poterne, près de Saint-Paul, à Paris, parmi lesquelles sont compris des vitrages avec armes et devises du roy et du duc, bordés de couleur. — Le 4 avril 1597.

(*Bibliothèque impériale. Inventaire*, N° 2,573. — 4 avril 1597.)

A PHILIPPE BLANQUART, voirier, demourant à Soissons, pour avoir fait bien et deument, de son mestier, l'emplaige de neuf formes de maçonnerie, qui sont en ladicte chappelle et oratoire, et aussi d'une lucarne qui est ou comble de ladicte chappelle, en la manière et de la devise qui ensuit : premiers en la grant forme de maçonnerie qui est sur l'autel de ladicte chappelle, où il y a IIIJ espasses, a, en l'une, deux ymages, l'un de Nostre Dame et l'autre de saint Jehan l'Évangéliste, en l'autre l'image de Nostre Seigneur en la croix. Eten la tierce, le personnaige de MDS. le duc, à genoulx, armé et armoyé de ses armes. Et, en l'osteau de dessus la dicte forme, est l'imaige de Nostre Seigneur mis ou sépulchre, les IIII Maries autour dudit sépulchre et en VI demi rons, qui sont autour du dit osteau, a VI angeloz.

— *Item* en la seconde forme, ensuivant, qui est ou costé d'icelle chappelle, dessus luys dudit oratoire, a ung image de sainte Katherine, le personnage de Madame la duchesse à genoulx devant le dit ymage. Et l'imaige de sainte Marie Magdelene qui la présente.

— *Item* en la tierce forme, ensuivant, qui est audit costé, sont les ymages de saint Jehan Baptiste et de saint Jehan l'euvangéliste.

Item en la quatrième forme, ensuivant, qui est en ycellui costé, sont les ymages de saint Pierre et de saint Pol.

Item en la Ve forme, en suivant, qui est sur l'uys de l'entrée de la dicte chappelle, est l'Annunciation de Nostre Dame et la Trinité audessus.

Item en l'une des formes dudit oratoire, séant dessus l'autel d'icellui, qui est la VIe, est l'image Nostre Dame tenant son enfant et le couronnement de Dieu et de Nostre Dame au dessus.

Item en l'autre forme dudit oratoire qui est la VIIe, est ung imaige de saint Loys de France.

Item en la VIIIe forme, qui est ou pignon dessus l'autel du galatas d'icelle chappelle, sont les ymages de N. S. et de la Magdelene.

Item en la IXe forme, qui est en l'autre pignon de la dicte chappelle, audit galatas, sont les ymages de saint Georges et de saint Michiel, armez. *Item* en ladicte lucarne, c'est assavoir en III panneaux de voirre qui y sont, sont les ymages des IIIJ euvangélistes. Et, au-dessus d'iceulx chassis, est le timbre de Mds le duc avec ung eseu de ses armes et deux angeloz qui tiennent ledit timbre, tout ce contenant ensemble XI^{xx} X piez et demi quarrez de voirre, ouvré de pourtraicture et de fines couleurs, au pris de XVI s. p. le pié, par marché fait audit Philippot Blanquart, valent IX^{xx} III l. VII s. p. A lui, pour avoir fait porter tout ledit voirre, à plusieurs fois et par plusieurs parties, de Soissons audit lieu de Chastres, XXXII s. p. Pour tout : IX^{xx} VI liv. p. Si comme il puet à plain apparoir, par lettres certificatoires de Maistre Jehan Le Noir, dessus nommé, données le XIe jour de jung l'an mil CCCC.

(*Archives impériales. Inventaire*, K. 266. — Juin 1598. — DE LABORDE, t. III, p. 161.)

— Certificat de Bernart Cannetel, charpentier de MS le duc d'Orléans, portant que depuis le dernier jour du mois de janvier 1599, jusqu'au 7 mars suivant, CLAUX LE LOUP, verrier, a fait et livré pour l'hotel dudit seigneur duc, séant en la rue de la Poterne, lez Saint Pol, à Paris, les ouvrages de son mestier ès lieux et places cy après déclarés : premièrement pour deux petits panneaux de verre neufs, à bordures, où il y a en l'un un loup et en l'autre un porc espy, séant en un petit retrait, près les galeries neuves, contenant ensemble 5 pieds, pour chaque pied 4 sols parisis, valent 42 s. p. Item, pour un archet de verre, auquel il y a une annonciation de Nostre-Dame bordée à l'entour, séant en la soupente de la galerie neuve, contenans 5 pieds, pour chacun pied 8 s. par., valent 40 s...., etc.

(*Bibliothèque impériale*, N° 1,591. — Janvier 1599.)

Le même verrier travaille une autre fois à l'hôtel de Chailliau. Dans le compte où il en est question il est nommé Claux le Leu et désigné comme demeurant à Paris.

Page 104. — A la suite des paragraphes qui, dans le chapitre relatif au xvᵉ siècle, traitent des artistes, il faut ajouter les indications suivantes :

1402. — A Guiot Brisetout, verrier, Robert de Chaource, sairrurier, et leurs compaignons, pour visiter toutes les verrières de l'église (église de Troyes), pour leur vin. . . . . ii s. vi d.

1409. — A Guiot Brisetout, verrier, pour v jours (à la même église). . . . . xvi s. viii d.

A Ginart, valet (sans doute ouvrier) du précédent, pour iii jours. . . . . xiii s. iiii d.

On fait accord avec eux deux de iii s. iiii d. par jour, et ils travaillent pendant huit semaines, ce qui coûte avec les fournitures. . . . . xvi l. x d.

(British-Museum, nº 15,803.)

1423. — Jehan Beghin, verrier, réclame avec d'autres bourgeois et manants de la ville de Lille, de Philippe le Bon, une somme d'argent prêtée au duc Jean sans Peur.

(Arch. de Lille, Cᵗᵉˢ de la recette générale.)

1436. — Arnoul de Gaure, pour une verrière qu'il a faite et mise en la chapelle de M. D. S. à Lille, de xx pieds de verre. . . . . L s.

(Arch. de Lille, Cᵗᵉˢ de la recette générale.)

1448. — Guilhelme Balles, peintre verrier ; il porte, dès 1448, le titre de *Mestre das vidraços de el Rey* (maître des verrières du roi de Portugal), et il travaille jusqu'en 1473 aux fenêtres du couvent de Batalha ; son nom est aussi écrit Bolleu, pour Beaulieu, et il indique une origine bourguignonne.

1455. — A Roulent de Montolareve, *verrier*, demourant à Orléans, pour ung image de la Magdalene par lui baillé et livré, à Remorantin, à MS pour mettre en la chappelle du chastel dudit Remorantin, vi escus et demi d'or neufs.

(Arch. impér., k. 271. — 1ᵉʳ juillet 1455.)

1463. — Guillemin Brehal, peintre et verrier, peint des vitraux pour le château d'Evreux.

(Catalogue de Joursanvault, 823.)

1455. — A Gossuin de Vienglise, voirier, pour douze penneaux de voirre blanc, contenant xlvi piés mis à la grande voirrie de l'ostel de la sale de M D S. à Lille, en la quelle fu fait le banquet dont cy devant est touchié, au pris de trois solz le piet, valent, vi l. xviii s.

— A lui, pour ung autre pennel armoyé des armes de M D S et de son ordre de la Thoison contenant trois piés et demi mis en œuvre, au pris de douze solz le piet, valent xlii s.

— A lui, pour ung autre pennel mis et assis assez pres de la dicte voirrie, audessus de l'ais de la dicte sale, contenant dix piés mis en plonc, au pris de trois solz le piet, valent xxx s.

— A lui pour treize piés d'arcal mis devant la dicte voirrie pour le préserver de routure, à dix huit deniers le piet, valent xix s. vi d.

— A lui pour encores soixante dix neuf piés d'arcal mis à la dicte grande voirie, au boult d'en hauit, audit pris de dix huit deniers le piet, valent cxvii s. vi d.

— A lui pour douze autres penneaulx mis en nouvel plomb, contenant chascun penneau six piés, sont soixante douze piés, audit pris de dix huit deniers le piet, valent cviii s.

— A lui pour encore quatre autres penneaulx mis aussi en nouvel plomb, en une chambre d'icelle sale où Madame la duchesse fu le jour dudit banquet, contenant chascun pennel sept piés sont vint huit piés, valent, audit pris de dix huit deniers le piet, xlii s.

— A lui pour une fontaine de voirre assise en la dicte salle, xxiii s.

— A lui pour encores neuf pièces de voirre emploiées ces ouvrages dessus dits, au pris de douze deniers pièce, ix s.

— A lui pour xlvi fourmes de couleur de voirre, au pris de dix huit deniers pièce, lxix s.

— A lui pour cloux, xii d. et pour vint deux piés de voirre en deux voirrières assises en la maisière de ladicte sale, au pris de trois solz le piet, valent lxvi s.

(Arch. du départ. de la Côte-d'Or.)

On trouve pour le même :

1459. — A Gosse de la Viesglise, voirier pour le fachon de xxii piés de verrière en nouveau ploncq, mise en le tour cornière vers le jardin.

(Arch. de Lille, 18 février 1459.)

1481. — Pro verreria juxta capellam sancti Fiacri, (Ecclesiæ S¹¹ Stephani Trecensis) relevanda et reparanda per filium brisetoni soluti per dominum Humbertum, xx s.

(Collection de M. Bordier. — 1480-1481.)

1494. — A Pierre Isebrant, voirier, demourant en la dicte ville de l'Escluse, pour avoir mis une fenostre de voire de France au costé de Zundt en la chambrette du dit orloge. — *Item*, pour une autre verrière, etc.

(Arch. de Lille.)

1482. — A Herman Hovolf, verrier, pour une verrière représentant sainte Barbe. . . . . . xx s.

(C¹⁰⁸ de Furnes.)

1489. — Maistre Jean, peintre verrier employé aux travaux du couvent de Bathalha, en Portugal.

On peut consulter, pour les vitraux du couvent de Bathalha, l'ouvrage anglais intitulé : *Plans, elevations, sections, and views of the church of Bathaly, in the province of Estremadura, in Portugal, with the history and description by* Fr. Luis de Souza, *with remarks; to which is prefixed an introductory, discourse on the principles of gothic architecture, by* James Murphy, *arch¹.; illustrated with 27 plates.* London, in-f⁰, 1795.

Page 112, § XIII. — La cathédrale de Diest, *lisez :* la collégiale de Diest. (*Voyez* à ce sujet la 2ᵉ partie de notre ouvrage, page 140, et notamment la note 1. — Page 112, paragraphe XIII, ligne 15, chapelle de la Sainte-Vierge, *lisez :* chœur de la Circoncision. — Page 113, ligne 3, de la fin du xvᵉ siècle, *lisez :* de la fin du xviᵉ siècle. Une confusion de notes nous a fait placer ces petits vitraux dans le chapitre V, au lieu du suivant.

Chapitre VI, page 116 et suivantes, à ajouter aux divers paragraphes qui traitent des artistes et des verrières du xviᵉ siècle, les indications suivantes :

1529. — Au curé de Brayne, la som̄ de 4 carolus d'or, auquel Madame en a fait don pour iceulx convertir à employer à l'achat d'une belle verrière armoyée de ses armes que le dit curé posera en sa maison.

(Ch. des Comptes.)

1569. — Arnt (Arnoult) Jouissone, verrier, pour une verrière en verre de Bourgogne, placée dans le chœur derrière le grand autel en l'église des Frères-Prêcheurs, à Bois-le-Duc, représentant le Christ, saint Jean, la Vierge et la Madeleine et trois écussons, plus la date, a reçu xlv florins et vi pots de vin.

(Arch. du royaume. Extrait des arch. de Bois-le-Duc.)

1567. — Jehan Van Deventer, verrier, pour une verrière en verre de Bourgogne et en double plomb, placée dans le chœur derrière le grand autel des Frères-Mineurs, à Bois-le-Duc, représentant le Christ, saint Jean, etc., a reçu xix florins 10 s. pour le verre blanc, et xx florins pour le verre peint, en tout xxxix florins x s.

(Arch. du royaume Extrait des arch. de Bois-le-Duc.)

On lit dans les mêmes comptes :

Payé à Mᵉ Gérard, le peintre, pour avoir fait 2 patrons, d'après lesquels les 2 verrières susdites ont été faites, 2 florins 10 s.

Page 160, § XVII, Italie : à partir du xvᵉ siècle, les verrières peintes se rencontrent encore assez fréquemment en Italie, et notamment dans les églises de Milan. Nous avons, avec l'aide d'un de nos amis, recueilli de nombreuses notes pour lesquelles l'espace nous manque ici; mais nous nous proposons de publier un travail spécial sur les vitraux d'Italie.

Nous nous contenterons de dire ici que de charmants vitraux, qui se trouvent dans l'église de San Stefano, à Milan, sont attribués à Luca d'Olanda (Lucas de Leyde), et que les magnifiques verrières du dôme de la même ville sont dues à Pellegrini, du moins en partie; car il est désigné dans un compte des archives comme étant obligé de faire de ses propres mains : *Omnia et singula designia in pictura quæ sunt et erunt n cessaria pro invetriati.* Nous devons aussi citer la famille des Bertini, habiles peintres verriers modernes (1), dont les nombreux travaux sont répandus dans toute l'Italie.

Bertini père est enterré dans le dôme de Milan. Son buste surmonte la pierre tombale sur laquelle on lit l'inscription suivante :

JOANNI BERTINIO
QUI
ARTEM PICTURÆ VITRO INCOQUENDÆ
FERME INTERCEPTAM
RESTITUIT, AUXIT, PERFECIT,
DONEC TABULAS TELAS VE
FELICITER ÆMULATUS
OMNIBUS ARTE PRÆCELLERET
PRÆFECTI FABRICÆ OPIFICI MERITISS.
AN. MDCCCXLIX.

Chap. III, page 16 et5 suiv. — A ajouter aux noms des artistes qui s'y trouvent portés :

1607. — JOACHIM voirier a reçu C œ pour verrières posées à Bois-le-Duc par ordonnance de Leurs Altesses les Archiducs.

Page 170, ligne 40. — *Les paroisses d'Anvers renferment des verrières attribuées à Van Dyck père, Pierre et Jean-Baptiste Van der Veken, Jean de Loose, Henri Van Balen....., etc.* En citant Van Dyck père, nous sommes tombés dans une erreur généralement répandue et que M. Van Lérius nous engage à rectifier, en ajoutant que le François Van Dyck, peintre sur verre, est une invention hollandaise importée en Belgique au siècle dernier. — En outre, Henri Van Balen, cité aussi plus haut, ne doit pas être considéré comme un peintre sur verre proprement dit, mais comme ayant donné le dessin de quelques cartons.

Page 202, ligne 16. — Dans le xviiie siècle, *lisez :* dans le xviie siècle.

Le rapprochement que nous faisons entre la verrière du xviie siècle et celle du xviiie a pour but de montrer pour les dernières époques, même à un siècle de distance, la même matière de subjectile, la même disposition et le même genre de peinture.

Page 241, ligne 8. — Lorenzel, *lisez :* Laurent Gsell.

Page 249. — THÉVENOT, E. (à Clermont-Ferrand, Puy-de-Dôme), a été l'émule de M. Thibaud. Comme lui, peintre verrier et historien.....

M. Thévenot, si justement estimé parmi les peintres verriers, nous a écrit pour nous faire quelques réclamations que nous regardons comme trop justes pour ne pas les consigner ici. Nous les donnons en substance :

C'est sur l'initiative de M. Thévenot que fut entreprise, en 1835, la restauration des verrières de la cathédrale de Clermont. Ce travail fut entrepris en commun par ce peintre et par M. Thibaud ; ce fut le seul travail fait en communauté par ces deux maîtres.

Jusqu'en 1848 M. Thévenot fut toujours chargé seul de la restauration des verrières de différentes églises à Tours, Clermont-Ferrand et Bourges.

Il ne faut pas oublier qu'au concours concernant la restauration des vitraux de la Sainte-Chapelle, il fut accordé à M. Thévenot, aussi bien qu'à MM. Lusson et Maréchal, une médaille qui était, comme le dit cet artiste, un véritable brevet de maître.

Nous nous plaisons à reconnaître que la fabrique de vitraux peints de M. Thévenot est une des plus importantes ; en 1857, cet établissement comptait vingt années d'existence et avait déjà fourni des vitraux aux églises de cinquante-deux départements.

Pour terminer ce qui concerne la première partie, nous donnons ici deux listes très-importantes de peintres verriers, l'une concernant la ville de Troyes, l'autre touchant l'Espagne :

(1) *Voir* 1re partie, p. 277.

NOTES ET CORRECTIONS.

PEINTRES VERRIERS.

NOMENCLATURE DES PEINTRES VERRIERS DE TROYES, DEPUIS 1375 JUSQU'A 1690.

—

FIN DU XIVe SIÈCLE.

Jehan de Damery. — 1375 à 1378.
Guillaume Brisetout, 1er de ce nom. — 1375 à 1379.
Jacquemin. — 1379 à 1383.
Lambinet. — 1383-1384.

XVe SIÈCLE.

Guiot Brisetout, 2e de ce nom. — 1412 à 1416.
Jehan du Pins, « aliàs » La Barbe, 1er de ce nom. — 1417.
Hennequin du Pins, « aliàs » La Barbe, 2e de ce nom. — 1417.
Jean Brisetout, 3e de ce nom. — 1420.
Jehan Blanc-Mantel. — 1420.
Jehan de Vertus. — 1421-1422.
Jehan de Bar-sur-Aube, 1er de ce nom. — 1425 à 1472.
Jehan Symon de Bar-sur-Aube, 2e de ce nom. — 1439 à 1464.
Michelet. — 1441.

Benryet. — 1451.
Hermant. — 1451.
Tiremont. — 1452.
Girard-le-Nognat, 1er de ce nom. — 1452.
Vincent Marcassin. — 1491.
Girard-le-Nognat, 2e de ce nom. — 1493-1494.
Nicolas, dit le Verrier. — 1495.
Jehan Vérat, 1er de ce nom. — 1497 à 1515.
Barthasar Godon ou Gondon. — 1497 à 1515.
Lyévin Varin, ou Voirin. — 1497 à 1515.
Pierre, dit le verrier. — 1490.
Colas Macon. — 1499.
Madrain. — Vers la fin du 15e siècle.

XVIe SIÈCLE.

Lyénin, 1er de ce nom. — 1503 à 1512.
Nicolas Cordonnier, père, 1er de ce nom. — 1504 à 1588.
Nicolas Cordonnier, fils, 2e de ce nom. — 1504 à 1588.
Jehan Cornuat. — 1513 à 1593.
Jehan Sourdain, 1er de ce nom. — 1517 à 1554.
Jehan Macadré. — 1518 à 1568.
Gerard. — 1555 à 1590.
Lyénin, 2e de ce nom. — 1555 à 1590.
Jacques Cochin. — 1555 à 1590.
Pierre Lambert. — 1555 à 1590.

Eustache Planson. — 1555 à 1590.
Charles Verrat, 2e de ce nom. — 1555 à 1590.
Marcasen. — 1555 à 1590.
François Pothier, 1er de ce nom. — 1540 à 1577.
Eustache Pothier, 2e de ce nom. — 1540 à 1577.
Jehan Pothier, 3e de ce nom. — 1540 à 1577.
Jehan Soudan. — 1546 à 1547.
Pierre Sourdain, 2e de ce nom. — 1558 à 1560.
Jehan Macadré, 2e de ce nom. — 1568 à 1604.
Pierre Macadré, 3e de ce nom. — 1577 à 1587.
Nicolas Macadré, 4e de ce nom. — 1592 à 1593.

XVIIe SIÈCLE.

Toussaint Rudiger. — 1603.
Nicolas Cordonnier, 3e de ce nom. — 1603 à 1624.
Linard-Gonthier. — 1606 à 1648.
Timothée Pisset ou Pisiel. — 1619.
Étienne Clément, 1er de ce nom. — 1635.
Étienne Jubrien. — 1635.
Jehan Luthereau ou Lothereau. — 1636.
Jean Gonthier, 2e de ce nom. — 1639 à 1640.

Blonde*. — 1640.
Nicolas Hudot. — 1641-1642.
Jehan Barbarat. — 1655.
Jacques Clément, l'aîné, 2e de ce nom. — 1685.
Jacques Clément, le jeune, 3e de ce nom. — 1685.
François Clément, 4e de ce nom. — 1686.
Nicolas Cocot. — 1690.

Cette nomenclature est suivie du dessin de 56 monogrammes reproduits avec beaucoup de soin.
(*Annales archéol.*, t. XVIII, art. de M. Coffinet, chan. titul. de Troyes.)

TABLA CRONOLOGIA DE LOS VIDRIEROS

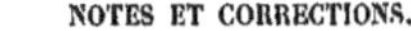

SIGLO XV.

AÑOS.	ARTISTAS.	RESIDENCIA.	AÑOS.	ARTISTAS.	RESIDENCIA.
1418. —	El maestro Dolfin.	— Toledo.	1459. —	El maestro Pedro.	— Toledo.
1429. —	» Luis.	»		» Pedro Frances.	»
1459. —	Pedro Bonifacio.	»	1497. —	Juan de Valdivieso.	— Burgos y Avila.
1459. —	El maestro Cristobal.	»	1498. —	Juan de Santillana.	»
»	» Pablo.	»			

SIGLO XVI.

AÑOS.	ARTISTAS.	RESIDENCIA.	AÑOS.	ARTISTAS.	RESIDENCIA.
1503. —	Vasco de Troya.	— Toledo.	1559. —	Sebastian de Pesquera	— Sevilla.
1504. —	Micier Cristob. Aleman.	— Sevilla.	1562. —	Carlos Bruxes.	»
1509. —	Alexº-Ximenes.	— Toledo.	»	Diego de Valdivieso.	— Cuenca.
1510. —	Juan Hijo de Jacobo.	— Sevilla.	1565. —	Diego Diaz.	— Escorial.
1513. —	Gonzalo de Cordoba.	— Toledo.	»	Francisco y Hernando de Espinosa.	»
»	Juan de la Cuesta	»	»	Il maestro Pelegrin Resen y su Hijo Renerio Resen.	— Madrid.
1518. —	Bernaldino de Gelandia.	— Sevilla.	1566. —	Ulrrique Estaenheyl Aleman.	»
»	Juan Vivan.	»	1569. —	Vicente Menandro.	— Sevilla.
1519. —	Juan Bernal.	»	1571. —	El maestro Galceran.	— Escorial.
»	Juan Jaques.	»	»	Juan Guasch S.	— Tarragona.
1520. —	Alberto de Hollanda.	— Burg. y Avila.	1574. —	Nicolas de Vergara el Viego.	— Toledo.
1522. —	Il maestro Juan Campa.	— Toledo.	1579. —	Octavio Valerio.	— Malaga.
1526. —	Pedro Fernandez.	— Sevilla.	1581. —	Arce.	— Burgos.
1534. —	Juan de Ortega.	— Toledo.	1590. —	Juan de Vergara.	— Toledo.
1555. —	Nicolas de Hollanda.	— Burg. y Avila.			
1538. —	Arnao de Vergara.	— Sevilla.			
1541. —	Jorge de Borgoña.	— Burgos.			
1542. —	Diego de Salcedo.	— Burg yPalença.			
1548. —	Giraldo de Hollanda	— Cuenca.			
1557. —	Arnao de Flandes.	— Sevilla.			

SIGLO XVII.

AÑOS.	ARTISTAS.	RESIDENCIA.	AÑOS.	ARTISTAS.	RESIDENCIA.
1600. —	Antonio Pierres.	— Madrid.	1606. —	N. de Vergara el Mozo.	— Toledo.
»	Diego de Ludeque.	»	1624. —	Valentin Ruiz.	— Burgos.
1602. —	Diego del Campo.	»	1676. —	D. Juan Danis.	— Segovia.
1603. —	Jorge Babel.	»	1680. —	Francisco Herranz.	»

Cette importante liste d'artistes, dans laquelle on remarque bien des noms flamands et hollandais, est tirée du *Diccionario historico de las mas ilustres professores de las bellas artes en España*, y publicado por la real Academia de S. Fernando. 6 vol. in-8º, Madrid, 1800.

NOTES ET CORRECTIONS.

DEUXIÈME PARTIE.

—

PAGE 42 ET SUIV. — VILLE DE LIÉGE.

Aux artistes cités dans le paragraphe qui concerne Liége, il faut ajouter les peintres verriers suivants :
1460. — DIRK VAN LEUMONT.
1480. — LAURENT.
1480. — JEAN DE WERTH.
1587-1596. — ANTOINE WYPART.
1588. — FRANÇOIS LOWICHS.
1590-1595. — TILMAN PISSET.
1591. — GUILLAUME SMELZ.
1593. — HUBERT WYPART.
1594. — JEAN DE BASTOIGNE.
1595. — URIÉRI LEUMONT.
1598. — GODEFROID DE LA MOTTE.
1598. — JEAN HARDY.

Ces artistes, dont les noms se trouvent dans divers comptes, appartiennent presque tous à la même époque. Des recherches ultérieures permettront sans doute d'obtenir de nouveaux noms avec assez de détails pour éclairer leur histoire.

Page 74, note (1), le paysage, *lisez* : le passage.

Page 75, ligne 12, alterata, *lisez* : alterutrù.

Page 76, ligne 21, et feminum, *lisez* : et feminam.

PAGE 82. — VILLE DE MONS.

Ainsi que nous l'avons dit (page 83 de notre seconde partie), nous avons eu particulièrement recours, pour la description des vitraux de l'église de Sainte-Waudru, à un ouvrage publié, en 1854, par M. Léopold Devillers, conservateur-adjoint des archives du Hainaut. Depuis, cet ouvrage a été considérablement augmenté par son auteur et republié, en 1857, sous ce titre : *Mémoire historique et descriptif sur l'église de Sainte-Waudru, à Mons* (vol. in-4°, à 2 colonnes, orné de 7 gravures et contenant 490 pages).

M. Devillers y donne la description du premier vitrail de la nef du chœur, qui vient d'être restauré (1). Nous trouvons encore dans cette nouvelle édition les passages suivants concernant les verrières du chœur :

« Toutes furent faites par des membres d'une famille de Mons, du nom d'Ève, dont voici les prénoms dans
» l'ordre chronologique où nous les avons rencontrés : Claix (*Claude*), Antoine, Jean, Jacques, Adam.

» Le chapitre de Sainte-Waudru s'adressa premièrement à la famille du souverain, à l'effet d'obtenir des
» verrières peintes pour le nouveau chœur. Il reçut une réponse favorable. Les cinq vitraux du sanctuaire
» furent donnés par l'empereur Maximilien et par sa famille. Claix Ève les entreprit. Nous avons trouvé
» deux mentions (du 31 août et du 28 septembre 1510) de vacations de cet artiste à Bruxelles, soit pour sou-
» mettre, soit pour recevoir les plans d'après lesquels il travailla à ces verrières. »

---

(1) « Cette verrière est très-bien composée. Dans la partie ogivale, on distingue : Dieu le Père et le Saint-Esprit, deux
» Docteurs de l'Église portant chacun une banderole avec les textes de l'Écriture relatifs à l'Annonciation : *Ecce Virgo conci-*
» *piet et pariet Filium.* ISAÏAS *. *Descendit Dominus sicut pluvia in vellus.* DAVID ** ; des anges jouant des instruments.
» Au milieu du vitrail est représentée l'*Annonciation* de l'Ange à Marie. D'un côté de ce sujet, qui ouvre l'histoire du Nouveau
» Testament, on voit le donateur du vitrail, portant les habits de chanoine, l'aumusse sur le bras droit, et ayant derrière lui son
» patron, saint Philibert, portant les insignes épiscopaux, la crosse tournée en dedans *** ; parallèlement, se trouve le patron
» du chapitre et de la cathédrale d'Utrecht : saint Martin, à cheval, donnant la moitié de son manteau à un pauvre.
» On remarque ensuite : les armoiries du donateur et, de chaque côté de ces armoiries, la devise : *Nec. spe. nec. metu.*; tout
» au bas du vitrail, l'inscription suivante :
» « MESSIRE PHILIBERT PRUDHOM. PREVOST DE UTRECHT CHANCELIER DE L'ORDRE DE LA THOYSON D'OR L'AN 1524. »

* Chap. VII, v. 14.
** Ps. 71, v. 5. Ici, on s'est servi de *Descendit*, au lieu de *Descendet*.
*** Saint Philibert, abbé de Noirmoutier, avait la crosse et la mitre.

Nous ne retrouvons plus dans cette édition l'apologie de la tendance de la peinture sur verre, au XVIe siècle, que nous avons relevée à la page 96 de notre seconde partie.

Cette fois, l'auteur a donné complétement raison à notre opinion. Tout en faisant ressortir la beauté des vitraux de sa chère église, il avoue qu'au XVIe siècle « la gloire des grands s'était mêlée à la gloire de la reli- » gion, le profane au sacré. En effet, ajoute-t-il, la place la plus large fut alors cédée aux hautes portraitures » des nobles donateurs et aux nombreux blasons de leurs illustres lignées; les sujets sacrés n'eurent plus » qu'une étendue médiocre. En un mot, les vitraux peints étaient devenus demi-religieux, demi-profanes. »

M. Devillers termine son chapitre des vitraux peints de Sainte-Waudru, en faisant connoître la cause de la disparition des anciennes verrières de la grande nef. Il s'élève, avec raison, contre les vandales modernes qui ont remplacé ces vieux débris d'un art merveilleux par des « vitres blanches, découpées en losanges, qui » font le désaccord le plus fâcheux avec les magnifiques vitraux du chœur.

» On pourra nous objecter, dit-il, que les anciennes verrières de la nef étaient amalgamées et malpropres. » Nous nous rappelons ce qu'elles étaient et nous avons, du reste, tenu des notes. Les dégâts des siéges et » du temps avaient forcé la fabrique, à dater de la fin du XVIIe siècle, à ordonner des réparations, qui con- » sistaient le plus souvent à rejoindre les vitres peintes, sans aucune attention. Leurs fragments étaient ordi- » nairement rassemblés dans la fenêtre, et on entourait cette mosaïque de vitres incolores. Mais celles-ci, » loin d'être tout bonnement décomposées en losanges, étaient artistement travaillées sous toutes sortes de » formes, par les vitriers, qui profitaient ordinairement de ces occasions pour faire ce qu'ils appelaient leurs » chefs-d'œuvre. Bien des dessins des vitres incolores qui avaient été ainsi adaptées aux fenêtres de la nef, » étaient d'un travail peu ordinaire. Ils se composaient d'entrelacements de feuillages, de rinceaux, de » losanges et de divisions de cercle : en un mot, les anciens vitriers imitaient l'architecture des monuments » pour lesquels ils travaillaient. Si, du moins, les plus beaux de ces dessins avaient été mis sous les yeux du » vitrier moderne, pour servir de types à la réparation qu'il entreprenait; si l'on avait exigé d'obtenir du » verre d'une belle nuance, comme étaient les vieilles vitres, nous aurions certainement moins à regretter. » Après tout, la vitrerie mérite bien l'attention des architectes. N'est-ce pas, d'ailleurs, des efforts réunis des » diverses branches de l'art qu'il faut attendre la restauration complète de nos anciens édifices?... »

Un autre écrivain montois, M. Félix Hachez, a aussi consigné, dans son *Mémoire sur l'église de Sainte-Waudru, à Mons* (1858, in-4°), des faits regrettables touchant les anciennes verrières de cette église.

M. Devillers nous a communiqué qu'il possédait quelques débris de vitraux peints qui furent détruits dans les églises de Mons, notamment une tête de saint Christophe, provenant de la verrière de la chapelle qui appartenait jadis à la confrérie de ce saint, dans l'église de Sainte-Élisabeth, et un cartouche dans lequel on lit cette légende :

ESPOIR EN DIEU CONFORT MICHIELZ

1611

Ce courageux et savant archéologue possède aussi une collection de dessins d'anciens vitraux incolores qui ont été dessinés par son père, Léopold-Joseph Devillers, dernier maître vitrier de Mons qui ait voulu fournir les trois épreuves exigées par les règlements du corps des vitriers de cette ville, dont le patron est saint Luc.

Page 100. — VILLE DE BRUXELLES et ENVIRONS.

Aux artistes cités dans les chapitres qui concernent la ville de Bruxelles et ses environs, il faut ajouter le suivant :

GILLES DE BAULE, verrier à Bruxelles, 150 ₰ pour avoir faict une belle grande verrière, laquelle S. M. (la reine) a faict poser et mettre en l'église de la Cambre, dont elle a faict don pour le décorement de la dicte église.

(Archives de Lille, N° 178.)

Page 142. — VILLES DE GAND, BRUGES, MALINES, etc.

MARTIN LE VERRIER, pour avoir refaict et mis à point 2 verrières en la chambre de Messeign. du Conseil, à Gand en 1455.

(Archives du royaume, N° 21806.)

Le même est cité en 1456 au sujet de deux verrières placées en la chapelle du Chastel à Gand.

Jacques le voirier, cité dans un compte pour avoir mis des verres de France à deux verrières de la chambre du Conseil de Flandre à Gand.

(*Archives du royaume*, N° 21797.)

Et Mathieu Platevoet, pour 4 verrières armoyées des armes des membres du magistrat et de la ville, xvi p. à xii s. p. le pied. . . . . ix ₰ xii s. p.

(*Archives du royaume et d'Ypres*, N° 1458.)

A Berthelmy Vander Lynde, voirier, pour, par ordonnance de Messeign. du Conseil, avoir refaiet et remis à point une grande voirière de l'ymage de Notre-Dame en la salle où l'on plaide, laquelle voirière le vent l'avait abattue et rompue par tauxation, lxxii s. p.

(*Archives du royaume. C^tes des expl. de Flandre de* 1485-1486.)

On trouve dans les C^tes de Fastre Hollet, à propos des dépenses faites à Bruges à l'occasion du mariage de Charles le Téméraire, invent. N° 1795, les noms des verriers suivants :

Jehan Lombart, verrier de Bruges, ouvraiges de voirières faites audiet hostel de MS.

A Katherine, veuve de feu Anthoine de Ringle, voirier, pour voirure blanc français.

On trouve dans d'autres C^tes des archives de Lille, les indications suivantes :

14 août 1443. — Saichent tuit que je, Colart le Voleur, paintre et varlet de chambre de mon très-redoubté S le duc de Bourgögne, confesse avoir eu et receu de Jehan Gibert, receveur de Hesdin, la somme de cent livre, qui deue m'estoit sur icelle recepte, et que MdS par ses lettres patentes m'a ordonné, tant qu'il lui plaira, avoir et prendre de lui, chacun an, pour avoir la garde et entretènement de certains ouvrages ingénieux et de joyeusetés et plaisance que MdS m'a fait réparer ou chastel dudit lieu de Hesdin, parmy ce, que tant que je auray ceste charge, je seray tenu de maintenir et entretenir à mes frais lesdis ouvrages en toutes choses. De laquelle somme je me tieng pour content et bien paié. — Le xiiie jour d'août, l'an mil CCCC quarante-trois.

31 juillet 1447. — Sachent tuit que nous, Gille de le Houssoye, — lieutenant de MS le chastellain de Hesdin, — faisons savoir à tous que Jehan Radoul, receveur dudit lieu de Hesdin, a payé à Hue de Boulongne, paintre et gouverneur de l'orloge, gayoles, verrières et engins d'esbatement dudit chastel de Hesdin, la somme de trente livres, tant pour avoir visité et entretenus lesdiz engins, gouverné lesdits orloges et petits oyseaux, ouvré de son mestier de paintre, comme en avoir reffait lesdites verrières, touteffois qu'il a esté besoing ès lieux et places plus nécessaires dudit chastel. C'est assavoir : pour ou temps dessusdit avoir mis jus et sus deux grans fourmes en la grant chapelle dudit chastel, ycelles rencassilliés, relavées et nettoiées, et la plus grant partie remis en nouveaux plons, et rassis, et semblablement mis jus et sus toutes les verrières de la salle d'inde et ycelles remis, rencassiliés et paint et recuit aucuns des penneaux et fait semblables aux autres anciennes. *Item* ou la salle au cerf, avoir mis jus et sus la grant fourme de ladicte salle en laquelle avait peu de voirre de valeur, et pour cela convient toute reffaire et remettre en nouveaux plones et y faire plusieurs grans escus d'armoyeure, pains et recuis de voirre de couleurs, ainsi que les autres estoient par avant, et ce avoir ratacquié et rassis bien et souffisament, et aussi pour avoir livré et fait finance de matières et étoffes qu'il a convenu pour les réparations desdicts engins et verrières. — Le dernier jour de juillet, l'an mil CCCC et dix-sept.

12 juillet 1449. — Je, Hue de Boulongne, paintre et varlet de chambre de mon très-redoubté S, MS. le duc de Bourgongne et de Brabant, confesse avoir eu et receu de Jehan Mausel, receveur de Hesdin, la somme de quarante une livre unze solz, qui deue m'estoit par MdS. à cause du don de sin gros dicte monnoie, de pension, qui m'a fait de sa grace, chacun jour ma vie durant, par lettres données en sa ville de Bruges, le viie jour de may CCCCXLV. — L'an mil CCCC quarante et neuf, le xiie jour de juillet.

Payé à Lans Van Meersche par les échevins d'Audenarde en 1513, la somme de 19 ₰ 4 s. pour une verrière placée dans le nouveau réfectoire des frères mineurs.

(*Archives du royaume. C^tes d'Audenarde.*)

1477. — Thiébaut la Lèvre, peintre et verrier, demourant à Dijon, fuiet en 1477 quatre figures en peinture d'un homme pendu par les pieds, représentant le prince d'Orange, lesquelles quatre figures ont été mises en la ville de Dijon. . . . . p. lxxiii ₪

Voici un exemple curieux de la surveillance exercée sur les verrières placées dans les églises.

J. George Despleghem, secrétaire, en ordonnance de l'empereur, confesse avoir reçu la somme de six vings dix neuf livres dix sols, de x l. gros qui deue m'estoit de reste pour estre part de la ville de Malines le ij^e jour de mars xve xxv et allé à Gand devers le prieur des Augustins et le procureur du dit seigneur empereur en Flandres, et de la au villaige d'Ertvelde pour prendre informations du personnaige qui en l'église illecq avoit fait ériger et mettre une verrière scandaleuze figurée d'aucunes imaiges en dérisions de Dieu et de ses appostres et de la foy chrestienne, en quoi faisant, allant besongnant et retournant vers Madame de Savoye certiffie et affirme en ma conscience avoir vacqué et continuellement estre occupé jusques au vij^e jour du mois qui sont comprins les dicts jours inclus dix jours entiers, etc., le xxiiij^e jour de juillet l'an mil cinq vingt-six.

(Acquits de la recette générale des finances de Lille. Archives du royaume, N° 1158.)

Page 153. — VILLE D'ANVERS (1).

Page 161, note (1), ligne 3. — Moens, *lisez :* Moons.

Ibid., ligne 7. — ABSIDE... (Les vitraux de cette abside sont en partie masqués par le couronnement du maitre-autel. On a tout récemment enlevé la partie supérieure de ces vitraux, qu'on a remplacée par du verre blanc et qu'on ne s'est même pas donné la peine de conserver pour une réparation éventuelle.)

Page 164, ligne 11. — Martyr, *lisez :* martyre.

Ibid., ligne 25. — La verrière de Guillaume de Berchem n'existe plus.

Page 166, ligne 1. — 1580, *lisez :* 1780.

Ibid. — La gravure de la verrière de Henri VII, donnée dans le recueil des inscriptions de la province d'Anvers, a été faite d'après un dessin exécuté par le peintre André-Bernard de Quertenmont, avant la grande mutilation de 1780, et conservé à l'hôtel de ville.

Page 167. — Vitrail des archiducs : — Cette verrière fut confiée à Corneille Cussens, ou Cussers, moyennant la somme de 1,200 florins, dont un douzième fut payé à compte en 1613-1614 ; le dernier paiement eut lieu en 1615-1617. Jean-Baptiste Vander Veken reçut 36 florins pour l'ordonnance ou le dessin du vitrail. Le texte dit *voor de ordonnantie*, mot flamand bâtard, dérivé du français et que nous traduisons par dessin. Les comptes de la cathédrale, que M. le chevalier Léon de Burbure nous a permis de consulter, il y a quelques années, mentionnent, en outre, un paiement de 16 florins à Corneille Floris, fils de Corneille, peintre et sculpteur, mort le 12 mai 1615, pour l'exécution d'un patron de la verrière exhibé à Son Altesse. En 1615-1616, nous trouvons une dépense de 8 florins payés à la fille de Corneille Cussers, à l'instance du pensionnaire de la ville d'Anvers, Jean de Gavarelle, et à titre de cadeau. On paya, suivant les comptes cités en dernier lieu, la somme de 4 florins 16 sous au pensionnaire Jean de Gavarelle, qui se chargea de les remettre à Jean Van den Bossche, peintre, pour avoir refait et changé le portrait, encore existant actuellement, de l'infante Isabelle. En 1616-1617, nous trouvons un paiement de 100 florins, consenti spontanément par les trésorier et marguilliers de la cathédrale, et de 155 florins accordés à l'intercession du pensionnaire de la ville, Jean de Gavarelle, à la *neuve* de maitre Corneille Cussers, moyennant laquelle somme de 255 florins, elle avait laissé suivre à la fabrique le grand carton de la verrière des archiducs et, en outre, le petit carton d'une verrière destinée à la fenêtre au sud du transsept, et qui avait été envoyé au roi d'Espagne.

Je vais transcrire ici les extraits que je viens d'analyser. Toutefois, il faut faire remarquer d'abord que les armoiries des archiducs et l'inscription au bas de la verrière ont disparu.

1613-1614. «Item aen meester Cornelis Cussers, 100 guld. op rekening van het groot gelas in den... gevel noortwaerts, by contracte aenbesteedt voor 1200 guldens, te betalen by termynen in den contracte geset... j° guld. » — 1615-1616. Laeste betaling. — 1613-1614. « Item bet : aen Baptista Van der Veken, gelaesemakere, voor de ordonnantie van het voorn : gelas van hunne hoocheden... 36 guld. — Item aen 2 3/4 potten rynschen wyn als men het voorn. gelas besteede... 58 1/2 stuyv. (2). — Item bet : aen

(1) M. Th. Van Lerius, le savant marguillier de l'église de Saint-Jacques, a bien voulu nous communiquer, au sujet des églises d'Anvers, d'intéressantes notes qui trouvent ici tout naturellement leur place avec les rectifications.

(2) Item à 2 3/4 pots de vin du Rhin, quand on adjugea le prédit vitrail... 58 1/2 sous Compte de 16:3-1614.

Floris, voor het patroon van de voorn. venstere aen syne hoocheyt getoont... xvj guld. » — 1615-1616. « Item bet : de dochter van meester Cornelis Cussers, door instantie van mynheer den pensionaris Gaverelle, voor een vereeringe gegeven... 8 guld. » — 1615-1616. « Item aen mynheer pensionaris Gavarelle gegeven 4 guld. 16 st. voor meester Hans Van den Bossche, schilder, by hem verdient, voor het contrefeytsel van d'Infante te vernieuwen, ende te veranderen... 4-16. » — 1616-1617. « Item bet : aen de weduwe meester Cornelis Kussens, gelaesseryver, hondert guldens by mynheer den tresorier ende kerkmeesters hem geaccordeert ende 155 guldens, door intercessie van mynheer Gaverelle, pensionaris, beloopt tsamen 255 guldens, voor dwelcke somme de voersyde weduwe heeft de fabryke laten volgen het groot patroon vant gelas in den gevel van de noortsyde, met een cleyn patroon vant gelas van den gevel van de suytsyde, dwelckaenden Coninck van Spaignien gesonden is... 255 guld. »

Page 167, ligne 20. — Les quatre quartiers de noblesse du doyen Jean del Rio n'existent plus.

Page 168. — Au bas de la verrière de Godefroid de Bouillon se trouvent les portraits de quatre chanoines de la cathédrale agenouillés. Ce sont ceux du célèbre canoniste François Van den Zype (Zypaeus), des savants écrivains Laurent Beyerlinck et Aubert Miraeus, et du docteur ès-droits François Dinghens. Leurs armoiries font défaut aujourd'hui. Voyez les inscriptions de la cathédrale, page 122, *in fine*.

Page 168, ligne 19. — Au lieu des initiales en question, M. Van Lerius pense y voir pour les premières un W, un L renversé, un O et un D ; et pour les autres un D et un C.

Page 168. — La verrière de Philippe III a été défoncée totalement en 1803, d'après les ordres des marguilliers MM. Cambier, Beeckmans et Van Praet. Leur confrère, M. Jean-J. Van Hal, refusa de prendre part à cet acte de vandalisme et donna sa démission.

Les comptes de la cathédrale de l'an 1620-1621, constatent que la fabrique avait été en rapport, à cette époque, avec Éverard Van der Masen, peintre sur verre à la Haye, pour l'exécution de cette verrière. Mais cet artiste ne réussit pas à obtenir cette commande. J'ai prouvé ci-dessus que la fabrique avait envoyé au roi d'Espagne un petit carton destiné à être exécuté pour la fenêtre du transsept sud. Ce petit carton était il l'œuvre de Corneille Cussers, ou bien était-ce celle de Henri Van Balen, le vieux, dont il est question dans l'acte que je vais analyser? Quant à moi, j'embrasse la dernière opinion.

Le 20 janvier 1621, Jean-Baptiste Van der Veken, peintre sur verre à Anvers, se chargea de l'exécution et du placement de la verrière en question. Elle devait être placée vers le 15 août de la même année, et était offerte à l'église par S. M. le roi d'Espagne : ce sont les termes du contrat. Le vitrail devait occuper tout le champ de la verrière, d'après le carton que les marguilliers se chargeaient de faire exécuter, aux frais de Sadite Majesté. La convention constate que ce carton avait déjà été fait sur une petite échelle. Suivent des engagements relatifs à une solide mise en plomb, à l'emploi des meilleures couleurs, à la bonne cuisson, etc., de façon que l'œuvre de Van der Veken lui fasse honneur et obtienne l'approbation du seigneur ambassadeur d'Espagne (don Alphonse de la Cueva, marquis de Bedmar). Le prix convenu était un millier de florins (fl. 1000). Les marguilliers s'engageaient en outre à payer au verrier, à *titre de courtoisie*, une somme dont le montant n'était pas déterminé, mais en cas seulement que l'exécution répondît à leur attente et aux conditions arrêtées entre les parties.

Par contrat du même jour, 20 janvier 1621, le célèbre peintre Henri Van Balen, le vieux, se chargea, moyennant la somme de 500 florins, de l'exécution du grand carton de la verrière. Cet ouvrage devait être achevé aux Pâques prochaines. La convention fait connaître qu'il était l'auteur du petit carton mentionné ci-dessus, et insiste sur l'exacte ressemblance du portrait de Sa Majesté.

Le compte de 1620-1621 mentionne un paiement de 500 florins fait à Thierry (*Dierick*) Van Balen, peintre, pour avoir dessiné et peint le carton de notre verrière. Ce Thierry Van Balen est entièrement inconnu. Henri Van Balen, le vieux, qui figure au contrat du 20 janvier 1621, et qui ne mourut que le 17 juillet 1632, est, sans le moindre doute, ce prétendu Thierry. On n'a, pour s'en convaincre, qu'à comparer ce contrat au poste du compte : somme identique pour un service identique. La désinence *ick* des mots flamands *Hendrick* (Henri), et *Dierick* (Thierry), aura causé l'erreur du rédacteur du compte de la fabrique. C'est ce qui a été reconnu dans la séance du 16 décembre 1858, de la Commission de publication (Comité central) des inscriptions.

Le même compte de 1620-1621 fait connaître que J.-B. Van der Veken avait reçu antérieurement un à-compte de 450 florins. Il nous apprend, en outre, qu'il était décédé à cette époque (1620-1621); il mentionne encore le paiement des 550 florins restants, à Pierre Van der Veken (1), frère de Jean-Baptiste, en qualité de tuteur des enfants mineurs de celui-ci. Je fais suivre ici les conditions acceptées par J.-B. Van de Vekene (il signe ainsi), et les paiements mentionnés dans le compte de 1620-1621. Je dois ces documents inédits à l'obligeance de M. le chevalier Léon de Burbure, archiviste honoraire de l'ancienne cathédrale.

Op den 20 january van den jaere sesthien hondert ende cenen twintich heeft Jan Baptista Van der Veken, gelaesschryver alhier, aengenomen te leveren, maecken ende schryven ende schilderen ende stellen tegens ons Lieve Vrou half Oest naestkommende, het groot gelas aen de suyt syde vau de kerke van onse Lieve Vrouwen alhier, dewelck aen de voerschreve kercke geschoncken wordt by haere Mateyt van Spagnien, op de naervolgende conditien, te weten dat hy, Jan Bapt. gehouden sal syn tvoersc. gelas op synen cost te maecken, leveren, schryven ende schilderen van boven tot beneden, volgende het patroon daer aff by de kerckmeesters te doen maecken ende te becostigen van wegen syne Mat voerseyt, gelyck alreede een cleyn model daer aff is gemaeckt. Sal oyck gehouden syn het selve gelas wel ende sterck te loyen ende nemen de beste coleur dit hem mogelyck wesende de coleuren by hem te schilderen te doen backen dat sy vast wel houden, ende voirts alles soe loffelyck doen datter hyer eer afschede ende den heere Ambassadeur van Spagnien daer aff contentement hebbe. Ende tvoersc. gelas als voeren loffelyck gemaeckt ende tsynen koste op de plaetse daert behooren sal te staen, gestelt synde, sal daer voer hebben de somme van dusent guldens eens, ende tselve loffelyck naer syn toeseggen bevonden wesende, sal noch hebben een courtesie boven de voersc. prys. Actum ten dage ende jaer als boven. — Jan Baptist Van de Vekene.

1620-1621. Item Jan Baptista Van der Veken, gelaesschryver saligher, moesten (sic) hebben de somme van een duysent guldens, voor het groot gelas te schilderen aen den gevel aen de suyts syde, waer voor aen hem syn betaelt op rekeninge in de voorgaende rekeninghe, de somme van 450 guldens eens; alhier tot volle betalinghe betaelt aen Peeter Van der Veken, synen broeder, als momboir van de kinderen van Baptista voorseyd, de resterende… 550 guld. — Item aen Dierick Van Balen, schilder, voor een patroon te teekenen ende te schilderen van het voorseyd gelas, naer den heysch ende mate van den geheelen gevel… 500 guld.

Page 169. — Le vitrail de Ferdinand Dassa existe encore; mais l'autel de Sainte-Catherine a disparu pendant le règne des iconoclastes de 1798.

Page 169. — Les armoiries de la partie supérieure sont tout ce qui reste de la verrière de Charles-Quint. C'est grand dommage, car elles sont très-bien peintes et font vivement regretter la perte de la partie la plus importante du vitrail.

Page 170. — Les portraits des quatre aumôniers de 1635 existent encore; ils font le plus grand honneur à Abraham Van Diepenbeeck.

Page 170. — Le vitrail de Josse Butkens a disparu.

Page 171. — L'orgue de la chapelle du Saint-Sacrement n'existe plus, depuis les dévastations de 1798. Les petites inscriptions citées ont été conservées.

Page 172. — Le vitrail peint par les louvanistes Nicolas Rombouts et Henri Van Diependale fut donné par les *négociants espagnols* établis à Anvers, et non par les *magistrats espagnols*.

C'est ce qui résulte du document qui va suivre et qui est extrait des archives de la chapelle de Notre-Dame, dans l'ancienne cathédrale : « Het ghelas van de Spaensche Natie vereerdt in Onse Lieve Vrouwe Cappelle. Dit gelas venster nam an te maken Claes Rombouts en Heinric Van Diependale, sin swagher, te weten beyde van Loevene, om daer in te maken den stryt van St. Jacop ende de Sarasene, en in dander heelft boven, een roede van Gessen, ende boven de wapen van Spandien ende Castielgen. Dit gelas moet staen tussen dit ende Sinxsen dach naestcomende, op de pene van iiij ℔ gr. vlams, ten ware noetsake uitgesteden, ende hier af was den hees xvj ℔ gr. vlams, daer op de tresorier vander nusien andworde dat sy tmaken soude, dat meesterlic gedaen ware; sy wilden hen daer aff geven et waer min of meer dan de xvj ℔, alsoe vele als Jacop Dale en Lauwereys Van Swarvelt (Lofmeesters der Gilde van O.-L.-V.) seggen dorsten daer an verdint ware, al waer oce ij ℔ mer dan xvj ℔; op dat wel gedaen ware. » 1481-1482.

Page 172. — Il paraît que nous nous étions trompé au sujet de la fabrique de Notre-Dame, car M. Van Lerius nous adresse cette note : C'est une erreur que d'avancer que la fabrique de Notre-Dame fait de

(1) Ce Pierre Van der Veken exerçait aussi la profession de peintre verrier. On lui doit l'exécution de la verrière de l'église de Saint-Jacques, mentionnée à la fin de la page 156 de cet ouvrage.

louables efforts pour restaurer et compléter toute la vitrerie peinte de la grande basilique anversoise. Elle ne paraît pas y songer.

Page 173. — Les petits vitraux de Pierre Auchemant et de François de Schott sont aujourd'hui la propriété d'un des membres de notre Commission.

Page 173, 1re inscription, ligne 2. — CANONC   *lisez :* CANONC
      Ibid.,   ligne 3. — ORD   »   ORD
      Ibid.,   ligne 4. — PRÆMONSTRAT »   PRÆMONSTRAT
      Ibid.,   ligne 5. — DECERNE   »   DEOERNE
    2e inscription, ligne 2. — CANONC   »   CANONC
      Ibid ,   ligne 3. — ORD   »   ORD
      Ibid.,   ligne 4. — PRÆMONST   »   PRÆMONST

Page 173, ligne 23. — SIBERT DE PAPE, *lisez :* LIBERT. Ce couvent supprimé par l'empereur Joseph II, de déplorable mémoire, a fait place à des constructions particulières.

Page 174. — Le couvent des Augustins ayant été démoli, toutes ces verrières ont disparu.

Page 174. — Le couvent des Alexiens n'existe plus sur son emplacement primitif. Il convient donc de remplacer le présent *se voient,* par l'imparfait *se voyaient.*

Page 174. — Il y avait à Anvers, avant le règne de l'empereur Joseph II, trois monastères de *chanoinesses régulières de l'ordre de Saint-Augustin,* celui des Facons, celui des Victorines (Congrégation de Saint-Victor), et celui de la Présentation de Notre-Dame, dit Oostmallen. — Il ne faut pas confondre le tableau du maître-autel des Falcons ou Facons, peint par Déodat Delmont et représentant l'Adoration des Mages, avec la verrière à armoiries et inscriptions, de François Van den Hecke, recteur du couvent.

Page 174. — Les fenêtres du chœur de l'église Saint-Paul étaient ornées autrefois d'une belle suite de verrières, représentant la *Vie de l'apôtre saint Paul* et attribuées à Abraham Van Diepenbeeck.

On conserve encore aujourd'hui dans cette église, près de l'autel de la Sainte-Croix, un beau vitrail, partiellement endommagé, exécuté par Jean De Labaer, en 1635, au prix de 200 florins. Voici des détails authentiques relatifs à cette œuvre d'art qui représente l'Entrée triomphale du Sauveur à Jérusalem.

« Aen den zelven (Jan De Labaer), voor een glaze venster, den triomph van Jerusalem,... 200 gls. » (*Extrait d'un registre de la Confrérie du Saint-Nom de Jésus,* érigée dans l'ancienne église des Dominicains, à Anvers. Cette Confrérie fit don de la verrière.)

Parmi les vitraux les plus regrettés de la ville d'Anvers se trouvait la *Vie de saint Bruno,* suite de compositions attribuées à Antoine Sallaert et qui ornait le couvent des Chartreux, supprimé par Joseph II. Leurs confrères de Lierre, victimes du même sort, possédaient aussi de remarquables vitraux. — Le cloître des Minimes d'Anvers renfermait une *Vie de saint François de Paule,* très-bien exécutée en plusieurs verrières, par un des principaux artistes du xviie siècle. Il est triste de devoir dire que, échappées aux ravages des iconoclastes de la fin du xviiie siècle, elles furent privées de leur mise en plomb dans les magasins du Musée d'Anvers, où on en a perdu la trace.

Nous sommes heureux d'annoncer que M. J.-B. Capronnier a été chargé d'une verrière destinée à la grande fenêtre au nord du transept de l'église de Saint-Jacques. Cette fenêtre doit être placée en méculée moire de la fête célébrée à Anvers, le 4 mars 1855, à l'occasion de la déclaration dogmatique de l'Immaculée-Conception de la sainte Vierge. C'est l'œuvre la plus importante qui ait été commandée jusqu'ici à ce maître.

Voici enfin, pour terminer ce qui regarde Anvers, un nom d'artiste tiré des comptes des fortifications de cette ville.

Une ordonnance de 1568 accorde 48 ₶ à Bloemsteen voirier, pour deux voirières painctes l'une contenante ung crucifix et en bas les armoyries du Roy et l'aultre la résurrection et en bas d'icelle les armoyries de son excellence (le duc d'Albe).

Dans l'acquit rédigé en flamand cet artiste est appelé Niclaes, en abrégé Claes (Nicolas) Blommesteen; mais la signature porte Claes Blomsteen.

Le même est payé en même temps de deux voirières de voire blanc de Normandie pour la chapelle de la citadelle d'Anvers.

Nous donnons ici un extrait d'un article paru le 21 mai 1858 dans le *Journal de Liége*, et dû à la plume élégante et facile de M. A. Leroy, professeur à l'université de Liége. Outre les aperçus élevés que cet article renferme sur la peinture sur verre, le lecteur y trouvera des éloges que l'éminent professeur donne aux auteurs ; précieuse récompense pour l'auteur, le peintre verrier et l'éditeur qui se sont efforcés de rendre cet ouvrage digne de la haute protection dont il a été couvert et de la mission de propagande qu'il est appelé à remplir :

« Un homme de goût nous disait dernièrement , à propos des magnifiques vitraux de la cathédrale de Cologne : « Ils sont trop beaux pour des vitraux, ce sont des peintures qu'on voudrait voir sur toile ; ils m'arrêtent trop longtemps, ils me détruisent l'effet d'ensemble de l'église ; je ne veux pas que les arts secondaires prennent ainsi violemment la place des arts indépendants. » Il y a du vrai dans ces paroles ; la renaissance de la peinture sur verre, au XIXe siècle, dépasse peut-être le but, en ôtant à cet art son caractère essentiellement décoratif. D'un autre côté si l'on considère, avec M. de Montabert, que les corps opaques représentés dans ces images de cristal ont nécessairement l'air diaphane, on se dira bientôt que le peintre verrier ne doit pas indifféremment traiter toutes sortes de sujets, et l'on conclura que le perfectionnement de cet art dépend moins des efforts de quelques peintres chimistes que des efforts d'artistes véritablement philosophes. « Il est un ordre entier de réalités et de sentiments religieux, dit excellemment M. Cyprien Robert, qui ont besoin d'un certain silence des couleurs et d'un recueillement profond. Pour ces sujets-là, cette peinture n'est point faite. Les éclats trop constants de ses rubis et de ses émeraudes détruisent, dans ce cas, le calme de l'harmonie sacrée et les combinaisons amortissantes du clair-obscur. Mais elle est éminemment créée pour représenter les anges qui adorent en se voilant de leurs ailes étincelantes, les animaux apocalyptiques aux regards de flamme, les saintes vierges élevées en extase, les apparitions miraculeuses des êtres transfigurés, dont les corps n'ont plus rien de l'opacité terrestre. Pourtant le domaine naturel de cette peinture aux couleurs translucides, aux effets en quelque sorte météoriques, n'en restera pas moins toujours, comme dans le passé, la décoration architectonique. Employée pour les arabesques, dessins d'étoiles, de fleurs et d'autres, et autres ornements, elle embrassera la nature comme dans un prisme magique. Toutes les splendeurs de ses teintes pourront se répandre impunément du calice des fleurs ou des sphères roulantes du firmament azuré. Mais, pour représenter de tels sujets sans tomber dans le fantastique, combien de goût ne faut-il pas ? »

» Ici comme en toute chose, cependant, gardons-nous des exagérations et ne répudions pas un progrès accompli, sous prétexte de combattre les empiétements réciproques des différents arts. M. Cyprien Robert a raison, au point de vue de l'art gothique, et nous ne pourrons jamais, par exemple, ne pas trouver au moins étrange le fameux vitrail de la basilique de Saint-Denis, où le roi Louis-Philippe, M. Guizot et M. Molé figurent en grand uniforme. C'est prosaïque, c'est aussi laid que possible : le chef de la dynastie bourgeoise de juillet, des ministres constitutionnels… diaphanes, éthérés, rayonnent d'un éclat mystique ! Mais il ne suit nullement de là que, dans l'avenir, de nouvelles conceptions architectoniques ne puissent retirer un grand avantage des progrès d'un art parvenu tout d'un coup, de nos jours, à une si grande perfection technique ; et, sans porter un jugement précipité, on ne pourrait même affirmer que dans des conditions données, imprévues jusqu'à présent, la peinture sur verre ne sera pas appelée plus tard à une importance que nous ne lui soupçonnons pas. Les archéologues puristes voudraient qu'elle se bornât à des restaurations ou à des copies des verrières du XIIIe siècle ; mais c'est aller trop loin à notre sens. Laissons faire le temps et les peintres, et félicitons-nous, en attendant, d'avoir vu ce bel art, qu'on croyait perdu ou à peu près, reprendre un si magnifique essor.

» L'histoire de la peinture sur verre est un des chapitres les plus intéressants de l'histoire de l'art au moyen âge, et l'étude chimique des procédés employés tour à tour a bien aussi son prix. Depuis Levieil (1774), de nombreuses recherches ont été entreprises dans l'un et dans l'autre sens, et d'excellentes monographies ont vu le jour. Nous nous contenterons de citer les ouvrages de MM. de Lasteyrie, Landriot, Gessert, Texier, Boisserée, Bourassé, Didron, Le Maistre d'Anstaing…. etc. Quelques beaux travaux ont également paru en Angleterre.

» M. de Caumont a rendu à la peinture sur verre, sous le rapport historique, des services signalés, comme il en a rendu à toutes les branches de l'archéologie ; ses collaborateurs du *Bulletin monumental* lui sont venus en aide avec zèle et succès. Mais tant de travaux étaient à coordonner et à compléter ! Heureusement un savant distingué, M. Lévy, et un peintre verrier justement en renom, M. Capronnier, auteur de la plupart des nouvelles verrières qui décorent les églises belges, se sont rencontrés à Bruxelles et se sont donné la main. M. Lévy a écrit un texte, M. Capronnier a dessiné et chromolithographié de belles planches en nombre suffisant ; il nous est enfin donné de pouvoir jeter un coup d'œil d'ensemble sur le passé, mesurer les progrès accomplis et signaler au public des résultats et des prévisions dont l'art contemporain a le droit d'être fier.

» Qu'on ne s'y méprenne pas, toutefois : c'est surtout pour la Belgique que la nouvelle publication a la prétention d'être complète. Elle ne remplacera pas le livre de M. de Lasteyrie ; elle ne rendra pas inutiles les traités de Gessert. Mais venue après toutes ces œuvres, elle les a toutes utilisées et, sous ce rapport, elle est indispensable à quiconque veut être à la hauteur de la science actuelle.

. . . .

» En s'appliquant avec soin à conserver les plus précieux restes de l'art ancien, les auteurs ont rendu un service d'autant plus grand aux historiens et aux artistes, qu'à raison de la fragilité du verre on peut toujours craindre des catastrophes dont le résultat serait la disparition totale ou partielle de ces inestimables monuments. Ainsi du moins les restaurations sont devenues possibles et on pourra se faire une idée de ce qui viendrait à être perdu. En résumé, l'*Histoire de la peinture sur verre* est une des plus importantes publications qui aient vu le jour à notre époque en Belgique ; elle est pleine de recherches neuves, de vues sages, et se distingue par une érudition bien choisie, soutenue par un sens esthétique tout à fait remarquable. Elle doit trouver sa place dans la bibliothèque de tous les hommes de goût, comme dans celle des savants et des hommes spéciaux. Ah ! quand aurons-nous en Belgique, sur la peinture, la sculpture et la gravure, des monographies du genre et de la valeur de celle-ci ? L'Académie y a bien pensé, mais..... et, après tout, les initiatives privées sont souvent celles que le succès couronne. »

TABLE ALPHABÉTIQUE

DES PEINTRES VERRIERS CITÉS DANS LE COURANT DE L'OUVRAGE.

N. B. Les villes indiquées dans cette table sont celles où sont nés les artistes, ou bien celles où ils ont accompli leurs principaux travaux. — Les *astérisques* * placés devant les chiffres des pages indiquent que celles-ci appartiennent à la seconde partie.

Vitrail destiné à la Chapelle épiscopale de Tournay.

Fragment inédit provenant du cabinet de Mr Hagemans. (Liége).

SONGE DE St JOSEPH.
(Église abbatiale de St Denis, France)

J.B.Capronnier del. 1854   H.Borremans, lith.

Fragment emprunté à l'abbatiale de St. Denis (France).

Fragment appartenant au cabinet de Mr. le professeur Lévy (France).

J.B. TIRCHER ÉDIT. BRUXELLES.   DÉPOSÉ.   CHROMOLITH. SIMONAU & TOOVEY.

Chapelle de l'ancien hôpital de Sens (Yonne).

Échelle de o,o2 pour mètre.

Vitrail de l'Abbaye de Bon-Lieu (Creuse), antérieur à 1141.

VITRAIL DU HAUT CHŒUR A LA CATHÉDRALE DE TOURNAY.

Cette Verrière, en style du XIIIe siècle, composée et exécutée par Mr J.B. Capronnier, a été donnée
par Madame la Ctesse de Wignacourt.

CATHÉDRALE DE TOURNAY.
Vitrail de la Chapelle de l'Abside du Chœur.
Dénoxé

1. Fragment inédit provenant de la Cathédrale de Tournai.

2. Fragments inédits de grisaille provenant de l'Église de Ste Gudule à Bruxelles.

CHROMOLITH. SIMONAU & TOOVEY.

DÉPOSÉ.

LE MARCHAND D'ETOFFES
Détail pris dans les Verrières de la Cathédrale de Chartres
DÉPOSÉ

J.D. Capronnier del. 1854.

H. Borremans. lith.

J.B. TIRCHER, EDIT. BRUXELLES.

CHROMOLITH. SIMONAU & TOOVEY

SONGE DE CHARLEMAGNE.
Détail pris dans les Verrières de la Cathédrale de Chartres.

J.B. TIRCHER, ÉDIT. BRUXELLES.   DÉPOSÉ   CHROMOLITH. SIMONAU & TOOVEY.

J. B. Capronnier del. 1855. H. Borremans lith

Bordures empruntées aux vitraux des bas côtés, sud, de la Cathédrale de Chartres.

J. B. TIRCHER ÉDIT. BRUXELLES. DÉPOSÉ. CHROMOLITH. SIMONAU & TOOVEY.

Église de Pontigny (Yonne).

Échelle de 0.m20.e pour mètre.

Dessiné par Jules Capronnier 1857.   Lithographié par V.Labargé.

Vitrail dans la Chapelle du St Sang, à Bruges.

Dessiné et peint par J.B.Capronnier.

CATHÉDRALE DE TOURNAY.
Fragment d'un vitrail de la Chapelle St Louis.

J.B. TIRCHER, ÉDIT. BRUXELLES.   DÉPOSÉ.   CHROMOLITH. SIMONAU & TOOVEY.

XIVme SIÈCLE.

Planche 15me.

Dessiné par J. B. Capronnier.

Lith. par H. Borremans.

Les Arbalétriers, fragment inédit provenant de la Cathédrale de Tournay.

J. B. Tircher. Édit. Bruxelles.

DÉPOSÉ.

LITH. SIMONAU & TOOVEY.

1.

2.

1. Bordure provenant de la Sacristie de l'Eglise S.te Géréon à Cologne.   2. Grisaille de la Cathédrale de Cologne.

Dessiné par J.B. Capronnier.

DÉPOSE.

J.B. TIRCHER ÉDIT BRUXELLES.

LITH SIMONAU & TOOVEY.

Vitrail inédit provenant d'Allemagne

Vitrail du Chœur de l'Église de St Denis, à Liège.

Dessiné et peint par J. B. Capronnier

BAPTÊME DE SERENUS.
Fragment provenant de la Cathédrale de Tournay.

FIN DU XVme SIÈCLE

Planche 90me

Soubassement, couronnement, bordure et fond grisaille. Fragments provenant de la Cathédrale de Tournay.

J.B. TIRCHER, ÉDIT. BRUXELLES.   DÉPOSE.   CHROMOLITH. SIMONAU & TOOVEY.

Cette verrière, placée dans le chœur de l'église de St Waudru à Mons, représente Philippe le beau avec ses deux fils, Charles (plus tard Charles (quint) et Ferdinand, agenouillés aux pieds de la Vierge et du Christ triomphant. Les deux premiers personnages sont accompagnés de leurs patrons, St Philippe et St Charles.

Dessiné par J. B. Capronnier 1855   J. B. Detharé, éditeur   Gravé par V. Lebarq

Vitrail du chœur de l'église de Ste Waudru à Mons, représentant d'un côté Jacques de Croy, évêque et Duc de Cambrai, de l'autre St Jacques, son patron et au centre la Purification.

Dessiné par J. B. Capronnier, 1846.   J. B. Tircher, Éditeur   Gravé par F. Lebarque.

un mètre

Dessiné par J.B. Capronnier.   Lith.é par M. Berremans.

Verrière de l'église de St Servais, Liége.

CHARLES-QUINT ET ISABELLE (Église St. Gudule, Bruxelles)

FRANÇOIS Ier ET ÉLÉONORE
Église des SS. Michel et Gudule, à Bruxelles

Vitrail de l'Église St Jacques, à Anvers

JOSSE DRAPOK et BARBE COLIBRANT, DONATEURS

J. B. TIRCHER, ÉDIT. BRUXELLES   CHROMOLITH. SIMONAU & TOOVEY

Vitrail Suisse appartenant à la collection de Mr. G. Hagemans (Liége).

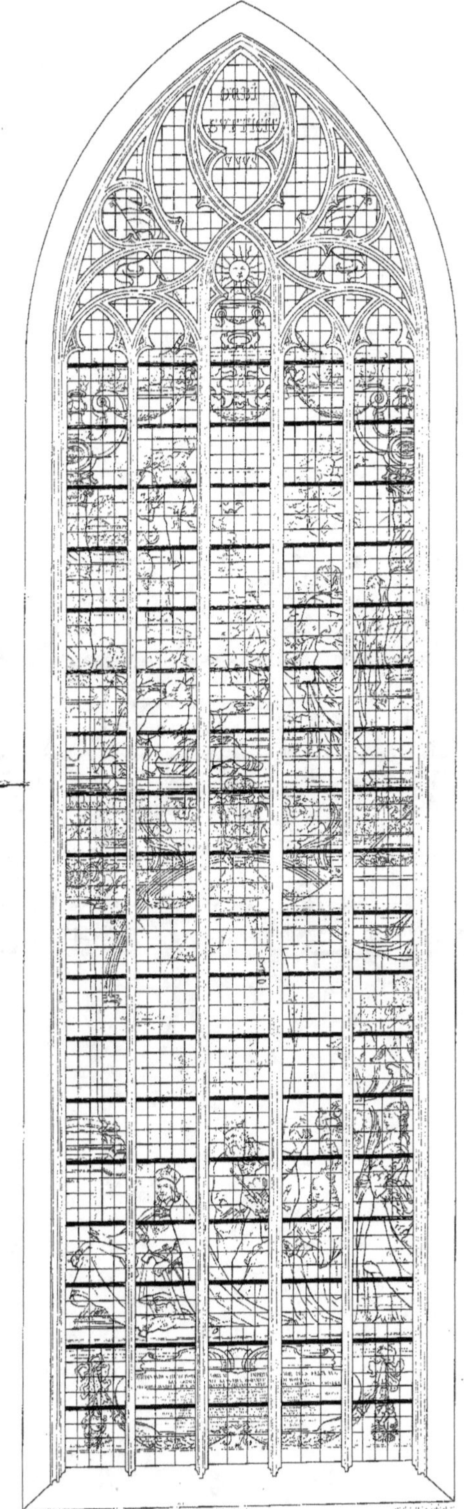

ALBERT et ISABELLE

Vitrail de la chapelle de la Vierge — Église Ste Gudule, à Bruxelles

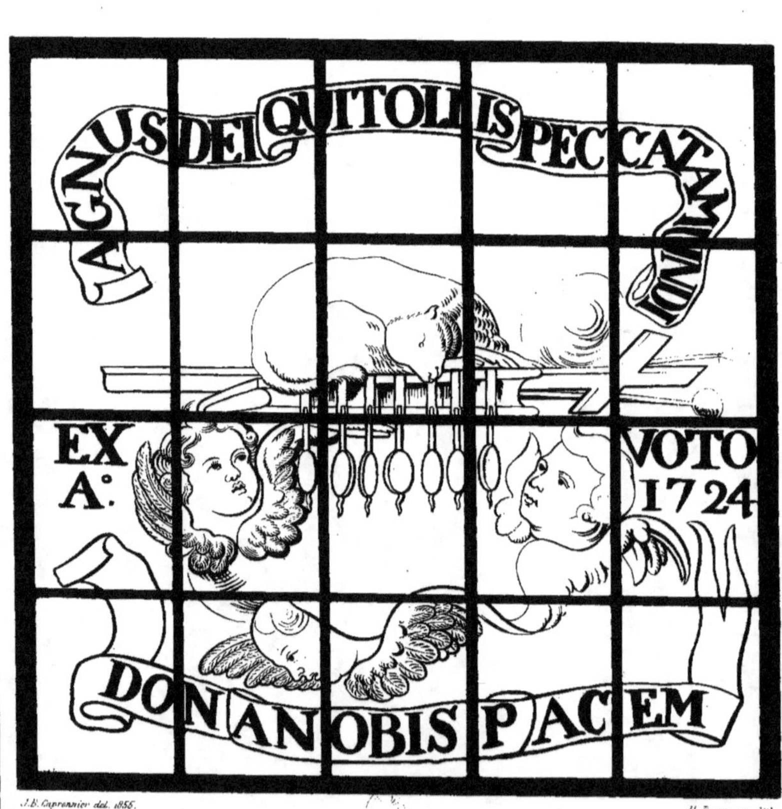

J.B. Capronnier del. 1855.

H. Borremans lith.

Fragment inédit provenant du cabinet de Mr J.B. Capronnier.

Vitrail hollandais, au musée royal d'antiquités de Bruxelles.

Composé, dessiné et peint par J.B.Capronnier.   Lithographié par V.Labarge

Vitrail d'un des appartements du château de Bouchout appartenant
à Mr le Comte de Beauffort.

ADORATION DU St SACREMENT DES MIRACLES

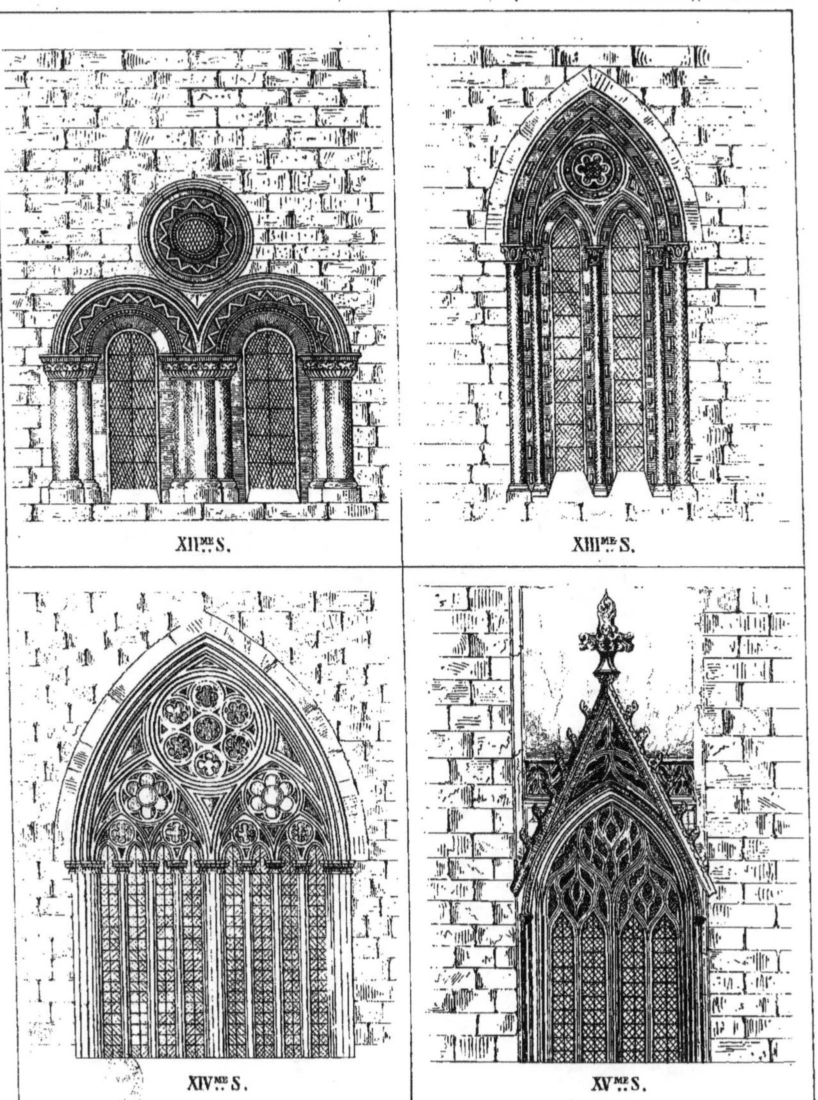

Planche Supplémentaire Nº1.

J.B. Capronnier, del. 1851.

H. Borremans, lith.

TYPES DE FENÊTRES DES XIIᵐᵉ, XIIIᵐᵉ, XIVᵐᵉ & XVᵐᵉ SIÈCLES.

J.B. TIRCHER, ÉDIT. BRUXELLES

LITH. SIMONAU ET TOOVEY

DÉPOSÉ

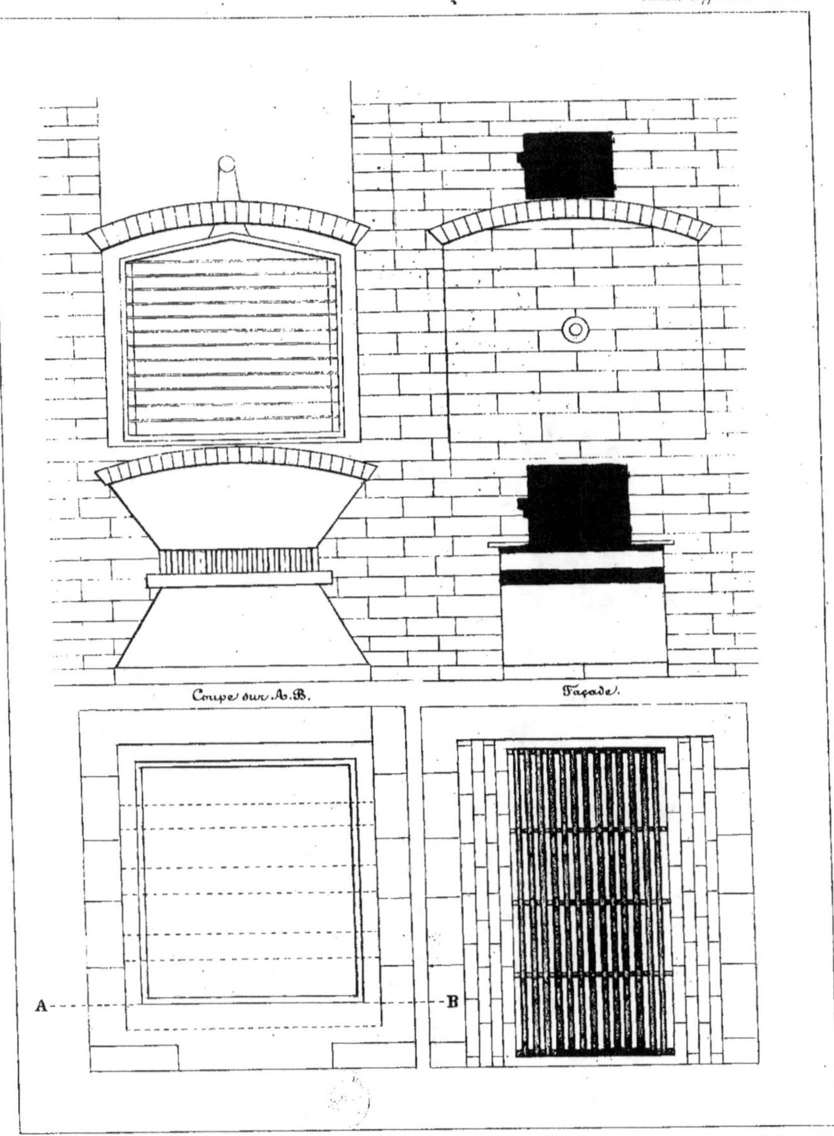

J.B.Capronnier del. 1854.

H. Borremans lith.

MOUFLE A CHARBON DE TERRE POUR LA CUISSON DES VITRAUX.

J.B.TIRCHER, EDIT:BRUXELLES

LITH. SIMONAU ET TOOVEY